国家出版基金项目
NATIONAL PUBLICATION FOUNDATION
"十四五"国家重点图书
出版规划项目

中国南药资源研究与应用图鉴

Research and Application of
Southern Chinese Medicinal Materials

Volume ③

下卷

主编
杨得坡 叶华谷 张丽霞
付琳 邓家刚

SPM 南方传媒
广东科技出版社
全国优秀出版社
·广州·

图书在版编目（CIP）数据

中国南药资源研究与应用图鉴. 下卷 / 杨得坡等主编. —广州：广东科技出版社，2022.12

ISBN 978-7-5359-7966-7

Ⅰ. ①中… Ⅱ. ①杨… Ⅲ. ①药用植物—植物资源—中国—图集 Ⅳ. ①S567-64

中国版本图书馆CIP数据核字（2022）第182269号

中国南药资源研究与应用图鉴（下卷）

Zhongguo Nanyao Ziyuan Yanjiu yu Yingyong Tujian (Xiajuan)

出 版 人：严奉强

策　　划：王　蕾　黎青青

责任编辑：黎青青　方　敏　贾亦非

责任校对：李云柯　于强强　廖婷婷　陈　静　曾乐慧

责任印制：彭海波

装帧设计：张志奇工作室

排　　版：柏桐文化

出版发行：广东科技出版社

（广州市环市东路水荫路11号　邮政编码：510075）

销售热线：020-37607413

https://www.gdstp.com.cn

E-mail：gdkjbw@nfcb.com.cn

经　　销：广东新华发行集团股份有限公司

印　　刷：广州市岭美文化科技有限公司

（广州市荔湾区花地大道南海南工商贸易区A幢　邮政编码：510385）

规　　格：889 mm × 1 194 mm　1/16　　印张 125　　字数 2 400千

版　　次：2022年12月第1版

2022年12月第1次印刷

定　　价：2800.00元（全三卷）

罗星草（龙胆科）

Canscora andrographioides Griff. ex C. B. Clarke

药 材 名 罗星草。

药用部位 全草。

功效主治 清热解毒，散瘀接骨；治肝炎，胆囊炎，急性肠炎，痢疾。

穿心草（龙胆科）

Canscora lucidissima (H. Lév. et Vaniot.) Hand.-Mazz.

药 材 名 穿心草、穿钱草、穿心莲。

药用部位 全草。

功效主治 清热解毒，理气活血；治肺热咳嗽，肝炎，钩端螺旋体病，胸痛，胃痛，跌打损伤，毒蛇咬伤。

化学成分 穿心草苷A-C等。

福建蔓龙胆（龙胆科）

Crawfurdia pricei (C. Marquand) Harry Sm.

药 材 名　福建蔓龙胆。

药用部位　全草。

功效主治　清热利尿，消炎解毒；治疮疖痈肿，痢疾，肝炎。

五岭龙胆（龙胆科）

Gentiana davidii Franch.

药 材 名　五岭龙胆、九头青、簇花龙胆。

药用部位　全草。

功效主治　清热解毒，利湿；治小儿惊风，目赤肿痛，咽痛，肝炎，痢疾，化脓性骨髓炎，痈疮肿毒，毒蛇咬伤。

化学成分　龙胆苦苷、獐牙菜苷等。

华南龙胆（龙胆科）

Gentiana loureiroi (G. Don) Griseb.

药 材 名　华南龙胆、蓝花草、紫花地丁。

药用部位　全草。

功效主治　清热利湿，解毒消痈；治咽喉肿痛，阑尾炎，带下，尿血；外用治疮疡肿毒。

化学成分　七叶内酯、3,4-二羟基苯甲酸、胡萝卜苷等。

滇龙胆草（龙胆科）

Gentiana rigescens Franch.

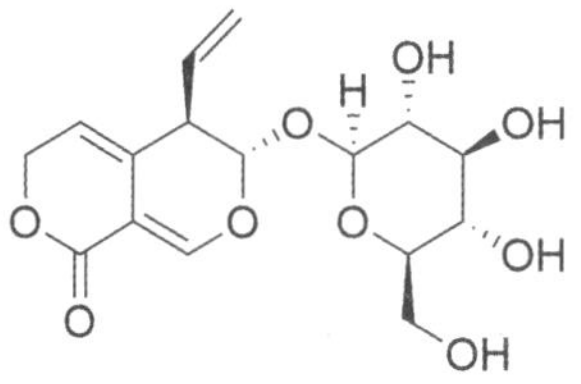

龙胆苦苷

药 材 名 龙胆。

药用部位 根、根茎。

生　　境 野生，生于海拔1 100～3 000米的山坡草地、灌丛中、林下及山谷中。

采收加工 春、秋二季采挖，以秋季10月中下旬采挖质量较好，选大的除去茎叶，洗净，干燥。小的可作种根用。

药材性状 根茎结节状，有1～10余个残茎，下面有4～30余条根，根细长，纺锤形，略弯曲；表面淡棕色或棕褐色；横切面中央有白色木。

性味归经 苦，寒。归肝、胆经。

功效主治 清热燥湿，泻肝胆火；治湿热黄疸，阴肿阴痒，带下，湿疹瘙痒，肝火目赤，耳鸣耳聋，胁痛口苦，强中，惊风抽搐。

化学成分 龙胆苦苷等。

核心产区 云南（玉溪、昆明、楚雄、大理）。

用法用量 内服：煎汤，3～6克。外用：适量，煎水洗；或研末调搽。

本草溯源 《神农本草经》《本草图经》《滇南本草》《中华本草》。

龙胆（龙胆科）

Gentiana scabra Bunge

药 材 名 龙胆、胆草、苦胆草。

药用部位 根、根茎。

功效主治 清热燥湿，泻肝定惊；治高血压所致头晕耳鸣，目赤肿痛，胸胁痛，胆囊炎，湿热黄疸，阴部湿痒，疮疖痈肿。

化学成分 龙胆苦苷、当药苦苷、当药苷等。

匙叶草（龙胆科）

Latouchea fokienensis Franch.

药 材 名 匙叶草、红客妈叶、红虾蟆叶。

药用部位 全草。

功效主治 活血化瘀，清热止咳；治腹内血瘀痞块，劳伤咳嗽。

美丽獐牙菜（龙胆科）

Swertia angustifolia Buch.-Ham. ex D. Don var. **pulchella** (D. Don) Burkill

药 材 名 青叶丹、思茅獐牙菜、丹摆修(傣药)。

药用部位 全草。

功效主治 清热解毒，舒肝健胃，消炎杀菌；治急性黄疸性肝炎，咽喉炎，感冒发热，疟疾。

化学成分 1,5,8-三羟基-3-甲氧基叫酮、獐牙菜苷、丁香脂素、齐墩果酸等。

獐牙菜（龙胆科）

Swertia bimaculata (Siebold et Zucc.) Hook. f. et Thomson ex C. B. Clarke

药 材 名　獐牙菜。

功效主治　清热解毒，利湿，疏肝利胆；治消化不良，目赤肿痛，胆囊炎，尿路感染，肠胃炎，感冒发热，咽喉炎。

化学成分　异牡荆苷、异荭草苷等。

香港双蝴蝶（龙胆科）

Tripterospermum nienkui (C. Marquand) C. J. Wu

药 材 名　香港双蝴蝶、黄金线、肺形草。

药用部位　全草。

功效主治　清热解毒，止咳，止血；治风湿痹痛，跌打损伤，肺热咳嗽，咯血，肺痈，小便淋涩。

莕菜（睡菜科）

Nymphoides peltata (S. G. Gmel.) Kuntze

药 材 名　莕菜、金莲子、莲叶荇菜。

药用部位　全草。

功效主治　发汗透疹，利尿通淋，清热解毒；治感冒发热无汗，麻疹透发不畅，水肿，小便不利，热淋，诸疮肿毒，毒蛇咬伤。

化学成分　熊果酸、白桦脂醇等。

点地梅（报春花科）

Androsace umbellata (Lour.) Merr.

药 材 名　点地梅、喉咙草、佛顶珠。

药用部位　全草。

功效主治　清热解毒，消肿止痛；治咽喉肿痛，口疮，牙痛，头痛，赤眼。

广西过路黄（报春花科）

Lysimachia alfredii Hance

药 材 名　广西过路黄。

药用部位　全草。

功效主治　清热利湿，排石通淋；治黄疸性肝炎，痢疾，热淋，石淋，带下。

泽珍珠菜（报春花科）

Lysimachia candida Lindl.

药 材 名　单条草、白水花、水硼砂。

药用部位　全草、根。

功效主治　有毒。清热解毒，活血止痛，利温消肿；治黄疸性肝炎，尿路感染，尿路结石，咽喉肿痛，痈肿疮毒。

化学成分　单条草苷甲、山柰酚、紫云英苷等。

细梗香草（报春花科）

Lysimachia capillipes Hemsl.

药 材 名 细梗香草。

药用部位 全草。

功效主治 祛风除湿，行气止痛，调经，解毒；治感冒，咳嗽，风湿痹痛，脘腹胀痛，月经不调，疔疮，蛇咬伤。

化学成分 细梗香草皂苷B、细梗香草皂苷C等。

过路黄（报春花科）

Lysimachia christiniae Hance

药 材 名 过路黄、金钱草、对座草。

药用部位 全草。

功效主治 清利湿热，通淋，消肿；治肝胆结石，胆囊炎，黄疸性肝炎，尿路结石，水肿，跌打损伤，毒蛇咬伤。

化学成分 6,7-二羟基香豆素、丁香酸、金色酰胺醇等。

矮桃（报春花科）

Lysimachia clethroides Duby

药 材 名 珍珠菜、调经草、尾脊草。

药用部位 根、全草。

功效主治 有毒。清热利湿，活血散瘀，解毒消痈；治月经不调，带下，小儿疳积，风湿性关节炎，跌打损伤，乳腺炎，蛇咬伤。

化学成分 紫云英苷、异槲皮苷等。

临时救（报春花科）

Lysimachia congestiflora Hemsl.

药 材 名 胡氏排草、小过路黄、风寒草。

药用部位 全草。

功效主治 祛风散寒，化痰止咳，解毒利湿，消积排石；治风寒头痛，咳嗽痰多，咽喉肿痛，黄疸，胆道结石，尿路结石，痈肿，蛇咬伤。

化学成分 槲皮素、3′-甲基杨梅黄酮、牡荆苷等。

延叶珍珠菜（报春花科）

Lysimachia decurrens G. Forst.

药 材 名 延叶珍珠菜、疬子草、延叶排草。

药用部位 全草。

功效主治 清热解毒，活血散结；治喉痹，疔疮肿毒，月经不调，跌打损伤。

灵香草（报春花科）

Lysimachia foenum-graecum Hance

药 材 名 灵香草、排草、零陵香。

药用部位 全草。

功效主治 解表，止痛，行气，驱虫；治感冒头痛，牙痛，咽喉肿痛，伤寒，胸腹胀满，下痢，鼻塞，蛔虫病。

化学成分 12-甲基十三烷酸、二十二烷酸等。

大叶过路黄（报春花科）

Lysimachia fordiana Oliv.

药 材 名　大叶排草。

药用部位　全草。

功效主治　清热利湿，消肿解毒；治跌打损伤，瘰疬，喉痛，痈毒，蛇咬伤，黄疸。

化学成分　Pentacosane、豆甾醇等。

红根草（报春花科）

Lysimachia fortunei Maxim.

药 材 名　大田基黄、赤脚草。

药用部位　全草、根。

功效主治　清热利湿，凉血活血，解毒消肿；治感冒，咳嗽咯血，肠炎，痢疾，肝炎，疳积，疟疾，风湿性关节痛，痛经，闭经，带下，乳腺炎，结膜炎，蛇咬伤，跌打损伤。

化学成分　揔贝素、紫金牛醌等。

黑腺珍珠菜（报春花科）

Lysimachia heterogenea Klatt

药 材 名　黑腺珍珠菜、满天星。

药用部位　全草。

功效主治　活血，解蛇毒；治闭经，毒蛇咬伤。

化学成分　Heterogenoside E、heterogenoside F、茨非醇、槲皮素等。

三叶香草（报春花科）

Lysimachia insignis Hemsl.

药 材 名 三叶排草、三块瓦、八爪金龙。

药用部位 全株。

功效主治 活血散瘀，行气止痛，疏风通络，平肝；治风湿腰痛，高血压，头晕，黄疸，虚劳咳嗽，胃胀寒痛，跌打损伤，骨折。

长蕊珍珠菜（报春花科）

Lysimachia lobelioides Wall.

药 材 名 地胡椒、旱仙桃、八面风。

药用部位 全草。

功效主治 补虚，镇咳，止血；治虚证咳嗽，乳房肿痛，刀伤。

化学成分 齐墩果酸、熊果酸、正三十二烷酸、β-谷甾醇等。

小果香草（报春花科）

Lysimachia microcarpa Hand.-Mazz. ex C. Y. Wu

药 材 名 小果香草、小果排草、芽尖拎（傣药）。

药用部位 全草。

功效主治 补益气血，活血安神；治支气管炎，气血虚弱，心悸，烦躁不安，月经不调，风热感冒咳嗽。

化学成分 豆甾醇、三萜皂苷类等。

耳柄过路黄（报春花科）

Lysimachia otophora C. Y. Wu

药 材 名　耳柄假獐牙菜。

药用部位　全草。

功效主治　清热解毒，消肿排脓；治疮疡肿毒。

落地梅（报春花科）

Lysimachia paridiformis Franch.

药 材 名　落地梅、重楼排草、四块瓦。

药用部位　全草。

功效主治　祛风除湿，活血止痛，止咳，解毒；治风湿疼痛，脘腹疼痛。

化学成分　重楼排草苷等。

巴东过路黄（报春花科）

Lysimachia patungensis Hand.-Mazz.

药 材 名　大四块瓦。

药用部位　全草。

功效主治　祛风除湿，活血止痛；治风寒咳嗽，风湿痹痛，跌打损伤。

化学成分　杨梅苷、槲皮苷、芦丁等。

鄂报春（报春花科）

Primula obconica Hance

药 材 名　鄂报春。

药用部位　根。

功效主治　解酒毒，止腹痛；治酒毒伤脾，腹痛便泻。

补血草（白花丹科）

Limonium sinense (Girard) Kuntze

药 材 名　补血草、匙叶草。

药用部位　根。

功效主治　清热，利湿，止血，解毒；治血淋，湿热便血，痔疮下血，血热，月经过多。

化学成分　甘露醇、齐墩果酸、槲皮素等。

蓝雪花（白花丹科）

Plumbago auriculata Lam.

药 材 名　蓝花丹、蓝雪丹、蓝花矶松。

药用部位　根。

功效主治　活血止痛，解痉，化瘀生新；治跌打损伤，骨折，胃炎，胃溃疡，胆囊炎，蛔虫病。

紫花丹（白花丹科）

Plumbago indica L.

药 材 名　紫花丹。

药用部位　全草。

功效主治　破血通经，消肿止痛；治痛经，闭经，风湿痹痛。

化学成分　白花丹素、6-羟基白花丹素等。

白花丹（白花丹科）

Plumbago zeylanica L.

药 材 名　白花丹。

药用部位　根、叶。

功效主治　有毒。祛风除湿，行气活血，解毒消肿。根：治风湿性骨痛，跌打肿痛，胃痛，肝脾肿大。叶：外用治跌打肿痛，扭挫伤。

化学成分　鱼藤酮、异白花丹酮、白花丹酮等。

车前（车前科）

Plantago asiatica L.

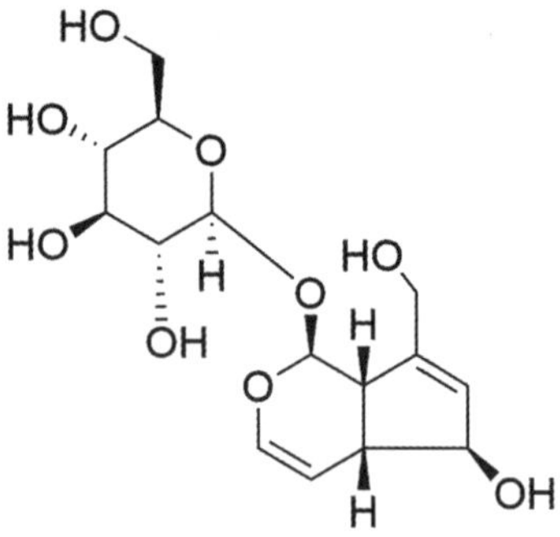

桃叶珊瑚苷

药 材 名　车前、车前子、车前草。

药用部位　成熟种子或全草。

生　　境　全国各地分布，生长于山野、路旁及池塘、河边等地。

采收加工　夏、秋二季种子成熟时采收果穗，晒干，搓出种子，除杂。

药材性状　车前子：呈椭圆形，略扁；表面黄棕色，有细皱纹，一面有灰白色凹点状种脐；车前草：叶基生，具长柄；叶片皱缩，展平后呈卵状椭圆形；表面灰绿色，先端钝或短尖，基部宽楔形，全缘或不规则浅齿。

性味归经　车前子：甘，寒；归肝、肾、肺、小肠经。车前草：甘，寒；归肝、肾、肺、小肠经。

功效主治　车前子：清热利尿通淋，渗湿止泻，祛痰；治热淋涩痛，水肿胀满，目赤肿痛，痰热咳嗽。车前草：清热利尿通淋，凉血，解毒；治热淋涩痛，水肿尿少，痰热咳嗽，吐血衄血，痈肿疮毒。

化学成分　车前子：桃叶珊瑚苷、车前子胶、黄酮及其苷、环烯醚萜等 。车前草：大车前苷、毛蕊、花糖苷和木犀草苷等。

核心产区　各地均有出产。

用法用量　车前子9～15克，包煎；车前草9～30克。

本草溯源　《神农本草经》《名医别录》《新修本草》《本草图经》《经史证类备急本草》《本草蒙筌》。

附　　注　全草（车前草）和种子（车前子）为可用于保健食品的中药。

平车前（车前科）

Plantago depressa Willd.

药 材 名　平车前。

药用部位　全草。

功效主治　清热利尿，祛痰，凉血，解毒；治尿路感染，结石，肾炎水肿，小便不利，肠炎，细菌性痢疾，支气管炎。

化学成分　菜油甾醇、洋丁香酚苷等。

大车前（车前科）

Plantago major L.

药 材 名　车前草

药用部位　全草

功效主治　清热利尿，祛痰，凉血，解毒；治尿路感染，结石，肾炎水肿，小便不利，肠炎，细菌性痢疾，支气管炎。

化学成分　菜油甾醇、洋丁香酚苷等。

小车前（车前科）

Plantago minuta Pall.

药 材 名　车前。

药用部位　全草。

功效主治　清热，利尿，祛痰止咳，明目；治尿路感染，结石，肾炎水肿，火眼，细菌性痢疾，急性黄疸性肝炎。

杏叶沙参（桔梗科）

Adenophora hunanensis Nannf.

药 材 名　沙参、南沙参、泡参。

药用部位　根。

功效主治　清热养阴，润肺止咳；治气管炎，百日咳，肺热咳嗽，咳痰黄稠。

化学成分　花椒毒素、蒲公英赛酮、二十八碳酸等。

沙参（桔梗科）

Adenophora stricta Miq.

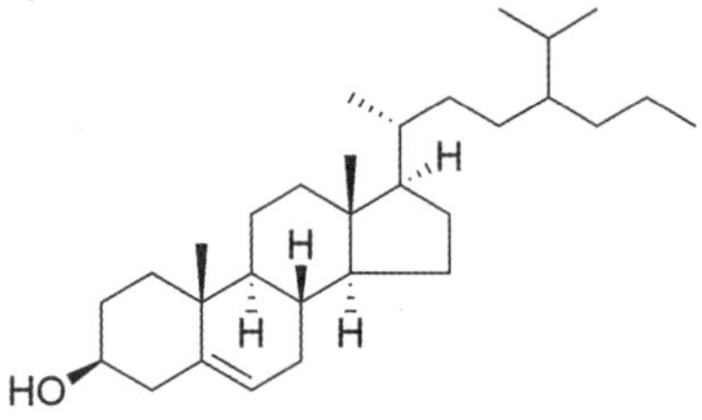

β-谷甾醇

药 材 名　南沙参、沙参、白沙参。

药用部位　根。

生　　境　生长于山野的阳坡草丛中。

采收加工　春、秋二季采挖，除去须根，洗后趁鲜刮去粗皮，洗净，干燥。

药材性状　呈圆锥形或圆柱形，略弯曲。表面黄白色或淡棕黄色，凹陷处常有残留粗皮，上部多有深陷横纹，呈断续的环状，下部有纵纹和纵沟。顶端具1或2个根茎。体轻，质松泡，易折断，断面不平坦，呈黄白色，多裂隙。

性味归经　甘，微寒。归肺、胃经。

功效主治　养阴清肺，益胃生津，化痰，益气；治肺热燥咳，阴虚劳嗽，干咳痰黏，食少呕吐，烦热口干。

化学成分　*β*-谷甾醇、蒲公英赛酮、二十八碳酸等。

核心产区　东北和河北、山东、河南、安徽、江苏、浙江、广东、江西等地。

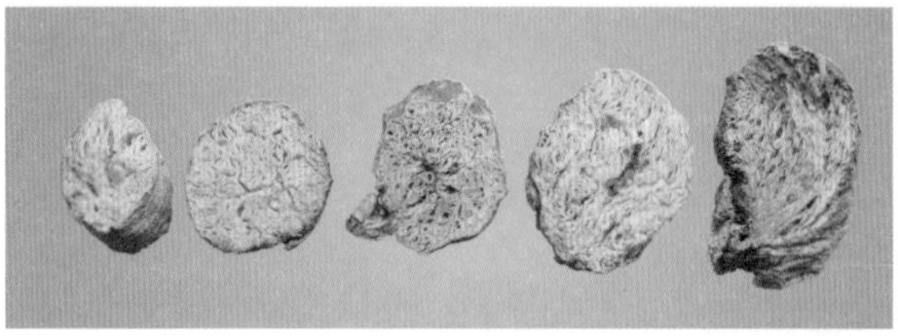

用法用量　煎汤，9～15克。

本草溯源　《名医别录》《本草纲目》《本经逢原》。

附　　注　不宜与藜芦同用。

无柄沙参（桔梗科）

Adenophora stricta Miq subsp. **sessilifolia** D. Y. Hong

药 材 名　无柄沙参。

药用部位　根。

功效主治　养阴润燥，化痰清热；治干咳少痰。

化学成分　*β*-谷甾醇、胡萝卜苷、蒲公英萜酮等。

轮叶沙参（桔梗科）

Adenophora tetraphylla (Thunb.) Fisch.

药 材 名　沙参、南沙参、泡参。

药用部位　根。

功效主治　清热养阴，润肺止咳；治气管炎，百日咳，肺热咳嗽，咳痰黄稠。

化学成分　蒲公英赛酮、二十八碳酸、沙参皂苷等。

大花金钱豹（桔梗科）

Codonopsis javanica Blume

药 材 名　大花金钱豹。

药用部位　根。

功效主治　健脾益气，补肺止咳，下乳；治气虚乏力，脾虚泄泻，肺虚咳嗽，小儿疳积，乳汁稀少。

化学成分　柯伊利素-7-*O*-*β*-D-葡萄糖苷、腺苷等。

小花金钱豹（桔梗科）

Codonopsis javanica Blume subsp. **japonica** (Makino) D. Y. Hong

药 材 名　土党参。

药用部位　根。

功效主治　健脾益气，补肺止咳，下乳；治气虚乏力，脾虚泄泻，肺虚咳嗽，小儿疳积，乳汁稀少。

化学成分　金钱豹苷、lobetyol、贝壳杉双芹素等。

长叶轮钟草（桔梗科）

Campanumoea lancifolia (Roxb.) Merr.

药 材 名　蜘蛛果。

药用部位　根。

功效主治　益气，祛瘀，止痛；治气虚乏力，跌打损伤。

化学成分　绿原酸、木犀草素、芹菜素等。

鸡蛋参（桔梗科）

Codonopsis convolvulacea Kurz

药 材 名　鸡蛋参、芽贺孩（傣药）。

药用部位　块根。

功效主治　润肺生津，益脾胃；治产后体弱，肺结核，气管炎，食欲不振，心悸多汗。

化学成分　莽草酸、丁香脂素、蒲公英萜醇、蒲公英萜酮、豆甾醇等。

羊乳（桔梗科）

Codonopsis lanceolata (Siebold et Zucc.) Trautv.

药 材 名　羊乳、四叶参、奶参。

药用部位　根。

功效主治　益气，养阴，消肿，解毒；治病后体虚，乳汁不足，乳腺炎，肺脓肿，痈疖疮疡。

化学成分　合欢酸、齐墩果酸、环阿屯醇等。

桔梗（桔梗科）

Platycodon grandiflorus (Jacq.) A. DC.

药 材 名　桔梗。

药用部位　根。

功效主治　宣肺，利咽，祛痰，排脓；治外感咳嗽，咳痰不爽，咽喉肿痛，胸闷腹胀，支气管炎，肺脓肿，胸膜炎。

化学成分　桔梗皂苷A、桔梗皂苷C、桔梗皂苷D、桔梗皂苷D2、桔梗皂苷D3、去芹菜糖基桔梗皂苷D等。

蓝花参（桔梗科）

Wahlenbergia marginata (Thunb.) A. DC.

药 材 名　蓝花参、娃儿草、细叶沙参。

药用部位　根、全草。

功效主治　益气健脾，止咳祛痰，止血；治病后体虚，小儿疳积，支气管炎，肺虚咳嗽，疟疾，高血压，产后失血过多。

化学成分　羽扇烯酮、β-谷甾醇苷等。

半边莲（半边莲科）

Lobelia chinensis Lour.

药 材 名　半边莲。

药用部位　全草。

功效主治　清热解毒，利水消肿；治毒蛇咬伤，肝硬化腹水，晚期血吸虫病腹水，肾炎性水肿，扁桃体炎，阑尾炎。

化学成分　L-山梗菜碱、山梗菜酮碱等。

密毛山梗菜（半边莲科）

Lobelia clavata E. Wimm.

药 材 名　大将军。

药用部位　根、叶。

功效主治　有小毒。消炎，止痛，解毒，祛风，杀虫；治风湿性关节炎，跌打损伤；外用治蛇咬伤，痈肿。

狭叶山梗菜（半边莲科）

Lobelia colorata Wall.

药 材 名　红根一枝花、长萼狭叶山梗菜。

药用部位　全草。

功效主治　清热解毒，祛瘀消肿；治肝硬化腹水，痰壅喘咳，跌打损伤，骨折。

江南山梗菜（半边莲科）

Lobelia davidii Franch.

药 材 名　大种半边莲、大半边莲、野靛。

药用部位　根、全草。

功效主治　有小毒。宣肺化痰，清热解毒，利尿消肿；治咳嗽痰多，痈肿疮毒。

化学成分　去甲基半边莲碱、去甲基山梗菜酮碱等。

线萼山梗菜（半边莲科）

Lobelia melliana E. Wimm.

药 材 名　山梗菜、半边莲、大种半边莲。

药用部位　根、带根全草。

功效主治　有小毒。祛痰止咳，利尿消肿，清热解毒；治咳嗽痰多，水肿，乳痈，痈肿疔疮，毒蛇咬伤，蜂蜇。

化学成分　山梗菜碱、山梗菜聚糖等。

毛萼山梗菜（半边莲科）

Lobelia pleotricha Diels

药 材 名　毛萼大将军、彪蚌法（傣药）。

药用部位　根。

功效主治　行气止痛，利水消肿，止咳平喘；治气滞，腹胀，腮腺炎，跌打损伤，风湿痛，痧症，哮喘。

化学成分　异山梗菜酮碱、去甲山梗醇碱等。

西南山梗菜（半边莲科）

Lobelia seguinii H.Lév. et Vaniot

药 材 名　大将军、麻菠萝、野叶子烟。

药用部位　根、全草。

功效主治　有小毒。消炎，止痛，解毒，杀虫；治风湿性关节炎，跌打损伤，疮疡肿毒。

铜锤玉带草（半边莲科）

Pratia nummularia (Lam.) A. Braun et Asch.

药 材 名　铜锤玉带草、地钮子、地茄子。

药用部位　全草，果实。

功效主治　全草：祛风除湿，活血，解毒；治风湿疼痛，跌打损伤，月经不调。果实：祛风，利湿，理气，散瘀；治风湿痹痛，疝气。

化学成分　棕榈酸-β-香树酯、珠光脂酸-β-香树酯等。

田基麻（田基麻科）

Hydrolea zeylanica (L.) Vahl

药 材 名　田基麻、假芹菜。

药用部位　全草、叶。

功效主治　全草：治尿路感染，尿淋，尿路结石，尿血，水肿。叶：外敷治肿毒。

柔弱斑种草（紫草科）

Bothriospermum zeylanicum (J. Jacq.) Druce

药 材 名　柔弱斑种草、鬼点灯、小马耳朵。

药用部位　全草。

功效主治　有小毒。止咳，止血；治咳嗽，吐血。

基及树（紫草科）

Carmona microphylla (Lam.) G. Don.

药 材 名　基及树、福建茶。

药用部位　全草。

功效主治　清热解毒；治疔疮。

破布木（紫草科）

Cordia dichotoma G. Forst.

药 材 名　破布木、纸鹞高树、青桐翠木。

药用部位　根。

功效主治　行气止痛；治心胃气痛，湿热腹泻。

化学成分　琥珀酸单乙酯、香草醛、对羟基苯甲酸等。

倒提壶（紫草科）

Cynoglossum amabile Stapf et J. R. Drumm.

药 材 名 狗屎兰花、蓝布裙、芽排德（傣药）。

药用部位 全草。

功效主治 清热利湿，散瘀止痛；治肝炎，痢疾，尿痛，肺结核，咳嗽，外伤出血，骨折，关节脱臼。

化学成分 生物碱类等。

小花琉璃草（紫草科）

Cynoglossum lanceolatum Forssk.

药 材 名 小花琉璃草。

药用部位 全草。

功效主治 清热解毒，利水消肿；治牙周脓肿，急性肾炎，牙周炎；外用治痈肿疮毒，毒蛇咬伤。

化学成分 澳洲倒提壶碱、澳洲倒提壶亭碱等。

粗糠树（紫草科）

Ehretia macrophylla Wall.

药 材 名　粗糠树、毛叶厚壳树、粗厚壳树。

药用部位　果。

功效主治　散瘀消肿；治跌打损伤。

化学成分　迷迭香酸、柴胡木脂素苷A等。

厚壳树（紫草科）

Ehretia thyrsiflora (Siebold et Zucc.) Nakai

药 材 名　厚壳树、大红茶、大岗茶。

药用部位　叶、心材、树枝。

功效主治　叶：清热解暑，去腐生肌；治感冒，偏头痛。心材：破瘀生新，止痛生肌；治跌打损伤肿痛。树枝：收敛止血；治肠炎腹泻。

化学成分　咖啡酸乙酯、2-甲氧基苯甲酸辛酯等。

大尾摇（紫草科）

Heliotropium indicum L.

药 材 名　大尾摇、象鼻草、全虫草。

药用部位　全草、根。

功效主治　全草有毒。利尿，消肿，解毒；治肺炎，肺脓肿，脓胸，腹泻，痢疾，睾丸炎，白喉，口腔糜烂，痈疖。

化学成分　大尾摇碱、乙酰大尾摇碱、天芥菜碱等。

紫丹（紫草科）

Tournefortia montana Lour.

药 材 名　友谊草、爱国草。

药用部位　全草。

功效主治　祛风活血；治风湿骨痛。

附地菜（紫草科）

Trigonotis peduncularis (Trevir) Benth. ex Baker et S. Moore

药 材 名　附地菜。

药用部位　全草。

功效主治　行气止痛，解毒消肿；治胃痛，吐酸，吐血，跌打损伤，骨折。

化学成分　燕草素-3,5-二葡萄糖苷、牻牛儿醇等。

三分三（茄科）

Anisodus acutangulus C. Y. Wu et C. Chen

药 材 名　野烟、山茄子、大搜山虎、山野烟、野旱烟。

药用部位　根、叶、种子。

功效主治　全草有大毒。麻醉镇痛；治骨折，跌打损伤，关节疼痛，胃痛，胆、肾、肠绞痛。

化学成分　迷迭香甲酯、β-谷甾醇、胡萝卜苷、甘露醇、5,6-二羟基-谷甾醇、硬脂酸等。

辣椒（茄科）

Capsicum annuum L.

药 材 名　辣椒、辣子、海椒。

药用部位　果实、叶。

功效主治　全草有小毒。果实：温中散寒，下气消食；治胃寒气滞，脘腹胀痛，呕吐。

化学成分　辣椒碱、辣椒红素等。

夜香树（茄科）

Cestrum nocturnum L.

药 材 名　夜香树、洋素馨、夜来香。

药用部位　枝、叶。

功效主治　清热消肿，行气止痛；治胃脘痛。

化学成分　沉香烷、2-亚油酸甘油酯和驱蚊叮等。

树番茄（茄科）

Cyphomandra betacea (Cav.) Sendtn.

药 材 名　树番茄。

药用部位　果实。

功效主治　健脾益胃；治脾胃虚弱。

木本曼陀罗（茄科）

Datura arborea L.

药 材 名　大花曼陀罗、灯泡花、曼陀罗。

药用部位　花、叶、种子。

功效主治　有毒。和气止痛，麻醉镇痛，平喘止咳；治胃痛，咳喘。

化学成分　莨菪碱、东莨菪碱等。

洋金花（茄科）

Datura metel L.

药 材 名　洋金花、白花曼陀罗、曼陀罗花、山茄花。

药用部位　花、根、叶、果实、种子。

功效主治　全草有大毒。花：平喘止咳；治脘腹冷痛，风湿痹痛。根：治恶疮，筋骨疼痛，银屑病，狂犬咬伤。叶：治喘咳，痹痛，顽固性溃疡，脚气，脱肛。果实或种子：平喘，祛风，止痛；治咳喘，惊痫，风寒湿痹，泻痢，脱肛，跌打损伤。

化学成分　莨菪碱、东莨菪碱等。

曼陀罗（茄科）

Datura stramonium L.

药 材 名　曼陀罗。

药用部位　种子。

功效主治　有毒。祛风湿，止喘定痛，手术麻醉；治支气管哮喘，慢性喘息性支气管炎，胃痛，牙痛，风湿痛，损伤疼痛。

化学成分　7-羟基阿朴阿托品、酚醛树脂等。

红丝线（茄科）

Lycianthes biflora (Lour.) Bitter

药 材 名　红丝线、钮扣子。

药用部位　全株。

功效主治　清热解毒，祛痰止咳，补虚；治狂犬病，蛇咬伤。

化学成分　2α-羟基蜀羊泉次碱、芸脱皂苷元等。

单花红丝线（茄科）

Lycianthes lysimachioides (Wall.) Bitter

药 材 名　单花红丝线、佛葵、锈草。

药用部位　全草。

功效主治　解毒消肿；治痈肿疮毒，鼻疮，耳疮。

截萼红丝线（茄科）

Lycianthes neesiana (Wall. ex Nees) D' Arcy et Zhi Y. Zhang

药 材 名　截萼红丝线。

药用部位　全草。

功效主治　杀虫，解毒。

枸杞（茄科）

Lycium chinense Mill.

药 材 名　枸杞子、地骨皮、枸杞叶。

药用部位　果实、根皮、嫩茎叶。

功效主治　果实：滋补肝肾；治虚劳精亏。根皮：凉血除蒸，清肺降火；治阴虚潮热。嫩茎叶：补虚益精，清热明目；治虚劳发热。

化学成分　甜菜碱、苦可胺A、枸杞环八肽A、枸杞环八肽B等。

番茄（茄科）

Lycopersicon esculentum Mill.

药 材 名　番茄、西红柿。

药用部位　果实。

功效主治　生津止渴，健胃消食；治口渴，食欲不振。

化学成分　番茄烃、柚皮苷和番茄碱等。

假酸浆（茄科）

Nicandra physalodes (L.) Gaertn.

药 材 名　假酸浆、冰粉、鞭打绣球。

药用部位　全草。

功效主治　全草有小毒。清热解毒，利尿镇静；治感冒发热，鼻渊，热淋，痈肿疮疖。

化学成分　假酸浆酮-1、假酸浆烯酮内酯等。

黄花烟草（茄科）

Nicotiana rustica L.

药 材 名 黄花烟草、小花烟、芽亮（傣药）。

药用部位 全株、叶。

功效主治 清热解毒，除风，止血，杀虫止痒。全株：治牙痛，腹痛，疮疖肿疡，刀伤，皮肤瘙痒，头癣，头疮，毒蛇咬伤。叶：治疔疮痈疖，脓肿，外伤出血，小便热涩疼痛。

烟草（茄科）

Nicotiana tabacum L.

药 材 名 烟草。

药用部位 叶。

功效主治 全草有大毒。消毒解毒，杀虫；治疔疮肿毒，头癣，白癣，秃疮，毒蛇咬伤。

化学成分 烟碱、去甲烟碱、毒藜碱等。

酸浆（茄科）

Physalis alkekengi L.

药 材 名 酸浆、灯笼草、灯笼果。

药用部位 全草。

功效主治 清热，利咽，化痰，利尿；治急性扁桃体炎，咽痛，音哑，肺热咳嗽，小便不利；外用治天疱疮，湿疹。

化学成分 酸浆环氧内酯、酸浆双古豆碱等。

挂金灯（茄科）

Physalis alkekengi L. var. **franchetii** (Mast.) Makino

药 材 名 锦灯笼。

药用部位 宿萼或带果实的宿萼。

功效主治 清热解毒，利咽化痰，利尿通淋；治急性扁桃体炎，咽痛，音哑，肺热咳嗽，小便不利；外用治天疱疮，湿疹。

化学成分 木犀草苷、酸浆苦味素O、酸浆苦味素G、酸浆苦味素E、酸浆苦味素D、对香豆酸等。

苦蘵（茄科）

Physalis angulata L.

药 材 名 苦蘵。

药用部位 全草、果实、根。

功效主治 清热解毒，消肿散结；治咽喉肿痛，腮腺炎，牙龈肿痛，急性肝炎。

化学成分 酸浆双古豆碱、乙酰胆碱、酸浆苦味素D-K等。

小酸浆（茄科）

Physalis minima L.

药 材 名 小酸浆、灯笼泡、黄姑娘。

药用部位 全草及果实。

功效主治 清热利湿，祛痰止咳，软坚散结；治黄疸性肝炎，胆囊炎，感冒发热，肺脓肿，腮腺炎，睾丸炎，膀胱炎，血尿。

化学成分 酸浆苦味素D、physagulin M、physaminimin F、physagulin K等。

灯笼果（茄科）

Physalis peruviana L.

药 材 名　灯笼果、狗葡萄、醋栗。

药用部位　果实。

功效主治　疏风解表；治感冒发热，腮腺炎，支气管炎，急性肾盂肾炎，睾丸炎，疱疹，疖疮，疝气痛。

化学成分　酒石酸、苹果酸、柠檬酸等有机酸。

少花龙葵（茄科）

Solanum americanum Mill.

药 材 名　少花龙葵、乌点规、衣钮扣。

药用部位　全草。

功效主治　清热解毒，平肝，利尿排石，抗癌；治感冒发热，头痛，喉痛，咳嗽，膀胱炎，带下，痢疾，跌打损伤，高血压。

化学成分　异鼠李素、苯茚二酮、圣草酚等。

牛茄子（茄科）

Solanum capsicoides All.

药 材 名　牛茄子、丁茄、癫茄、刺茄。

药用部位　全株。

功效主治　有毒。活血散瘀，镇痛麻醉；治跌打损伤，风湿腰腿痛，痈疮肿毒，冻疮。

化学成分　澳洲茄碱、澳洲茄边碱、刺茄碱等。

野茄（茄科）

Solanum coagulans Forsk.

药 材 名　黄水茄、黄癫茄、丁茄。

药用部位　根、叶、果实。

功效主治　利湿，消肿，止痛；治风湿性关节炎，睾丸炎，牙痛。

化学成分　菝葜皂苷A、brainoside B、camsibriside A等。

假烟叶树（茄科）

Solanum erianthum D. Don

药 材 名　假烟叶、野烟叶。

药用部位　叶或全株。

功效主治　全草有小毒。止痛，解毒，收敛；治胃痛，腹痛，骨折，跌打损伤，慢性粒细胞白血病。

化学成分　澳洲茄胺、密花茄碱、番茄烯胺、野烟叶碱等。

刺天茄（茄科）

Solanum indicum L.

药 材 名　刺天茄、紫花茄、金钮扣。

药用部位　根、果实。

功效主治　有毒。解毒消肿，散瘀止痛；治扁桃体炎，咽喉炎，淋巴结炎，牙痛，胃痛，跌打损伤。

化学成分　羊毛甾醇、澳洲茄碱、澳洲茄边碱、茄碱等。

喀西茄（茄科）

Solanum khasianum C. B. Clarke

药 材 名　添钱果、狗茄子、苦颠茄。

药用部位　叶、果实、根、茎。

功效主治　有小毒。祛风止痛，清热解毒；治风湿痹痛，头痛，牙痛，乳痛，腮腺炎，跌打疼痛。

化学成分　索拉索丁等。

毛茄（茄科）

Solanum lasiocarpum Dunal

药 材 名　毛茄、大叶毛刺茄。

药用部位　全株。

功效主治　通脉定痛，散瘀消肿；治跌打肿痛。

白英（茄科）

Solanum lyratum Thunb.

药 材 名　白英、山甜菜、蔓茄。

药用部位　全草或根。

功效主治　全草有小毒。清热解毒，消肿镇痛，利水消肿；治阴道糜烂，黄疸，丹毒，癌症，蛇咬伤，急性胃肠炎，化脓性骨髓炎，痔疮。

化学成分　紫丁香苷、浙贝素、刺五加酮等。

乳茄（茄科）

Solanum mammosum L.

药 材 名　乳茄、五指茄。

药用部位　果实。

功效主治　有毒。清热解毒，利水消肿；治淋巴结炎，疮疖肿痛。

化学成分　澳洲茄碱、澳洲茄边碱、澳洲茄胺等。

茄（茄科）

Solanum melongena L.

药 材 名　茄子。

药用部位　果实、茄蒂、花、叶、根。

功效主治　清热利湿，祛风止咳，收敛止血；治风湿性关节炎，老年慢性气管炎，水肿，久咳，久痢，带下，遗精，尿血，便血；外用治冻疮。

化学成分　胡芦巴碱、水苏碱、茄碱、飞燕草苷等。

龙葵（茄科）

Solanum nigrum L.

药 材 名　龙葵。

药用部位　全草、种子、根。

功效主治　全草有毒。清热解毒，利水消肿；治感冒发热，牙痛，慢性支气管炎，痢疾，尿路感染，乳腺炎，带下，癌症。

化学成分　澳洲茄碱、澳洲茄边碱、澳洲茄胺等。

海桐叶白英（茄科）

Solanum pittosporifolium Hemsl.

药 材 名　野海茄。

药用部位　根。

功效主治　祛风湿，活血通经；治风湿痹痛，闭经。

海南茄（茄科）

Solanum procumbens Lour.

药 材 名　海南茄。

药用部位　根。

功效主治　有小毒。凉血散瘀，消肿止痛；治急性扁桃体炎，咽喉炎。

化学成分　Solaprocumosides A、solaprocumosides B、paniculonin B等。

珊瑚樱（茄科）

Solanum pseudocapsicum L.

药 材 名　珊瑚樱、冬珊瑚、玉珊瑚茄。

药用部位　全株。

功效主治　全草有毒。活血止痛；治腰肌劳损，闪挫扭伤。

化学成分　毛叶东珊瑚碱、珊瑚樱根碱、槲皮醇-3-鼠李葡萄糖苷等。

旋花茄（茄科）

Solanum spirale Roxb.

药 材 名　大苦凉菜、理肺散帕利（傣药）。

药用部位　根、叶。

功效主治　清火解毒，消肿止痛，止咳化痰，降逆止呕；治感冒咳嗽，咽喉肿痛，耳鸣耳聋，口臭，呕吐，痔疮溃烂，痱子，小便热痛。

化学成分　甾体皂苷类等。

水茄（茄科）

Solanum torvum Sw.

药 材 名　水茄。

药用部位　根及老茎。

功效主治　有小毒。散瘀，通经，消肿，止痛，止咳；治跌打瘀痛，腰肌劳损，胃痛，牙痛，闭经，久咳。

化学成分　圆椎茄碱、水茄皂苷A、水茄皂苷B、菜油甾醇等。

马铃薯（茄科）

Solanum tuberosum L.

药 材 名 马铃薯、土豆、阳芋。

药用部位 块茎。

功效主治 发芽有毒。消炎；外洗治烂疮，下肢溃疡。

化学成分 番茄胺、茄啶、叶黄素、琥珀酸等。

黄果茄（茄科）

Solanum virginianum L.

药 材 名 丁茄。

药用部位 根、果、全草。

功效主治 全草有毒。活血散瘀，镇痛麻醉；治跌打损伤，风湿腰腿痛，痈疮肿毒，冻疮。

龙珠（茄科）

Tubocapsicum anomalum (Franch. et Sav.) Makino

药 材 名 龙珠。

药用部位 全草或根、果实。

功效主治 清热解毒，通利小便；治小便淋痛，痢疾，疔疮。

化学成分 龙珠苷A、龙珠苷B等。

心萼薯（旋花科）

Aniseia biflora (L.) Choisy

药 材 名　心萼薯、满山香、黑面藤。

药用部位　茎、叶、种子。

功效主治　清热解毒，消疳祛积。茎、叶：治小儿疳积。种子：治跌打损伤，蛇咬伤。

白鹤藤（旋花科）

Argyreia acuta Lour.

药 材 名　白鹤藤、白背丝绸、一匹绸。

药用部位　茎叶、根。

功效主治　祛风利尿，化痰止咳，止血活络，拔毒生肌；治肾炎性水肿，肝硬化腹水，风湿疼痛，崩漏，带下，急、慢性气管炎，跌打损伤。

化学成分　木栓醇、木栓酮、菠甾醇、豆甾醇等。

头花银背藤（旋花科）

Argyreia capitiformis (Poir.) Ooststr.

药 材 名　硬毛白鹤藤。

药用部位　叶。

功效主治　消炎止痛，生肌；治刀伤出血。

化学成分　Operculinic B、acutacoside E、东莨菪苷、东莨菪素等。

长叶银背藤（旋花科）

Argyreia henryi (Craib) Craib

药 材 名　长叶银背藤。

药用部位　根。

功效主治　治胃痛。

银背藤（旋花科）

Argyreia obtusifolia Lour.

药 材 名　银背藤。

药用部位　全株。

功效主治　活血化瘀；治跌打损伤，带下，内伤吐血，筋络不舒。

月光花（旋花科）

Calonyction aculeatum (L.) House

药 材 名　月光花、天茄儿。

药用部位　全草、种子。

功效主治　清热解毒；治蛇咬伤，跌打肿痛，骨折。

化学成分　月光花素甲、糙茎牵牛素甲等。

打碗花（旋花科）

Calystegia hederacea Wall.

药 材 名　打碗花、小旋花、兔耳草。

药用部位　全草。

功效主治　治脾胃虚弱，消化不良，小儿吐乳，疳积，月经不调；外用治牙痛。

化学成分　防己内酯、掌叶防己碱、山柰酚-3-半乳糖苷等。

南方菟丝子（旋花科）

Cuscuta australis R. Br.

药 材 名　菟丝子。

药用部位　种子、全草。

功效主治　补养肝肾，益精，明目；治腰膝酸软，阳痿，遗精，尿频，头晕目眩，视力减退，胎动不安。

化学成分　菟丝子多糖、金丝桃苷、紫云英苷等。

金灯藤（旋花科）

Cuscuta japonica Choisy

药 材 名　金灯藤。

药用部位　种子。

功效主治　补肾益精，止泻杀虫；治阳痿，遗精，带下，双目赤痛。

化学成分　羟基马桑毒素、马桑亭、对羟基桂皮酸、咖啡酸等。

马蹄金（旋花科）

Dichondra micrantha Urb.

药 材 名　马蹄金、小金钱草、落地金钱。

药用部位　全草。

功效主治　疏风散寒，行气破积，消结止痛；治感冒风寒，疟疾，中暑腹痛。

化学成分　香荚兰醛、麦芽酚、乌苏酸、东莨菪素、伞形花内酯等。

丁公藤（旋花科）

Erycibe obtusifolia Benth.

药 材 名 丁公藤、包公藤。

药用部位 藤茎。

功效主治 全草有小毒。祛风胜湿，舒筋活络，止痛；治风湿性关节炎，类风湿关节炎，坐骨神经痛，半身不遂，跌打肿痛。

化学成分 包公藤甲素、包公藤乙素、包公藤丙素等。

光叶丁公藤（旋花科）

Erycibe schmidtii Craib

药 材 名 丁公藤。

药用部位 藤茎。

功效主治 全草有小毒。祛风胜湿，舒筋活络，止痛；治风湿性关节炎，类风湿关节炎，坐骨神经痛，半身不遂，跌打肿痛。

化学成分 包公藤乙素、东莨菪苷等。

土丁桂（旋花科）

Evolvulus alsinoides (L.) L.

药 材 名 土丁桂。

药用部位 全草。

功效主治 止咳平喘，清热利湿，散瘀止痛；治支气管哮喘，咳嗽，黄疸，胃痛，消化不良，急性肠炎，痢疾，尿路感染，带下。

化学成分 Evolvulic acids A-C等。

蕹菜（旋花科）

Ipomoea aquatica Forssk.

药 材 名　蕹菜、通心菜。

药用部位　茎叶、根。

功效主治　清热解毒，利尿，止血；治食物中毒，黄藤、钩吻、砒霜、野菇中毒，小便不利，尿血，鼻衄，咳血。根：健脾利湿；治带下，虚淋。

化学成分　芦丁、烟花苷、槲皮素-3-*O*-芸香苷等。

番薯（旋花科）

Ipomoea batatas (L.) Lam.

药 材 名　番薯、白薯、红薯。

药用部位　块根。

功效主治　补中，生津，止血，排脓；治胃和十二指肠溃疡出血，无名肿毒。

化学成分　Batatinoside I、枸橼苦素、咖啡酸十八烷酯等。

五爪金龙（旋花科）

Ipomoea cairica (L.) Sweet

药 材 名　五爪金龙、五叶藤、五叶薯。

药用部位　茎叶、根、花。

功效主治　清热解毒，止咳，通淋利水；治骨蒸劳热，咳嗽咳血，淋病水肿，小便不利，痈肿疮疖。

化学成分　牛蒡子苷、牛蒡子苷元、槲皮素-4′,7-二甲醚等。

七爪龙（旋花科）

Ipomoea mauritiana Jacq.

药 材 名　七爪龙、藤商陆、野牵牛。

药用部位　块根或叶。

功效主治　解毒散结，逐水消肿；治水肿腹胀，便秘；外用治乳腺炎，痈疮。

化学成分　伞形花内酯、东莨菪素、蒲公英赛醇乙酸酯等。

丁香茄（旋花科）

Ipomoea muricata (L.) Jacq.

药 材 名　丁香茄、天茄、天茄子。

药用部位　种子。

功效主治　泻下，解蛇毒；治大便秘结，毒蛇咬伤。

厚藤（旋花科）

Ipomoea pes-caprae (L.) R. Br.

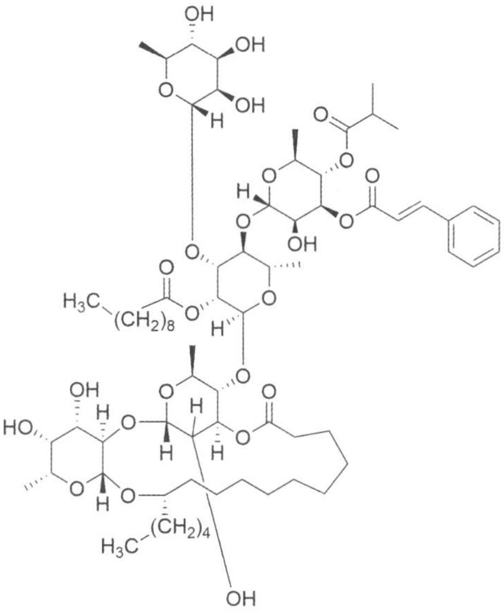

Pescaprein XII

药 材 名　厚藤、马鞍藤、海薯藤。

药用部位　全草。

生　　境　多野生，生于贫瘠的沙土地。

采收加工　全年可采，鲜用或晒干。

药材性状　茎稍呈圆柱形，黄绿色至淡紫色，稍弯曲，有沟槽及细纵纹，节明显，节上生不定根。叶互生，皱缩，黄绿色，完整叶圆形或倒卵形。气微，味甘、微涩。

性味归经　辛、苦，微寒。归肺、肝、胃、大肠经。

功效主治　祛风除湿，消痈散结；治感冒、风湿痹痛、痈肿疔毒、风火牙痛、肠风下血、乳痈等。

化学成分　Pescaprein XII、异槲皮苷、槲皮素、山柰酚、咖啡酸、水杨酸、算盘子酮、β-香树素乙酸酯等，还含有挥发性成分及甾体类。

核心产区　广西（防城、钦州、合浦）。

用法用量　内服：煎汤，15～30克，鲜品30～60克。外用：适量，捣敷；或烧存性研末调敷。

本草溯源　《中华本草》。

附　　注　脾胃虚寒者慎服。

金钟藤（旋花科）

Merremia boisiana (Gagnep.) Ooststr.

药 材 名 金钟藤、多花山猪菜。

药用部位 茎。

功效主治 补血活血，舒筋活络；治血虚萎黄，眩晕，心悸，风湿骨痛，筋脉拘挛，腰膝酸胀。

化学成分 东莨菪内酯、七叶内酯等。

篱栏网（旋花科）

Merremia hederacea (Burm. f.) Hallier f.

药 材 名 篱栏子、鱼黄草、小花山猪菜。

药用部位 全草或种子。

功效主治 清热解毒，利咽喉；治感冒，急性扁桃体炎，咽喉炎，火眼。

化学成分 Merremins A-G、murucoidin IV、murucoidin V等。

掌叶鱼黄草（旋花科）

Merremia vitifolia (Burm. f.) Hallier f.

药 材 名 毛五爪龙、毛牵牛、芽儿角（傣药）。

药用部位 全草。

功效主治 清热解毒，利水消肿，止痛，活血化瘀，健脾；治淋证，胃脘痛，黄疸，水肿，闭经，血崩，肝炎，胆囊炎，脂肪肝。

盒果藤（旋花科）

Operculina turpethum (L.) Silva Manso

药 材 名　盒果藤、假薯藤。

药用部位　全草或根皮。

功效主治　根皮：利尿消肿，舒筋活络；治水肿，大便秘结。全草：治骨折后期筋络挛缩，水煎外洗。

化学成分　白桦脂醇、羽扇豆醇、β-谷甾醇等。

牵牛（旋花科）

Pharbitis nil (L.) Choisy

药 材 名　牵牛子。

药用部位　种子。

功效主治　有小毒。泻水通便，消痰涤饮，杀虫攻积；治二便不通，水肿胀满，蛔虫腹痛，痰饮，脾虚气弱。

化学成分　裂叶牵子酸、叶黄素、β-胡萝卜素等。

圆叶牵牛（旋花科）

Pharbitis purpurea (L.) Voigt

药 材 名　牵牛子、牵牛花、喇叭花。

药用部位　种子。

功效主治　有小毒。泻水通便，消痰涤饮，杀虫攻积；治水肿胀满，二便不通，痰饮积聚。

化学成分　木栓酮、β-木栓烷醇、7-羟基香豆素等。

飞蛾藤（旋花科）

Porana racemosa Roxb.

药 材 名　飞蛾藤、马郎花、打米花。

药用部位　全草或根。

功效主治　解表，解毒，行气活血；治感冒风寒，食滞腹胀，无名肿毒。

化学成分　莨菪亭、东莨菪苷、伞形酮等。

大果飞蛾藤（旋花科）

Porana sinensis Hemsl.

药 材 名　大果飞蛾藤。

药用部位　茎。

功效主治　舒筋活络，消肿，止痛；治跌打肿痛，风湿疼痛。

化学成分　东莨菪素、东莨菪苷、2,5-二甲氧基苯醌等。

大花飞蛾藤（旋花科）

Porana spectabilis Kurz var. **megalantha** (Merr.) F. C. How ex H. S. Kiu

药 材 名　大花飞蛾藤、知列藤。

药用部位　全株。

功效主治　治腹痛。

化学成分　东莨菪素、东莨菪苷、咖啡酸乙酯等。

茑萝松（旋花科）

Quamoclit pennata (Desr.) Bojer

药 材 名　茑萝松、锦屏封、金丝线。

药用部位　全草、根。

功效主治　解毒，凉血；治耳疔，痔漏，毒蛇咬伤。

毛麝香（玄参科）

Adenosma glutinosa (L.) Druce

药 材 名　毛麝香、麝香草、蓝花毛麝香。

药用部位　全草。

功效主治　祛风止痛，散瘀消肿，解毒止痒；治初期小儿麻痹症，受凉腹痛，风湿骨痛。

化学成分　芳樟醇、黄樟醚、*α*-侧柏烯等。

球花毛麝香（玄参科）

Adenosma indiana (Lour.) Merr.

药 材 名　大头陈、地松花、黑头草。

药用部位　带花全草。

功效主治　疏风解表，化痰消滞；治感冒，发热头痛，消化不良，肠炎，腹痛。

化学成分　柠檬烯、芳樟醇、对聚三花素、小茴香酮等。

金鱼草（玄参科）

Antirrhinum majus L.

药 材 名　金鱼草、香菜雀、龙口花。

药用部位　全草。

功效主治　清热解毒，凉血消肿；治跌打扭伤，疮疡肿毒。

化学成分　龙头花苷、花色苷、亚麻酸、咖啡酸等。

假马齿苋（玄参科）

Bacopa monnieri (L.) Wettst.

药 材 名　白花猪母菜、白线草。

药用部位　全草。

功效主治　全草有毒。清热凉血，解毒消肿；治痢疾，目赤肿痛，丹毒，痔疮肿痛；外用治象皮肿。

化学成分　假马齿苋皂苷、白花猪母菜苷A、白花猪母菜苷B、白桦脂醇等。

来江藤（玄参科）

Brandisia hancei Hook. f.

药 材 名　来江藤、蜂糖花、蜂糖罐。

药用部位　全株。

功效主治　祛风除湿，清热解毒；治风湿性关节痛，浮肿，小便不利，泻痢，黄疸，痨伤吐血，疮疖。

化学成分　洋丁香酚苷、金石蚕苷、甘露醇、卫矛醇等。

黑草（玄参科）

Buchnera cruciata Buch.-Ham. ex D. Don

药 材 名 黑草、鬼羽箭、羽箭草。

药用部位 全草。

功效主治 清热解暑；治流行性感冒，中暑腹痛，蛛网膜下腔出血，荨麻疹。

化学成分 芹菜素、木犀草素、香叶木素等。

胡麻草（玄参科）

Centranthera cochinchinensis (Lour.) Merr.

药 材 名 胡麻草、蓝胡麻草。

药用部位 全草。

功效主治 消肿散瘀，止血止痛；治咯血，吐血，跌打内伤瘀血，风湿性关节炎。

大花胡麻草（玄参科）

Centranthera grandiflora Benth.

药 材 名 野蚕豆、小红药、化血丹。

药用部位 根。

功效主治 活血调经，散瘀活络，止痛；治闭经，痛经，崩漏，跌打损伤，风湿骨痛。

化学成分 杜鹃红素、甘露醇等。

鞭打绣球（玄参科）

Hemiphragma heterophyllum Wall.

药 材 名　鞭打绣球、羊膜草、麻章拎（傣药）。

药用部位　全草。

功效主治　利尿，消肿；治咳嗽，肺结核，腰痛，尿急，尿血，肾盂肾炎，膀胱炎。

化学成分　单萜苷类、环烯醚萜苷类、苯乙醇苷类等。

紫苏草（玄参科）

Limnophila aromatica (Lam.) Merr.

药 材 名　紫苏草、香石龙尾、水芙蓉。

药用部位　全草。

功效主治　理气，舒郁，止痛，安胎；治感冒，咳嗽，百日咳，毒蛇咬伤，痈疮肿毒。

化学成分　石吊兰素、isothymusin、栀子黄素B等。

中华石龙尾（玄参科）

Limnophila chinensis (Osbeck) Merr.

药 材 名　中华石龙尾、肖紫草、过塘蛇。

药用部位　全草。

功效主治　清热利尿，凉血解毒；治水肿，结膜炎，风疹，天疱疮，毒蛇、蜈蚣咬伤。

化学成分　异松油烯、α-蒎烯、柠檬烯等。

大叶石龙尾（玄参科）

Limnophila rugosa (Roth) Merr.

药 材 名　水茴香、水薄荷、水八角。

药用部位　全草。

功效主治　清热解表，祛风除湿，止咳止痛；治感冒，咽喉肿痛，肺热咳嗽，支气管炎，胃痛。

化学成分　芳香醇、爰草脑、异愈创木烯、石吊兰素等。

石龙尾（玄参科）

Limnophila sessiliflora (Vahl) Blume

药 材 名　虱婆草。

药用部位　全草。

功效主治　消肿解毒，杀虫灭虱；治烧烫伤，疮疖肿毒，头虱。

钟萼草（玄参科）

Lindenbergia philippensis (Cham. et Schltdl.) Benth.

药 材 名　钟萼草、菱草。

药用部位　叶。

功效主治　化湿生肌，消肿；治皮肤湿疮，恶疮，顽癣，水肿。

长蒴母草（玄参科）

Lindernia anagallis (Burm. f.) Pennell

药 材 名 长蒴母草、鸭嘴癀、小接骨。

药用部位 全草。

功效主治 清热利湿，解毒消肿；治扁桃体炎，咽喉炎，咳嗽，肠炎，小儿消化不良，痈肿疮疖。

化学成分 齐墩果酸、绿原酸等。

狭叶母草（玄参科）

Lindernia angustifolia (Benth.) Wettst.

药 材 名 狭叶母草、羊角桃、陌上番椒。

药用部位 全草。

功效主治 清热解毒，化瘀消肿；治急性胃肠炎，痢疾，肝炎，咽炎，跌打损伤。

化学成分 齐墩果酸、绿原酸等。

泥花草（玄参科）

Lindernia antipoda (L.) Alston

药 材 名 水虾子草、鸭脷草。

药用部位 全草。

功效主治 清热解毒，利尿通淋，活血消肿；治肺热咳嗽，泄泻，目赤肿痛，痈肿疔毒，跌打损伤，蛇咬伤，热疮。

刺齿泥花草（玄参科）

Lindernia ciliata (Colsm.) Pennell

药 材 名　齿叶泥花草、齿叶母草、锯齿草。

药用部位　全草。

功效主治　清热解毒，消肿散瘀，止痛；治毒蛇咬伤，跌打损伤，产后瘀血腹痛。

化学成分　β-谷甾醇、豆甾醇、羽扇豆醇等。

母草（玄参科）

Lindernia crustacea (L.) F. Muell.

药 材 名　母草、四方拳草、四方草。

药用部位　全草。

功效主治　清热利尿，解毒；治细菌性痢疾，肠炎，消化不良，肝炎，肾炎性水肿，带下。

化学成分　叶绿醇、芦荟大黄素、土耳其水苏香堇苷B、顺式地黄苷等。

红骨草（玄参科）

Lindernia montana Hiern

药 材 名　红骨草、狗茅草、粘毛母草。

药用部位　全草。

功效主治　清热解毒；治毒疮，乳腺炎，跌打损伤。

棱萼母草（玄参科）

Lindernia oblonga (Benth.) Merr. et Chun

药 材 名　棱萼母草、公母草、四方草。

药用部位　全草。

功效主治　清热解毒，收敛止泻；治痢疾腹泻，疖肿。

陌上菜（玄参科）

Lindernia procumbens (Krock.) Philcox

药 材 名　陌上菜、白猪母菜。

药用部位　全草。

功效主治　清热解毒，凉血止血；治湿热泻痢，目赤肿痛，尿血，痔疮肿痛。

旱田草（玄参科）

Lindernia ruellioides (Colsm.) Pennell

药 材 名　旱田草、定经草、剪席草。

药用部位　全草。

功效主治　理气活血，消肿止痛；治闭经，痛经，胃痛，乳腺炎，瘰疬。

化学成分　Linderruellioside A、linderruellioside B、车前草苷D、阿克苷等。

匍茎通泉草（玄参科）

Mazus miquelii Makino

药 材 名　匍茎通泉草。

药用部位　全草。

功效主治　止痛，健胃，解毒，清热利尿；治尿路感染，黄疸；外用鲜品捣烂敷疔疮、烫伤处。

化学成分　Mazusaponins Ⅰ-Ⅳ、毛冬青三萜苷Ⅷ等。

通泉草（玄参科）

Mazus pumilus (Burm. f.) Steenis

药 材 名　绿兰花、脓泡药、汤湿草。

药用部位　全草。

功效主治　健胃，止痛，解毒；治偏头痛，消化不良，疔疮，脓疱疮，烫伤。

弹刀子菜（玄参科）

Mazus stachydifolius (Turcz.) Maxim.

药 材 名　弹刀子菜。

药用部位　全草。

功效主治　清热解毒，凉血散瘀；治便秘下血，疮疖肿毒，毒蛇咬伤，跌打损伤。

黑蒴（玄参科）

Melasma arvense (Benth.) Hand.-Mazz.

药 材 名 黑蒴、化血胆。

药用部位 全草。

功效主治 清热利湿，活血化瘀；治黄疸性肝炎，肝脾肿大，跌打损伤，痛经。

化学成分 桃叶珊瑚苷、玉叶金花苷酸甲酶、黑蒴苷等。

白花泡桐（玄参科）

Paulownia fortunei (Seem.) Hemsl.

药 材 名 泡桐树皮、泡桐花、泡桐果。

药用部位 花、叶、果实、树皮、根或根皮。

功效主治 花：清热解毒；治支气管炎，急性扁桃体炎，菌痢，急性肠炎，火眼，肋腺炎，疖肿。叶：清热解毒；止血消肿；治痈疽，疔疮肿毒，创伤出血。果实：祛痰，止咳，平喘；治慢性支气管炎。树皮：祛风除湿，消肿解毒；治风湿热痹，淋病，丹毒，痔疮肿毒，肠风下血，外伤肿痛，骨折。根或根皮：祛风止痛，解毒活血；治风湿热痹，筋骨疼痛，疮疡肿毒，跌打损伤。

化学成分 丁香苷、肉苁蓉苷F、异肉苁蓉苷F、savasides A等。

台湾泡桐（玄参科）

Paulownia kawakamii T. Ito

药 材 名 台湾泡桐、台湾泡桐叶。

药用部位 树皮、叶。

功效主治 祛风解毒，接骨消肿；治跌打损伤，骨折，风湿，早期肝硬化，疮痈肿毒。

化学成分 拉帕酮、黄钟花醌、芝麻素、泡桐素等。

江南马先蒿（玄参科）

Pedicularis henryi Maxim.

药 材 名 凤尾参、江南马先蒿、广东马先蒿。

药用部位 根。

功效主治 益气补血，舒筋活络，止咳平喘；治头晕耳鸣，心慌气短，筋骨疼痛，支气管炎。

化学成分 车前醚苷、地黄苷、焦地黄苯乙醇苷D等。

松蒿（玄参科）

Phtheirospermum japonicum (Thunb.) Kanitz

药 材 名 松蒿、小盐灶菜。

药用部位 全草。

功效主治 清热利湿，解毒；治黄疸，水肿，风热感冒，口疮，鼻炎，疮疖肿毒。

化学成分 松蒿苷、洋丁香酚苷、天人草苷A、角胡麻苷等。

苦玄参（玄参科）

Picria felterrae Lour.

药 材 名 苦玄参、鱼胆草。

药用部位 全草。

功效主治 清热解毒，消肿止痛；治风热感冒，咽喉肿痛，胃痛，消化不良，痢疾，毒蛇咬伤。

化学成分 芹菜素、迷迭香酸、苦玄参苷、阿克替苷等。

胡黄连（玄参科）

Picrorhiza scrophulariiflora Pennell

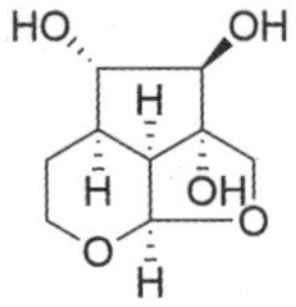

Rehmaglutin A

药 材 名 胡黄连、割孤露泽、胡连。

药用部位 根茎。

生　　境 野生或栽培，高寒地区的岩石上及石堆中、浅土层的向阳处。

采收加工 秋季采挖，除去须根和泥沙，晒干。

药材性状 圆柱形，略弯曲，偶有分枝。表面灰棕色至暗棕色，有较密的环状节，具稍隆起的芽痕或根痕，上端密被暗棕色鳞片状的叶柄残基。体轻，质硬而脆，断面略平坦，棕色至暗棕色，木部有类白色点状维管束排列成环。气微，味极苦。

性味归经 苦，寒。归肝、胃、大肠经。

功效主治 退虚热，除疳热，清湿热；治骨蒸潮热、小儿疳热等。

化学成分 Rehmaglutin A、胡黄连苦苷、桃叶珊瑚苷、梓醇等。

核心产区 西藏南部、云南西北部和四川西部，尼泊尔一带也有。

用法用量 内服：煎汤，3～10克。外用：适量，研末调敷；或浸汁点眼。

本草溯源 《新修本草》《开宝本草》《本草品汇精要》《本草汇言》《本草求真》。

附　　注 进口南药。

炮仗竹（玄参科）

Russelia equisetiformis Schltdl. et Cham.

药 材 名　炮仗竹、吉祥草。

药用部位　地上部分、花。

功效主治　活血化瘀；治跌打损伤，骨折。

野甘草（玄参科）

Scoparia dulcis L.

药 材 名　野甘草、冰糖草、土甘草。

药用部位　全株。

功效主治　清热利湿，疏风止痒；治感冒发热，肺热咳嗽，肠炎，细菌性痢疾，小便不利；外用治痱子，皮肤湿疹。

化学成分　野甘草酸、野甘草醇、芹菜素、蒙花苷、高山黄芩素等。

玄参（玄参科）

Scrophularia ningpoensis Hemsl.

药 材 名 玄参、元参、乌元参。

药用部位 根。

功效主治 滋阴降火，生津解毒；治热病烦渴，发斑，齿龈炎，扁桃体炎，咽喉炎，痈肿，急性淋巴结炎，肠燥便秘。

化学成分 玄参苷、玄参环醚、桃叶珊瑚苷等。

阴行草（玄参科）

Siphonostegia chinensis Benth.

药 材 名 阴行草、土茵陈。

药用部位 全草。

功效主治 清热利湿，凉血止血，祛瘀；治黄疸性肝炎，胆囊炎，蚕豆病，尿路结石，小便不利，尿血，便血。

化学成分 阿克苷、桃叶珊瑚苷、马钱素等。

独脚金（玄参科）

Striga asiatica (L.) Kuntze

药 材 名 独脚金、疳积草、黄花草。

药用部位 全草。

功效主治 清热杀虫，健脾消积；治小儿疳积，黄疸性肝炎，小儿夏季热，小儿腹泻。

化学成分 酚类、有机酸类等。

大独脚金（玄参科）

Striga masuria (Buch.-Ham. ex Benth.) Benth.

药 材 名　大独脚金。

药用部位　全草。

功效主治　健脾消积，清热利湿；治小儿疳积，食欲不振，黄疸，水肿，小便淋沥。

长叶蝴蝶草（玄参科）

Torenia asiatica L.

药 材 名　长叶蝴蝶草、光叶蝴蝶草。

药用部位　全草。

功效主治　散瘀消肿；治热咳，湿热黄疸，痢疾，血淋，疔疮肿毒，跌打损伤。

毛叶蝴蝶草（玄参科）

Torenia benthamiana Hance

药 材 名　毛叶蓝猪耳、粗毛翼萼。

药用部位　全草。

功效主治　清热解毒；治黄疸，血淋，呕吐，腹泻，风热咳嗽，跌打损伤，蛇咬伤，疔毒。

单色蝴蝶草（玄参科）

Torenia concolor Lindl.

药 材 名　蓝猪耳、单色翼萼、蝴蝶草。

药用部位　全草。

功效主治　清热解毒，利湿，止咳；治黄疸，血淋，呕吐，腹泻，风热咳嗽，跌打损伤，蛇咬伤，疔毒。

黄花蝴蝶草（玄参科）

Torenia flava Buch.-Ham. ex Benth.

药 材 名　黄花蝴蝶草、黄花蓝猪耳、黄蝴蝶草。

药用部位　全草。

功效主治　清热解毒，利湿；治阴囊肿大。

蓝猪耳（玄参科）

Torenia fournieri Linden ex E. Fourn.

药 材 名　蓝猪耳。

药用部位　全草。

功效主治　利湿止咳，和胃止呕，化瘀；治黄疸，血淋，风热咳嗽，腹泻。

紫萼蝴蝶草（玄参科）

Torenia violacea (Azaola ex Blanco) Pennell

药 材 名　紫萼蝴蝶草、紫色翼萼、长梗花蜈蚣。

药用部位　根。

功效主治　消食化积，解暑，清肝；治小儿疳积，中暑呕吐，腹泻，目赤肿痛。

多枝婆婆纳（玄参科）

Veronica javanica Blume

药 材 名　多枝婆婆纳。

药用部位　全草。

功效主治　清热解毒，消肿止痛；治疮疖肿毒，乳痈，痢疾，跌打损伤。

阿拉伯婆婆纳（玄参科）

Veronica persica Poir.

药 材 名　阿拉伯婆婆纳、波斯婆婆纳。

药用部位　全草。

功效主治　解毒消肿；治肾虚，风湿，疟疾。

婆婆纳（玄参科）

Veronica polita Fr.

药 材 名　婆婆纳。

药用部位　全草。

功效主治　补肾强腰，解毒消肿；治肾虚腰痛，疝气，睾丸肿痛，带下，痈肿。

化学成分　婆婆纳苷等黄酮苷类。

水苦荬（玄参科）

Veronica undulata Jack ex Wall.

药 材 名　水苦荬、芒种草、水仙桃草。

药用部位　全草。

功效主治　清热利湿，活血止血，解毒消肿；治咽喉肿痛，肺结核咯血，风湿疼痛，月经不调，血小板减少性紫癜，跌打损伤。

化学成分　原儿茶酸、咖啡酸、香草酸、对香豆酸等。

爬岩红（玄参科）

Veronicastrum axillare (Siebold et Zucc.) T. Yamaz.

药 材 名　爬岩红、长穗腹水草。

药用部位　全草。

功效主治　清热解毒，利水消肿，散瘀止痛；治肺热咳嗽，肝炎，水肿；外用治跌打损伤，毒蛇咬伤，烧烫伤。孕妇忌服。

化学成分　金合欢素、木犀草素、油酸、丁香脂素、桂皮酸、对羟基桂皮酸等。

四方麻（玄参科）

Veronicastrum caulopterum (Hance) T. Yamaz.

药 材 名　四方麻、四方青、四棱草。

药用部位　全草。

功效主治　清热解毒，消肿止痛；治腮腺炎，咽喉炎，肠炎，痢疾，淋巴结结核；外用治皮肤湿疹，烧烫伤。

化学成分　黄酮类、酚类、有机酸类、香豆素类等。

腹水草（玄参科）

Veronicastrum stenostachyum (Hemsl.) T. Yamaz. subsp. **plukenetii** (T. Yamaz.) D. Y. Hong

药 材 名　腹水草、见毒消。

药用部位　全草。

功效主治　有小毒。清热解毒，利水消肿，散瘀止痛；治肺热咳嗽，肝炎，水肿；外用治跌打损伤，毒蛇咬伤，烧烫伤。

化学成分　咖啡酸、香草酸、阿魏酸、原儿茶酸、木犀草素、金合欢素等。

野菰（列当科）

Aeginetia indica L.

药 材 名　野菰、蛇箭草、烧不死。

药用部位　全草。

功效主治　有小毒。解毒消肿，清热凉血；治扁桃体炎，咽喉炎，尿路感染，骨髓炎；外用治毒蛇咬伤，疔疮。

化学成分　野菰酸、野菰内酯、芹菜素、维生素A、多烯酸等。

挖耳草（狸藻科）

Utricularia bifida L.

药 材 名　挖耳草、耳挖草、金耳挖。

药用部位　全草。

功效主治　有小毒。清热解毒，消肿止痛；治感冒发热，咽喉肿痛，牙痛，急性肠炎，痢疾，尿路感染，淋巴结结核。

化学成分　牻牛儿醇、牻牛儿酸乙酯、牻牛儿醛、柠檬烯等。

芒毛苣苔（苦苣苔科）

Aeschynanthus acuminatus Wall. ex A. DC.

药 材 名　芒毛苣苔、大叶榕藤、石榕。

药用部位　全株。

功效主治　养阴宁神；治神经衰弱，慢性肝炎，风湿骨痛。

黄杨叶芒毛苣苔（苦苣苔科）

Aeschynanthus buxifolius Hemsl.

药 材 名　上树蜈蚣。

药用部位　全草。

功效主治　安神，健脾和胃；治神经衰弱，慢性肝炎，失眠症，脾胃不和，消化不良，蛇虫咬伤。

旋蒴苣苔（苦苣苔科）

Boea hygrometrica (Bunge) R. Br.

药 材 名　牛耳草、猫耳朵。

药用部位　全草。

功效主治　散瘀止血，清热解毒，化痰止咳；治创伤出血，跌打损伤，中耳炎。

化学成分　香草酸、β-谷甾醇、α-D-呋喃果糖等。

光萼唇柱苣苔（苦苣苔科）

Chirita anachoreta Hance

药 材 名　光萼唇柱苣苔。

药用部位　全草。

功效主治　清热解毒，祛风止痒；治风疹瘙痒，蛇咬伤。

牛耳朵（苦苣苔科）

Chirita eburnea Hance

药 材 名　牛耳朵、岩白菜、石虎耳。

药用部位　根茎、全草。

功效主治　清肺止咳，凉血止血，解毒消痈；治阴虚咳嗽，肺结核咯血。

蚂蟥七（苦苣苔科）

Chirita fimbrisepala Hand.-Mazz.

药 材 名 蚂蟥七、睫萼长蒴苣苔、石螃蟹。

药用部位 根茎。

功效主治 清热除湿，消肿止痛；治胃痛，痢疾，疳积，跌打损伤，肝炎，肺结核咯血，刀伤出血，无名肿毒。

化学成分 蚂蟥七苷、高车前素、山柰酚等。

肥牛草（苦苣苔科）

Chirita hedyotidea (Chun) W. T. Wang

药 材 名 红接骨草、矮脚甘松、石上莲。

药用部位 全草。

功效主治 活血化瘀，消肿止痛；治跌打损伤，痈肿疮疖。

东南长蒴苣苔（苦苣苔科）

Didymocarpus hancei Hemsl.

药 材 名 东南长蒴苣苔、石茶、石芥菜。

药用部位 全草。

功效主治 疏风散热，消肿解毒；治上呼吸道感染，咽喉炎，扁桃体炎，风热感冒。

闽赣长蒴苣苔（苦苣苔科）

Didymocarpus heucherifolius Hand.-Mazz.

药 材 名　闽赣长蒴苣苔。

药用部位　全株。

功效主治　清热解毒；治中耳炎。

贵州半蒴苣苔（苦苣苔科）

Hemiboea cavaleriei H. Lév.

药 材 名　贵州半蒴苣苔、野蓝、软黄花金魁。

药用部位　全株。

功效主治　清热解毒；治痈肿疔毒，烧烫伤，跌打损伤。

华南半蒴苣苔（苦苣苔科）

Hemiboea follicularis C. B. Clarke

药 材 名　华南半蒴苣苔。

药用部位　全草。

功效主治　化痰止咳，解毒活血；治毒蛇咬伤，咳嗽，跌打损伤。

半蒴苣苔（苦苣苔科）

Hemiboea subcapitata C. B. Clarke

药 材 名　降龙草、石花、牛蹄草。

药用部位　全草。

功效主治　消暑利湿，解毒；治外感暑湿，痈肿疮疖，蛇咬伤。

化学成分　锈色洋地黄醌醇、1,4-二羟基-2-羟甲基-9,10-蒽醌等。

吊石苣苔（苦苣苔科）

Lysionotus pauciflorus Maxim.

药 材 名　吊石苣苔、石吊兰、岩泽兰。

药用部位　全草。

功效主治　全草有毒。清热利湿，祛痰止咳，活血调经；治咳嗽，支气管炎，痢疾。

化学成分　石吊兰素、马鞭草新苷、石吊兰苷等。

齿叶吊石苣苔（苦苣苔科）

Lysionotus serratus D. Don

药 材 名　齿叶吊石苣苔、佳葡衣。

药用部位　全草。

功效主治　祛风湿，化痰止咳，活血通经；治风湿痹症，咳嗽，痛经，跌打肿痛。

化学成分　石吊兰素、马鞭草新苷、石吊兰苷等。

长瓣马铃苣苔（苦苣苔科）

Oreocharis auricula (S. Moore) C. B. Clarke

药 材 名　长瓣马铃苣苔。

药用部位　全草。

功效主治　凉血止血，清热解毒；治各种出血，湿热带下，痈疽疮疖。

大叶石上莲（苦苣苔科）

Oreocharis benthamii C. B. Clarke

药 材 名　大叶石上莲。

药用部位　全草。

功效主治　清热解毒，消炎；治跌打损伤，刀伤出血，烂脚。外用鲜草捣烂敷患处。

石上莲（苦苣苔科）

Oreocharis benthamii C. B. Clarke var. **reticulata** Dunn

药 材 名 石上莲。

药用部位 全草。

功效主治 止血；治刀伤出血。

网脉蛛毛苣苔（苦苣苔科）

Paraboea dictyoneura (Hance) B. L. Burtt.

药 材 名 石面枇杷。

药用部位 全草。

功效主治 活血散瘀，消肿止痛；治跌打肿痛，骨折。

椭圆线柱苣苔（苦苣苔科）

Rhynchotechum ellipticum (Wall. ex D. Dietr.) A. DC.

药 材 名 线柱苣苔

药用部位 全草。

功效主治 清肝，解毒；治疥疮，咳嗽，烧烫伤。

凌霄（紫葳科）

Campsis grandiflora (Thunb.) K. Schum.

药材名 凌霄、红花倒水莲。

药用部位 花、根。

功效主治 活血通经，祛风。花：治月经不调，闭经，小腹胀痛。根：治风湿痹痛。

化学成分 毛蕊花糖苷、麦角甾苷、芹菜素、齐墩果酸、熊果酸等。

灰楸（紫葳科）

Catalpa bungei C. A. Mey.

药材名 灰楸。

药用部位 果。

功效主治 清热利湿，止痛解毒；治风湿痹痛，水肿，热毒疮疥。

梓树（紫葳科）

Catalpa ovata G. Don

药材名 梓树。

药用部位 果实、树白皮、根白皮。

功效主治 清热利湿，降逆止吐，杀虫止痒；治湿热黄疸，胃逆呕吐，疮疥，湿疹，皮肤瘙痒。

化学成分 梓树内酯、香草酸、阿魏酸、对羟基桂皮酸、丁香酸、香草醛、梓实苷等。

蒜香藤（紫葳科）

Mansoa alliacea (Lam.) A. H. Gentry

药 材 名　蒜香藤。

药用部位　根、茎、叶。

功效主治　清热解毒；治呼吸道疾病（如伤风，发热，咽喉肿痛）。

猫尾木（紫葳科）

Markhamia stipulata (Wall.) Seem. ex Schum.

药 材 名　猫尾木、毛叶猫尾木、埋锅借（傣药）。

药用部位　叶。

功效主治　清热解毒，退热；治感冒发热，高热不退。

化学成分　毛蕊花糖苷等。

火烧花（紫葳科）

Mayodendron igneum (Kurz) Kurz

药 材 名　火烧花。

药用部位　树皮、茎皮、根皮。

功效主治　杀虫；治痢疾，腹泻。

老鸦烟筒花（紫葳科）

Millingtonia hortensis L. f.

药 材 名　老鸦烟筒花。

药用部位　树皮、叶。

功效主治　祛风止痒，驱虫解毒，祛痰止咳；治瘾疹，湿疹，皮肤过敏，咳嗽痰喘，蛔虫病。

木蝴蝶（紫葳科）

Oroxylum indicum (L.) Kurz

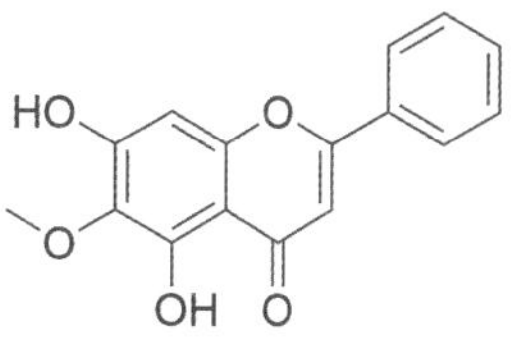

木蝴蝶素A

药 材 名　木蝴蝶、毛鸦船、朝简、千层纸、千张纸。

药用部位　成熟种子。

生　　境　野生或栽培，生长于海拔1 000米以下的山坡、溪边、山谷或灌木丛中。

采收加工　秋、冬二季采收成熟果实，曝晒至果实开裂，取出种子，晒干。

药材性状　蝶形薄片。体轻，剥去种皮，可见一层薄膜状的胚乳紧裹于子叶之外。子叶2，蝶形，黄绿色或黄色。无臭，味微苦。

性味归经　苦、甘，凉。归肺、肝、胃经。

功效主治　清肺利咽，疏肝和胃；治肺热咳嗽，喉痹，音哑，肝胃气痛。

化学成分　木蝴蝶素A、木蝴蝶苷B、黄芩苷、2*α*,3*β*-二羟基羽扇豆醇、腺苷、白杨素-7-葡萄糖酸苷、黄芩苷元等。

核心产区　广西、云南和福建。

用法用量　内服：煎汤，6～9克；研末，1.5～3克。外用：适量，敷贴或研末撒患处。

本草溯源　《滇南本草》《本草纲目拾遗》。

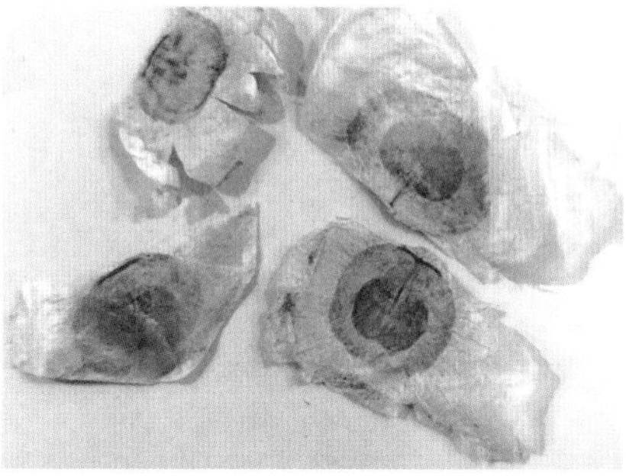

翅叶木（紫葳科）

Pauldopia ghonta (Buch.-Ham. ex G. Don) Steenis

药材名 翅叶木。

药用部位 根皮。

功效主治 凉血解毒，接骨止痛。

炮仗花（紫葳科）

Pyrostegia venusta (Ker Gawl.) Miers

药材名 炮仗花。

药用部位 花、叶。

功效主治 祛风利湿，止痛；治风湿性关节痛，腰膝酸软，胃痛，黄疸。

菜豆树（紫葳科）

Radermachera sinica (Hance) Hemsl.

药 材 名 菜豆树、山菜豆、苦苓舅。

药用部位 根、叶、果实。

功效主治 清热解毒，散瘀消肿；治伤暑发热，跌打骨折，毒蛇咬伤，痈肿。

化学成分 黄金树苷、米内苷、拉杷醌醇、菜豆树萜内酯等。

小萼菜豆树（紫葳科）

Radermachera microcalyx C. Y. Wu et W. C. Yin

药 材 名 小萼菜豆树。

药用部位 根、叶、果。

功效主治 清热解毒，散瘀消肿；治伤暑发热；外用治跌打骨折，毒蛇咬伤，痈肿。

硬骨凌霄（紫葳科）

Tecoma capensis (Thunb.) Spach

药 材 名 硬骨凌霄。

药用部位 茎、叶、花。

功效主治 散瘀消肿，通经利尿；治肺结核，肺炎，支气管炎，哮喘，咽喉肿痛。

化学成分 黄钟花苷等。

芝麻（胡麻科）

Sesamum indicum L.

药 材 名　芝麻。

药用部位　种子。

功效主治　补肝益肾，养血润肠，通乳；治肝肾不足，头晕目眩，贫血，便秘，乳汁缺乏。

化学成分　油酸、亚油酸、棕榈酸、花生酸、甾醇类、芝麻素、维生素E等。

老鼠簕（爵床科）

Acanthus ilicifolius L.

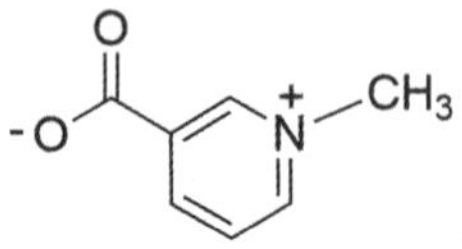

葫芦巴碱

药 材 名　老鼠簕、木老鼠簕、水老鼠簕。

药用部位　全株或根。

生　　境　野生在沿海岸的滨海地带、红树林内侧及潮沟两岸。

采收加工　全年采收枝叶或挖取根部，洗净，切段，晒干。

药材性状　根茎有纵皱纹。茎较硬，不易折断，木质部厚，中空。嫩根表面红棕色，皮层海绵状。茎表面为黄褐色，有明显的点状皮孔，见纵向的深槽，木质部薄，质轻，易折断。叶卷缩，易回潮，叶展开呈长椭圆形或披针状长圆形，先端尖或平截，边缘波状浅裂，羽状分裂；裂片有刺。

性味归经　微苦，凉。归肝、脾、肺经。

功效主治　清热解毒，散瘀消肿，止痛，化痰利湿，止咳平喘；治痄腮，瘰疬，肝脾肿大，肝炎，胃痛，腰肌劳损，痰热咳喘，黄疸，白浊。

化学成分　葫芦巴碱、老鼠簕碱、老鼠簕苷B、芹菜素、毛蕊花糖苷、胆甾醇等。

核心产区　福建、广东、广西、海南和香港沿海。

用法用量　内服：煎汤，30～60克；炖肉，30～120克。外用：适量，研末调敷，或鲜品捣敷。

本草溯源　《生草药性备药》《中华本草》。

刺苞老鼠簕（爵床科）

Acanthus leucostachyus Wall. ex Nees

药 材 名　蛤蟆花、白穗虾蟆花、帕夯喃（傣药）。

药用部位　全草。

功效主治　清热解毒，利尿化石；治淋证出现的尿急、尿频、尿痛，尿结石，水肿。

穿心莲（爵床科）

Andrographis paniculata (Burm. f.) Nees

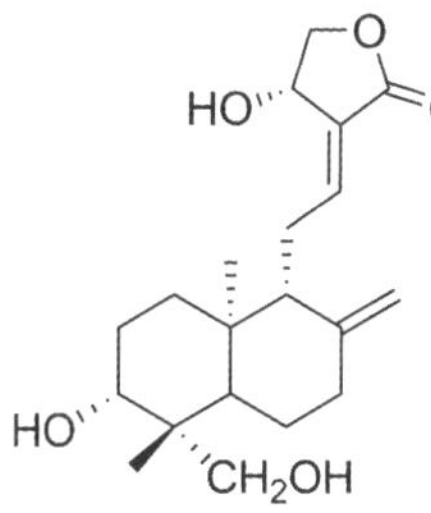

穿心莲内酯

药 材 名　穿心莲、一见喜、日行千里。

药用部位　地上部分。

生　　境　多栽培，喜温暖、湿润、向阳环境。

采收加工　秋初茎叶茂盛时采割，晒干。

药材性状　茎呈方柱形，多分枝，节梢膨大，质脆，易折断；叶柄短或近无柄，叶片皱缩，易碎；基部楔形下延，上表面绿色，下表面灰绿色。气微，味极苦。

性味归经　苦，寒。归心、肺、大肠、膀胱经。

功效主治　清热解毒，凉血，消肿；治感冒发热、咽喉肿痛、口舌生疮、顿咳劳嗽、泄泻痢疾、热淋涩痛、痈肿疮疡、蛇虫咬伤。

化学成分　穿心莲内酯、双穿心莲内酯、芹菜素-7-*O*-*β*-D-葡萄糖醛酸苷、芹菜素-7-*O*-*β*-D-葡萄糖醛酸丁酯等。

核心产区　广东、广西、福建、四川。

用法用量　内服：煎服，6～9克。外用：适量。

本草溯源　《岭南采药录》《中华本草》。

附　　注　阳虚证及脾胃虚弱者慎服。

白接骨（爵床科）

Asystasia neesiana (Wall.) Nees

药 材 名 白接骨。

药用部位 全草。

功效主治 清热解毒，散瘀止血，利尿；治肺结核，咽喉肿痛，糖尿病，腹水；外用治外伤出血，扭伤，疖肿。

化学成分 接骨草黄酮、玉接骨多糖等。

假杜鹃（爵床科）

Barleria cristata L.

药 材 名 假杜鹃。

药用部位 地上部分。

功效主治 清肺化痰，止血截疟，消肿止痛，消疹止痒；治风湿，蛇咬伤。

化学成分 环烯醚萜苷、四胺甜菜碱、黄酮类等。

花叶假杜鹃（爵床科）

Barleria lupulina Lindl.

药 材 名 花叶假杜鹃。

药用部位 全株。

功效主治 消肿解毒，止痛，通经活络；治毒蛇咬伤，跌打损伤肿痛，臁疮。

化学成分 山栀苷甲酯、假杜鹃素、甜菜碱等。

黄花假杜鹃（爵床科）

Barleria prionitis L.

药 材 名 黄花假杜鹃、花叶假杜鹃、比朵郎（傣药）。

药用部位 叶、根。

功效主治 利胆退黄，活血散瘀，消肿止痛，续筋接骨；治黄疸，风寒湿痹，肢体关节酸痛，屈伸不利，跌打损伤，骨折。

虾衣花（爵床科）

Calliaspidia guttata (Brandegee) Bremek.

药 材 名 虾衣草。

药用部位 茎、叶。

功效主治 清热解毒，散瘀消肿；治疗疮疖肿，跌打肿痛。

杜根藤（爵床科）

Calophanoides quadrifaria (Nees) Ridl.

药 材 名　杜根藤。

药用部位　全草。

功效主治　健脾开胃，散瘀止血，消肿解毒；治体虚乏力，食欲不振，吐血。

鳄嘴花（爵床科）

Clinacanthus nutans (Burm. f.) Lindau

药 材 名　竹节黄、竹叶青。

药用部位　全草。

功效主治　全草有毒。清热除湿，消肿止痛，散瘀拔弹；治黄疸，风湿痹病，月经不调，跌打损伤，骨折，刀伤，弹片入肉。

化学成分　羽扇豆醇、白桦脂醇等。

狗肝菜（爵床科）

Dicliptera chinensis (L.) Juss.

药 材 名　狗肝菜、路边青、青蛇仔。

药用部位　全草。

功效主治　清热解毒，凉血利尿；治感冒高热，斑疹发热，流行性乙型脑炎，风湿性关节炎，结膜炎，小便不利。

化学成分　皂苷类、黄酮类等。

喜花草（爵床科）

Eranthemum pulchellum Andrews

药 材 名　可爱花。

药用部位　根、叶。

功效主治　散瘀消肿；治跌打肿痛。

化学成分　甜菜碱、喜花草苷、胡芦巴碱等。

水蓑衣（爵床科）

Hygrophila ringens (L.) R. Br. ex Spreng.

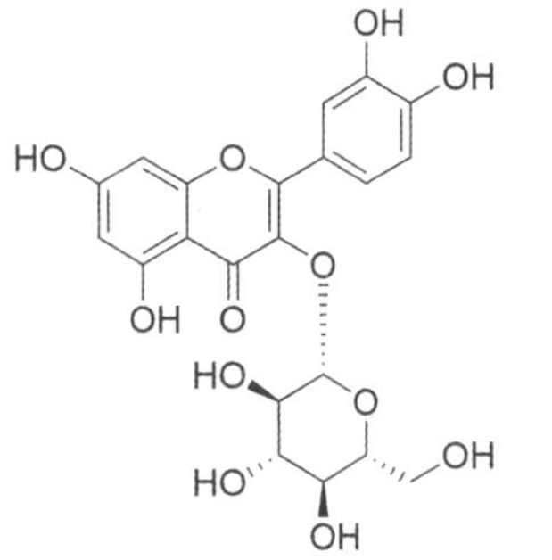

异槲皮苷

药 材 名 水蓑衣、南天仙子、水蓑衣子。

药用部位 全草。

生　　境 生于溪沟边或阴湿地的草丛中。

采收加工 全年可采，洗净，鲜用或晒干。

药材性状 全草长约60厘米，茎略呈方柱形，具棱，节处被疏柔毛；叶对生，多皱缩，叶片披针形或矩圆状披针形，下部叶为椭圆形，先端渐尖，基部下延，全缘。气微，味淡。

性味归经 甘、微苦，凉。归肺经。

功效主治 清热解毒，消肿止痛；治乳痈红热肿痛、疮肿、吐血、衄血、百日咳；外用治骨折、跌打损伤、毒蛇咬伤。

化学成分 异槲皮苷等。

核心产区 分布于亚洲东南部至东部琉球群岛，我国广东、广西、海南、台湾、香港、福建、江西、浙江、安徽、湖南、湖北、四川、云南等地。

用法用量 内服：煎汤，6～30克；或泡酒；或绞汁饮。外用：适量，捣敷。

本草溯源 《救荒本草》《全国中草药汇编》。

枪刀药（爵床科）

Hypoestes purpurea (L.) R. Br.

药 材 名　枪刀药、红丝线、六角英。

药用部位　全草。

功效主治　清热解毒，散瘀，止血，止咳；治肺结核咳血，支气管炎，糖尿病，跌打肿痛。

化学成分　二萜类、木质素类等。

三花枪刀药（爵床科）

Hypoestes triflora (Forssk.) Roem. et Schult.

药 材 名　三花枪刀药。

药用部位　根、全草。

功效主治　根：祛风湿，强腰膝，活血消肿；治风湿痹痛，腰膝酸软。全草：散瘀解毒；治跌打损伤，骨折，刀伤出血。

鸭嘴花（爵床科）

Justicia adhatoda L.

药 材 名　鸭嘴花。

药用部位　全株。

功效主治　祛风活血，散瘀止痛；治骨折，扭伤，风湿性关节痛，腰痛。

化学成分　鸭嘴花碱、鸭嘴花酮碱、氧化鸭嘴花碱等。

小驳骨（爵床科）

Justicia gendarussa Burm. f.

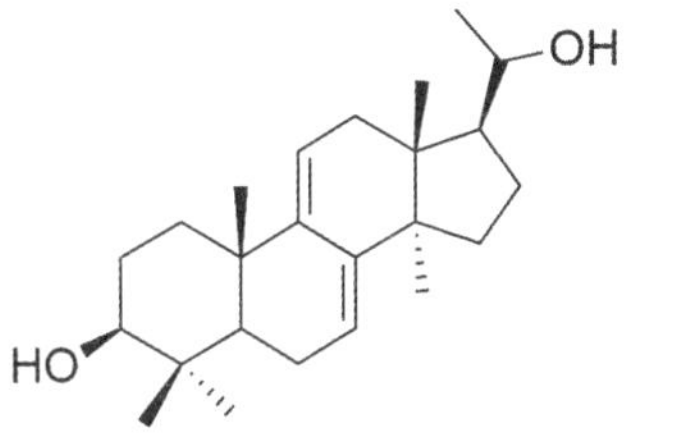

驳骨萜A

药 材 名 小驳骨、接骨木、驳骨丹。

药用部位 地上部分。

生　　境 野生或栽培，生于村旁或路边的灌丛中。

采收加工 全年均可采收，除去杂质，晒干。

药材性状 茎呈圆柱形，表面黄绿色、淡绿褐色或褐绿色；质脆，易折断，断面黄白色；叶展平后呈狭披针形或条状披针形。气微，味微辛、酸。

性味归经 辛，温。归肝、肾经。

功效主治 祛风止痛，续筋接骨；治筋膜骨折，创伤性损伤，风湿病，血瘀，月经阻滞，产后腹痛。

化学成分 驳骨萜A、桦木酸、3-羟基-30-去甲基-20-酮基-28-羽扇豆酸、6-羟基-7,8-二甲氧基香豆素、6,7-二甲氧基香豆素等。

核心产区 海南、广西、云南。

用法用量 水煎服，9～12克。

本草溯源 《生草药性备要》。

爵床（爵床科）

Justicia procumbens L.

药 材 名　爵床。

药用部位　全草。

功效主治　清热解毒，利尿消肿；治感冒发热，疟疾，咽喉肿痛，小儿疳积，痢疾，肠炎，肝炎，肾炎水肿。

化学成分　爵床脂定、山荷叶素、新爵床脂素等。

黑叶小驳骨（爵床科）

Justicia ventricosa Wall. ex Hook. f.

药 材 名　大驳骨、黑叶爵床、大接骨草。

药用部位　全株。

功效主治　活血散瘀，祛风除湿；治骨折，跌打损伤，风湿性关节炎，腰腿痛，外伤出血。

化学成分　鸭嘴花酚碱、鸭嘴花醇碱、鸭嘴花酮碱、鸭嘴花碱等。

鳞花草（爵床科）

Lepidagathis incurva Buch.-Ham.ex D. Don

药 材 名　鳞花草、鳞衣草、牛膝琢。

药用部位　全草。

功效主治　清热解毒，消肿止痛；治蛇疮，口唇糜烂。

太平爵床（爵床科）

Mackaya indica (Nees) Ensermu

药 材 名　山壳骨、太平山壳骨、皮苦来（傣药）。

药用部位　全草。

功效主治　活血化瘀，消肿止痛，止血；治风湿骨痛，跌打损伤，骨折，外伤出血。

观音草（爵床科）

Peristrophe bivalvis (L.) Merr.

药 材 名　山蓝、红蓝、红线草。

药用部位　全草。

功效主治　清热止咳，凉血；治肺燥热咳，咯血，肺结核，糖尿病，跌打损伤。

化学成分　二十八醇、豆甾醇、棕榈酸、月桂酸、尿囊素、芝麻素等。

九头狮子草（爵床科）

Peristrophe japonica (Thunb.) Bremek.

药 材 名 九头狮子草、九节篱、辣叶青药。

药用部位 全草。

功效主治 解表发汗，解毒消肿，镇痉；治感冒发热，咽喉肿痛，白喉，小儿消化不良，小儿高热惊风；外用治痈疖肿毒。

化学成分 羽扇豆醇、豆甾醇、尿囊素、3,5-吡啶二酰胺等。

火焰花（爵床科）

Phlogacanthus curviflorus (Wall.) Nees

药 材 名 火焰花。

药用部位 根皮。

功效主治 清火解毒，祛风利水，凉血止痛；治风湿，月经过多。

多花山壳骨（爵床科）

Pseuderanthemum polyanthum (C. B. Clarke et Oliv.) Merr.

药 材 名 多花可爱花、芽蓬满（傣药）。

药用部位 叶。

功效主治 续筋接骨，祛风除湿；治跌打损伤，风湿性关节痛。

白鹤灵芝草（爵床科）

Rhinacanthus nasutus (L.) Kurz

药 材 名 白鹤灵芝。

药用部位 枝、叶。

功效主治 清肺止咳，利湿止痒；治早期肺结核，体癣，湿疹。

化学成分 伞形花内酯、香豆素类、植物甾醇、三萜类等。

孩儿草（爵床科）

Rungia pectinata (L.) Nees

药 材 名 孩儿草、疳积草、蓝色草。

药用部位 全草。

功效主治 清热利湿，消积导滞；治小儿疳积，消化不良，肝炎，肠炎，感冒，喉痛，结膜炎，瘰疬。

化学成分 十五烷、豆甾醇、亮氨酸、异亮氨酸等。

黄脉爵床（爵床科）

Sanchezia nobilis Hook.f.

药 材 名 金脉爵床、金叶木、金脉单药。

药用部位 全草。

功效主治 清热解毒；治小儿高热，疳积。

山一笼鸡（爵床科）

Strobilanthes aprica (Hance) T. Anderson

药 材 名　山一笼鸡。

药用部位　根。

功效主治　发汗解表，清肺止咳；治感冒发热，肺热咳嗽，痢疾，黄疸。

黄球花（爵床科）

Strobilanthes chinensis (Nees) J. R. I. Wood et Y. F. Deng

药 材 名　黄球花。

药用部位　全草。

功效主治　凉血解毒，消肿止痛；治跌打肿痛，痢疾，湿疹，皮肤瘙痒。

马蓝（爵床科）

Strobilanthes cusia (Nees) Kuntze

药 材 名 南板蓝根、青黛、蓝靛。

药用部位 根茎，叶或茎叶经加工制得的干燥粉末、团块或颗粒。

生　　境 栽培于平坦丘陵、坡地和平地。

采收加工 夏、秋二季采挖，除去地上茎，洗净，晒干。

药材性状 根茎类圆形，多弯曲，表面灰棕色，具细纵纹，有分枝；节膨大有细根或茎残基，外皮易剥落，呈蓝灰色，质硬脆，易折断，中央有髓。气微，味淡。青黛为深蓝色的粉末，体轻，易飞扬；或呈不规则多孔形的团块、颗粒，用手搓捻即成细末。微有草腥气，味淡。

性味归经 南板蓝根苦，寒；归心、胃经。青黛苦，寒；归肝经。

功效主治 清热解毒，凉血消斑；治温疫时毒，发热咽痛，温毒发斑，丹毒。

化学成分 大黄酚、靛玉红、靛蓝、羽扇豆醇、羽扇豆酮等。

核心产区 江苏、浙江、福建、湖南、贵州、广东、广西和云南等，广东尤以广州从化、河源紫金与云浮罗定量大。

用法用量 内服：南板蓝根9～15克，青黛1～3克，宜入丸散用。外用：适量。

本草溯源 《本草经集注》《本草图经》《本草衍义》《本草纲目》。

附　　注 板蓝根为传统中药，也是常用中药，板蓝根又分为北板蓝根及南板蓝根，北板蓝根为十字花科植物菘蓝的根，为全国多数地区习用；南板蓝根为爵床科植物马蓝的根茎和根，为西南和华南地区习用。菘蓝及马蓝的叶均作为青黛来源使用，而药典大青叶来源仅为菘蓝，但南方部分地区也用马蓝的叶作为大青叶使用。

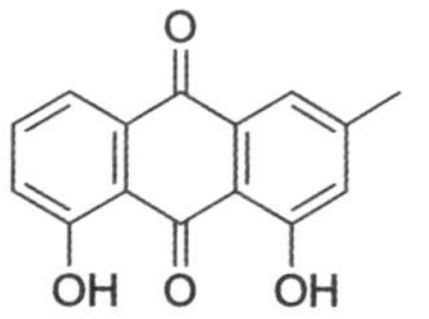

大黄酚

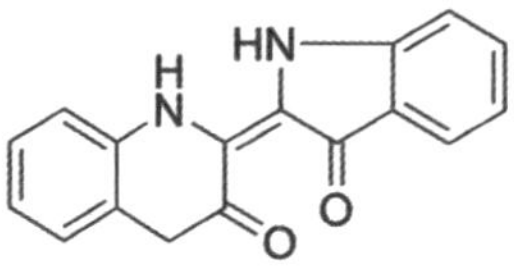

靛蓝

球花马蓝（爵床科）

Strobilanthes dimorphotricha Hance

药 材 名 六月青、汗斑草。

药用部位 茎、叶。

功效主治 清热解毒，散瘀消肿；治疮疖肿毒，汗斑，跌打肿痛，毒蛇咬伤。

日本马蓝（爵床科）

Strobilanthes japonica (Thunb.) Miq.

药 材 名 红泽兰、垂序马蓝。

药用部位 全草。

功效主治 活血通经，祛瘀止痛；治痛经，盆腔炎，产后腹痛，跌打损伤，风湿骨痛。

化学成分 红泽兰苷、5,7-二甲氧基-4'-羟基黄酮等。

少花马蓝（爵床科）

Strobilanthes oliganthus Miq.

药 材 名 紫云英马蓝。

药用部位 全草。

功效主治 清热凉血；治感冒发热，热病昏厥，外伤出血。

四子马蓝（爵床科）

Strobilanthes tetrasperma (Champ. ex Benth.) Druce

药 材 名 四子马蓝、黄猄草。

药用部位 全草。

功效主治 疏散风热，活络解毒；治风热感冒，风湿骨痛，跌打损伤，疮疖肿毒。

糯米香（爵床科）

Strobilanthes tonkinensis Lindau

药 材 名　糯米香。

药用部位　叶。

功效主治　清热解毒，养颜抗衰，补肾健胃；治小儿疳积，带下。

化学成分　1-(3, 4, 5, 6-四氢-2-吡啶基)-1-丙酮等。

翼叶山牵牛（爵床科）

Thunbergia alata Bojer ex Sims

药 材 名　翼叶山牵牛。

药用部位　全株。

功效主治　消肿止痛；治跌打肿痛。

化学成分　十六碳烯酸等。

山牵牛（爵床科）

Thunbergia grandiflora Roxb.

药 材 名　大花山牵牛。

药用部位　根皮、茎、叶。

功效主治　消肿拔毒，排脓生肌，止痛。根皮：治跌打损伤，骨折。茎、叶：治蛇咬伤，疮疖。叶：治胃痛。

化学成分　D-柠檬酸、棕榈酸等。

苦槛蓝（苦槛蓝科）

Pentacoelium bontioides Siebold et Zucc.

药 材 名　苦槛蓝、苦蓝盘。

药用部位　根、茎、叶。

功效主治　祛风，解毒；治肺病。

化学成分　黄芩苷、苦槛蓝酮等。

木紫珠（马鞭草科）

Callicarpa arborea Roxb.

药 材 名　木紫珠、南洋紫珠、埋帕破（傣药）。

药用部位　根、叶。

功效主治　清热除风，止血，止痛，止痒；治外伤出血，蚂蟥咬伤后出血不止，吐血。

化学成分　酚苷类、苯丙素苷类、木脂素类等。

紫珠（马鞭草科）

Callicarpa bodinieri H. Lév.

药 材 名　紫珠、紫珠草、止血草。

药用部位　茎、叶、根。

功效主治　散瘀止痛，祛风除湿，解毒消肿；治血瘀，痛经，衄血，咯血，吐血，崩漏，尿血，风湿痹痛，跌打瘀肿，外伤出血，烫伤，丹毒。

化学成分　矢车菊素、芍药花素等。

短柄紫珠（马鞭草科）

Callicarpa brevipes (Benth.) Hance

药 材 名　紫珠。

药用部位　全草。

功效主治　祛风除湿，化痰止咳；治风湿性关节痛，支气管炎。

华紫珠（马鞭草科）

Callicarpa cathayana Hung T. Chang

药 材 名　华紫珠、鱼显子。

药用部位　根、叶。

功效主治　止血散瘀，祛风逐湿。叶：治创伤出血，咯血，吐血，各种出血症。根：治跌打损伤，风湿痹痛。

化学成分　羽扇豆酮齐墩果酸、熊果酸等。

白棠子树（马鞭草科）

Callicarpa dichotoma (Lour.) K. Koch

药 材 名　白棠子树、紫珠草、止血草。

药用部位　叶。

功效主治　止血，散瘀，消炎；治衄血，咯血，胃肠出血，异常子宫出血，上呼吸道感染，扁桃体炎，肺炎，支气管炎。

化学成分　连翘酯苷B、阿克苷、2′-乙酰基毛蕊花糖苷等。

杜虹花（马鞭草科）

Callicarpa formosana Rolfe

药 材 名　紫珠叶。

药用部位　叶。

功效主治　凉血，收敛止血，散瘀解毒，消肿；治衄血，咯血，胃肠出血，异常子宫出血，上呼吸道感染，扁桃体炎，肺炎，支气管炎。

化学成分　木犀草苷、毛蕊花糖苷等。

老鸦糊（马鞭草科）

Callicarpa giraldii Hesse ex Rehder

药 材 名　老鸦糊、万年青、鱼胆。

药用部位　根、茎、叶、果实。

功效主治　收敛止血，清热解毒；治风湿性关节痛，跌打损伤，外伤出血。

化学成分　3,5,7,4′-四甲氧基黄酮、熊果酸等。

全缘叶紫珠（马鞭草科）

Callicarpa integerrima Champ.

药 材 名　全缘叶紫珠。

药用部位　叶。

功效主治　祛风散结；治风湿病，瘰疬。

化学成分　*β*-石竹烯、甘香烯、7-杜松烯等。

枇杷叶紫珠（马鞭草科）

Callicarpa kochiana Makino

药 材 名　枇杷叶紫珠。

药用部位　根、茎、叶。

功效主治　祛风除湿，收敛止血；治风湿痹痛，风寒咳嗽，头痛，胃出血，刀伤出血。

化学成分　3,7,3′,4′-四甲山柰酚-7-*O*-*β*-D-葡萄糖苷、二羟黄酮等。

广东紫珠（马鞭草科）

Callicarpa kwangtungensis Chun

药 材 名　广东紫珠。

药用部位　茎枝、叶。

功效主治　收敛止血，散瘀，清热解毒；治胃痛，吐血，胸痛，麻疹，偏头痛，外伤出血。

化学成分　连翘酯苷B、金石蚕苷等。

尖萼紫珠（马鞭草科）

Callicarpa loboapiculata F. P. Metcalf

药 材 名　尖萼紫珠。

药用部位　叶。

功效主治　祛风止痒，杀虫；治各种癣疾引起的皮肤瘙痒、脱屑、溃烂、疥疮等皮肤顽疾。

长叶紫珠（马鞭草科）

Callicarpa longifolia Lam.

药 材 名　长叶紫珠、老哈眼、巴摆顿（傣药）。

药用部位　根茎、皮。

功效主治　解毒，活血止痛，涩肠止泻；治鹅口疮，梅毒，上肢风湿痛，腹痛，腹泻，痛经，月经不调。

尖尾枫（马鞭草科）

Callicarpa longissima (Hemsl.) Merr.

药 材 名　尖尾枫。

药用部位　根、茎、叶。

功效主治　祛风止痛，散瘀止血；治咯血，吐血，风湿疼痛；外用治跌打损伤，外伤出血。

化学成分　乌苏酸、山楂酸、野鸡椿酸等。

大叶紫珠（马鞭草科）

Callicarpa macrophylla Vahl

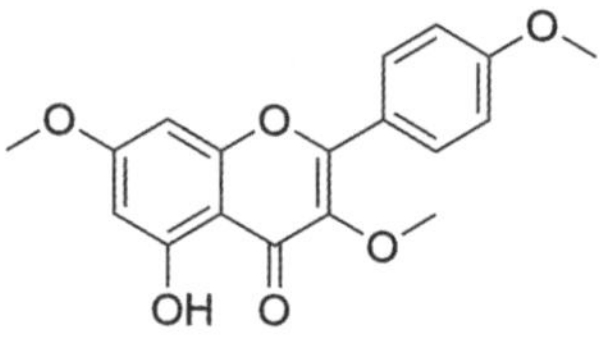

5-羟基-3,7,4′-三甲基黄酮

药 材 名　大叶紫珠。

药用部位　根和叶。

生　　境　野生，生于山坡丘陵或灌木丛。

采收加工　夏、秋二季采叶，洗净鲜用或晒干研末备用；全年都可采根，切片，晒干。

药材性状　叶片展平后呈长椭圆形至椭圆状披针形，上表面灰绿色或棕绿色；下表面淡绿色或淡棕绿色，密被灰白色茸毛。气微，味辛、微苦。

性味归经　苦，平。归肝、肺、胃经。

功效主治　散瘀止血，消肿止痛。叶：治吐血，咯血，衄血，便血；外用治外伤出血。根：治跌打肿痛，风湿骨痛。

化学成分　5-羟基-3,7,4′-三甲基黄酮、*β*-细辛醚等。

核心产区　广东、广西、贵州和云南。

用法用量　内服：煎汤，25～50克。外用：适量，捣敷；或研末撒。

本草溯源　《中华本草》。

裸花紫珠（马鞭草科）

Callicarpa nudiflora Hook. et Arn.

药 材 名　裸花紫珠、白花茶、白花婆。

药用部位　叶。

功效主治　止血止痛，散瘀消肿；治肝炎，刀伤出血，内出血，扭伤肿痛。

化学成分　木犀草苷、毛蕊花糖苷等。

红紫珠（马鞭草科）

Callicarpa rubella Lindl.

药 材 名　红紫珠、小红米果。

药用部位　根、叶。

功效主治　凉热止血，祛风止痛；治跌打瘀肿，咳血，骨折，外伤出血。民间用根炖肉服，可通经，治妇女带下。

化学成分　α-荜澄茄油烯、棕榈酸等。

兰香草（马鞭草科）

Caryopteris incana (Thunb. et Houtt.) Miq.

药 材 名　兰香草、山薄荷、九层楼。

药用部位　全草、根。

功效主治　疏风解表，止咳祛痰，散瘀止痛；治上呼吸道感染，百日咳，支气管炎，风湿性关节痛，胃肠炎，跌打肿痛。

化学成分　兰香草素钠等。

臭牡丹（马鞭草科）

Clerodendrum bungei Steud.

药 材 名　臭牡丹、大红袍、臭八宝。

药用部位　根。

功效主治　祛风除湿，解毒散瘀；治风湿性关节痛，跌打损伤，高血压，头晕头痛，肺脓肿，痈疽，乳腺炎，关节炎，湿疹。

化学成分　5,7,8,4′-四羟基黄酮、芹菜素、琥珀酸等。

灰毛大青（马鞭草科）

Clerodendrum canescens Wall. ex Walp.

药 材 名 灰毛臭茉莉、大叶白花鬼灯笼。

药用部位 全株。

功效主治 清热解毒，凉血止血；治肺结核咯血，感冒高热，红白痢。

化学成分 羽扇豆醇、*α*-香树脂醇十一酸酯等。

臭茉莉（马鞭草科）

Clerodendrum chinense (Osbeck) Mabb. var. **simplex** (Moldenke) S. L. Chen

药 材 名 臭茉莉、白花臭牡丹、臭屎茉莉。

药用部位 根、叶。

功效主治 祛风除湿，活血消肿；治风湿骨痛，脚气水肿，痔疮脱肛。

化学成分 黄酮苷类、酚类、皂苷类、鞣质等。

腺茉莉（马鞭草科）

Clerodendrum colebrookianum Walp.

药 材 名 腺茉莉、宾修（傣药）。

药用部位 根、叶。

功效主治 清热解毒，祛风利湿，化痰止咳，活血消肿；治各种妇科疾病。

大青（马鞭草科）

Clerodendrum cyrtophyllum Turcz.

药 材 名　大青。

药用部位　叶。

功效主治　清热利湿，祛瘀解毒；治脑脊髓膜炎，流行性乙型脑炎，感冒头痛，肺炎，腮腺炎，扁桃体炎，肝炎，尿路感染。

化学成分　木犀草素等。

白花灯笼（马鞭草科）

Clerodendrum fortunatum L.

药 材 名　白花灯笼、苦灯笼、苦丁茶。

药用部位　根、全株。

功效主治　清热止咳，解毒消肿；治风热感冒，支气管炎，咽喉炎，胃痛，腹痛，风湿，痈疖疮疡，偏头痛，黄疸。

海南赪桐（马鞭草科）

Clerodendrum hainanense Hand.-Mazz.

药 材 名　海南赪桐。

药用部位　根、全株。

功效主治　清热解毒，消炎。根：治小儿肺炎。全株：治感冒发热，黄疸性肝炎。

长管大青（马鞭草科）

Clerodendrum indicum (L.) Kuntze

药 材 名　长管假茉莉、芽引庄（傣药）。

药用部位　全草。

功效主治　清火解毒，祛风利水，通气止痛；治疟疾，腹痛腹泻，赤白下痢，小便热涩疼痛，乳痈，风湿热痹，食物中毒。

苦郎树（马鞭草科）

Clerodendrum inerme (L.) Gaertn.

药 材 名　许树、苦郎树。

药用部位　枝、叶。

功效主治　清热解毒，祛风除湿，散瘀活络；治风湿性关节炎，腰腿痛，坐骨神经痛，胃痛，感冒发热，疟疾，肝炎，肝脾肿大。

赪桐（马鞭草科）

Clerodendrum japonicum (Thunb.) Sweet

药 材 名　赪桐根、百日红、状元红。

药用部位　根、叶。

功效主治　安神，止血。根：治风湿骨痛，腰肌劳损，跌打损伤，肺结核咳嗽，咯血。叶：外用治疗疮疖肿。

化学成分　咖啡酸、毛蕊花糖苷、山柰酚等。

广东大青（马鞭草科）

Clerodendrum kwangtungense Hand.-Mazz.

药 材 名　广东大青、广东赪桐、广东臭杜丹。

药用部位　根。

功效主治　祛风除湿，壮腰健肾；治风寒湿痹，肢体麻木，肾虚腰痛。

南垂茉莉（马鞭草科）

Clerodendrum laevifolium Blume

药 材 名　南垂茉莉、小刺毛树、皮虎龙（傣药）。

药用部位　根。

功效主治　健胃开胃；治食积停滞，消化不良，脾虚食少。

尖齿臭茉莉（马鞭草科）

Clerodendrum lindleyi Decne. ex Planch.

药 材 名　尖齿臭茉莉。

药用部位　根、叶。

功效主治　祛风利湿，化痰止咳，活血消肿。根：治风湿性关节炎，脚气水肿，带下，支气管炎。叶：外用治湿疹，皮肤瘙痒。

化学成分　白桦脂醇、单乙酰马蒂罗苷等。

海通（马鞭草科）

Clerodendrum mandarinorum Diels

药 材 名 海通。

药用部位 枝、叶。

功效主治 祛风通络；治半身不遂，小儿麻痹后遗症。

重瓣臭茉莉（马鞭草科）

Clerodendrum philippinum Schauer

药 材 名 重瓣臭茉莉。

药用部位 根、叶。

功效主治 祛风利湿，活血消肿；治风湿痹痛，子宫脱垂，附件炎，脚气水肿，黄疸性肝炎。

化学成分 1-辛烯-3-醇、3-辛醇等。

三对节（马鞭草科）

Clerodendrum serratum (L.) Moon

药 材 名 三叶对、八棱麻、齿叶大青。

药用部位 全株。

功效主治 清热解毒，截疟，接骨，祛风除湿；治扁桃体炎，风湿骨痛，疟疾，肝炎。

化学成分 三萜甾醇类、黄酮类、酚酸类、三萜酸类、皂苷类、二萜苷类、环烯醚萜苷类、苯丙素苷类等。

龙吐珠（马鞭草科）

Clerodendrum thomsoniae Balf. f.

药 材 名 龙吐珠、麒麟吐珠、珍珠宝草。

药用部位 叶。

功效主治 清热解毒，活血，利尿，抗癌；治跌打损伤，慢性中耳炎。

化学成分 美利妥双苷、桃叶珊瑚苷等。

假连翘（马鞭草科）

Duranta erecta L.

药 材 名　假连翘。

药用部位　果实。

功效主治　有小毒。散热透邪，行血祛瘀，止痛杀虫，消肿排毒；治疟疾，跌打伤痛。

化学成分　假连翘种苷、花墙刺苷等。

云南石梓（马鞭草科）

Gmelina arborea Roxb.

药 材 名　石梓、滇石梓、楠说（傣药）。

药用部位　茎皮。

功效主治　清火解毒，除风止痒；治咽喉肿痛，麻疹，风疹，疥癣，水火烫伤。

化学成分　环烯醚萜苷类、木脂素类、黄酮类等。

石梓（马鞭草科）

Gmelina chinensis Benth.

药 材 名　石梓、鼻血簕。

药用部位　根。

功效主治　活血祛瘀，祛湿止痛；治闭经，风湿病。

马缨丹（马鞭草科）

Lantana camara L.

药 材 名　马缨丹、五色梅。

药用部位　根、枝、叶。

功效主治　有毒。清热解毒，润肺止咳，解暑热。根：治感冒高热，风湿骨痛，胃痛。枝、叶：外用治湿疹，皮炎，皮肤瘙痒。

化学成分　马缨丹酸、马缨丹异酸等。

过江藤（马鞭草科）

Phyla nodiflora (L.) Greene

药 材 名　过江藤、苦舌草。

药用部位　全草。

功效主治　清热解毒，散瘀消肿；治痢疾，急性扁桃体炎，咳嗽咯血，跌打损伤；外用治痈疽疔毒，慢性湿疹。

化学成分　尼泊尔黄酮素、巴达薇甘菊素等。

黄毛豆腐柴（马鞭草科）

Premna fulva Craib

药 材 名　黄毛豆腐柴、丹毫温（傣药）。

药用部位　根。

功效主治　补脾止泻，消肿止痛；治腹泻，腹痛，跌打骨折，肿痛。

化学成分　萜类、黄酮类等。

豆腐柴（马鞭草科）

Premna microphylla Turcz.

药 材 名　豆腐柴。

药用部位　根、茎、叶。

功效主治　清热解毒，消肿止痛，收敛止血；治疟疾，痢疾，阑尾炎，雷公藤中毒；外用治烧烫伤，淋巴结炎，痈肿疮疖。

化学成分　臭梧桐碱等。

狐臭柴（马鞭草科）

Premna puberula Pamp.

药 材 名　狐臭柴、斑鸠占、神仙豆腐柴。

药用部位　根、茎。

功效主治　祛风湿，壮肾阳；治风湿痹痛，肥大性脊椎炎，肩周炎，肾虚阳痿，月经延期。

化学成分　无羁萜等。

思茅豆腐柴（马鞭草科）

Premna szemaoensis C. Pei

药 材 名　接骨树、蚂蚁鼓堆树、埋素喃（傣药）。

药用部位　全株。

功效主治　舒筋活血，接骨镇痛，止血生肌；治骨折，跌打伤痛，外伤出血，风湿骨痛。

化学成分　黄酮类等。

假马鞭（马鞭草科）

Stachytarpheta jamaicensis (L.) Vahl

药 材 名 假马鞭、倒扣藤。

药用部位 全草、根。

功效主治 清热解毒，利水通淋；治尿路感染，尿路结石，风湿筋骨痛，喉炎，火眼；外用治痈疖肿毒。

化学成分 正-二十九烷、绿原酸等。

柚木（马鞭草科）

Tectona grandis L. f.

药 材 名 柚木、脂树、紫油木。

药用部位 茎、叶。

功效主治 和中止呕，祛风止痒；治尿路感染，肠炎腹泻，恶心，呕吐，风疹瘙痒。

化学成分 柚木萜二醇、柚木萘醌等。

假紫珠（马鞭草科）

Tsoongia axillariflora Merr.

药 材 名 假紫珠、似荆、钟萼木。

药用部位 根、全株。

功效主治 清热解毒，消炎退黄。根：治肺结核。全株：治黄疸性肝炎。

马鞭草（马鞭草科）

Verbena officinalis L.

药 材 名 马鞭草、马鞭子、透骨草。

药用部位 地上部分。

功效主治 毒性极小；活血散瘀，解毒，利水，退黄，截疟；治疟疾，感冒发热，急性胃肠炎，肝炎，肝硬化腹水，肾炎性水肿，白喉，咽喉肿痛。

化学成分 齐墩果酸、熊果酸等。

灰毛牡荆（马鞭草科）

Vitex canescens Kurz

药 材 名 灰毛牡、荆灰牡荆、灰布荆。

药用部位 根。

功效主治 祛风，行气，止痛；治感冒，咳嗽，哮喘，风湿痹痛，疟疾，胃痛，疝气，痔瘘。

化学成分 20-羟基蜕皮甾酮、芹菜素、异绿原酸等。

黄荆（马鞭草科）

Vitex negundo L.

药 材 名　黄荆、五指柑、布荆。

药用部位　根、茎、叶、果实。

功效主治　根、茎：清热止咳，化痰截疟，理气止痛；治支气管炎，疟疾，肝炎。叶：治感冒，肠炎，痢疾，疟疾。果实：治咳嗽哮喘，胃痛。

化学成分　异荭草苷、黄荆诺苷等。

牡荆（马鞭草科）

Vitex negundo L. var. **cannabifolia** (Siebold et Zucc.) Hand.-Mazz.

药 材 名　牡荆叶、牡荆。

药用部位　根、茎、叶、果实。

功效主治　祛痰，止咳，平喘。根、茎：治支气管炎，疟疾，肝炎。叶：治感冒，肠炎，痢疾，疟疾。果实：治咳嗽，哮喘，胃痛。

化学成分　牡荆内酯、前牡荆内酯、β-丁香烯等。

长序荆（马鞭草科）

Vitex peduncularis Wall. ex Schauer

药 材 名　长序荆、埋安良（傣药）。

药用部位　叶。

功效主治　平肝明目，利水消肿，止痒；治眼疾，皮肤瘙痒，结石。

化学成分　环烯醚萜类、黄酮类、三萜类等。

山牡荆（马鞭草科）

Vitex quinata (Lour.) F. N. Williams

药 材 名　山牡荆。

药用部位　根、树干。

功效主治　止咳定喘，镇静退热；治风湿，跌打损伤，支气管炎，小儿咳喘，哮喘，疳积。

化学成分　豆甾醇、紫花牡荆素等。

微毛布惊（马鞭草科）

Vitex quinata (Lour.) F. N. Williams var. **puberula** (H. J. Lam.) Moldenke

药 材 名　微毛布惊、莺歌、埋借些龙（傣药）。

药用部位　叶、果实、根、茎、心材。

功效主治　清热解毒，止咳润肺，祛风止痒。叶、果实：治肺热咳嗽，皮肤瘙痒，斑疹，疥癣，湿疹。根、茎、心材：治急慢性气管炎，喘咳，气促，小儿烦躁不安。

蔓荆（马鞭草科）

Vitex trifolia L.

药 材 名 蔓荆子、蔓荆实、荆子等。

药用部位 果实。

生　　境 平原、河滩、疏林与村寨附近，适应性很强，对环境要求不严，耐旱、耐碱、耐高温与短期霜冻，喜阳光充足，凡土质疏松和排水良好的地方均可生长。

采收加工 在7月上旬至10月下旬果实陆续成熟，应边成熟边采摘，晒干或烘干，筛去枝梗，扬净杂质即成。

药材性状 果实球形，表面黑色或棕褐色，被粉霜状茸毛，有细纵沟4条。用放大镜观察可见密布淡黄色小点。顶端微凹，有脱落花柱痕，下部有宿萼及短果柄。体轻质坚，不易破碎。横断面果皮灰黄色，有棕褐色点排列成环，分为4室。种仁黄白色，有油性。气特异而芳香，味淡、微辛、略苦。

性味归经 苦、辛，凉，气香。归肝、脾经。

功效主治 疏散风热，清利头目；主治风热感冒头痛、齿龈肿痛等。

化学成分 紫花牡荆素、蔓荆子黄素、肉豆蔻酸、蔓荆子碱、维生素A等。

核心产区 国内大部分地区均产，尤以广东、广西等地区量大。

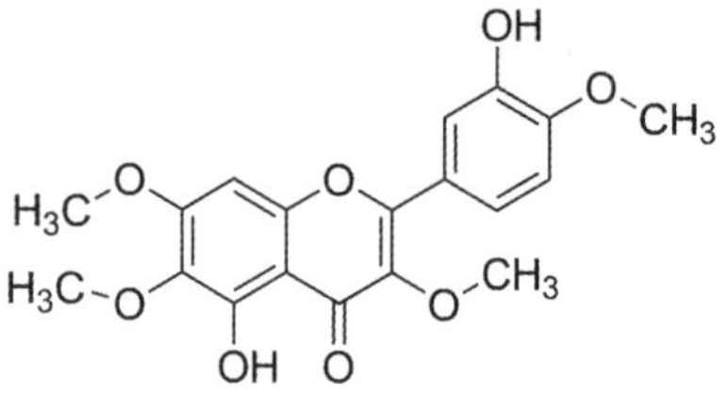

紫花牡荆素

用法用量 5～9克，水煎服。

本草溯源 《神农本草经》《本草经集注》《药性论》《本草纲目》《本草汇言》《神农本草经疏》《岭南采药录》。

附　　注 2020年版《中国药典》蔓荆子基源为马鞭草科植物单叶蔓荆 *Vitex trifolia* var. *simplicifolia* 或蔓荆 *V. trifolia* 的成熟果实，单叶蔓荆与蔓荆其性味归经与功效主治相似，前者（单叶蔓荆）产自江西、山东、浙江、安徽等省市，主产于江西，后者（蔓荆）主产于广东和广西，在福建、云南、海南等地也有分布。

藿香（唇形科）

Agastache rugosa (Fisch. et C. A. Mey.) Kuntze

药 材 名　藿香、合香、土藿香。

药用部位　根。

功效主治　解暑化湿，行气和胃；治中暑发热，头痛胸闷，食欲不振，恶心，呕吐，泄泻。

化学成分　金合欢素、木犀草素等。

筋骨草（唇形科）

Ajuga ciliata Bunge

药 材 名　筋骨草、白毛夏枯草、散血草。

药用部位　全草。

功效主治　清热解毒，消肿止痛，凉血平肝；治上呼吸道感染，扁桃体炎，咽喉炎，支气管炎，肺炎，肺脓肿，胃肠炎，肝炎。

化学成分　1,8-桉叶素、筋骨草内酯等。

金疮小草（唇形科）

Ajuga decumbens Thunb.

药 材 名　金疮小草、筋骨草、苦地胆。

药用部位　全草。

功效主治　清热解毒，消肿止痛；治上呼吸道感染，扁桃体炎，咽喉炎，支气管炎，肺炎，肺脓肿，胃肠炎，肝炎。

化学成分　哈巴苷、乙酰哈巴苷等。

大籽筋骨草（唇形科）

Ajuga macrosperma Wall. ex Benth.

药 材 名　筋骨草、芽音龙（傣药）。

药用部位　根及叶。

功效主治　祛风除湿，消肿止痛；治风湿热痹，肢体关节红肿疼痛，风寒湿痹，肢体关节酸痛，屈伸不利。

紫背金盘（唇形科）

Ajuga nipponensis Makino

药 材 名　紫背金盘、破血丹、石灰菜。

药用部位　全草、根。

功效主治　清热解毒，凉血散瘀，消肿止痛；治肺热咳嗽，咳血，咽喉肿痛，外伤出血，烧烫伤，毒蛇咬伤。

化学成分　蜕皮素、筋骨草甾酮A、筋骨草甾酮B等。

广防风（唇形科）

Anisomeles indica (L.) Kuntze

药 材 名　广防风、防风草、土防风。

药用部位　全草。

功效主治　祛风解表，理气止痛；治感冒发热，风湿性关节痛，胃痛，胃肠炎；外用治皮肤湿疹，神经性皮炎，痈疮肿毒。

化学成分　防风草双内酯、防风草酸、防风草素等。

毛药花（唇形科）

Chelonopsis deflexa (Benth.) Diels

药 材 名　九步仙。

药用部位　全草。

功效主治　清热解毒，活血止痛；治感冒。

肾茶（唇形科）

Clerodendranthus spicatus (Thunb.) C. Y. Wu ex H. W. Li.

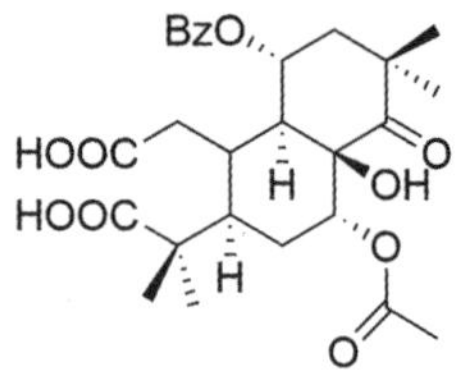

断肾茶二萜醇A

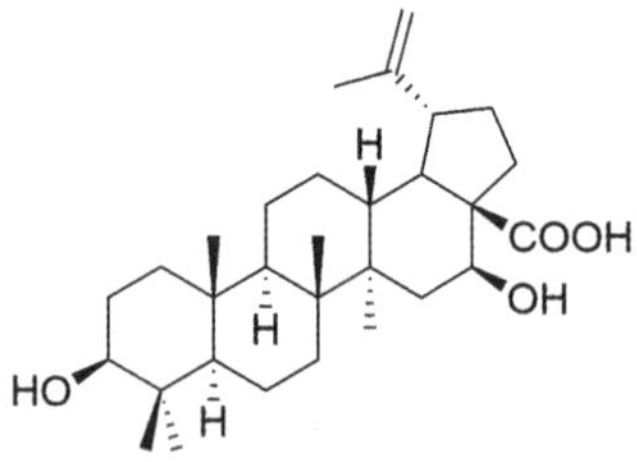

肾茶三萜酸

药 材 名 肾茶、猫须草。

药用部位 地上部分。

生　　境 生于海拔700～1 000米的林下潮湿处或草地。

采收加工 每年可采收2～3次，每次在现蕾开花前采收为佳，宜选晴天，割下茎叶，切段，曝晒至全干即可。

药材性状 茎枝呈方柱形，叶皱缩，易破碎，先端尖，基部楔形，中部叶片边缘有锯齿，叶脉紫褐色。气微，茎味淡，叶味微苦。

性味归经 甘、淡、微苦，凉。归肝、肾、膀胱经。

功效主治 清热利湿，通淋排石；治急慢性肾炎，膀胱炎，尿路结石，胆结石，风湿性关节炎。

化学成分 肾茶二萜醇A、肾茶二萜醇B、肾茶二萜醇D-Y、肾茶三萜酸、断肾茶二萜醇A-C、秦皮乙素等。

核心产区 海南、广西（南部）、云南（南部）、福建和台湾，尤以西双版纳量大。

用法用量 干品18～75克，鲜品110～150克，煎水服。

本草溯源 《贝叶经》《档哈雅》。

附　　注 肾茶为中国四大民族医药（藏医药、蒙医药、维吾尔医药与傣医药）之傣医药临床常用药材，也是西双版纳傣族常用的药茶原料。

风轮菜（唇形科）

Clinopodium chinense (Benth.) Kuntze

药 材 名　风轮菜、断血流、九层塔。

药用部位　全草。

功效主治　止血，疏风清热，解毒止痢；治鼻衄，牙龈出血，尿血，感冒，中暑，肝炎，肠炎，痢疾，腮腺炎，乳腺炎。

化学成分　风轮菜皂苷H等。

邻近风轮菜（唇形科）

Clinopodium confine (Hance) Kuntze

药 材 名　光风轮菜、节节花。

药用部位　全草。

功效主治　清热解毒，止血；外用治痈疖，乳腺炎，无名肿毒，刀伤。

化学成分　异樱花素、芹黄素和熊果酸等。

细风轮菜（唇形科）

Clinopodium gracile (Benth.) Kuntze

药 材 名　瘦风轮菜、塔花、剪刀草。

药用部位　全草。

功效主治　散瘀解毒，祛风散热，止血；治痢疾，肠炎，乳痈，血崩，感冒头痛，中暑腹痛，跌打损伤，过敏性皮炎。

化学成分　醉鱼草苷Ⅳ等。

羽萼木（唇形科）

Colebrookea oppositifolia Sm.

药 材 名　羽萼、化水顿（傣药）。

药用部位　叶。

功效主治　祛风散寒，活血化瘀，消肿止痛，续筋接骨；治风湿病，关节肌肉肿痛，腰痛，跌打损伤，骨折。

到手香（唇形科）

Coleus amboinicus Lour.

药 材 名　排草、粑草。

药用部位　根、根茎。

功效主治　化湿避浊，利水消肿；治中暑呕吐腹泻，水肿，小便不利。

化学成分　芹菜素、木犀草素等。

肉叶鞘蕊花（唇形科）

Coleus carnosifolius (Hemsl.) Dunn

药 材 名　肉叶鞘蕊花、假回菜。

药用部位　全草。

功效主治　清热解毒，消疳杀虫；治咽喉肿痛，痈肿疮毒，小儿疳积。

化学成分　白桦脂酸、白桦脂醇等。

五彩苏（唇形科）

Coleus scutellarioides (L.) Benth.

药 材 名　五彩苏、彩叶洋紫苏、洋紫苏。

药用部位　全草。

功效主治　散寒解表，宣肺化痰，行气和中；治疮疡肿毒，蛇咬伤。

秀丽火把花（唇形科）

Colquhounia elegans Wall. ex Benth.

药 材 名　秀丽炮仗花。

药用部位　根。

功效主治　消炎，止血，止痢；治跌打损伤，出血，痢疾。

化学成分　三萜苷类、二萜类、倍半萜类和黄酮类等。

绵穗苏（唇形科）

Comanthosphace ningpoensis (Hemsl.) Hand.-Mazz.

药 材 名　绵穗苏、半边苏、野鱼香。

药用部位　全草。

功效主治　祛风发表，止血调经，消肿解毒；治感冒，头痛，劳伤吐血，崩漏，月经不调，痛经，疮痈肿毒。

化学成分　香薷酮、白苏酮、1,8-桉叶素等。

齿叶水蜡烛（唇形科）

Dysophylla sampsonii Hance

药 材 名　齿叶水蜡烛、水龙、森氏水珍珠菜。

药用部位　全草。

功效主治　解毒，凉血止血；治刀伤出血，跌打损伤出血。

水虎尾（唇形科）

Dysophylla stellata (Lour.) Benth.

药 材 名　水虎尾、水老虎、野香芹。

药用部位　全草。

功效主治　有小毒。行气止痛，散瘀消肿；治毒蛇咬伤，疮痈肿毒，湿疹，跌打瘀肿。

化学成分　色氨酸等。

四方蒿（唇形科）

Elsholtzia blanda (Benth.) Benth.

药 材 名　四方蒿、四棱蒿、黑头草。

药用部位　叶、花或全草。

功效主治　发汗解表，利湿止痛；治感冒，肠炎，痢疾，肾炎；外用治湿疹、脚癣。

化学成分　木犀草素、木犀草素-7-*O*-*β*-D-葡萄糖苷等。

香薷（唇形科）

Elsholtzia ciliata (Thunb.) Hyl.

药 材 名　土香薷。

药用部位　全草。

功效主治　发汗解暑，利湿；治夏季感冒，发热无汗，中暑，急性胃肠炎，胸闷，小便不利。

化学成分　*β*-谷甾醇、熊果酸、委陵菜酸等。

吉龙草（唇形科）

Elsholtzia communis (Collett et Hemsl.) Diels

药 材 名 吉龙草、暹罗香菜、英辛（傣药）。

药用部位 茎叶。

功效主治 清火解毒，消食化积；治风热感冒，咳嗽，消化不良，高热惊厥。

化学成分 芹菜素-7-*O*-*β*-D-葡萄糖苷、木犀草素-7-*O*-*β*-D-葡萄糖苷、牻牛儿醛、橙花醛等。

密花香薷（唇形科）

Elsholtzia densa Benth.

药 材 名 密花香薷、咳嗽草、英辛腾（傣药）。

药用部位 全草。

功效主治 发汗解暑，利水消肿；治伤暑感冒，水肿，胃肠湿热。

化学成分 呋喃香豆素、黄酮类等。

大黄药（唇形科）

Elsholtzia penduliflora W. W. Sm.

药 材 名 大黑头草、垂花香薷、哈勒龙（傣药）。

药用部位 全株。

功效主治 祛风散寒，解热止痛；治疟疾，感冒，流行性脑脊髓膜炎，咽喉炎，扁桃体炎。

化学成分 黄酮类、挥发油等。

野拔子（唇形科）

Elsholtzia rugulosa Hemsl.

药 材 名　野坝子、野苏子、腊悠麻（傣药）。

药用部位　全草。

功效主治　散寒解表，消食化积，解暑湿；治急性胃肠炎，感冒，产后腹痛，痢疾，痧症，外伤出血。

化学成分　二十烷、三十六烷、豆甾醇、桦木酸等。

海州香薷（唇形科）

Elsholtzia splendens Nakai ex F. Maekawa

药 材 名　海洲香薷。

药用部位　地上部分。

功效主治　发汗解表，和中利湿；治暑湿感冒，恶寒发热无汗，腹痛，吐泻，浮肿，脚气。

化学成分　香荆芥酚、百里香酚、对聚伞花素等。

白香薷（唇形科）

Elsholtzia winitiana Craib

药 材 名　白香薷。

药用部位　全草。

功效主治　消炎止痛，驱虫；治蛔虫病。

活血丹（唇形科）

Glechoma longituba (Nakai) Kuprian.

药 材 名　活血丹、连钱草、金钱草。

药用部位　全草。

功效主治　清热解毒，利尿排石，散瘀消肿；治尿路感染，尿路结石，黄疸性肝炎，肝胆结石，感冒，咳嗽，风湿性关节痛，月经不调。

化学成分　左旋松樟酮、左旋薄荷酮、欧亚活血丹呋喃等。

小野芝麻（唇形科）

Galeobdolon chinense (Benth.) C.Y. Wu

药 材 名　地绵绵、假野芝麻。

药用部位　块根。

功效主治　化瘀止血；治创伤出血。

化学成分　毛蕊花糖苷、金丝桃苷等。

中华锥花（唇形科）

Gomphostemma chinense Oliv.

药 材 名　老虎耳、老虎耳根。

药用部位　全草、根。

功效主治　散瘀消肿，止血；治口舌生疮，咽喉肿痛，外伤出血。

爪哇锥花（唇形科）

Gomphostemma javanicum (Blume) Benth.

药 材 名 小齿锥花。

药用部位 根。

功效主治 清热解毒，止咳化痰，消炎利尿；治肺炎，气管炎，支气管炎，咳嗽痰多，尿路感染，膀胱炎，肾炎性水肿，尿路结石。

小齿锥花（唇形科）

Gomphostemma microdon Dunn

药 材 名 小齿锥花、木锥花、苗暖刀（傣药）。

药用部位 根。

功效主治 清火解毒，利水消肿，止咳化痰；治尿频，尿急，尿痛，全身水肿，咳嗽。

全唇花（唇形科）

Holocheila longipedunculata S. Chow

药 材 名 全唇花。

药用部位 全草。

功效主治 清热解毒，消炎；治感冒发热，风湿性关节痛，胃痛，胃肠炎；外用治皮肤湿疹，神经性皮炎，蛇虫咬伤，痈疮肿毒。

吊球草（唇形科）

Hyptis rhomboidea M. Martens et Galeotti

药 材 名　吊球草、假走马风。

药用部位　全草。

功效主治　清热解毒；治肝炎。

化学成分　咖啡酸乙酯、熊果酸、迷迭香酸甲酯等。

山香（唇形科）

Hyptis suaveolens (L.) Poit.

药 材 名　山香、假藿香、山薄荷。

药用部位　全草。

功效主治　疏风利湿，行气散瘀；治感冒头痛，胃肠炎，痢疾，腹胀；外用治跌打肿痛，创伤出血，痈肿疮毒，湿疹，皮炎。

化学成分　山香二烯酸、白桦脂醇等。

香茶菜（唇形科）

Isodon amethystoides (Benth.) H. Hara

药 材 名　香茶菜、香茶菜根。

药用部位　地上部分、根。

功效主治　清热解毒，散瘀消肿；治毒蛇咬伤，跌打肿痛，筋骨酸痛，疮疡。

化学成分　熊果酸、香茶菜醛等。

细锥香茶菜（唇形科）

Isodon coetsa (Buch.-Ham. ex D. Don) Kudô

药 材 名　六棱麻、细锥香茶菜。

药用部位　地上部分、根。

功效主治　发表散风，和中化湿，止血；治风寒感冒，呕吐，泄泻，风湿痹痛，湿疹瘙痒，脚气湿烂，刀伤出血。

化学成分　细锥香茶菜乙素、瘿花香茶菜甲素等。

内折香茶菜（唇形科）

Isodon inflexus (Thunb.) Kudô

药 材 名　内折香茶菜。

药用部位　地上部分。

功效主治　化湿和胃；治胃脘痞胀，痢疾。

线纹香茶菜（唇形科）

Isodon lophanthoides (Buch.-Ham. ex D. Don) H. Hara

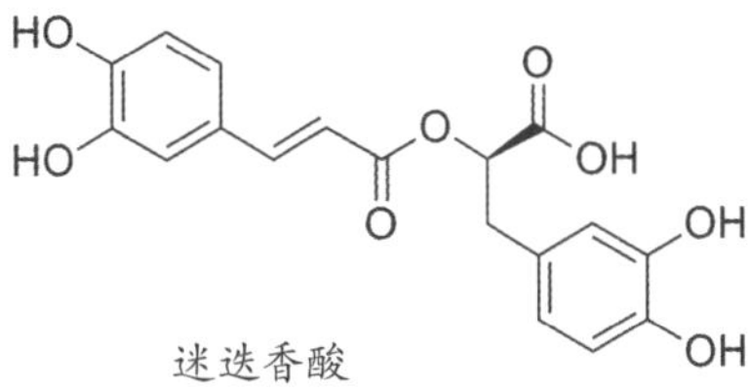

迷迭香酸

药 材 名　溪黄草、苦味草、熊胆草。

药用部位　地上部分。

生　　境　栽培于缓坡或平地。

采收加工　夏、秋二季采收，除去杂质，晒干。

药材性状　茎呈方柱形，有对生分枝，具柔毛及腺点；髓部有时中空；叶片展之呈卵圆形或阔卵形，边缘具圆锯齿，表面灰绿色被短毛及红褐色腺点，叶经水浸、揉搓之后显棕黄色液汁。

性味归经　苦，寒。归肝、胆、大肠经。

功效主治　清热利湿，凉血散瘀；治湿热黄疸，腹胀胁痛，湿热泄泻，解毒泻痢，跌打损伤。

化学成分　迷迭香酸、熊果酸、溪黄草素A、线纹香茶菜酸等。

核心产区　江西、广东、广西和福建。

用法用量　煎汤，15～30克。

本草溯源　《全国中草药汇编》《中药大辞典》。

附　　注　溪黄草来源植物有3种，分别是线纹香茶菜*Isodon lophanthoides*及其变种纤花（细花）线纹香茶菜*I. lophanthoides* var. *graciliflorus*和同属植物溪黄草*I. serra*。线纹香茶菜的另一变种狭基线纹香茶菜*I. lophanthoides* var. *gerardianus*在2013年被列为新食品原料。

细花线纹香茶菜（唇形科）

Isodon lophanthoides (Ham. ex D. Don) H. Hara var. **graciliflorus** (Benth.) H. Hara

药 材 名　溪黄草。

药用部位　全草。

功效主治　清热利湿，退黄，凉血散瘀；治急性黄疸性肝炎，急性胆囊炎，肠炎，痢疾，跌打肿痛。

显脉香茶菜（唇形科）

Isodon nervosus (Hemsl.) Kudô

药 材 名　显脉香茶菜、脉叶香茶菜、蓝花柴胡。

药用部位　全草。

功效主治　清热利湿，解毒；治急性黄疸性肝炎，毒蛇咬伤；外用治烧烫伤，脓疱疮，湿疹，皮肤瘙痒。

化学成分　冬凌草乙素、显脉香茶菜丙素等。

溪黄草（唇形科）

Isodon serra (Maxim.) Kudô

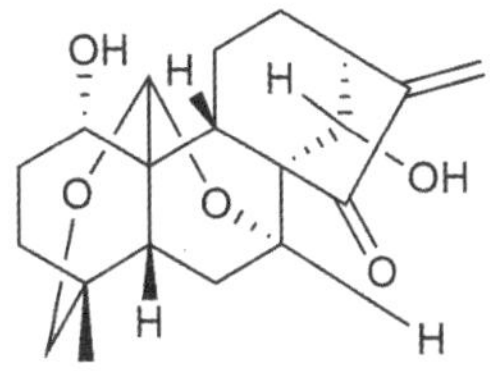

溪黄草素A

药 材 名　溪黄草、苦味草、熊胆草。

药用部位　地上部分。

生　　境　栽培于缓坡或平地。

采收加工　夏、秋二季采收，除去杂质，晒干。

药材性状　茎钝四棱形，具四浅槽，腺点少见；叶展之呈卵圆形或卵圆状披针形或披针形，边缘具大内弯锯齿，叶脉被柔毛，叶水浸揉之后不显棕黄色液汁。

性味归经　苦，寒。归肝、胆、大肠经。

功效主治　清热利湿，凉血散瘀；治湿热黄疸，腹胀胁痛，湿热泄泻，解毒泻痢，跌打损伤。

化学成分　溪黄草素A、线纹香茶菜酸、迷迭香酸、熊果酸等。

核心产区　江西、广东、广西和福建，广东尤其清远、湛江、英德、乳源、新丰和四会量大。

用法用量　内服：煎汤，15～30克。外用：适量，捣敷；或研末搽。

本草溯源　《全国中草药汇编》《中华本草》《中药大辞典》。

附　　注　溪黄草作为南方临床大宗药材，又是一味凉茶常用“食”材，但因其来源复杂，基原植物也广受学者争议，实际上，历版《中国药典》均未正式收录溪黄草，2010年版记载其为唇形科植物线纹香茶菜 *Isodon lophanthoides* 或溪黄草 *I. serra*的干燥地上部分。

牛尾草（唇形科）

Isodon ternifolius (D. Don) Kudô

药 材 名 三姐妹、伤寒头、鸭边窝。

药用部位 全草。

功效主治 发散风寒，解毒消肿止痛；治感冒咳嗽，黄疸，风湿肿痛。

化学成分 牛尾草甲素、细叶香茶菜甲素、香茶菜醛、香茶菜素E、木犀草素、芹菜素等。

长叶香茶菜（唇形科）

Isodon walkeri (Arn.) H. Hara

药 材 名 四方草。

药用部位 全草。

功效主治 清热利湿，退黄，凉血散瘀；治急性黄疸性肝炎，急性胆囊炎，肠炎，痢疾，跌打肿痛。

化学成分 6,7-去氢总状土木香醌、长叶香茶菜甲素等。

香薷状香简草（唇形科）

Keiskea elsholtzioides Merr.

药 材 名　香薷状香简草、香薷状霜柱。

药用部位　全草或地上部分。

功效主治　活血化瘀；治跌打损伤，瘀血肿痛。

宝盖草（唇形科）

Lamium amplexicaule L.

药 材 名　宝盖草、珠莲、接骨草。

药用部位　全草。

功效主治　祛风，通络，消肿，清热，利尿；治筋骨疼痛，四肢麻木，跌打损伤，瘰疬，黄疸性肝炎。

化学成分　野芝麻苷、山栀苷甲酯、假杜鹃素等。

益母草（唇形科）

Leonurus japonicus Houtt.

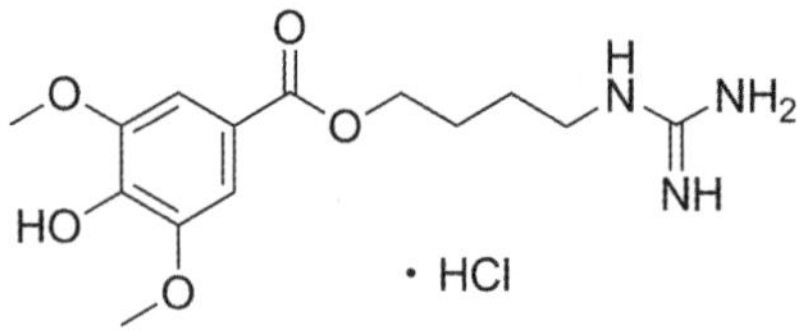

盐酸益母草碱

药 材 名 益母草、益母艾、茺蔚。

药用部位 地上部分。

生　　境 野生或栽培于田埂、路旁、溪边或山坡草地。

采收加工 鲜品春季幼苗期至初夏花前期采割；干品夏季茎叶茂盛、花未开或初开时采割，晒干，或切段晒干。

药材性状 鲜益母草表面青绿色，叶交互对生，有柄。质鲜嫩。气微，味微苦。干益母草茎表面灰绿色或黄绿色，叶片多皱缩、破碎，易脱落。体轻，质韧。

性味归经 苦、辛，微寒。归肝、心包、膀胱经。

功效主治 活血调经，利尿消肿，清热解毒；治月经不调，痛经，闭经，恶露不尽，水肿尿少，疮疡肿毒。

化学成分 盐酸水苏碱、盐酸益母草碱、葫芦巴碱、益母草苷、丁香酸等。

核心产区 安徽（蚌埠、六安），四川（邛崃），江苏（南京、镇江），浙江（温州、奉化），其中，安徽蚌埠、六安、芜湖最为适宜。南方诸省区均有分布。

用法用量 煎汤，干品9～30克，鲜品12～40克。

本草溯源 《神农本草经》《新修本草》《本草经集注》《本草纲目》《中华本草》。

附　　注 可用于保健食品的中药，孕妇慎用。

蜂巢草（唇形科）

Leucas aspera (Willd.) Link

药 材 名　蜂窝草、锡兰绣球、防风。

药用部位　全草。

功效主治　发散风寒，化痰止咳；治百日咳，风寒咳嗽，上感发热，风火牙痛，咽喉炎，蜂窝疮。

化学成分　蜂巢草内酯、β-谷甾醇等。

绣球防风（唇形科）

Leucas ciliata Benth.

药 材 名　绣球草、蜜蜂草、芽冬买蒿（傣药）。

药用部位　全草。

功效主治　行气止痛，清火明目，利水消肿；治胃脘疼痛，腹胀不适，水肿，双目红肿疼痛。

化学成分　苜蓿素、胡萝卜苷等。

白绒草（唇形科）

Leucas mollissima Wall. ex Benth.

药 材 名　白绒草、北风草。

药用部位　全草。

功效主治　清肺止咳，解毒；治肺热咳嗽，咯血，胸痛；外用治疖肿，乳腺炎。

化学成分　双环庚烯、β-水芹烯等。

疏毛白绒草（唇形科）

Leucas mollissima Wall. var. **chinensis** Benth.

药 材 名　疏毛白绒草。
药用部位　全草。
功效主治　驱寒解表；治外感风寒。
化学成分　齐墩果酸、芹菜苷元等。

绉面草（唇形科）

Leucas zeylanica (L.) R. Br.

药 材 名　蜂窝草、绉面草、锡兰防风。
药用部位　全草。
功效主治　疏风散寒，化痰止咳；治感冒，头痛，牙痛，咳嗽，咽喉炎，百日咳，支气管哮喘。
化学成分　蜂巢草内酯、β-谷甾醇等。

米团花（唇形科）

Leucosceptrum canum Sm.

药 材 名　渍糖花、渍糖树、羊巴巴、蜜蜂树花、明堂花。
药用部位　叶、皮。
功效主治　清热解毒，利湿消肿，接骨止血；治高热无汗，无名肿毒，黄水疮，跌打骨折，外伤出血。
化学成分　多糖、异香紫苏醇、柳穿鱼黄素、β-谷甾醇等。

硬毛地笋（唇形科）

Lycopus lucidus Turcz. var. **hirtus** Regel

药 材 名　地瓜儿苗、泽兰、地笋。

药用部位　地上部分。

功效主治　活血调经，祛瘀消痈，利水消肿；治闭经，月经不调，产后瘀血腹痛，水肿，跌打损伤。

化学成分　水苏糖、虫漆蜡、白桦脂醇等。

蜜蜂花（唇形科）

Melissa axillaris (Benth.) Bakh. f.

药 材 名　蜜蜂花、土荆芥、荆芥。

药用部位　全草。

功效主治　清热解毒；治风湿麻木，吐血，鼻出血，皮肤瘙痒，疮疹，麻风，崩漏。

化学成分　鞣质等。

薄荷（唇形科）

Mentha canadensis L.

药 材 名　薄荷、薄荷油、薄荷脑。

药用部位　全草或叶。

功效主治　疏散风热，清利头目，透疹，疏肝行气；治感冒风热，头痛，目赤，咽痛，牙痛，皮肤瘙痒。

化学成分　左旋薄荷醇等。

留兰香（唇形科）

Mentha spicata L.

药 材 名　留兰香。

药用部位　全草。

功效主治　祛风散寒，止咳，消肿解毒；治感冒咳嗽，胃痛，腹胀，神经性头痛。

化学成分　左旋-α-蒎烯、葛缕酮、胡薄荷酮等。

凉粉草（唇形科）

Mesona chinensis Benth.

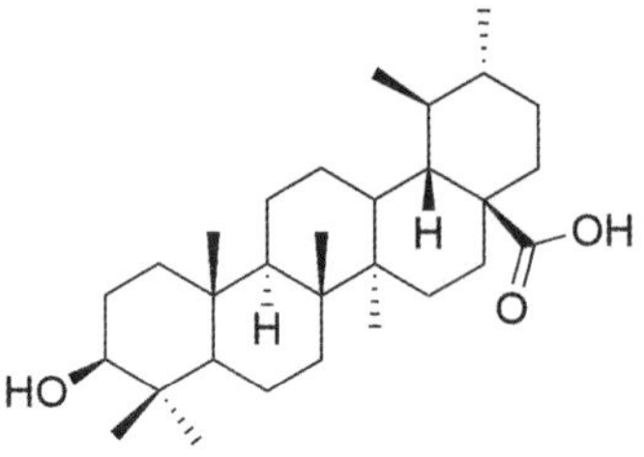

熊果酸

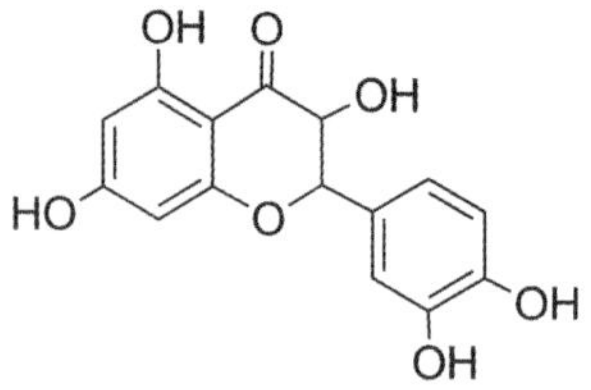

槲皮素

药 材 名 凉粉草、仙草。

药用部位 地上部分。

生　　境 栽培于平地。

采收加工 夏、秋二季采收，除去杂质，晒干。

药材性状 茎呈方柱形，外表棕褐色，被灰棕色长毛，质脆易断，中心有髓；叶对生，多皱缩或破碎，完整叶长圆形或卵圆形，边缘有小锯齿，被疏长毛，纸质。

性味归经 甘、淡，凉。归肺、脾、胃经。

功效主治 清热解暑，除热毒；治消渴，中毒，高血压，肌肉、关节痛。

化学成分 芦丁、迷迭香酸、异槲皮苷、丹酚酸、多糖等。

核心产区 广东（梅州、广州、河源）、福建（龙岩、建瓯）。

用法用量 内服：煎汤，50～100克。外用：适量，研末调敷；煎水洗；或鲜品捣敷。

本草溯源 《本草纲目拾遗》《本草求原》《岭南采药录》。

附　　注 凉粉草属于新资源食材，不是《中国药典》品种。凉粉草叶富含多糖，该多糖分子量较大，成分较复杂，是一种凝胶多糖，为杂聚糖。凉粉草是广东凉茶的主要原料，如王老吉、龟苓膏和烧仙草等中均有凉粉草。

冠唇花（唇形科）

Microtoena insuavis (Hance) Prain ex Briq.

药 材 名　冠唇花。

药用部位　全草。

功效主治　温中理气；治风寒感冒，咳嗽气急，消化不良，气胀腹痛，肠炎，痢疾。

化学成分　没食子酸、鞣花酸等。

滇南冠唇花（唇形科）

Microtoena patchoulii (C. B. Clarke ex Hook. f.) C. Y. Wu et S. J. Hsuan

药 材 名　香薷、野藿香、芽批弯（傣药）。

药用部位　全草。

功效主治　清热解毒，涩肠止泻；治感冒，喘咳，腹胀，肠炎，痢疾，消化不良，腰痛。

小花荠苎（唇形科）

Mosla cavaleriei H. Lév.

药 材 名　七星剑、野香薷、细叶七星剑。

药用部位　全草。

功效主治　发汗解暑，健脾利湿，止痒；治感冒，中暑，急性胃肠炎，消化不良，水肿；外用治湿疹，疮疖肿毒，跌打肿毒。

石香薷（唇形科）

Mosla chinensis Maxim.

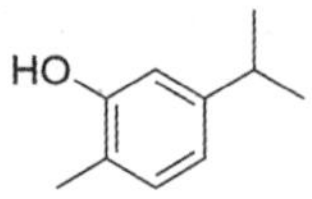

香荆芥酚

药 材 名 香薷、江香薷、石香茅。

药用部位 地上部分。

生　　境 生长于路旁、山坡、林内及河岸。

采收加工 夏季茎叶茂盛、花盛时择晴天采割，除去杂质，阴干。

药材性状 表面黄绿色，质较柔软，边缘有5～9疏浅锯齿。果实直径0.9～1.4毫米，表面具疏网纹。

性味归经 辛，微温。归肺、胃经。

功效主治 发汗解表，化湿和中；治暑湿感冒，恶寒发热，头痛无汗，腹痛吐泻，水肿，小便不利。

化学成分 香荆芥酚、百里香酚、乙酸百里酚、乙酸香荆芥酚、α-石竹烯等。

核心产区 分布于华东、中南、中国台湾、贵州，主产于江西分宜、新余等地。

用法用量 煎汤，3～9克。

本草溯源 《名医别录》《本草衍义补遗》《本草纲目》《本草汇言》《神农本草经疏》《本草正义》。

附　　注 药食同源，表虚者忌服。

小鱼仙草（唇形科）

Mosla dianthera (Buch.-Ham. ex Roxb.) Maxim.

药 材 名　热痱草、痱子草。

药用部位　全草。

功效主治　祛风发表，利湿止痒；治感冒头痛，扁桃体炎，中暑，溃疡，痢疾；外用治湿疹，痱子，皮肤瘙痒。

化学成分　香荆芥酚、侧柏酮、榄香脂素等。

石荠苎（唇形科）

Mosla scabra (Thunb.) C. Y. Wu et H. W. Li

药 材 名　石荠苎、粗糙荠苎、土荆荠。

药用部位　全草。

功效主治　疏风清暑，行气理血，利湿止痒；治感冒头痛，咽喉肿痛，中暑，急性胃肠炎，痢疾，小便不利，肾炎性水肿，带下。

化学成分　荠苎、1,8-桉叶素等。

心叶荆芥（唇形科）

Nepeta fordii Hemsl.

药 材 名　心叶荆芥。

药用部位　全草。

功效主治　疏风清热，活血止血；治外感风热，头痛，咽痛，外伤出血，衄血，跌打肿痛，痈疖疮疡。

化学成分　假荆芥酸、假荆芥内酯、假荆芥酐等。

龙船草（唇形科）

Nosema cochinchinensis (Lour.) Merr.

药 材 名　金缘萼、假夏枯草。

药用部位　地上部分。

功效主治　清肝明目，散郁结；治痈疮肿毒，目赤肿痛，瘰疬。

罗勒（唇形科）

Ocimum basilicum L.

药 材 名　罗勒、罗勒根、罗勒子。

药用部位　全草、根、果实。

功效主治　发汗解表，祛风利湿，散瘀止痛；治风寒感冒，头痛，胃腹胀满，消化不良，胃痛，肠炎腹泻，跌打肿痛，风湿性关节痛。

化学成分　丁香油酚、罗勒烯、马栗树皮苷等。

疏柔毛罗勒（唇形科）

Ocimum basilicum L. var. **pilosum** (Willd.) Benth.

药 材 名　罗勒根、罗勒子。

药用部位　根、果实。

功效主治　发汗解表，祛风利湿，散瘀止痛；治风寒感冒，头痛，胃腹胀满，消化不良，胃痛，肠炎腹泻，跌打肿痛，风湿性关节痛；外用治湿疹，皮炎。

化学成分　棕榈酸、β-甾醇等。

丁香罗勒（唇形科）

Ocimum gratissimum L.

药 材 名 丁香罗勒。

药用部位 全草。

功效主治 发汗解表，祛风利湿；治风寒感冒，头痛，胃腹胀满，消化不良，胃痛，肠炎腹泻，跌打肿痛，风湿性关节痛。

化学成分 丁香酚、反式-β-罗勒烯等。

牛至（唇形科）

Origanum vulgare L.

药 材 名 牛至、白花茵陈、五香草。

药用部位 全草。

功效主治 发汗解表，消暑化湿；治中暑，感冒，急性胃肠炎，腹痛。

化学成分 水苏糖、百里香酚、荆芥酚等。

白毛假糙苏（唇形科）

Paraphlomis albida Hand.-Mazz.

药 材 名 白毛假糙苏。

药用部位 全草或根。

功效主治 散寒止咳；治风寒咳嗽。

假糙苏（唇形科）

Paraphlomis javanica (Blume) Prain

药 材 名　假糙苏。

药用部位　全草。

功效主治　润肺止咳，补血调经；治劳咳，月经不调。

小叶假糙苏（唇形科）

Paraphlomis javanica (Blume) Prain var. **coronata** (Vaniot) C. Y. Wu et H. W. Li

药 材 名　金槐、田边菊、路边青。

药用部位　全草。

功效主治　滋阴润燥，止咳，调经；治阴虚劳咳，痰中带血，月经不调。

紫苏（唇形科）

Perilla frutescens (L.) Britton

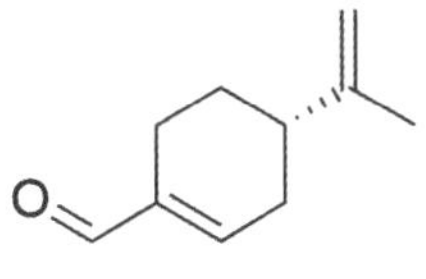

紫苏醛

药 材 名　紫苏叶、紫苏子、紫苏梗。

生　　境　栽培，生于空旷地。

药用部位　叶、果实、茎。

采收与加工　紫苏叶于夏季采收，晒干；紫苏子于秋季果实成熟时采收，晒干；紫苏梗于秋季果实成熟后采割，晒干，或切片晒干。

药材性状　紫苏叶多皱缩卷曲、破碎，完整叶展平后呈卵圆形，上表面紫色或绿色，下表面紫色、有凹点状腺鳞，疏生灰白色毛，气清香，味微辛；紫苏子呈卵圆形或类球形，基部稍尖，有灰白色点状果梗痕，压碎有香气，味微辛；紫苏梗呈方柱形，四棱纯圆，表面紫棕色或暗紫色，节部稍膨大，有对生的枝痕和叶痕，气微香，味淡。

性味归经　紫苏叶和紫苏梗辛，温；归肺、脾经。紫苏子辛，温；归肺经。

功效主治　紫苏叶：解表散寒，行气和胃；治风寒感冒，咳嗽呕恶，妊娠呕吐，鱼蟹中毒。紫苏子：降气化痰，止咳平喘，润肠通便；治痰壅气逆，咳嗽气喘，肠燥便秘。紫苏梗：理气宽中，止痛，安胎；治胸膈痞闷，胃脘疼痛，嗳气呕吐，胎动不安。

化学成分　紫苏醛、紫苏酮、白苏酮、薄荷醇、高山黄芩苷等。

核心产区　分布于中国、不丹、印度、日本、朝鲜等国，我国是原产地之一。主产于河北、河南、山东、山西、江苏、浙江、湖北、四川、广东、广西等地。

用法用量　内服：煎汤，紫苏子3～10克，紫苏叶、紫苏梗5～10克。外用：紫苏叶适量，捣敷、研末撒或煎汤洗。

本草溯源　《神农本草经》《名医别录》《食疗本草》《日华子本草》《开宝本草》《本草图经》《本草蒙筌》《本草纲目》《药鉴》。

回回苏（唇形科）

Perilla frutescens (L.) Britton var. **crispa** (Thunb.) W. Deane

药 材 名　苏头、紫苏叶。

药用部位　根及近根的老茎、叶。

功效主治　散寒解表，解郁安胎，降气定喘，化痰止咳；治风寒感冒，头痛，咳嗽，胸腹胀满，鼻塞头痛，气滞腹胀，妊娠呕吐，胎动不安。

化学成分　紫苏醛、白苏酮等。

野生紫苏（唇形科）

Perilla frutescens (L.) Britton var. **purpurascens** (Hayata) H. W. Li

药 材 名　白苏梗、白苏叶、白苏子、白苏子油。

药用部位　茎、叶、果实、脂肪油。

功效主治　全草有毒。清湿热，散风邪，消痈肿，理气化痰；治风寒感冒，咳嗽，头痛，胸闷腹胀，皮肤瘙痒，创伤出血。

化学成分　紫苏醛、莳萝油脑等。

糙苏（唇形科）

Phlomoides umbrosa (Turcz.) Kamelin et Makhm.

药 材 名　糙苏、常山、白莶。

药用部位　根及全草。

功效主治　祛痰止咳，清热解毒；治咳嗽痰多，疮痈肿毒。

化学成分　山栀苷甲酯、琥珀酸、水苏素等。

水珍珠菜（唇形科）

Pogostemon auricularius (L.) Hassk.

药 材 名　水珍珠菜、毛射草、蛇尾草。

药用部位　全草。

功效主治　祛风清热，化湿；治老人及小儿盗汗，感冒发热，烂皮疮，湿疹。

化学成分　闭花木-13, 15-二烯-18酸等。

广藿香（唇形科）

Pogostemon cablin (Blanco) Benth.

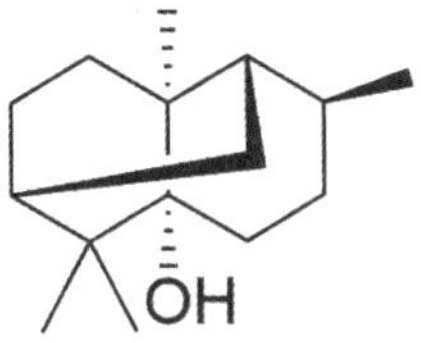

百秋李醇

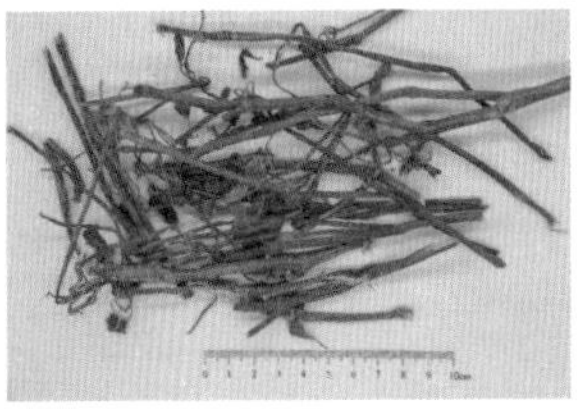

药 材 名 广藿香。

药用部位 地上部分。

生　　境 栽培于平缓坡地、河旁冲积地或易于排水的稻田。

采收加工 枝叶茂盛时采割，日晒夜闷，反复至干。

药材性状 茎略呈方柱形，多分枝，表面密被茸毛，质脆易断，断面中部有髓；叶对生，两面密被茸毛，边缘具大小不规则的钝齿。香气浓郁，味微苦而凉。

性味归经 辛，微温。归脾、胃、肺经。

功效主治 芳香化浊，和中止呕，发表解暑；治湿浊中阻，脘痞呕吐，暑湿表证，湿温初起症状。

化学成分 百秋李醇、广藿香醇、广藿香酮、桂皮醛等。

核心产区 广藿香原产于菲律宾，我国主要引种栽培于广东（高要、阳春、遂溪、平远）和海南，广西、福建和四川也有引种。

用法用量 内服：煎汤，3～10克。外用：适量，煎水含漱；或浸泡患部；或研末调敷。

本草溯源 《南方草木状》《嘉祐本草》《新修本草》《本草图经》《经史证类备急本草》《本草品汇精要》《本草蒙筌》《本草纲目》《本草求真》《植物名实图考》《增订伪药条辨》《药物出产辨》。

附　　注 广东省立法保护的岭南中药材，目前广藿香已经形成4个种质或化学型，它们分别是牌香（酮型广藿香或石牌藿香）、高香（酮型+醇型广藿香或高要藿香）、湛香（醇型广藿香或湛江藿香）和海香或南香（海南藿香）。

刺蕊草（唇形科）

Pogostemon glaber Benth.

药 材 名 鸡挂骨草、野靛、芽杆泵（傣药）。

药用部位 全草。

功效主治 清热解毒，凉血止血；治伤风感冒，流行性感冒，肾炎性水肿。

化学成分 倍半萜类、β-广藿香烯等。

夏枯草（唇形科）

Prunella vulgaris L.

药 材 名 夏枯草。

药用部位 果穗。

功效主治 清肝泻火，明目，散结消肿；治甲状腺肿，高血压，头痛，耳鸣，目赤肿痛，肺结核，急性乳腺炎，腮腺炎。

化学成分 熊果酸、齐墩果酸等。

迷迭香（唇形科）

Rosmarinus officinalis L.

药 材 名 迷迭香。

药用部位 全草。

功效主治 发汗，健脾，安神，止痛；治各种头痛，防止早期脱发。

化学成分 挥发油、酚酸类、黄酮类、二萜类、三萜类等。

南丹参（唇形科）

Salvia bowleyana Dunn

药 材 名 南丹参。

药用部位 根。

功效主治 活血通经，排脓生肌，疏肝止痛；治月经不调，心烦失眠，心绞痛，痈肿，神经衰弱，风湿痹病，慢性肝炎，心绞痛。

化学成分 丹参酮、迷迭香酸、丹参酚酸等。

贵州鼠尾草（唇形科）

Salvia cavaleriei H. Lév.

药 材 名　贵州鼠尾草、血盘草、反背红。

药用部位　带根全草。

功效主治　凉血解毒，散瘀止血；治肺结核咯血，痢疾，跌打损伤，疖肿。

化学成分　丹参酚酸、异丹参酚酸、紫草酸等。

华鼠尾草（唇形科）

Salvia chinensis Benth.

药 材 名　华鼠尾草、石见穿、石打穿。

药用部位　全草。

功效主治　活血化瘀，清热利湿，散结消肿；治月经不调，崩漏，便血，湿热黄疸，热毒血利，淋痛，带下，风湿骨痛，跌打损伤。

化学成分　异丹参酚酸、紫草酚酸、水苏糖等。

朱唇（唇形科）

Salvia coccinea Buc′ hoz ex Etl.

药 材 名　朱唇。

药用部位　全草。

功效主治　凉血止血，清热利湿；治血崩，高热，腹痛不适。

化学成分　蹄纹天竺素-3-咖啡酰葡萄糖苷-5-二丙二酰基葡萄糖苷等。

鼠尾草（唇形科）

Salvia japonica Thunb.

药 材 名　鼠尾草、紫参、秋丹参。

药用部位　全草。

功效主治　清热利湿，活血调经，解毒消肿；治风湿痛，神经痛，产后流血过多。

化学成分　β-谷甾醇、马斯里酸等。

丹参（唇形科）

Salvia miltiorrhiza Bunge

药 材 名　丹参。

药用部位　根和根茎。

功效主治　活血祛瘀，通经止痛，清心除烦，凉血消痈；治月经不调，经闭腹痛，癥瘕积聚，神经衰弱失眠，心烦，心悸，心绞痛。

化学成分　丹参酮等。

荔枝草（唇形科）

Salvia plebeia R. Br.

药 材 名　荔枝草。

药用部位　全草。

功效主治　清热解毒，利尿消肿，止血；治扁桃体炎，肺结核咯血，支气管炎，腹水肿胀，肾炎性水肿，崩漏，便血，乳腺炎。

化学成分　高车前苷、粗毛豚草素、楔叶泽兰素等。

地埂鼠尾草（唇形科）

Salvia scapiformis Hance

药 材 名 地梗鼠尾草。

药用部位 全草。

功效主治 补虚益损，强筋壮骨；治气虚倦怠，头晕目眩，肢体无力，腰膝酸软，手脚转筋。

化学成分 熊果酸等。

一串红（唇形科）

Salvia splendens Sellow ex Wied-Neuw.

药 材 名 一串红、西洋红。

药用部位 全草。

功效主治 消肿解毒；治风热身痒，梅毒，臁疮，热毒疮烂，蛇咬伤。

裂叶荆芥（唇形科）

Schizonepeta tenuifolia (Benth.) Briq.

药 材 名 荆芥、荆芥根。

药用部位 茎叶和花穗、根。

功效主治 全草有毒。祛风，解表，透疹，止血；治感冒发热，头痛，目痒，咳嗽，咽喉肿痛，麻疹，风疹，痈肿，疮疥，衄血，吐血，便血，崩漏，产后血晕。

化学成分 胡薄荷酮、薄荷酮等。

四棱草（唇形科）

Schnabelia oligophylla Hand.-Mazz.

药 材 名　四棱筋骨草。

药用部位　全草。

功效主治　祛风除湿，舒筋活络；治风湿筋骨痛，腰痛，四肢麻木，跌打肿痛。

半枝莲（唇形科）

Scutellaria barbata D. Don

药 材 名　半枝莲。

药用部位　全草。

功效主治　清热解毒，化瘀利尿；治肿瘤，阑尾炎，肝炎，肝硬化腹水，肺脓肿；外用治乳腺炎，痈疖肿毒，跌打损伤。

化学成分　红花素、高山黄芩素等。

异色黄芩（唇形科）

Scutellaria discolor Wall. ex Benth.

药 材 名　挖耳草、一支箭、芽宾岗（傣药）。

药用部位　全株。

功效主治　解表退热，消炎解毒；治感冒，高热，胃肠炎，咽喉肿痛，痈毒疔疮。

蓝花黄芩（唇形科）

Scutellaria formosana N. E. Br.

药 材 名　蓝花黄芩。

药用部位　全草。

功效主治　散瘀止痛；治跌打损伤，疔疮。

化学成分　5,7,2'-三羟基-8-甲氧基黄酮、5-羟基-7,8,2',6'-四甲氧基二氢黄酮等。

韩信草（唇形科）

Scutellaria indica L.

药 材 名　韩信草。

药用部位　全草。

功效主治　清热解毒，活血散瘀；治胸肋闷痛，肺脓肿，痢疾，肠炎；外用治疔疮痈肿，跌打损伤，胸胁疼痛，外伤出血。

化学成分　高山黄芩苷、半枝莲种素、半枝莲素等。

偏花黄芩（唇形科）

Scutellaria tayloriana Dunn

药 材 名　土黄芩、偏花黄芩。

药用部位　根。

功效主治　清肺止咳，燥湿止痢；治肺热咳嗽，咳血，湿热泄泻，痢疾。

地蚕（唇形科）

Stachys geobombycis C. Y. Wu

药 材 名 地蚕。

药用部位 根茎或全草。

功效主治 益气润肺，滋阴补血，清热除烦；治肺结核咳嗽，肺虚气喘，吐血，盗汗，贫血。

化学成分 齐墩果酸、黄芩素等。

穗花香科科（唇形科）

Teucrium japonicum Houtt.

药 材 名 水藿香、石蚕、毛秀才。

药用部位 全草。

功效主治 发散风寒，解毒祛湿；治外感风寒，头痛，风寒湿痹。

化学成分 山藿香素、穗花香科素、穗花石蚕素等。

庐山香科科（唇形科）

Teucrium pernyi Franch.

药 材 名 庐山香科科。

药用部位 全草。

功效主治 健脾利湿，清肺解毒，活血消肿；治痢疾，小儿惊风，痈疮，跌打损伤。

化学成分 庐山香科素、山藿香定、黄花石蚕素等。

铁轴草（唇形科）

Teucrium quadrifarium Buch.-Ham. ex D. Don

药 材 名　铁轴草。

药用部位　全草、根或叶。

功效主治　清热解毒，止痛；治感冒头痛，跌打肿痛，毒蛇咬伤，肺热咳嗽。

化学成分　山藿香定、典花石蚕素等。

血见愁（唇形科）

Teucrium viscidum Blume

药 材 名　山藿香。

药用部位　全草。

功效主治　凉血止血，散瘀消肿，解毒止痛；治感冒头痛，跌打肿痛，毒蛇咬伤，肺热咳嗽，热毒泻痢，水肿，无名肿毒，湿疹。

化学成分　山藿香素等。

黑藻（水鳖科）

Hydrilla verticillata (L. f.) Royle

药 材 名　黑藻、水王孙。

药用部位　全草。

功效主治　清凉解毒；治疮疥，无名肿毒。

水鳖（水鳖科）

Hydrocharis dubia (Blume) Backer

药 材 名　水鳖、马尿花、苿菜。

药用部位　全草。

功效主治　清热解毒，祛湿止带；治带下。

龙舌草（水鳖科）

Ottelia alismoides (L.) Pers.

药 材 名　龙舌草、水车前。

药用部位　全草。

功效主治　清热化痰，解毒利尿；治肺热咳嗽，肺结核，咳血，哮喘，水肿，小便不利。

苦草（水鳖科）

Vallisneria natans (Lour.) H. Hara

药 材 名　苦草。

药用部位　全草。

功效主治　清热解毒，祛湿止带；治带下。

化学成分　脱植基叶绿素、粉苞苣甾醇等。

1453

东方泽泻（泽泻科）

Alisma orientale (Sam.) Juz.

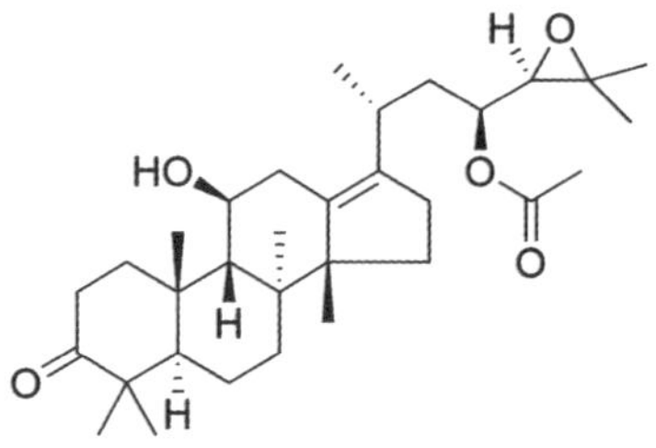

23-乙酰泽泻醇B

药 材 名　泽泻、水泽、如意花。

药用部位　块茎。

生　　境　生于浅沼泽地或水稻田中，喜温暖气候，多栽培于潮湿且富含腐殖质的黏质土壤中。

采收加工　冬季茎叶开始枯萎时采挖，洗净，干燥，除去须根和粗皮。

药材性状　呈类球形，表面淡黄色，有不规则的横向环状浅沟纹和多数细小突起的须根痕，底部有的有瘤状芽痕。质坚实，断面黄白色，粉性，有多数细孔。

性味归经　甘、淡，寒。归肾、膀胱经。

功效主治　利水渗湿，泄热，化浊降脂；治小便不利，水肿胀满，泄泻尿少，痰饮眩晕，热淋涩痛，高脂血症。

化学成分　23-乙酰泽泻醇B、泽泻醇A-C、泽泻薁醇等。

核心产区　福建、四川、贵州和云南、江西，其中以福建和江西产者道地，称之为“建泽泻”。

用法用量　煎汤，6～10克。

本草溯源　《名医别录》《新修本草》《本草图经》《本草蒙筌》《本草纲目》《植物名实图考》《药物出产辨》。

附　　注　为可用于保健食品的中药材。

矮慈姑（泽泻科）

Sagittaria pygmaea Miq.

药 材 名　鸭舌头、鸭舌草、水充草。

药用部位　全草。

功效主治　清肺利咽，利湿解毒；治肺热咳嗽，咽喉肿痛，小便热痛。

化学成分　19-*β*-L-3′-acetoxyarabinofuranosyl-ent-kaur-16-ene、13-epi-manoyl-oxide-18-ol等。

野慈姑（泽泻科）

Sagittaria trifolia L.

药 材 名　慈姑。

药用部位　球茎。

功效主治　生殖毒性；活血凉血，止咳通淋，散结解毒；治产后血闷，淋浊，疮肿，目赤肿痛，瘰疬，睾丸炎，毒蛇咬伤。

化学成分　*β*-谷甾醇、棕榈醇酯、白桦脂醇等。

慈姑（泽泻科）

Sagittaria trifolia L. subsp. **leucopetala** (Miq.) Q. F. Wang

药 材 名　慈姑。

药用部位　球茎。

功效主治　清热止血，解毒消肿，散结；治产后血闷，胎衣不下，淋病，咳嗽痰血。

眼子菜（眼子菜科）

Potamogeton distinctus A. Benn.

药 材 名 眼子菜。

药用部位 全草。

功效主治 清热解毒，利尿，止血消肿；治热淋，痔疮出血，湿热痢疾，黄疸，带下，鼻衄，蛔虫病，疮痈肿毒。

浮叶眼子菜（眼子菜科）

Potamogeton natans L.

药 材 名 眼子菜、飘浮眼子菜、水茴草。

药用部位 全草。

功效主治 清热解毒，利尿，止血消肿；治目赤肿痛，疮痈肿毒，黄疸，水肿，痔疮出血，蛔虫病。

穿鞘花（鸭跖草科）

Amischotolype hispida (Less. et A. Rich.) D. Y. Hong

药 材 名 穿鞘花。

药用部位 全草。

功效主治 清热利尿，解毒；治尿路感染，小便不利，毒蛇咬伤，风湿痹痛，跌打损伤。

化学成分 Amisbenzoic acid、amisnolide、amisphytin、amislignol等。

饭包草（鸭跖草科）

Commelina benghalensis L.

药 材 名　马耳草。

药用部位　全草。

功效主治　清热解毒，利水消肿；治热病发热，烦渴，咽喉肿痛，热痢。

鸭跖草（鸭跖草科）

Commelina communis L.

药 材 名　鸭跖草。

药用部位　全草。

功效主治　清热解毒，利水消肿；治流行性感冒，急性扁桃体炎，咽炎，水肿，尿路感染，急性肠炎，痢疾。

化学成分　没食子酸甲酯、咖啡酸、原儿茶酸、对香豆酸等。

竹节菜（鸭跖草科）

Commelina diffusa Burm. f.

药 材 名　竹节草。

药用部位　全草。

功效主治　清热解毒，利尿消肿，止血；治热痢，白浊，急性咽喉炎，痢疾，疮疖，小便不利；外用治外伤出血。

化学成分　槲皮素-3-*O*-α-L-鼠李糖苷、牛蒡子苷等。

大苞鸭跖草（鸭跖草科）

Commelina paludosa Blume

药 材 名　大苞鸭跖草。

药用部位　全草。

功效主治　清热解毒，利水消肿，凉血止血；治流行性感冒，急性扁桃体炎，咽炎，水肿，尿路感染，急性肠炎，痢疾。

蛛丝毛蓝耳草（鸭跖草科）

Cyanotis arachnoidea C. B. Clarke

药 材 名　珍珠露水草、露水草、芽乎梅（傣药）。

药用部位　根。

功效主治　祛风湿，通经络，利尿；治湿疹，疔疮脓肿。

化学成分　月桂酸、棕榈酸、硬脂酸、4-甲基-2,6-二特丁基-苯酚、降姥鲛-2-酮等。

四孔草（鸭跖草科）

Cyanotis cristata (L.) D. Don

药 材 名　竹叶菜、鸡冠蓝耳草、鹅冠草。

药用部位　全草。

功效主治　清热，解毒，止血；治疮痈肿毒，外伤出血。

化学成分　胸腺嘧啶脱氧核苷、腺嘌呤核苷、2′-脱氧腺苷等。

蓝耳草（鸭跖草科）

Cyanotis vaga (Lour.) Roem. et Schult.

药 材 名　蓝耳草。

药用部位　根、全草。

功效主治　祛风湿，舒筋络，利尿；治腰腿痛，跌打损伤，风湿性关节炎，水肿。

化学成分　β-蜕皮激素等。

聚花草（鸭跖草科）

Floscopa scandens Lour.

药 材 名　聚花草。

药用部位　全草。

功效主治　清热利水，解毒；治发热，肺热咳嗽，目赤肿痛，淋证，水肿，疮疖肿毒，淋巴结肿大，急性肾炎。

大苞水竹叶（鸭跖草科）

Murdannia bracteata (C.B. Clarke) Kuntze ex J. K. Morton

药 材 名　痰火草、青竹壳菜。

药用部位　全草。

功效主治　化痰散结；治淋巴结结核。

化学成分　棕榈酸、荜澄茄油烯醇、2-十五烷酮等。

紫背鹿衔草（鸭跖草科）

Murdannia divergens (C. B. Clarke) G. Brückn.

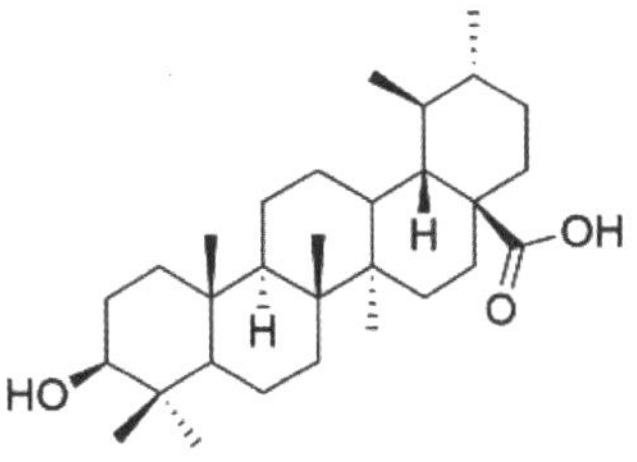

熊果酸

药 材 名 竹叶参、竹叶兰、山竹叶草、观音草。

药用部位 根或全草。

生　　境 野生或栽培，生于海拔1 500～3 400米的林下、林缘或湿润草地中。

采收加工 全草，夏秋季采收；根，秋冬季采挖，洗净晒干或鲜用。

药材性状 根长，中部稍纺锤状加粗；茎长，单支，疏被毛。叶全部茎上着生，4至10多枚，均匀分布，或集中于茎中下部，或集中于茎中上部；叶鞘长约2厘米，通常仅沿口部一侧被白色硬毛，有时遍布硬毛；叶片披针形至禾叶状，长5～15厘米，宽1～2.5厘米，常无毛，有时背面被硬毛。

性味归经 甘、微苦，平。归肺、脾、肾经。

功效主治 清肺止咳，补肺益肾，调经止血；治肺热咳嗽，气虚喘咳，头晕耳鸣，骨折，吐血。

化学成分 熊果酸、胡萝卜苷、蒲公英赛醇等。

核心产区 云南（文山、景东、昆明、富民、鹤庆、大理、洱源、腾冲、丽江、兰坪、维西）、四川西南部（木里、会理、宁南、德昌、布拖、汉源）和广西（隆林）等地。印度、尼泊尔、不丹、缅甸也有分布。

用法用量 内服：煎汤，15～30克；或炖肉。外用：适量，鲜品捣敷。

本草溯源 《中药大辞典》《中华本草》。

莛花水竹叶（鸭跖草科）

Murdannia edulis (Stokes) Faden

药 材 名　阔叶水竹叶、大叶水竹叶。

药用部位　块根。

功效主治　止咳，止血；治虚劳逆咳，烦躁咳血，衄血，热病口干，津伤便秘。

牛轭草（鸭跖草科）

Murdannia loriformis (Hassk.) Rolla et Kammathy

药 材 名　牛轭草。

药用部位　全草。

功效主治　清热解毒，止咳，利尿；治小儿高热，肺热咳嗽，目赤肿痛，热痢，疮痈肿毒，小便不利。

裸花水竹叶（鸭跖草科）

Murdannia nudiflora (L.) Brenan

药 材 名　裸花水竹叶、红毛草、竹叶草。

药用部位　全草。

功效主治　清肺热，凉血解毒；治肺热咳嗽，咳血，扁桃体炎，咽喉炎，急性肠炎。

化学成分　Bracteanolide A、豆甾-7-烯-3-醇、豆甾醇-3-*O*-葡萄糖苷等。

细竹蒿草（鸭跖草科）

Murdannia simplex (Vahl) Brenan

药 材 名　细竹蒿草。

药用部位　全草或根。

功效主治　清热，凉血，解毒；治小儿热病，肿毒，吐血，病后食欲不振。

水竹叶（鸭跖草科）

Murdannia triquetra (Wall. ex C.B. Clarke) G. Brückn.

药 材 名　水竹叶、鸡舌草、鸡舌癀。

药用部位　全草。

功效主治　有微毒。清热凉血，利尿，解毒；治肺热咳嗽，赤白下痢，小便不利，咽喉肿痛，痈疖疔肿。

化学成分　*β*-蜕皮激素、木犀草素、荭草苷等。

大杜若（鸭跖草科）

Pollia hasskarlii R. S. Rao

药 材 名　大杜若、粗柄杜若、占点领（傣药）。

药用部位　根。

功效主治　祛风湿，止痹痛，止血；治风湿性关节炎，腰腿痛，阳痿，膀胱炎，产后大出血。

杜若（鸭跖草科）

Pollia japonica Thunb.

药 材 名　杜若。

药用部位　全草。

功效主治　理气止痛，疏风消肿；治胸胁气痛，胃痛，腰痛，头肿痛，流泪；外用治毒蛇咬伤。

密花杜若（鸭跖草科）

Pollia thyrsiflora (Blume) Steud.

药 材 名　密花杜若。

药用部位　全草。

功效主治　治尿路感染。

竹叶吉祥草（鸭跖草科）

Spatholirion longifolium (Gagnep.) Dunn

药 材 名　竹叶吉祥草、秦归、马耳草。

药用部位　花序。

功效主治　调经，止痛；治月经不调，神经性头痛。

竹叶子（鸭跖草科）

Streptolirion volubile Edgew.

药 材 名　竹叶子、叶竹菜、猪鼻孔。

药用部位　全草。

功效主治　清热解毒，利水，化瘀；治感冒发热，肺痨咳嗽，心热烦渴，水肿，带下，咽喉肿痛，跌打损伤，风湿痹痛。

紫竹梅（鸭跖草科）

Tradescantia pallida (Rose) D. R. Hunt

药 材 名　紫鸭跖草、紫叶草、紫锦草。

药用部位　全草。

功效主治　解毒，散结，利尿，活血；治蛇疱疮，疮疡，毒蛇咬伤，跌打损伤，风湿。

化学成分　萜烯类、芦丁等。

紫背万年青（鸭跖草科）

Tradescantia spathacea Sw.

药 材 名　蚌花。

药用部位　花叶。

功效主治　清热化痰，凉血止痢；治肺热咳嗽、痰中带血，百日咳，衄血，细菌性痢疾，淋巴结结核。

吊竹梅（鸭跖草科）

Tradescantia zebrina Bosse

药 材 名　水竹草、竹草、细竹草。

药用部位　全草。

功效主治　清热解毒，利尿消肿；治水肿，尿路结石，喉炎，腹泻，咯血，血痢，目赤肿痛，烧伤，蛇咬伤，带下，风热头痛。

黄眼草（黄眼草科）

Xyris indica L.

药 材 名　黄眼草。

药用部位　全草。

功效主治　杀虫止痒；治疥癣。用适量鲜草捣敷患处。

葱草（黄眼草科）

Xyris pauciflora Willd.

药 材 名　葱草。

药用部位　全草。

功效主治　解毒杀虫；治疥癣，痔疮。

谷精草（谷精草科）

Eriocaulon buergerianum Körn.

药 材 名　谷精草。

药用部位　头状花序。

功效主治　祛风散热，明目退翳；治眼结膜炎，角膜薄翳，夜盲症，脉络膜视网膜炎，小儿疳积。

化学成分　谷精草素、槲皮万寿菊素、万寿菊素等。

白药谷精草（谷精草科）

Eriocaulon cinereum R. Br.

药 材 名　白药谷精草、流星草、赛谷精草。

药用部位　头状花序。

功效主治　消炎，利尿，清肝明目，疏风清热，退翳；治风热头痛，目赤肿痛，鼻出血，牙痛。

华南谷精草（谷精草科）

Eriocaulon sexangulare L.

药 材 名　谷精草。

药用部位　头状花序。

功效主治　祛风散热，明目退翳；治两目赤肿，目翳不明，畏光流泪，各种热病，风热感冒，咽喉肿痛，小便不利。

凤梨（凤梨科）

Ananas comosus (L.) Merr.

药 材 名　凤梨、菠萝、露兜草。

药用部位　果皮、叶、根。

功效主治　清火解毒，止咳化痰；治高热惊厥，心胸胀闷，咳嗽痰多，咳喘。

化学成分　2,4-二氯苯甲酸、小麦黄素、1-*O*-对羟基肉桂酰单甘油酯等。

水塔花（凤梨科）

Billbergia pyramidalis (Sims) Lindl.

药 材 名　水塔花叶、水塔花、火焰凤梨。

药用部位　叶。

功效主治　消肿，排脓；治痈疮肿毒。

象腿蕉（芭蕉科）

Ensete glaucum (Roxb.) Cheesman

药 材 名　象腿芭蕉、贵吻（傣药）。

药用部位　根、茎。

功效主治　清火解毒，利水消肿，降压；治全身水肿，小便热涩疼痛，高血压。

象头蕉（芭蕉科）

Ensete wilsonii (Tutcher) Cheesman

药 材 名 树头芭蕉、桂腾（傣药）。

药用部位 全株。

功效主治 截疟；治疟疾。

化学成分 2-硫杂丙烷、戊二烯、3-甲基-1-丁醇等。

香蕉（芭蕉科）

Musa acuminata 'Cavendish'

药 材 名 香蕉。

药用部位 果皮。

功效主治 清热解毒，利尿消肿，安胎。

化学成分 儿茶素、芦丁、咖啡酸、丁香酸、对香豆酸、二羟基苯甲酸等。

野蕉（芭蕉科）

Musa balbisiana Colla

药 材 名 山芭蕉、伦阿蕉。

药用部位 种子。

功效主治 破瘀血，通大便；治跌打骨折，大便秘结。

化学成分 羽扇豆酮等。

芭蕉（芭蕉科）

Musa basjoo Siebold et Zucc. ex Iinuma

药 材 名　芭蕉花、板蕉、逼桂（傣药）。

药用部位　花蕾、花。

功效主治　化痰消痞，散瘀止痛；治胸膈饱胀，脘腹痞痛，吞酸反胃，呕吐痰涎，头目昏眩，怔忡。

化学成分　三萜类、挥发油、甾体类等。

大蕉（芭蕉科）

Musa × paradisiaca L.

药 材 名　大蕉、芭蕉、大蕉皮。

药用部位　果皮、根、花蕾、果实。

功效主治　清火解毒，杀虫止痒，镇静安神。果皮：降血压。根：治疮痈，急性肝炎。花蕾：治高血压，子宫脱垂。果实：通便；治便秘。

化学成分　蛋白质、脂肪等。

地涌金莲（芭蕉科）

Musella lasiocarpa (Franch.) C. Y. Wu ex H. W. Li

药 材 名　地涌金莲、地金莲、不倒金刚。

药用部位　花。

功效主治　止带，止血；治寒湿阻滞脾胃，脘腹胀满疼痛，呕吐，泄泻。

化学成分　2-hydroxy-9-（4′-hydroxyphenyl）-phenalen-1-one等。

茴香砂仁（姜科）

Achasma yunnanense T. L. Wu et S. J. Chen

药材名	茴香砂仁、茴香豆蔻、麻娘布、波丢勐（傣药）。
药用部位	根茎。
生　　境	野生或栽培，生于疏林下。
采收加工	秋冬季采收，除去须根，洗净，切片，低温干燥。
药材性状	本品多为不规则斜切片，表面棕红色至棕褐色，可见残留须根及膜质叶鞘。切面灰白色至浅红棕色，海绵状。气香而特异，味微酸。
性味归经	香，微苦，温。归脾、胃经。
功效主治	健脾益胃，行气消胀，化湿止痛；治胃脘胀痛，反胃嗳气，头昏恶心，食积不化，中暑腹痛腹泻，肢体酸麻胀痛。
化学成分	植物甾醇或萜类、黄酮类、酚类、香豆素类、强心苷类、挥发油等。
核心产区	云南（西双版纳）。
用法用量	煎汤，15～30克；或泡饮，15克。
本草溯源	《中华本草（傣药卷）》。
附　　注	被列为《国家重点保护野生植物名录》二级。

云南草蔻（姜科）

Alpinia blepharocalyx K. Schum.

药 材 名 云南草蔻、滇草蔻、小草蔻。

药用部位 果实。

功效主治 祛寒燥湿，温胃止呕；治寒湿阴滞脾胃，脘腹胀满疼痛，呕吐，泄泻。

化学成分 云南草蔻素B-D等。

光叶云南草蔻（姜科）

Alpinia blepharocalyx K.Schum.var. **glabrior** (Hand.-Mazz.) T. L. Wu

药 材 名 光叶云南草蔻。

药用部位 果实。

功效主治 祛寒燥湿，温胃止呕；治胃寒胀痛，反胃吐酸，食欲不振，寒湿吐泻。

距花山姜（姜科）

Alpinia calcarata Roscoe

药 材 名 距花山姜。

药用部位 根茎。

功效主治 健胃，止痛；治胃寒呕吐，脘腹冷痛。

化学成分 1,8-桉叶素、距花山姜素A-E、水菖蒲酮等。

节鞭山姜（姜科）

Alpinia conchigera Griff.

药 材 名 节鞭山姜、贺哈囡（傣药）。

药用部位 根茎。

功效主治 补土健胃，通气止痛，化食消胀，解毒；治腹痛腹胀，不思饮食，毒虫咬伤。

化学成分 酚类等。

红豆蔻（姜科）

Alpinia galanga (L.) Willd.

药 材 名 大高良姜、红豆蔻、红蔻、大良姜。

药用部位 果实。

生　　境 野生或栽培，生于山坡旷野的草地或灌丛中。

采收加工 秋季果实变红时采收，除去杂质，阴干。

药材性状 长球形，中部略细，表面红棕色或暗红色。种子扁圆形或三角状多面形，黑棕或红棕色，外被黄白色膜质假种皮。气香，味辛辣。

性味归经 辛，温。归脾、肺经。

功效主治 燥湿散寒，醒脾消食；治脘腹冷痛，食积胀满，呕吐泄泻，饮酒过多。

化学成分 对羟基苯乙酮等。

核心产区 云南、广东、广西、台湾。

用法用量 内服：煎汤，3～6克。外用：研末搐鼻或调搽。

本草溯源 《药性论》。

附　　注 中国古代本草所述高良姜主流基原为姜科山姜属植物，因该属植物功效相似、形态相近，红豆蔻 *Alpinia galanga*、高良姜 *A.officinarum*、山姜 *A. japonica* 等在某些地区均被误认为高良姜。近代以来关于高良姜与红豆蔻的记载亦较混乱，有些著作将其认作一种植物，有些著作将其分开论述，偶尔也有将华山姜 *A. oblongifolia* 误认为高良姜使用的，直至1959年《中药志》将高良姜 *A. officinarum* 与红豆蔻 *A. galanga* 作出详细描述并区分后，高良姜与红豆蔻才彻底分离开来。

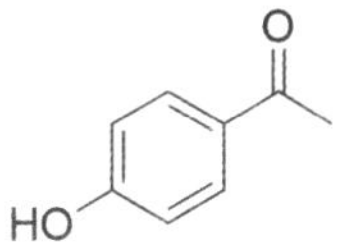

对羟基苯乙酮

光叶山姜（姜科）

Alpinia intermedia Gagnep.

药 材 名　光叶山姜。

药用部位　根茎、果实。

功效主治　行气消胀，消食导滞；治中焦虚寒或气滞引起的脘腹胀满、食积，内伤食积证引起的腹胀。

山姜（姜科）

Alpinia japonica (Thunb.) Miq.

药 材 名　山姜、土砂仁。

药用部位　根茎。

功效主治　温中散寒，祛风活血；治脘腹冷痛，肺寒咳喘，风湿痹痛。

化学成分　黄酮类等。

草豆蔻（姜科）

Alpinia katsumadae Hayata

药 材 名　大高良姜、草豆蔻。

药用部位　种子团。

功效主治　温中燥湿，行气健脾；治胃寒胀痛，反胃吐酸，食欲不振，寒湿吐泻。

化学成分　法呢醇、1,8-桉叶素、月桂酸、棕榈酸、肉豆蔻酸和L-芳樟醇等。

长柄山姜（姜科）

Alpinia kwangsiensis T. L. Wu et S. J. Chen

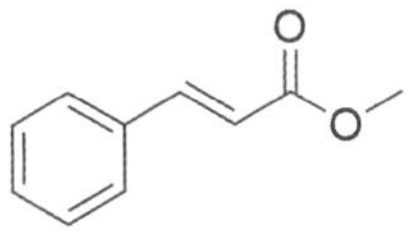

桂皮酸甲酯

药 材 名　长柄山姜、傣草蔻。

药用部位　根茎。

生　　境　野生或栽培，生于海拔580～680米山谷中林下阴湿处。

采收加工　秋冬季采挖，除去须根，洗净，切片，低温干燥。

药材性状　外表面棕褐色至棕红色，可见环节纹及残留须根。切面浅黄褐色至浅棕褐色。气微香而特异，味辛。

性味归经　辛，热。归脾、胃经。

功效主治　驱寒燥湿，温胃止呕；治脘腹胀痛，呃逆呕吐，饮食积滞，风湿病肢体关节肿痛，跌打损伤等症。

化学成分　桂皮酸甲酯等。

核心产区　云南、广东、广西和贵州。

用法用量　煎汤，3～6克。

本草溯源　《云南省中药材标准·傣族药》(2005年版)。

黑果山姜（姜科）

Alpinia nigra (Gaertn.) B. L. Burtt

药 材 名 黑果山姜。

药用部位 根茎。

功效主治 行气，解毒；治食滞，蛇虫咬伤。

化学成分 黄芪苷、山柰酚-3-*O*-葡萄糖醛酸苷等。

华山姜（姜科）

Alpinia oblongifolia Hayata

药 材 名 华山姜。

药用部位 根茎。

功效主治 止咳平喘，散寒止痛，除风湿，解疮毒；治风寒咳喘，胃气痛，风湿性关节痛，跌打瘀血停滞，月经不调，无名肿毒。

高良姜（姜科）

Alpinia officinarum Hance

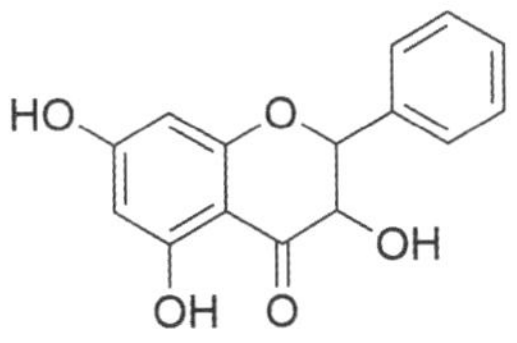

高良姜素

药 材 名 高良姜、良姜、蛮姜。

药用部位 根茎。

生　　境 栽培于坡地、平地。

采收加工 夏末秋初采挖，除去须根和残留的鳞片，洗净，切段，晒干。

药材性状 圆柱形，多弯曲，有分枝。表面棕红色至暗褐色，有细密纵皱纹和波状环节，一面有圆形的根痕。质坚韧，不易折断，纤维性。气香，味辛辣。

性味归经 辛，热。归脾、胃经。

功效主治 温胃止呕，散寒止痛；治脘腹冷痛、胃寒呕吐、嗳气吞酸。

化学成分 高良姜素、姜黄素、二氢姜黄素、六氢姜黄素等。

核心产区 古代推崇儋州、雷州所产为佳，奉为道地，主产于广东、广西、海南等地，其中尤以广东陆丰质优。

用法用量 煎汤，3～6克。

本草溯源 《名医别录》《本草汇言》《本草新编》《本草正义》。

附　　注 高良姜历代所用主流基原为姜科山姜属植物高良姜，2020年版《中国药典》收载的高良姜也是本种（高良姜）。高良姜为南方常用中药，历代许多方剂均含有此药材，高良姜属于药食两用类中药，除药用外，还可作为食品的调味剂和抗氧化剂，用于食品的调味与保鲜，是产品“十三香”的组成成分之一。

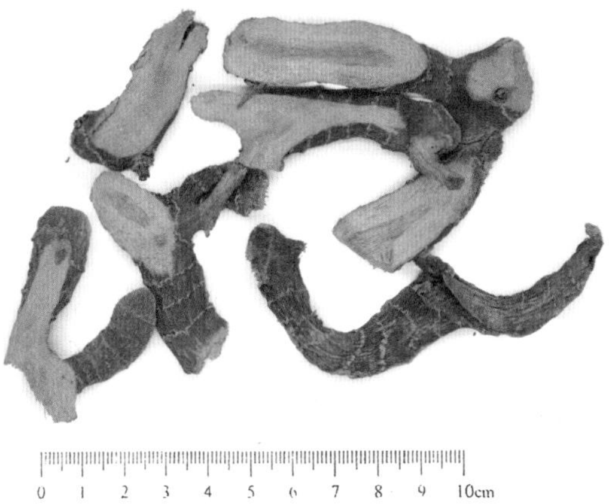

益智（姜科）

Alpinia oxyphylla Miq.

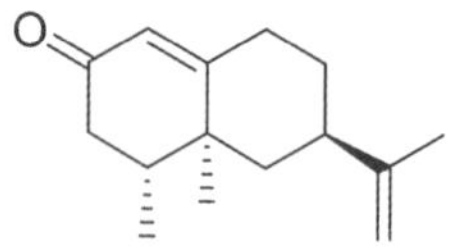

圆柚酮

药 材 名　益智仁、益智子。

生　　境　喜生长于阴凉、湿润的环境中。

药用部位　果实。

采收加工　7—8月间，果实由绿转红时摘下，铺在地上晒干，如遇阴雨，温火烘干，但以晒干的品质为佳。

药材性状　本品呈椭圆形，两端略尖，长1.2～2厘米，直径1～1.3厘米。表面棕色或灰棕色，有纵向凹凸不平的突起棱线13～20条。果皮薄而稍韧，与种子紧贴，种子集结成团，中有隔膜将种子团分为3瓣，每瓣有种子6～11粒。种子呈不规则扁圆形，直径约3毫米，表面灰褐色或灰黄色，外被淡棕色膜质的假种皮；质硬，胚乳白色。有特异香气，味辛、微苦。

性味归经　辛，热。归脾、胃经。

功效主治　暖肾固精缩尿，温脾止泻摄唾。用于肾虚遗尿，小便频数，遗精白浊，脾寒泄泻，腹中冷痛，口多唾涎。

化学成分　圆柚酮、间聚伞花烃等。

核心产区　海南（琼中、白沙、五指山、保亭）和广东（阳东），广西、福建、云南等地有少量栽培。

用法用量　煎汤，3～6克。

本草溯源　《神农本草经》《本草拾遗》。

宽唇山姜（姜科）

Alpinia platychilus K. Schum.

药 材 名　傣草蔻、贺哈龙（傣药）。

药用部位　根茎。

功效主治　补土健胃，通气消食，除风止痛。

化学成分　挥发油（主要为杜松醇、*β*-蒎烯、蛇麻二烯酮）等。

花叶山姜（姜科）

Alpinia pumila Hook. f.

药 材 名　花叶山姜。

药用部位　根茎。

功效主治　祛风除湿，消肿止痛；治风湿痹痛，腹泻胃痛，跌打损伤。

化学成分　莰烯、*β*-蒎烯、*γ*-松油烯等。

密苞山姜（姜科）

Alpinia stachyodes Hance

药 材 名　箭杆风、密苞山姜。

药用部位　根茎。

功效主治　止咳平喘，散寒止痛，除风湿，解疮毒；治风湿痹痛，咳嗽，胃痛，跌打损伤。

艳山姜（姜科）

Alpinia zerumbet (Pers.) B. L. Burtt et R. M. Sm.

药 材 名　艳山姜。

药用部位　根茎、果实。

功效主治　有小毒。温中燥湿，行气，截疟；治胃脘冷痛，消化不良，呕吐，泄泻，疟疾。

化学成分　二氢-5,6-去氢醉椒素、紫云英苷、槲皮素-3-*O*-*β*-D-葡萄糖苷等。

红壳砂仁（姜科）

Amomum aurantiacum Ridl.

药 材 名 红壳砂仁、麻娘亮（傣药）。

药用部位 果实、根。

功效主治 补土健脾，理气止痛，止呕，利尿通淋；治腹痛，腹胀，消化不良，恶心呕吐。

化学成分 芳樟醇、橙花叔醇等。

三叶豆蔻（姜科）

Amomum austrosinense D. Fang

药 材 名 华南豆蔻、三叶豆蔻。

药用部位 根茎、果实。

功效主治 燥湿散寒，行气止痛；治胸腹满闷，反胃呕吐，宿食不消。

辣椒砂仁（姜科）

Amomum capsiciforme S.Q. Tong

药 材 名 辣椒砂仁。

药用部位 果实。

功效主治 芳香健胃；治脘腹胀满冷痛。

海南假砂仁（姜科）

Amomum chinense Chun ex T.L. Wu

药 材 名 海南假砂仁。

药用部位 果实。

功效主治 行气宽中，健胃消食；治胃腹胀痛，食欲不振，恶心呕吐，肠炎，痢疾，胎动不安。

爪哇白豆蔻（姜科）

Amomum compactum Sol. ex Maton

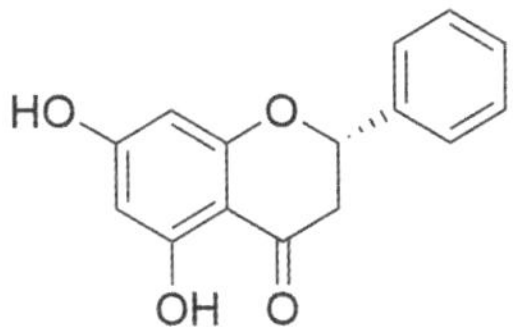

乔松素

药 材 名 豆蔻。

药用部位 果实。

生　　境 栽培，生于山沟阴湿处或树荫下。

采收加工 秋季果实成熟时采收，用时除去果皮，取种子打碎。

药材性状 果实类球形，表面黄白色至淡黄棕色。种子呈不规则多面体，背面略隆起，表面暗棕色，有皱纹。气芳香，味辛凉略似樟脑。

性味归经 辛，温。归肺、脾、胃经。

功效主治 理气宽中，开胃消食，化湿止呕；治腹胀胃痛，吐逆反胃和消化不良等。

化学成分 乔松素、小豆蔻明、2′,4′-二羟基-6′-甲氧基二氢查尔酮等。

核心产区 主产于印度尼西亚。我国海南、云南、广东和广西均引种栽培成功，并大量种植。

本草溯源 《开宝本草》《本草图经》《本草纲目》。

附　　注 进口南药，白豆蔻是泰国白豆蔻（又名原豆蔻）和爪哇白豆蔻的统称，为姜科豆蔻属植物白豆蔻或爪哇白豆蔻，本种是商品白豆蔻主流产品。白豆蔻气味苦香、味辛凉微苦，用作天然调味香料有去除食品异味和增加香气的功效，在烹饪、汤料、饮料、风味食品、烧烤和腌制肉类等食品的调味中得到了广泛应用。在我国和东南亚各国，白豆蔻也是制作咖喱粉必不可少的原料之一。

脆舌砂仁（姜科）

Amomum fragile S. Q. Tong

药 材 名　脆舌砂仁。

药用部位　果实。

功效主治　芳香健胃；治脘腹胀满冷痛。

野草果（姜科）

Amomum koenigii J. F. Gmel.

药 材 名　野草果。

药用部位　果实。

功效主治　治脘腹胀满冷痛，反胃，呕吐，疟疾。

白豆蔻（姜科）

Amomum kravanh Pierre ex Gagnep.

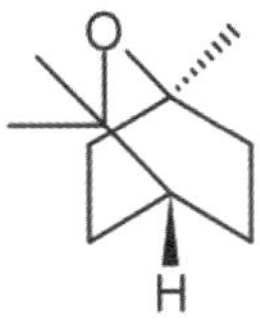

1,8-桉叶素

药 材 名　白豆蔻、多骨、壳蔻。

药用部位　成熟果实。

生　　境　白豆蔻喜荫蔽，属浅根系作物，喜肥沃砂壤土。

采收加工　多于7—8月间果实即将黄熟但未开裂时采集果穗，去净残留的花被和果柄后晒干；或再用硫黄熏制漂白，使果皮呈黄白色。拣净杂质，筛去皮屑，打碎，或剥去果壳，取仁打碎用。

药材性状　类球形，表面黄白色至淡黄色。具3条钝棱，有多数纵向脉纹，顶端有凸起的柱基，基部有圆形果柄痕，两端均有棕色绒毛。种子不规则多面形，背略隆起，外被类白色膜状假种皮，腹面有一圆形凹点（种脐）。气芳香，味辛凉。

性味归经　辛，温。归肺、脾、胃经。

功效主治　化湿行气，温中止呕，开胃消食；治湿浊中阻，不思饮食，湿温初起，胸闷不饥，寒湿呕逆，胸腹胀痛，食积不消等。

化学成分　1,8-桉叶素、β-蒎烯、α-松油醇等。

核心产区　主产于泰国和柬埔寨，我国海南、云南、广东和广西均引种栽培成功，尤以海南和云南量大。

用法用量　3～6克，入煎剂，后下。

本草溯源　《本草拾遗》《开宝本草》《本草纲目》《本经逢原》《本草经解》。

附　　注　在古老的中药里，以“豆蔻”为名的中药有四味，即白豆蔻、草豆蔻、红豆蔻和肉豆蔻。四药均富含挥发油，具芳香之气，其名称相近，功用类同，临床应用也大致相同。

海南砂仁（姜科）

Amomum longiligulare T. L. Wu

药 材 名 砂仁。

药用部位 果实。

功效主治 化湿行气，温中止呕，开胃消食；治湿阻气滞，脾胃不和，脘腹胀满，胎动不安。

化学成分 乙酸龙脑酯、α-蒎烯、D-柠檬烯、龙脑、樟脑等。

九翅豆蔻（姜科）

Amomum maximum Roxb.

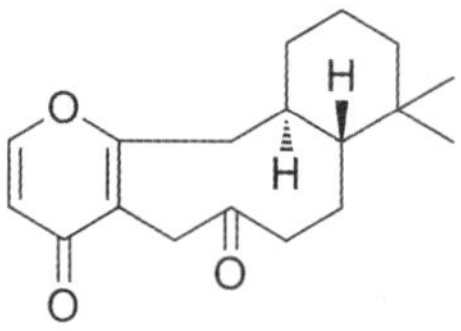

Amomaxin A

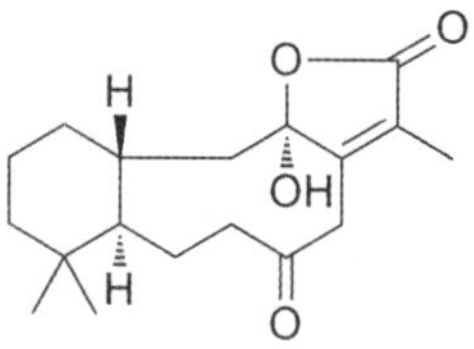

Amomaxin B

药 材 名 九翅豆蔻。

药用部位 果实或根。

生　　境 野生或栽培，生于海拔350～800米的林中溪边阴湿处。

采收加工 果实将成熟时采收，烘干。

药材性状 果实呈卵圆形或椭圆形。果皮表面淡黄色或黄棕色，种子不规则形，略扁，表面褐色、深棕色或浅棕色。气香，味辛凉。

性味归经 辛，温。归脾、胃经。

功效主治 温中止痛，开胃消食；治脘腹冷痛，腹胀，不思饮食，嗳腐吞酸。

化学成分 Amomaxin A、amomaxin B等。

核心产区 云南、广东、广西、西藏。

用法用量 煎汤，果实2～6克，根6～15克。

本草溯源 《海南植物志》《中华本草》。

疣果豆蔻（姜科）

Amomum muricarpum Elmer

药 材 名 大砂仁。

药用部位 果实。

功效主治 温中化湿，健胃消食，止呕安胎；治胃酸过多，胃寒痛，妊娠腹痛，胎动不安。

银叶砂仁（姜科）

Amomum sericeum Roxb.

药 材 名 银叶砂仁、麻呼蒿（傣药）。

药用部位 根茎。

功效主治 散寒止痛；治关节冷痛。

香豆蔻（姜科）

Amomum subulatum Roxb.

药 材 名 香豆蔻、波丢勐（傣药）。

药用部位 块根。

功效主治 补脾健胃，消食解毒；治产后体虚，头昏目眩，纳呆食少，呕吐腹泻。

化学成分 柠檬烯、橙花叔醇、黄酮类等。

草果（姜科）

Amomum tsaoko Crevost et Lemarié

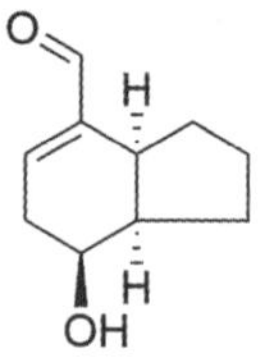

草果酮

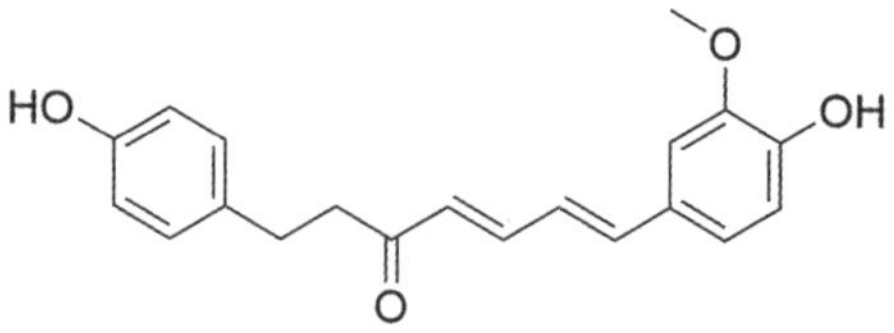

草果素

药 材 名　草果、草果仁、老蔻。

药用部位　成熟果实。

生　　境　栽培，生于海拔1 100～1 800米疏林下。

采收加工　秋季果实成熟时采收，除去杂质，晒干或低温干燥。

药材性状　果实呈长椭圆形，表面灰棕色至红棕色。种子表面红棕色，外被假种皮，种脊为一条纵沟，尖端有凹状的种脐。有特异香气，味辛、微苦。

性味归经　辛，温。归脾、胃经。

功效主治　燥湿温中，截疟除痰；治寒湿内阻，脘腹胀痛，痞满呕吐，疟疾寒热，瘟疫发热。

化学成分　草果酮、草果素等。

核心产区　云南文山（马关、麻栗坡）及红河（金平、屏边、绿春、元阳）、广西、贵州等地。

用法用量　煎汤，3～6克。

本草溯源　《本草品汇精要》《饮膳正要》《本草纲目》《本经逢原》《本草求真》《本草正义》《本草求原》。

附　　注　药食同源。

阳春砂（姜科）

Amomum villosum Lour.

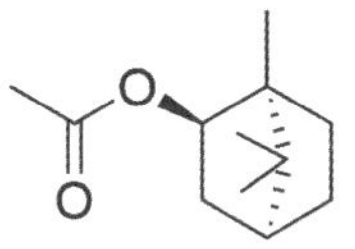

乙酸龙脑酯

药 材 名　春砂仁、阳春砂仁。

药用部位　成熟果实。

生　　境　栽培，生于林下。

采收加工　夏、秋二季果实成熟时采收，晒干或低温干燥。

药材性状　椭圆形或卵圆形，有不明显的三棱，表面棕褐色，密生刺状突起，顶有花被残基，基部常有果梗，皮薄而软。种子团三瓣，具三钝棱，中有白色隔膜。气芳香而浓烈，味辛凉、微苦。

性味归经　辛，温。归脾、胃、肾经。

功效主治　化湿开胃，温脾止泻，理气安胎；治湿浊中阻，脘痞不饥等病。

化学成分　乙酸龙脑酯、樟脑等。

核心产区　广东（阳春）、云南（西双版纳、文山、红河、普洱）、广西（宁明、大新），其中以广东阳春为道地。

用法用量　3～6克，后下。

本草溯源　《药性论》《本草拾遗》《日华子本草》《开宝本草》《本草图经》《经史证类备急本草》《本草蒙筌》《本草纲目》《本草备要》《本草求真》《药物出产辨》《增订伪药条辨》。

附　　注　阳春砂为广东省立法保护的八大岭南中药材之一，药食同源目录品种，还是“四大南药”与“十大云药”之品种，属于治疗和预防肠胃病的要药，并在保健品、调料、蜜饯、酒、茶、药膳中广泛应用。

绿壳砂（姜科）

Amomum villosum Lour. var. **xanthioides** (Wall. ex Baker) T.L. Wu et S.J. Chen

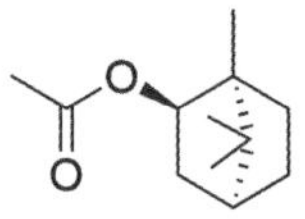

乙酸龙脑酯

药 材 名　砂仁、绿壳砂、缩砂密、缩砂仁。

药用部位　成熟果实。

生　　境　栽培，生于海拔600～800米的林下潮湿处。

采收加工　夏秋二季果实成熟时采收，晒干或低温干燥。

药材性状　椭圆形或卵圆形，有不明显的三棱，长1.5～2厘米，直径1～1.5厘米。表面棕褐色，密生刺状突起，顶端有花被残基，基部常有果梗。果皮薄而软。种子集结成团，具三钝棱，中有白色隔膜，将种子团分成3瓣，每瓣有种子5～26粒。种子为不规则多面体，直径2～3毫米；表面棕红色或暗褐色，有细皱纹，外被淡棕色膜质假种皮；质硬，胚乳灰白色。气芳香而浓烈，味辛凉、微苦。

性味归经　辛，温。归脾、胃、肾经。

功效主治　化湿开胃，温脾止泻，理气安胎；治湿浊中阻，脘痞不饥，脾胃虚寒，呕吐泄泻，妊娠恶阻，胎动不安。

化学成分　乙酰龙脑酯、樟脑、橙花叔醇、芳樟醇、龙脑等。

核心产区　越南、泰国、缅甸、印度尼西亚、中国云南（勐腊、沧源）。

用法用量　3～6克，后下。

本草溯源　《药性论》《本草拾遗》《日华子本草》《开宝本草》《本草蒙筌》《本草纲目》《医林纂要》。

附　　注　我国最早记载的砂仁为缩砂密，宋代以后才有春砂仁。《中国药典》收载的为阳春砂、绿壳砂和海南砂，实际上，商品砂仁有阳春砂、绿壳砂、海南砂、红壳砂以及山姜属的多种植物果实。国内专家对绿壳砂的分类地位还有争议，多数认为绿壳砂就是缩砂密，它是阳春砂的一个变种（*Amomum villosum* var. *xanthioides*），也有专家认为缩砂蔤应为单独的一个种（*Amomum xanthioides*），国产砂仁主要是春砂仁，进口砂仁多是绿壳砂。

凹唇姜（姜科）

Boesenbergia rotunda (L.) Mansf.

药 材 名 泰国沙姜、甲猜。

药用部位 根茎。

功效主治 治口腔疾病。在泰国被长期用作消炎药。

黄花大苞姜（姜科）

Caulokaempferia coenobialis (Hance) K. Larsen

药 材 名 黄花山柰。

药用部位 全草。

功效主治 解毒，祛风湿；治蛇咬伤，蚊虫叮咬，疮疖肿毒。

距药姜（姜科）

Cautleya gracilis (Sm.) Dandy

药 材 名 距药姜、蓝姑娘、娥婻冒（傣药）。

药用部位 全草。

功效主治 利水消肿；治甲沟炎，甲床炎，指端脓肿。

莴笋花（姜科）

Costus lacerus Gagnep.

药 材 名 老妈妈拐杖、莴笋花。

药用部位 根茎。

功效主治 消炎利尿，散瘀消肿；治水肿，百日咳，尿路感染。外用治荨麻疹，恶疮，中耳炎。

化学成分 二十八烷酸、β-谷甾醇、薯蓣皂苷元、胡萝卜苷、薯蓣次苷等。

闭鞘姜（姜科）

Costus speciosus (J. Koenig ex Retz.) Sm.

药 材 名　闭鞘姜。

药用部位　根茎。

功效主治　有生殖毒性。利水消肿，解毒止痒；治百日咳，肾炎性水肿，尿路感染，肝硬化腹水，小便不利。外用治荨麻疹，中耳炎。

化学成分　胡萝卜苷、β-谷甾醇、剑麻皂苷元等。

光叶闭鞘姜（姜科）

Costus tonkinensis Gagnep.

药 材 名　光叶闭鞘姜、牛尾巴茶、恩倒囡（傣药）。

药用部位　根茎。

功效主治　清热解毒，消肿止痛；治肝硬化腹水，尿路感染，肌肉肿瘤，无名肿痛。

化学成分　二十四烷酸、β-谷甾醇、琥珀酸、β-胡萝卜苷等。

郁金（姜科）

Curcuma aromatica Salisb.

药 材 名　郁金。

药用部位　块根。

功效主治　活血止痛，行气解郁，清心凉血，利胆；治积滞胀痛，血瘀腹痛，肝脾肿大，血滞经闭。

化学成分　姜黄素、去甲氧姜黄素、双去甲氧姜黄素等。

广西莪术（姜科）

Curcuma kwangsiensis S. G. Lee et C. F. Liang

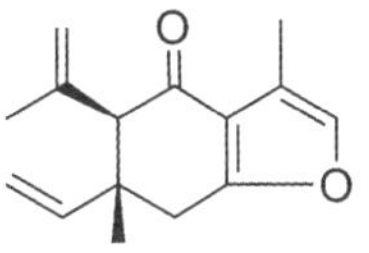

莪术酮

药 材 名　莪术、广西莪术、桂莪术、郁金。

药用部位　根茎。

生　　境　野生或栽培，生于山坡、村旁或林下半阴湿肥沃土壤中。

采收加工　冬季茎叶枯萎后采挖，洗净，水煮或蒸至透心，晒干后或低温干燥后除去须根和杂质。

药材性状　根茎卵球形，环节稍突起，断面黄棕色至棕色，常附有淡黄色粉末，内皮层环纹黄白色。

性味归经　辛、苦，温。归肝、脾经。

功效主治　通调两路，行气止痛，破血消积，抗肿瘤；治血瘀所致的慢性气管炎，闭经腹痛，食积胀痛，早期宫颈癌，跌打损伤。

化学成分　莪术酮、β-谷甾醇棕榈酸酯、β-谷甾醇、月桂酸甘油酯、十三烷酸单甘油酯、2-oxoguaia-1、8-pentaen-12, 8-olide、樟脑等。

核心产区　广西钦州灵山（陆屋、三隆、太平、伯劳等地）、玉林博白、河池及其周边适宜地区。

用法用量　煎汤，5～10克。

本草溯源　《新修本草》《开宝本草》《本草图经》《本草纲目》《中华本草》。

附　　注　孕妇禁用。

姜黄（姜科）

Curcuma longa L.

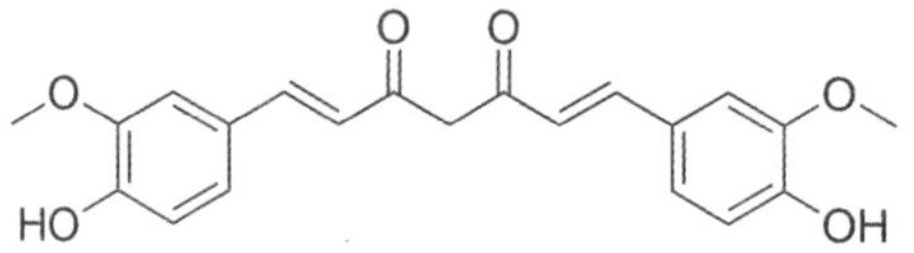

姜黄素

药 材 名 姜黄。

药用部位 根茎。

生　　境 多为栽培，生于土地深厚、疏松肥沃的砂壤土或壤土。

采收加工 冬季茎叶枯萎时采挖，洗净，煮或蒸至透心，晒干，除去须根。

药材性状 不规则或类圆形的厚片。外表皮深黄色，切面棕黄色至金黄色，角质样，内皮层环纹明显，维管束呈点状散在。质坚硬，气香特异。

性味归经 辛、苦，温。归脾、肝经。

功效主治 破血行气，通经止痛；主治胸胁刺痛，胸痹心痛，痛经，闭经，癥瘕，风湿性肩臂疼痛，跌打肿痛。

化学成分 姜黄素、β-柏木烯、姜黄酮、姜油烯、龙脑、香桧烯等。

核心产区 印度、缅甸、泰国、中国、马来西亚、印度尼西亚等亚洲热带和亚热带地区。我国主产于四川、云南、贵州、广西、台湾和福建等省区，其中以四川为道地。

用法用量 3～10克。外用适量。

本草溯源 《神农本草经》《新修本草》《本草图经》《经史证类备急本草》《本草纲目》。

附　　注 姜黄为提取制备姜黄素的主要基原植物，这是一种橙黄色的疏水性植物多酚化合物，外观为橙黄色晶体或结晶性粉末，带有姜黄特有的气味，味稍苦，不易溶于水。姜黄与姜黄素除药用外，还被WHO和美国FDA批准为天然食品添加剂，广泛用作香料以及食品调味剂、着色剂、防腐剂和化妆品原料等，是近年来天然产物研究的热点。

莪术（姜科）

Curcuma phaeocaulis Valeton

药 材 名 莪术。

药用部位 根茎、块根。

功效主治 行气活血，消积止痛；治癥瘕痞块，瘀血经闭，胸痹心痛，食积胀痛。

化学成分 表莪术呋喃烯酮、莪术二酮、吉马酮、莪术烯、β-榄香烯等。

温郁金（姜科）

Curcuma wenyujin Y. H. Chen et C. Ling

药 材 名 温郁金、温莪术。

药用部位 根茎、块根。

功效主治 活血止痛，行气解郁，清心凉血，利胆。根茎：治胸腹胀痛，肩膀痹痛，月经不调，闭经，跌打肿痛。块根：治胸闷胁痛，胃腹胀痛。

化学成分 莪术二酮、莪术醇、牻牛儿酮、呋喃二烯、β-榄香烯等。

舞花姜（姜科）

Globba racemosa Sm.

药 材 名 舞花姜、云南小草蔻。

药用部位 果实。

功效主治 健胃消食；治胃脘胀痛，食欲不振，消化不良。

化学成分 β-蒎烯、芳樟醇、γ-松油烯、莰烯、植醇等。

姜花（姜科）

Hedychium coronarium J. Koenig

药 材 名　姜花。

药用部位　根茎。

功效主治　祛风寒，温经止痛；治感冒，头痛身痛，风湿性筋骨疼痛，跌打损伤，寒湿带下。

化学成分　α-水芹烯、α-蒎烯、β-蒎烯、芳樟醇氧化物等。

黄姜花（姜科）

Hedychium flavum Roxb.

药 材 名　黄姜花、罗呆哼勒（傣药）。

药用部位　根茎。

功效主治　止咳；治咳嗽。

化学成分　倍半萜类等。

圆瓣姜花（姜科）

Hedychium forrestii Diels

药 材 名　圆瓣姜花、狭苞姜花、野姜。

药用部位　根茎。

功效主治　祛风散寒，敛气止汗；治虚弱自汗，胃气寒痛，消化不良，风寒痹痛。

化学成分　单萜及倍半萜类等。

小花姜花（姜科）

Hedychium sinoaureum Stapf.

药 材 名　小花姜花。

药用部位　根茎。

功效主治　温中散寒，止痛消食。

化学成分　滇姜花素A、滇姜花素B、姜花素A、姜花酮、毛姜花素、圆瓣姜花素A等。

小毛姜花（姜科）

Hedychium villosum Wall. var. **tenuiflorum** Wall. ex Baker

药 材 名　毛姜花、呆哼帕（傣药）。

药用部位　根茎。

功效主治　补土健胃，止痛，止泻；治腹痛，腹泻，腰痛，浮肿，疮疡肿毒。

山柰（姜科）

Kaempferia galanga L.

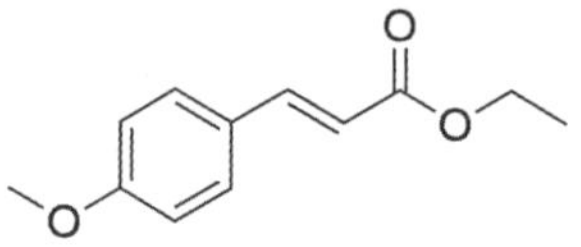

对甲氧基桂皮酸乙酯

药 材 名 山奈、沙姜。

药用部位 根茎。

生　　境 栽培于山坡、林下、平地。

采收加工 冬季采挖，洗净，除去须根，切片，晒干。

药材性状 本品多为圆形或近圆形的横切片，外皮浅褐色或黄褐色，皱缩，有的有根痕或残存须根，切面类白色，粉性，常鼓凸，质脆，易折断，气香特异，味辛辣。

性味归经 辛，温。归胃经。

功效主治 行气温中，消食，止痛；治胸膈胀满，脘腹冷痛，饮食不消。

化学成分 山柰酚、对甲氧基桂皮酸乙酯、柠檬烯、百里香酚等。

核心产区 广东（阳江、茂名）。

用法用量 内服：煎汤，6～9克。外用：适量，捣敷；研末调敷，或搐鼻。

本草溯源 《本草汇言》《本草正义》《本草再新》。

附　　注 药食同源，山柰含对甲氧基桂皮酸乙酯，对波长280～320纳米的紫外线有宽而强的吸收，安全性好，是一类理想的天然防晒剂。

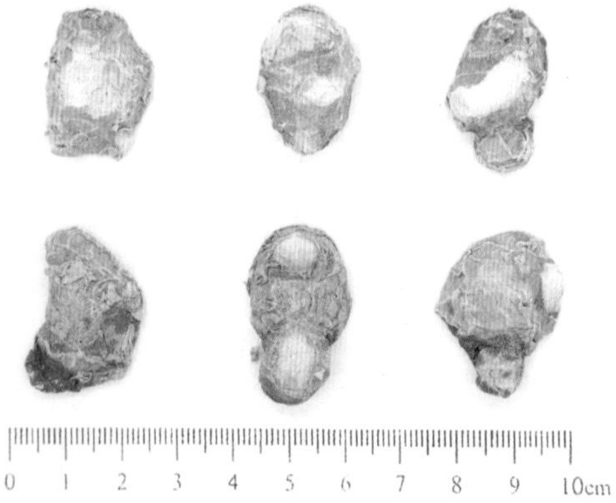

大叶山柰（姜科）

Kaempferia galanga L. var. **latifolia** (Donn) Gagnep.

药 材 名 山柰、沙姜、香姜。

药用部位 根茎。

功效主治 清热解毒，消肿止痛，通气血；治胃脘胀痛，口舌生疮，咽喉肿痛，牙痛，食物中毒，四肢关节酸痛麻木。

海南三七（姜科）

Kaempferia rotunda L.

药 材 名 海南三七。

药用部位 根茎。

功效主治 根茎有小毒。活血止痛；治跌打损伤，胃痛，风湿性关节痛，月经不调。

化学成分 淀粉、长穗巴豆环氧素等。

土田七（姜科）

Stahlianthus involucratus (King ex Baker) Craib

药 材 名 土田七、姜三七、三七姜。

药用部位 根、根茎。

功效主治 散瘀，止痛，止血；治跌打损伤，风湿骨痛，外伤出血。

化学成分 姜三七醌等。

珊瑚姜（姜科）

Zingiber corallinum Hance

药 材 名　珊瑚姜、大黄姜。

药用部位　根茎。

功效主治　消肿散瘀；治食积胀满，脘腹疼痛，恶心呕吐。

化学成分　香桧烯、松油烯-4-醇等。

蘘荷（姜科）

Zingiber mioga (Thunb.) Roscoe

药 材 名　蘘荷、野姜、阳藿。

药用部位　根茎、果实、花。

功效主治　根茎有小毒。根茎：活血调经，解毒消肿；治感冒咳嗽，气管炎，哮喘，风寒牙痛，脘腹冷痛，跌打损伤，腰腿痛，遗尿，带下。果实：温胃止痛；治胃痛。花：温肺化痰；治肺寒咳嗽。

化学成分　*α*-蒎烯、*β*-蒎烯、*β*-水芹烯等。

紫色姜（姜科）

Zingiber montanum (J. Koenig) Link ex A. Dietr.

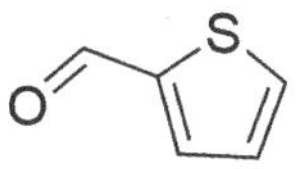

2-噻吩甲醛

药 材 名　紫色姜。

药用部位　根茎。

生　　境　野生或栽培，生于海拔在1 000～1 300米的常绿阔叶林下荫蔽环境的山区、半山区里，多见于林下、路边、箐旁、荒坡等。

采收加工　每年12月，挖去块茎，抖掉泥土，将老姜和幼姜块分开，老姜块作为药材使用；切成厚0.5厘米的薄片，60℃鼓风干燥后备用。

药材性状　深紫色切片，外皮黄褐色，微皱。

性味归经　苦，寒。归肝、胃经。

功效主治　健胃消积；治食积胀满，脘腹疼痛，恶心呕吐，肝脾肿大和热风湿痛。

化学成分　2-噻吩甲醛、姜黄素、4-甲基-1-(1-甲基乙基)-3-环己烯-1-醇等。

核心产区　云南。

用法用量　煎汤，3～9克；或捣汁服。

本草溯源　《贝叶经》《滇南本草》。

姜（姜科）

Zingiber officinale Roscoe

药 材 名 生姜、生姜皮、干姜、炮姜。

药用部位 新鲜根茎（生姜）、干燥根茎（干姜）、干燥根茎炮制品（炮姜）。

功效主治 生姜：解表散寒，温中止呕，化痰止咳；治风寒感冒，胃寒呕吐。干姜：温中散寒，回阳通脉，温肺化饮；治胃腹冷痛，虚寒吐泻，手足厥冷，痰饮咳嗽。炮姜：温经止血，温中止痛；治阳虚失血，吐衄崩漏，脾胃虚寒，腹痛吐泻。

化学成分 高良姜萜内酯、橙花醛、牻牛儿醛等。

红球姜（姜科）

Zingiber zerumbet (L.) Roscoe ex Sm.

药 材 名 红球姜、风姜、山姜。

药用部位 根茎。

功效主治 祛风解毒，助消化；治腹痛。

蕉芋（美人蕉科）

Canna edulis Ker Gawl.

药 材 名 蕉芋。

药用部位 根茎。

功效主治 清热利湿，解毒；治痢疾，泄泻，黄疸，痈疮肿毒。

化学成分 淀粉、还原糖、蛋白质等。

柔瓣美人蕉（美人蕉科）

Canna flaccida Salisb.

药 材 名 柔瓣美人蕉。

药用部位 根茎。

功效主治 健脾胃，消炎，消肿。

大花美人蕉（美人蕉科）

Canna × generalis L.H. Bailey

药 材 名 大花美人蕉。

药用部位 根茎、花。

功效主治 清热利湿，解毒，止血；治急性黄疸性肝炎，带下过多，跌打损伤，疮毒痈肿，血崩，月经不调，外伤出血。

化学成分 去氢催吐萝芙木醇、3, 4-二羟基苯甲酸乙酯等。

美人蕉（美人蕉科）

Canna indica L.

药 材 名 美人蕉。

药用部位 花、根茎。

功效主治 花：活血止血；治吐血，外伤出血。根茎：清热解毒，调经，利水；治黄疸肝炎，风湿麻木，外伤出血，跌打损伤，子宫脱垂，心气痛。

化学成分 β-植物血凝素等。

兰花美人蕉（美人蕉科）

Canna × orchioides L. H. Bailey

药 材 名　美人蕉。

药用部位　根茎、花。

功效主治　清热利湿。根茎：治急性黄疸性肝炎，久痢，胃痛，子宫脱垂。花：治外伤出血。

竹叶蕉（竹芋科）

Donax canniformis (G. Forst.) K. Schum.

药 材 名　竹叶蕉、戈燕（傣药）。

药用部位　块根、茎。

功效主治　清热解毒，止咳定喘，消炎杀菌；治肺结核，气管炎，支气管炎，哮喘，高热，小儿麻疹合并肺炎，感冒发热，各种皮肤病。

竹芋（竹芋科）

Maranta arundinacea L.

药 材 名　竹芋。

药用部位　根茎。

功效主治　清肺止咳，清热利尿；治肺热咳嗽，小便热痛。

化学成分　淀粉、蛋白质、色氨酸等。

花叶竹芋（竹芋科）

Maranta bicolor Ker Gawl.

药 材 名　花叶竹芋、二色竹芋、孔雀草。

药用部位　根茎。

功效主治　清热解毒，散结消肿；治痈疽，疮疡，跌打损伤，瘀血肿痛。

尖苞柊叶（竹芋科）

Phrynium placentarium (Lour.) Merr.

药 材 名　尖苞柊叶、小花柊叶、端章（傣药）。

药用部位　根茎。

功效主治　清热解毒，凉血止血；治感冒发热，肝炎，痢疾，小便赤痛，口腔溃烂，吐血，衄血，血崩。

柊叶（竹芋科）

Phrynium rheedei Suresh et Nicolson

药 材 名　柊叶。

药用部位　全草。

功效主治　清热解毒，凉血止血，利尿；治感冒高热，痢疾，吐血，衄血，血崩。

紫背竹芋（竹芋科）

Stromanthe thalia (Vell.) J. M. A. Braga

药 材 名 紫贝竹芋、红背卧花竹芋、红背竹芋。

药用部位 根茎。

功效主治 清肺热，利尿。

粉条儿菜（百合科）

Aletris spicata (Thunb.) Franch.

药 材 名 粉条儿菜。

药用部位 全草。

功效主治 清热，润肺止咳，活血调经，杀虫；治支气管炎，百日咳，神经症，小儿疳积，蛔虫病，腮腺炎。

化学成分 娜草皂苷、薯蓣皂苷等。

火葱（百合科）

Allium ascalonicum L.

药 材 名 火葱、香葱、喝欢娘（傣药）。

药用部位 鳞茎。

功效主治 祛风湿；治湿疹。

洋葱（百合科）

Allium cepa L.

药 材 名 洋葱、球葱、圆葱。

药用部位 鳞茎。

功效主治 杀菌，消炎；治创伤，溃疡，阴道滴虫病，便秘。

化学成分 大蒜辣素、绣线菊苷、环蒜氨酸、芥子酸等。

藠头（百合科）

Allium chinense G. Don

药 材 名 薤白。

药用部位 鳞茎。

功效主治 温中通阳，理气宽胸；治胸痛，胸闷，心绞痛，胁肋刺痛，咳嗽，慢性支气管炎，慢性胃痛，痢疾。

化学成分 无梗五加苷D、*N*-对香豆酰酪胺等。

葱（百合科）

Allium fistulosum L.

药 材 名 葱、大葱、葱白。

药用部位 鳞茎、茎或全株捣取之汁、须根、叶、花、种子。

功效主治 发汗解表，通阳，利尿；治感冒头痛，鼻塞；外用治小便不利，痈疖肿痛。

化学成分 棕榈酸、亚油酸、亚麻酸、油酸等。

蒜（百合科）

Allium sativum L.

药 材 名　大蒜。

药用部位　鳞茎。

功效主治　健胃，止痢，杀菌，驱虫；治肺结核，百日咳，食欲不振，消化不良，细菌性痢疾，阿米巴痢疾，肠炎，钩虫病。

化学成分　大蒜素、二烯丙基硫醚、甲基烯丙基二硫醚等。

韭（百合科）

Allium tuberosum Rottler ex Spreng.

药 材 名　韭菜、韭子、起阳草。

药用部位　叶、种子。

功效主治　叶：健胃，提神，止汗固涩；治噎膈反胃，自汗盗汗。种子：补肾助阳，固精；治阳痿遗精，遗尿，尿频，带下过多。

好望角芦荟（百合科）

Aloe barbadensis Mill.

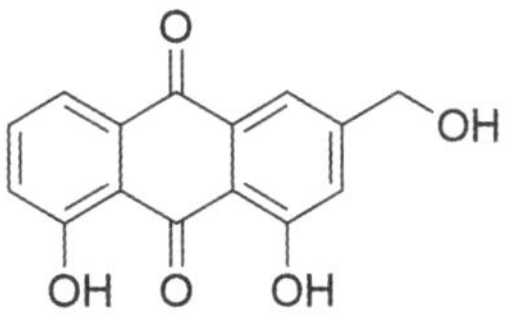

芦荟大黄素

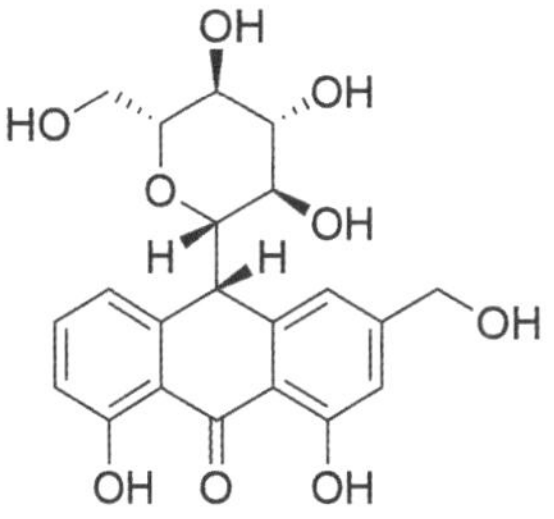

芦荟苷

药 材 名 芦荟、卢会、象胆。

药用部位 叶及汁液浓缩干燥物。

生　　境 受气候影响普遍生长在非洲大陆，喜温暖、耐高温、畏寒冷。

采收加工 芦荟全年可采。割取叶片，排列在木槽两侧，使液汁经木槽流入容器，浓缩凝固，得“老芦荟”或称“肝色芦荟”。

药材性状 表面呈暗褐色，略显绿色，有光泽。体轻，质松，易碎，断面玻璃样而有层纹。

性味归经 苦，寒。归肝、胃、大肠经。

功效主治 泻下通便，清肝泻火，杀虫疗疳；主治热结便秘、惊痫抽搐、疳热虫积、癣疮、痔瘘、萎缩性鼻炎、瘰疬等。

化学成分 芦荟大黄素、芦荟苷、芦荟树脂A、异芦荟大黄素苷等。

核心产区 主要产于南非共和国的开普州，我国海南有大规模种植。

用法用量 内服：2～5克。外用：适量，研末敷患处。

本草溯源 《药性论》《本草拾遗》《开宝本草》《全国中草药汇编》。

附　　注 可用于保健食品的中药。

第可芦荟（百合科）

Aloe descoingsii Reynolds

药 材 名 芦荟、斑痕芦荟。

药用部位 叶。

功效主治 抗菌，抗癌，强心，镇痛，利尿，健胃。

化学成分 蒽醌类、多糖等。

芦荟（百合科）

Aloe vera (L.) Burm.f.

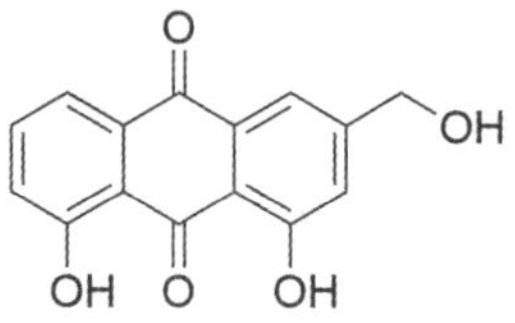

芦荟大黄素

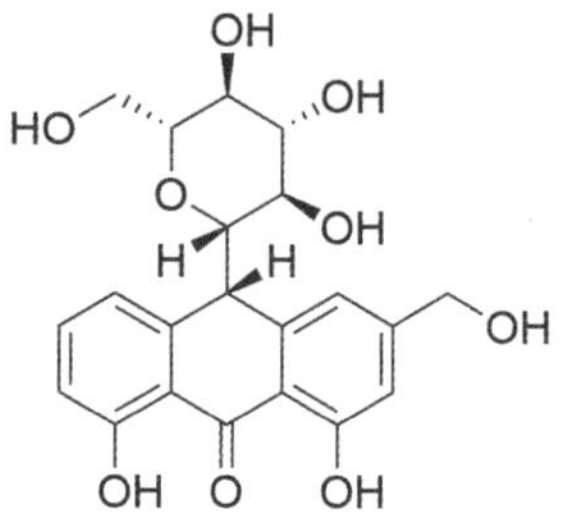

芦荟苷

药 材 名 库拉索芦荟、芦荟、象胆。

药用部位 叶及汁液浓缩干燥物。

生　　境 喜温暖、耐高温、不耐寒。

采收加工 芦荟全年可采。割取叶片，排列在木槽两侧，使液汁经木槽流入容器，浓缩凝固，得“老芦荟”或称“肝色芦荟”。

药材性状 呈不规则块状，常破裂为多角形，大小不一。表面呈暗红褐色或深褐色，无光泽。体轻，质硬，不易破碎，断面粗糙或显麻纹。富吸湿性。有特殊臭气，味极苦。

性味归经 苦，寒。归肝、胃、大肠经。

功效主治 泻下通便，清肝泻火，杀虫疗疳；治热结便秘，惊痫抽搐，疳热虫积，癣疮，痔瘘，萎缩性鼻炎，瘰疬。

化学成分 芦荟大黄素、芦荟苷、芦荟树脂A、异芦荟大黄素苷等。

核心产区 主产于南美洲北岸附近的库拉索、阿鲁巴及博奈尔小岛。中国广西柑桔研究所、广西果蔬研究所于1991年引种栽培。目前我国广东、广西和福建等地有栽培。

用法用量 内服：2～5克。外用：适量，研末敷患处。

本草溯源 《药性论》《本草拾遗》《开宝本草》《全国中草药汇编》。

附　　注 为可用于保健食品的中药，也常用于化妆品配方。

天门冬（百合科）

Asparagus cochinchinensis (Lour.) Merr.

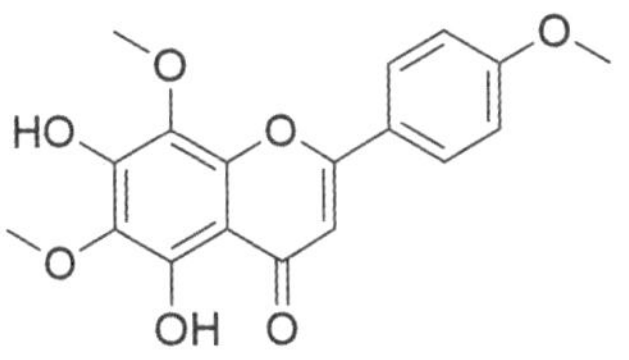

5,7-二羟基-6,8,4′-三甲氧基黄酮

药 材 名 天门冬、天冬、三百棒。

药用部位 块根。

生　　境 栽培，生于温暖、湿润、隐蔽壤土。

采收加工 秋、冬二季采挖，洗净，除去茎基和须根，置沸水中煮或蒸至透心，趁热除去外皮，洗净，干燥。

药材性状 长纺锤形，表面黄白色至淡黄棕色，半透明，光滑或有纵沟皱纹，质硬或柔润，有黏性，断面角质样，中柱黄白色。

性味归经 甘、苦，寒。归肺、肾经。

功效主治 滋阴润燥，清肺降火；治燥热咳嗽，热病伤阴，肠燥便秘。

化学成分 5,7-二羟基-6,8,4′-三甲氧基黄酮、菝葜皂苷元、天冬呋甾醇寡糖苷、伪原薯蓣皂苷、天冬多糖A-D等。

核心产区 四川（广汉）、浙江（温州）、福建（建瓯）等。

用法用量 煎汤，3～30克；入丸散，0.75～3.6克。

本草溯源 《神农本草经》《本草经集注》《新修本草》《本草图经》。

附　　注 为可用于保健食品的中药。

短梗天门冬（百合科）

Asparagus lycopodineus (Baker) F.T. Wang et Tang

药 材 名　短梗天门冬。

药用部位　块根。

功效主治　化痰，平喘，止咳；治咳嗽气喘，咳痰不爽，老年慢性支气管炎。

密齿天门冬（百合科）

Asparagus meioclados H. Lév.

药 材 名　天冬、明天冬。

药用部位　块根。

功效主治　清肺抑火，滋阴润燥；治劳热喘咳，肠燥便秘，咯血痰黏，津伤消渴。

石刁柏（百合科）

Asparagus officinalis L.

药 材 名　石刁柏、露笋、芦笋。

药用部位　块根、嫩茎。

功效主治　块根：温肺，止咳，杀虫；治风寒咳嗽，百日咳。嫩茎：清热利湿，活血散结；治肝炎。

化学成分　1-*O*-反式对香豆酰甘油、1-*O*-顺式对香豆酰甘油等。

文竹（百合科）

Asparagus setaceus (Kunth) Jessop

药 材 名　文竹。

药用部位　全草。

功效主治　润肺止咳，凉血通淋；治阴虚肺燥，咳嗽，咯血，小便淋沥。

滇南天门冬（百合科）

Asparagus subscandens F.T. Wang et S. C. Chen

药 材 名　傣百部（傣药）、几龙累（傣药）。

药用部位　块根。

功效主治　清火解毒，止咳化痰，补水润肺，利尿止痛；治咳嗽咯血，胸闷气短，水肿，淋证引起的尿频、尿急、尿痛。

蜘蛛抱蛋（百合科）

Aspidistra elatior Blume

药 材 名　蜘蛛抱蛋、箬叶、一叶兰。

药用部位　根茎。

功效主治　活血止痛，清肺止咳，利尿通淋；治跌打损伤，风湿痹痛。

化学成分　原蜘蛛抱蛋苷、甲基原蜘蛛抱蛋苷等。

九龙盘（百合科）

Aspidistra lurida Ker Gawl.

药 材 名 九龙盘。

药用部位 根茎。

功效主治 孕妇慎用。健胃止痛，续骨生肌；治小儿消化不良，胃溃疡和十二指肠溃疡。

化学成分 没食子酸、原儿茶酸、异槲皮苷等。

小花蜘蛛抱蛋（百合科）

Aspidistra minutiflora Stapf

药 材 名 小花蜘蛛抱蛋。

药用部位 鳞茎、全草。

功效主治 解热止咳，壮筋骨；治咳嗽，跌打损伤。

广西蜘蛛抱蛋（百合科）

Aspidistra retusa K. Y. Lang et S. Z. Huang

药 材 名 广西蜘蛛抱蛋、入地蜈蚣、过山蜈蚣。

药用部位 根茎。

功效主治 活血散瘀，补虚止咳；治跌打损伤。

化学成分 (18s, 19s)-3*β*-pennogenin-'3'-*O*'-*α*-L-rhamnopyranosyl(1→4)-*α*-L-rhamnopyranosyl(1→4)[*α*-L-rhamnopyranosyl(1→2)]-*β*-D-glucopyranosyl等。

卵叶蜘蛛抱蛋（百合科）

Aspidistra typica Baill.

药 材 名 粽巴叶、抱摆溜（傣药）。

药用部位 根茎。

功效主治 活血散瘀，接骨，止痛，清热解毒；治痢疾，疟疾，风湿痹痛，肾虚腰腿痛，跌打扭伤，骨折，蛇咬伤。

化学成分 甾体皂苷类等。

绵枣儿（百合科）

Barnardia japonica (Thunb.) Schult. et Schult. f.

药 材 名 绵枣儿。

药用部位 鳞茎、全草。

功效主治 全草、鳞茎有小毒。活血止痛，解毒消肿，强心利尿；治跌打损伤，腰腿疼痛，筋骨痛，牙痛，心脏病水肿；外用治痈疽，乳腺炎。

化学成分 绵枣儿糖苷D1、绵枣儿糖苷E1-5等。

荞麦叶大百合（百合科）

Cardiocrinum cathayanum (E. H. Wilson) Stearn

药 材 名 荞麦叶大百合、荞麦叶贝母。

药用部位 鳞茎。

功效主治 清肺降气，止咳平喘，清肠消痔；治肺热喘咳，痰中带血。

化学成分 黄酮类、多糖等。

大百合（百合科）

Cardiocrinum giganteum (Wall.) Makino

药 材 名 大百合。

药用部位 鳞茎。

功效主治 清肺止咳，解毒；治肺结核咯血，鼻窦炎，中耳炎。

白丝草（百合科）

Chionographis chinensis K. Krause

药 材 名 中国白丝草。

药用部位 全草。

功效主治 消炎止痛；治火烫伤。

吊兰（百合科）

Chlorophytum comosum (Thunb.) Jacques

药 材 名 吊兰。

药用部位 全草、根。

功效主治 化痰止咳，散瘀消肿，清热解毒；治小儿高热，肺热咳嗽，吐血，跌打肿痛。

小花吊兰（百合科）

Chlorophytum laxum R. Br.

药 材 名 三角草、小花吊兰、疏花吊兰。

药用部位 全草。

功效主治 根部有大毒。清热解毒，散瘀消肿；治毒蛇咬伤，跌打肿痛。

化学成分 2-甲基-2,4-*O*-异亚丙基-D-赤藻糖醇、棕榈酸等。

山菅兰（百合科）

Dianella ensifolia (L.) Redouté

药 材 名 山菅兰、山猫儿。

药用部位 根茎、全草。

功效主治 全草有小毒。拔毒消肿，散瘀止痛；外用治痈疮脓肿，疥癣，淋巴结结核，淋巴结炎。干根粉适量，醋调敷患处，严禁内服。

化学成分 酸模素、2,2-二羟基-3,5,6-三甲基苯甲酸甲酯等。

散斑竹根七（百合科）

Disporopsis aspersa (Hua) Engl. ex K. Krause

药 材 名 散斑竹根七。

药用部位 根茎。

功效主治 消食化积；治小儿疳积。

化学成分 α-萘乙酸麝香草酸酯、水杨酸、芦丁等。

竹根七（百合科）

Disporopsis fuscopicta Hance

药 材 名 竹根七、玉竹、阿青果。

药用部位 根茎。

功效主治 养阴清肺，活血祛瘀；治阴虚肺燥，咳嗽咽干，产后虚劳，骨折。

化学成分 蜘蛛抱蛋苷A、螺甾四醇A、齐墩果酸等。

长叶竹根七（百合科）

Disporopsis longifolia Craib

药 材 名 黄精、三子果。

药用部位 根茎。

功效主治 益气，养阴，润肺，活血。

深裂竹根七（百合科）

Disporopsis pernyi (Hua) Diels

药 材 名 大玉竹、竹根假万寿竹、晚贺申(傣药)。

药用部位 根茎。

功效主治 益气健脾，养阴润肺，活血舒筋，生津止渴；治产后虚弱，小儿疳积，阴虚咳嗽，多汗，口干，风湿疼痛。

化学成分 甾体皂苷类等。

距花万寿竹（百合科）

Disporum calcaratum D. Don

药 材 名 距花宝铎草、文档海（傣药）。

药用部位 根茎。

功效主治 清火解毒，润肺止咳，杀虫止痒；治里热外寒，干咳无痰，疔痈疖脓肿疮，皮肤瘙痒红肿。

万寿竹（百合科）

Disporum cantoniense (Lour.) Merr.

药 材 名 万寿竹。

药用部位 根、根茎。

功效主治 清热解毒，舒筋活血；治高热不退，虚劳骨蒸潮热，风湿麻痹。

化学成分 新野樱苷、巴马汀、4′,7-二羟黄酮等。

南投万寿竹（百合科）

Disporum nantouense S. S. Ying

药 材 名 宝铎草、南投万寿竹。

药用部位 全株。

功效主治 清肺化痰，止咳，健脾消食，舒筋活血；治肺结核咳嗽，食欲不振，胸腹胀满，筋骨疼痛，腰腿痛；外用治烧烫伤，骨折。

鹭鸶草（百合科）

Diuranthera major Hemsl.

药 材 名　山韭菜、大兰花参、土漏芦。

药用部位　根。

功效主治　消肿，止血；治跌打损伤，外伤出血。

嘉兰（百合科）

Gloriosa superba L.

药 材 名　嘉兰、舒筋散、何发来（傣药）。

药用部位　块茎。

功效主治　全草有大毒。息风止痉，消肿止痛；治半边瘫痪，高热抽搐，全身肿痛，关节疼痛。

化学成分　秋水仙碱等。

黄花菜（百合科）

Hemerocallis citrina Baroni

药 材 名　黄花菜、柠檬萱草、忘忧草。

药用部位　花蕾、嫩苗、根。

功效主治　有毒。花蕾：清热利湿，宽胸解郁；治小便短赤。嫩苗、根：治腮腺炎，黄疸，膀胱炎，尿血，小便不利，乳汁缺乏，月经不调，衄血，便血。

萱草（百合科）

Hemerocallis fulva (L.) L.

药 材 名　萱草。

药用部位　花蕾、嫩苗、根。

功效主治　根部有大毒。花蕾：清热利湿，宽胸解郁；治小便短赤。嫩苗、根：治腮腺炎，黄疸，膀胱炎，尿血，小便不利，乳汁缺乏，月经不调，衄血，便血。

化学成分　大黄酚、黄花蒽醌、美决明子素甲醚等。

折叶萱草（百合科）

Hemerocallis plicata Stapf

药 材 名 野苤菜、鹿葱、真金花、鸡脚参。

药用部位 根。

功效主治 通经活络，散瘀消肿，祛风湿；治跌打损伤，骨折瘀肿，风湿性腰腿痛，关节疼痛。

玉簪（百合科）

Hosta plantaginea (Lam.) Asch.

药 材 名 玉簪。

药用部位 叶、全草、根茎、花。

功效主治 全草有小毒。叶、全草：清热解毒，散结消肿；治痈肿疮疡。根茎：清热解毒；治痈肿疮疡。花：清热解毒，利水，通经；治咽喉肿痛。

化学成分 4-羟基苯甲醛、4-羟基苯乙酮等。

紫萼（百合科）

Hosta ventricosa (Salisb.) Stearn

药 材 名 紫玉簪。

药用部位 花、叶。

功效主治 凉血止血，解毒；治崩漏，湿热带下。

化学成分 芦丁、齐墩果酸等。

野百合（百合科）

Lilium brownii F. E. Brown ex Miellez

药 材 名 野百合。

药用部位 全草。

功效主治 全草有大毒。清热，利湿，解毒；治肺结核咳嗽，痰中带血，神经衰弱，心烦不安。

化学成分 野百合碱等。

百合（百合科）

Lilium brownii F.E.Brown ex Miellez var. **viridulum** Baker

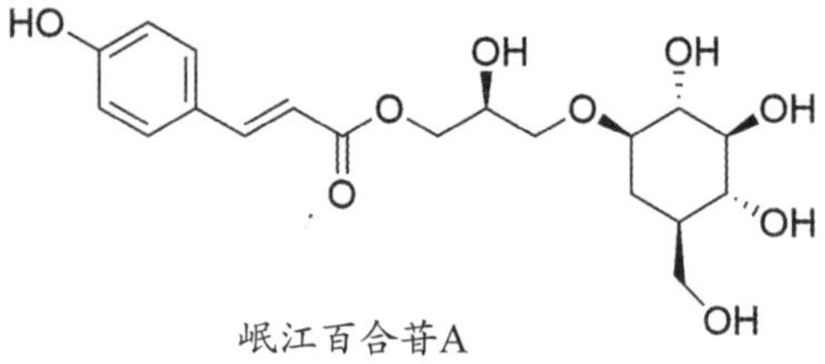

岷江百合苷A

药 材 名 百合、香水百合、山百合。

药用部位 肉质鳞片。

生　　境 生于林缘路旁及山坡草地。

采收加工 洗净，剥取鳞叶，置沸水中略烫，干燥。

药材性状 椭圆形，表面黄白色至淡棕黄色，有数条纵直平行的白色维管束，顶端稍尖，基部较宽，边缘薄，微波状，略向内弯曲。

性味归经 甘，寒。归心、肺经。

功效主治 养阴润肺，清心安神；治阴虚燥咳、劳嗽咳血、虚烦惊悸、失眠多梦、精神恍惚。

化学成分 岷江百合苷A、3,6′-*O*-二阿魏酰蔗糖等。

核心产区 河北、山西、陕西、安徽、浙江、江西、河南、湖北、湖南等地。

用法用量 煎汤，6～12克。

本草溯源 《神农本草经》《本草图经》《本草纲目》《本草乘雅半偈》《植物名实图考》。

附　　注 百合药材在全国大部分地区都有生产，以栽培品为主，主要来源于百合科植物卷丹 *Lilium lancifolium*、百合 *L. brownii* var. *viridulum* 或细叶百合 *L. pumilum*。商品百合多为卷丹，历代文献记载以百合入药，品质佳。百合为药食两用中药材，华南地区为百合主产区，位列湖南道地“湘九味”之首（百合、玉竹、黄精、山银花、枳壳、博落回、茯苓、杜仲和湘莲）。

麝香百合（百合科）

Lilium longiflorum Thunb.

药 材 名　麝香百合、夜合、龙牙百合。

药用部位　鳞叶。

功效主治　全株对猫毒性很大，儿童服食可能也会中毒，怀孕或正在哺乳期的女性禁用。滋阴润肺，清心安神；治虚劳咳嗽，吐血，支气管炎，血尿。

化学成分　脂肪、蛋白质、多种维生素、多种矿物质等。

条叶百合（百合科）

Lilium callosum Siebold et Zucc.

药 材 名　条叶百合。

药用部位　鳞叶。

功效主治　全草有小毒。滋阴润肺，清心安神；治阴虚久咳，痰中带血，虚烦心悸，失眠多梦，精神恍惚。

卷丹（百合科）

Lilium tigrinum Ker Gawl.

药 材 名　卷丹、虎皮百合、倒垂莲。

药用部位　肉质鳞叶、花、种子。

功效主治　肉质鳞叶、花：养阴润肺，清心安神；治肺结核咳嗽，痰中带血，神经衰弱，心烦不安。种子：清热凉血；治肠风下血。

化学成分　香豆酸、没食子酸、芦丁等。

禾叶山麦冬（百合科）

Liriope graminifolia (L.) Baker

药 材 名 禾叶山麦冬、大麦门冬、麦冬。

药用部位 块根。

功效主治 滋阴润肺，清心除烦，养胃生津，化痰止咳；治虚劳咳嗽，燥咳吐血，咯血，衄血，热病伤津，口干烦渴，便秘。

化学成分 橙皮苷、7,4'-二羟基-5-甲氧基-二氢黄酮等。

短莛山麦冬（百合科）

Liriope muscari (Decne.) L. H. Bailey

药 材 名 阔叶土麦冬、阔叶麦冬。

药用部位 块根。

功效主治 养阴生津，润肺清心；治虚劳咳嗽，心烦口渴，肺炎，吐血，便秘，乳汁不足。

化学成分 金色酰胺醇酯、大黄素、对羟基桂皮酰酪胺等。

山麦冬（百合科）

Liriope spicata (Thunb.) Lour.

药 材 名　山麦冬。

药用部位　块根。

功效主治　养阴生津，润肺清心；治肺热咳嗽，便秘，肺结核，支气管炎，肺炎，咽喉炎，热病口渴，乳汁不足。

化学成分　麦冬皂苷B、山麦冬皂苷D等。

沿阶草（百合科）

Ophiopogon bodinieri H. Lév.

药 材 名　麦冬。

药用部位　块根。

功效主治　滋阴生津，润肺止咳，清心除烦；治热病伤津，心烦，口渴，咽干，肺热燥咳，肺结核咯血，心烦失眠，便秘，白喉。

褐鞘沿阶草（百合科）

Ophiopogon dracaenoides (Baker) Hook. f.

药 材 名　八宝镇心丹、芽姆希（傣药）。

药用部位　块根。

功效主治　祛风湿，养心安神，补益脾肺；治心悸心慌，风湿性心脏病，肺结核，慢性气管炎，食欲不振，瘙痒湿疹。

间型沿阶草（百合科）

Ophiopogon intermedius D. Don

药 材 名　间型沿阶草。

药用部位　块根。

功效主治　滋阴生津，润肺止咳；治热病伤津，心烦，口渴，咽干，肺热燥咳，咽痛，音哑，消渴，吐血，百日咳。

麦冬（百合科）

Ophiopogon japonicus (L. f.) Ker Gawl.

药 材 名　麦冬、麦门冬、沿阶草。

药用部位　块根。

功效主治　养阴生津，润肺清心；治热病伤津，心烦，口渴，咽干，肺热燥咳，肺结核咯血，心烦失眠，便秘，白喉。

化学成分　麦冬皂苷B、麦冬皂苷D等。

大叶沿阶草（百合科）

Ophiopogon latifolius L. Rodrigues

药 材 名　大叶沿阶草、八宝镇心丹、芽母西龙（傣药）。

药用部位　根、全草。

功效主治　祛风除湿，止痛；治疲乏无力，食欲不振，湿疹瘙痒，疥疮。

长药沿阶草（百合科）

Ophiopogon peliosanthoides F. T. Wang et Tang

药 材 名 麦冬、大叶麦冬。

药用部位 块根。

功效主治 养阴生津，润肺清心；治肺燥干咳，阴虚痨嗽，喉痹咽痛，津伤口渴，内热消渴，心烦失眠，肠燥便秘。

宽叶沿阶草（百合科）

Ophiopogon platyphyllus Merr. et Chun

药 材 名 宽叶沿阶草。

药用部位 根茎。

功效主治 滋阴生津，润肺止咳；治咳嗽，肺结核，产后恶露不净，发热口渴。

簇叶沿阶草（百合科）

Ophiopogon tsaii F. T. Wang et Tang

药 材 名 簇叶沿阶草。

药用部位 全草。

功效主治 养阴柔肝，润肺止咳；治百日咳，肺炎，肺结核，小儿疳积，产后腹痛，气管炎。

大盖球子草（百合科）

Peliosanthes macrostegia Hance

药 材 名　大盖球子草。

药用部位　根。

功效主治　清热解毒；治毒蛇咬伤，蜂蝎刺螫，疔疮，痈毒。

匍匐球子草（百合科）

Peliosanthes sinica F. T. Wang et Tang

药 材 名　匍匐球子草。

药用部位　全草。

功效主治　疏风，清热；治风湿痹痛。

多花黄精（百合科）

Polygonatum cyrtonema Hua

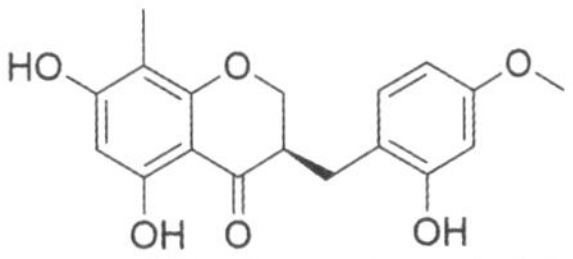

(3*R*)-5,7-dihydroxy-8-methyl-3-(2'-hydroxy-4'-methoxybenzyl)-chroman-4-one

药 材 名 多花黄精。

生　　境 野生，生于林下、灌丛、山坡阴处；栽培，生于林下、山坡或平地阴处。

药用部位 根茎。

采收加工 秋季至春季采挖。洗净，除杂，切片干燥或蒸制。

药材性状 根茎呈长条结节块状，长短不等，常数个块状结节相连。表面灰黄色或黄褐色，粗糙，结节上侧有突出的圆盘状茎痕，直径0.8～1.5厘米。

性味归经 甘，平。归脾、肺、肾经。

功效主治 补气养阴，健脾，润肺，益肾；治肺结核，倦怠乏力，脾胃气虚，肺虚咳嗽，精血不足，腰膝酸软，须发早白。

化学成分 (3*R*)-5,7-dihydroxy-8-methyl-3-(2'-hydroxy-4'-methoxybenzyl)-chroman-4-one、8-*C*-芹菜素吡喃半乳糖苷、牡荆苷木糖苷、5,4-二羟基黄酮糖苷等。

核心产区 安徽（青阳）、浙江（磐安）、湖南（新化）、福建（三明、光泽）、江西（铜鼓、安远）等。

用法用量 煎汤，9～15克。

本草溯源 《食疗本草》《救荒本草》《本草纲目》。

附　　注 药食同源。

长梗黄精（百合科）

Polygonatum filipes Merr. ex C. Jeffrey et McEwan

药 材 名　长梗黄精。

药用部位　根茎。

功效主治　补中益气，润心肺，强筋骨；治支气管炎，肺热咳嗽，心烦口渴。

化学成分　1,2-邻苯二甲酸二异辛酯、邻苯二甲酸二丁酯等。

滇黄精（百合科）

Polygonatum kingianum Collett. et Hemsl.

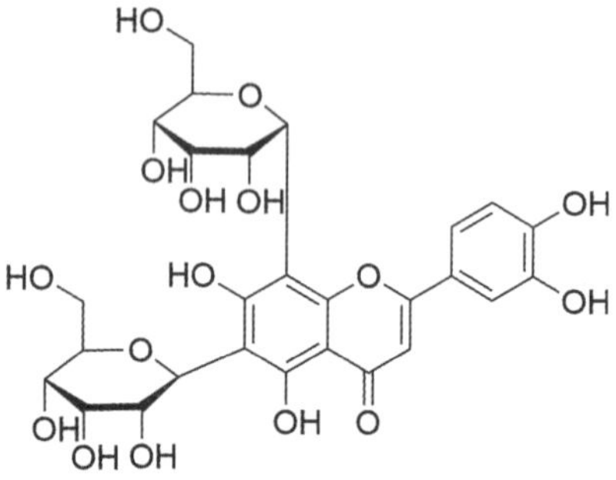

荭草素-6-*C*-*β*-D-葡萄糖苷

药 材 名　黄精、西格拿（佤药）、大咳比洗（白药）、棵很亚（壮药）。

药用部位　根茎。

生　　境　栽培或野生，多生于阴湿的山坡林下或灌木丛中。

采收加工　春秋二季采挖，除去须根，洗净，置沸水中略烫或蒸至透心，干燥。

药材性状　呈肥厚肉质的结节块状，表面淡黄色至黄棕色，有皱纹及须根痕。质硬而韧，不易折断，断面淡黄色至黄棕色。气微味甜，嚼之有黏性。

性味归经　甘，平。归脾、肺、肾经。

功效主治　补气养阴，健脾润肺，益肾；治脾胃气虚，体倦乏力，肺虚燥咳，劳嗽咳血，精血不足，腰膝酸软，须发早白，内热消渴。

化学成分　荭草素-6-*C*-*β*-D-葡萄糖苷等。

核心产区　云南（大理、丽江、师宗、楚雄）。

用法用量　煎汤，9～18克。

本草溯源　《雷公炮炙论》《名医别录》《本经逢原》《本草便读》。

附　　注　药食同源。

玉竹（百合科）

Polygonatum odoratum (Mill.) Druce

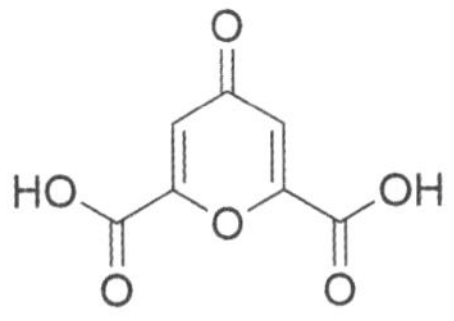

白屈菜酸

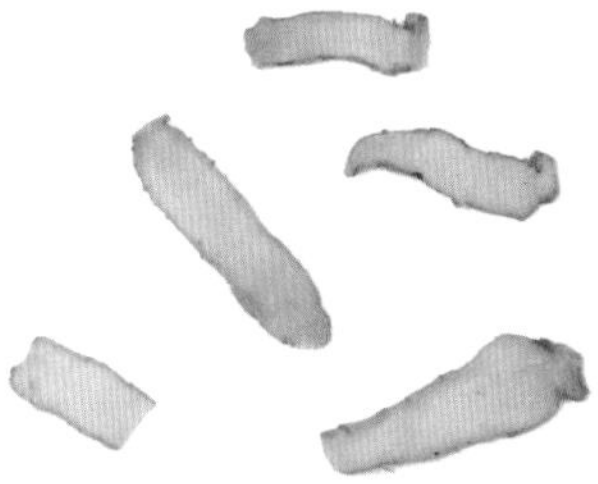

药材名　玉竹、萎蕤、玉参。

药用部位　根茎。

生　　境　山野林下或石隙间，喜阴湿处。

采收加工　秋季采挖，除去须根，洗净，晒软后反复揉搓、晾晒至无硬心，晒干；或蒸透后，揉至半透明，晒干。

药材性状　长圆柱形，略扁，少有分枝；表面黄白色或淡黄棕色，半透明，具纵皱纹和微隆起的环节，有白色圆点状的须根痕和圆盘状茎痕。

性味归经　甘，微寒。归肺、胃经。

功效主治　养阴润燥，生津止渴；治肺胃阴伤、燥热咳嗽、咽干口渴、内热消渴。

化学成分　白屈菜酸、玉竹黏多糖、玉竹果聚糖等。

核心产区　江苏、辽宁、湖南、浙江。

用法用量　煎汤，12～50克。

本草溯源　《神农本草经》《吴普本草》《本草经集注》《名医别录》《新修本草》《日华子本草》《本草纲目》《质问本草》《植物名实图考》《本草便读》。

附　　注　药食同源。

黄精（百合科）

Polygonatum sibiricum Redouté

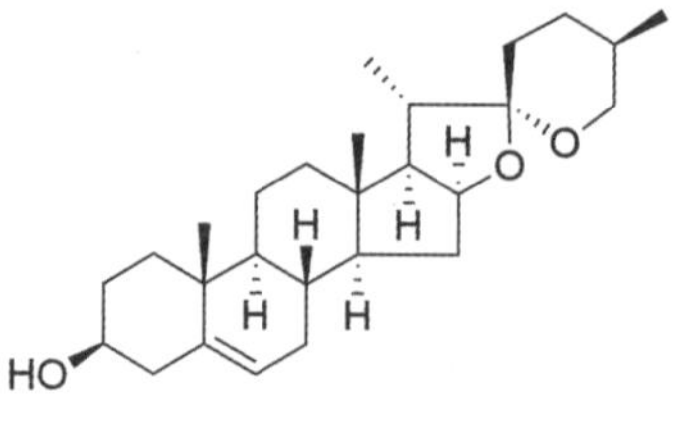

薯蓣皂苷元

药 材 名 黄精、老虎姜、鸡头参。

药用部位 根茎。

生　　境 生于山地林下、灌丛或山坡的半阴处。

采收加工 春、秋二季采挖，除去须根，洗净，置沸水中略烫或蒸至透心，干燥。

药材性状 呈长条结节块状，长短不等，常数个块状结节相连。表面灰黄色或黄褐色，粗糙，结节上侧有突出的圆盘状茎痕，直径0.8～1.5厘米。

性味归经 甘，平。归脾、肺、肾经。

功效主治 补气养阴，健脾，润肺，益肾；治脾胃气虚，体倦乏力，口干食少，劳嗽咳血，精血不足，腰膝酸软。

化学成分 薯蓣皂苷元、葡萄糖和半乳糖等多糖，26-*O*-*β*-D-吡喃葡萄糖基-22-*O*-甲基-(25) *S*-呋甾-5-烯-3*β*,26-二醇、3-*O*-*β*-石蒜四糖苷等。

核心产区 湖南、黑龙江、吉林、辽宁、河北、山东、江苏、河南、山西、陕西、内蒙古等地。

用法用量 煎汤，9～15克。

本草溯源 《神农本草经》《名医别录》《经史证类备急本草》《本草蒙筌》。

附　　注 药食同源。

轮叶黄精（百合科）

Polygonatum verticillatum (L.) All.

药 材 名　红果黄精、地吊。

药用部位　根茎。

功效主治　平肝息风，补肾，润肺；治病后虚弱，肝阳上亢，头晕眼花，咳嗽，咯血，肝风内动，癫痫抽风。

化学成分　甾体皂苷类等。

吉祥草（百合科）

Reineckea carnea (Andrews) Kunth

药 材 名　吉祥草。

药用部位　全草。

功效主治　叶有小毒。清肺止咳，凉血止血，解毒利咽；治肺结核，咳嗽咯血，慢性支气管炎，哮喘，风湿性关节炎；外用治跌打损伤，骨折。

化学成分　奇梯皂苷元-4-*O*-硫酸酯、五羟螺皂苷元-5-*O*-*β*-D-吡喃葡萄糖苷等。

剑叶开口箭（百合科）

Rohdea ensifolia (F. T. Wang et Tang) N. Tanaka

药 材 名　剑叶开口箭、芽千哈碟（傣药）。

药用部位　根。

功效主治　全草有毒，根茎有大毒。平喘止咳；治气喘，气满。

化学成分　甾体皂苷类等。

开口箭（百合科）

Rohdea fargesii (Baill.)Y. F. Deng

药 材 名　开口箭。

药用部位　根茎。

功效主治　全草有毒，根茎有大毒。清热解毒，祛风除湿，散瘀止痛；治白喉，风湿性关节痛，腰腿痛，跌打损伤，狂犬咬伤，毒蛇咬伤；外用治痈疖。

化学成分　螺甾四醇D、3-表罗斯考皂苷元等。

万年青（百合科）

Rohdea japonica (Thunb.) Roth

药 材 名　万年青。

药用部位　根、根茎。

功效主治　叶有小毒。清热解毒，强心利尿，凉血止血；治白喉引起的心肌炎，咽喉肿痛，狂犬咬伤，细菌性痢疾，风湿性心脏病，心力衰竭。

化学成分　万年青苷A-D、毕平多苷元-3-β-D-吡喃阿洛糖苷等。

弯蕊开口箭（百合科）

Rohdea wattii (C. B. Clarke) Yamashita et M. N. Tamura

药 材 名 弯蕊开口箭。

药用部位 根茎。

功效主治 全草有毒，根茎有大毒。清热解毒，散瘀止血，消肿止痛；治感冒风热，咳嗽咽痛，扁桃体炎，淋巴结炎，跌打骨折，胃痛吐血，外伤出血。

化学成分 弯蕊开口箭元A、螺甾四醇D等。

岩菖蒲（百合科）

Tofieldia thibetica Franch.

药 材 名 石竹根、岩飘子。

药用部位 全草。

功效主治 解毒；治狂犬咬伤。

化学成分 岩白菜素等。

中国油点草（百合科）

Tricyrtis chinensis Hir. Takah.

药 材 名　油点草。

药用部位　根、全草。

功效主治　补肺止咳；治肺虚咳嗽。

化学成分　槲皮素、3-甲氧基槲皮素、山柰酚等。

郁金香（百合科）

Tulipa gesneriana L.

药 材 名　郁金香。

药用部位　花。

功效主治　化湿辟秽；治脾胃湿浊，胸脘满闷，口臭苔腻。

化学成分　异牡荆苷、槲皮素-3-葡萄苷、菜油甾醇等。

蒙自藜芦（百合科）

Veratrum mengtzeanum O. Loes.

药 材 名　小粽包、小藜芦、恩腾（傣药）。

药用部位　全株。

功效主治　全草有大毒。止血镇痛，催吐，利水；治外伤出血，跌打损伤，骨折，水肿。

化学成分　甾体生物碱类等。

牯岭藜芦（百合科）

Veratrum schindleri O. Loes.

药 材 名　藜芦、葱苒、葱葵。

药用部位　根及根茎。

功效主治　全草有大毒。催吐风痰，杀虫；治跌打损伤，积瘀疼痛，风湿肿痛，头痛鼻塞，牙痛。

化学成分　3-*O*-甲基山柰酚、山柰酚-3-*O*-鼠李吡喃糖苷等。

华重楼（延龄草科）

Paris polyphylla Sm. var. **chinensis** (Franch.) H. Hara

药 材 名　华重楼、海南重楼。

药用部位　根茎。

功效主治　全草有大毒。清热解毒，消肿止痛，凉肝定惊；治胃痛，阑尾炎，扁桃体炎，腮腺炎，乳腺炎，毒蛇、毒虫咬伤，疮疡肿毒。

化学成分　紫云英苷、β-蜕皮甾酮、山柰酚-3-*O*-β-D-吡喃半乳糖苷等。

七叶一枝花（延龄草科）

Paris polyphylla Sm.

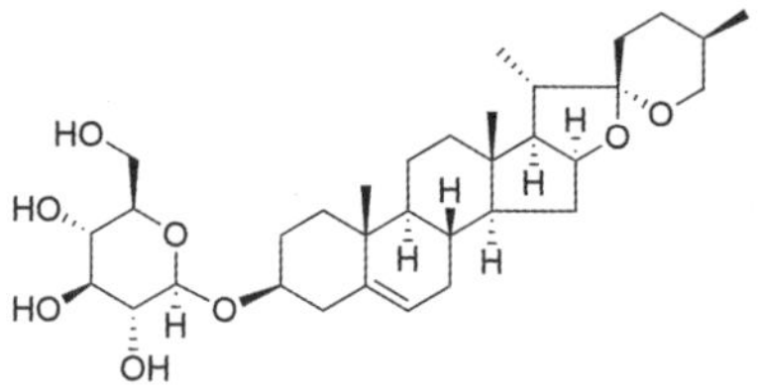

七叶一枝花皂苷A

药 材 名　重楼。

生　　境　野生，生于林下、灌丛、山坡阴处；栽培，林下、山地阴处透气的壤土。

药用部位　根茎。

采收加工　秋季采挖，除去须根，洗净，晒干。

药材性状　本品呈结节状扁圆柱形，略弯曲。长5～12厘米，直径1～5厘米。表面黄棕色或灰棕色，外皮脱落呈白色。密具层状凸起的环状纹。一面结节明显，结节上具椭圆形凹陷茎痕，另一面或两面具有疏生的须根或疣状须根痕。顶端具鳞叶及茎的残基。质坚实，断面平坦，白色至浅棕色，粉质或角质。

性味归经　苦，微寒。归肝经。

功效主治　清热解毒，消肿止痛，凉肝定惊；治胃痛，阑尾炎，扁桃体炎，腮腺炎，乳腺炎，毒蛇、毒虫咬伤，疮疡肿毒。

化学成分　七叶一枝花皂苷A、蚤休皂苷A、蚤休皂苷B、薯蓣皂苷等。

核心产区　云南（丽江、大理）、福建（光泽、沙县、宁化）、江西（安远、井冈山）等。

用法用量　煎汤，3～9克。

本草溯源　《神农本草经》《本草图经》《本草蒙筌》《本草纲目》。

附　　注　有小毒。被列为《国家重点保护野生植物名录》二级保护植物。

滇重楼（延龄草科）

Paris yunnanensis Franch.

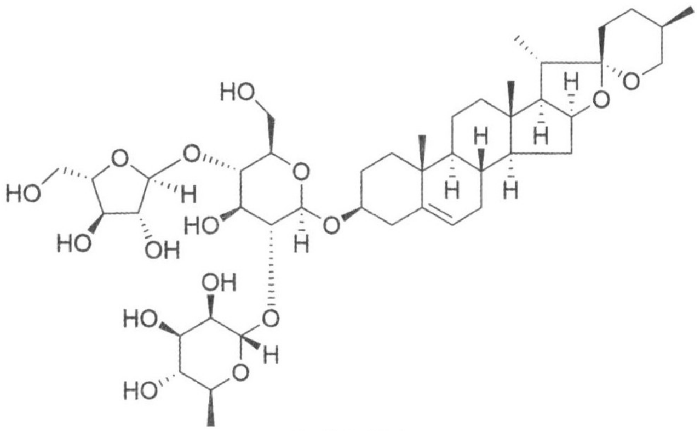

重楼皂苷Ⅰ

药 材 名 重楼。

药用部位 根茎。

生　　境 栽培，生于海拔1 600～3 100米湿润荫蔽的山坡林下。

采收加工 秋季采挖，除去须根，洗净，晒干。

药材性状 呈结节状扁圆柱形。外皮脱落处呈白色，密具粗环纹，结节上具茎痕。质坚实，断面平坦，粉性或角质。气微，味微苦麻。

性味归经 苦，微寒。归肝经。

功效主治 清热解毒，消肿止痛，凉肝定惊；治疗疮痈肿，咽喉肿痛，蛇虫咬伤，跌扑伤痛，惊风抽搐。

化学成分 重楼皂苷Ⅰ、重楼皂苷Ⅱ、重楼皂苷Ⅶ等。

核心产区 广东、广西、云南（大理、丽江、昆明、玉溪、曲靖）。

用法用量 煎汤，3～9克。

本草溯源 《神农本草经》《本草经集注》《名医别录》《新修本草》《本草图经》《滇南本草》《植物名实图考》。

附　　注 根茎有小毒（甾体皂苷）。

南重楼（延龄草科）

Paris vietnamensis (Takht.) H. Li

药 材 名　南重楼。

药用部位　根茎。

功效主治　清热解毒，散瘀消肿；治祛痰，平喘，止血。

化学成分　重楼皂苷Ⅰ、重楼皂苷Ⅱ、重楼皂苷Ⅵ、Ⅶ等。

凤眼蓝（雨久花科）

Eichhornia crassipes (Mart.) Solms

药 材 名　水葫芦。

药用部位　根或全草。

功效主治　清热解暑，利尿消肿；治中暑烦渴，肾炎性水肿，小便不利。

化学成分　亚油酸、花色苷、飞燕草素-3-龙胆二糖苷等。

箭叶雨久花（雨久花科）

Monochoria hastata (L.) Solms

药 材 名　烟梦花。

药用部位　全草。

功效主治　清肺止咳，消肿拔脓，利尿通淋；治痢疾，肠炎，齿龈肿痛，急性扁桃体炎，喉炎，疮疖，蛇咬伤。

化学成分　豆甾醇等。

鸭舌草（雨久花科）

Monochoria vaginalis (Burm. f.) C. Presl ex Kunth

药 材 名 鸭舌草、鸭仔菜。

药用部位 全草。

功效主治 清热解毒；治痢疾，肠炎，咽喉肿痛，牙龈脓肿；外用治蛇虫咬伤，疮疖。

化学成分 Leusteroid、豆甾醇等。

肖菝葜（菝葜科）

Heterosmilax japonica Kunth

药 材 名 肖菝葜。

药用部位 根茎。

功效主治 清热利湿，壮筋骨；治腹泻，月经不调，腰膝痹痛，小便混浊，带下。

化学成分 棕榈酸、大黄素、丁香酸、对羟基苯甲酸、大黄酸等。

合丝肖菝葜（菝葜科）

Heterosmilax japonica Kunth var. **gaudichaudiana** (Kunth) F. T. Wang et Tang

药 材 名 肖菝葜。

药用部位 根茎。

功效主治 清热利湿，壮筋骨；治腹泻，月经不调，腰膝痹痛，小便混浊，带下。

菝葜（菝葜科）

Smilax china L.

药 材 名　菝葜、金刚藤、铁菱角。

药用部位　根茎、叶。

功效主治　祛风利湿，解毒消肿；治风湿性关节痛，跌打损伤，胃肠炎，痢疾，消化不良，糖尿病，乳糜尿，带下，癌症。

化学成分　菝葜素、异黄杞苷、山柰酚、薯蓣皂苷等。

筐条菝葜（菝葜科）

Smilax corbularia Kunth

药 材 名　筐条菝葜。

药用部位　块茎。

功效主治　祛风止痛；治跌打肿痛，风湿疼痛。

化学成分　黄杞苷、落新妇苷、槲皮素等。

小果菝葜（菝葜科）

Smilax davidiana A. DC.

药 材 名　小果菝葜。

药用部位　根茎。

功效主治　祛风除湿，消肿止痛；治风湿痹痛。

化学成分　阔叶黄檀酚、黄檀素、白藜芦醇等。

长托菝葜（菝葜科）

Smilax ferox Wall. ex Kunth

药 材 名　长托菝葜。

药用部位　根茎。

功效主治　祛风湿，利小便，解疮毒；治风湿痹痛，小便淋浊，疮疹瘙痒。

化学成分　落新妇苷、黄杞苷、反式白藜芦醇等。

土茯苓（菝葜科）

Smilax glabra Roxb.

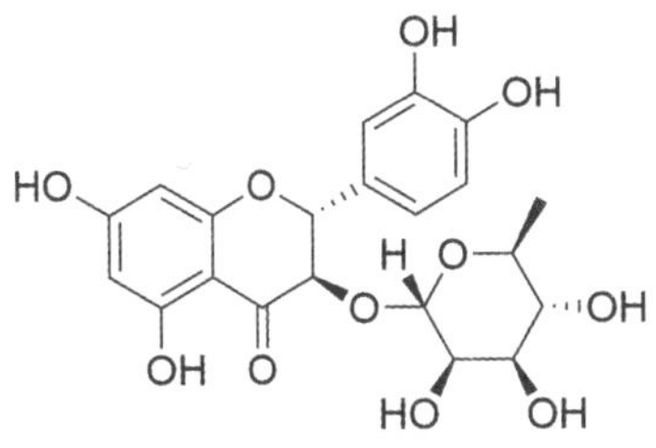

落新妇苷

药 材 名 土茯苓、冷饭团、硬饭头、白革薢、光叶菝葜、白土苓。

药用部位 根茎。

采收加工 夏、秋二季采挖，除去须根，洗净，干燥或趁鲜切成薄片，干燥。

药材性状 呈不规则条块，有结节状隆起，具短分枝，质坚有根残基，分枝顶端有芽痕，切制后切面类白色或淡红棕色，粉性，有点状维管束及小亮点，湿润后有黏滑感。

性味归经 甘、淡，平。归肝、胃经。

功效主治 解毒，除湿，通利关节；治梅毒及汞中毒所致的肢体拘挛、筋骨疼痛，湿热淋浊，带下，痈肿，瘰疬，疥癣。

化学成分 落新妇苷、黄杞苷、莽草酸等。

核心产区 长江流域以南各省区均有分布。

用法用量 内服：煎汤，15～60克。外用：适量，研末调敷。

本草溯源 《本草拾遗》《本草图经》《滇南本草》《本草纲目》《本草汇编》。

附　　注 为可用于保健食品的中药。

黑果菝葜（菝葜科）

Smilax glaucochina Warb.

药 材 名　黑果菝葜、金刚藤头。

药用部位　根茎或嫩叶。

功效主治　祛风清热，利湿解毒；治风湿痹痛，腰腿疼痛，跌打损伤。

化学成分　黑果菝葜萜醇A、黑果菝葜苷A、单端孢霉酮等。

无刺菝葜（菝葜科）

Smilax mairei H. Lév.

药 材 名　红萆薢。

药用部位　根茎。

功效主治　祛风除湿，利水通淋，解毒疗疮；治风湿痹痛，水肿，小便淋浊。

白背牛尾菜（菝葜科）

Smilax nipponica Miq.

药 材 名　马尾伸筋、大伸筋。

药用部位　根及根茎。

功效主治　壮筋骨，利关节，活血止痛；治腰腿疼痛，屈伸不利，月经不调，跌打损伤。

化学成分　长叶牛尾菜苷A、β-谷甾醇等。

抱茎菝葜（菝葜科）

Smilax ocreata A. DC.

药 材 名　抱茎菝葜。

药用部位　全草、根茎。

功效主治　全草：治疮疡肿毒。根茎：清热解毒，祛风湿，强筋骨；治跌打损伤，风湿痹痛。

穿鞘菝葜（菝葜科）

Smilax perfoliata Lour.

药 材 名　穿鞘菝葜、翅柄菝葜、大托叶菝葜。

药用部位　根茎。

功效主治　健脾益胃，强筋壮骨；治风湿腰痛。

化学成分　柚皮素、芹菜素、白藜芦醇等。

牛尾菜（菝葜科）

Smilax riparia A. DC.

药 材 名　牛尾菜、牛尾结、草菝葜。

药用部位　根及根茎。

功效主治　祛风活络，祛痰止咳；治风湿性关节炎，筋骨疼痛，跌打损伤，腰肌劳损，支气管炎，肺结核引起的咳嗽咯血。

化学成分　伞形花内酯、对羟基桂皮酸、降桂木生黄亭、香叶木素等。

菖蒲（天南星科）

Acorus calamus L.

药 材 名　藏菖蒲、水菖蒲、白菖。

药用部位　根茎。

功效主治　有小毒。温胃，消炎止痛；治痰涎壅闭，神志不清，慢性气管炎，痢疾，肠炎，腹胀腹痛，食欲不振，风寒湿痹。

化学成分　水菖蒲酮、菖蒲螺酮等。

金钱蒲（天南星科）

Acorus gramineus Soland.

药 材 名　金钱蒲、石菖蒲、随手香。

药用部位　根茎。

功效主治　理气止痛，祛风消肿；治慢性胃炎，胃溃疡，消化不良，胸腹胀闷；外用敷关节扭伤。

化学成分　爱草脑、β-水芹烯、1,8-桉叶素、L-芳樟醇等。

石菖蒲（天南星科）

Acorus tatarinowii Schott

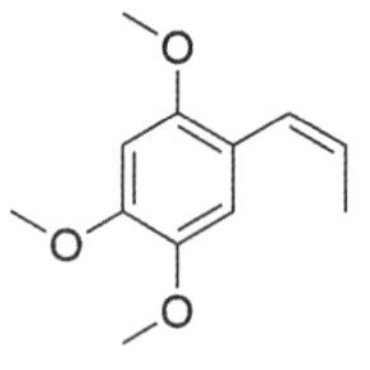

β-细辛醚

药 材 名 石菖蒲、菖蒲叶、山菖蒲。

药用部位 根茎。

生　　境 生于山涧泉流附近或泉流的水石间。

采收加工 秋、冬二季采挖，除去须根和泥沙，晒干。

药材性状 扁圆柱形，多弯曲；外表皮棕褐色或灰棕色，切面纤维性，类白色或微红色，有明显环纹及油点。

性味归经 辛、苦，温。归心、胃经。

功效主治 开窍豁痰，醒神益智，化湿开胃；治神昏癫痫，健忘失眠，耳鸣耳聋，脘痞不饥，噤口下痢。

化学成分 *α*-, *β*-及*γ*-细辛醚、欧细辛脑、顺式甲基异丁香油酚、榄香脂素、细辛醛等挥发油。

核心产区 四川、安徽，现今主产于四川、浙江、江苏，以四川和浙江产量大，南方诸省区均有分布。

用法用量 内服：煎汤，3～9克。外用：适量，研末调敷，或煎汤洗。

本草溯源 《本草纲目》《本草汇言》《本草新编》《本经逢原》《本草正义》。

附　　注 菖蒲与艾草在中国传统文化中具有重要的地位，民间有端午节在门前悬挂菖蒲、艾草的习俗，古人认为菖蒲的生长集中体现了一年中由荫蔽到阳发的起承转合，菖蒲叶片形态有脊似剑，被视为斩旧迎新、祛邪辟晦的象征。历史上，我国共有4种药用菖蒲，分别是天南星科植物石菖蒲*Acorus tatarinowii*、菖蒲*A.calamus*、金钱蒲*A. gramineus*和毛茛科植物阿尔泰银莲花（九节菖蒲）*Anemone altaica*，2020版《中国药典》记载天南星科植物石菖蒲为菖蒲唯一基原。

广东万年青（天南星科）

Aglaonema modestum Schott ex Engl.

药 材 名 广东万年青、大叶万年青。

药用部位 根茎或茎叶。

功效主治 有小毒。清热解毒，消肿止痛；治蛇咬伤，咽喉肿痛，尿道炎，肠炎，肺热咳嗽；外用治痈疮肿毒，小儿脱肛。

越南万年青（天南星科）

Aglaonema simplex (Reinw. ex Blume) Blume

药 材 名 越南万年青、观音莲、哦囡（傣药）。

药用部位 茎、叶。

功效主治 有小毒。祛风止痛；治风湿热痹症。

尖尾芋（天南星科）

Alocasia cucullata (Lour.) Schott

药 材 名 假海芋、尖尾痕芋头、野芋头。

药用部位 根茎。

功效主治 有小毒。清热解毒，消肿止痛；治钩端螺旋体病，肠伤寒，肺结核，支气管炎；外用治毒蛇咬伤，蜂窝组织炎。

化学成分 延胡索酸、焦黏酸、苹果酸等。

海芋（天南星科）

Alocasia odora (Roxb.) K. Koch

药 材 名 广东狼毒、海芋、野芋头。

药用部位 根茎或茎。

功效主治 有小毒。清热解毒，消肿；治感冒，肺结核，蛇虫咬伤，疮疡肿毒。

化学成分 大麻酰胺F、棕榈酸、棕榈酸甘油酯等。

魔芋（天南星科）

Amorphophallus konjac K. Koch

药 材 名　魔芋、蒟蒻。

药用部位　块茎。

功效主治　有小毒。消肿散结，解毒止痛；治肿瘤，瘰疬，痈疖肿毒，眼镜蛇咬伤。

化学成分　葡萄甘露聚糖、枸橼酸、甲基棕榈酸等。

疣柄魔芋（天南星科）

Amorphophallus paeoniifolius (Dennst.) Nicolson

药 材 名　南星头、鸡爪芋、南芋。

药用部位　块茎。

功效主治　化痰消积，解毒散结，行瘀止痛；治痰嗽，积滞，疟疾，跌打损伤，痈肿。

雷公连（天南星科）

Amydrium sinense (Engl.) H. Li

药 材 名　大匹药、风湿药、唔帕（傣药）。

药用部位　全草。

功效主治　活血散瘀，散寒止痛；治胃寒疼痛，跌打损伤，骨折。

化学成分　挥发油（亚麻酸甲酯、芳樟醇）等。

一把伞南星（天南星科）

Arisaema erubescens (Wall.) Schott

药 材 名　天南星。

药用部位　块茎。

功效主治　块茎有小毒。祛风化痰，散结燥湿；治面神经麻痹，半身不遂，小儿惊风，破伤风，癫痫；外用治疔疮肿毒。

化学成分　夏佛塔苷、异夏佛塔苷等。

象头花（天南星科）

Arisaema franchetianum Engl.

药 材 名　象头花、大半夏、野芋头。

药用部位　块茎。

功效主治　有大毒。散瘀解毒，消肿止痛；治乳痈，瘰疬，无名肿毒，毒蛇咬伤，痈毒。

化学成分　岩白菜素、大黄素、咖啡酸、川陈皮素等。

天南星（天南星科）

Arisaema heterophyllum Blume

药 材 名　天南星、羽叶南星、异叶天南星。

药用部位　块茎。

功效主治　有小毒。散结消肿；治面神经麻痹，半身不遂，小儿惊风，破伤风，癫痫；外用治疔疮肿毒，毒蛇咬伤。

化学成分　胡萝卜苷、琥珀酸、β-谷甾醇等。

画笔南星（天南星科）

Arisaema penicillatum N. E. Br.

药 材 名 画笔南星。

药用部位 根茎。

功效主治 有小毒。消炎止痛，拔毒；治无名肿毒，毒蛇咬伤。

三匹箭（天南星科）

Arisaema petiolatum Hook. f.

药 材 名 三匹箭。

药用部位 根茎。

功效主治 祛风湿，散瘀止痛；治风湿性关节痛，跌打损伤。

河谷南星（天南星科）

Arisaema prazeri Hook. f.

药 材 名 河谷南星。

药用部位 块茎。

功效主治 有毒。散风，祛痰，镇惊，止痛；治中风麻痹，手足痉挛，头痛眩晕，惊风痰盛。

灯台莲（天南星科）

Arisaema sikokianum Franch. et Sav. var. **serratum** (Makino) Hand.-Mazz.

药 材 名　灯台莲、蛇根头、蛇包谷。

药用部位　块茎。

功效主治　有毒。祛风定惊，化痰散结，燥湿，消肿；治面神经麻痹，半身不遂，小儿惊风，破伤风，百日咳，风痰眩晕，喉痹，疔疮。

五彩芋（天南星科）

Caladium bicolor (Aiton) Vent.

药 材 名　五彩芋、红水芋。

药用部位　块茎。

功效主治　有小毒。解毒消肿，散瘀止痛，接骨，止血；治风湿性疼痛，跌打肿痛。

野芋（天南星科）

Colocasia antiquorum Schott

药 材 名　野芋、野芋叶。

药用部位　块茎、叶。

功效主治　全草有大毒。解毒，消肿止痛；治痈疖肿毒，急性颈淋巴结炎，指头疔，创伤出血，蛇虫咬伤。

化学成分　β-谷甾醇、豆甾醇、矢车菊素-3-葡萄糖苷等。

芋（天南星科）

Colocasia esculenta (L.) Schott

药 材 名 芋头、芋叶、芋梗。

药用部位 根茎、叶片、叶柄、花序。

功效主治 块茎有小毒。宽胃肠，去死肌，调中补虚；治血热烦渴，胎动不安，蛇虫咬伤。

化学成分 矢车菊素-3-葡萄糖苷、矢车菊素-3-鼠李糖苷、花白苷等。

大野芋（天南星科）

Colocasia gigantea (Blume) Hook. f.

药 材 名 山野芋。

药用部位 根茎。

功效主治 解毒，消肿止痛；治疮疡肿毒，跌打损伤，蛇虫咬伤。

旋苞隐棒花（天南星科）

Cryptocoryne crispatula Engl.

药 材 名　八仙过海、帕扁喃（傣药）。

药用部位　全株。

功效主治　全草有毒。清热解毒，祛风除湿，散瘀消肿；治跌打损伤，风湿性关节炎，类风湿关节痛，痧症，急性胃肠炎。

花叶万年青（天南星科）

Dieffenbachia seguine (Jacq.) Schott

药 材 名　花叶万年青。

药用部位　全草。

功效主治　有小毒。清热解毒；治跌打损伤，骨折。

绿萝（天南星科）

Epipremnum aureum (Lenden et André) G. S. Bunting

药 材 名　绿萝、魔鬼藤、黄金葛。

药用部位　全草。

功效主治　全草有小毒。消肿止痛；治跌打损伤。

麒麟叶（天南星科）

Epipremnum pinnatum (L.) Engl.

药 材 名 麒麟尾、千年健、上树龙。

药用部位 茎叶或根。

功效主治 茎叶有小毒。清热润肺，消炎解毒，舒筋活络；治发热，咳嗽，胃痛，肠伤寒；外用治毒蛇咬伤，跌打瘀肿，风湿痹痛。

曲苞芋（天南星科）

Gonatanthus pumilus (D. Don) Engl. et K. Krause

药 材 名 曲苞芋。

药用部位 块茎。

功效主治 块茎有小毒。消肿止痛；治痈疮肿痛，风湿性关节痛，跌打损伤。

千年健（天南星科）

Homalomena occulta (Lour.) Schott

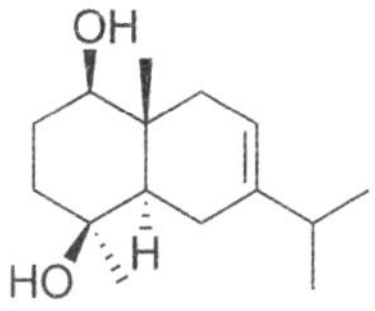

Oplodiol

药 材 名 千年健、一包针、千年见。

药用部位 根茎。

生　　境 生于林下或山谷湿地。

采收加工 秋、冬季采收，割下根茎，削去茎尖、须根，洗净泥土，晒干。

药材性状 圆柱形或略扁稍弯曲，表面红棕色或黄棕色，粗糙，有多数扭曲的纵沟纹及黄白色的纤维束，质脆，易折断，折断面红棕色，树脂样，有很多纤维束外露及圆形具光泽的油点。气香，味辛、微苦。

性味归经 辛、微苦，温。归肝、肾经。

功效主治 祛风湿，强筋骨，活血止痛；治风湿痹痛，四肢麻木，筋脉痉挛，跌打肿痛。

化学成分 Oplodiol、β-谷甾醇、千年健醇C、bullatantriol、右旋日本刺参萜酮、1β,4β,7α-三羟基桉叶烷、赤藓醇等。

核心产区 广东、广西、云南、山东等地。

用法用量 内服：煎汤，9～15克；或浸酒。外用：适量，研末，调敷。

本草溯源 《本草纲目拾遗》《中华本草》。

附　　注 阴虚内热者慎用。

刺芋（天南星科）

Lasia spinosa (L.) Thwaites

药 材 名 笋慈姑、刺茨菇。

药用部位 根茎或全草。

功效主治 消炎，止痛，消食，健胃；治慢性胃炎，消化不良，风湿性关节炎；外用治毒蛇咬伤，淋巴结炎，淋巴结结核。

化学成分 水麦冬苷、丁香酸、桑色素、龙胆酸等。

滴水珠（天南星科）

Pinellia cordata N. E. Br.

药 材 名 滴水珠、心叶半夏。

药用部位 块茎。

功效主治 块茎有小毒。解毒止痛，消肿散结；治毒蛇咬伤，乳痈，跌打损伤，胃痛，腰痛；外用治痈疮肿毒，跌打损伤。

化学成分 香草酸、对羟基苯甲酸、异甘草素等。

半夏（天南星科）

Pinellia ternata (Thunb.) Ten. ex Breitenb.

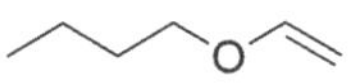

丁基乙烯基醚

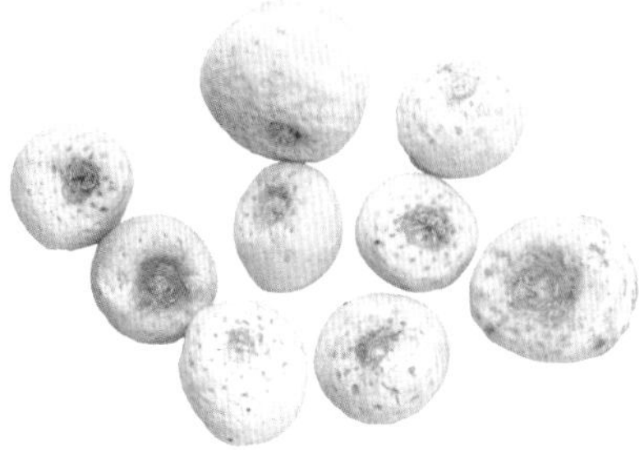

药 材 名 半夏、三叶半夏、三叶老。

药用部位 块茎。

生　　境 山坡、溪边阴湿的草丛中或林下。

采收加工 夏、秋二季采挖，洗净，除去外皮和须根，晒干。

药材性状 类球形，有的稍偏斜，表面白色或浅黄色；顶端有凹陷的茎痕，周围密布麻点状根痕；质坚实，断面洁白，富粉性。

性味归经 辛、温。归脾、胃、肺经。

功效主治 燥湿化痰，降逆止呕，消痞散结；治湿痰寒痰，咳喘痰多，痰饮眩悸，痰厥头痛，呕吐反胃，胸脘痞闷。

化学成分 块茎含挥发油，主要成分为丁基乙烯基醚、3-乙酰氨基-5-甲基异唑、3-甲基二十烷、十六碳烯二酸、α-氨基丁酸、β-氨基丁酸、天冬氨酸等。

核心产区 全国大部分地区均产，主产于四川、湖北、安徽、江苏、河南，浙江等地，以四川产量大、质量好。

用法用量 内服：一般炮制后使用，3～9克。外用：适量，磨汁涂或研末以酒调敷患处。

本草溯源 《神农本草经》《日华子本草》《本草图经》《神农本草经疏》。

附　　注 生半夏被列入《保健食品禁用中药名单》；该品不宜与川乌、制川乌、草乌、制草乌、附子同用；根茎有毒（辛辣醇类、毒芹碱等）；生品内服宜慎。

大薸（天南星科）

Pistia stratiotes L.

药 材 名　大浮萍、水浮莲、水浮萍。

药用部位　全草。

功效主治　根有微毒。祛风发汗，利尿解毒；治感冒，水肿，小便不利，风湿疼痛，皮肤瘙痒，荨麻疹，麻疹不透；外用治湿疹。

化学成分　矢车菊素-3-葡萄糖苷、芹菜素糖苷、荭草素等。

石柑子（天南星科）

Pothos chinensis (Raf.) Merr.

药 材 名　石柑子、藤桔。

药用部位　全草。

功效主治　全草有小毒。祛风除湿，活血散瘀，消积，止咳；治跌打损伤，血吸虫病晚期引起的肝脾肿大，风湿性关节炎，小儿疳积，咳嗽，中耳炎，鼻窦炎。

化学成分　琥珀酸、香草酸等。

百足藤（天南星科）

Pothos repens (Lour.) Druce

药 材 名　百足藤、蜈蚣藤、倒葫芦。

药用部位　全草。

功效主治　除湿凉血，止痛接骨；治劳伤，跌打损伤，骨折。

螳螂跌打（天南星科）

Pothos scandens L.

药 材 名 螳螂跌打。

药用部位 茎、叶。

功效主治 散瘀止痛，接骨，祛风湿；治跌打损伤，骨折，风湿痹痛，腰腿痛。

岩芋（天南星科）

Remusatia vivipara (Roxb.) Schott

药 材 名 红芋、曲苞芋。

药用部位 茎叶、块茎。

功效主治 茎叶、块茎有大毒。散瘀消肿，麻醉止痛；外用治急性乳腺炎，痈疖疮疡，无名肿毒，疥癣，跌打肿痛，风湿性关节痛。

化学成分 松柏苷、咖啡酸、松柏醇等。

爬树龙（天南星科）

Rhaphidophora decursiva (Roxb.) Schott

药 材 名 爬树龙。

药用部位 根或藤茎。

功效主治 祛风湿，散瘀肿，续筋骨；治风湿性关节炎，跌打瘀肿，骨折，烧伤，痈疮红肿。

化学成分 蒿脂麻木质体、6,7-二甲氧基-4-羟基-1-萘甲酸、原儿茶酸甲酯等。

狮子尾（天南星科）

Rhaphidophora hongkongensis Schott

药 材 名　青竹标、岩角藤、水底蜈蚣。

药用部位　全株。

功效主治　消炎止痛，接骨生肌，散痞块，凉血，止咳；治脾脏肿大，跌打损伤，胃痛，胀痛，支气管炎，百日咳；外用治骨折，烧烫伤。

化学成分　桦木醇、桦木酸、ficubee A等。

毛过山龙（天南星科）

Rhaphidophora hookeri Schott

药 材 名　毛过山龙、大岩藤、过山龙。

药用部位　茎。

功效主治　镇痛，接骨。

大叶南苏（天南星科）

Rhaphidophora peepla (Roxb.) Schott

药 材 名　大叶南苏。

药用部位　全株。

功效主治　散瘀止痛，舒筋活络，润肺止咳；治心绞痛，跌打肿痛、风湿性疼痛，支气管炎，百日咳。

泉七（天南星科）

Steudnera colocasiifolia K. Koch

药 材 名　泉七、小毒芋。

药用部位　根茎。

功效主治　根茎有毒。止血生肌，解毒消肿；治血栓闭塞性脉管炎，虫咬，虫螯，蛇咬伤，疮疡，损伤出血。

犁头尖（天南星科）

Typhonium blumei Nicolson et Sivad.

药 材 名　犁头尖、犁头七。

药用部位　块茎、全草。

功效主治　块茎、全草有毒。解毒消肿，散结，止血；治毒蛇咬伤，痈疖肿毒，血管瘤，淋巴结结核，跌打损伤，外伤出血。

鞭檐犁头尖（天南星科）

Typhonium flagelliforme (Lodd.) Blume

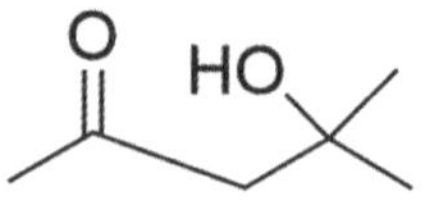

4-羟基-4-甲基-2-戊酮

药 材 名　水半夏、戟叶半夏、土半夏。

药用部位　块茎。

生　　境　生于山溪浅水中、水田或田边以及其他湿地。

采收加工　秋冬采挖块茎，除去外皮及须根，洗净，晒干。

药材性状　块茎近圆形、椭圆形、圆锥形或倒卵形，直径0.5～1.5厘米，高0.8～3厘米。表面类白色或淡黄色，不平滑，上部有多处隐约可见的点状根痕。质坚实，断面白色，粉性。

性味归经　辛，温。归肺、脾经。

功效主治　燥湿化痰，止咳；治咳嗽痰多，支气管炎；外用治痈疮疖肿，无名肿毒，毒虫咬伤。

化学成分　有机酸、4-羟基-4-甲基-2-戊酮、酚类、鞣质、甾醇类及生物碱类等。

核心产区　分布于广东、广西、云南等地，主产于广西。

用法用量　内服：煎汤，3～9克；或入丸、散。外用：捣敷，或研末调敷。

本草溯源　《中华本草》《中药大辞典》。

附　　注　有毒。

独角莲（天南星科）

Typhonium giganteum Engl.

药 材 名 白附子、滴水参。

药用部位 块茎。

功效主治 祛风痰，通经络，解毒镇痛；治中风痰壅，偏头痛，破伤风，毒蛇咬伤，瘰疬，痈肿。

化学成分 白附子凝集素、内消旋肌醇、棕榈酸等。

昆明犁头尖（天南星科）

Typhonium kunmingense H. Li

药 材 名 昆明犁头尖。

药用部位 块茎或全草。

功效主治 块茎、全草有毒。消肿，化瘀，止血；治外伤出血。

马蹄犁头尖（天南星科）

Typhonium trilobatum (L.) Schott

药 材 名 山半夏。

药用部位 块茎。

功效主治 块茎有毒。燥湿化痰，除逆止呕；治咳嗽，呕吐，痈肿。

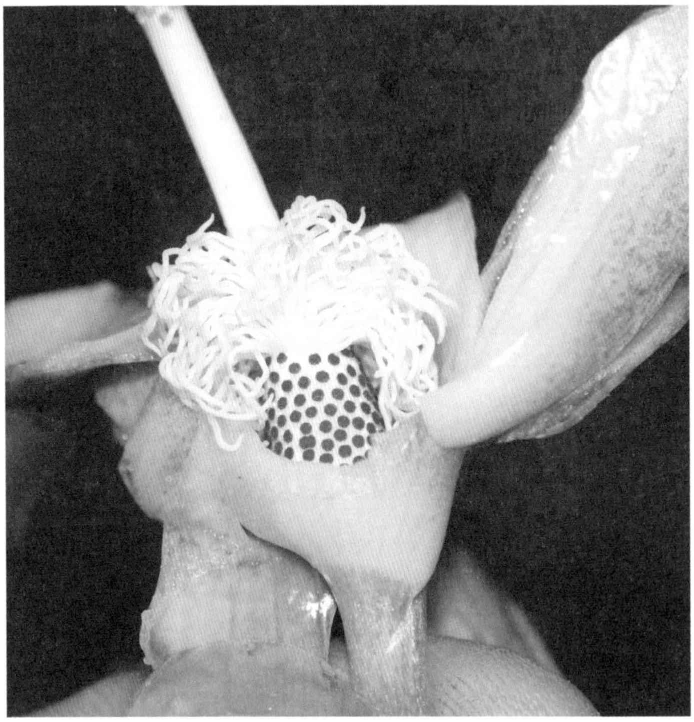

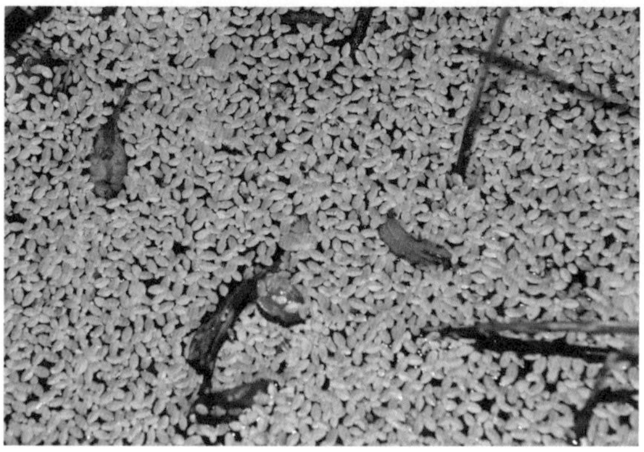

浮萍（浮萍科）

Lemna minor L.

药 材 名　浮萍。

药用部位　全草。

功效主治　疏风发汗，透疹，利尿；治风热感冒，麻疹不透，荨麻疹，水肿。

化学成分　十氢番茄红素、反式-1,3-植二烯、植醇等。

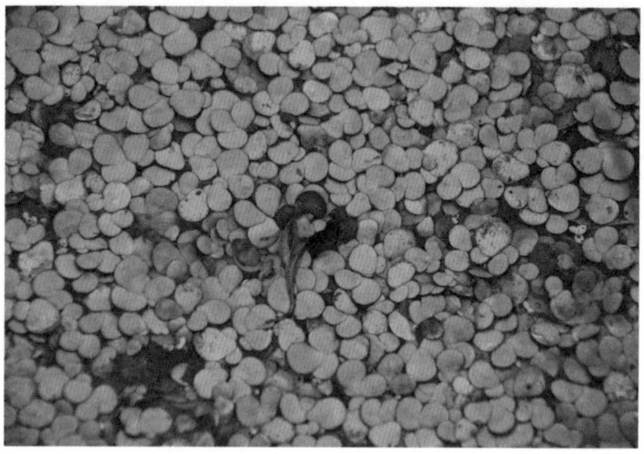

紫萍（浮萍科）

Spirodela polyrhiza (L.) Schleid.

药 材 名　浮萍。

药用部位　全草。

功效主治　宣散风热，透疹，利尿；治风热感冒，麻疹不透，荨麻疹，水肿。

化学成分　荭草素、牡荆苷、叶黄素、环氧叶黄素等。

黑三棱（黑三棱科）

Sparganium stoloniferum (Buch. -Ham. ex Graedn.) Buch. -Ham. ex Juz.

药 材 名　三棱。

药用部位　块茎。

功效主治　破血行气，消积止痛；治癥瘕痞块，痛经，瘀血经闭，胸痹心痛，跌打损伤。

化学成分　刺芒柄花素、苯乙醇、对苯二酚等。

水烛（香蒲科）

Typha angustifolia L.

药 材 名　蒲黄。

药用部位　花粉。

功效主治　有微毒。止血，化瘀，通淋；治吐血，咳血，衄血，血痢，便血，崩漏，外伤出血，心腹疼痛，跌打损伤，阴下湿痒。

化学成分　香蒲新苷、异鼠李素、柚皮素等。

香蒲（香蒲科）

Typha orientalis C. Presl

药 材 名　蒲黄、东方香蒲。

药用部位　花粉。

功效主治　有微毒。止血，祛瘀，利尿；治吐血，咳血，衄血，血痢，便血，崩漏，外伤出血，心腹疼痛，跌打损伤，阴下湿痒。

化学成分　香蒲新苷、异鼠李素-3-*O*-新橙皮苷等。

文殊兰（石蒜科）

Crinum asiaticum L.var. **sinicum** (Roxb. ex Herb.) Baker

药 材 名　罗裙带、文殊兰果、罗裙带根。

药用部位　叶、果实、鳞茎。

功效主治　行血散瘀，消肿止痛；治咽喉炎，跌打损伤，痈疖肿毒，蛇咬伤。

化学成分　文殊兰碱、文殊兰星碱、石蒜碱等。

西南文殊兰（石蒜科）

Crinum latifolium L.

药 材 名 西南文殊兰、万年青、扁担叶。

药用部位 叶。

功效主治 叶有小毒。活血祛瘀，通络止痛，清热解毒；治跌打伤肿，骨折，关节痛，牙痛，恶疮肿毒，银屑病。

化学成分 石蒜碱、车瑞灵、小星蒜碱、西南文珠兰碱等。

网球花（石蒜科）

Haemanthus multiflorus Martyn

药 材 名 虎耳兰、网球石蒜。

药用部位 鳞茎。

功效主治 消肿止痛；外用治疗肿，疖肿，痈肿，无名肿毒。

化学成分 石蒜碱、千花碱、网球花定、小星蒜碱等。

朱顶红（石蒜科）

Hippeastrum rutilum (Ker Gawl.) Herb.

药 材 名 朱顶红。

药用部位 鳞茎。

功效主治 磷茎有小毒。散瘀消肿，解毒；治无名肿毒。

化学成分 石蒜碱、小星蒜碱、多花水仙碱、条纹碱等。

花朱顶红（石蒜科）

Hippeastrum vittatum (L'Hér.) Herb.

药 材 名　孤挺花、百支莲、喇叭花。

药用部位　鳞茎。

功效主治　鳞茎有小毒。解毒消肿；治痈疮肿毒。

化学成分　葡糖鞘脂类等。

水鬼蕉（石蒜科）

Hymenocallis littoralis (Jacq.) Salisb.

药 材 名　水鬼蕉、蜘蛛兰、蜘蛛百合。

药用部位　叶。

功效主治　舒筋活血；治风湿性关节痛，跌打肿痛，扭伤。

化学成分　水鬼蕉碱、水仙克拉辛碱、多花水仙碱等。

黄花石蒜（石蒜科）

Lycoris aurea (L'Hér) Herb.

药 材 名　大一枝箭、忽地笑。

药用部位　鳞茎。

功效主治　解疮毒，润肺止咳；治无名肿毒。

化学成分　延胡索乙素、异紫堇杷明碱、三球定等。

石蒜（石蒜科）

Lycoris radiata (L'Hér) Herb.

药 材 名　石蒜、红花石蒜。

药用部位　鳞茎。

功效主治　有小毒。消肿，杀虫；治淋巴结结核，疔疮疖肿，风湿性关节痛，蛇咬伤。

化学成分　伪石蒜碱、去甲雨石蒜碱、石蒜碱等。

水仙（石蒜科）

Narcissus tazetta L. subsp. **chinensis** (M. Roem.) Masam. et Yanagih.

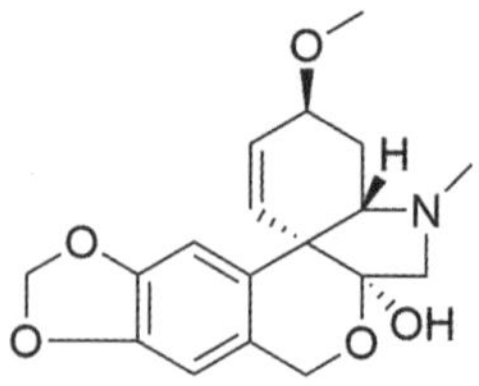

多花水仙碱

药 材 名 水仙花、金盏银台、女史花。

药用部位 花。

生　　境 喜温暖湿润和阳光充足的环境。

采收加工 春季采摘花，鲜用或晒干。

药材性状 花皱缩成小团块，展开后花被管细，先端裂片6，卵圆形，淡黄色，其内可见黄棕色环状副花冠。雄蕊6，雌蕊花柱细长，柱头3裂。气芳香。

性味归经 甘、苦，寒。归肝、肺经。

功效主治 清心悦神，理气调经，解毒辟秽；治头昏，月经不调，痢疾，疮肿。

化学成分 多花水仙碱、*α*-香树脂醇、*β*-谷甾醇、硬脂酸、亚麻酸、芸香苷、石蒜碱、丁香油酚、苯甲醛、苄醇等。

核心产区 广东、福建、江苏、贵州、四川等地，以福建漳州为优。

用法用量 内服：煎汤，2.4～4.5克；或入散剂。外用：捣敷。

本草溯源 《中药大辞典》。

附　　注 有毒。

葱莲（石蒜科）

Zephyranthes candida (Lindl.) Herb.

药 材 名　肝风草、玉帘。

药用部位　全草。

功效主治　平肝息风；治小儿惊风，癫痫。

化学成分　三球定、朱顶兰碱、石蒜碱等。

风雨花（石蒜科）

Zephyranthes carinata Herb.

药 材 名　赛番红花、韭莲。

药用部位　全草。

功效主治　散热解毒，凉血补血；治吐血，血崩；外用治痈疮红肿，跌打损伤，毒蛇咬伤。

化学成分　水鬼蕉碱、石蒜碱、雪花莲碱、网球花胺等。

射干（鸢尾科）

Belamcanda chinensis (L.) Redouté

药 材 名　射干、较剪草、乌扇。

药用部位　根茎。

功效主治　根茎有毒。清热解毒，消痰，利咽；治咽喉肿痛，扁桃体炎，腮腺炎，支气管炎，咳嗽多痰，肝脾肿大，闭经，乳腺炎。

化学成分　鸢尾苷元、鸢尾黄酮、鸢尾黄酮苷、射干异黄酮等。

雄黄兰（鸢尾科）

Crocosmia × **crocosmiiflora** (Lemoine) N. E. Br.

药 材 名　雄黄兰、搜山虎、扭子药。

药用部位　球茎。

功效主治　球茎有剧毒。解毒，消肿，止痛；治蛊毒，脘痛，筋骨痛，腮腺炎，疮疡，跌打伤肿，外伤出血。

化学成分　雄黄兰皂苷A-1、观音兰黄酮苷A和观音兰黄酮苷B等。

番红花（鸢尾科）

Crocus sativus L.

药 材 名 藏红花、番红花、西红花。

药用部位 柱头。

生　　境 喜冷凉湿润和半阴环境，较耐寒，宜排水良好、腐殖质丰富的砂壤土。

采收加工 11月上旬开花，应在花开放的当天将花剪下，摘取雌蕊的红色花柱及柱头，当天烘干。

药材性状 本品呈线形，三分枝，长约3厘米。暗红色，上部较宽而略扁平，顶端边缘显不整齐的齿状，内侧有一短裂隙，下端有时残留一小段黄色花柱。体轻，质松软，无油润光泽，干燥后质脆易断。气特异，微有刺激性，味微苦。

性味归经 甘，平。归心、肝经。

功效主治 活血化瘀，凉血解毒，解郁安神；治癥瘕经闭，产后瘀阻，温毒发斑，忧郁痞闷，惊悸发狂。

化学成分 苦藏花素、番红花苦苷、番红花酸二甲酯等。

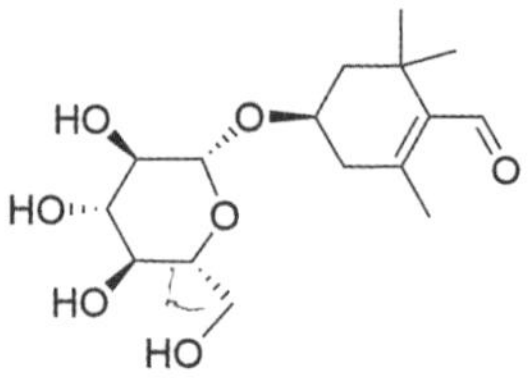

苦藏花素

核心产区 原产南欧与小亚细亚一带，目前伊朗和克什米尔地区产量大。我国浙江、上海（崇明岛）、河南（郸城）、广西和新疆等地引种成功，并栽培。

用法用量 1～3克，煎服或沸水泡服。

本草溯源 《本草品汇精要》《本草纲目》。

附　　注 番红花（藏红花）历史上由西藏进口，通过广州进入国内，属于进口南药，但实际上，番红花为典型的北药，它是一种珍稀名贵的中药与民族药，有“植物黄金”之美誉。其药用部分是干燥的柱头，除药用外，也是一种珍贵的日用化工染料与食品香料制品的天然原料。

红葱（鸢尾科）

Eleutherine plicata Herb.

药 材 名 小红蒜。

药用部位 全草、鳞茎。

功效主治 清热解毒，散瘀消肿，止血；治风湿性关节痛，跌打肿痛，疮毒。

化学成分 大根香叶烯B、法夫醇、异红葱乙素等。

香雪兰（鸢尾科）

Freesia refracta (Jacq.) Klatt

药 材 名 香雪兰、小苍兰、小菖兰。

药用部位 球茎。

功效主治 清热解毒，凉血止血；治衄血，吐血，崩漏，痢疾，疮肿，外伤出血，蛇咬伤。

化学成分 γ-萜品烯、芳樟醇、α-萜品醇等。

唐菖蒲（鸢尾科）

Gladiolus gandavensis Van Houtte

药 材 名 搜山黄、标杆花。

药用部位 球茎。

功效主治 有毒。解毒，止痛；治痈肿疮毒，咽喉肿痛，腮腺炎，痧症，跌打损伤。

化学成分 丁香色酮、1-甲基-3,6,8-三羟基蒽醌等。

蝴蝶花（鸢尾科）

Iris japonica Thunb.

药 材 名　蝴蝶花。

药用部位　全草。

功效主治　有小毒。清热解毒，消肿止痛；治肝炎，肝肿大，肝区痛，胃痛，食积胀满，咽喉肿痛，跌打损伤。

化学成分　蝴蝶花素、鸢尾黄酮新苷元、鸢尾苷元、尼泊尔鸢尾黄酮等。

小花鸢尾（鸢尾科）

Iris speculatrix Hance

药 材 名　小花鸢尾、六棱麻。

药用部位　根茎、根。

功效主治　根有小毒。活血镇痛；治跌打损伤，闪腰，风湿，风寒骨痛。

鸢尾（鸢尾科）

Iris tectorum Maxim.

药 材 名　鸢尾。

药用部位　根茎。

功效主治　有小毒。活血祛瘀，祛风利湿，解毒消积；治跌打损伤，风湿疼痛，咽喉肿痛，食积腹胀，疟疾；外用治痈疖肿毒，外伤出血。

化学成分　尼鸢尾黄素等。

扇形鸢尾（鸢尾科）

Iris wattii Baker

药 材 名 都拉、扁竹鸠尾。

药用部位 全株。

功效主治 解毒；治乌头中毒，蕈类中毒及其他食物中毒。

巴西鸢尾（鸢尾科）

Neomarica gracilis (Herb.) Sprague

药 材 名 巴西鸢尾。

药用部位 根茎。

功效主治 全草有微毒，根茎有小毒。活血化瘀，祛风利湿；治跌打损伤，风湿性疼痛。

细花百部（百部科）

Stemona parviflora C. H. Wright

药 材 名 细花百部。

药用部位 块根。

功效主治 块根有大毒。温肺润肺，下气止咳，杀虫；治肺结核，久咳，百日咳。

化学成分 细花百部碱等。

大百部（百部科）

Stemona tuberosa Lour.

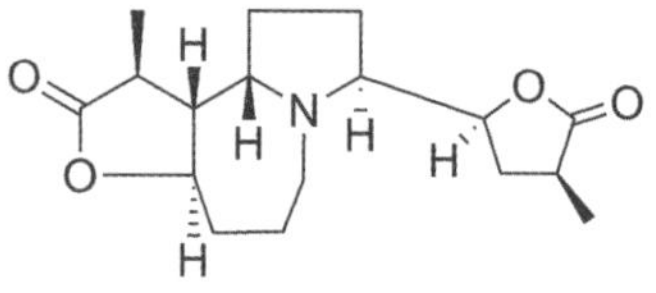

百部碱

药 材 名 百部、九重根。

药用部位 块根。

生　　境 海拔30～1 600米的石缝、石穴、杂木林和灌木丛中。

采收加工 夏、秋季采收，洗净，切片晒干。

药材性状 呈长纺锤形或长条形，长8～24厘米，直径0.8～2厘米。表面浅黄棕色至灰棕色，具浅纵皱纹或不规则纵槽。质坚实，断面黄白色至暗棕色，中柱较大，髓部类白色。

性味归经 苦、甘，温。归肺经。

功效主治 润肺下气止咳，杀虫灭虱。治新久咳嗽，肺密咳嗽，顿咳；外用治头虱，体虱，蛲虫病，阴痒。

化学成分 百部碱、百部次碱、对叶百部碱、异对叶百部碱、次对叶百部碱、氧代对叶百部碱等 。

核心产区 湖南、湖北、广东、福建、四川、贵州。

用法用量 煎汤，9～15克。

本草溯源 《本草经集注》《本草纲目》。

参薯（薯蓣科）

Dioscorea alata L.

药 材 名　毛薯。

药用部位　块茎。

功效主治　健脾止泻，补脾肺，涩精气，消肿止痛；治脾虚泄泻，肾虚遗精，带下，尿频，虚劳咳嗽，消渴，疮疡溃烂，烧烫伤。

大青薯（薯蓣科）

Dioscorea benthamii Prain et Burkill

药 材 名　大青薯。

药用部位　块茎。

功效主治　凉血止血，止痛；治跌打损伤，月经不调，半身麻木，外伤出血，异常子宫出血。

化学成分　抗坏血酸二棕榈酸酯、棕榈酸、豆甾醇、芦荟苷、异胆酸乙酯等。

黄独（薯蓣科）

Dioscorea bulbifera L.

药 材 名　黄独、黄药子、零余薯。

药用部位　块茎。

功效主治　块茎有小毒。解毒消肿，化痰散结，凉血止血；治甲状腺肿大，淋巴结结核，咽喉肿痛，吐血，咯血，百日咳，癌肿；外用治疮疖。

化学成分　薯蓣皂苷元、豆甾醇、表黄独素、黄独素等。

薯莨（薯蓣科）

Dioscorea cirrhosa Lour.

药 材 名　薯莨。

药用部位　块茎。

功效主治　有小毒。活血补血，收敛固涩；治功能失调性子宫出血，产后出血，咯血，吐血，尿血，腹泻；外用治烧伤。

化学成分　右旋儿茶素、左旋表儿茶素、原矢车菊素、儿茶素等。

叉蕊薯蓣（薯蓣科）

Dioscorea collettii Hook. f.

药 材 名　叉蕊薯蓣、粉背薯蓣、满旺（傣药）。

药用部位　块茎。

功效主治　祛风解毒，消肿止痛；治风湿性关节炎，过敏性皮炎。

化学成分　约莫皂苷元、薯蓣皂苷元等。

粉背薯蓣（薯蓣科）

Dioscorea collettii Hook. f. var. **hypoglauca** (Palib.) C. T. Ting et al.

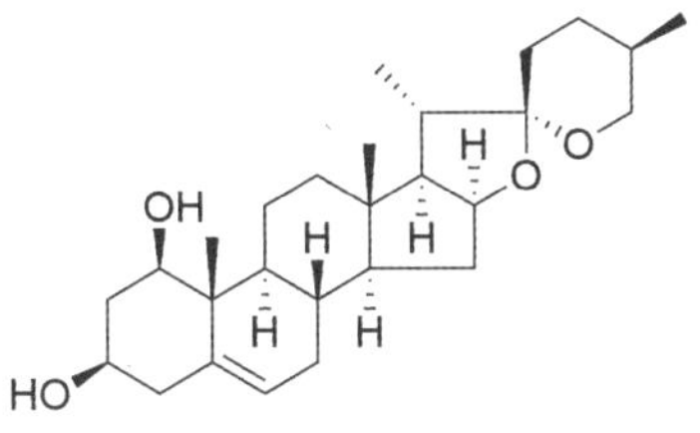

鲁斯可皂苷元

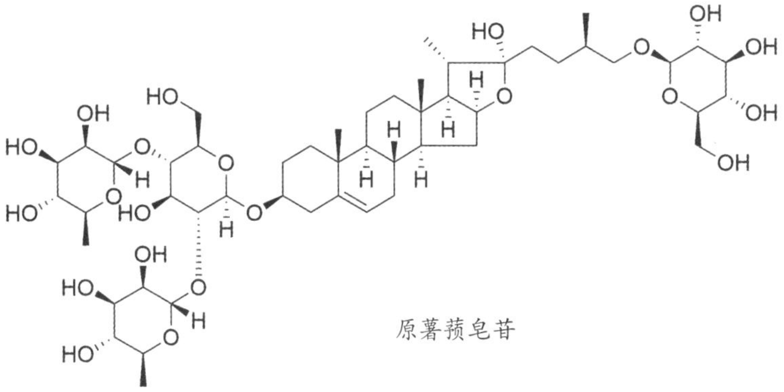

原薯蓣皂苷

药 材 名　萆薢。

药用部位　块茎。

生　　境　野生或栽培，生于海拔200～1 300米的山腰陡坡、山谷缓坡或水沟边阴处的混交林边缘或疏林下。

采收加工　春、秋均可采挖。挖出后洗净，除去须根，切片晒干。

药材性状　商品多为不规则的薄片。切面黄白色或淡灰棕色，平坦，有粉性及不规则的黄色筋脉花纹（维管束）。质松，易折断。气微，味苦微辛。

性味归经　苦，平。归肝、胃、膀胱经。

功效主治　祛风湿，利湿浊；治膏淋，白浊，带下，疮疡，湿疹，风湿痹痛，腰膝疼痛，小便不利，淋浊，遗精，湿热疮毒。

化学成分　鲁斯可皂苷元、原薯蓣皂苷等。

核心产区　浙江。

用法用量　煎汤，10～15克；或入丸、散。

本草溯源　《神农本草经》《名医别录》《本草图经》《本草纲目》《本草从新》。

菊叶薯蓣（薯蓣科）

Dioscorea composita Hemsl.

药 材 名 墨西哥薯蓣。

药用部位 块茎。

功效主治 缓解痛经。

化学成分 薯蓣皂苷元、薯蓣皂素等。

多毛叶薯蓣（薯蓣科）

Dioscorea decipiens Hook. f.

药 材 名 黏山药、黄山药、里乱勒（傣药）。

药用部位 块茎。

功效主治 补益肝肾，除湿退黄；治肝胆湿热，黄疸不退，肾虚腰痛，暴发火眼，目赤肿痛。

三角叶薯蓣（薯蓣科）

Dioscorea deltoidea Wall. ex Griseb.

药 材 名 三角叶薯蓣。

药用部位 块茎。

功效主治 祛风除湿；治关节痛，心脏病，胃病，下肢肌肉痉挛。

化学成分 表菝葜皂苷元、菝葜皂苷元、薯蓣皂苷元、雅姆皂苷元等。

甘薯（薯蓣科）

Dioscorea esculenta (Lour.) Burkill

药材名 甘薯。

药用部位 块茎。

功效主治 益气健脾，养阴补肾；治脾虚气弱，肾阴亏乏。

福州薯蓣（薯蓣科）

Dioscorea futschauensis Uline ex R. Knuth

药材名 福州薯蓣。

药用部位 块茎。

功效主治 清热解毒，利尿；治风湿痹痛，白浊，淋痛，带下，湿疮。

化学成分 白花延龄草苷、薯蓣皂苷、纤细薯蓣皂苷、薯蓣皂苷元等。

光叶薯蓣（薯蓣科）

Dioscorea glabra Roxb.

药材名 光叶薯蓣、红山药。

药用部位 块茎。

功效主治 通经活络，止血止痢；治功能失调性子宫出血，月经不调，腰肌劳损，外伤出血。

黏山药（薯蓣科）

Dioscorea hemsleyi Prain et Burkill

药 材 名 黏山药。

药用部位 块茎。

功效主治 健脾祛湿，补肺、肾；治脾虚食少，泄泻，消渴，肺结核，跌打损伤。

白薯莨（薯蓣科）

Dioscorea hispida Dennst.

药 材 名 白薯莨。

药用部位 块茎。

功效主治 块茎有毒。解毒消肿，散瘀止血；治疮痈肿毒，跌打扭伤，外伤出血。鲜品适量，捣烂敷或煎水洗患处。

化学成分 正三十一烷、香草酸、丁香酸、原儿茶酸等。

日本薯蓣（薯蓣科）

Dioscorea japonica Thunb.

药 材 名 日本薯蓣、野山药。

药用部位 块茎。

功效主治 健脾补肺，益胃补肾；治脾胃亏损，气虚衰弱，消化不良，慢性腹泻，遗精，遗尿。

化学成分 尿囊素、多糖等。

五叶薯蓣（薯蓣科）

Dioscorea pentaphylla L.

药 材 名 五叶薯蓣。

药用部位 块茎。

功效主治 补脾益肾，利湿消肿，补肾壮阳；治脾肾虚弱，浮肿，泄泻，产后瘦弱，缺乳，无名肿毒。

褐苞薯蓣（薯蓣科）

Dioscorea persimilis Prain et Burkill

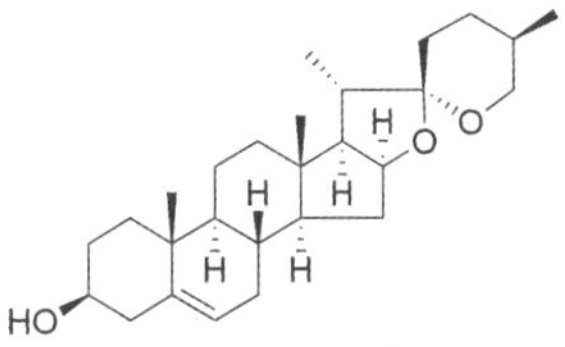

薯蓣皂苷元

药 材 名 广山药、山薯、土淮山。

药用部位 块茎。

生　　境 野生，生于海拔100～1 950米的山坡、路旁、山谷杂木林中或灌木丛中。

采收加工 冬末春初采挖，洗净，去外皮，切片晒干。

药材性状 圆柱形，表面平滑，仅留有少量未除尽的栓皮，栓皮下方木质斑块浅黄色或浅褐色，紧附在中柱外侧。质硬、粉性强，断面白色。气微，味淡而甜。

性味归经 甘、平。归脾、肺、肾经。

功效主治 健脾养胃，生津益肺，补肾涩精；治脾虚泄泻，肺虚喘咳，糖尿病，体虚白带，遗精，遗尿等。

化学成分 薯蓣皂苷元、多巴胺、盐酸山药碱、多酚氧化酶、止杈素等。

核心产区 湖南、广东、广西、海南、贵州、云南。

用法用量 内服：煎汤，10～30克；或入丸、散。外用：适量，捣敷。

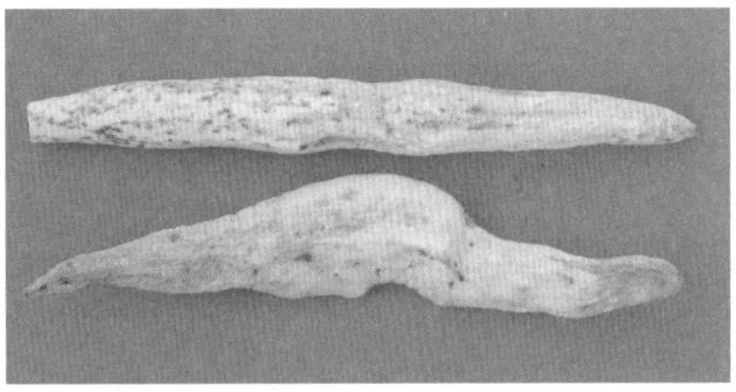

本草溯源 《神农本草经》《名医别录》《新修本草》《本草拾遗》《本草图经》《中华本草》。

附　　注 湿盛中满而有积滞者忌服。

薯蓣（薯蓣科）

Dioscorea polystachya Turcz.

药 材 名 薯蓣、山药、淮山。

药用部位 块茎。

功效主治 健脾止泻，补肺益肾；治脾虚久泻，慢性肠炎，肺虚喘咳，慢性肾炎，糖尿病，遗精，遗尿，带下。

化学成分 薯蓣皂苷等。

马肠薯蓣（薯蓣科）

Dioscorea simulans Prain et Burkill

药 材 名 马肠薯蓣。

药用部位 块茎。

功效主治 解毒，散瘀消肿；治痈疮，无名肿毒，跌打损伤。

毛胶薯蓣（薯蓣科）

Dioscorea subcalva Prain et Burkill

药 材 名 毛胶薯蓣。

药用部位 块茎。

功效主治 健脾祛湿，补肺益肾；治脾虚食少，泄泻，肾虚遗精，消渴，肺痨咳嗽，跌打损伤。

化学成分 薯蓣皂苷、多糖等。

细柄薯蓣（薯蓣科）

Dioscorea tenuipes Franch. et Sav.

药 材 名 细柄薯蓣。

药用部位 根茎。

功效主治 祛风湿，舒筋活络；治风湿痹痛，筋脉拘挛，四肢麻木，跌打损伤，劳伤无力。

化学成分 薯蓣皂苷元、雅姆皂苷元、托克皂苷元等。

龙舌兰（龙舌兰科）

Agave americana L.

药 材 名 龙舌兰。

药用部位 叶。

功效主治 有毒。解毒拔脓，杀虫，止血；治痈疽疮疡，疥癣，盆腔炎，异常子宫出血。

化学成分 龙舌兰皂苷、海柯皂苷元、绿莲皂苷元、番石榴酸、龙舌兰黄烷酮等。

金边龙舌兰（龙舌兰科）

Agave americana L. var. **marginata** Trel.

药 材 名 金边龙舌兰。

药用部位 叶。

功效主治 有小毒。润肺，止咳，平喘；治肺燥咳嗽，阴虚喘咳，麻疹不透，疮毒。

化学成分 海柯皂苷元、曼诺皂苷元、呋甾醇皂苷等。

剑麻（龙舌兰科）

Agave sisalana Perrine ex Engelm.

药 材 名 剑麻。

药用部位 叶。

功效主治 凉血止血，消肿解毒；治肺痨咳血，衄血，便血，痢疾；外用治痈疮肿毒，痔疮。

化学成分 新替告皂苷酮、替告皂苷元、剑麻皂苷元等。

朱蕉（龙舌兰科）

Cordyline fruticosa (L.) A. Chev.

药 材 名　朱蕉、铁树、红铁树。

药用部位　叶、根。

功效主治　凉血止血，散瘀止痛；治肺结核咯血，衄血，尿血，便血，痔疮出血，月经过多，痢疾，胃痛，跌打肿痛。

剑叶铁树（龙舌兰科）

Cordyline stricta (Sims) Endl.

药 材 名　剑叶朱蕉。

药用部位　叶、根茎。

功效主治　清热解毒，散瘀，止痢；治跌打损伤，咳嗽吐血，外伤出血，哮喘，痢疾。

长花龙血树（龙舌兰科）

Dracaena angustifolia (Medik.) Roxb.

药 材 名　龙血树、铁树、红铁树。

药用部位　树脂、叶、根茎。

功效主治　清热润肺，生津止渴，凉血；治肝炎，百日咳，肺结核，支气管炎，咯血，慢性扁桃体炎，咽喉炎，热病后余热未清。

化学成分　龙血素B等。

柬埔寨龙血树（龙舌兰科）

Dracaena cambodiana Pierre ex Gagnep.

药 材 名　龙血竭、血竭。

药用部位　树脂。

生　　境　野生或栽培，生于阳光充足，高温、高湿的环境。

采收加工　将树干砍破或钻以若干小孔，使树脂自然渗出，凝固。

药材性状　本品略呈类圆四方形，表面暗红粉，有光泽。质硬而脆，破碎面红色，研粉为砖红色。气微，味淡。在水中不溶，在热水中软化。

性味归经　甘、咸，平。归心、肝经。

功效主治　祛瘀定痛，止血生肌；治跌打折损，内伤瘀痛，外伤出血不止。

化学成分　血竭素、血竭红素、血竭黄烷A等。

核心产区　主要分布于东南亚的柬埔寨、老挝、越南等地；在我国呈间断分布于北热带，形成远隔而狭窄的两个小区，东西横跨云南、广西两省，以云南普洱、西双版纳等地为主产区。

用法用量　内服：研末，1～1.5克；或入丸剂。外用：研末撒，或入膏药用。

本草溯源　《新修本草》《中华本草》。

附　　注　龙血树是全球最长寿的树种，最早出现于白垩纪恐龙时代，被誉为植物中的“活化石”。血竭是阿拉伯文化和传统药物的象征，使用历史可追溯至古希腊、古罗马和古阿拉伯。中国本不产血竭，但其作为药物在中国传播历史悠久，隋唐时期，它沿“丝绸之路”传入中国。血竭为多基原药材，包括龙血树科龙血树属*Dracaena*、棕榈科黄藤属*Daemonorops*以及豆科巴豆属*Croton*及紫檀属*Pterocarpus*的多种植物，来自龙血树属的血竭叫龙血竭，来自黄藤属植物的血竭称为麒麟竭。

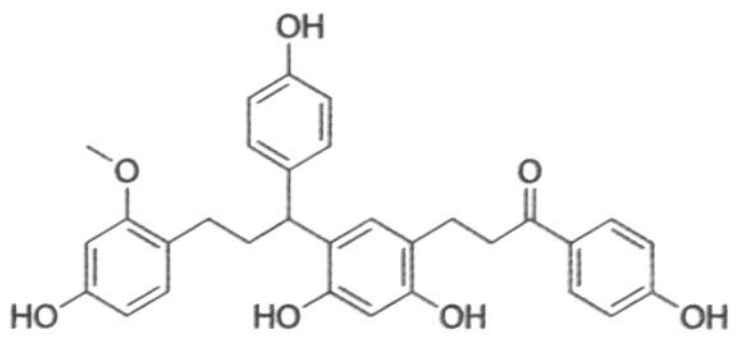

血竭素

剑叶龙血树（龙舌兰科）

Dracaena cochinchinensis (Lour.) S. C. Chen

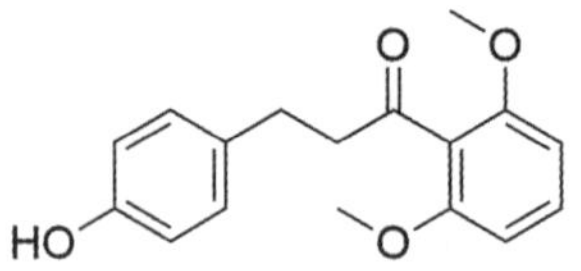

剑叶龙血素A

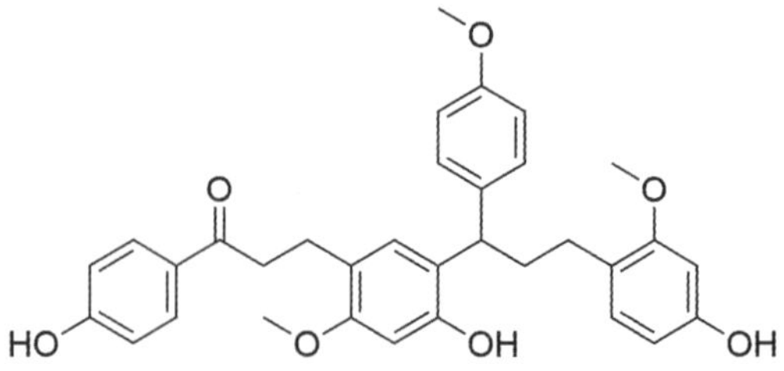

剑叶龙血素C

药 材 名 龙血竭、血竭。

药用部位 树脂。

生　　境 生于海拔950～1 700米的石灰岩上。

采收加工 收集在叶基部和茎枝受伤处溢出的少量红棕色液汁，加工。

药材性状 呈不规则状块，髓部剥落中空。外表面不光滑，内表面棕红色或暗红色，光滑。质坚硬，不易折断。无臭，气微味淡，微涩。

性味归经 甘、咸，温。归心、肝、肾经。

功效主治 止血活血，生肌行气；治跌打损伤，瘀血作痛，妇女气血凝滞，外伤出血，脓疮久不收口。

化学成分 剑叶龙血素A、剑叶龙血素C等。

核心产区 分布于印度尼西亚爪哇、婆罗洲、苏门答腊等处，我国云南、海南和广西有分布。

用法用量 内服：研末，1～2克；或入丸剂。外用：研末撒，或入膏药用。

本草溯源 《雷公炮炙论》《新修本草》《开宝本草》《本草图经》。

附　　注 我国历史上没有血竭资源的记载，临床所需的血竭需从国外进口。1972年，我国著名植物学家蔡希陶教授在滇南孟连、沧源、勐腊等县找到了蕴藏丰富的血竭替代资源植物——剑叶龙血树，并制出国产血竭，称为龙血竭，从而结束了我国血竭依靠进口的历史。

矮龙血树（龙舌兰科）

Dracaena terniflora Roxb.

药 材 名 大剑叶木、竹节兰、占电拎（傣药）。

药用部位 根。

生　　境 野生，生于热带密林中。

采收加工 全年均可采，洗净，切片晒干。

药材性状 短柱状，表面灰棕色至黄棕色，有不规则的纵皱纹。质韧，切面淡黄白色。气微，味微甜，嚼之有黏性。

性味归经 甘，平。归脾、肾经。

功效主治 祛风除湿，补肾壮阳，止血；治风湿痹痛，腰腿痛，阳痿，小便不利，产后出血。

化学成分 三萜皂苷类、黄酮类、酚类等。

核心产区 云南。

用法用量 煎汤，15～30克；或入丸、散。

本草溯源 《全国中草药汇编》。

晚香玉（龙舌兰科）

Polianthes tuberosa L.

药 材 名　晚香玉。

药用部位　根。

功效主治　清热解毒，消肿；治痈疮肿毒。

化学成分　海柯皂苷元、金合欢醇、丁香酚等。

虎尾兰（龙舌兰科）

Sansevieria trifasciata Prain

药 材 名　虎尾兰。

药用部位　叶。

功效主治　清热解毒，去腐生肌；治感冒咳嗽，支气管炎，跌打损伤，痈疮肿毒，毒蛇咬伤。

化学成分　罗斯考皂苷元、新罗斯考皂苷元、虎尾兰皂苷元、阿巴马皂苷元等。

金边虎尾兰（龙舌兰科）

Sansevieria trifasciata Prain var. **laurentii** (De wild.) N. E. Br.

药 材 名　虎尾兰。

药用部位　叶。

功效主治　清热解毒，去腐生肌；治感冒咳嗽，支气管炎，跌打损伤，痈疮肿毒，毒蛇咬伤。

化学成分　罗斯考皂苷元、新罗斯考皂苷元、虎尾兰皂苷元、阿巴马皂苷元等。

凤尾丝兰（龙舌兰科）

Yucca gloriosa L.

药 材 名　凤尾兰。

药用部位　花。

功效主治　止咳平喘；治支气管哮喘咳嗽。

化学成分　替告皂苷元、芰脱皂苷元等。

假槟榔（棕榈科）

Archontophoenix alexandrae (F. Muell.) H. Wendl.et Drude

药 材 名　假槟榔。

药用部位　叶。

功效主治　止血；治外伤出血。

槟榔（棕榈科）

Areca catechu L.

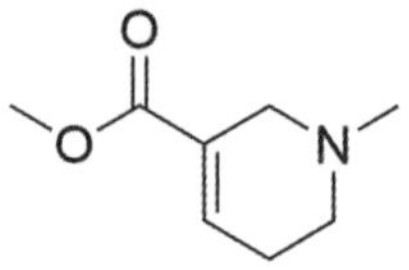

槟榔碱

药 材 名 槟榔、仁频、宾门；果皮药材名为大腹皮、槟榔皮、槟榔壳。

药用部位 种子、果皮。

生　　境 喜高温、雨量充沛、湿润的气候环境。

采收加工 一般采收分两个时期。3—6月采收熟果加工成榔玉。11—12月采收青果加工成榔干。

药材性状 扁球形或圆锥形。表面淡黄棕色或淡红棕色，具稍凹的网状沟纹，底部中心有圆形凹陷的珠孔，旁有一明显疤痕状种脐。质坚硬，断面可见棕色种皮与白色胚乳相间的大理石花纹。气微，味涩、微苦。

性味归经 苦、辛，温。归胃、大肠经。

功效主治 种子：杀虫，消积，行气，利水，截疟；治绦虫病，蛔虫病，姜片虫病。果皮：行气宽中，行水消肿；治湿阻气滞，脘腹胀闷，大便不爽等。

化学成分 槟榔碱、槟榔次碱、去甲基槟榔碱、儿茶精等。

用法用量 内服：煎汤，3～9克；驱杀姜片虫、绦虫用30～60克（单用）；入丸散。外用：适量，煎水洗或研末调敷。消积宜用焦槟榔。

核心产区 原产于马来西亚，主要分布在东南亚、亚洲热带地区、东非及欧洲部分区域，在我国分布于海南、广西、云南、福建、台湾、广东等地。

本草溯源 《本草纲目》《本草汇言》《本草新编》《本草经解》。

附　　注 研究发现，多用或久用槟榔易引起癌症（尤其是口腔癌），慎用。

双籽棕（棕榈科）

Arenga caudata (Lour.) H. E. Moore

药 材 名　双籽棕。

药用部位　根。

功效主治　果实、种子有毒。止血清热，通经收敛；治月经过多，血崩，子宫下垂，肺结核咯血。

桄榔（棕榈科）

Arenga westerhoutii Griff.

药 材 名　砂糖椰子、糖树、南椰。

药用部位　果实。

功效主治　果实有毒。祛瘀破积，止痛；治产后血瘀腹痛，心腹冷痛。

糖棕（棕榈科）

Borassus flabellifer L.

药 材 名　糖棕、扇椰子、锅丹（傣药）。

药用部位　根。

功效主治　清火热毒，利胆退黄，催乳，强身健体；治肝炎，产后乳汁不下，乳汁清稀，性冷淡，腰膝酸软。

麒麟竭（棕榈科）

Calamus draco Willd.

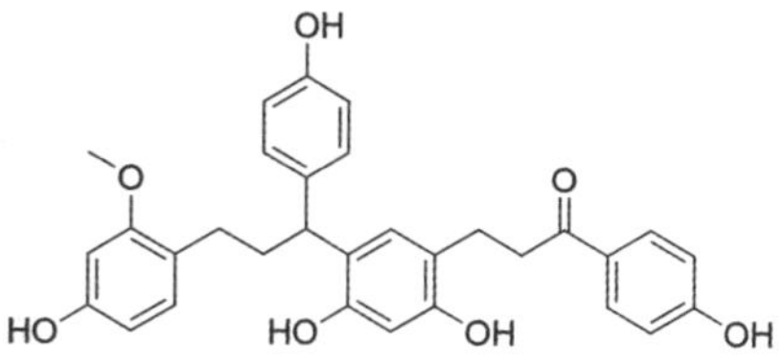

血竭素

药 材 名　血竭、麒麟血、龙血。

药用部位　果实及渗出的树脂。

生　　境　栽培或野生。

采收加工　采收果实，置蒸笼内蒸煮，使树脂渗出；或将茎砍破或钻若干小孔，使树脂自然渗出，凝固。

药材性状　类圆四方形或方砖形，表面暗红，有光泽，附有因摩擦而成的红粉。质硬而脆，破碎面红色，研粉为砖红色。气微，味淡。在水中不溶，在热水中软化。

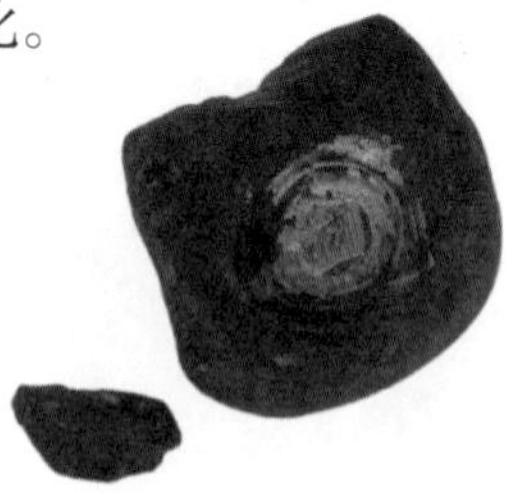

性味归经　甘、咸，平。归心、肝经。

功效主治　活血定痛，化瘀止血，生肌敛疮；治跌打损伤，外伤出血等。

化学成分　血竭素、7-羟基黄酮、去甲基血竭素、桂皮酸等。

核心产区　东南亚（印度尼西亚、马来西亚）。

用法用量　内服：研末服，每次1～2克，或入丸剂。外用：研末撒或入膏药用。

本草溯源　《雷公炮炙论》《新修本草》《滇南本草》《本草纲目》。

附　　注　血竭*Dragon's blood*是传统名贵中药，于2000年进入《中国药典》至今，其基原为棕榈科植物麒麟竭。古代欧洲与阿拉伯地区所用血竭来源于龙血树属植物，明代初期，棕榈科黄藤属麒麟竭从暹罗、爪哇、榜葛剌、锡兰山等国，以朝贡为主要途径传入中国。麒麟竭进入中国后较长时期内，龙血树血竭仍是血竭正品，近代黄藤属麒麟竭才成为血竭的主流品种。

白藤（棕榈科）

Calamus tetradactylus Hance

药 材 名　白藤。

药用部位　全株。

功效主治　祛风活血；治跌打肿痛，外伤出血。

鱼尾葵（棕榈科）

Caryota maxima Blume ex Mart.

药 材 名　鱼尾葵。

药用部位　叶鞘纤维、根。

功效主治　收敛止血，强筋骨。叶鞘纤维：治咯血，便血，血崩。根：治肝肾虚，筋骨痿软。

短穗鱼尾葵（棕榈科）

Caryota mitis Lour.

药 材 名　酒椰子。

药用部位　茎髓。

功效主治　健脾止泻；治消化不良，腹痛腹泻，痢疾。

化学成分　原花青素等。

单穗鱼尾葵（棕榈科）

Caryota monostachya Becc.

药 材 名　单穗鱼尾葵。

药用部位　根。

功效主治　治高热抽搐。

董棕（棕榈科）

Caryota obtusa Griff.

药 材 名　董棕、果榜（傣药）。

药用部位　花、果、棕根及叶基棕板。

功效主治　果实有毒。治金疮，疥癣，崩中带下，便血，痢疾。

散尾葵（棕榈科）

Chrysalidocarpus lutescens H. Wendl.

药 材 名 散尾葵。

药用部位 叶鞘纤维。

功效主治 收敛止血；治外伤出血。

化学成分 谷氨酸、甘氨酸等。

椰子（棕榈科）

Cocos nucifera L.

药 材 名 椰子。

药用部位 肉汁、果壳。

功效主治 肉汁：生津、利尿、止血；治心源性水肿，口干烦渴，姜片虫。果壳：祛风，利湿，止痒。外用治体癣，脚癣。

化学成分 羊油酸、棕榈酸、羊脂酸、月桂酸、豆甾醇、岩藻甾醇、生育酚等。

贝叶棕（棕榈科）

Corypha umbraculifera L.

药 材 名 贝叶棕、巴尔麦棕榈、锅榄（傣药）。

药用部位 根的汁液、幼株。

功效主治 根的汁液：治腹泻。幼株：水煎剂治热感冒。

黄藤（棕榈科）

Daemonorops jenkinsiana (Griff.) Mart.

药 材 名　黄藤。

药用部位　根、茎、叶。

功效主治　根、茎、叶有小毒。驱虫，利尿，祛风镇痛；治蛔虫病，蛲虫病，绦虫病，小便热涩痛，齿痛。

油棕（棕榈科）

Elaeis guineensis Jacq.

药 材 名　油棕、油椰子。

药用部位　根、茎、髓。

功效主治　根：消肿祛瘀；治瘀积肿痛。茎、髓：治性病，传染病。

化学成分　脂肪酸等。

蒲葵（棕榈科）

Livistona chinensis (Jacq.) R. Br. ex Mart.

药 材 名　蒲葵。

药用部位　种子、根。

功效主治　种子有小毒。种子：止痛；治食管癌，绒毛膜上皮癌，恶性葡萄胎，白血病。根：止痛。

化学成分　苜蓿素、棕榈酸、菜油甾醇、荭草苷、异荭草苷、牡荆苷、异牡荆苷等。

大叶蒲葵（棕榈科）

Livistona saribus (Lour.) Merr. ex A. Chev.

药 材 名　大蒲葵、锅个（傣药）。

药用部位　根、心轴、叶。

功效主治　清热解毒，消肿散结；治急性乳腺炎。

棕竹（棕榈科）

Rhapis excelsa (Thunb.) A. Henry

药 材 名　棕竹、观音竹、筋头竹。

药用部位　根、叶鞘。

功效主治　收敛止血，镇痛。根：治劳伤。叶鞘：治衄血，咯血，血崩。

化学成分　肥皂草素、甲基原薯蓣皂苷、甲基原棕竹皂苷等。

粗棕竹（棕榈科）

Rhapis robusta Burret

药 材 名　龙州棕竹、粗叶棕竹。

药用部位　须根。

功效主治　活血疗伤，续筋接骨；治跌打骨折。

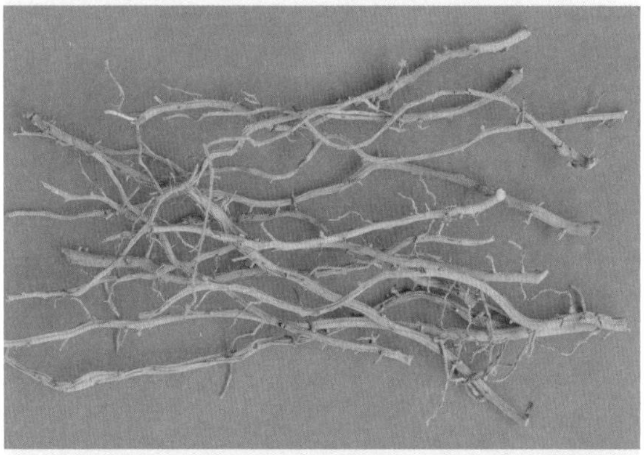

菜棕（棕榈科）

Sabal palmetto (Walter) Lodd. ex Rome. et Schult. f.

药 材 名　菜棕。

药用部位　叶。

功效主治　通气活血，祛风止痛；治各种风湿痹症所致的周身关节酸麻胀痛，屈伸不利或全身疼痛，活动受限。

棕榈（棕榈科）

Trachycarpus fortunei (Hook.) H. Wendl.

药 材 名　棕榈。

药用部位　叶柄、叶鞘、果实。

功效主治　收敛止血；治鼻衄，吐血，便血，功能失调性子宫出血，带下。

化学成分　儿茶素、矢车菊花青素、原儿茶酸、富马酸、表儿茶素等。

香露兜（露兜树科）

Pandanus amaryllifolius Roxb.

药 材 名　香露兜、板兰香、金欢（傣药）。

药用部位　全草。

功效主治　祛风通络，开窍；治风湿性疼痛，麻木胀痛，心脏病，肝炎，胃炎。

化学成分　酚类、黄酮类等。

小露兜（露兜树科）

Pandanus fibrosus Gagnep.

药 材 名 小露兜。

药用部位 果。

功效主治 治小肠疝气。

分叉露兜（露兜树科）

Pandanus furcatus Roxb.

药 材 名 分叉露兜。

药用部位 根、茎。

功效主治 清热解毒，利尿消肿；治肾结石，尿路感染，肾炎性水肿，感冒高热，咳嗽，肝炎，睾丸炎，风湿疼痛，痢疾，胃痛。

露兜树（露兜树科）

Pandanus tectorius Parkinson

药 材 名 露兜簕。

药用部位 根、茎、果实。

功效主治 发汗解表，清热解毒，利水化痰。根、茎：治感冒发热，肾炎性水肿，尿路感染，尿路结石，肝炎。果实：治痢疾，咳嗽。

化学成分 异牡荆苷、牡荆苷等。

大叶仙茅（仙茅科）

Curculigo capitulata (Lour.) Kuntze

药 材 名 大叶仙茅。

药用部位 根、根茎。

功效主治 润肺化痰，止咳平喘，镇静健脾，补肾固精；治肾虚喘咳，腰膝酸痛，带下，遗精。

化学成分 没食子酸、莽草酸、大黄素甲醚、仙茅苷、尿嘧啶核苷、白附子脑苷C等。

仙茅（仙茅科）

Curculigo orchioides Gaertn.

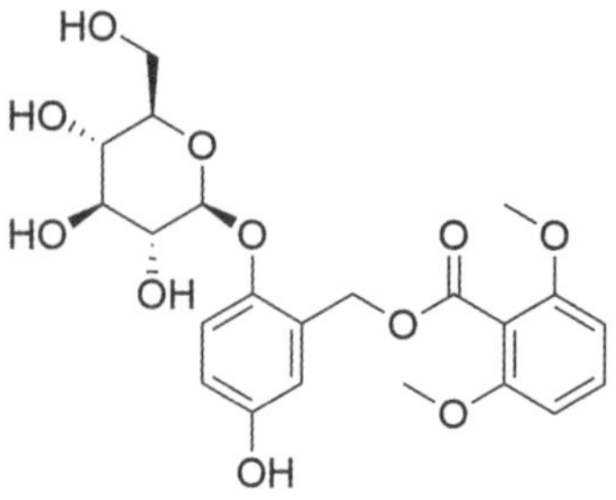

仙茅苷

药 材 名 仙茅、独茅根、茅爪子。

药用部位 根茎。

生　　境 栽培，生于低山坡或平地。

采收加工 秋、冬二季采挖，除去根头和须根，洗净，干燥。

药材性状 圆柱形，略弯曲，表面棕色至褐色，粗糙，有横纹及须根痕，质硬脆，易折断，断面不平坦。气微香，味微苦、辛。

性味归经 辛，热。归肾、肝、脾经。

功效主治 补肾阳，强筋骨，祛寒湿；治阳痿精冷，筋骨痿软，腰膝冷痛，阳虚冷泻。

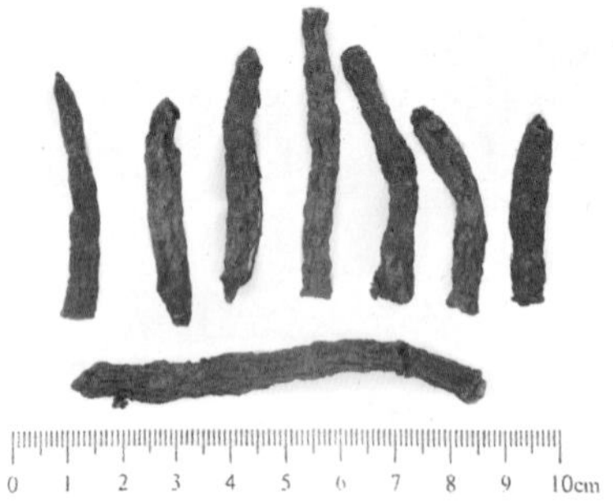

化学成分 仙茅苷、仙茅素、仙茅皂苷A-M、石蒜碱等。

核心产区 浙江、江西、福建、湖南、广东、广西、云南和海南。

用法用量 内服：煎汤，3～10克。外用：适量，研末调敷。

本草溯源 《雷公炮炙论》《海药本草》《本草图经》《经史证类备急本草》《本草蒙筌》《本草纲目》《本草备要》。

附　　注 根茎有毒（石蒜碱）。

小金梅草（仙茅科）

Hypoxis aurea Lour.

药 材 名　小金梅草。

药用部位　全草。

功效主治　温肾壮阳，补气；治肾虚腰痛，疝气痛。

化学成分　正三十二烷醇、木蜡酸、胡萝卜苷等。

裂果薯（蒟蒻薯科）

Schizocapsa plantaginea Hance

药 材 名　裂果薯。

药用部位　根茎。

功效主治　有小毒。清热解毒，散瘀消肿，理气止痛；治咽喉肿痛，急性胃肠炎，尿路感染，牙痛，慢性胃炎，月经不调，跌打损伤。

化学成分　裂果薯皂苷等。

箭根薯（蒟蒻薯科）

Tacca chantrieri André

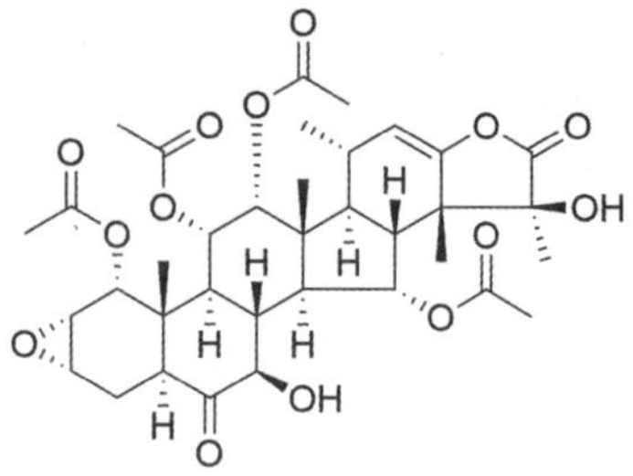

根薯酮内酯A

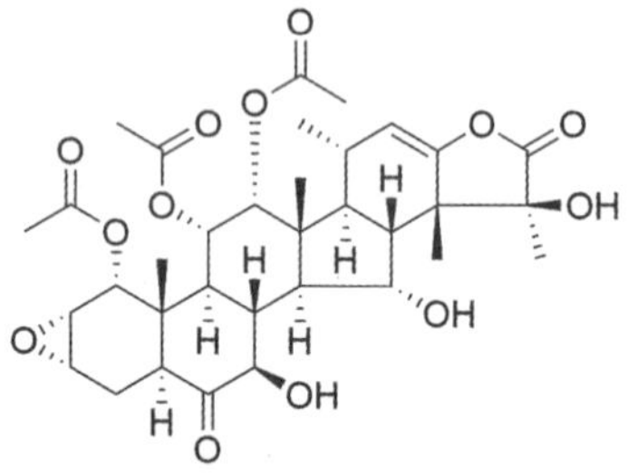

根薯酮内酯B

药 材 名 屈头鸡、箭根薯、山大黄、老虎须。

药用部位 根茎。

生　　境 野生或栽培，生于水边林下山谷阴湿处。

采收加工 全年可采，洗净切片，鲜用或晒干。

药材性状 根茎柱状，质较坚韧，断面纤维性。根呈细长圆柱形，稍弯曲；表面有细纵纹，质硬脆，易断，皮部与木部间常有裂隙。气微，味淡。

性味归经 苦、辛，凉。归胃、脾、肝经。

功效主治 清热解毒，理气止痛；治肠炎，痢疾，消化不良，肝炎，胃溃疡和十二指肠溃疡，流行性感冒，咽喉肿痛，疮疡肿毒，烧烫伤。

化学成分 根薯酮内酯A、根薯酮内酯B等。

核心产区 云南、广东、广西、湖南南部。

用法用量 煎汤，9～15克。

本草溯源 《中华本草》。

附　　注 有小毒。

田葱（田葱科）

Philydrum lanuginosum Banks et Sol. ex Gaertn.

药 材 名 田葱。

药用部位 全草。

功效主治 清热化湿，解毒；治疥癣。

化学成分 异鼠李素-3-*O*-葡萄糖苷、槲皮素-3-*O*-芸香糖苷等。

三品一支花（水玉簪科）

Burmannia coelestis D. Don

药 材 名 三品一支花。

药用部位 根。

功效主治 健胃，消积；治小儿疳积。

水玉簪（水玉簪科）

Burmannia disticha L.

药 材 名 水玉簪。

药用部位 全草。

功效主治 清热；治小便黄赤。

多花脆兰（兰科）

Acampe rigida (Buch.-Ham. ex Sm.) P. F. Hunt

药 材 名　多花脆兰。

药用部位　根、叶。

功效主治　活血散瘀；治跌打损伤。

指甲兰（兰科）

Aerides falcata Lindl. et Paxton

药 材 名　指甲兰。

药用部位　根茎。

功效主治　清热息风；治小儿惊风。

无柱兰（兰科）

Amitostigma gracile (Blume) Schltr.

药 材 名　无柱兰。

药用部位　全草或块茎。

功效主治　消肿，解毒，止血；治毒蛇咬伤，无名肿毒，跌打损伤，吐血。

金线兰（兰科）

Anoectochilus roxburghii (Wall.) Lindl.

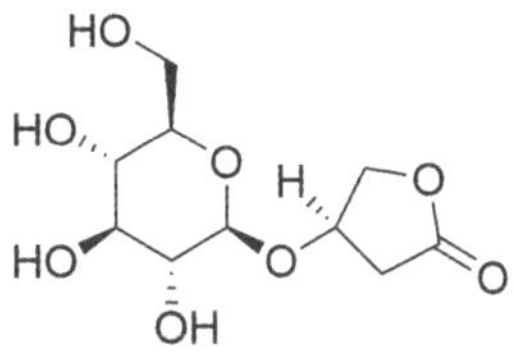

金线莲苷

药 材 名 金线兰、金线莲、金不换。

药用部位 全草。

生　　境 生于常绿阔叶林或竹林下枯枝落叶阴湿处。

采收加工 夏、秋季采收，鲜用或晒干。

药材性状 根茎较细，节明显，棕褐色；叶上面黑紫色，有金黄色网状脉，下面暗红色；总状花序顶生，花序轴被柔毛，萼片淡紫色。

性味归经 甘，平。归肺、肝、肾、膀胱经。

功效主治 清热凉血，除湿解毒；治肺结核咯血，糖尿病，肾炎，重症肌无力，关节炎，毒蛇咬伤。

化学成分 金线莲苷、多糖等。

核心产区 福建、广西、广东、云南、浙江、台湾等地。

用法用量 内服：3～9克。外用：适量，鲜品捣烂敷患处。

本草溯源 《全国中草药汇编》《新华本草纲要》《中华本草》。

附　　注 被列为《国家重点保护野生植物名录》二级保护植物。

筒瓣兰（兰科）

Anthogonium gracile Lindl.

药 材 名　筒瓣兰。

药用部位　根。

功效主治　清热，止咳，补肝；治肺热咳嗽，肝炎。

化学成分　氨基酸、糖类、有机酸、生物碱类、皂苷类、黄酮类等。

竹叶兰（兰科）

Arundina graminifolia (D. Don) Hochr.

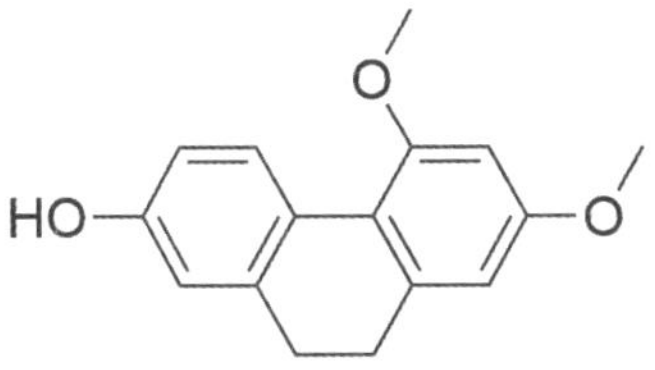

红门兰醇

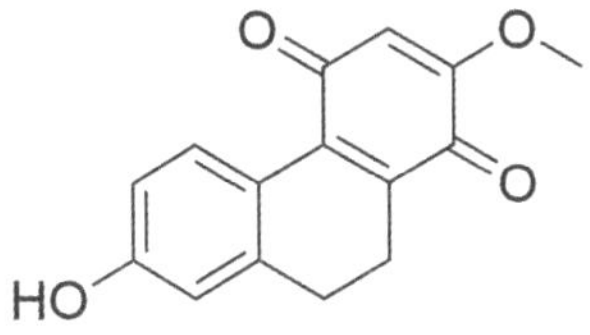

Ephemeranthoquinone

药 材 名 竹叶兰、长杆兰、大叶寮刁竹、草姜、山荸荠。

药用部位 根状茎或全草。

生　　境 野生或栽培，草坡、溪谷旁、灌丛下或林中，海拔400～2 800米。

采收加工 全年均可采，洗净，鲜用或切片晒干。

药材性状 根多数，表面呈灰黄色，须状，粉性足。断面呈纤维性，灰黄色。叶片少见卷曲，节段状。偶可见开裂蒴果。

性味归经 苦，微寒。归肝、肾、膀胱经。

功效主治 清热解毒，祛风利湿；治热淋，黄疸，水肿，脚气浮肿，疝气腹痛，风湿痹痛，毒蛇咬伤，疮痈肿毒，跌打损伤。

化学成分 Ephemeranthoquinone、红门兰醇、氨基酸等。

核心产区 浙江、江西、福建、台湾、湖南南部、广东、海南、广西、四川南部（米易）、贵州（榕江、兴义）、云南（邓川、凤庆、景洪、西畴、屏边等）和西藏东南部（墨脱）。尼泊尔、不丹、印度、斯里兰卡、缅甸、越南、老挝、柬埔寨、泰国、马来西亚、印度尼西亚、琉球群岛和塔希提岛也有分布。

用法用量 内服：煎汤，15～30克。外用：适量，鲜品捣敷

本草溯源 《中药大辞典》《中华本草》。

鸟舌兰（兰科）

Ascocentrum ampullaceum (Roxb.) Schltr.

药 材 名 小鹿角兰。

药用部位 全草。

功效主治 利尿，消肿；治水肿。

白及（兰科）

Bletilla striata (Thunb.) Rchb. f

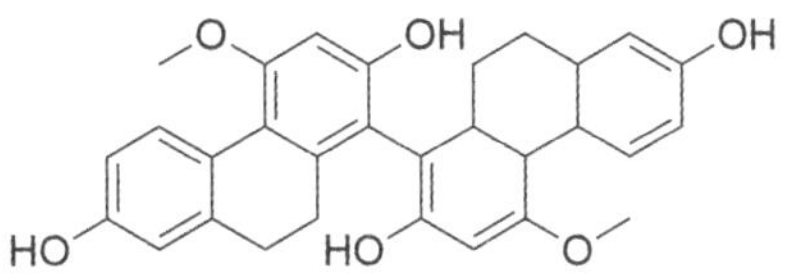

白芨联菲

药 材 名　白及、白芨、白根。

药用部位　块茎。

生　　境　生于山野、山谷较潮湿处。

采收加工　夏、秋二季采挖，除去须根，洗净，置沸水中煮或蒸至无白心，晒至半干，除去外皮，晒干。

药材性状　不规则扁圆形，表面灰白色或黄白色，有数圈同心环节和棕色点状须根痕；质坚硬，不易折断，断面类白色，角质样，嚼之有黏性。

性味归经　苦、甘、涩，微寒。归肺、肝、胃经。

功效主治　收敛止血，消肿生肌；治咯血，吐血，外伤出血，疮疡肿毒，皮肤皲裂。

化学成分　白及甘露聚糖、白芨联菲、3,3′-二羟基-2′,6′-双（对-羟苄基）-5-甲氧基联苄、2,6-双（对-羟苄基）-3′,5-二甲氧基-3-羟基联苄。

核心产区　贵州、四川、湖南、湖北、河南、浙江、陕西等。

用法用量　内服：煎汤，6～15克；研末吞服3～6克。外用：适量。

本草溯源　《新修本草》《日华子本草》《本草图经》《本草求真》。

附　　注　可用于保健食品的中药，被列为《国家重点保护野生植物名录》二级保护植物。不宜与川乌、制川乌、草乌、制草乌、附子同用。

赤唇石豆兰（兰科）

Bulbophyllum affine Lindl.

药 材 名 赤唇石豆兰、高士佛豆兰、恒春石豆兰。

药用部位 全草。

功效主治 滋阴，清热，化痰，祛痰，止血；治肺燥咳嗽，肺结核咯血，热病烦渴。

芳香石豆兰（兰科）

Bulbophyllum ambrosia (Hance) Schltr.

药 材 名 肥猪草。

药用部位 全草。

功效主治 清热解毒；治肝炎。

化学成分 杓唇石斛素、moscatin等。

梳帽卷瓣兰（兰科）

Bulbophyllum andersonii (Hook.f.) J. J. Sm.

药 材 名 果上叶、子上叶、石枣子。

药用部位 假鳞茎或全草。

功效主治 润肺止咳，益肾补虚，消食，祛风活血；治风热咳嗽，肺燥咳嗽，肾亏体虚，小儿食积，风湿痹痛，跌打损伤。

广东石豆兰（兰科）

Bulbophyllum kwangtungense Schltr.

药 材 名 广东石豆兰。

药用部位 全草。

功效主治 清热止咳，祛风；治风热咽痛，肺热咳嗽，风湿性关节痛，跌打损伤。

化学成分 2,3,4,5-四甲氧基菲、Bulbophyllanthrin等。

齿瓣石豆兰（兰科）

Bulbophyllum levinei Schltr.

药 材 名 齿瓣石豆兰。

药用部位 全草。

功效主治 润肺化痰，滋阴养胃，活血；治肺痨咳嗽，咽喉肿痛，消化不良，食欲不振，风湿疼痛，跌打损伤。

化学成分 棕榈酸乙酯、黄酮类等。

钩梗石豆兰（兰科）

Bulbophyllum nigrescens Rolfe

药 材 名 钩梗石豆兰。

药用部位 全草。

功效主治 润肺化痰，舒筋活络，消肿止痛；治肺痨咳血，咳嗽痰喘，咽喉肿痛。

化学成分 黄酮类等。

密花石豆兰（兰科）

Bulbophyllum odoratissimum (Sm.) Lindl.

药 材 名 密花石豆兰。

药用部位 全草。

功效主治 润肺化痰，舒筋活络，消炎；治肺结核咯血，慢性气管炎，慢性咽炎，风湿筋骨疼痛，骨折，跌打挫伤，刀伤。

化学成分 苔色酸乙酯、对羟基苯丙酸、香草酸等。

麦穗石豆兰（兰科）

Bulbophyllum orientale Seidenf.

药 材 名 麦穗石豆兰。

药用部位 全草。

功效主治 滋阴，清热，化痰；治肺热咳嗽。

长足石豆兰（兰科）

Bulbophyllum pectinatum Finet

药 材 名 长足石豆兰。

药用部位 全草。

功效主治 滋阴，清热，化痰，止咳；治肺热咳嗽，肺痨咳血，咽喉疼痛，热病烦渴，月经不调。

泽泻虾脊兰（兰科）

Calanthe alismafolia Lindl.

药 材 名　泽泻虾脊兰、山蜘蛛、柔毛虾脊兰。

药用部位　全草。

功效主治　消肿止痛，拔毒生肌；外用治疮疡肿毒，异物刺入肉中。

虾脊兰（兰科）

Calanthe discolor Lindl.

药 材 名　虾脊兰、海老根。

药用部位　全草。

功效主治　清热解毒，活血止痛；治瘰疬，痈肿，咽喉肿痛，痔疮，风湿痹痛，跌打损伤。

钩距虾脊兰（兰科）

Calanthe graciliflora Hayata

药 材 名　钩距虾脊兰。

药用部位　全草。

功效主治　清热解毒，活血止痛；治咽喉痛，痔疮，脱肛，风湿痹痛，跌打损伤。

镰萼虾脊兰（兰科）

Calanthe puberula Lindl.

药 材 名 镰萼虾脊兰。

药用部位 全草。

功效主治 润肺止咳，活血化瘀，消肿镇痛；治慢性支气管炎，肺结核，淋巴结结核，跌打损伤，腰肋疼痛，痔疮，脱肛，蛇咬伤。

反瓣虾脊兰（兰科）

Calanthe reflexa Maxim.

药 材 名 反瓣虾脊兰。

药用部位 全草。

功效主治 清热解毒，活血散瘀；治白喉，扁桃体炎，跌打损伤，瘰疬，疮毒。

长距虾脊兰（兰科）

Calanthe sylvatica (Thouars) Lindl.

药 材 名 长距虾脊兰。

药用部位 全草。

功效主治 祛风，解毒；治风湿性关节炎，蛇咬伤，无名肿毒，竹、铁器、玻璃入肉。

三褶虾脊兰（兰科）

Calanthe triplicata (Willemet) Ames

药 材 名 三褶虾脊兰、肉连环、九子连环草。

药用部位 全草。

功效主治 舒筋活络，祛风止痛；治风湿性关节炎，类风湿关节炎，腰肌劳损，跌打损伤。

银兰（兰科）

Cephalanthera erecta (Thunb.) Blume

药 材 名 银兰。

药用部位 全草。

功效主治 清热利尿；治高热，口渴，咽痛，口舌生疮，小便不利。

金兰（兰科）

Cephalanthera falcata (Thunb.) Blume

药 材 名 金兰。

药用部位 全草。

功效主治 清热泻火，解毒止痛；治咽喉肿痛，牙痛，毒蛇咬伤。

长叶隔距兰（兰科）

Cleisostoma fuerstenbergianum Kraenzl.

药 材 名 长叶隔距兰。

药用部位 全草。

功效主治 清热解毒；治扁桃体炎，咽喉炎。

尖喙隔距兰（兰科）

Cleisostoma rostratum (Lindl. ex Hook.) Garay

药 材 名 尖喙隔距兰。

药用部位 全草。

功效主治 治跌打损伤，骨折。

红花隔距兰（兰科）

Cleisostoma williamsonii (Rchb. f.) Garay

药 材 名 红花隔距兰、香港隔距兰、长隔距兰。

药用部位 全草。

功效主治 舒筋活络，祛痰止咳；治咳嗽痰多，内伤，腰骨痛，流行性乙型脑炎，小儿麻痹后遗症，中风瘫痪，肺结核，小儿疳积。

贝母兰（兰科）

Coelogyne cristata Lindl.

药 材 名 贝母兰、毛唇贝母兰。

药用部位 假鳞茎或全草。

功效主治 清热止咳，止血定痛；治气管炎，感冒，骨折，软组织损伤，外伤出血。

化学成分 菲类、联苄类、甾体类等。

撕裂贝母兰（兰科）

Coelogyne sanderae Kraenzl. ex O'Brien

药 材 名 褐唇贝母兰。

药用部位 叶柄。

功效主治 清肺热，祛风除湿；治风湿痹痛。

杜鹃兰（兰科）

Cremastra appendiculata (D. Don) Makino

药 材 名 杜鹃兰、山慈菇、毛慈菇。

药用部位 全草。

功效主治 假鳞茎有小毒。清热解毒，消肿散结；治痈肿疔毒，淋巴结结核，蛇咬伤。

纹瓣兰（兰科）

Cymbidium aloifolium (L.) Sw.

药 材 名 树茭瓜、虎头兰、芽罗达秒（傣药）。

药用部位 茎、果。

功效主治 止咳化痰，散瘀消肿，止血消炎；治肺结核，肺炎，气管炎，喘咳，骨折伤筋。

建兰（兰科）

Cymbidium ensifolium (L.) Sw.

药 材 名 建兰、兰草。

药用部位 全草。

功效主治 滋阴清肺，化痰止咳；治百日咳，肺结核咳嗽，咯血，神经衰弱，头晕，腰痛，尿路感染，带下。

蕙兰（兰科）

Cymbidium faberi Rolfe

药 材 名 蕙兰、中国兰、九子兰、夏兰、九华兰。

药用部位 全草。

功效主治 根皮有小毒。调气和中，止咳，明目；治胸闷，腹泻，久咳，青盲内障。

多花兰（兰科）

Cymbidium floribundum Lindl.

药 材 名 多花兰、蜜蜂兰。

药用部位 全草。

功效主治 清热化痰，补肾健脑；治肺痨咳嗽，百日咳，肾虚腰痛，神经衰弱，头晕头痛。

春兰（兰科）

Cymbidium goeringii (Rchb. f.) Rchb. f.

药 材 名 春兰、兰草、山兰。

药用部位 全草。

功效主治 滋阴清肺，化痰止咳；治百日咳，肺结核咳嗽，咯血，神经衰弱，头晕，腰痛，尿路感染，带下。

兔耳兰（兰科）

Cymbidium lancifolium Hook.

药 材 名 兔耳兰、宽叶兰。

药用部位 全草。

功效主治 润肺，续筋；治咳嗽。

硬叶兰（兰科）

Cymbidium mannii Rchb. f.

药 材 名 剑兰、虎头兰、硬叶吊兰。

药用部位 全草。

功效主治 清热润肺，化痰止咳，散瘀止血；治肺结核，肺炎，气管炎，跌打损伤等。

化学成分 黄酮苷类、氨基酸等。

墨兰（兰科）

Cymbidium sinense (Jacks. ex Andrews) Willd.

药 材 名 墨兰、报春兰、丰岁兰。

药用部位 全草。

功效主治 祛风解毒，活血调经；治风湿痹痛，胃痛，疟疾。

剑叶石斛（兰科）

Dendrobium acinaciforme Roxb.

药 材 名 石斛。

药用部位 茎。

功效主治 滋阴益胃，生津止渴；治热病伤津，口干烦渴，病后虚热。

钩状石斛（兰科）

Dendrobium aduncum Wall. ex Lindl.

药 材 名 虾脊兰、海老根。

药用部位 全草。

功效主治 滋阴，清热，生津止渴；治口干燥渴，肺结核，胃酸缺乏，食欲不振，遗精，病后虚弱，热病伤津。

兜唇石斛（兰科）

Dendrobium aphyllum (Roxb.) C. E. C. Fisch.

药 材 名 石斛、罗婻该龙（傣药）。

药用部位 假茎。

功效主治 清肝明目，消肿止痛；治口干烦渴，病后虚弱，阴伤目暗，咳嗽咽痛，烧烫伤。

化学成分 4'-甲氧基苜蓿素、苜蓿素、丁香酸、丁香脂素、阿洛醇等。

矮石斛（兰科）

Dendrobium bellatulum Rolfe

药 材 名　小美石斛、矮石斛。

药用部位　茎。

功效主治　生津益胃，清热养阴；治热病伤津，口干烦渴，病后虚热，损阴伤目，胃痛干呕。

化学成分　2-羟基-4-甲氧基-3,6-二甲基苯甲酸、对羟基苯丙酸、对羟基桂皮酸、阿魏酸、咖啡酸、新橄榄树脂素等。

长苏石斛（兰科）

Dendrobium brymerianum Rchb. f.

药 材 名　纯唇石斛。

药用部位　茎。

功效主治　益胃生津，滋阴清热；治热病伤津，口干烦渴，病后虚热。

化学成分　多糖等。

短棒石斛（兰科）

Dendrobium capillipes Rchb. f.

药 材 名　石斛、丝梗石斛。

药用部位　茎。

功效主治　消炎杀菌，清热解毒；治气管炎，肺炎，胃炎，胃溃疡。

翅萼石斛（兰科）

Dendrobium cariniferum
Rchb. f.

药 材 名　石斛。

药用部位　茎。

功效主治　滋阴养胃，生津止渴，清热除烦；治热病伤津，口干烦渴。

化学成分　多糖等。

束花石斛（兰科）

Dendrobium chrysanthum
Wall. ex Lindl.

药 材 名　石斛、金兰、罗埋达秒（傣药）。

药用部位　茎。

功效主治　利水消肿，活血化瘀；治慢性咽炎，眼科疾病，血栓闭塞性疾病。

化学成分　丁香醛、对羟基苯甲醛、香草酸、三十一烷醇等。

鼓槌石斛（兰科）

Dendrobium chrysotoxum Lindl.

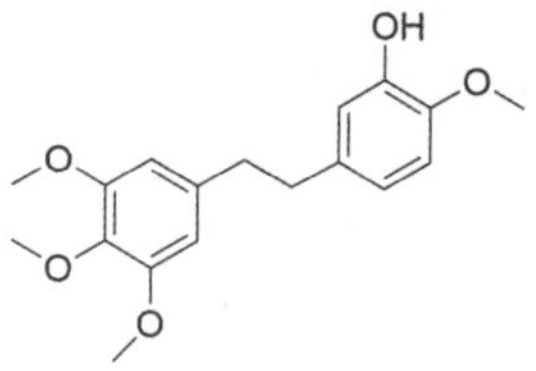

毛兰素

药 材 名　鼓槌石斛、粗黄草、金弓石斛。

药用部位　茎。

生　　境　生于海拔520～1 620米，阳光充足的常绿阔叶林中树干上或疏林下岩石上。

采收加工　春末抽芽前采收，剪下三年生以上的茎枝，将采回的茎株洗尽泥沙，去掉叶片及须根，分出单茎株，放入热水烫，捞出晾干，置竹席上暴晒，晒至足干或晒至5成干时，用手搓去鞘膜质，再摊晒至足干便可。

药材性状　呈粗纺锤形，中部直径1～3米，具3～7节。表面光滑，金黄色，有明显凸起的棱。质轻而松脆，断面海绵状。气微，味淡，嚼之有黏性。

性味归经　甘，微寒。归胃、肾经。

功效主治　益胃生津，滋阴清热。主治热病伤津，口干烦渴，胃阴不足，食少干呕，病后虚热不退，阴虚火旺，骨蒸劳热，目暗不明，筋骨痿软。

化学成分　毛兰素、毛兰菲等。

核心产区　云南（西双版纳、普洱、德宏、临沧），华南各省均有分布。

用法用量　口服、冲服或煎汤，6～12克，鲜品15～30克。

本草溯源　《神农本草经》《本草正义》。

附　　注　被列为《国家重点保护野生植物名录》二级保护植物。

玫瑰石斛（兰科）

Dendrobium crepidatum Lindl. et Paxton

药 材 名　石斛。

药用部位　茎。

功效主治　滋阴益胃，生津除烦；治口干烦渴，阴伤津亏，病后虚热，目暗不明，肺痨，食欲不振。

化学成分　多糖等。

木石斛（兰科）

Dendrobium crumenatum Sw.

药 材 名　鸽石斛、木斛、袋状石斛。

药用部位　花、叶、茎。

功效主治　花：治霍乱。叶：外敷疔疮。茎：益胃生津，滋阴清热。

晶帽石斛（兰科）

Dendrobium crystallinum Rchb. f.

药 材 名　石斛。

药用部位　茎。

功效主治　滋阴清热，生津益胃，润肺止咳，明目强身。

化学成分　黄酮类、木脂素类等。

叠鞘石斛（兰科）

Dendrobium denneanum Kerr

药 材 名 紫斑金兰、喃该罕（傣药）。

药用部位 茎。

功效主治 清热，利湿，退黄；治热病伤津，口干烦渴，病后虚热。

化学成分 鞣质、石斛脂素、木脂素、香草酸等。

密花石斛（兰科）

Dendrobium densiflorum Lindl.

药 材 名 密花石斛、黄花石斛。

药用部位 全草。

功效主治 生津养胃，滋阴清热，润肺益肾，明目强腰；治热病伤津，口干烦渴，胃阴不足，胃痛干呕，肺燥干咳，虚热不退，腰膝软弱。

齿瓣石斛（兰科）

Dendrobium devonianum Paxton

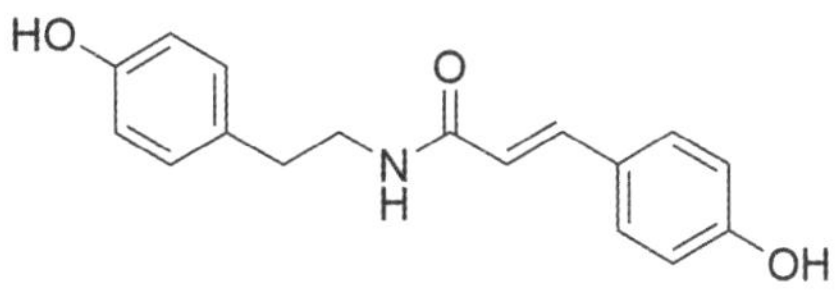

N-反式-香豆酰酪胺

药 材 名 石斛、紫皮石斛。

药用部位 茎。

生　　境 栽培或野生，海拔800～1 800米，附生于树干上，与苔藓伴生。

采收加工 全年均可采收，鲜用者除去根和泥沙；干用者采收后，除去杂质，用开水略烫或烘软，再边搓边烘晒，至叶鞘搓净，干燥。

药材性状 呈螺旋形，茎有节和节间之分，表面灰绿色，黄绿色或略带金黄色；可见基部留下的短须根，略角质状，气微，味淡，嚼之有黏性。

性味归经 甘，微寒。归胃、肾经。

功效主治 益胃生津，滋阴清热；治热病伤津，口干烦渴，胃阴不足，食少干呕，病后虚热不退，阴虚火旺，骨蒸劳热，目暗不明，筋骨痿软。

化学成分 *N*-反式-香豆酰酪胺、多糖等。

核心产区 云南（保山、西双版纳、文山）。

用法用量 煎汤，20～40克。

本草溯源 《神农本草经》《本草图经》《经史证类备急本草》《滇南本草》《本草经解》《本草纲目拾遗》《本草思辨录》。

附　　注 药食同源，被列为《国家重点保护野生植物名录》二级保护植物。

黄花石斛（兰科）

Dendrobium dixanthum Rchb. f.

药 材 名　石斛、铜皮石斛。

药用部位　茎。

功效主治　除痹，下气，补五脏虚劳，羸瘦，强阴。

化学成分　多糖等。

景洪石斛（兰科）

Dendrobium exile Schltr.

药 材 名　石斛。

药用部位　茎。

功效主治　滋阴清热，生津益胃，润肺止咳，明目强身。

串珠石斛（兰科）

Dendrobium falconeri Hook. f.

药 材 名　石斛、新竹石斛。

药用部位　茎。

功效主治　养阴益胃，生津止渴；治热病伤津，口干烦渴，病后虚热，食欲不振。

化学成分　多糖等。

流苏石斛（兰科）

Dendrobium fimbriatum Hook.

药 材 名　石斛。

药用部位　茎。

功效主治　益胃生津，滋阴清热；治阴伤津亏，口干烦渴，食少干呕，病后虚热，目暗不明。

化学成分　多糖等。

棒节石斛（兰科）

Dendrobium findleyanum C. S. P. Parish et Rchb. f.

药 材 名　黄草石斛。

药用部位　茎。

功效主治　益胃生津，滋阴清热；治热病伤津，口干烦渴，病后虚热。

化学成分　石斛多糖等。

杯鞘石斛（兰科）

Dendrobium gratiosissimum Rchb. f.

药 材 名　石斛、刚节枫斗。

药用部位　茎。

功效主治　益胃生津，滋阴清热；治热病伤津，口干烦渴，病后虚热。

化学成分　3,5,4′-三羟基联苄、3,4′-二羟基-5-甲氧基联苄、芹菜素、对羟基苯甲醛等。

细叶石斛（兰科）

Dendrobium hancockii Rolfe

药 材 名 细叶石斛。

药用部位 全草。

功效主治 生津养胃，滋阴清热，润肺益肾，明目强腰；治热病伤津，口干烦渴，胃阴不足，胃痛干呕，肺燥干咳，虚热不退，腰膝软弱。

苏瓣石斛（兰科）

Dendrobium harveyanum Rchb. f.

药 材 名 石斛。

药用部位 茎。

功效主治 滋阴清热，生津益胃，润肺止咳，明目强身。

化学成分 多糖等。

重唇石斛（兰科）

Dendrobium hercoglossum Rchb. f.

药 材 名 重唇石斛、网脉唇石斛。

药用部位 全草。

功效主治 生津养胃，滋阴清热，润肺益肾，明目强腰；治热病伤津，口干烦渴，胃阴不足，胃痛干呕，肺燥干咳，虚热不退，阴伤目暗，腰膝软弱。

小黄花石斛（兰科）

Dendrobium jenkinsii Wall. ex Lindl.

药 材 名 石斛、小龟背石斛。

药用部位 全草。

功效主治 润肺化痰，止咳平喘，清热；治肺热咳嗽，哮喘，痢疾，口疮，胃脘痛。

化学成分 多糖等。

广东石斛（兰科）

Dendrobium kwangtungense C. L. Tso

药 材 名 广东石斛、细茎石斛。

药用部位 全草。

功效主治 滋阴补肾，除烦止渴，益胃生津，清热；治口干燥渴，肺结核，胃酸缺乏，食欲不振，遗精，病后虚弱，盗汗，热病伤津。

矩唇石斛（兰科）

Dendrobium linawianum Rchb. f.

药 材 名 石斛。

药用部位 茎。

功效主治 滋阴益胃，生津止渴；治热病伤津，口干烦渴，病后虚热，盗汗，关节痛。

化学成分 多糖等。

聚石斛（兰科）

Dendrobium lindleyi Steud.

药 材 名 聚石斛、鸡背石斛。

药用部位 全草。

功效主治 滋阴补肾，清热除烦，益胃生津；治口干燥渴，肺结核，热病伤津。

喇叭唇石斛（兰科）

Dendrobium lituiflorum Lindl.

药 材 名　石斛。

药用部位　茎。

功效主治　滋阴清热，生津益胃，润肺止咳，明目强身。

美花石斛（兰科）

Dendrobium loddigesii Rolfe

药 材 名　美花石斛、粉花石斛、细黄草。

药用部位　全草。

功效主治　滋阴益胃，生津液；治热病伤津，口干烦渴，病后虚热。

罗河石斛（兰科）

Dendrobium lohohense Tang et F. T. Wang

药 材 名　罗河石斛。

药用部位　全草。

功效主治　生津养胃，滋阴清热，润肺益肾，明目强腰；治口干燥渴，肺结核，胃酸缺乏，食欲不振，遗精，病后虚弱，热病伤津。

勐海石斛（兰科）

Dendrobium minutiflorum S. C. Chen et Z. H. Tsi

药 材 名　石斛。

药用部位　茎。

功效主治　滋阴益胃，生津止渴；治热病伤津，口干烦渴，病后虚热。

化学成分　多糖等。

细茎石斛（兰科）

Dendrobium moniliforme (L.) Sw.

药 材 名　念珠石斛。

药用部位　茎。

功效主治　生津养胃，滋阴清热，润肺益肾，明目强腰；治热病伤阴，口干燥渴，病后虚热。

金钗石斛（兰科）

Dendrobium nobile Lindl.

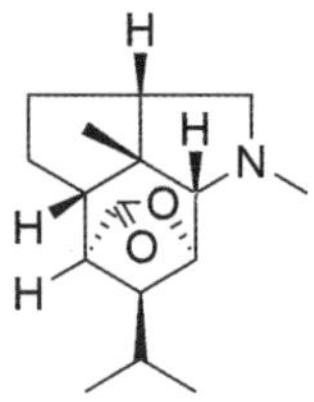

石斛碱

药 材 名 石斛、金钗石斛、虾脊兰、海老根。

药用部位 茎。

生　　境 野生或栽培，生于林中树上和岩石上。

采收加工 全年均可采收，以春末夏初和秋季采收为宜，煮蒸透或烤软后，晒干或烘干或鲜用。

药材性状 茎下部圆柱形，中部及上部扁圆形，稍曲折略呈“之”字状，表面金黄色或绿黄色，质轻而脆。味苦。

性味归经 甘、淡、微咸，寒。归胃、肾经。

功效主治 滋阴清热，生津止渴；治热病伤津，口渴舌燥，病后虚热，胃病，干呕，舌光少苔。

化学成分 石斛碱、金钗石斛菲醌B等。

核心产区 云南、四川、广西、贵州，其中以贵州（赤水、习水）及四川（泸州）为佳。

用法用量 干品6～15克，鲜用15～30克，入汤剂宜先煎。

本草溯源 《本草纲目》《本草新编》。

附　　注 金钗石斛为“中华九大仙草”之首，这里的金钗石斛有人说是金钗石斛，也有人说是霍山石斛或铁皮石斛。在植物分类学尚不发达的古代，这里的石斛统指兰科石斛属植物。该属植物多为多年生附生草本，全世界有1 500多种，中国有74种和2亚种，绝大多数为国家一级或二级保护植物。

铁皮石斛（兰科）

Dendrobium officinale Kimura et Migo

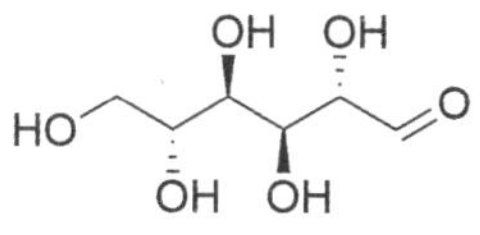

甘露糖

药 材 名 铁皮石斛、铁皮兰。

药用部位 茎。

生　　境 栽培，生于树上或岩石上。

采收加工 11月至翌年3月采收，除去杂质,剪去部分须根，扭成螺旋形或弹簧状，烘干（习称“铁皮枫斗”）；或切成段，干燥或低温烘干（习称“铁皮石斛”）。

药材性状 螺旋形或弹簧状，表面黄绿色至暗黄色，有细纵皱纹，节明显，有时可见叶鞘。质坚实，易断，气微，味淡，嚼之有黏性。

性味归经 甘，微寒。归胃、肾经。

功效主治 益胃生津，滋阴清热；治热病伤津，口干烦渴，胃阴不足等。

化学成分 铁皮石斛多糖、甘露糖等。

核心产区 浙江（乐清、天台、武义、临安）、广西、云南、福建、广东、湖南。

用法用量 煎汤，6～12克。

本草溯源 《神农本草经》《本草经集注》《新修本草》《本草纲目》。

附　　注 药食同源，被列为《国家重点保护野生植物名录》二级保护植物。

紫瓣石斛（兰科）

Dendrobium parishii Rchb. f.

药 材 名　石斛。

药用部位　茎。

功效主治　滋阴清热，生津止渴；治热病伤津，口干烦渴，病后虚热。

化学成分　多糖等。

肿节石斛（兰科）

Dendrobium pendulum Roxb.

药 材 名　石斛。

药用部位　茎。

功效主治　益胃生津，养阴清热；治热伤津液，低热烦渴，舌红少苔，胃阴不足，口渴咽干，呕逆少食，胃脘隐痛，肾阴不足，视物昏花。

化学成分　邻苯二甲酸二丁酯等。

报春石斛（兰科）

Dendrobium polyanthum Wall. ex Lindl.

药 材 名　报春石斛、报春黄石斛、罗喃该龙（傣药）。

药用部位　茎。

功效主治　补土滋水，清热除湿，杀虫止痒，消肿止痛；治水塔不足所致口干烦渴，水火烫伤，皮肤红疹瘙痒。

化学成分　(-)-dendroprimine、古豆碱、*N*-反式阿魏酰酪胺、腺苷、鸟苷等。

绒毛石斛（兰科）

Dendrobium senile C. S. P. Parish et Rchb. f.

药 材 名　石斛。

药用部位　茎。

功效主治　生津，止咳，润喉。

化学成分　多糖等。

具槽石斛（兰科）

Dendrobium sulcatum Lindl.

药 材 名　石斛。

药用部位　茎。

功效主治　养阴益胃，生津止渴。

刀叶石斛（兰科）

Dendrobium terminale E. C. Parish et Rchb. f.

药 材 名　石斛。

药用部位　茎。

功效主治　滋阴清热，生津止渴；治热病伤津，口干烦渴，病后虚热，阴伤目暗。

化学成分　多糖等。

球花石斛（兰科）

Dendrobium thyrsiflorum Rchb. f. ex Ardré

药 材 名　石斛。

药用部位　茎。

功效主治　益胃生津，养阴清热；治热伤津液，舌红少苔，胃阴不足，呕逆少食，胃脘隐痛，视物昏花。

化学成分　4,7-二羟基-2-甲氧基-9,10-二氢菲、2,5-二羟基-4-甲氧基-菲等。

翅梗石斛（兰科）

Dendrobium trigonopus Rchb. f.

药 材 名　石斛。

药用部位　茎。

功效主治　益胃生津，养阴清热；治热伤津液，舌红少苔，口渴咽干，呕逆少食，胃脘隐痛，视物昏花。

化学成分　丁香脂素、柚皮素、β-谷甾醇、胡萝卜苷等。

大苞鞘石斛（兰科）

Dendrobium wardianum R. Warner

药 材 名　石斛。

药用部位　茎。

功效主治　益胃生津，养阴清热；治热伤津液，舌红少苔，口渴咽干，呕逆少食，胃脘隐痛，视物昏花。

化学成分　愉悦石斛素、钩状石斛素、反式-阿魏酸二十烷基酯、反式-阿魏酸二十二烷基酯等。

黑毛石斛（兰科）

Dendrobium williamsonii J. Day et Rchb.f.

药 材 名　黑毛石斛。

药用部位　全草。

功效主治　滋阴补肾，除烦止渴，益胃生津，清热；治口干烦渴，胃酸不足，食欲不振，盗汗，腰膝酸软无力，胃痛干呕。

宽叶厚唇兰（兰科）

Epigeneium amplum (Lindl.) Summerh.

药 材 名　果上叶。

药用部位　全草。

功效主治　治跌打损伤。

单叶厚唇兰（兰科）

Epigeneium fargesii (Finet) Gagnep.

药 材 名　虾脊兰、海老根。

药用部位　全草。

功效主治　滋阴养胃，润肺化痰，清热利湿；治肺热咳嗽，肺痨咳血，风热咽喉痛，支气管扩张，慢性胃炎，百日咳。

大叶火烧兰（兰科）

Epipactis mairei Schltr.

药 材 名　虾脊兰、海老根。

药用部位　全草。

功效主治　行气活血，清热解毒；治肺热咳嗽，气滞胸痛，吐泻，睾丸肿痛，风湿腰痛，跌打损伤，疮痈肿毒。

半柱毛兰（兰科）

Eria corneri Rchb. f.

药 材 名 半柱毛兰、石上桃。

药用部位 全草。

功效主治 清凉解毒，润肺，消肿；治痨咳，瘰疬，疥疮。

足茎毛兰（兰科）

Eria coronaria (Lindl.) Rchb. f.

药 材 名 足茎毛兰。

药用部位 全草。

功效主治 清热解毒，益胃生津。

指叶毛兰（兰科）

Eria pannea Lindl.

药 材 名 指叶毛兰、毛兰。

药用部位 全草。

功效主治 清热解毒，消肿止痛；治水马桑毒，蕈类中毒，荨麻疹，腰腿痛，跌打肿痛，骨折，痈疖疮疡，烫伤。

美冠兰（兰科）

Eulophia graminea Lindl.

药 材 名 美冠兰。

药用部位 全草。

功效主治 滋阴益胃，润肺止咳；治热病伤津，口干烦渴，病后虚热，肺燥咳嗽，胃酸不足。

滇金石斛（兰科）

Flickingeria albopurpurea Seidenf.

药 材 名 滇金石斛。

药用部位 茎。

功效主治 益胃生津，养阴清热；治热伤津液，舌红少苔，口渴咽干，呕逆少食，胃脘隐痛，视物昏花。

化学成分 对映海松烷二萜类等。

毛萼珊瑚兰（兰科）

Galeola lindleyana (Hook. f. et J. W. Thomson) Rchb. f.

药 材 名 毛萼珊瑚兰、过山落、药跑、公子天麻。

药用部位 全草。

功效主治 祛风，通络，利水消肿；治风湿性关节炎，中风手足不遂，偏正头痛，血崩，红痢，肾炎。

天麻（兰科）

Gastrodia elata Blume

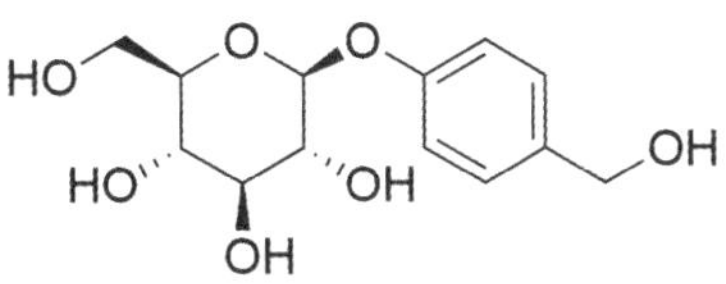

天麻素

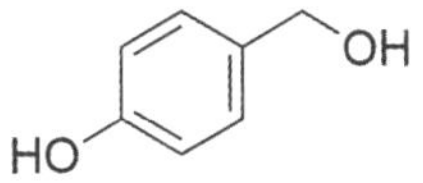

对羟基苯甲醇

药 材 名 天麻。

药用部位 块茎。

生　　境 栽培，生于海拔1200～1800米的林下阴湿、腐殖质较厚的地块。

采收加工 立冬后至次年清明前采挖，立即洗净，蒸透，敞开低温干燥。

药材性状 椭圆形或长条形，略扁，皱缩而稍弯曲，长3～15厘米，宽1.5～6厘米，厚0.5～2厘米。表面黄白色至黄棕色，有纵皱纹及由潜伏芽排列而成的横环纹多轮，有时可见棕褐色菌索。顶端有红棕色至深棕色鹦嘴状的芽或残留茎基；另端有圆脐形疤痕。质坚硬，不易折断，断面较平坦，黄白色至淡棕色，角质样。气微，味甘。

性味归经 甘，平。归肝经。

功效主治 息风止痉，平抑肝阳，祛风通络；治小儿惊风，癫痫抽搐，破伤风，头痛眩晕，手足不遂，肢体麻木，风湿痹痛。

化学成分 天麻素、对羟基苯甲醇等。

核心产区 辽宁、陕西、河南、湖北、安徽、云南、贵州、四川。

用法用量 煎汤，3～10克。

本草溯源 《雷公炮炙论》《新修本草》《经史证类备急本草》《本草纲目》《本草新编》。

附　　注 药食同源，被列为《国家重点保护野生植物名录》二级保护植物。

多花地宝兰（兰科）

Geodorum recurvum (Roxb.) Alston

药 材 名 地宝兰。

药用部位 块茎。

功效主治 祛瘀，消肿，止血。

大花斑叶兰（兰科）

Goodyera biflora (Lindl.) Hook. f.

药 材 名 大花斑叶兰、长花斑叶兰、双花斑叶兰、大斑叶兰。

药用部位 全草。

功效主治 润肺止咳，补肾益气，行气活血，消肿解毒；治肺痨咳嗽，气管炎，头晕乏力，神经衰弱，阳痿，跌打损伤，骨节疼痛，咽喉肿痛。

花格斑叶兰（兰科）

Goodyera kwangtungensis C. L. Tso

药 材 名 花格斑叶兰、广东斑叶兰。

药用部位 全草。

功效主治 润肺止咳，补肾益气，行气活血，消肿解毒；治肺痨咳嗽，气管炎，头晕乏力，神经衰弱，阳痿，跌打损伤，骨节疼痛，咽喉肿痛。

高斑叶兰（兰科）

Goodyera procera (Ker Gawl.) Hook.

药 材 名 高斑叶兰、石风丹、大斑叶兰。

药用部位 全草。

功效主治 祛风除湿，止咳平喘；治风湿骨痛，跌打损伤，气管炎，哮喘。

斑叶兰（兰科）

Goodyera schlechtendaliana Rchb. f.

药 材 名 斑叶兰、小叶青、小花斑叶兰。

药用部位 全草。

功效主治 清肺止咳，解毒消肿，止痛；治肺结核咳嗽，支气管炎；外用治毒蛇咬伤，痈疖疮疡。

毛莛玉凤花（兰科）

Habenaria ciliolaris Kraenzl.

药 材 名 毛葶玉凤花、丝裂玉凤花、玉蜂兰、玉凤兰。

药用部位 全草。

功效主治 壮腰补肾，清热利水，解毒；治肾虚腰痛，遗精，阳痿，带下，热淋，疮疖肿毒。

长距玉凤花（兰科）

Habenaria davidii Franch.

药 材 名　长距玉凤花。

药用部位　全草。

功效主治　补肾，止带，活血；治肾虚腰痛，带下过多，跌打损伤。

鹅毛玉凤花（兰科）

Habenaria dentata (Sw.) Schltr.

药 材 名　鹅毛玉凤花、双肾参、对肾参。

药用部位　全草。

功效主治　补肺肾，利尿；治肾虚腰痛，病后体虚，肾虚阳痿，疝气痛，胃痛，肺结核咳嗽，睾丸炎，尿路感染。

二叶玉凤花（兰科）

Habenaria diphylla Dalzell

药 材 名　二叶玉凤花。

药用部位　块根。

功效主治　治阳痿。

坡参（兰科）

Habenaria linguella Lindl.

药 材 名　坡参、小舌玉凤兰、小舌鹭兰。

药用部位　全草。

功效主治　清肺热，止咳；治肺炎，肺结核，肺热咳嗽。

橙黄玉凤花（兰科）

Habenaria rhodocheila Hance

药 材 名　橙黄玉凤花、红唇玉凤花。

药用部位　全草。

功效主治　止咳化痰，固肾止遗，止血敛伤；治头晕目眩，四肢无力，神经衰弱，阳痿；外用治关节炎。

叉唇角盘兰（兰科）

Herminium lanceum (Thunb. ex Sw.) Vuijk

药 材 名　叉唇角盘兰。

药用部位　全草。

功效主治　治虚劳昏花，阳痿，遗精，睾丸肿痛，白浊，带下。

大根槽舌兰（兰科）

Holcoglossum amesianum (Rchb. f.) Christenson

药 材 名　大根槽舌兰。

药用部位　全草。

功效主治　清热消炎，活血散瘀，祛风除湿；治疟疾，咽喉痛，乳蛾症，小便涩痛，淋症，风湿性疼痛，腰痛，跌打损伤，骨折。

镰翅羊耳蒜（兰科）

Liparis bootanensis Griff.

药 材 名　镰翅羊耳蒜、果上叶、九莲灯。

药用部位　全草。

功效主治　补脾止泻，润肺止咳，活血散瘀；治肺痨咳嗽，小儿疳积，腹泻，跌打损伤，疥疮，血吸虫病引起的腹水。

羊耳蒜（兰科）

Liparis campylostalix Rchb. f.

药 材 名　鸡心七、算盘七、珍珠七。

药用部位　全草。

功效主治　止血止痛，活血调经，强心，镇静；治带下，崩漏，产后腹痛，外伤出血。

化学成分　白桦脂醇、反式对羟基桂皮酸、(+)-丁香脂素、β-谷甾醇等。

见血青（兰科）

Liparis nervosa (Thunb.) Lindl.

药 材 名　见血青、羊耳兰、见血莲。

药用部位　全草。

功效主治　清热，凉血，止血；治肺热咯血，吐血；外用治创伤出血，疮疖肿毒。

香花羊耳蒜（兰科）

Liparis odorata (Willd.) Lindl.

药 材 名　香花羊耳蒜、绿羊耳蒜。

药用部位　全草。

功效主治　清热解毒，消肿，祛风除湿；治疮疡肿毒，风寒湿痹，带下，腰痛咳嗽。

扇唇羊耳蒜（兰科）

Liparis stricklandiana Rchb. f.

药 材 名　扇唇羊耳蒜、绿花羊耳蒜。

药用部位　全草。

功效主治　去腐生新；治疮疖，脓疮。

长茎羊耳蒜（兰科）

Liparis viridiflora (Blume) Lindl.

药 材 名 长脚羊耳兰、长柄羊耳兰。

药用部位 假鳞茎。

功效主治 清热解毒，清肺止咳，活血接骨；治烫火伤，外感发热，咳嗽，跌打损伤。

血叶兰（兰科）

Ludisia discolor (Ker Gawl.) Blume

药 材 名 血叶兰、异色血叶兰。

药用部位 全草。

功效主治 滋阴润肺，清热凉血；治肺结核咯血，肺热咳嗽，神经衰弱，食欲不振，阴虚火扰所致的失眠多梦、心烦不安。

小花钗子股（兰科）

Luisia brachystachys (Lindl.) Blume

药 材 名 小花钗子股。

药用部位 全草。

功效主治 祛风利湿，催吐解毒；治风湿疼痛，头风，水肿，痈疽，疟疾，中耳炎，咽喉肿痛，小儿惊风，带下。

钗子股（兰科）

Luisia morsei Rolfe

药 材 名 钗子股。

药用部位 根、全草。

功效主治 有小毒。清热解毒，祛风利湿；治疟疾，痈疽，咽喉肿痛，风湿痹痛，水肿，白浊，带下过多，跌打损伤。

指叶拟毛兰（兰科）

Mycaranthes pannea (Lindl.) S. C. Chen et J. J. Wood

药 材 名 岩葱、毛兰、波拢（傣药）。

药用部位 全株。

功效主治 清热解毒，散瘀消肿，接骨；治跌打损伤，骨折，痈疮疖肿，烧烫伤，药物中毒。

阔叶沼兰（兰科）

Malaxis latifolia Sm.

药 材 名 阔叶沼兰。

药用部位 全草。

功效主治 清热解毒，利尿，消肿。

毛唇芋兰（兰科）

Nervilia fordii (Hance) Schltr.

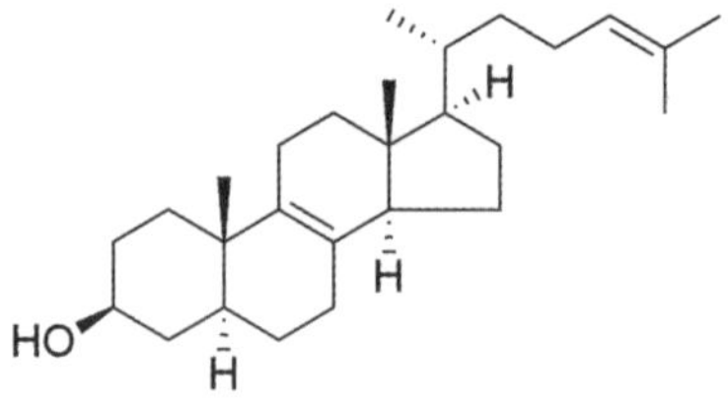

酵母甾醇

药 材 名 青天葵、珍珠叶、半边伞。

药用部位 全草、块茎。

生　　境 栽培，生于干旱石灰岩、山地、疏林。

采收加工 夏、秋二季采挖，洗净晒干；或洗净后除须根，晒半小时将叶片包裹球茎，搓成球状，反复搓至晒干。

药材性状 全草卷缩成团粒状，球茎皱缩，类白色或黄白色，叶先端短尖，基部心形，叶脉在叶片两面交替排列，侧脉网状，叶柄具纵向条纹，基部有时残留管状叶鞘。

性味归经 甘，凉。归肝、心、肺经。

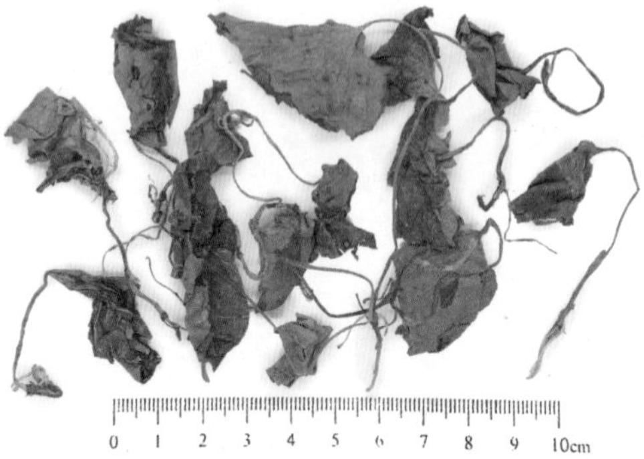

功效主治 润肺止咳，清热解毒，散瘀止痛；治肺热咳嗽，疮疡肿毒，跌打损伤。

化学成分 酵母甾醇、叶绿醇、鼠李秦素等。

核心产区 广西、广东、四川和云南。

用法用量 内服：煎汤，9～15克。外用：适量，捣敷。

本草溯源 《岭南采药录》《全国中草药汇编》。

附　　注 青天葵一直是我国出口创汇的主要药材，在港澳地区还是高级菜肴，但伪品甚多，如兰科毛叶芋兰*Nervilia plicat*、旋花科红薯*Ipomoea batatas*、伞形科积雪草*Centella asiatica*、车前科车前*Plantago asiatica*、堇菜科植物紫花地丁*Viola philippica*、天南星科鞭檐犁头尖*Typhonium flagelliforme*和犁头尖等植物的叶子。

毛叶芋兰（兰科）

Nervilia plicata (Andrews) Schltr.

药 材 名　毛叶芋兰。

药用部位　块茎。

功效主治　清肺止咳，健脾消积，镇静止痛，清热解毒；治肝炎，咳嗽痰喘，遗精，带下，吐血，崩漏。

棒叶鸢尾兰（兰科）

Oberonia cavaleriei Finet

药 材 名　棒叶鸢尾兰、先轮竿（傣药）。

药用部位　全草。

功效主治　清热解毒，除湿利尿，止血；治药物中毒，肺炎，支气管炎，肝炎，尿路感染，中耳炎，疮痈，外伤出血，狂犬咬伤。

剑叶鸢尾兰（兰科）

Oberonia ensiformis (Sm.) Lindl.

药 材 名 树扁竹、燕尾扁竹兰、竹毫拢（傣药）。

药用部位 全草。

功效主治 清热解毒，除湿利尿，活血散瘀；治尿路感染，膀胱炎，尿道炎，跌打损伤，骨折。

全唇鸢尾兰（兰科）

Oberonia integerrima Guill.

药 材 名 粗花茎鸢尾兰。

药用部位 全草。

功效主治 理气消食，清热利尿，止咳止痛。

鸢尾兰（兰科）

Oberonia mucronata (D. Don) Ormer. et Seidenf.

药 材 名 鸢尾兰、树扁竹、芽夯糯（傣药）。

药用部位 全草。

功效主治 除湿利尿，续筋接骨；治尿路感染，膀胱炎，尿道炎，跌打损伤，骨折。

羽唇兰（兰科）

Ornithochilus difformis (Wall. ex Lindl.) Schltr.

药 材 名　羽唇兰。

药用部位　全草。

功效主治　祛风除湿，消肿解毒。

长瓣兜兰（兰科）

Paphiopedilum dianthum Tang et F. T. Wang

药 材 名　斗省草、红兜兰、双花兜兰。

药用部位　全草。

功效主治　治肝脾肿大。

同色兜兰（兰科）

Paphiopedilum concolor (Bateman) Pfitzer

药 材 名　同色兜兰、罗梭罕（傣药）。

药用部位　全草。

功效主治　清热解毒，消肿散瘀；治疗疮脓肿，关节热痛，跌打损伤。

硬叶兜兰（兰科）

Paphiopedilum micranthum Tang et F. T. Wang

药 材 名　硬叶兜兰、花叶子。

药用部位　全草。

功效主治　清热透疹，清心安神；治麻疹，肺炎，心烦失眠。

化学成分　菲醌类等。

飘带兜兰（兰科）

Paphiopedilum parishii (Rchb. f.) Stein

药 材 名　中国兰花、兜兰、斑叶兰、花叶子。

药用部位　全草。

功效主治　清热解毒，补脑安神；治麻疹，肺炎，神经衰弱。

龙头兰（兰科）

Pecteilis susannae (L.) Raf.

药 材 名　白蝶花、鹅毛玉凤花。

药用部位　块茎。

功效主治　补肾壮阳，健脾；治肾虚腰痛，慢性肾炎，睾丸炎，脾胃虚弱。

狭穗阔蕊兰（兰科）

Peristylus densus (Lindl.) Santapau et Kapadia

药 材 名　狭穗鹭兰、倒杆章（傣药）。

药用部位　根。

功效主治　补益脾肾，渗湿止泻，止痛；治营养不良，体虚，小儿消化不良，腹泻，风湿性关节痛。

阔蕊兰（兰科）

Peristylus goodyeroides (D. Don) Lindl.

药 材 名　山砂姜。

药用部位　块根。

功效主治　清热解毒；治乳痈，瘰疬，疖肿，毒蛇咬伤。

黄花鹤顶兰（兰科）

Phaius flavus (Blume) Lindl.

药 材 名　黄花鹤顶兰、斑叶鹤顶兰。

药用部位　块根。

功效主治　清热止咳，活血止血；治咳嗽，多痰咯血，外伤出血。

紫花鹤顶兰（兰科）

Phaius mishmensis (Lindl. et Paxton) Rchb. f.

药 材 名 紫花鹤顶兰。

药用部位 假鳞茎。

功效主治 清热解毒，活血消肿，止咳；治咳嗽，多痰咯血，外伤出血，痈疮溃烂，瘰疬。

化学成分 Phaitanthrin A、色胺酮等。

鹤顶兰（兰科）

Phaius tancarvilleae (L'Hér.) Blume

药 材 名 鹤顶兰。

药用部位 假鳞茎。

功效主治 有小毒。祛痰止咳，活血止血；治咳嗽多痰，咳血，跌打肿痛，乳腺炎。

节茎石仙桃（兰科）

Pholidota articulata Lindl.

药 材 名 节茎石仙桃、芽嫡该顿（傣药）。

药用部位 茎叶。

功效主治 疏风通络，消肿止痛；治跌打损伤，骨折筋伤，痈疮肿毒。

细叶石仙桃（兰科）

Pholidota cantonensis Rolfe

药 材 名　细叶石仙桃、小石仙桃。

药用部位　全草或假鳞茎。

功效主治　清热凉血，滋阴润肺，解毒；治痔瘤，高热，湿疹，肺热咳嗽，咳血，急性肠炎，慢性骨髓炎，跌打损伤。

化学成分　二萜糖苷类等。

石仙桃（兰科）

Pholidota chinensis Lindl.

药 材 名　石仙桃。

药用部位　假鳞茎、全草。

功效主治　清热养阴，化痰止咳；治肺热咳嗽，肺结核咯血，淋巴结结核，小儿疳积，胃溃疡和十二指肠溃疡。

化学成分　环石仙桃萜醇、环石仙桃萜酮等。

云南石仙桃（兰科）

Pholidota yunnanensis Rolfe

药 材 名　云南石仙桃、石枣子。

药用部位　假鳞茎、全草。

功效主治　润肺止咳，散瘀消肿，清热利湿；治肺痨咳血，肺热咳嗽，胸胁痛，胃腹痛，风湿疼痛，疮疡肿毒。

化学成分　(-)-松脂素、(-)-丁香脂素等。

小舌唇兰（兰科）

Platanthera minor (Miq.) Rchb. f.

药 材 名　猪獠参。

药用部位　全草。

功效主治　补肺固肾；治咳嗽气喘，肾虚腰痛，遗精，头晕，病后体弱。

独蒜兰（兰科）

Pleione bulbocodioides (Franch.) Rolfe

药 材 名　山慈菇、山慈菇叶。

药用部位　假鳞茎、叶。

功效主治　假鳞茎有小毒。清热解毒，化痰散结；治痈肿疔毒，瘰疬痰核，蛇虫咬伤，癥瘕痞块。

化学成分　2,5,2′,5′- 四羟基 -3- 甲氧基联苄、山药素等。

火焰兰（兰科）

Renanthera coccinea Lour.

药 材 名　火焰兰。

药用部位　全草。

功效主治　散瘀接骨，活血化瘀；治跌打肿痛，骨折。

寄树兰（兰科）

Robiquetia succisa (Lindl.) Seidenf. et Garay

药 材 名　小叶寄树兰、截叶陆宾兰。

药用部位　叶。

功效主治　润肺止咳；治肺热咳嗽。

苞舌兰（兰科）

Spathoglottis pubescens Lindl.

药 材 名　黄花独蒜、土白芨。

药用部位　假鳞茎。

功效主治　补肺，止咳，清热解毒，生肌，敛疮；治肺痨，咳嗽，咳血，痈疽疖疮，跌打损伤。

绶草（兰科）

Spiranthes sinensis (Pers.) Ames

药 材 名　绶草、盘龙参。

药用部位　根和全草。

功效主治　滋阴补气，凉血解毒；治病后体虚，神经衰弱，肺结核咯血，咽喉肿痛，小儿夏季热，糖尿病，带下。

化学成分　盘龙参酚、盘龙参新酚等。

大苞兰（兰科）

Sunipia scariosa Lindl.

药 材 名 大苞兰。

药用部位 全草。

功效主治 润肺止咳，止血；治肺结核，咳血，支气管炎。

笋兰（兰科）

Thunia alba (Lindl.) Rchb. f.

药 材 名 岩笋、岩角、扼罗蒿（傣药）。

药用部位 全草。

功效主治 接骨，散瘀，滋阴润肺，止咳化痰；治骨折筋伤，肺结核，肺炎，支气管炎，胃溃疡和十二指肠溃疡。

化学成分 豆甾醇、东莨菪酮、*β*-谷甾醇等。

小花蜻蜓兰（兰科）

Tulotis ussuriensis (Regel et Maack) H. Hara

药 材 名 半春莲。

药用部位 根茎或全草。

功效主治 清热，消肿，解毒；治虚火牙痛，鹅口疮，无名肿毒，毒蛇咬伤，跌打损伤，风湿痹痛。

大花万代兰（兰科）

Vanda coerulea Griff. ex Lindl.

药 材 名　大花万代兰。

药用部位　全草。

功效主治　祛风除湿，活血，止痛。

香荚兰（兰科）

Vanilla planifolia Andrews

药 材 名　香草兰、婆绒花、独脚求。

药用部位　全草。

功效主治　清热解毒；治蛇咬伤，热毒，疮疡，无名肿毒，湿疮，疥癣。

化学成分　二酚酶等。

翅茎灯芯草（灯芯草科）

Juncus alatus Franch. et Sav.

药 材 名　翅茎灯芯草。

药用部位　全草。

功效主治　清热泻火，息风止痉；治感冒，惊风。

灯芯草（灯芯草科）

Juncus effusus L.

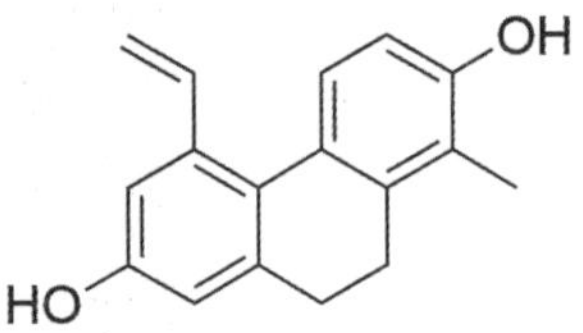

厄弗酚

药 材 名 灯芯草、秧芯、灯草。

药用部位 茎髓。

生　　境 生于湿地或沼泽边缘。

采收加工 夏末至秋季割取茎，晒干，取出茎髓，理直，扎成小把。

药材性状 细圆柱形，表面白色或淡黄白色，有细纵纹。体轻，质软，略有弹性，易拉断，断面白色。

性味归经 甘、淡，微寒。归心、肺、小肠经。

功效主治 清心火，利小便；治心烦失眠，尿少涩痛，口舌生疮。

化学成分 厄弗酚、灯心草二酚、6-甲基灯心草二酚、灯心草酚、丁香油酚、灯心草酮等。

核心产区 江苏、四川、云南、贵州等地。四川所产灯芯草，剥去外皮的称为“灯心”，未去皮的称为“灯草”。

用法用量 内服：煎汤，1～3克。外用：适量，煅存性研末调敷于患处，或用于灯火灸。

本草溯源 《开宝本草》。

笄石菖（灯芯草科）

Juncus prismatocarpus R. Br.

药 材 名　笄石菖。

药用部位　茎髓或全草、根及根茎。

功效主治　降心火，清肺热，利小便；治小便不利，尿血，淋沥水肿，心烦不寐，咽喉炎，急性胃肠炎，肝炎，尿路炎症。

野灯芯草（灯芯草科）

Juncus setchuensis Buchenau

药 材 名　野灯芯草、石龙刍、石龙刍根。

药用部位　全草、根茎及根。

功效主治　利水通淋，泄热安神，凉血止血；治热淋，肾炎性水肿，心热烦躁，心悸失眠，口舌生疮，咽痛齿痛，目赤肿痛，衄血，咳血，尿血。

化学成分　灯心草菲酚、去氢灯心草菲酚等。

球柱草（莎草科）

Bulbostylis barbata (Rottb.) C. B. Clarke

药 材 名 球柱草、牛毛草。

药用部位 全草。

功效主治 凉血止血；治吐血，内脏出血。

化学成分 黄酮类等。

浆果苔草（莎草科）

Carex baccans Nees

药 材 名 山稗子、山稗子根。

药用部位 种子、根或全草。

功效主治 调经止血，透疹止咳，补中利水；治便血，月经过多，产后出血。

化学成分 白藜芦醇等。

十字苔草（莎草科）

Carex cruciata Wahlenb.

药 材 名 十字苔草、油草。

药用部位 全草。

功效主治 活血止血，健脾渗湿；治月经不调，狂犬咬伤，血虚浮肿，衄血。

二型鳞苔草（莎草科）

Carex dimorpholepis Steud.

药 材 名　垂穗苔草。

药用部位　全草。

功效主治　利尿通淋；治肾炎，肾结石。

条穗苔草（莎草科）

Carex nemostachys Steud.

药 材 名　条穗苔草。

药用部位　全草。

功效主治　祛风止痛，凉血止血，收敛固涩；治外感发热，温病高热头痛，关节红肿疼痛，外伤出血。

花葶苔草（莎草科）

Carex scaposa C. B. Clarke

药 材 名　花葶苔草、翻天红。

药用部位　全草。

功效主治　清热解毒，活血化瘀；治急性胃肠炎，跌打肿痛，瘀阻疼痛，腰肌劳损。

大理苔草（莎草科）

Carex taliensis Franch.

药 材 名　大理苔草。

药用部位　全草。

功效主治　清热利湿，消疮止痒；治痈疮，湿疹。

扁穗莎草（莎草科）

Cyperus compressus L.

药 材 名　莎田草、黄土香。

药用部位　全草。

功效主治　养心，调经行气；外用治跌打损伤。

异型莎草（莎草科）

Cyperus difformis L.

药 材 名　异型莎草。

药用部位　带根全草。

功效主治　利尿通淋，行气活血；治热淋，小便不利，跌打损伤。

䅟穗莎草（莎草科）

Cyperus eleusinoides Kunth

药 材 名　䅟穗莎草。

药用部位　全草。

功效主治　止血散血；治跌打肿痛，外伤出血。

畦畔莎草（莎草科）

Cyperus haspan L.

药 材 名　畦畔莎草。

药用部位　全草。

功效主治　息风止痉，解热；治婴儿破伤风。

风车草（莎草科）

Cyperus involucratus Rottb.

药 材 名　伞草、旱伞草、台湾竹。

药用部位　全草。

功效主治　疏风清热，解毒止痢，止血；治创伤出血，鼻衄，子宫肌瘤出血，尿血，牙龈出血，痢疾，肠炎，肝炎。

化学成分　二氢黄酮苷类、黄酮苷类、五环三萜类等。

碎米莎草（莎草科）

Cyperus iria L.

药 材 名　碎米莎草、三楞草、三方草。

药用部位　全草。

功效主治　行气，破血，消积，止痛，通经络；治慢性子宫炎，闭经，产后腹痛，消化不良，跌打损伤。

茳芏（莎草科）

Cyperus malaccensis Lam.

药 材 名　咸草、咸水草、三角茳芏。

药用部位　全草。

功效主治　清热，凉血，止血；治吐血，尿血，衄血，风火牙痛，带下。

化学成分　黄酮类等。

短叶茳芏（莎草科）

Cyperus malaccensis Lam.var. **brevifolius** Boeckeler

药 材 名　篑草。

药用部位　根或全草。

功效主治　清热，凉血，止血；治吐血，尿血，衄血，风火牙痛，带下。

毛轴莎草（莎草科）

Cyperus pilosus Vahl

药 材 名　毛轴莎草。

药用部位　全草。

功效主治　活血化瘀，消肿止痛；治跌打损伤，浮肿。

化学成分　香附子烯、*β*-芹子烯等。

香附子（莎草科）

Cyperus rotundus L.

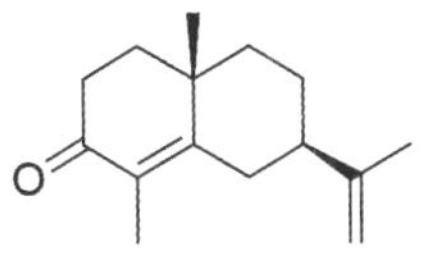

α-香附酮

药 材 名　香附、雷公头、三棱草、莎草。

药用部位　根茎。

生　　境　荒地、路边、沟边或田间向阳处，尤其是山坡荒地草丛中或水边潮湿处。

采收加工　秋季采挖，燎去毛须，置沸水中略煮或蒸透后晒干，或燎后直接晒干。

药材性状　纺锤形或略弯曲，表面棕褐色或黑褐色，有纵皱纹和6～10个隆起环节，节上有棕色毛须和须根断痕，生晒者断面白色，内皮层环纹明显，蒸煮者断面黄棕色或红棕色。

性味归经　辛、微苦、微甘，平。归肝、脾、三焦经。

功效主治　理气解郁，调经止痛，安胎；治胁肋胀痛，月经不调，胎动不安。

化学成分　α-香附酮、大黄素甲醚、异香附醇、考布松、异考布松等。

核心产区　广布于世界各地，全国各地均产，其中山东产者称东香附，浙江产者称南香附，南香附品质较好。

用法用量　内服：煎汤，1.5～3克。外用：捣敷患处。

本草溯源　《名医别录》《新修本草》《本草纲目》《本草求真》。

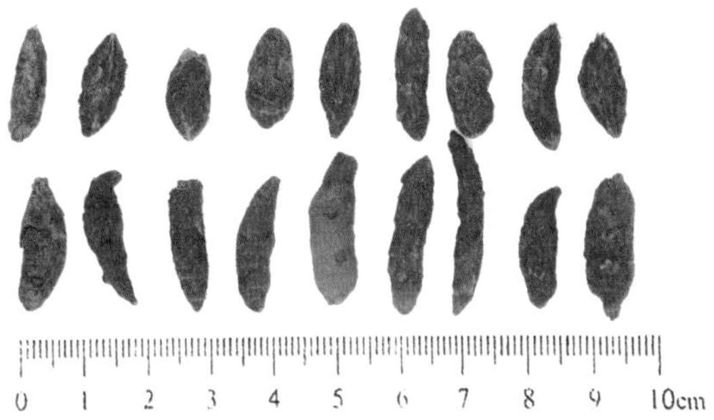

牛毛毡（莎草科）

Eleocharis acicularis (L.) Roem. et Schult.

药 材 名　牛毛毡。

药用部位　全草。

功效主治　发表散寒，祛痰平喘；治感冒咳嗽，痰多气喘，咳嗽失音。

紫果蔺（莎草科）

Eleocharis atropurpurea (Retz.) J. Presl et C. Presl

药 材 名　紫果蔺。

药用部位　全草。

功效主治　清热解毒；治疮疖。

荸荠（莎草科）

Eleocharis dulcis (Burm.f.) Trin. ex Hensch.

药 材 名　荸荠、马蹄。

药用部位　球茎。

功效主治　清热止渴，利湿化痰，降血压；治咽喉肿痛，口腔炎，湿热黄疸，高血压，小便不利，麻疹，肺热咳嗽，痔疮出血。

化学成分　荸荠素等。

丛毛羊胡子草（莎草科）

Eriophorum comosum (Wall.) Nees.

药 材 名　卵穗苔草、白颖苔草、羊胡子草。

药用部位　花、全草。

功效主治　花：平喘止咳；治喘咳。全草：通经活络；治风湿骨痛，跌打损伤。

两歧飘拂草（莎草科）

Fimbristylis dichotoma (L.) Vahl

药 材 名　飘拂草。

药用部位　全草。

功效主治　行气止痛；治胃脘疼痛，小儿胎毒。

化学成分　双氢莎草醌、四氢莎草醌等。

暗褐飘拂草（莎草科）

Fimbristylis fusca (Nees) C. B. Clarke

药 材 名　田高粱。

药用部位　全草。

功效主治　清热解表；治斑疹伤寒，小便不利，胃肠炎。

水虱草（莎草科）

Fimbristylis littoralis Gaudich.

药 材 名　水虱草、日照飘拂草。

药用部位　全草。

功效主治　祛痰定喘，活血消肿；治暑热尿少，支气管炎，跌打损伤，小便不利，胃肠炎。

水莎草（莎草科）

Juncellus serotinus (Rottb.) C. B. Clarke

药 材 名　水莎草。

药用部位　全草。

功效主治　止咳，通经，消积，止痛；治慢性气管炎，产后瘀阻腹痛，消化不良，闭经及一切气血瘀滞，胸腹胁痛。

短叶水蜈蚣（莎草科）

Kyllinga brevifolia Rottb.

药 材 名　水蜈蚣、金钮草。

药用部位　全草。

功效主治　疏风解表，清热利湿，止咳化痰，祛瘀消肿；治伤风感冒，支气管炎，百日咳，疟疾，痢疾，肝炎，跌打损伤，风湿性关节炎。

化学成分　牡荆苷等。

三头水蜈蚣（莎草科）

Kyllinga bulbosa P. Beauv.

药 材 名　金纽子、护心草。

药用部位　全草。

功效主治　活血通经，行气止痛；治胃痛，痛经，风湿性关节炎，跌打肿痛，外伤出血。

化学成分　槲皮素、β-谷甾醇等。

单穗水蜈蚣（莎草科）

Kyllinga nemoralis (J. R. Forst. et G. Forst.) Dandy ex Hatch. et Dalziel

药 材 名　单穗水蜈蚣、一箭球、猴子草。

药用部位　带根茎的全草。

功效主治　清热化痰，活血消肿；治百日咳，疟疾。外用治跌打损伤，蛇咬伤。

化学成分　葎草烯等。

湖瓜草（莎草科）

Lipocarpha microcephala (R. Br.) Kunth

药 材 名　湖瓜草、钮草、七子关。

药用部位　全草。

功效主治　清热止惊；治小儿惊风。

密穗砖子苗（莎草科）

Mariscus compactus (Retz.) Bold.

药 材 名　密穗砖子苗。

药用部位　全草。

功效主治　止咳化痰，宣肺解表；治风寒感冒，咳嗽痰多。

砖子苗（莎草科）

Mariscus umbellatus Vahl

药 材 名 砖子苗、大香附子、三棱草。

药用部位 全草。

功效主治 止痛，行气解表，解郁调经；治感冒，月经不调，慢性子宫内膜炎，产后腹痛，跌打损伤，风湿性关节炎。

刺子莞（莎草科）

Rhynchospora rubra (Lour.) Makino

药 材 名 刺子莞、龙须草、绣球草。

药用部位 全草。

功效主治 清热利湿，疏风；治风热感冒，咳嗽，头痛，淋浊。

萤蔺（莎草科）

Schoenoplectiella juncoides (Roxb.) Lye

药 材 名 萤蔺、野马蹄草。

药用部位 全草。

功效主治 清热解毒，凉血利水；治肺痨咳血，风火牙痛，目赤肿痛，尿路感染。

水毛花（莎草科）

Schoenoplectiella mucronata (L.) J. Jung et H.K. Choi

药 材 名　蒲草根、水毛花根、千子草。

药用部位　根、全草。

功效主治　根：清热，利尿；治热症牙痛，淋症，白带等症。全草：清热解表，润肺止咳；治外感恶寒，发热咳嗽。

类头状花序藨草（莎草科）

Scirpus subcapitatus Thwaites et Hook.

药 材 名　龙须莞。

药用部位　根及全草。

功效主治　利尿通淋，清热安神；治热病烦渴，热淋，尿路感染，目赤肿痛，糖尿病。

藨草（莎草科）

Scirpus triqueter L.

药 材 名　藨草。

药用部位　全草。

功效主治　开胃消食，利湿通淋；治食积，呃逆饱胀，热淋，小便不利。

猪毛草（莎草科）

Scirpus wallichii Nees

药 材 名 猪毛草、小凤尾草。

药用部位 全草。

功效主治 清热利尿；治小便不利。

黑鳞珍珠茅（莎草科）

Scleria hookeriana Boeckeler

药 材 名 黑鳞珍珠茅。

药用部位 根。

功效主治 清肺化痰，散瘀消肿，止痛；治肺热咳嗽，跌打损伤，骨折。

珍珠茅（莎草科）

Scleria levis Retz.

药 材 名 毛果珍珠茅。

药用部位 根。

功效主治 消肿解毒；治毒蛇咬伤，小儿单纯性消化不良。

高秆珍珠茅（莎草科）

Scleria terrestris (L.) Fassett

药 材 名 三楞筋骨草。

药用部位 全草。

功效主治 除风湿，通经络；治风湿筋骨痛，瘫痪，跌打损伤。孕妇忌服。

簕竹（禾本科）

Bambusa blumeana Schult. et Schult. f.

药 材 名 弯钩刺竹、郁竹、埋瓢（傣药）。

药用部位 根、茎木。

功效主治 清热利尿，止血；治小儿风热感冒，高热，尿路感染，鼻衄。

粉单竹（禾本科）

Bambusa chungii McClure

药 材 名 粉单竹。

药用部位 叶。

功效主治 清心除烦，消暑止渴；治热病心烦，伤暑口渴，烫伤。

化学成分 叶醇、苯乙醛等。

泥簕竹（禾本科）

Bambusa dissimulator McClure

药 材 名 泥簕竹。

药用部位 叶。

功效主治 清热止渴；治狂犬病，胃热呕吐。

凤尾竹（禾本科）

Bambusa multiplex ‘Fernleaf’

药 材 名 凤尾竹。

药用部位 叶。

功效主治 清热利尿，除烦；治热病心烦，伤暑口渴。

撑篙竹（禾本科）

Bambusa pervariabilis McClure

药 材 名 撑篙竹。

药用部位 叶、叶芽或茎皮。

功效主治 清热利尿，除烦；治烦热呕吐，吐血，衄血，感冒风热，尿路感染。

化学成分 香豆素、东莨菪素等。

车筒竹（禾本科）

Bambusa sinospinosa McClure

药 材 名 簕竹、刺竹笋。

药用部位 簕竹的苗。

功效主治 清肠止痢，消积；治痢疾，消化不良。

化学成分 异荭草苷等。

青皮竹（禾本科）

Bambusa textilis McClure

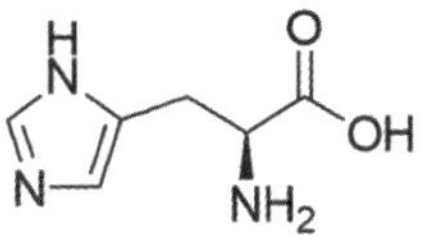

组氨酸

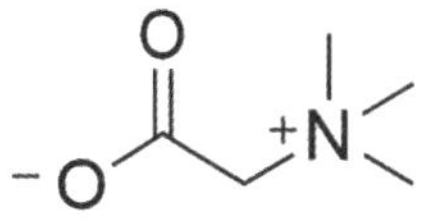

甜菜碱

药 材 名　天竺黄、竹黄、竹膏。

药用部位　分泌液干燥后的块状物。

生　　境　栽培与野生，常见于低海拔地的河边、村落附近。

采收加工　秋、冬二季采收，砍去竹竿，剖去竹黄，晾干。

药材性状　不规则的片块或颗粒，大小不一。表面灰蓝色、灰黄色或灰白色，有的洁白色，半透明，略带光泽。体轻，质硬而脆，易破碎，吸湿性强。气微，味淡。

性味归经　甘，寒。归心、肝经。

功效主治　清热豁痰，凉心定惊；治热病神昏，中风痰迷等。

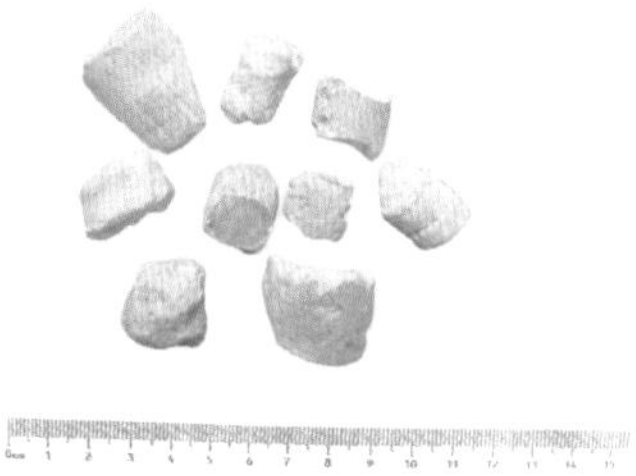

化学成分　组氨酸、瓜氨酸、甜菜碱、蔗糖等。

核心产区　广东和广西，现西南、华中、华东各地均有引种栽培。

用法用量　煎汤，3～9克。

本草溯源　《蜀本草》《开宝本草》《本草纲目》。

附　　注　青皮竹为华南地区著名编织用材，用其编制各种竹器、竹缆、竹笠和工艺品等。竹篾则用作建筑工程脚手架的绑扎篾和土法榨油的油箍篾，中药“天竺黄”产自此竹的节间。

佛肚竹（禾本科）

Bambusa ventricosa McClure

药 材 名　佛竹、葫芦竹。

药用部位　叶。

功效主治　清热除烦；治感冒发热。

化学成分　叶醇、β-紫罗兰酮等。

黄金间碧竹（禾本科）

Bambusa vulgaris Schrad. ex J. C. Wendl. fo. **vittata** (Riviere et C. Riviere) T. P. Yi

药 材 名　金丝竹。

药用部位　叶。

功效主治　清热除烦；治感冒发热。

化学成分　叶醇、橙花叔醇等。

方竹（禾本科）

Chimonobambusa quadrangularis (Franceschi) Makino

药 材 名　方竹

药用部位　叶。

功效主治　解表退热，化痰；治感冒发热。

化学成分　叶醇、橙花叔醇等。

吊丝球竹（禾本科）

Dendrocalamopsis beecheyana (Munro) Keng f.

药 材 名　吊丝球竹。

功效主治　清热止呕；治感冒发热，止吐。

化学成分　叶醇、烟叶酮等。

版纳甜龙竹（禾本科）

Dendrocalamus hamiltonii Nees et Arn. ex Munro

药 材 名　版纳甜龙竹、埋弯（傣药）。

药用部位　叶、根。

功效主治　止痛，生肌，祛风止痒，降血压；治高血压，痈疽疮，水肿。

麻竹（禾本科）

Dendrocalamus latiflorus Munro

药 材 名　麻竹、甜竹、大头典竹。

药用部位　叶。

功效主治　止咳化痰；治咳嗽。

化学成分　木犀草素、苜蓿素、7-甲氧基-苜蓿素、苜蓿素-4'-*O*-葡萄糖苷等。

黄竹（禾本科）

Dendrocalamus membranaceus Munro

药 材 名　黄竹、埋嗓（傣药）。

药用部位　根、叶。

功效主治　健脾，止血；治阴虚发热，自汗，盗汗，病后体虚乏力，食少，吐血。

箬竹（禾本科）

Indocalamus tessellatus (Munro) Keng f.

药 材 名　箬叶、箬蒂。

药用部位　叶、叶基部。

功效主治　清热止血，解毒消肿；治吐血，衄血，痈肿，胃热呃逆。

慈竹（禾本科）

Neosinocalamus affinis (Rendle) Keng f.

药 材 名　慈竹叶、慈竹花、慈竹沥、慈竹茹、慈竹根、慈竹笋。

药用部位　花、竹芯、竹叶、茎用火烤灼而流出的液汁（慈竹沥）、茎秆除去外皮后刮下的中间层（慈竹茹），竹根（根状茎）、箨片、苗（慈竹笋）。

功效主治　花：止血；治痨伤吐血。竹芯、竹叶：清热除烦；治热病烦渴，小便不利，口舌生疮。慈竹沥：清热化痰，定惊除烦；治痰热咳喘，心烦，小儿惊风，中风痰迷。慈竹茹：清热凉血，除烦止呕；治胃热呕逆，上焦烦热，吐衄，崩中，胎动不安。竹根：通乳；治乳汁不通。箨片：止血，解毒；治吐血，恶疮，犬咬伤。慈竹笋：调气；治脱肛，疝气，疮疡。

化学成分　(±)-秃毛冬青素Ⅰ、(-)-丁香树脂酚、(-)-杜仲树脂酚等。

桂竹（禾本科）

Phyllostachys bambusoides Siebold et Zucc.

药 材 名　桂竹。

药用部位　嫩苗。

功效主治　解毒，除湿热，祛风湿；治咳嗽，气喘，四肢顽痹，筋骨疼痛。

毛竹（禾本科）

Phyllostachys edulis (Carrière) J. Houz.

药 材 名　毛竹、毛笋。

药用部位　叶、根茎、嫩苗。

功效主治　清热，利尿，活血，祛风；治烦热口渴，小儿疳积，小儿发热，高热不退，呕吐。

化学成分　对香豆酸、木质素糖苷、对香豆酰奎宁酸等。

水竹（禾本科）

Phyllostachys heteroclada Oliv.

药 材 名　水竹。

药用部位　叶、鲜竹沥。

功效主治　清热降火，滑痰利窍；治咳嗽，热病烦渴。

化学成分　木犀草素、异牡荆苷、异荭草苷、荭草苷等。

篌竹（禾本科）

Phyllostachys nidularia Munro

药 材 名　篌竹、大韧竹、刚竹、扫把竹、金丝竹。

药用部位　根茎。

功效主治　清热解毒，利尿除烦，杀虫止痒；治烦热口渴，不眠，音哑，目赤肿痛，口疮，疥癣，疮毒。

紫竹（禾本科）

Phyllostachys nigra (Lodd. ex Lindl.) Munro

药 材 名　紫竹根。
药用部位　根茎。
功效主治　祛风除湿，活血解毒；治风湿热痹，筋骨酸痛，闭经，犬咬伤。
化学成分　纤维素、多戊糖、木质素等。

苦竹（禾本科）

Pleioblastus amarus (Keng) Keng f.

药 材 名　苦竹叶、苦竹沥、苦竹茹、苦竹根、苦竹笋。
药用部位　嫩叶、茎秆经火烤后流出的汁液、根茎、嫩苗。
功效主治　清心，利尿，明目，解毒；治热病烦渴，失眠，小便短赤，口疮，目痛，失声，烫伤。
化学成分　3,4-二羟基苯甲酸甲酯、邻羟基苯甲酸、对羟基苯甲醛等。

薄竹（禾本科）

Schizostachyum chinense Rendle

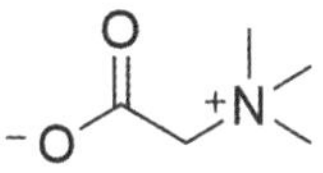

甜菜碱

药 材 名　天竺黄、竹黄、竹膏。

药用部位　分泌液干燥后的块状物。

生　　境　常生于海拔1 500～2 500米的山地常绿阔叶灌木林中。

采收加工　秋、冬二季采收，砍去竹竿，剖去竹黄，晾干。

药材性状　不规则的片块或颗粒，大小不一。表面灰蓝色、灰黄色或灰白色，有的洁白色，半透明，略带光泽。体轻，质硬而脆，易破碎，吸湿性强。气微，味淡。

性味归经　甘，寒。归心、肝经。

功效主治　清热豁痰，凉心定惊；治热病神昏、中风痰迷等。

化学成分　甜菜碱、组氨酸、瓜氨酸、蔗糖等。

核心产区　云南（蒙自、屏边、金平）。

用法用量　3～9克。

本草溯源　《蜀本草》《开宝本草》《本草纲目》。

附　　注　天竺黄的来源为禾本科植物青皮竹*Bambusa textilis*或薄竹*Schizostachyum chinense*等秆内的分泌液干燥后的块状物，天竺黄长期服用有肝肾毒副作用，对胃也有较大刺激，应慎用。

大泰竹（禾本科）

Thyrsostachys oliveri Gamble

药 材 名　条竹、埋货龙（傣药）。

药用部位　根茎、嫩笋芽。

功效主治　祛风除湿；治风湿骨痛。

泰竹（禾本科）

Thyrsostachys siamensis Gamble

药 材 名　泰竹、暹罗竹、埋贺（傣药）。

药用部位　根、叶。

功效主治　清热消渴，利水道，清肺化痰，利尿；治浮肿，腹水肿，脚气，足肿，急性肾炎，喘咳，糖尿病，口舌干燥，烦热。

看麦娘（禾本科）

Alopecurus aequalis Sobol.

药 材 名　看麦娘。

药用部位　全草。

功效主治　清热利湿，止泻，解毒；治水肿，水痘，泄泻，黄疸，赤眼，毒蛇咬伤。

水蔗草（禾本科）

Apluda mutica L.

药 材 名　水蔗草。

药用部位　根、茎叶。

功效主治　祛腐解毒，壮阳；治下肢溃烂，蛇虫咬伤，阳痿。

荩草（禾本科）

Arthraxon hispidus (Thunb.) Makino

药 材 名　荩草。

药用部位　全草。

功效主治　止咳定喘，解毒杀虫；治肝炎，久咳气喘，咽喉炎，口腔炎，淋巴结炎，乳腺炎，惊悸；外用治皮肤瘙痒。

化学成分　3,5,7-三羟基-3′,5′-二甲氧基黄酮、去氢紫堇碱等。

孟加拉野古草（禾本科）

Arundinella bengalensis (Spreng.) Druce

药 材 名　孟加拉野古草。

药用部位　全草。

功效主治　清热，凉血。

刺芒野古草（禾本科）

Arundinella setosa Trin.

药 材 名　狗屎草、三芒野古草、小芒。

药用部位　全草。

功效主治　清热，凉血。

芦竹（禾本科）

Arundo donax L.

药 材 名　芦竹。

药用部位　根茎、嫩笋芽。

功效主治　清热泻火；治热病烦渴，风火牙痛，小便不利。

化学成分　棕榈酸、正二十二烷、熊果酸、十四烷酸甘油酯等。

野燕麦（禾本科）

Avena fatua L.

药 材 名　燕麦草。

药用部位　全草。

功效主治　收敛止血，固表止汗；治吐血，血崩，带下，便血，自汗，盗汗。

毛臂形草（禾本科）

Brachiaria villosa (Lam.) A. Camus

药 材 名　臂形草。

药用部位　全草。

功效主治　清热利尿，通便；治小便赤涩，大便秘结。

竹节草（禾本科）

Chrysopogon aciculatus (Retz.) Trin.

药 材 名　鸡谷草。

药用部位　全草、根。

功效主治　清暑，利湿，解毒；治暑热，小便赤涩，暑湿泄泻，风火牙痛。

香根草（禾本科）

Chrysopogon zizanioides (L.) Roberty

药 材 名　香根、石兰草、先飞（傣药）。

药用部位　全草。

功效主治　全草补血，强心；防腐杀菌，镇静止痛，滋补；治创伤，各种肝病。

薏米（禾本科）

Coix lacryma-jobi L. var. **ma-yuen** (Rom.Caill.) Stapf ex Hook.f.

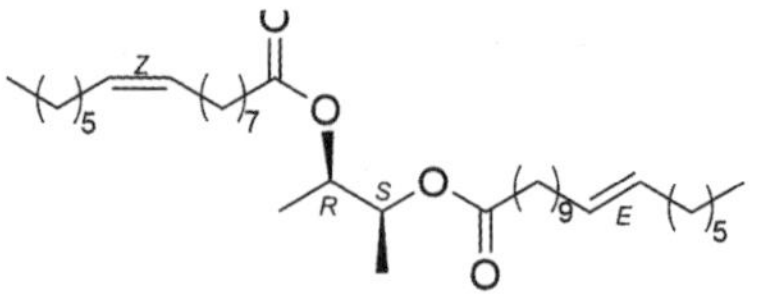

薏苡仁酯

药 材 名 薏苡仁、药玉米、六谷子。

生　　境 栽培，向阳、肥沃的壤土或黏壤土。

药用部位 种仁。

采收与加工 秋季果实成熟时采割植株，再晒干，打下果实，再晒干，除去外壳和杂质，收集种仁。

药材性状 呈宽卵形或长椭圆形，长4～8毫米，宽3～6毫米。表面乳白色，光滑，偶有残存的黄褐色种皮。一端钝圆，另端较宽而微凹，有1个淡棕色点状种脐；背面圆凸，腹面有1条较宽而深的纵沟。

性味归经 甘，平。归脾、肺、肾经。

功效主治 清热，消痈，祛湿，健脾补肺；治水肿脚气，泄泻，湿痹拘挛，肺痿肠痈，消化不良，淋浊白带。

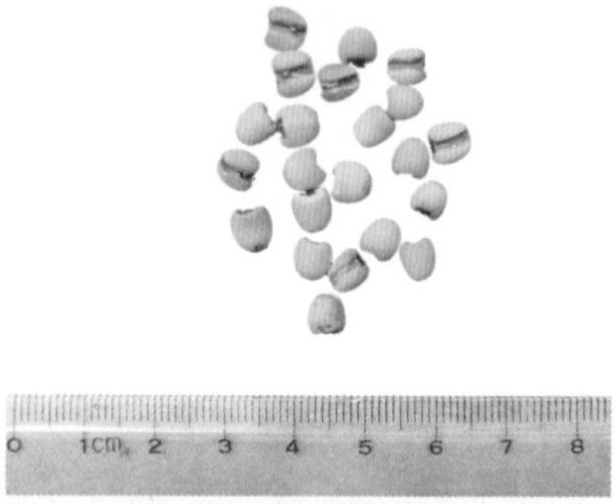

化学成分 薏苡仁酯、肉豆蔻酸、芸苔甾醇、棕榈酸等。

核心产区 浙江（泰顺、缙云）、福建（浦城、仙游、宁化、新罗）、湖北（蕲春）等。

用法用量 煎汤，9～30克。

本草溯源 《神农本草经》《救荒本草》《本草纲目》。

附　　注 药食同源。

柠檬草（禾本科）

Cymbopogon citratus (DC.) Stapf

药 材 名　香茅。

药用部位　全草。

功效主治　祛风除湿，消肿止痛；治风湿疼痛，头痛，胃痛，腹痛，腹泻，月经不调，产后水肿，跌打损伤，瘀血肿痛。

化学成分　橙花醛、香叶醛、香茅醛、香叶醇、柠檬烯、月桂烯等。

芸香草（禾本科）

Cymbopogon distans (Nees) Will. Watson

药 材 名　芸香草、香茅草、扎沙海（傣药）。

药用部位　全草。

功效主治　祛风除湿，利气止痛；治风湿性关节炎，风湿骨痛。

化学成分　*β*-谷甾醇、齐墩果酸、尿囊素等。

青香茅（禾本科）

Cymbopogon mekongensis A. Camus

药 材 名　青香茅。

药用部位　全草。

功效主治　强筋健肌，散气止痛，通阻消炎；治风湿痹痛偏寒者，胃寒痛，月经不调，跌打损伤，瘀血肿痛。

化学成分　*β*-谷甾醇、异荭草苷、绿原酸等。

狗牙根（禾本科）

Cynodon dactylon (L.) Pers.

药 材 名　狗牙根。

药用部位　全草。

功效主治　祛风活络，凉血止血，解毒；治上呼吸道感染，肝炎，痢疾，鼻衄，咯血，呕血，便血，脚气水肿，风湿骨痛。

化学成分　Monocerin、绿原酸甲酯、异血红酸、4-*O*-香豆酰基奎宁酸甲酯等。

龙爪茅（禾本科）

Dactyloctenium aegyptium (L.) Willd.

药 材 名　龙爪茅。

药用部位　全草。

功效主治　补气健脾；治脾气不足，劳倦伤脾，气短乏力，纳食减少。

马唐（禾本科）

Digitaria sanguinalis (L.) Scop.

药 材 名　马唐、羊麻、羊粟。

药用部位　全草。

功效主治　明目润肺；治目暗不明，肺热咳嗽。

光头稗（禾本科）

Echinochloa colona (L.) Link

药 材 名　光头稗子、芒稷。

药用部位　根。

功效主治　利水消肿，止血；治水肿，腹水，咯血。

稗（禾本科）

Echinochloa crus-galli (L.) P. Beauv.

药 材 名　稗、稗子、稗草。

药用部位　根和苗叶、种子。

功效主治　根和苗叶：凉血止血；治金疮，外伤出血。种子：益气健脾。

䅟（禾本科）

Eleusine coracana (L.) Gaertn.

药 材 名　䅟子、龙爪粟、鸭爪稗。

药用部位　种仁。

功效主治　补中益气；治胃病。

牛筋草（禾本科）

Eleusine indica (L.) Gaertn.

药 材 名　牛筋草、千金草、千千踏。

药用部位　带根全草。

功效主治　清热，利湿；治风湿性关节炎，黄疸性肝炎，小儿消化不良，肠炎，痢疾，尿道炎。

鼠妇草（禾本科）

Eragrostis atrovirens (Desf.) Trin. ex Steud.

药 材 名　鼠妇画眉草、鱼串草。

药用部位　全草。

功效主治　清热利湿；治暑热，小便短赤，痢疾。

大画眉草（禾本科）

Eragrostis cilianensis (All.) Vignolo ex Janch.

药 材 名　大画眉草、大画眉草花。

药用部位　全草、花序。

功效主治　全草：利尿通淋，疏风清热；治热淋，石淋，目赤痒痛。花序：解毒，止痒；治黄水疮。

知风草（禾本科）

Eragrostis ferruginea (Thunb.) P. Beauv.

药 材 名　知风草、程咬金。

药用部位　根。

功效主治　活血散瘀；治跌打内伤，筋骨疼痛。

化学成分　芦竹素、羊齿烯醇、印白茅素等。

乱草（禾本科）

Eragrostis japonica (Thunb.) Trin.

药 材 名　香榧草、须须草。

药用部位　全草。

功效主治　凉血止血；治热淋，咳血，吐血，衄血。

化学成分　异红草素、异牡荆苷、咖啡酸等。

小画眉草（禾本科）

Eragrostis minor Host

药 材 名　小画眉草、蚊蚊草、星星草。

药用部位　全草。

功效主治　清热解毒，疏风利尿；治角膜炎，结膜炎，尿路感染，脓疱疮。

画眉草（禾本科）

Eragrostis pilosa (L.) P. Beauv.

药 材 名　画眉草、榧子草、星星草。

药用部位　花序、全草。

功效主治　花序：解毒，止痒；治黄水疮。全草：利尿通淋，清热活血；治热淋，跌打损伤。

鲫鱼草（禾本科）

Eragrostis tenella (L.) P. Beauv.

药 材 名　鲫鱼草、乱草、碎米知风草。

药用部位　全草。

功效主治　清热凉血；治咳血，吐血。

假俭草（禾本科）

Eremochloa ophiuroides (Munro) Hack.

药 材 名　假俭草、爬根草。

药用部位　全草。

功效主治　活血；治跌打损伤。

拟金茅（禾本科）

Eulaliopsis binata (Retz.) C. E. Hubb.

药 材 名　蓑草、蓑草、山草。

药用部位　全草、根茎。

功效主治　清热解毒，凉血散瘀；治感冒，肝炎，小儿肺炎，乳腺炎，荨麻疹，产褥热，胃痛，外伤出血。

化学成分　粘霉酮、芦竹萜、羽扇豆醇乙酸酯等。

球穗草（禾本科）

Hackelochloa granularis (L.) Kuntze

药 材 名　球穗草。

药用部位　全草。

功效主治　清热利湿；治疮毒，肠炎。

扁穗牛鞭草（禾本科）

Hemarthria compressa (L. f.) R. Br.

药 材 名　扁穗牛鞭草。

药用部位　全草。

功效主治　解表，祛风，开胃；治久病体虚，食欲不振，感冒，风湿痹痛。

黄茅（禾本科）

Heteropogon contortus (L.) P. Beauv.

药 材 名　黄茅、地筋、毛针子草。

药用部位　全草。

功效主治　祛风除湿；治咳嗽，吐泻，风湿性关节痛。

大麦（禾本科）

Hordeum vulgare L.

药 材 名　麦芽、大麦秸、大麦苗。

药用部位　成熟果实、成熟后的茎秆、幼苗、发芽颖果。

功效主治　成熟果实：行气消食，健脾开胃；治食积不消，脘腹胀痛，妇女断乳。发芽颖果：消食和中；治食积胀满，食欲不振，呕吐泄泻。

化学成分　大麦芽碱、大麦芽胍碱等。

白茅（禾本科）

Imperata cylindrica (L.) P. Beauv.

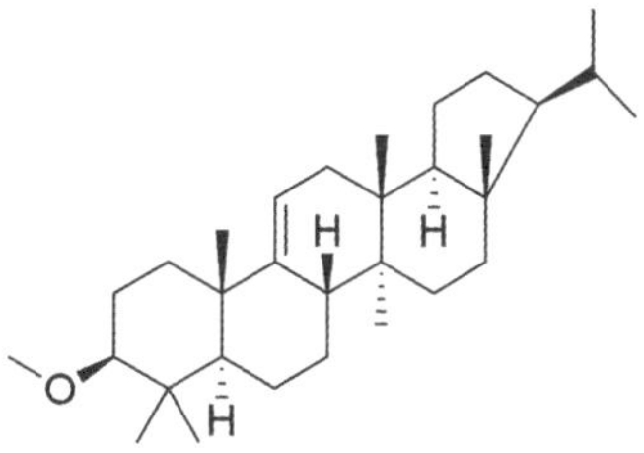

白茅素

药 材 名　白茅根、寒草根、甜草根。

药用部位　根茎。

生　　境　生于路旁草地或河岸、海滨。

采收加工　春、秋二季采挖，洗净，晒干，去须根和膜质叶鞘，捆成小把。

药材性状　长圆柱形，表面黄白色或淡黄色，具纵皱纹，节明显。断面皮部白色，多有裂隙，放射状排列，中柱淡黄色，易与皮部剥离。

性味归经　甘，寒。归肺、胃、膀胱经。

功效主治　凉血止血，清热利尿；治血热吐血，衄血，尿血，热病烦渴，湿热黄疸，水肿尿少，热淋涩痛。

化学成分　白茅素、对羟基苯甲酸、香草酸、水杨苷、芦竹素、羊齿烯醇、粘霉酮等。

核心产区　全国各地均产，以福建和湖北最大。

用法用量　煎汤，9～30克。

本草溯源　《本草经集注》《新修本草》《日华子本草》《本草纲目》《草木便方》《闽东本草》。

附　　注　药食同源。

千金子（禾本科）

Leptochloa chinensis (L.) Nees

药 材 名　油草。

药用部位　全草。

功效主治　行水破血，化痰散结；治癥瘕积聚，久热不退。

化学成分　6,17-环氧千金二萜醇-5,15-二乙酸-3-苯乙酸酯、千金二萜醇-5,15-二乙酸-3-苯乙酸酯等。

淡竹叶（禾本科）

Lophatherum gracile Brongn.

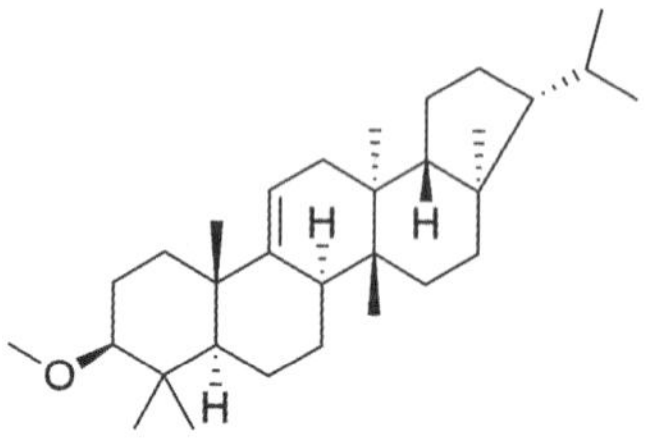

芦竹素

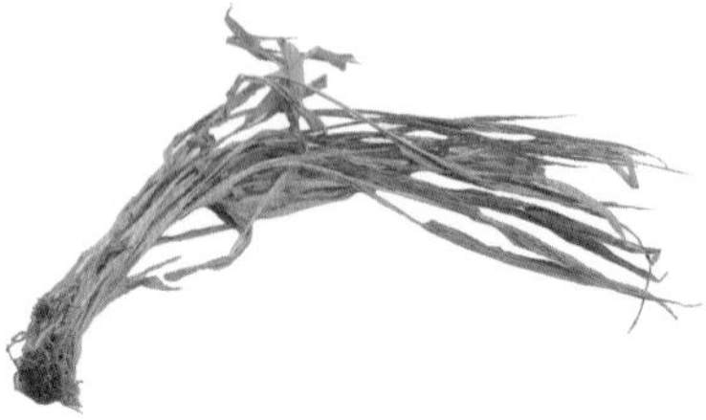

药 材 名　淡竹叶、碎骨子、山鸡米。

药用部位　茎叶。

生　　境　生于山坡林下及阴湿处。

采收加工　夏季未抽花穗前采割，晒干。

药材性状　茎呈圆柱形，有节，表面淡黄绿色，断面中空。叶鞘开裂。叶片披针形，有的皱缩卷曲；表面浅绿色或黄绿色。叶脉平行，具横行小脉，形成长方形的网格状，下表面尤为明显。体轻，质柔韧。

性味归经　甘、淡，寒。归心、胃、小肠经。

功效主治　清热泻火，除烦止渴，利尿通淋；治热病烦渴，小便短赤涩痛，口舌生疮。

化学成分　芦竹素、印白茅素、蒲公英赛醇、无羁萜等三萜类，荭草苷、异荭草苷、牡荆苷、异牡荆苷、苜蓿素、苜蓿素-7-*O*-*β*-D-葡萄糖苷等黄酮，4-羟基-3,5-二甲氧基苯甲醛、反式对羟基桂皮酸、香草酸、对甲氧基桂皮酸、对羟基苯甲醛、月桂酸、绿原酸等。

核心产区　江苏、浙江、福建、广东、广西、江西、湖南、湖北、四川、贵州、云南等地。

用法用量　煎汤，6～9克。

本草溯源　《名医别录》《本草经集注》《新修本草》《本草图经》《经史证类备急本草》《滇南本草》《本草纲目》。

附　　注　体虚有寒者或孕妇忌服。

五节芒（禾本科）

Miscanthus floridulus (Labill.) Warb. ex K. Schum. et Lauterb.

药 材 名　苦芦骨、五节芒、巴茅果。

药用部位　虫瘿。

功效主治　发表，理气，调经；治小儿疹出不透，小儿疝气，月经不调，胃寒作痛，筋骨扭伤，淋病。

化学成分　丁香脂素、齐墩果酸、胡萝卜苷等。

芒（禾本科）

Miscanthus sinensis Andersson

药 材 名　芒。

药用部位　根、含寄生虫的幼茎（气笋子）、花序。

功效主治　根：止咳，利尿，活血，止渴；治热淋，小便不利，蛇虫咬伤。气笋子：调气、补肾、生津；治妊娠呕吐，精枯阳痿。花序：治瘀血闭经，月经不调，产后恶露不净。

化学成分　洋李苷、芒花苷等。

类芦（禾本科）

Neyraudia reynaudiana (Kunth) Keng ex Hitchc.

药 材 名　篱笆竹。

药用部位　嫩苗和叶。

功效主治　清热利湿，消肿解毒；治毒蛇咬伤，肾炎性水肿，竹木刺入肉。

竹叶草（禾本科）

Oplismenus compositus (L.) P. Beauv.

药 材 名　竹叶草。

药用部位　全草。

功效主治　清肺热，行血，消肿毒；治咳嗽，吐血。

稻（禾本科）

Oryza sativa L.

药 材 名　稻、谷芽、稻芽。

药用部位　去壳的种仁、经加工储存年久的粳米、种仁、颖果经发芽而成。

功效主治　健脾开胃，和中消食；治宿食不化，食欲不振。

化学成分　淀粉、麦芽糖、胆甾醇、菜油甾醇、豆甾醇、β-谷甾醇等。

糯稻（禾本科）

Oryza sativa L. var. **glutinosa** Blanco

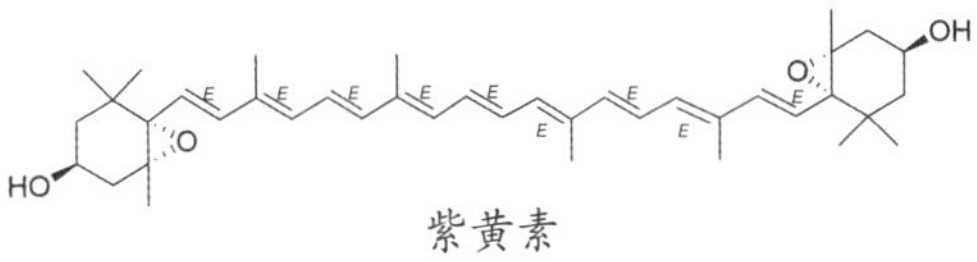
紫黄素

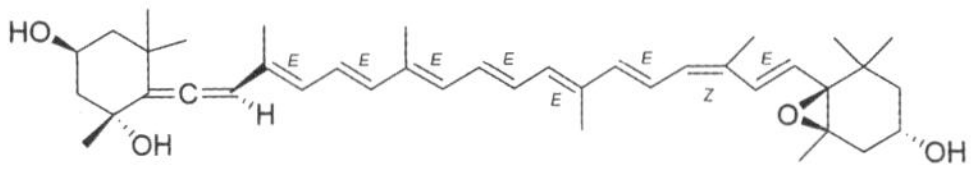
新黄质

药 材 名　糯稻根、禾秆草、糯稻草、稻穰、稻秆。

药用部位　根、初穗期地上部分（禾秆草）。

生　　境　野生稻生长于沼泽地，适应性很强，现全国各地均有栽培。

采收加工　糯稻根（或稻草根）须在夏、秋两季，糯稻收割后挖取，除去残茎，洗净，晒干；禾秆草（稻穰或稻秆）为初穗期地上部分，晒干，弯折捆扎坚实即可。

药材性状　根：多集结成疏松的团状，上端有分离的残茎，圆柱形，中空，外包数层灰白色或黄白色的叶鞘，下端簇生多数须根。体轻，质软，气微，味淡。初穗期地上部分：呈束状，长约10厘米，直径约3厘米；展开后秆呈圆筒形，中空；节上有叶，叶片扁平，披针形至条状披针形，叶面粗糙；具初花的穗；色泽绿，体轻，质软；气微，味淡。

性味归经　根：甘，平；归肝、肺、肾经。禾秆草：辛，温；归脾、肺经。

功效主治　根：养阴除热，止汗，益胃生津；治阴虚发热，自汗盗汗，口渴咽干，肝炎，丝虫病。禾秆草：宽中理气，清热解毒，利湿消食。治噎膈，反胃，食滞，腹痛，泄泻，消渴，黄疸，喉痹，痔疮，烫火伤。

化学成分　根含各种氨基酸与果糖、葡萄糖等；茎叶含新黄质、紫黄素、叶黄素及多糖等。

核心产区　全国各地均有栽培。禾秆草主产于广东。

用法用量　根：内服煎汤，25～50克。地上部分：内服煎汤，50～150克，或入丸、散或煮粥。外用适量，研末调敷或煎水浸洗。

本草溯源　《本草拾遗》《滇南本草》《本草纲目》《本草再新》《中华本草》《中药大辞典》。

附　　注　禾秆草为“广东三宝”或“广东三件宝”之一宝。广东三宝之说，有多个版本，其中以“陈皮、老姜、禾秆草”最为流行普及。入药用的禾秆草系刚结穗的糯稻地上部分，以地方品系枣红糯为多，据传清热利湿效果甚好。“广东三宝”系身边寻常物，其原值并不高，经广东人用心使用后发挥了大量用途，物贱而用广，实而不华，材小而效大，无物可及，受其惠感其恩者不可胜数，民间历经数百年口碑而不衰，“广东三宝”美名远扬。

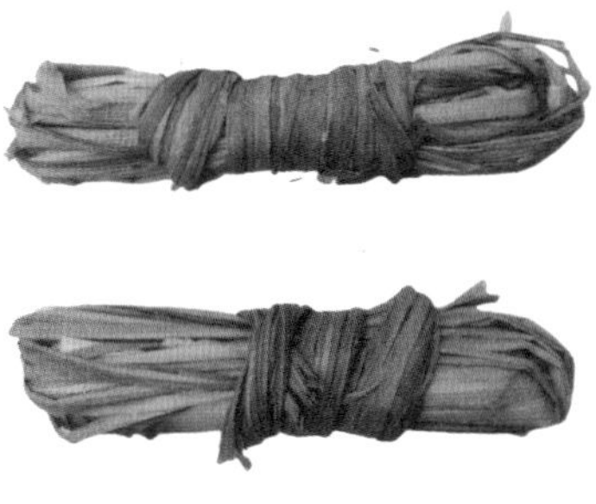

稷（禾本科）

Panicum miliaceum L.

药 材 名　黍米、黍茎、黍根。

药用部位　种子、茎秆、根。

功效主治　根、茎有小毒。根：利尿消肿，止血；治小便不利，脚气，水肿，妊娠尿血。茎：利尿消肿，止血，解毒；治小便不利，水肿，妊娠尿血，脚气，苦瓠中毒。种子：补中益气，除烦止渴，解毒，补中益气；治烦渴，泻痢，吐逆，咳嗽，胃痛，小儿鹅口疮，疮痈，烫伤。

化学成分　精纤维、淀粉、棕榈酸、油酸等。

铺地黍（禾本科）

Panicum repens L.

药 材 名　铺地黍、铺地黍根。

药用部位　全草、根茎及根。

功效主治　清热平肝，利尿解毒；治高血压，鼻窦炎，鼻出血，湿热带下，尿路感染，肋间神经痛，黄疸性肝炎。

化学成分　裸麦角碱、羊茅麦角碱、田麦角碱等。

双穗雀稗（禾本科）

Paspalum distichum L.

药 材 名　双穗雀稗、铜线草。

药用部位　全草。

功效主治　活血解毒，祛风除湿；治跌打损伤，骨折筋伤，风湿痹痛，痰火，疮毒。

圆果雀稗（禾本科）

Paspalum orbiculare G. Forst.

药 材 名　圆果雀稗。

药用部位　全草。

功效主治　清热利尿；治水肿。

狼尾草（禾本科）

Pennisetum alopecuroides (L.) Spreng.

药 材 名　狼尾草、狼尾草根。

药用部位　全草、根及根茎。

功效主治　清肺止咳，凉血明目；治肺热咳嗽，咯血，目赤肿痛，痈肿疮毒。

显子草（禾本科）

Phaenosperma globosum Munro ex Benth.

药 材 名　显子草。

药用部位　全草。

功效主治　补虚健脾，活血调经；治病后体虚，闭经。

虉草（禾本科）

Phalaris arundinacea L.

药 材 名　虉草、草芦。

药用部位　全草。

功效主治　调经，止带；治月经不调，赤白带下。

化学成分　大麦芽碱、禾草碱、正二十八醇等。

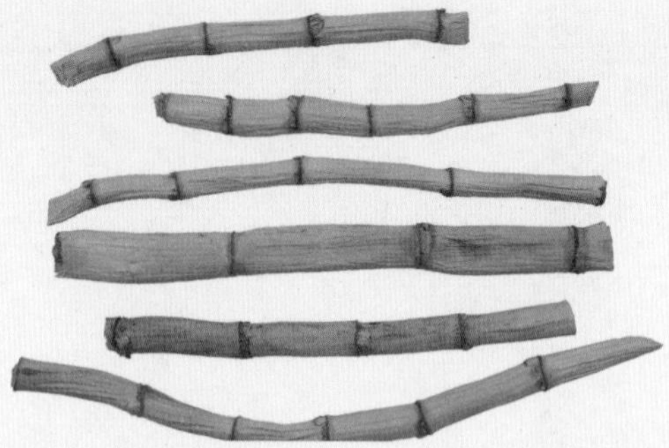

芦苇（禾本科）

Phragmites australis (Cav.) Trin. ex Steud.

药 材 名　芦根、芦茎、芦笋。

药用部位　根茎、嫩茎、嫩苗、叶、箨叶、花。

功效主治　清热泻火，生津止渴，利尿；治肺热咳嗽，肺痈，口苦咽干，热淋涩痛，大便干结，高热烦渴，牙龈出血，鼻出血。

化学成分　咖啡酸、龙胆酸、丁香醛、薏苡素等。

卡开芦（禾本科）

Phragmites karka (Retz.) Trin. ex Steud.

药 材 名　水芦荻根。

药用部位　根茎。

功效主治　清热利尿，清胃火，润肺燥，化痰，平肝明目，止呕；治急性热病烦渴，肺热肠痨，小便黄赤，牙龈出血，鼻衄，消化不良，大便秘结。

金丝草（禾本科）

Pogonatherum crinitum (Thunb.) Kunth

药 材 名　金丝草、黄毛草、落苏。

药用部位　全草。

功效主治　清热，解暑，利尿；治感冒发热，中暑，尿路感染，肾炎性水肿，黄疸性肝炎，糖尿病，小儿久热不退。

化学成分　焦谷氨酸甲酯、杜鹃花酸、*N*-乙酰苯丙氨酸等。

金发草（禾本科）

Pogonatherum paniceum (Lam.) Hack.

药 材 名　金发草、竹蒿草。

药用部位　全草。

功效主治　清热凉血，解暑，利尿通淋；治感冒发热，尿道感染，小便短赤涩痛，尿血，黄疸性肝炎，肾炎性水肿，糖尿病。

鹅观草（禾本科）

Roegneria kamoji (Ohwi) Keng et S. L. Chen

药 材 名 鹅观草、弯鹅观草、弯穗鹅观草。

药用部位 全草。

功效主治 清热凉血，通络止痛；治咳嗽痰中带血，风疹，劳伤疼痛。

筒轴草（禾本科）

Rottboellia cochinchinensis (Lour.) Clayton

药 材 名 筒轴草、筒轴茅。

药用部位 全草。

功效主治 清热利尿；治小便不畅。

斑茅（禾本科）

Saccharum arundinaceum Retz.

药 材 名 斑茅、斑茅花。

药用部位 根、花。

功效主治 根：活血通经，通窍利水；治跌打损伤，筋骨风痛，闭经，月经不调，水肿，蛊胀。花：止血；治咯血，呕血，衄血，创伤出血。

甘蔗（禾本科）

Saccharum officinarum L.

药 材 名　甘蔗、甘蔗滓、甘蔗皮。

药用部位　茎秆、已榨取糖汁的渣滓、茎皮。

功效主治　除热止渴，和中，宽隔，行水；治发热口干，肺燥咳嗽，咽喉肿痛，心胸烦热，反胃呕吐，妊娠水肿。

化学成分　苯丙氨酸、甲基延胡索酸、琥珀酸等。

甜根子草（禾本科）

Saccharum spontaneum L.

药 材 名　甜根子草。

药用部位　根茎及秆。

功效主治　清热利水，止渴；治感冒发热口干，小便不畅，肾炎，肝炎。

化学成分　3,5-二甲氧基-对羟基苯丙烷、多糖等。

囊颖草（禾本科）

Sacciolepis indica (L.) Chase

药 材 名　囊颖草、滑草。

药用部位　全草。

功效主治　收敛生肌，止血；治外伤出血。

大狗尾草（禾本科）

Setaria faberi R. A. W. Herrm.

药 材 名　大狗尾草、狗尾巴。

药用部位　全草或根。

功效主治　清热消疳，祛风止痛；治小儿疳积，风疹，牙痛。

化学成分　棕榈酸、硬脂酸、油酸、亚油酸等。

莠狗尾草（禾本科）

Setaria geniculata P. Beauv.

药 材 名　莠狗尾草、野粟。

药用部位　全草或根、谷粒。

功效主治　清热利湿，解毒；治黄疸性肝炎，结膜炎，痈肿疔疮。

金色狗尾草（禾本科）

Setaria glauca (L.) L. P. Beauv.

药 材 名　金色狗尾草。

药用部位　全草。

功效主治　清热，明目，止痢；治目赤肿痛，赤白痢疾。

化学成分　棕榈酸、油酸、亚油酸、亚麻酸等。

粱（禾本科）

Setaria italica P. Beauv.

药 材 名　粟米、黄粱米、粟糠。

药用部位　种仁、种子之黏者，发芽的颖果，种仁经淘洗所得的泔水、种皮。

功效主治　消食，开胃；治食积不化，消化不良，胸闷腹胀，妊娠呕吐。

化学成分　α-粟素、β-粟素、胡萝卜素、甘油单葡萄糖酯等。

棕叶狗尾草（禾本科）

Setaria palmifolia (J. Konig) Stapf

药 材 名　竹头草、雏茅草。

药用部位　全草。

功效主治　益气固脱；治脱肛，子宫脱垂。

皱叶狗尾草（禾本科）

Setaria plicata (Lam.) T. Cooke

药 材 名　皱叶狗尾草、烂衣草、马草。

药用部位　全草。

功效主治　解毒，杀虫；治疥癣，丹毒，疮疡。

狗尾草（禾本科）

Setaria viridis (L.) P. Beauv.

药 材 名　狗尾草。

药用部位　全草。

功效主治　祛风明目，清热利尿；治风热感冒，沙眼，目赤疼痛，黄疸性肝炎，小便不利；外用治瘰疬。

高粱（禾本科）

Sorghum bicolor (L.) Moench

药 材 名 高粱、蜀黍、大高粱。

药用部位 种子仁。

功效主治 燥湿祛痰，宁心安神；治湿痰咳嗽，胃痞不舒，失眠多梦，食积。

化学成分 粗纤维、蛋白质、淀粉等。

拟高粱（禾本科）

Sorghum propinquum (Kunth) Hitchc.

药 材 名 拟高粱。

药用部位 全草。

功效主治 清肺止咳，健脾利湿；治痨伤咳嗽，吐血，泄泻，消化不良，跌打肿痛。

鼠尾粟（禾本科）

Sporobolus fertilis (Steud.) Clayton

药 材 名　鼠尾粟。

药用部位　全草。

功效主治　清热解毒，凉血；治伤暑烦热，燥热便秘，湿热淋浊，小儿烦热，尿血。

苞子草（禾本科）

Themeda caudata (Nees) A. Camus

药 材 名　苞子草。

药用部位　根茎。

功效主治　清热；治热咳。

黄背草（禾本科）

Themeda japonica (Willd.) Tanaka

药 材 名　黄背草。

药用部位　全草。

功效主治　活血通经，祛风除湿；治闭经，风湿痹痛。

菅（禾本科）

Themeda villosa (Poir.) A. Camus

药 材 名　菅茅根。

药用部位　根茎。

功效主治　祛风散寒，除湿通络，利尿消肿；治风湿痹痛，风寒感冒，小便淋痛，水肿，骨折。

小麦（禾本科）

Triticum aestivum L.

药 材 名　浮小麦。

药用部位　嫩茎叶、种皮、颖果。

功效主治　止虚汗，养心安神；治体虚汗多，脏躁。

化学成分　亚油酸、棕榈酸、硬脂酸甘油酯、谷甾醇、卵磷脂、尿囊素、精氨酸、淀粉酶、麦芽糖酶、蛋白酶、维生素B等。

玉蜀黍（禾本科）

Zea mays L.

药 材 名　玉米须、玉蜀黍。

药用部位　种子、花、穗轴。

功效主治　利尿消肿，平肝利胆；治急慢性肾炎，水肿，急慢性肝炎，高血压，糖尿病，慢性鼻旁窦炎，尿路结石。

化学成分　维生素K、维生素E、胡萝卜素、烟酸、豆甾醇、多种脂肪酸甘油酯等。

菰（禾本科）

Zizania latifolia (Griseb.) Hance ex F. Muell.

药 材 名　茭笋、茭儿包、茭包。

药用部位　茭白、菰根、菰实。

功效主治　茭白：解热毒，除烦渴，利二便；治烦热，消渴，黄疸，痢疾，目赤，风疮。菰根：清热解毒；治消渴，烫伤。菰实：清热除烦，生津止渴；治心烦，口渴，大便不通，小便不利。

Part 2 Animal Medicines

第二章 动物药

Section 1 Invertebrates

第一节 无脊椎动物

海蜇（根口水母科）

Rhopilema esculentum Kishinouye

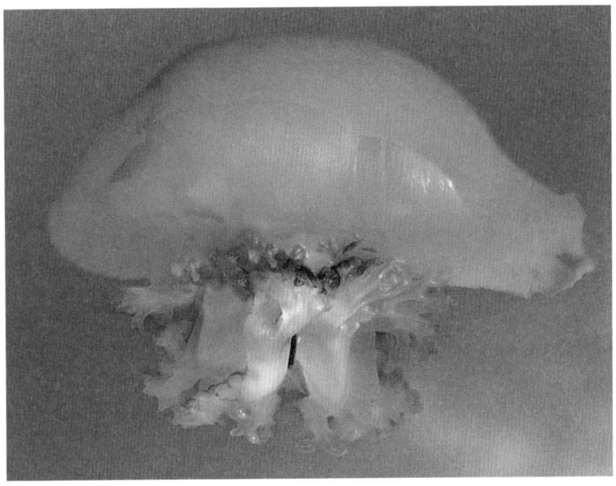

药 材 名　海蜇、沙海蜇、捞海。

药用部位　全体。

功效主治　清热化痰，行瘀消积，补心益肺，滋阴平肝，降血压；治肺热咳嗽，痰热哮喘，瘿瘤，甲状腺肿，淋巴结结核，高血压。

化学成分　海蜇毒素、神经酰胺2-氨乙基磷酸盐等。

黄海葵（海葵科）

Anthopleura xanthogrammica (Brandt)

药 材 名　海葵、海菊花、海腚根。

药用部位　全体。

功效主治　有毒。收敛固涩，止泻，燥湿杀虫；治脾虚久泻，痔疮，脱肛，白带过多，蛲虫病，体癣。

化学成分　尿嘧啶、1-*O*-十六烷酰基-3-*O*-（14-二十碳烯酰基）甘油酯等。

网状软柳珊瑚（软柳珊瑚科）

Annella reticulata (Ellis et Solander)

药 材 名　网状软柳珊瑚、石帆、海团扇。

药用部位　全体。

功效主治　活血，通淋；治血瘀经闭，石淋。

化学成分　胆甾醇、鲨肝醇、咖啡碱、胸腺嘧啶、尿嘧啶、鸟嘌呤等。

丛生盔形珊瑚（枇杷珊瑚科）

Galaxea fascicularis (Linnaeus)

药 材 名　鹅管石、珊瑚鹅管石。

药用部位　骨骼。

功效主治　温肺降气，壮阳通乳；治肺寒咳喘，阳痿，乳脉不通。

化学成分　碳酸钙、铁、锰、钴、镍、锌、钠、镁、钡等。

柯氏分胞苔虫（分胞苔虫科）

Celleporina costazii (Audouin)

药 材 名　浮海石、浮石、石花。

药用部位　骨骼。

功效主治　清肺化痰，软坚散结；治痰热咳嗽，瘿瘤，疮肿。

化学成分　碳酸钙、锶、铝、铁、锰、锌、锡、铜等。

弓形革囊星虫（革囊星虫科）

Phascolosoma arcuatum (Gray)

药 材 名　可口革囊星虫、海泥虫、海丁。

药用部位　全体。

功效主治　益气补血，滋阴降火，通乳；治气血虚弱，阴虚潮热，产后乳汁不足。

化学成分　呋喃多糖、胆固醇、β-谷甾醇等。

裸体方格星虫（星虫科）

Sipunculus nudus Linnaeus

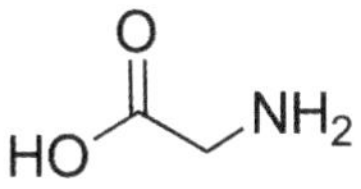

甘氨酸

药 材 名　裸体方格星虫、沙虫、光裸星虫。

药用部位　全体。

生　　境　生活于潮间带或浅海泥沙质、沙质海底，营穴居。

采收加工　大潮时在低潮区挖掘采捕。加工时，用竹签将洗净星虫反转，加水煮至虫体由红变白时，捞起晒干。

药材性状　全体呈扁长圆柱形，状略似蚯蚓，体长12～22厘米，灰白色至淡棕黄色。躯干呈格子状花纹（29～30行）。气微腥，味咸。

性味归经　咸，寒。归肺、肾经。

功效主治　清肺止咳健脾，滋阴降火，镇痛；治阴虚盗汗，肺痨咳嗽，胸闷痰多，牙龈肿痛等。

化学成分　甘氨酸、胆甾醇、环（丙氨酸–脯氨酸）、脱氧胸苷等。

核心产区　福建、广东、广西等沿海海域。

用法用量　煎汤，10～20克，干品6～9克；鲜品适量或泡酒。

本草溯源　《海药本草》《中国药用动物志》。

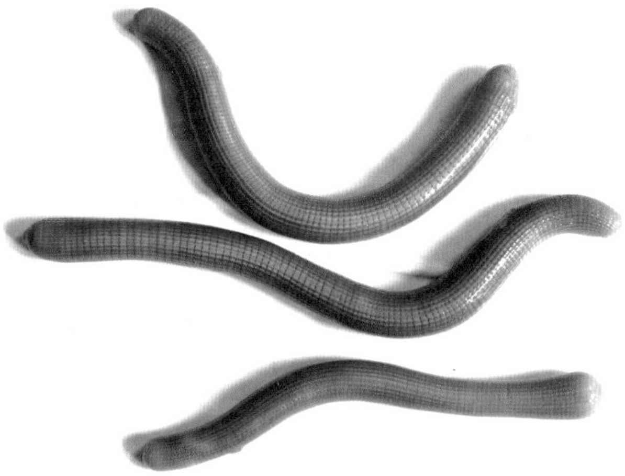

日本刺沙蚕（沙蚕科）

Hediste japonica (Izuka)

药 材 名　日本刺沙蚕、沙蚕。

药用部位　全体。

功效主治　补脾益胃，补血养血，利水消肿；治脾胃虚弱，贫血，肢体浮肿。

化学成分　十四烷酸、顺-11-二十烯酸等。

全刺沙蚕（沙蚕科）

Nectoneanthes oxypoda (Marenzeller)

药 材 名　全刺沙蚕、沙蚕。

药用部位　全体。

功效主治　补脾益胃，补血养血，利水消肿；治脾胃虚弱，贫血，肢体浮肿。

疣吻沙蚕（沙蚕科）

Tylorrhynchus heterochaetus (Quatrefages)

药 材 名　禾虫。

药用部位　全体。

生　　境　生活于淡水或咸淡水水域，栖息于泥质或泥沙质底的浅海、河口或稻田中。在生殖期常游于水面。

采收加工　春季至秋季于沿海河口或稻田中采捕。捕得后置沸水中烫死，捞起晒干，亦可鲜用。

药材性状　全体细长稍扁，长40～80毫米，宽约5毫米，全体有60多个体节。前端背面到口腔基部绿褐色，后面稍带红色，背中央浅红色。头略呈六角形，有大眼2对。头部腹面中央有口，有触须4对，触角和触手各2个。

性味归经　甘，温。归脾，胃经。

功效主治　补脾胃，生血，利湿，行小便；暖胃，补气。

化学成分　全体含蛋白质，如无脊血红蛋白；另含肽类、氨基酸、色素、脂类等。

核心产区　广东、福建、江苏、浙江、上海。

用法用量　5～10条，粮醋少许，水煎内服。

本草溯源　《本草纲目拾遗》《本草求原》《中药大辞典》。

长吻沙蚕（吻沙蚕科）

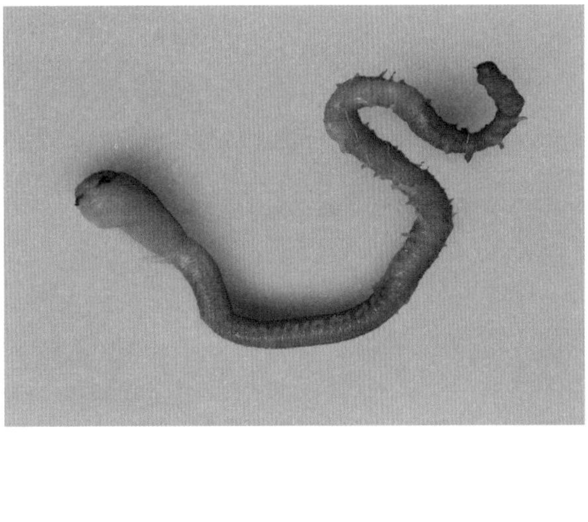

Glycera chirori Izuka

药 材 名　长吻沙蚕、沙蚕。

药用部位　全体。

功效主治　补脾益胃，补血养血，利水消肿；治脾胃虚弱，贫血，肢体肿满。

化学成分　α-生育酚、抗坏血酸等。

参状远盲蚓（巨蚓科）

Amynthas aspergillum (Perrier)

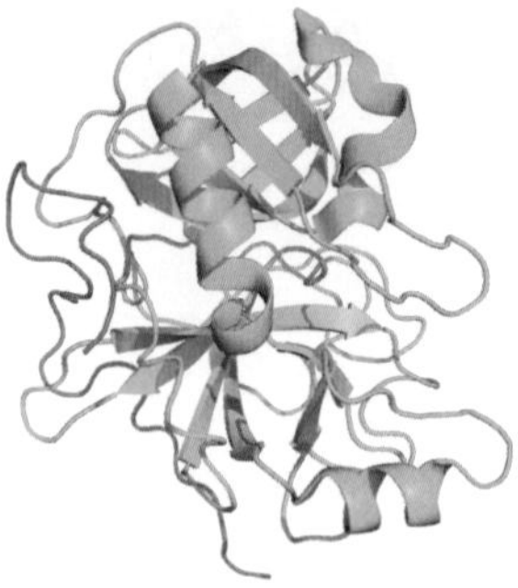

蚓激酶

药 材 名 参环毛蚓、广地龙。

药用部位 全体。

生　　境 地龙为陆生环节动物，雌雄同体，遗体交配繁殖，性喜阴湿安静的场所，生活在土壤中，以畜禽粪便和有机废物垃圾为食，连同泥土一同吞入，可使土壤疏松，改良土壤，提高肥力，促进农业增产。

采收加工 春季至秋季捕捉，及时剖开腹部，除去内脏和泥沙，洗净，晒干或低温干燥。

药材性状 呈长条状薄片，弯曲，边缘略卷。全体具环节，背部棕褐色至紫灰色，腹部浅黄棕色；第14～16环节为生殖带，习称“白颈”，较光亮。体轻，略呈革质，不易折断。

性味归经 咸，寒。归肝、脾、膀胱经。

功效主治 清热定惊，通络，平喘，利尿；治高热神昏，惊痫抽搐，关节痹痛，肢体麻木，半身不遂，肺热喘咳，水肿尿少。

化学成分 蚓激酶、赖氨酸、缬氨酸、次黄嘌呤、肌苷等。

核心产区 广东（湛江、茂名、阳江、平远）、海南（海口、琼海、五指山）和广西（容县、梧州、北流）。

用法用量 内服：煎汤，5～10克。外用：鲜品适量，捣烂敷，或拌糖取汁涂敷；研末撒，或调涂。

本草溯源 《名医别录》《本草蒙筌》《本草纲目》。

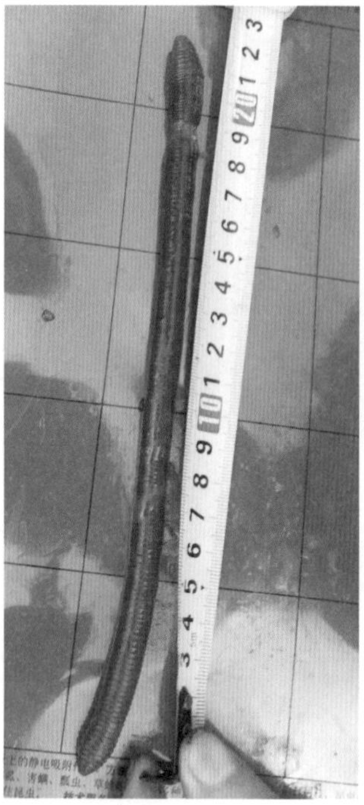

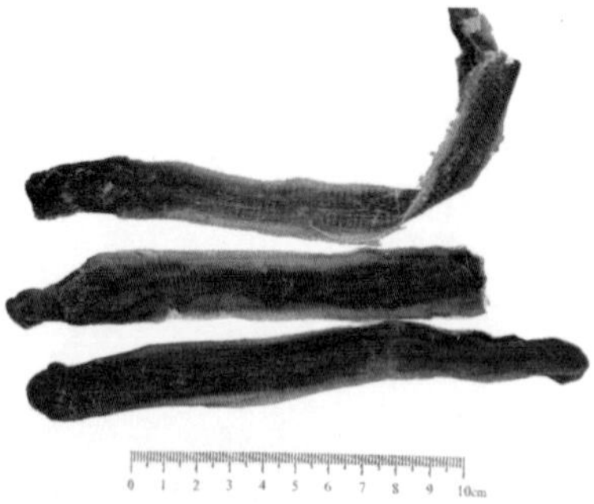

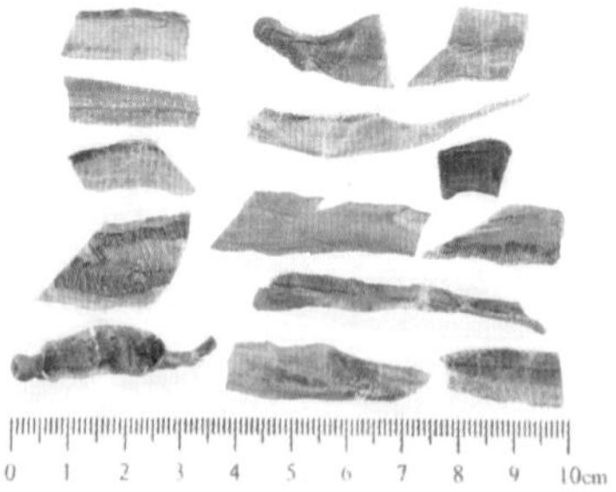

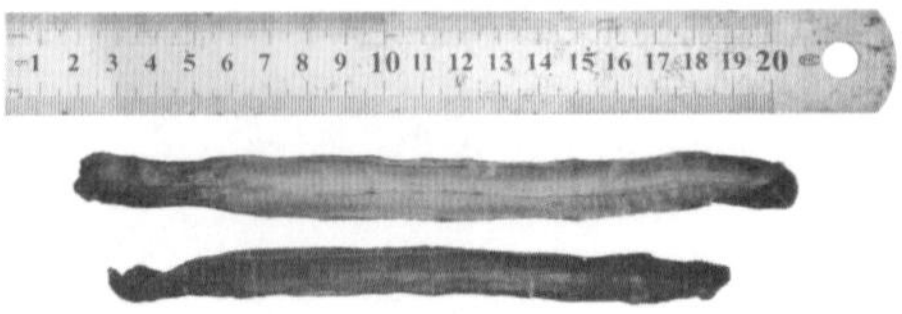

菲牛蛭（医蛭科）

Hirudinaria manillensis (Lesson)

药 材 名　金边蚂蟥。

药用部位　全体。

功效主治　破血通经，逐瘀消癥；治血瘀经闭，癥瘕痞块，中风偏瘫，跌打扭伤。

化学成分　Poecilobdellasulfide A、Poecilobdellasulfide B、菲牛蛭素A、菲牛蛭素B等。

杂色鲍（鲍科）

Haliotis diversicolor Reeve

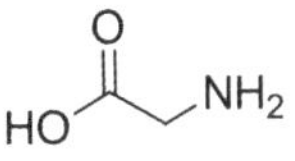

甘氨酸

药 材 名　杂色鲍、九孔鲍、鲍鱼、石决明。

药用部位　肉、贝壳。

生　　境　养殖或野生，生于潮间带下部至50米左右的岩礁海底，以盐度高、水清和藻类丛生的环境栖息较多。

采收加工　在夏、秋季采捕，将贝壳洗净晒干，即石决明，生用或煅用。鲜鲍的肉鲜用或制成鲍鱼干，即腹鱼。

药材性状　壳呈长卵圆形，较光滑，螺旋部小，体螺部大，内面光滑。壳较厚，稍光滑，质坚硬。壳口为长卵形，与体螺层相等大小，外唇薄而坚硬，内唇厚。无臭，味微咸。

性味归经　咸，温。归肝经。

功效主治　肉：润肺益胃，调经，滋阴补虚；治骨蒸劳热，胃酸过多，淋病，吐血，耳鸣，津液不足，月经不调，大便燥结等。贝壳：平肝潜阳，清热明目，止血，通淋。

化学成分　铝、钡、铜、铬、铁、镁等无机元素，甘氨酸、天冬氨酸、丙氨酸、丝氨酸等氨基酸。

核心产区　中国广西沿海、东海和南海等海域。

用法用量　内服：煎汤，贝壳10～30克，打碎先下，或入丸散；肉干品6～9克，鲜品适量，煮汤或炖鸡服。外用：适量，研磨水飞点眼。

本草溯源　《名医别录》《经史证类备急本草》《本草纲目》。

多变鲍（鲍科）

Haliotis varia Linnaeus

药 材 名　多变鲍、瘤鲍螺、半纹鲍。

药用部位　贝壳。

功效主治　平肝明目，镇惊息风，清热通淋，止血制酸；治头晕目眩，肝火过旺，骨蒸劳热，青盲内障，胃酸过多，淋病，吐血。

化学成分　碳酸钙、贝壳蛋白、天冬氨酸、精氨酸等。

方斑东风螺（凤螺科）

Babylonia areolata (Link)

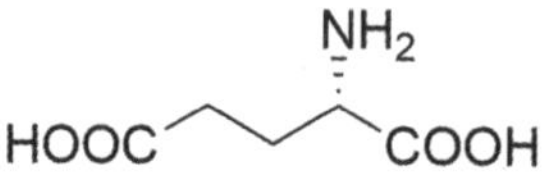

L-谷氨酸

药 材 名　方斑东风螺、东风螺、号子螺。

药用部位　壳、软体。

生　　境　生活于7～30米水深的软泥或泥沙质海底。

采收加工　在秋季用拖网捕捉，捕后置沸水中烫死，去肉取壳，洗净，晒干入药，生用或煅用。

药材性状　贝壳长卵圆形，质坚固，形状似泥东风螺而稍大。螺层约9层，缝合线处呈阶梯形，使缝合线呈浅沟状。壳表白色，被黄褐色壳皮，具有紫褐色或红褐色的四方形斑块，体螺层上有3行斑块，上面一行斑块较大。壳口呈半圆形，壳内面白色，可透视壳面斑块颜色。

性味归经　咸，寒；归肝、肾、心经。

功效主治　清热解毒，制酸止痛；治胃酸过多，胃溃疡和十二指肠溃疡，疮癣疥癞。

化学成分　碳酸钙、谷氨酸、精氨酸、天冬氨酸、甘氨酸、亮氨酸、丙氨酸、胱氨酸等。

核心产区　广西（北海、涠洲岛）等沿海地区，福建、广东沿海也有分布。

用法用量　煎汤，15～25克。

本草溯源　《中国药用动物志》《中华本草》。

泥东风螺（凤螺科）

Babylonia lutosa (Lamarck)

药 材 名　泥东风螺、南风螺、甜螺。

药用部位　壳、肉。

功效主治　壳：制酸止痛，清热解毒；治胃酸过多，胃溃疡和十二指肠溃疡，疥癣，烫伤。肉：养阴，凉血，止血，润燥；治大便燥结，鼻衄。

化学成分　碳酸钙、氨基酸、脂肪酸等。

习见赤蛙螺（蛙螺科）

Bufonaria rana (Linnaeus)

药 材 名　蛙螺、习见蛙螺。

药用部位　壳。

功效主治　清热解毒，制酸止痛；治疮疖肿痛，胃酸过多，胃溃疡和十二指肠溃疡。

化学成分　天冬氨酸、谷氨酸、盐酸半胱氨酸、超氧化物歧化酶等。

黑田乳玉螺（玉螺科）

Mammilla kurodai (Iw. Taki)

药 材 名　大口乳玉螺。

药用部位　壳。

功效主治　清热解毒，软坚散结，制酸止痛；治瘰疬，胃酸泛酸，胃溃疡和十二指肠溃疡。

化学成分　砷、铅、镉、锌等。

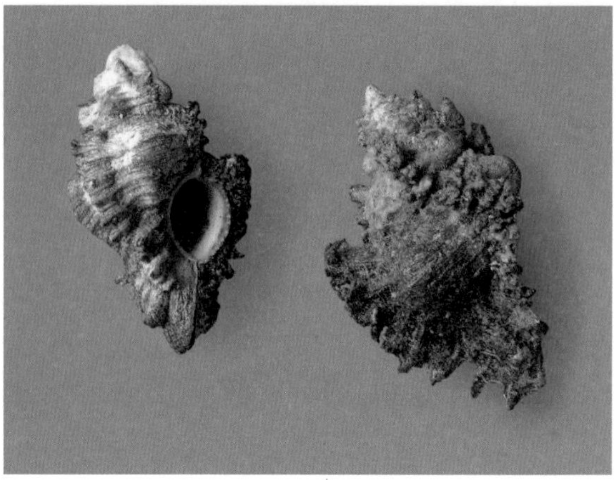

褐棘螺（骨螺科）

Chicoreus brunneus (Link)

药 材 名　褐棘螺。

药用部位　壳。

功效主治　化痰消积，镇肝息风；治胃酸过多，胃痛，淋巴结结核，痉挛。

化学成分　碳酸钙、磷酸钙、铁、镁等。

骨螺（骨螺科）

Murex pecten [Lightfoot]

药 材 名　栉棘骨螺、骨螺、三列刺骨螺。

药用部位　壳。

功效主治　清热解毒，活血止痛；治痈肿，中耳炎，疔疮，下肢溃疡。

化学成分　柴螺素、贝紫色素、骨螺素、碳酸钙、磷、镁、钾等。

红螺（骨螺科）

Rapana bezoar (Linnaeus)

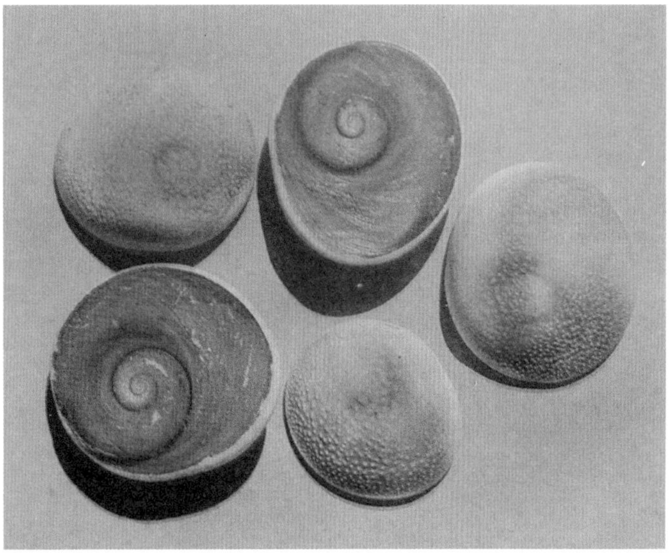

药 材 名　红螺、海螺。

药用部位　壳、厣、肉。

功效主治　壳：消痰软坚，制酸止痛。厣：解毒消炎。肉：清热明目；治胃痛，淋巴结结核，肝昏迷，中耳炎，目痛，心腹热痛。

化学成分　牛磺酸、烟酸、维生素B_2、维生素E、黑色素等。

梨红螺（骨螺科）

Rapana rapiformis (Born)

药 材 名　梨形红螺。

药用部位　壳。

功效主治　制酸止痛，消痰软坚，息风止痉；治胃痛，淋巴结结核，手足痉挛。

化学成分　河豚毒素、脱水河豚毒素等。

直吻沃骨螺（骨螺科）

Vokesimurex rectirostris (G. B. Sowerby II)

药 材 名　直吻骨螺。

药用部位　壳。

功效主治　清热解毒，活血止痛；治痈肿，中耳炎，疔疮，下肢溃疡。

化学成分　尿刊酰胆碱等。

管角螺（盔螺科）

Hemifusus tuba (Gmelin)

药 材 名　管角螺、响螺、海螺。

药用部位　厣、肉、壳。

功效主治　燥湿，清肝明目，制酸止痛，补肾壮腰，益胃；治头疮，下肢溃疡，肾虚腰痛，胃溃疡和十二指肠溃疡，反酸。

化学成分　胶蛋白、卵囊蛋白、硬蛋白等。

瓜螺（涡螺科）

Melo melo [Lightfoot]

药 材 名　瓜螺、油螺、红螺。

药用部位　卵群、肉。

功效主治　卵：制酸止痛，解毒；治胃酸过多，发热。肉：滋阴降火，益精明目，补肝肾；治肾虚，精血不足，腰脊酸痛，头目眩晕。

化学成分　血蓝蛋白、超氧化物歧化酶等。

中国鹑螺（鹑螺科）

Tonna chinensis (Dillwyn)

药 材 名　丽鹑螺。

药用部位　壳。

功效主治　软坚散结，平肝潜阳；治瘰疬，高血压，头晕目眩。

角蝾螺（蝾螺科）

Turbo cornutus [Lightfoot]

药 材 名　角蝾螺、流螺、郎君子。

药用部位　厣。

功效主治　平肝阳，清湿热，解疮毒，止泄痢；治肝阳上亢之头痛，脘腹疼痛，肠风痔疾，疥癣头疮，小便淋沥涩痛。

化学成分　蛋白质类、糖类、牛磺酸等。

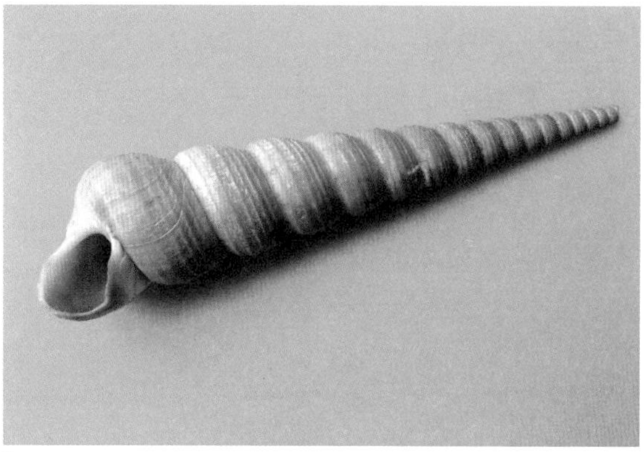

棒锥螺（锥螺科）

Turritella bacillum Kiener

药 材 名　棒锥螺、单螺、锥螺。

药用部位　壳、厣。

功效主治　平肝清热，解毒止痒，疗目疾；治结膜炎，痔疮。

化学成分　碳酸钙、蛋白质等。

笋锥螺（锥螺科）

Turritella terebra (Linnaeus)

药 材 名　笋锥螺、单螺、锥螺。

药用部位　壳、厣。

功效主治　清热解毒，平肝，止痒，疗目疾；治痔疮，结膜炎。

化学成分　糖蛋白、碳酸钙、镁、锶、铁、铜、锰、钠等。

魁蚶（蚶科）

Anadara broughtonii (Schrenck)

药材名　魁蚶。

药用部位　壳。

功效主治　消痰化结，软坚散结，制酸止痛；治瘰疬，瘿瘤，癥瘕痞块，顽痰久咳，胃痛吐酸，胃溃疡和十二指肠溃疡，牙疳，外伤出血，冻疮，烫火伤。

化学成分　苏氨酸、二十碳五烯酸、钙、铁等。

毛蚶（蚶科）

Anadara kagoshimensis (Tokunaga)

药材名　毛蚶、血蛤、毛蛤蜊。

药用部位　肉、壳。

功效主治　补血，温中，健胃；治胃痛，胃酸过多，血虚脾弱。

化学成分　毛蚶糖胺聚糖、胆甾醇、菜子甾醇、硬脂酸甲酯、7-酮基胆固醇等。

泥蚶（蚶科）

Tegillarca granosa (Linnaeus)

药材名　泥蚶、垅蛤、花蚶。

药用部位　肉、壳。

功效主治　滋补强壮，温中健胃；治痿痹，胃痛，消化不良，肝硬化，病后体虚，下痢脓血。

化学成分　半胱氨酸、二十碳五烯酸、二十二碳六烯酸、花生四烯酸等。

胖江珧（江珧科）

Atrina inflata (Dillwyn)

药 材 名　胖江珧。

药用部位　壳。

功效主治　清热解毒，息风镇静；治湿疮，高血压，头痛。

化学成分　角壳硬蛋白、碳酸钙、副肌球蛋白等。

栉江珧（江珧科）

Atrina pectinata (Linnaeus)

药 材 名　栉江珧、簸箕蛤蜊、江珧。

药用部位　肉、壳。

功效主治　清热解毒，平肝息风，滋阴补肾，镇静；治湿疮，高血压，头痛，糖尿病。

化学成分　角壳硬蛋白、碳酸钙、腺苷三磷酸、羟基吲哚氧化酶、牛磺酸等。

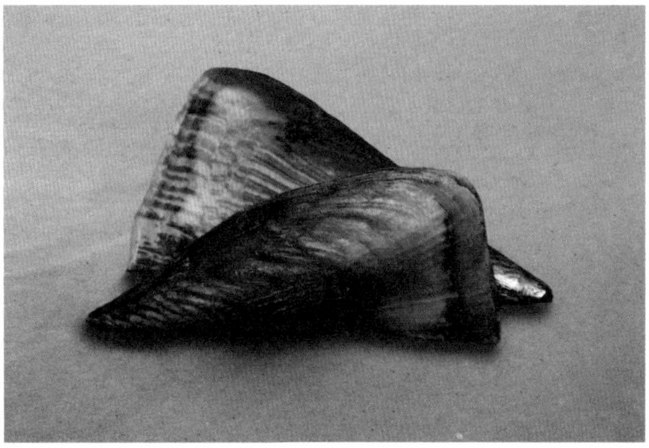

翡翠股贻贝（贻贝科）

Perna viridis (Linnaeus)

药 材 名　翡翠贻贝、青口贝、绿壳菜蛤。

药用部位　壳、软体。

功效主治　滋阴补肾，养血调经，消瘿散结，平肝潜阳；治虚劳消瘦，肾虚腰痛，阳痿，久痢，瘿瘤，眩晕，贫血。

化学成分　糖胺聚糖、牛磺酸、硒等。

近江牡蛎（牡蛎科）

Crassostrea ariakensis (Fujita)

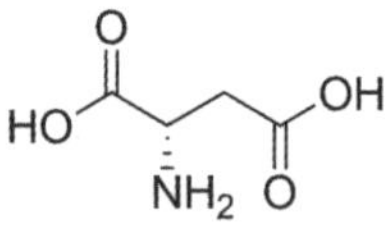

L-天冬氨酸

药 材 名　近江牡蛎、蚝、海蛎子。

药用部位　壳。

生　　境　养殖或野生，栖息在近河口的泥沙底部或者彼此连接在一起。

采收加工　四季均可收获，捞取牡蛎，开壳去肉，壳洗净晾干，生用或煅烧后用。

药材性状　壳呈圆形、卵圆形或三角形等，壳面鳞片少，不愈合。右壳外面稍不平，有灰紫棕黄等色，内面白色，边缘有时淡紫色。无臭，味微咸。

性味归经　咸、涩，微寒。归肝、胆、肾经。

功效主治　滋阴清热，安神定志，平肝潜阳，化痰止咳，制酸，软坚散结；治阴虚内热，心神不安，失眠健忘，咳嗽痰多，遗精早泄，崩漏带下，胃酸过多，淋巴结结核，甲状腺肿大。

化学成分　L-天冬氨酸、碳酸钙、谷氨酸、丝氨酸、甘氨酸、组氨酸、精氨酸、丙氨酸、脂肪酸及锌、铁等。

核心产区　沿海均有分布，山东、福建、广东等沿海已有人工养殖。

用法用量　内服，15～50克。

本草溯源　《神农本草经》《名医别录》《本草拾遗》。

附　　注　体虚多寒者禁服；若多服、久服易引起便秘和消化不良。

长牡蛎（牡蛎科）

Crassostrea gigas (Thunberg)

药 材 名　太平洋牡蛎、大连湾牡蛎。

药用部位　肉。

功效主治　滋阴生津，养血安神，调中补虚，软坚消肿，清虚热；治虚损，贫血，烦热失眠，心神不安，中风，淋巴结结核，甲状腺肿瘤。

化学成分　二十碳五烯酸、甘油磷脂酰乙醇胺等。

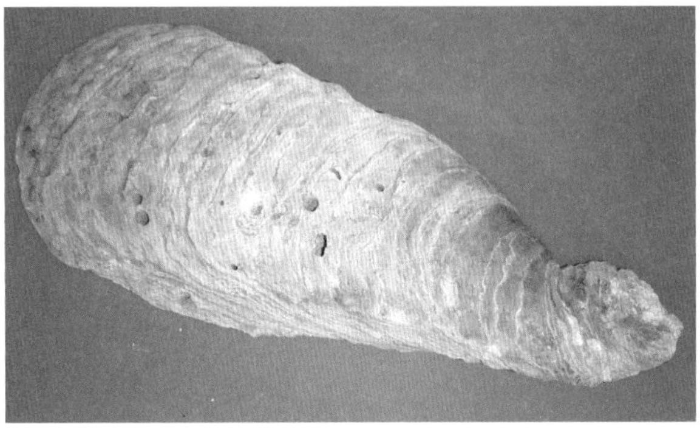

海月（海月蛤科）

Placuna placenta (Linnaeus)

药 材 名　海月、窗贝、明瓦。

药用部位　全体。

功效主治　解疮毒，消积滞，利五脏，消食利滑；治湿疮，小儿麻疹，疳积，消化不良，便秘，痰结，黄疸。

化学成分　碳酸钙、钙、镁、铝、锶、磷、铁、锌等。

紫斑海菊蛤（海菊蛤科）

Spondylus nicobaricus Schreibers

药 材 名　紫斑海菊蛤、刺蚶、海菊蛤。

药用部位　壳、肉。

功效主治　清热解毒，止咳化痰，消肿散结，滋补；治中耳炎，痰多咳嗽，瘿结，体虚。

化学成分　与石房蛤毒素、旋钩藻毒素相似的毒素类。

合浦珍珠（珍珠贝科）

Pinctada fucata (A. Gould)

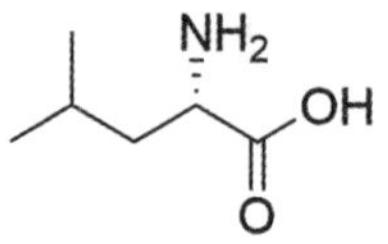

亮氨酸

药 材 名　合浦珍珠、合浦南珠、珍珠、药珠。

生　　境　培育，生活于低潮线附近水深5～20米处的珊瑚、泥沙及石砾上。

药用部位　病理产物。

采收加工　全年可收，剖取珍珠，洗净即可。

药材性状　两壳显著隆起，呈正方形，淡黄色。壳内珍珠层厚，银白色。边缘锯齿状。铰合部直具小齿。气微，味微咸。

性味归经　甘、咸，寒。归心、肝经。

功效主治　镇心安神，清肝明目，解毒生肌，止遗，止带；治惊悸怔忡，目赤云翳，口舌生疮，遗精，带下等。

化学成分　碳酸钙、铜、钙、铁、亮氨酸、天冬氨酸、谷氨酸、丝氨酸、组氨酸、精氨酸等。

核心产区　广西（合浦）、广东（雷州半岛）、江西（万年）、浙江（绍兴诸暨）。

用法用量　内服：研末，每次0.3～1克；或入丸、散。外用：适量，研末干撒、点眼、吹喉、吹耳。

本草溯源　《海药本草》《本草纲目》《神农本草经疏》。

附　　注　孕妇忌服，无实火郁热者慎用，无邪热者勿用。

阿文绶贝（宝贝科）

Mauritia arabica (Linnaeus)

药 材 名　阿文绶贝、阿拉伯绶贝、紫贝齿。

药用部位　壳。

功效主治　清热解毒，清心安神，清肝明目，利尿消肿；治热痢，惊悸心烦，头晕头痛，热毒目翳，鼻渊头痛，小便不利。

化学成分　碳酸钙、氧化钙、锌、铁等。

长肋日月贝（扇贝科）

Amusium pleuronectes (Linnaeus)

药 材 名　长肋日月贝、带子、扇贝。

药用部位　肉。

功效主治　滋阴补血，益肝补肾，养血生津；治阴虚内热，腰酸腿软，遗精，滑精，崩漏带下，耳鸣目昏。

化学成分　钙、钾、镁、维生素A、维生素E、维生素B_1等。

华贵类栉孔扇贝（扇贝科）

Mimachlamys crassicostata (G. B. Sowerby II)

药 材 名　华贵栉孔扇贝、扇贝，干贝。

药用部位　壳、闭壳肌。

功效主治　滋阴补肾，调中和胃；治久病体虚，肾虚腰痛，胃腹痛。

化学成分　二十碳五烯酸、二十二碳六烯酸等。

中华绿螂（绿螂科）

Glauconome chinensis J. E. Gray

药 材 名 中国绿螂、大头蛏。

药用部位 壳。

功效主治 滋阴清热，软坚散结，制酸止痛；治潮热盗汗，瘰疬，胃酸过多，胃溃疡和十二指肠溃疡。

化学成分 蛋白质、超氧歧化酶等。

青蛤（帘蛤科）

Cyclina sinensis (Gmelin)

药 材 名 青蛤、蛤蜊、黑蛤。

药用部位 壳。

功效主治 清热利水，化痰软坚，制酸和胃；治痰喘咳，淋病，瘿瘤，血结胸痛，崩漏，胃痛吐酸，湿疹，烫伤。

化学成分 甘氨酸、丙氨酸、钙、钾、二十碳五烯酸等。

丽文蛤（帘蛤科）

Meretrix lusoria (Röding)

药 材 名 丽文蛤。

药用部位 肉、壳。

功效主治 软坚散结，清热化痰；治瘿瘕，咳嗽气喘，胸胁满痛，崩漏带下，咯血。

化学成分 单糖基神经酰胺、活性肽、蛋白质、脂肪、钙、镁、磷等。

文蛤（帘蛤科）

Meretrix meretrix (Linnaeus)

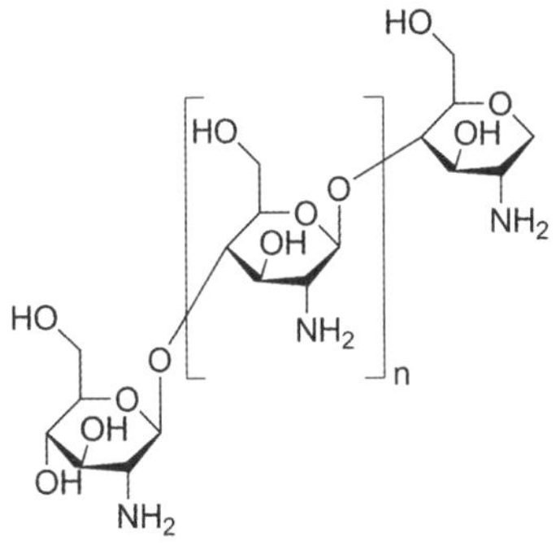

甲壳质

药 材 名　文蛤、花蛤、蛤蜊。

药用部位　壳、肉。

生　　境　生活于潮间带以及浅海区的细沙质滩涂。

采收加工　春季至秋季采捕，捕后去肉留壳。蛤壳洗净晒干，生用或煅用。

药材性状　壳呈扇形或类圆形，腹缘呈圆弧形，质坚厚。壳顶凸出。壳表面光滑，被有一层黄褐色光滑似漆的壳皮。同心生长轮纹（脉）清晰。无臭，味淡。

性味归经　苦、咸，微寒。归肺、胃、肾经。

功效主治　壳：清肺化痰，软坚散结，利水消肿，制酸止痛，敛疮收湿；治痰热咳嗽，瘰疬瘿瘤，胸胁疼痛，胃痛泛酸，湿热水肿，崩漏，淋浊带下，痔疮，臁疮湿疹，烫伤，疮疡溃后久不收口。肉：清热利湿，润燥止渴，化痰散结；治消渴，口渴烦热，咳逆胸痹，痰核，盗汗，瘿瘤，瘰疬，痔瘘。

化学成分　碳酸钙、甲壳质等。

核心产区　辽宁至广西、广东、海南等沿海海域。

用法用量　内服：打碎，煎汤，蛤粉宜包煎，10～15克；或入丸、散，1～3克。外用：适量，研末撒或调敷。

本草溯源　《神农本草经》《名医别录》《日华子本草》《本草纲目》《中华本草》。

附　　注　脾胃虚寒者慎服。

西施舌（蛤蜊科）

Mactra antiquata Spengler

药 材 名　西施舌、车蛤、海蚌。

药用部位　肉。

功效主治　滋阴润燥，利水消肿，化痰软坚，益精髓，清肝明目；治腰膝酸痛、阴虚消渴，目赤，水肿，淋巴结肿大，痔疮，崩漏。

化学成分　谷氨酸、天冬氨酸、牛磺酸、蛤蜊素甲、蛤蜊素乙等。

大蛤蜊（蛤蜊科）

Mactra grandis Gmelin

药 材 名　大蛤蜊、沙蜊、蛤蜊。

药用部位　肉、壳。

功效主治　清热利湿，软坚化痰，止咳定喘，滋阴；治痰多咳嗽，崩漏，烫伤，胃溃疡和十二指肠溃疡，水肿，瘿瘤，痔疮。

化学成分　钙、维生素A、维生素B_1、维生素B_2、牛磺酸等。

四角蛤蜊（蛤蜊科）

Mactra quadrangularis Reeve

药 材 名　四角蛤蜊、蛤蜊、白蚶子。

药用部位　肉、壳。

功效主治　滋阴利水，化痰软坚，清热利湿，制酸止痛；治水肿，痰积，瘿瘤，烫伤，胃溃疡和十二指肠溃疡。

化学成分　钙、磷、维生素A、维生素B_1、烟酸、抗坏血酸等。

小荚蛏（刀蛏科）

Siliqua minima (Gmelin)

药 材 名　小荚蛏、白荚蛏。

药用部位　壳、肉。

功效主治　消瘿，通淋，止带，除热，明目，止渴；治瘿气，痰饮，淋病，赤白带下，虚劳烦热，青盲内障。

化学成分　谷氨酸、胱氨酸、钠、钾、钙、硒等。

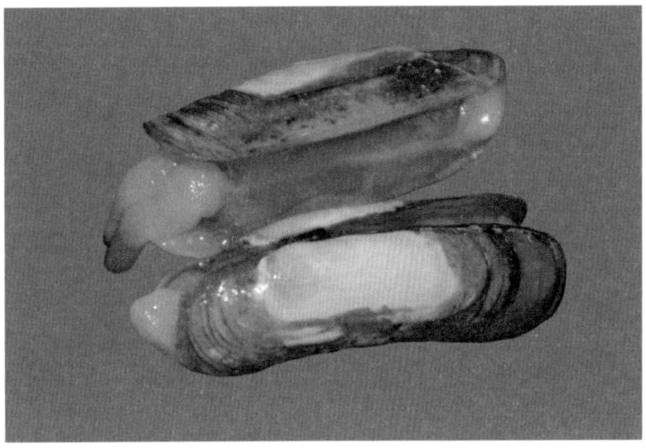

缢蛏（刀蛏科）

Sinonovacula constricta (Lamarck)

药 材 名　缢蛏、蛏子、青子。

药用部位　肉、壳。

功效主治　滋补，止痢，清热除烦，解毒消炎；治产后虚损，乳少，烦热痢疾，胃痛，喉痛。

化学成分　谷氨酸、缬氨酸、丙氨酸、2-辛烯醛、2,4-庚二烯醛、3-苯丙酸甲酯等。

大竹蛏（竹蛏科）

Solen grandis Dunker

药 材 名　大竹蛏。

药用部位　肉、壳。

功效主治　清热止渴，散结止带，通淋；治消渴，酒精中毒，瘿气，痰饮，淋病，赤白带下。

化学成分　天冬氨酸、谷氨酸、牛磺酸、硒、二十碳五烯酸、二十二碳六烯酸等。

长竹蛏（竹蛏科）

Solen strictus Gould

药 材 名 长竹蛏、马刀、齐蛤。

药用部位 壳、肉。

功效主治 散结消痰，清热通淋，止血敛带，和胃，清热明目，补虚止血，止渴解毒；治甲状腺肿大，痰饮，淋病，赤白带下，崩漏，酒精中毒。

化学成分 谷氨酸、甘氨酸等。

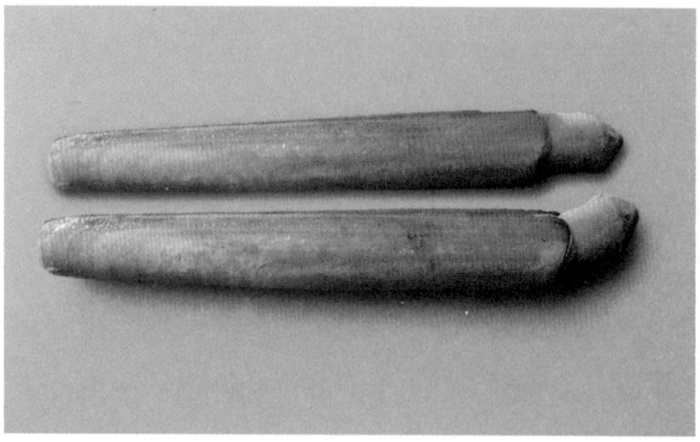

火枪乌贼（枪乌贼科）

Loliolus beka (Sasaki)

药 材 名 火枪乌贼、墨鱼子、水兔、鱿鱼仔。

药用部位 肉。

功效主治 祛风除湿，清热解毒，活血化瘀，健骨强筋；治风湿腰痛，疮疖，腰肌劳损，肌肉痉挛，小儿疳积，产后体虚。

化学成分 蛋白质、维生素A、维生素B_1、维生素B_2、烟酸等。

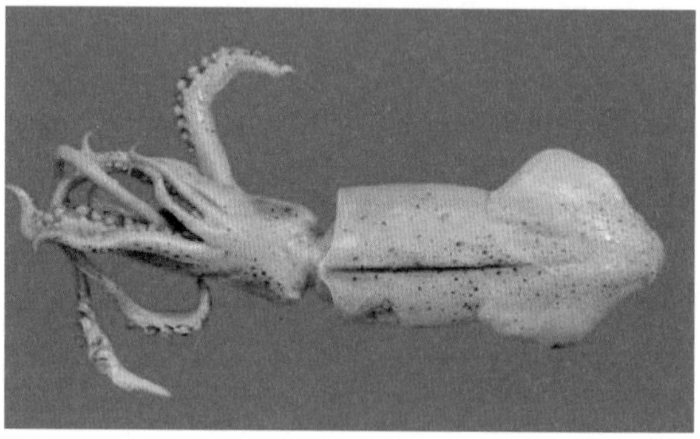

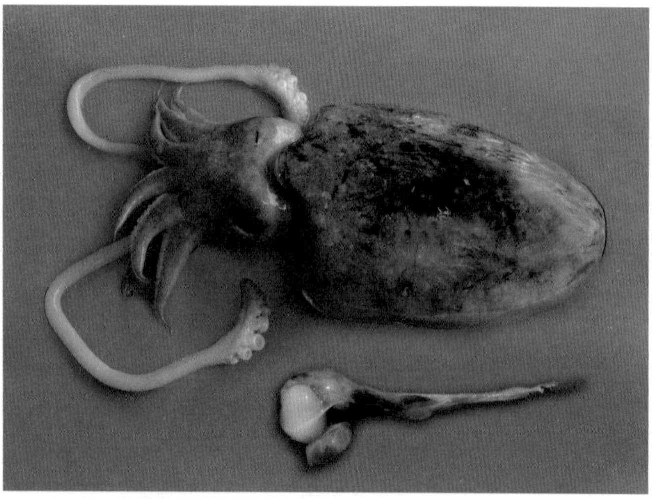

中国尾枪乌贼（枪乌贼科）

Uroteuthis chinensis (Gray)

药 材 名 中国枪乌贼、台湾枪乌贼、中国鱿鱼。

药用部位 全体。

功效主治 祛风除湿，清热解毒，活血化瘀，强筋健骨，通淋；治风湿腰痛，下肢溃疡，石淋，痈疮疖肿，小儿疳积。

化学成分 磷脂、维生素A、维生素B_2、烟酸、牛磺酸等。

金乌贼（乌贼科）

Sepia esculenta Hoyle

药 材 名 金乌贼、真乌贼、墨鱼。

药用部位 内壳、肉、墨。

功效主治 内壳：固精止带，制酸止痛；治赤白带下，胃痛吐酸。肉：养血滋阴，益精；治血虚经闭，遗精。墨：收敛止血，祛瘀止痛；治消化道出血等。

化学成分 钙、钾、棕榈酸等。

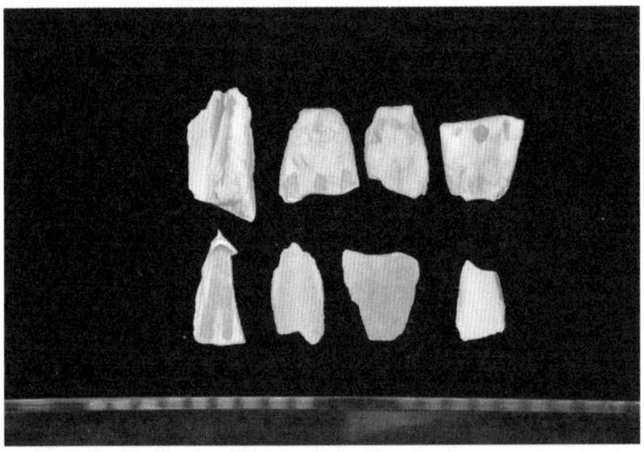

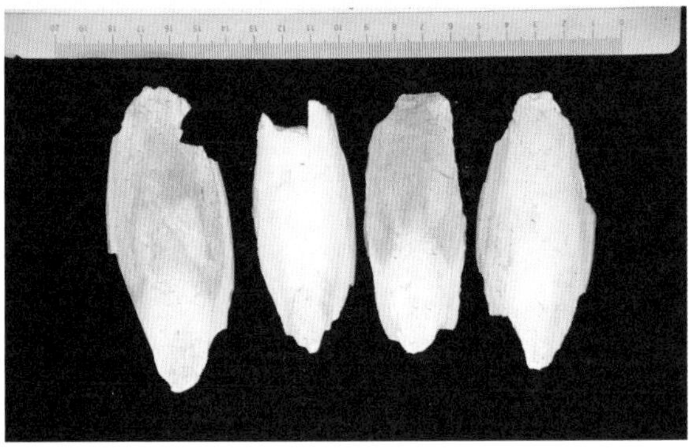

曼氏无针乌贼（乌贼科）

Sepiella inermis (Van Hasselt)

药 材 名 曼氏无针乌贼、花粒子、麻乌贼。

药用部位 缠卵腺、肉、墨。

功效主治 缠卵腺：补肾壮腰，利水消肿；治中焦失运，水肿。肉：养血滋阴，调经；治血虚经闭等。墨：收敛止血；治消化道出血、肺结核咯血。

化学成分 锌、棕榈油酸等。

短蛸（蛸科）

Amphioctopus fangsiao (d'Orbigny)

药 材 名 短蛸、饭蛸、坐蛸。

药用部位 全体。

功效主治 补血益气，通经下乳，收敛生肌；治产后乳汁不足，久病体虚，遗尿，痈疽肿痛。

化学成分 天冬氨酸、苏氨酸、牛磺酸、章鱼肉碱等。

长蛸（蛸科）

Octopus variabilis (Sasaki)

药 材 名　长蛸、章鱼、长爪章。

药用部位　除内脏以外的全体。

功效主治　补气养血，通经下乳，解毒，生肌；治产后气血亏虚，乳汁不足，久病体虚。

化学成分　蛋氨酸、胱氨酸、十八（烷）酸、肉豆蔻酸、软脂酸等。

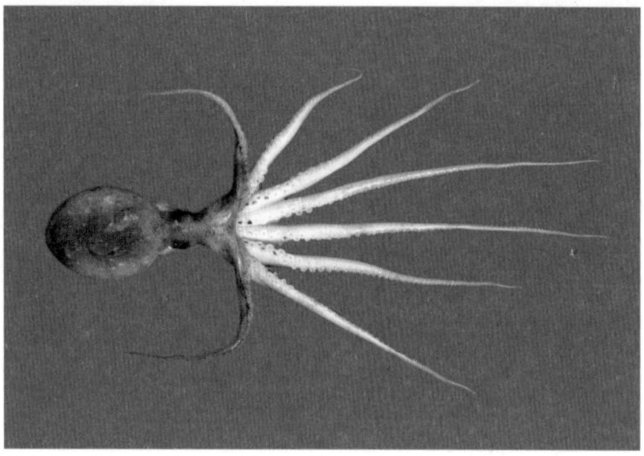

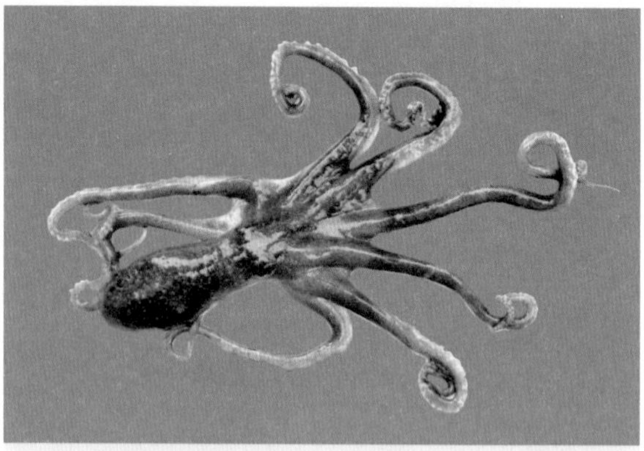

真蛸（蛸科）

Octopus vulgaris Cuvier

药 材 名　真蛸、墨鱼、章鱼。

药用部位　除内脏以外的全体。

功效主治　滋补强壮，益气养血，通经下乳，解毒生肌；治气血虚弱，血虚经行不畅，产后缺乳，痈疽肿毒，久疮不愈。

化学成分　棕榈酸、二十碳五烯酸、花生四烯酸等。

白脊管藤壶（藤壶科）

Fistulobalanus albicostatus (Pilsbry)

药 材 名　白脊藤壶、藤壶、白纹藤壶。

药用部位　肉、壳。

功效主治　制酸止痛，解毒疗疮；治胃痛吞酸，水火烫伤，小儿头疖，疔疮肿毒。

化学成分　无机元素、蛋白质、氨基酸、粗脂肪等。

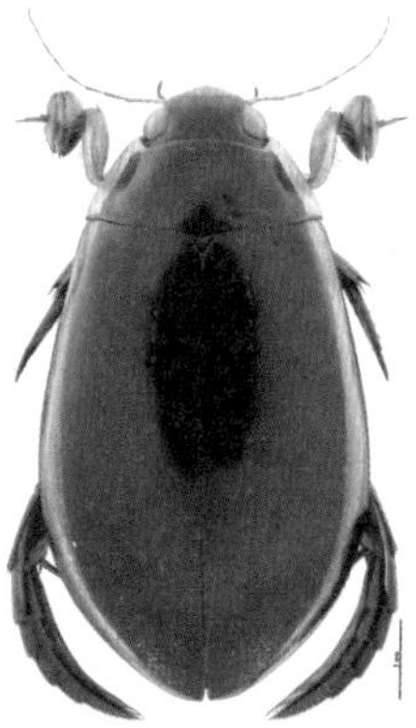

黄缘真龙虱（龙虱科）

Cybister bengalensis Aubé

药 材 名　龙虱。

药用部位　全虫。

功效主治　补肾，缩尿，活血；治小儿遗尿，老人尿频，面部褐斑。

化学成分　赖氨酸、组氨酸、亮氨酸、精氨酸、缬氨酸及铜、钴、锰、硒、硫、钾等元素。

三刻真龙虱（龙虱科）

Cybister tripunctatus lateralis (Fabricius)

药 材 名　龙虱、东方潜龙虱。

药用部位　全虫。

功效主治　补肾，缩尿，活血；治小儿遗尿，老人尿频，面部褐斑。

化学成分　谷氨酸、亮氨酸、天冬氨酸、组氨酸、精氨酸、赖氨酸等。

海蟑螂（海蟑螂科）

Ligia exotica Roux

药 材 名　海蟑螂、海蛆、海岸水虱。

药用部位　全体。

功效主治　活血解毒，消积；治跌打损伤，痈疮肿毒，小儿疳积。

化学成分　壳多糖、胆甾醇、对羟基苯甲醛等。

普通卷甲虫（卷甲虫科）

Armadillidium vulgare (Latrielle)

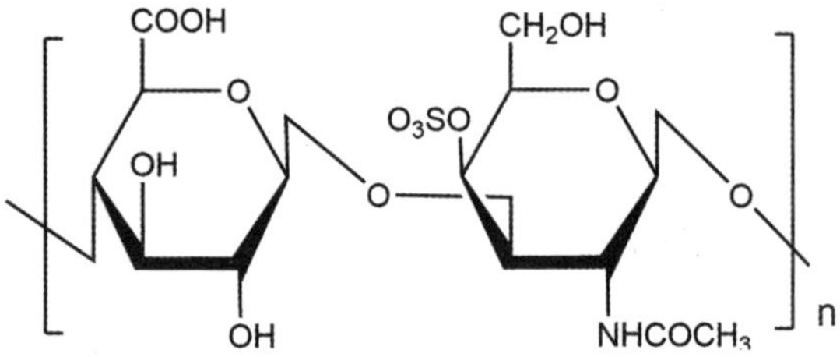

硫酸软骨素A

药 材 名　鼠妇虫、鼠粘、鼠赖虫。

药用部位　全体。

生　　境　野生，生于朽木中、腐叶中、石下。

采收加工　4～9月捕捉，捕后用沸水烫死，晒干或焙干。

药材性状　虫体多卷曲成球形或半圆形。背隆起，平滑，腹向内陷。体灰白色。由近于平行的环节构成，胸部7节，每节有同形的脚1对，分5节。质脆易碎。气腥臭。

性味归经　酸、咸，凉。归肝、肾经。

功效主治　破瘀，利水，解毒，止痛；治久疟疟母，闭经，癥瘕，小便不通，惊风撮口，鹅口疮，牙痛。

化学成分　硫酸软骨素A、硫酸软骨素C、透明质酸、氨基酸等。

核心产区　全国各地均产。

本草溯源　《神农本草经》《新修本草》《本草纲目》《本经逢原》。

中国对虾（对虾科）

Penaeus chinensis (Osbeck)

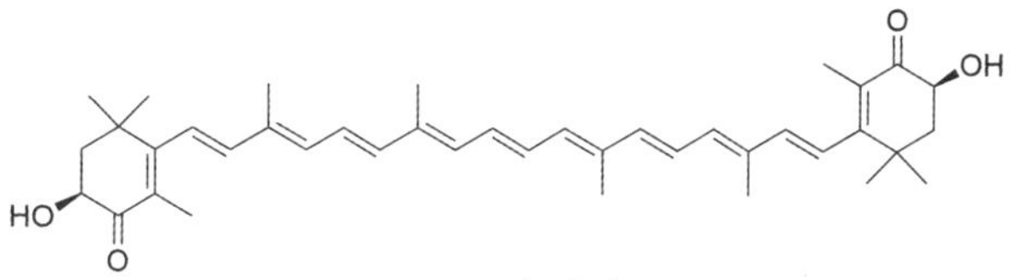

虾青素

药 材 名　中国对虾、东方对虾、明虾。

药用部位　肉、全体。

生　　境　生活于浅海泥沙底，白天潜伏于泥沙内，夜晚游于水层下部。

采收加工　春至秋季捕捞，洗净去壳，取肉鲜用或晒干。

药材性状　长大而侧扁，额角细长平直。胸、腹部肢体略带红色，尾肢末半为深棕蓝色并夹有红色。全体之隆起部分为深棕灰色。肉气微，味甘、鲜美。

性味归经　甘、咸，温。归肝、肾、胃经。

功效主治　强壮益精，补肾兴阳，滋阴息风，托里解毒，通乳，透疹；治肾虚阳痿，阴虚风动，手足搐搦，中风半身不遂，筋骨疼痛，乳汁不下，恶核，麻疹。

化学成分　吡嗪、甲基吡嗪、虾青素等。

核心产区　广西、广东、辽宁、河北、山东、江苏、福建等地的沿海海域。

用法用量　内服：煎汤，15～30克；煮食或浸酒。外用：适量，捣敷。

本草溯源　《本草纲目》《本草纲目拾遗》。

斑节对虾（对虾科）

Penaeus monodon Fabricius

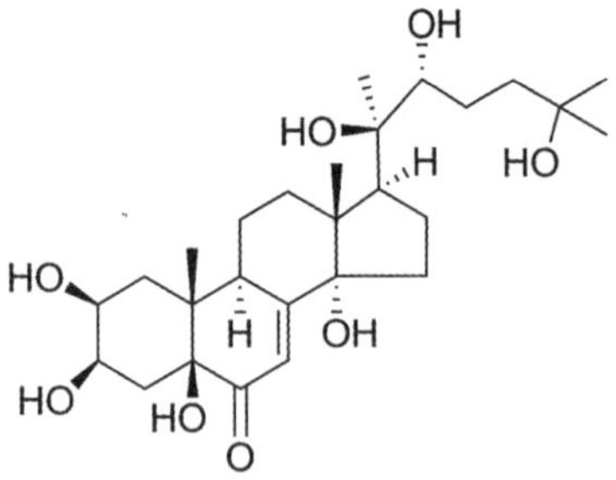

5,20-二羟基蜕皮酮

药 材 名　斑节对虾、草虾（台湾）、角虾（海南）。

药用部位　肉、全体。

生　　境　栖息于泥质或泥质沙的海底，白天静伏海底或泥沙内不动。

采收加工　春季捕捞，去壳取肉鲜用，或冻藏，或煮熟晒干备用，壳也可入药。

药材性状　额角侧脊低而钝，背中央具纵沟，身体有棕色和暗绿色相间的横斑，腹肢的柄部外面呈明显黄色。肉气微，味甘、鲜美。

性味归经　甘、咸，温。归肝、肾、胃经。

功效主治　强壮益精，补肾兴阳，滋阴息风，托里解毒，通乳，透疹；治肾虚阳痿，阴虚风动，手足搐搦，中风半身不遂，筋骨疼痛，乳汁不下，恶核，麻疹。

化学成分　5,20-二羟基蜕皮酮、蜕皮激素、2-脱氧蜕皮酮、壳聚糖等。

核心产区　广西、广东、浙江、福建、台湾沿海。

用法用量　内服：煎汤，15～30克；煮食或浸酒。外用：适量，捣敷。

本草溯源　《本草纲目》《本草纲目拾遗》《本草从新》。

附　　注　阴虚火旺及敏感体质者忌食。

中国龙虾（龙虾科）

Panulirus stimpsoni Holthuis

药 材 名　中国龙虾、龙虾。

药用部位　肉、壳、全体。

功效主治　肉：补肾壮阳，健胃；治阳痿，神经衰弱，筋骨疼痛。壳：解毒消炎，镇静；治扁桃体炎，疥癣，疥疮。

化学成分　肌球蛋白、α-甲壳青、甲胺、海胆烯酮、赖氨酸等。

下齿细螯寄居蟹（活额寄居蟹科）

Clibanarius infraspinatus (Hilgendorf)

药 材 名　螯下齿细螯寄居蟹、寄居虫、寄居虾。

药用部位　全体。

功效主治　活血散瘀，止痛消肿，滋阴补肾，健胃，除湿热；治瘀血腹痛，眩晕耳鸣，跌打损伤，腰膝酸软，阳痿，小便不利。

化学成分　牛磺酸、糖酶、酯醇等。

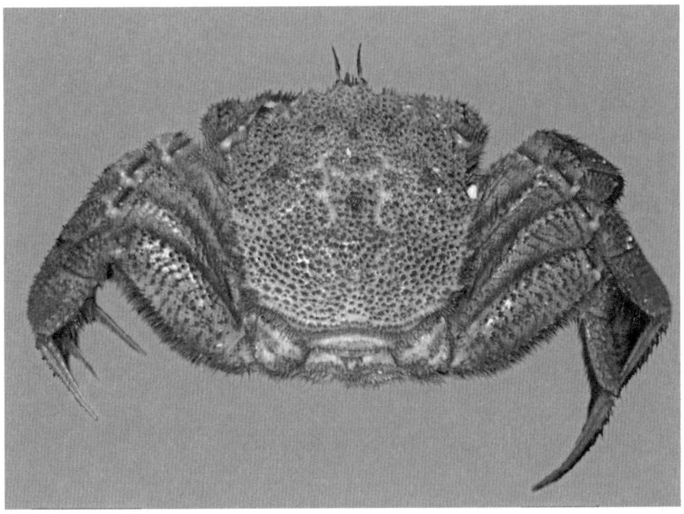

羊毛绒球蟹（卧蜘蛛蟹科）

Doclea ovis (Fabricius)

药 材 名　羊毛绒球蟹、毛蟹、甲指红。

药用部位　全体。

功效主治　清热解毒，止痢止泻；治痢疾，脱肛，痔疮。

化学成分　钙、磷、铁、维生素A等。

三疣梭子蟹（梭子蟹科）

Portunus trituberculatus (Miers)

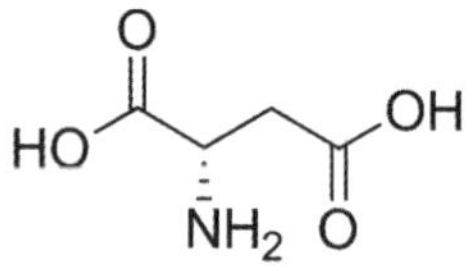

L-天冬氨酸

药 材 名　梭子蟹、枪蟹、海螃蟹。

药用部位　全体。

生　　境　生活于水深10～100米的泥沙质海底。

采收加工　夏、秋季捕捞，洗净，鲜用或晒干。

药材性状　梭形，稍隆起，表面具分散颗粒。横行的颗粒隆线3条，疣状突起3个。螯足发达，长节呈棱柱形。气微，味微咸。

性味归经　咸，寒。归肝经。

功效主治　滋阴养血，解毒消肿；治血枯经闭，跌打损伤，乳腺炎，无名肿毒，皮肤溃疡等。

化学成分　铝、钙、铁、巨球蛋白、胃蛋白酶、淀粉酶、L-天冬氨酸、谷氨酸、丝氨酸、甘氨酸、组氨酸、精氨酸、海胆酮、十三烷酸等。

核心产区　福建、广东、广西。

用法用量　内服：鲜蟹50～200克；煅存性研末，冲服，适量。外用：适量，捣敷或煎汤洗。

本草溯源　《中国药用海洋生物》《中华药海》《中华本草》《中华海洋本草》。

附　　注　孕妇禁忌，脾胃虚寒者慎服。

锯缘青蟹（梭子蟹科）

Scylla serrata (Forskål)

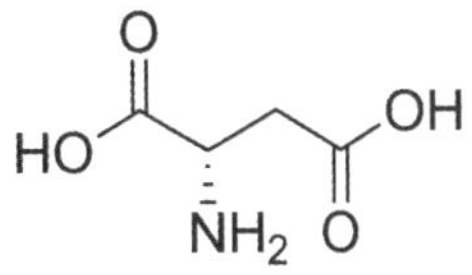

L-天冬氨酸

药 材 名　青蟹、羔蟹、朝蟹。

药用部位　全体。

生　　境　生活在温暖和盐度较低的浅海中。

采收加工　随时可捕，鲜用或腌制。

药材性状　头胸甲呈横椭圆形，长度约为宽度的2/3。背面隆起而光滑，青绿色，胃区及心区间有明显的“H”形凹痕。壳薄脆，气微，味甘咸。

性味归经　咸，寒。归肝、脾经。

功效主治　化瘀止痛，利水消肿，滋补强壮；治产后腹痛，乳汁不足，体虚水肿。

化学成分　钾、钠、磷、钙、L-天冬氨酸、谷氨酸、丝氨酸、甘氨酸、组氨酸、精氨酸、十三烷酸、十六碳烯酸等。

核心产区　我国东南沿海、日本、越南、泰国、菲律宾、印度尼西亚、夏威夷、澳大利亚等。

用法用量　煮食，每次1只或研末服。

本草溯源　《中国药用动物志》《中国海洋药物辞典》。

附　　注　脾胃虚寒者慎服。

拉氏大眼蟹（大眼蟹科）

Venitus latreillei (Desmarest)

药 材 名　石蟹、灵石蟹、全石蟹。

药用部位　全体。

功效主治　清热明目，消肿解毒，催生堕胎；治目赤，翳膜遮睛，喉痹，痈肿，时行热病。

化学成分　碳酸钙、硅、铁、钡、锶等。

中国鲎（鲎科）

Tachypleus tridentatus (Leach)

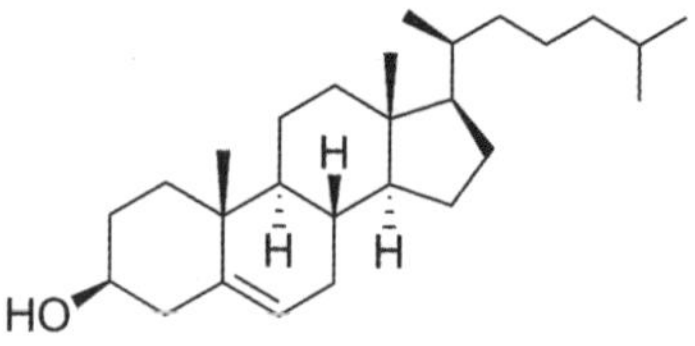

胆甾醇

药 材 名　中华鲎、鲎、鲎鱼、中国鲎。

药用部位　肉。

生　　境　中国鲎的每个生命阶段都需要特定的生境，海洋浅滩高潮线附近适合产卵，潮间带适合幼体栖息，而潮下带浅海区域则适合觅食。

采收加工　全年可捕捞，取肉，鲜用或晒干或腌制。

药材性状　体似瓢形，深褐色，呈马蹄形，前缘至左右两侧缘呈半圆形，两侧向后突出成刺。背面突起，中有一纵脊，单眼1对，两侧各有纵脊1条，复眼1对，腹面凹陷，附肢6对，4对称为胸肢，位于口两侧，基节常有倒刺。

性味归经　辛、咸，平；有毒。归脾、大肠经。

主治功效：清热明目，解毒消肿；治赤目肿痛，翳膜遮睛，痔疮，脓疱疮。

化学成分　胆甾醇等。

核心产区　自日本濑户内海，沿我国浙江、福建、广东、广西、海南、香港和台湾沿岸，南至印度尼西亚爪哇岛北岸以北、苏门答腊岛印度洋东侧的海域，其中中国东岸和日本南部海域分布较广，产量也高。

用法用量　煮食，5～10克。

本草溯源　《食疗本草》《本草拾遗》《本草纲目》。

附　　注　石鲎是十分宝贵的海洋资源，古老的海洋底栖动物，海洋活化石。中华鲎是世界现存4种鲎中体型最大的一种，是河口生态系统的标志物种，其蓝色的血液被用于生产医用检验试剂（鲎试剂）。由于鲎生境改变及人类的过度捕捞，现已到了枯竭濒危程度，2021年我国《国家重点保护野生动物名录》把中国鲎列为国家二级保护动物。

东亚钳蝎（钳蝎科）

Mesobuthus martensii (Karsch)

药 材 名　全蝎、全虫、茧尾虫。

药用部位　全虫。

功效主治　全蝎有毒。息风镇痉，通络止痛，攻毒散结；治肝风内动，痉挛抽搐，小儿惊风，中风口歪，半身不遂，破伤风，风湿顽痹，偏正头痛，疮疡，瘰病。

化学成分　蝎毒素等。

横纹金蛛（园蛛科）

Argiope bruennichi (Scopoli)

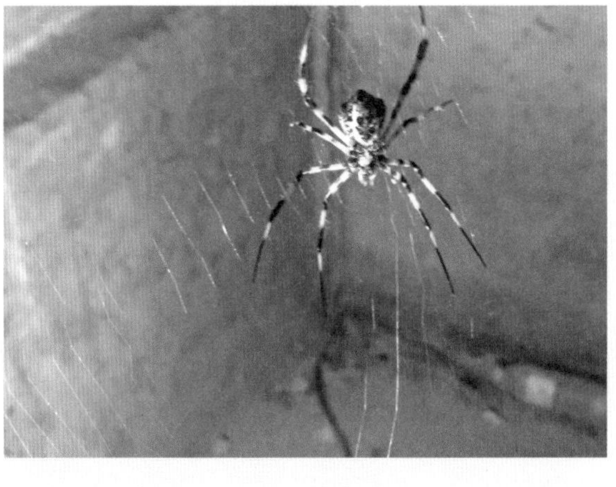

药 材 名　黄金蛛、花蜘蛛。

药用部位　全虫。

功效主治　有小毒。益肾兴阳，解毒消肿；治阳痿，痹证，疮肿，毒蛇咬伤。

化学成分　消化液含碱性蛋白酶等。

哈氏蜈蚣（蜈蚣科）

Scolopendra dehaani Brandt

药 材 名 蜈蚣。

药用部位 全体。

功效主治 有毒。息风镇痉，攻毒散结，通络止痛；治痉挛抽搐，疮疡肿毒，瘰疬结核，风湿顽痹，关节疼痛，顽固性偏正头痛，毒蛇咬伤。

化学成分 毒液蛋白、多肽类物质等。

多棘蜈蚣（蜈蚣科）

Scolopendra multidens Newport

药 材 名 多棘巨蜈蚣、多棘蜈蚣。

药用部位 全体。

功效主治 有毒。息风镇痉，攻毒散结，通络止痛；治痉挛抽搐，疮疡肿毒，瘰疬，风湿顽痹，关节疼痛，顽固性偏正头痛，毒蛇咬伤。

化学成分 组织胺样物质、溶血性蛋白质等。

美洲大蠊（蜚蠊科）

Periplaneta americana (Linnaeus)

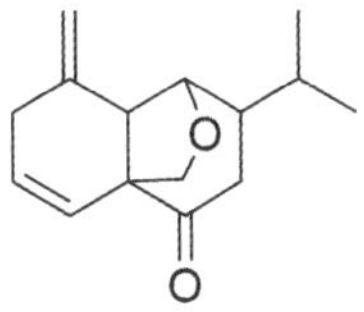

美洲蜚蠊酮A

药材名 蟑螂、大蟑螂、蜚蠊。

药用部位 全体。

生 境 温暖、潮湿、食物丰富、多缝隙的场所。

生活习性 不完全变态（虫卵、若虫与成虫），昼伏夜出，具厌光性，具有喜温、暗、湿、静的特点；食性广泛，偏好素食类，每年11月下旬至次年3月初为休眠期。

养殖技术 采用温室箱养，虫卵分离，人工孵化，孵化和饲养温度为20～30℃，湿度60%～85%，散光照射，用玉米粉、麸皮与蛋白质混合饲料喂养。

采收加工 沸水烫死，晒干或烘干。

药材性状 呈椭圆形，红褐色，背腹扁平，头小，前胸扩大如盾黄色宽带纹，触角1对，足3对，翅2对，尾须1对，质松脆，易碎。

药理作用 美洲大蠊具有促进组织修复、抗肿瘤、抗菌、抗氧化及护肝作用，在临床上可以用于组织修复、溃疡治疗、抗肿瘤、心肌保护等方面。

主要价值 药用，除了防癌抗癌外，对面部烧伤和肝脏保护也有很好的效果。

化学成分 亮氨酸、乙酰胺、乙酰胆碱酯酶、美洲蜚蠊酮A、美洲蜚蠊酮B等。

核心产区 我国云南（大理、腾冲）、广东（普宁）和四川（成都）有养殖。

用法用量 内服：煎汤，0.5～1.5克。外用：适量，研末调敷。

附 注 美洲大蠊属于世界性最难治理的卫生昆虫之一，原产非洲，在美洲发现并定名，1844年7月传入中国，目前是我国南方室内最常见优势品种。有毒，其毒性可能与美洲大蠊的油脂有关，动物实验表明，油脂中的棕榈酸可加重小鼠模型肝脏损伤。

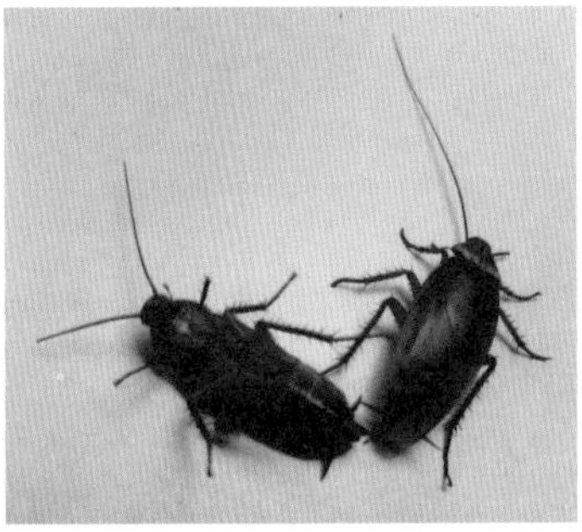

中华真地鳖（鳖蠊科）

Eupolyphaga sinensis (Walker)

药 材 名　中华真地鳖、地鳖、地鳖虫。

药用部位　雌虫。

功效主治　有小毒。破瘀血，续筋骨；治筋骨折伤，瘀血经闭，癥瘕痞块。

化学成分　甘氨酸、谷氨酸等。

冀地鳖（鳖蠊科）

Polyphaga plancyi Bolívar

药 材 名　地鳖虫、土元。

药用部位　雌虫。

功效主治　破瘀血，续筋骨；治筋骨折伤，瘀血经闭，癥瘕痞块。

化学成分　甲酚、苯乙醇等。

广斧螳（螳螂科）

Hierodula patellifera Serville

药 材 名　桑螵蛸、黑螵蛸。

药用部位　全虫和卵鞘。

功效主治　补肾助阳，固精缩尿；治遗尿尿频，遗精滑精，小便白浊，腰膝酸软。

化学成分　3-*O*-glucosyl-*N*-acetyldopamine、3-*O*-glucosyl-*N*-malonyldopamine、3-*O*-glucosyl-*N*-acetyl-alanyldopamine等。

薄翅螳螂（螳螂科）

Mantis religiosa sinica Bazyluk

药 材 名　桑螵蛸、齁胧、食胧。

药用部位　全虫和卵鞘。

功效主治　定惊止搐，解毒消肿；治小儿惊痫抽搐，咽喉肿痛，疖肿恶疮，脚气。

化学成分　氨基酸、脂类、脂肪、柠檬酸等。

棕静螳（螳螂科）

Statilia maculata Thunberg

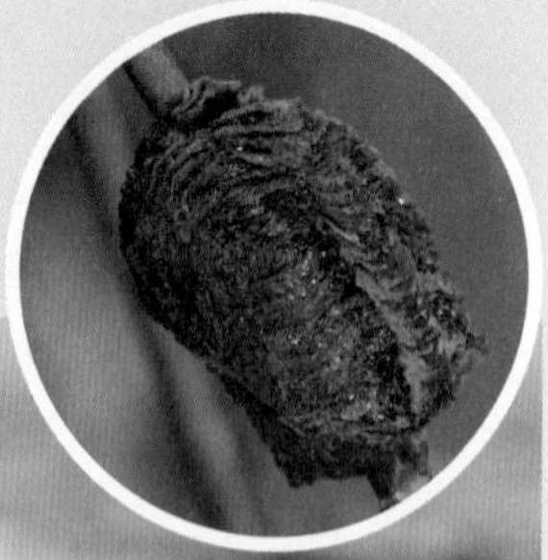

药 材 名　桑螵蛸。

药用部位　卵鞘。

功效主治　固精缩尿，补肾助阳；治遗精滑精，遗尿尿频，白浊，肾虚阳痿。

化学成分　*N*-乙酰多巴胺-3-*O*-葡萄糖、N-malonyldopamin等。

狭翅大刀螳（螳螂科）

Tenodera angustipennis Saussure

药 材 名　桑螵蛸、亮翅螳螂、大刀螳。

药用部位　卵鞘。

功效主治　固精缩尿，补肾助阳；治遗精滑精，遗尿尿频，白浊，肾虚阳痿。

化学成分　氨基酸、脂类等。

中华大刀螳（螳螂科）

Tenodera sinensis Saussure

药 材 名 桑螵蛸、长螳螂、南方刀螳。

药用部位 全虫及卵鞘。

功效主治 定惊止搐，解毒消肿；治小儿惊痫抽搐，咽喉肿痛，疖肿恶疮，脚气，痔疮。

化学成分 氨基酸、蛋白质、脂肪、粗纤维等。

冕花螳（花螳科）

Hymenopus coronatus Olivier

药 材 名 桑螵蛸。

药用部位 卵鞘。

功效主治 补肾助阳，固精缩尿；治遗尿尿频，遗精滑精，腰膝酸软。

化学成分 脂肪、粗纤维、氨基酸、磷脂等。

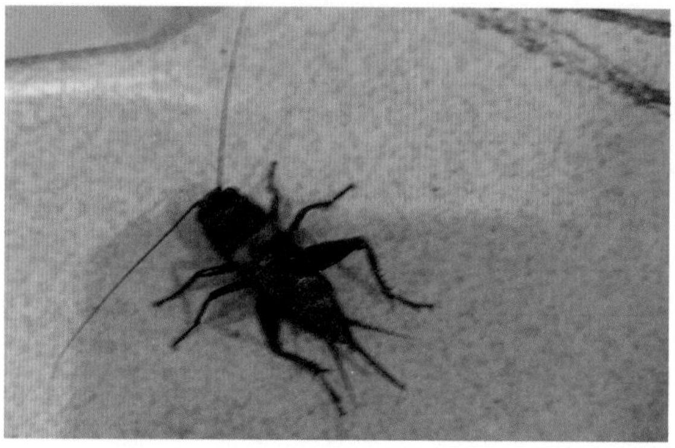

双斑蟋（蟋蟀科）

Gryllus bimaculatus De Geer

药 材 名　蟋蟀。

药用部位　成虫。

功效主治　有小毒。解毒退热，利水消肿；治癃闭，水肿，腹水，小儿遗尿。

化学成分　总糖、无机盐、氨基酸、脂肪酸等。

黑蚱蝉（蝉科）

Cryptotympana atrata (Fabricius)

药 材 名　蝉蜕。

药用部位　蜕壳。

功效主治　疏散风热，利咽，透疹，明目退翳，解痉；治风热感冒，咽痛音哑，麻疹不透，风疹瘙痒，目赤翳障。

化学成分　多巴胺衍生物等。

黄蚱蝉（蝉科）

Cryptotympana mandarina Distant

药 材 名　蝉蜕。

药用部位　全虫和蝉蜕。

功效主治　疏散风热；治小儿惊痫，夜啼，癫病，寒热。

斑透翅蝉（蝉科）

Hyalessa maculaticollis (Motschulsky)

药 材 名　蝉蜕。

药用部位　全虫体和蝉蜕。

功效主治　清热息风，镇惊安神；治小儿惊风，癫痫，夜啼不眠。

九香虫（兜蝽科）

Coridius chinensis (Dallas)

药 材 名　九香虫。

药用部位　全体。

功效主治　理气止痛，温中助阳；治胃寒胀痛，肝胃气痛，肾虚阳痿，腰膝酸痛。

荔枝蝽（荔蝽科）

Tessaratoma papillosa (Drury)

药 材 名　荔枝椿象。

药用部位　全体。

功效主治　理气止痛，温中壮阳；治胸腹胀满，肝胃气痛，阳痿，腰膝酸痛。

化学成分　反式-2-己醛等。

竹蠹螟（草螟科）

Omphisa fuscidentalis Hampson

药 材 名　竹虫、竹蛆。

药用部位　全虫体。

功效主治　养脾健胃；预防儿童贫血及缺锌，调节血脂。

化学成分　谷氨酸、棕榈酸、烟酸等。

长尾大蚕蛾（大蚕蛾科）

Actias dubernardi Oberthür

药 材 名　蚕蛾。

药用部位　蚕蛾、蚕蛹。

功效主治　补肾壮阳；治阳痿早泄，阳虚体寒，风寒腰腿痛。

化学成分　脑激素、蜕皮激素、保幼激素等。

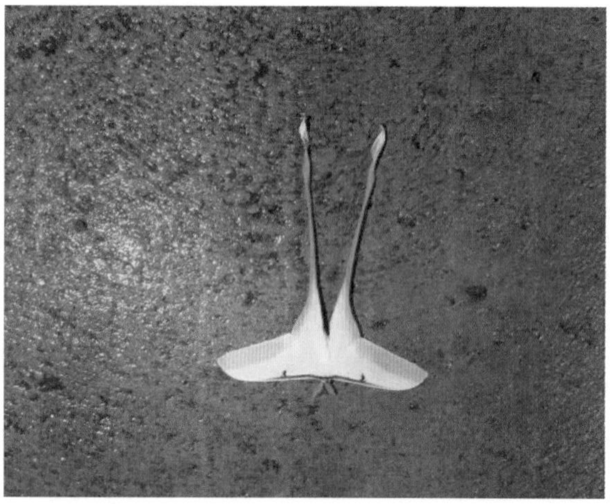

乌桕大蚕蛾（大蚕蛾科）

Attacus atlas (Linnaeus)

药 材 名　春蚕。

药用部位　蚕蛾、蚕蛹。

功效主治　补肾壮阳；治阳痿早泄，阳虚体寒，风寒腰腿痛，手脚发凉。

化学成分　脑激素、蜕皮激素、保幼激素等。

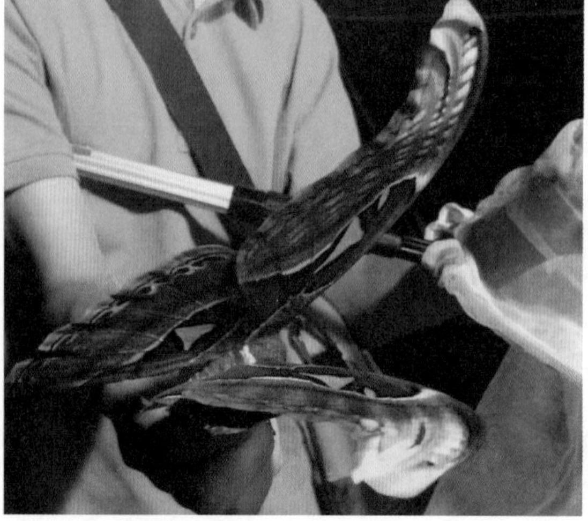

光肩星天牛（天牛科）

Anoplophora glabripennis (Motschulsky)

药 材 名　花角虫、牛角虫、星天牛。

药用部位　全虫体和幼虫。

功效主治　活血化瘀，消肿，镇惊息风；治疟疾，闭经，小儿惊风，疔肿，箭镞入肉。

化学成分　幼虫含蛋白质、脂肪、糖、胆固醇等。

桑天牛（天牛科）

Apriona germarii (Hope)

药 材 名　天牛。

药用部位　全虫体。

功效主治　有毒。活血化瘀，消肿；治疟疾，疔肿。

化学成分　蛋白质、脂肪、糖、胆固醇等。

桃红颈天牛（天牛科）

Aromia bungii (Faldermann)

药 材 名　天牛

药用部位　全虫体。

功效主治　活血化瘀，消肿；治疟疾，疔肿。

化学成分　蛋白质、脂肪、糖、胆固醇等。

密点白条天牛（天牛科）

Batocera lineolata Chevrolat

药 材 名　天牛。

药用部位　全虫体。

功效主治　活血化瘀，消肿；治疟疾，疔肿。

化学成分　蛋白质、脂肪、糖、胆固醇等。

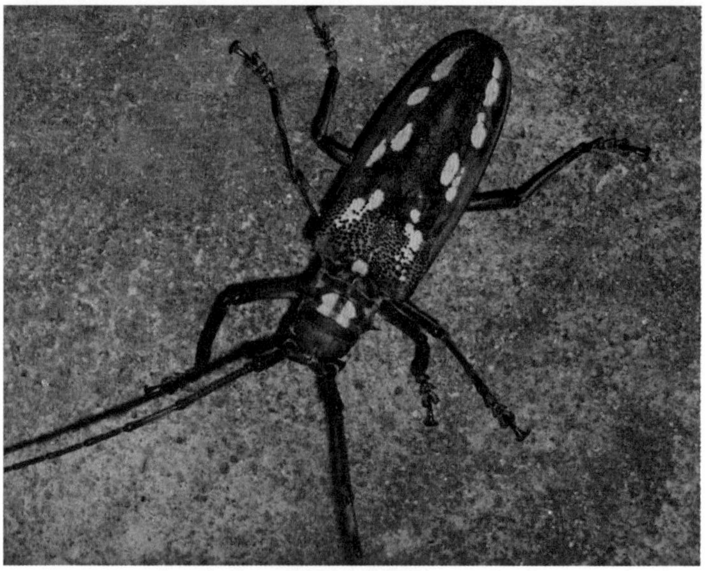

锈斑白条天牛（天牛科）

Batocera numitor Newman

药 材 名　天牛。

药用部位　全虫体。

功效主治　活血化瘀，消肿；治疟疾，闭经，疔肿。

化学成分　蛋白质、脂肪、糖类等。

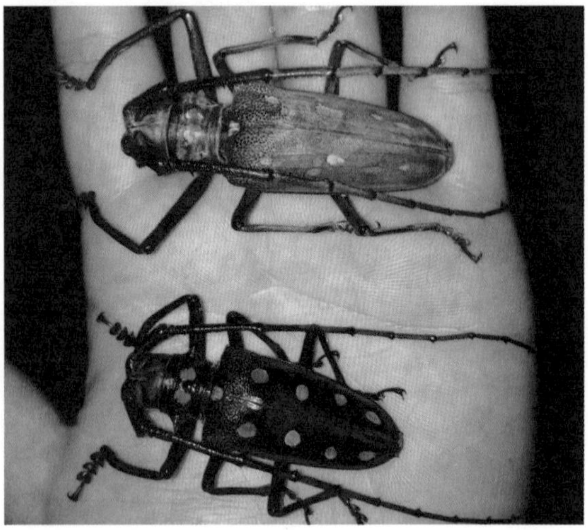

台湾白条天牛（天牛科）

Batocera punctata Schwarzer

药 材 名　天牛。

药用部位　全虫体。

功效主治　活血化瘀，消肿；治疟疾，闭经，疔肿。

化学成分　蛋白质、脂肪、糖类等。

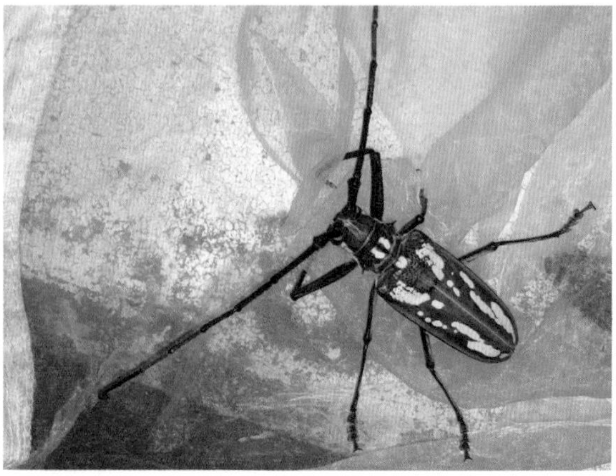

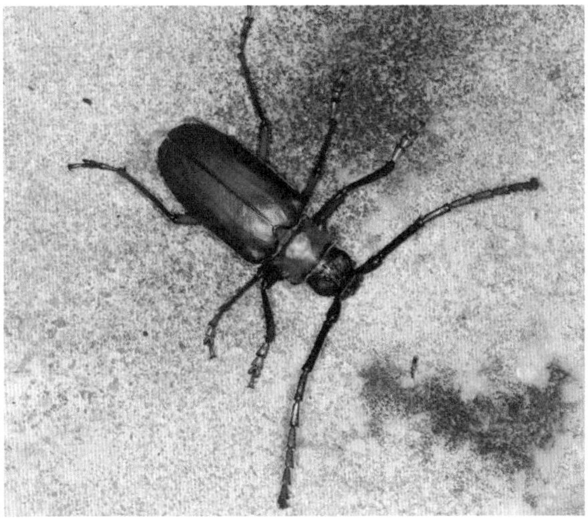

蔗根土天牛（天牛科）

Dorysthenes granulosus (Thomson)

药 材 名　天牛。

药用部位　全虫体。

功效主治　活血化瘀，消肿；治疟疾，疔肿。

化学成分　蛋白质、脂肪、糖、胆固醇等。

云南拟糙天牛（天牛科）

Falsotrachystola asidiformis (Pic)

药 材 名　天牛。

药用部位　全虫体。

功效主治　活血化瘀，消肿；治疟疾，闭经，疔肿。

化学成分　蛋白质、脂肪、糖类等。

尖翅猫眼天牛（天牛科）

Pseudoechthistatus acutipennis Chiang

药 材 名　天牛。

药用部位　全虫体。

功效主治　活血化瘀，消肿；治疟疾，闭经，疔肿。

化学成分　蛋白质、脂肪、糖、胆固醇等。

神农洁蜣螂（金龟科）

Catharsius molossus (Linnaeus)

药 材 名　蜣螂、屎粪蜣、蜣螂虫。

药用部位　全虫体。

功效主治　有毒。破瘀，定惊，通便，散结，拔毒去腐；治瘤瘦，惊痫，噎膈反胃，腹胀便秘，痔漏，疔肿，恶疮。

化学成分　蜣螂毒素等。

细角疣犀金龟（金龟科）

Eupatorus gracilicornis Arrow

药 材 名　蛴螬。

药用部位　幼虫体。

功效主治　有毒。解毒，消肿，通便，定惊；治疮疡肿毒，痔疮，便秘，惊痫，癫狂，癥瘕，噎膈反胃，淋证，暗积，血痢。

大云斑腮金龟（金龟科）

Polyphylla laticollis Lewis

药 材 名　蛴螬。

药用部位　幼虫。

功效主治　有毒。解毒，消肿；治疮疡肿毒，痔疮，便秘。

白星花金龟（金龟科）

Protaetia brevitarsis (Lewis)

药 材 名　蛴螬。

药用部位　幼虫。

功效主治　有毒。解毒，消肿；治疮疡肿毒，痔疮，便秘。

蒙瘤犀金龟（金龟科）

Trichogomphus mongol Arrow

药 材 名　蛴螬。

药用部位　幼虫体。

功效主治　有毒。解毒，消肿，通便，定惊；治疮疡肿毒，痔疮，便秘，惊痫，癫狂，癥瘕，噎膈反胃，淋证，暗积，血痢。

双叉犀金龟（金龟科）

Trypoxylus dichotomus (Linnaeus)

药 材 名　蛴螬、独角蜣螂、独角仙。

药用部位　幼虫体。

功效主治　有毒。解毒，消肿，通便，定惊；治疮疡肿毒，痔疮，便秘，惊痫，癫狂，癥瘕，噎膈反胃，淋证，暗积，血痢。

化学成分　蜣螂毒素等。

大竹象（椰象鼻虫科）

Cyrtotrachelus longimanus Fabricius

药 材 名　竹象、竹象甲、笋蛆。

药用部位　成虫全体。

功效主治　祛风湿，止痹痛；治风寒，腰腿疼痛。

化学成分　粗蛋白、粗脂肪、总糖、多种氨基酸等。

双齿多刺蚁（蚁科）

Polyrhachis dives Smith

药 材 名　蚂蚁。

药用部位　各虫态的全体。

功效主治　有毒。补肾益精，通经活络，解毒消肿；治肾虚头昏耳鸣，失眠多梦，阳痿遗精，风湿痹痛。

化学成分　粗蛋白质、多种维生素、蚁酸等。

东方蜜蜂（蜜蜂科）

Apis cerana Fabricius

药 材 名　中蜂、土蜂、蜂蜜、蜂乳、蜂蜡、蜂毒、蜜蜂子。

药用部位　蜂蜜、蜂乳、蜂蜡、蜂毒、蜜蜂子。

功效主治　蜂蜜：补益脾胃，补中清热，润肺止咳等；治胃虚弱，胃肠溃疡，干咳无痰等。蜂乳：滋补强壮，益肝健脾；治病后虚弱，小儿营养不良，年老体衰，支气管哮喘，糖尿病等。蜂蜡：收涩敛疮，生肌止痛，补中益气，润肺腑；治久痢脓血，疮毒破溃等。蜂毒：止咳平喘，祛风除湿，平肝熄风；治支气管喘息，风湿性关节炎，类风湿关节炎，风湿热，风湿性心脏病等。蜜蜂子：滋补强壮，下乳，通经祛风，解毒杀虫；治体虚面黄，虫积，腹痛，带下等。

化学成分　蜂蜜：果糖、葡萄糖、蔗糖、麦芽糖等。蜂乳：蛋白质、脂肪、还原性物质、果糖等。蜂蜡：脂类、游离酸、烃类、维生素、蜡素、芳香性物质等。蜂毒：磷脂酶、脱氢酶抑制因子、多肽类、蚁酸、组胺等。蜜蜂子：蛋白质、脂肪、大量的维生素、17种氨基酸、碳水化合物、微量元素等。

附　　注　中华蜜蜂为我国特有蜂种，由于其花源更加多样，蜂蜜酿制时间久，产量低，化学成分更加丰富，且与产地、花源等相关，而意大利蜜蜂多为大宗单一花源，蜂蜜成分相对单一，但产量高。

大蜜蜂（蜜蜂科）

Apis dorsata Fabricius

药 材 名　蜂蜜。

药用部位　蜂采花粉、蜂蜜。

功效主治　补中，润燥，止痛，解毒，促进心脑和血管功能，护肝降脂；治脾胃虚弱，脘腹作痛，肺燥干咳，肺虚久咳，体虚津枯，肠燥便秘。

化学成分　果糖、葡萄糖、酶、蛋白质、维生素及多种矿物质等。

西方蜜蜂（蜜蜂科）

Apis mellifera Linnaeus

药 材 名 意蜂、蜂蜜、蜂胶、蜂蜡、蜂蛹。

药用部位 蜂蜜、蜂胶、蜂蜡、蜂蛹。

功效主治 蜂蜜：补益脾胃，补中清热，润肺止咳等；治胃虚弱，胃肠溃疡，干咳无痰等。蜂胶：散结止痛，生肌敛疮；治鸡眼，胼胝，跖疣，寻常疣，恶性肿瘤，溃疡久不收口等。蜂蜡：解毒，敛疮，生肌，止痛之功效；治溃疡不敛，臁疮糜烂，外伤破溃，烧烫伤。蜂蛹：提高免疫力，促进新陈代谢，润滑肠道等。

化学成分 蜂蜜：果糖、葡萄糖、蔗糖、麦芽糖等。蜂胶：树脂、蜂蜡、芳香挥发油、还原糖、纤维素等。蜂蜡：主要含有酯类、游离酸类、游离醇类和烃类，还含微量的挥发油及色素。蜂蛹：蛋白质、氨基酸、植物甾醇、维生素以及微量元素等多种营养成分。

光足无刺蜂（蜜蜂科）

Tetragonula laeviceps (Smith)

药 材 名　蜂蜜。

药用部位　蜂采花粉、蜂蜜。

功效主治　补中，润燥，止痛，解毒，促进心脑和血管功能，护肝降脂；治脾胃虚弱，脘腹作痛，肺燥干咳，肺虚久咳，体虚津枯，肠燥便秘。

化学成分　果糖、葡萄糖、酶、蛋白质、维生素及多种矿物质等。

花刺参（刺参科）

Stichopus herrmanni Semper

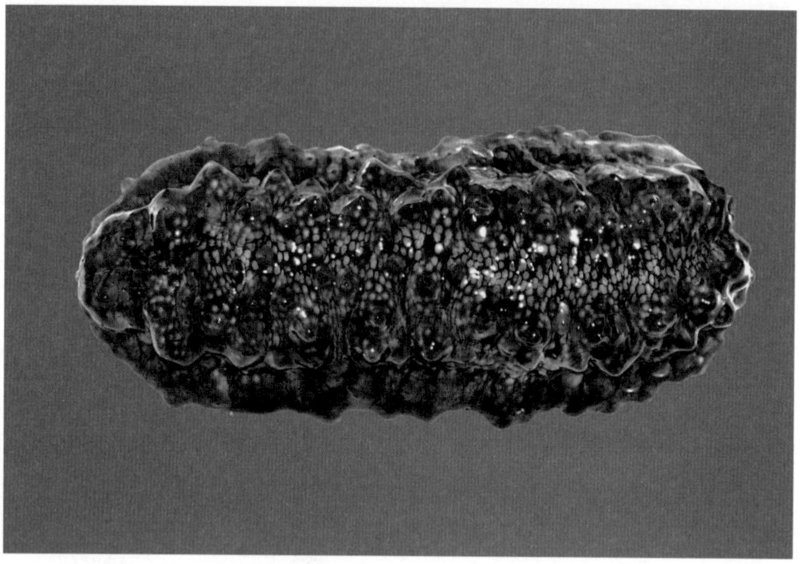

药 材 名　花刺参、方参、黄肉。

药用部位　去内脏的全体。

功效主治　补肾壮阳，滋阴润肺；治肺结核，神经衰弱，阳痿，水肿。

化学成分　花刺参苷A、花刺参苷B等。

棕环海参（海参科）

Holothuria fuscocinerea Jaeger

药 材 名　棕环海参、石参、棕环参。

药用部位　体壁。

功效主治　滋阴补血，补肾壮阳；治再生障碍性贫血，神经衰弱，肾虚腰痛，四肢无力，肺结核，阳痿，遗精。

化学成分　Pervicoside C、海参素A、海参素B、尿嘧啶等。

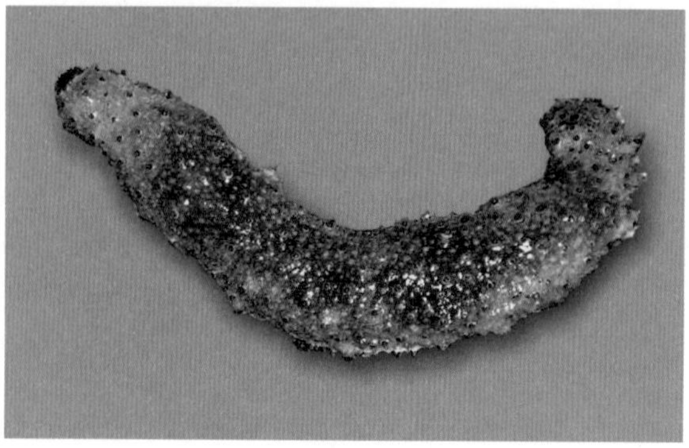

马氏海参（海参科）

Holothuria martensii Semper

药 材 名　马氏海参、海参。

药用部位　体壁。

功效主治　滋补强壮，补肾壮阳，润燥；治肺结核，神经衰弱，肾虚腰痛，阳痿遗精，胃溃疡，再生障碍性贫血。

化学成分　海参皂苷、海参糖胺聚糖等。

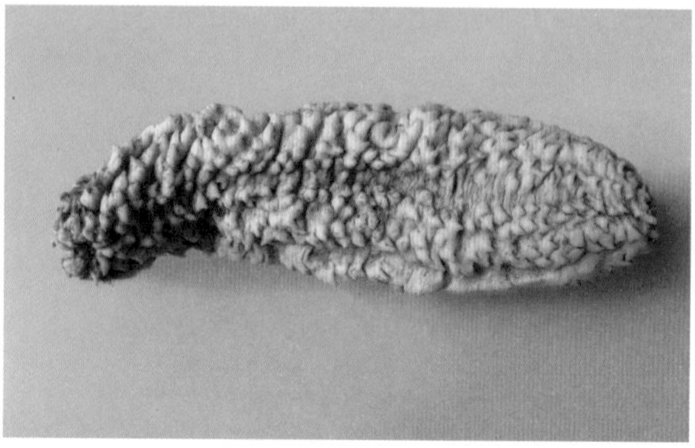

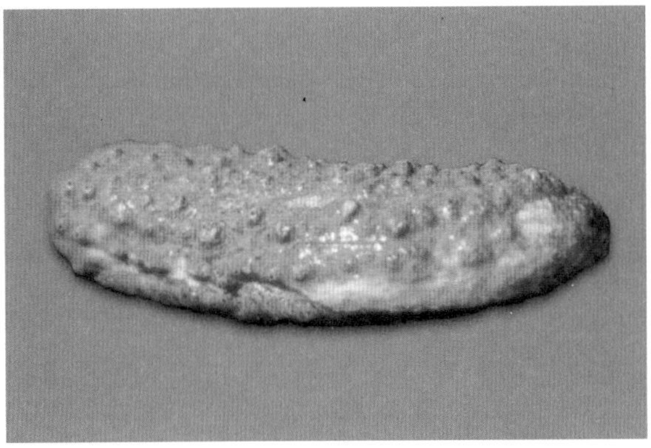

海地瓜（尻参科）

Acaudina molpadioides (Semper)

药 材 名　海地瓜、海瓜、海茄子。

药用部位　全体。

功效主治　补肾阳，益阴血，止血消炎；治精血亏损，虚弱劳怯，阳痿，梦遗，小便频数，肠燥便秘。

化学成分　甘氨酸、谷氨酸、缬氨酸、苏氨酸、二十二碳六烯酸等。

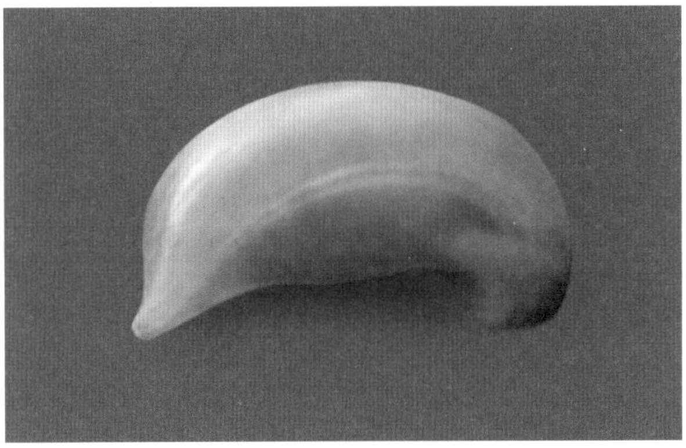

海棒槌（尻参科）

Paracaudina chilensis (J. Müller)

药 材 名　海棒槌、海老鼠。

药用部位　全体。

功效主治　补肾壮阳，益气补阴，通肠润燥，止血消炎；治阳痿，遗精，肺结核，再生障碍性贫血，肠燥便秘。

化学成分　胶原蛋白、胶原蛋白肽等。

镶边海星（槭海星科）

Craspidaster hesperus (Müller et Troschel)

药 材 名　镶边海星、五角星、海星。

药用部位　全体。

功效主治　清热解毒，软坚散结，和胃止痛；治甲状腺肿大，瘰疬，中耳炎，咽喉炎，胃痛泛酸，腹泻。

化学成分　Hesperuside A-C、novaeguinoside A等。

斑砂海星（砂海星科）

Luidia maculata Müller et Troschel

药 材 名　斑砂海星、海星。

药用部位　全体。

功效主治　软坚散结；治甲状腺肿大，淋巴结结核。

化学成分　海星脑苷脂A、海星脑苷脂B、星脑苷脂B、刺脑苷脂B、阿拉伯婆婆纳苷等。

林氏海燕（海燕科）

Aquilonastra limboonkengi (Smith)

药 材 名　林氏海燕、海燕。

药用部位　全体。

功效主治　补肾壮阳，滋阴，祛风除湿，制酸止痛；治肾虚精亏所致的阳痿，胃痛泛酸，风湿腰腿痛。

化学成分　磷脂酶A2、酸性磷酸酶、肌酸酐、脲、维生素B_{12}等。

细雕刻肋海胆（刻肋海胆科）

Temnopleurus toreumaticus (Leske)

药 材 名　细雕刻肋海胆、刺沙螺、刺锅子。

药用部位　肉或壳。

功效主治　壳有小毒。软坚散结，制酸止痛，化痰；治瘰疬，积痰不化，哮喘，胸肋胀痛，胃痛泛酸。

化学成分　十四碳酸甲酯、7,10,13-二十碳三烯酸甲酯等。

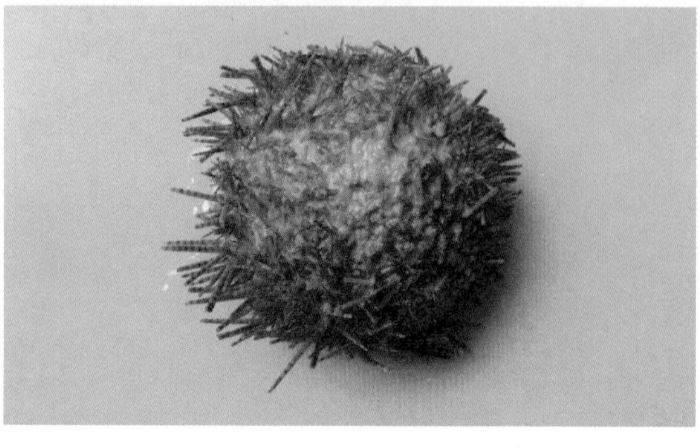

紫海胆（长海胆科）

Heliocidaris crassispina (A. Agassiz)

药 材 名　紫海胆、海胆、海肚脐。

药用部位　壳、肉。

功效主治　壳有小毒。清热消炎，制酸止痛，散结软坚，消瘸；治甲沟炎，胃溃疡和十二指肠溃疡，肿瘤。

化学成分　谷氨酸、甘氨酸、油酸、锌、磷、二十二碳六烯酸、二十碳五烯酸等。

Section 2　Vertebrates

第二节　脊椎动物

狭纹虎鲨（虎鲨科）

Heterodontus zebra (Gray)

药 材 名　狭纹虎鲨、虎皮鲨。

药用部位　鱼肝油、心、皮、肉、骨、鱼翅。

功效主治　滋补强壮，明目，健脾胃，消积，利水，补肺气，托疮毒；治久病体虚，眼病，饮食不化，食鱼中毒，疮毒。

化学成分　棕榈酸、十八烷酸等。

灰星鲨（皱唇鲨科）

Mustelus griseus Pietschmann

药 材 名　灰星鲨、灰鲨、灰皮鲨。

药用部位　全体。

功效主治　养肝明目，滋补壮骨，化瘀散结，健脾利水，开胃消痰，解诸鱼毒；治结核病，眼病，骨病，脾虚浮肿，食鱼中毒，跌打损伤。

化学成分　角鲨烯等。

铅灰真鲨（真鲨科）

Carcharhinus plumbeus (Nardo)

药 材 名　鲨鱼软骨、鱼脑。

药用部位　软骨、骨骼。

功效主治　祛风除湿，止痛，止泻；治风湿性关节痛，头痛，肿瘤，腹泻。

化学成分　硫酸氨基聚糖、铯、钼、钛等。

赤魟（魟科）

Hemitrygon akajei (Müller et Henle)

药 材 名　赤魟、赤土魟。

药用部位　尾刺、肝脏、牙齿、胆囊。

功效主治　尾刺：消炎，清热解毒，软坚散结；肝脏：益肝明目；牙齿：瘴疟；胆囊：健胃，散瘀。治咽喉肿痛，乳腺炎，夜盲症，胃痛等。

化学成分　硒、铜、镁等。

黄魟（魟科）

Hemitrygon bennetti (Müller et Henle)

药 材 名　黄魟、白肉鯆、白玉鯆。

药用部位　全体。

功效主治　肉：滋阴补血，除湿；肝：滋补强壮，壮骨，明目。治男子白浊膏淋，阴茎涩痛，佝偻病，软骨病，眼病，结核病，营养不良。

化学成分　蛋白质、肽类毒素等。

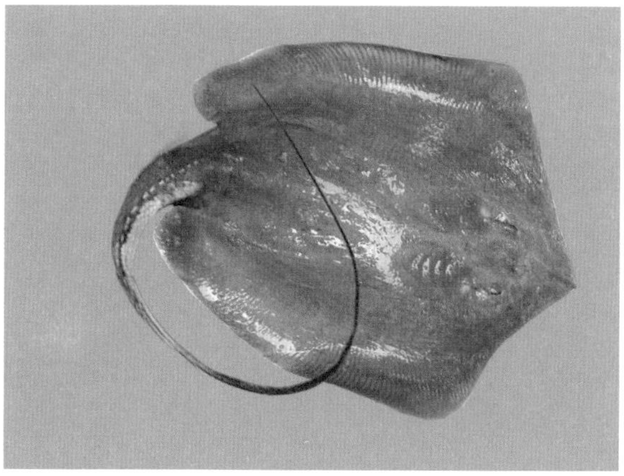

花点窄尾魟（魟科）

Himantura uarnak (Gmelin)

药 材 名　花点魟、花甫、鯆鱼。

药用部位　尾刺、肉、胆。

功效主治　尾刺：清热解毒，消炎；肉：滋阴补血，除湿；胆：散瘀止痛，消滞健胃。治牙痛，乳腺炎，男子白浊，跌打损伤，胃病。

化学成分　蛋白质、氨基酸等。

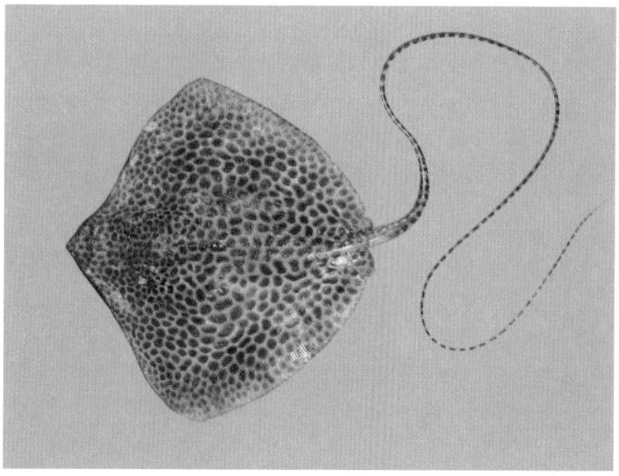

黄泽小沙丁鱼（鲱科）

Sardinella lemuru Bleeker

药 材 名 中华小沙丁鱼、神仙青鳞鱼、柳叶鱼。

药用部位 肉。

功效主治 解毒消炎；治海蛇咬伤。

化学成分 丁酸、三甲胺、2-甲基-丙醛、丙醛、乙醛等。

尖头银鱼（银鱼科）

Salanx ariakensis Kishinouye

药 材 名 尖头银鱼、银鱼、银条鱼。

药用部位 全体。

功效主治 补虚益肺，健胃消食，健脾利水；治营养不良，消化不良，小儿疳积等症。

化学成分 磷、铁、维生素B_1、维生素B_2、烟酸等。

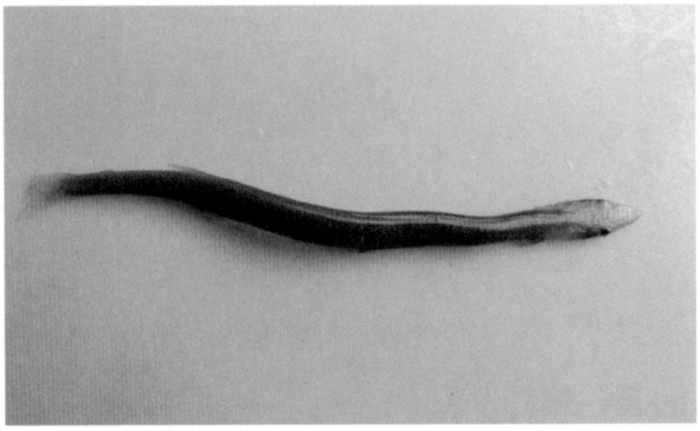

长体蛇鲻（狗母鱼科）

Saurida elongata (Temminck et Schlegel)

药 材 名 长蛇鲻、大丁仔、丁鱼。

药用部位 肉、尾。

功效主治 肉：健脾补肾，固精缩尿；尾：解毒消炎。治小儿麻痹后遗症，遗尿，夜尿多，遗精，扁桃体炎。

化学成分 钾、钠、钙、镁、锌、铜、锰等。

多齿蛇鲻（狗母鱼科）

Saurida tumbil (Bloch)

药 材 名　多齿蛇鲻、丁鱼、狗棍。

药用部位　肉、尾。

功效主治　肉：健脾补气，固涩，缩尿；治遗尿，夜尿，小儿麻痹后遗症。尾：清热消炎；治扁桃体炎。

化学成分　肌动球蛋白、二甲基胺等。

花斑蛇鲻（狗母鱼科）

Saurida undosquamis (Richardson)

药 材 名　花斑蛇鲻、沙狗棍、泥狗棍。

药用部位　肉、尾。

功效主治　肉：健脾补气；治遗尿，夜尿，小儿麻痹后遗症。尾：清热消炎；治扁桃体炎。

化学成分　肌动球蛋白、肌浆蛋白、可凝固肌浆蛋白、甲醛、二甲基胺、溶血卵磷脂酶等。

大头狗母鱼（狗母鱼科）

Trachinocephalus myops (Forster)

药 材 名　大头狗母鱼、沙狗棍、公奎龙。

药用部位　尾。

功效主治　清热消炎，消肿止痛；治咽喉肿痛，扁桃体炎。

化学成分　二甲基胺、钾、钙、磷等。

海鳗（海鳗科）

Muraenesox cinereus (Forsskål)

药 材 名　海鳗、狼牙鳝、乌皮鳝。

药用部位　去内脏的全体、血、鳔、头、胆。

功效主治　解毒消炎，补虚活血，祛风明目，止痛，生肌敛疮；治贫血，神经衰弱，肝硬化，遗精，气管炎，痈疮肿毒。

化学成分　色氨酸、赖氨酸等。

线纹鳗鲶（鳗鲶科）

Plotosus lineatus (Thunberg)

药 材 名　鳗鲶。

药用部位　肉。

功效主治　益气养血；治气血不足所致的脱发等。

化学成分　天冬氨酸、L-谷氨酸、D-谷氨酸等。

丝鳍海鲶（海鲇科）

Arius arius (Hamilton)

药 材 名　中华海鲶、骨鱼、油松。

药用部位　肉、全体。

功效主治　生肌敛疮，解毒利水，健脾；治皮肤溃疡，脾虚。

化学成分　钙、磷、赖氨酸等。

日本下鱵鱼（鱵科）

Hyporhamphus sajori (Temminck et Schlegel)

药 材 名　鱵鱼、箴鱼、针工鱼。

药用部位　肉。

功效主治　养阴益气，补血活血，清热解毒，消肿散结，生肌；治久病体虚，阴虚烦热，盗汗。

化学成分　维生素 B_{12}、二十碳五烯酸、二十二碳六烯酸等。

刺海马（海龙科）

Hippocampus histrix Kaup

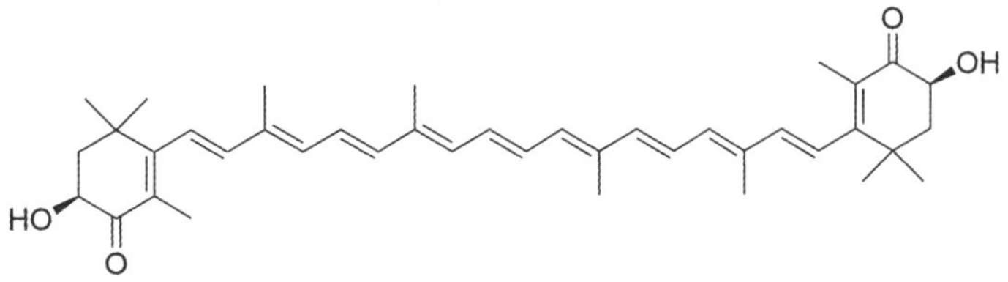

虾青素

药 材 名	水马、鰕姑、马头鱼。
药用部位	除去内脏的干燥全体。
生　　境	生活于近海内湾水质澄清、海藻繁茂的低潮区，以尾部卷缠在海藻上。
采收加工	夏、秋二季捕捞，洗净，晒干；或除去皮膜及内脏，晒干。
药材性状	体长15～20厘米。头部及体上环节间的棘细而尖。
性味归经	甘、咸，温。归肝、肾经。
功效主治	温肾壮阳，散结消肿；治阳痿，遗尿，肾虚作喘，症瘕积聚，跌打损伤；外治痈肿疔疮。
化学成分	L-谷氨酸、γ-胡萝卜素、虾青素、黑色素等。
核心产区	中国东海、南海，西太平洋其他海域，红海亦有分布。
用法用量	内服：3～9克，煎服或入丸、散。外用：适量，研末敷患处。
本草溯源	《本草拾遗》《本草图经》《本草纲目》《中华本草》。
附　　注	孕妇及阴虚阳亢者禁服。被列入《国家二级保护动物名录》、世界自然保护联盟（IUCN）2012年《濒危物种红色名录》ver 3.1。

大海马（海龙科）

Hippocampus kelloggi Jordan et Snyder

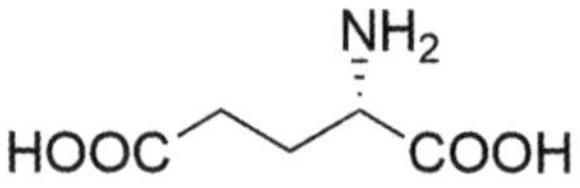

L-谷氨酸

药 材 名　马、鰕姑、马头鱼。

药用部位　除去内脏的干燥全体。

生　　境　生活于近海内湾水质澄清、海藻繁茂的低潮区，以尾部卷缠在海藻上。

采收加工　夏、秋二季捕捞，洗净，晒干；或除去皮膜及内脏，晒干。

药材性状　呈扁长形而弯曲，体长约30厘米。表面黄白色。头略似马头，有冠状突起，具管状长吻，口小，无牙，两眼深陷。躯干部七棱形，尾部四棱形，渐细卷曲，体上有瓦楞形的节纹并具短棘。体轻，骨质，坚硬。气微腥，味微咸。

性味归经　甘、咸，温。归肝、肾经。

功效主治　温肾壮阳，散结消肿；治阳痿，遗尿，肾虚作喘，症瘕积聚，跌打损伤；外治痈肿疔疮。

化学成分　L-谷氨酸、天冬氨酸、硬脂酸、胆甾醇等。

核心产区　原产于美洲地区，现人工养殖。

用法用量　内服：3～9克，煎服或入丸、散。外用：适量，研末敷患处。

本草溯源　《本草拾遗》《本草图经》《海南介语》《本草纲目》《中华本草》。

附　　注　孕妇及阴虚阳亢者禁服。被列入《国家二级保护动物名录》、世界自然保护联盟（IUCN）2012年《濒危物种红色名录》ver 3.1。

库达海马（海龙科）

Hippocampus kuda Bleeker

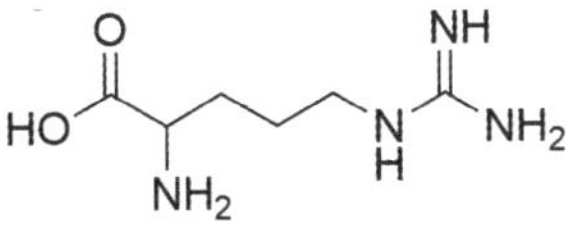

精氨酸

药 材 名　水马、鰕姑、马头鱼。

药用部位　除去内脏的干燥全体。

生　　境　生活于近海内湾水质澄清、海藻繁茂的低潮区，以尾部卷缠在海藻上。

采收加工　夏、秋二季捕捞，洗净，晒干；或除去皮膜及内脏，晒干。

药材性状　体长20～30厘米，黑褐色。

性味归经　甘、咸，温。归肝、肾经。

功效主治　温肾壮阳，散结消肿；治阳痿，遗尿，肾虚作喘，症瘕积聚，跌打损伤；外治痈肿疔疮。

化学成分　精氨酸、天冬氨酸、丙氨酸、牛磺酸等。

核心产区　印度、印度尼西亚、日本、巴基斯坦、菲律宾、越南等，中国汕头外海、高雄外海、琼海外海。

用法用量　内服：3～9克，煎服或入丸、散。外用：适量，研末敷患处。

本草溯源　《本草拾遗》《本草图经》《本草纲目》《中华本草》。

附　　注　孕妇及阴虚阳亢者禁服。被列入《国家二级保护动物名录》、世界自然保护联盟（IUCN）2012年《濒危物种红色名录》ver 3.1。

线纹海马（海龙科）

Hippocampus erectus Perry

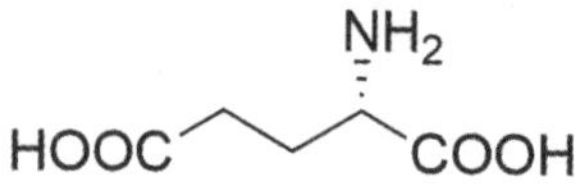

L-谷氨酸

药 材 名　水马、鰕姑、马头鱼、海蛆。

药用部位　除去内脏的干燥全体。

生　　境　生活于近海内湾水质澄清、海藻繁茂的低潮区，以尾部卷缠在海藻上。

采收加工　夏、秋二季捕捞，洗净，晒干；或除去皮膜及内脏，晒干。

药材性状　体形小，长7～10厘米；黑褐色；节纹和短棘均较细小。

性味归经　甘、咸，温。归肝、肾经。

功效主治　温肾壮阳，散结消肿；治阳痿，遗尿，肾虚作喘，症瘕积聚，跌打损伤；外治痈肿疔疮。

化学成分　L-谷氨酸、天冬氨酸、硬脂酸、胆甾醇等。

核心产区　大西洋西部，从百慕大、巴哈马北部和佛罗里达东北部沿美国海岸向南，从佛罗里达群岛向北沿墨西哥湾海岸进入墨西哥湾，南部和东部至墨西哥坎昆。我国南北方沿海地区均有养殖。

用法用量　内服：3～9克，煎服或入丸、散。外用：适量，研末敷患处。

本草溯源　《本草拾遗》《本草图经》《本草纲目》《中华本草》。

附　　注　孕妇及阴虚阳亢者禁服。被列入《国家二级保护动物名录》、世界自然保护联盟（IUCN）2012年《濒危物种红色名录》ver 3.1。

三斑海马（海龙科）

Hippocampus trimaculatus Leach

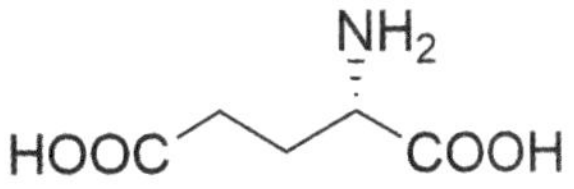

L-谷氨酸

药 材 名　水马、鰕姑、马头鱼。

药用部位　除去内脏的干燥全体。

生　　境　生活于近海内湾水质澄清、海藻繁茂的低潮区，以尾部卷缠在海藻上。

采收加工　夏、秋二季捕捞，洗净，晒干；或除去皮膜及内脏，晒干。

药材性状　体侧背部第1、4、7节的短棘基部各有1黑斑。

性味归经　甘、咸，温。归肝、肾经。

功效主治　温肾壮阳，散结消肿；治阳痿，遗尿，肾虚作喘，症瘕积聚，跌打损伤；外治痈肿疔疮。

化学成分　L-谷氨酸、天冬氨酸、硬脂酸、胆甾醇等。

核心产区　新加坡，南洋群岛的沿海、西印度洋、东印度洋，太平洋西北部、中西部，澳大利亚、南非、美国等，中国陵水外海、东山外海、汕尾外海、厦门外海、高雄外海等。

用法用量　内服：3～9克，煎服或入丸、散。外用：适量，研末敷患处。

本草溯源　《本草拾遗》《本草图经》《本草纲目》《中华本草》。

附　　注　孕妇及阴虚阳亢者禁服。被列入《国家二级保护动物名录》、世界自然保护联盟（IUCN）2012年《濒危物种红色名录》ver 3.1。

哈氏刁海龙（海龙科）

Solegnathus hardwickii (Gray)

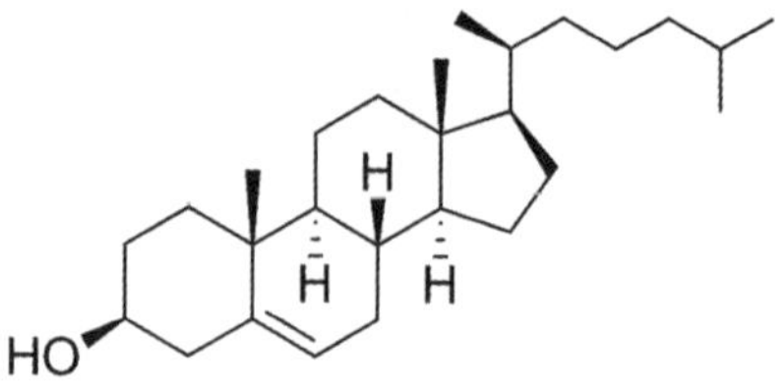

胆甾醇

药 材 名　哈氏刁海龙、海龙、钱串子、水雁。

药用部位　干燥全体或除去皮膜及内脏的干燥全体。

生　　境　生活于藻类繁茂的浅海中。

采收加工　多于夏、秋二季捕捞，除去皮膜，洗净，晒干。

药材性状　体狭长侧扁，全长30～50厘米。表面黄白色或灰褐色。头部具管状长吻，口小，无牙，两眼圆而深陷，头部与体轴略呈钝角。躯干部宽3厘米，五棱形，尾部前方六棱形，后方渐细，四棱形，尾端卷曲。背棱两侧各有1列灰黑色斑点状色带。全体被以具花纹的骨环和细横纹，各骨环内有突起粒状棘。胸鳍短宽，背鳍较长，有的不明显，无尾鳍。骨质，坚硬。气微腥，味微咸。

性味归经　甘、咸、温。归肝、肾经。

功效主治　温肾壮阳，散结消肿；治阳痿遗精，癥瘕积聚，瘰疬痰核，跌打损伤，痈肿疔疮等。

化学成分　胆甾醇、黄嘌呤、鸟嘌呤、尿嘧啶等。

核心产区　澳大利亚、中国、日本、马来西亚、菲律宾、泰国、越南。

用法用量　内服：3～9克，煎服或入丸、散。外用：适量，研末敷患处。

本草溯源　《本草纲目拾遗》《中药大辞典》。

附　　注　孕妇及阴虚火旺、有外感者慎用。

尖海龙（海龙科）

Syngnathus acus Linnaeus

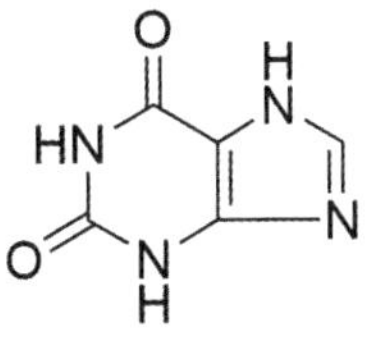

黄嘌呤

药 材 名　海龙、水雁、小海龙、海鳅。

药用部位　干燥全体或除去皮膜及内脏的干燥全体。

生　　境　生活于近海海藻丛中。

采收加工　多于夏、秋二季捕捞，尖海龙直接洗净，晒干。

药材性状　体细长，呈鞭状，全长10～30厘米，未去皮膜。表面黄褐色。有的腹面可见育儿囊，有尾鳍。质较脆弱，易撕裂。

性味归经　甘、咸，温。归肝、肾经。

功效主治　温肾壮阳，散结消肿；治阳痿遗精，癥瘕积聚，瘰疬痰核，跌打损伤，痈肿疔疮等。

化学成分　黄嘌呤、胆甾醇、鸟嘌呤、尿嘧啶等。

核心产区　中国沿海，印度尼西亚，非洲东部各海中。

用法用量　内服：3～9克，煎服或入丸、散。外用：适量，研末敷患处。

本草溯源　《本草纲目拾遗》《中药大辞典》。

附　　注　孕妇及阴虚火旺、有外感者慎用。

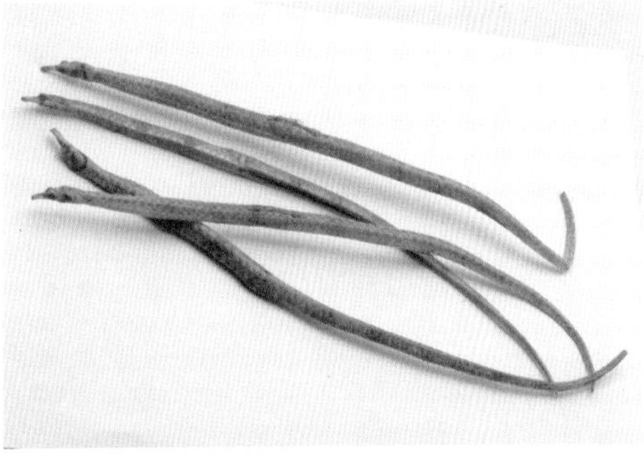

双棘拟海龙（海龙科）

Syngnathoides biaculeatus (Bloch)

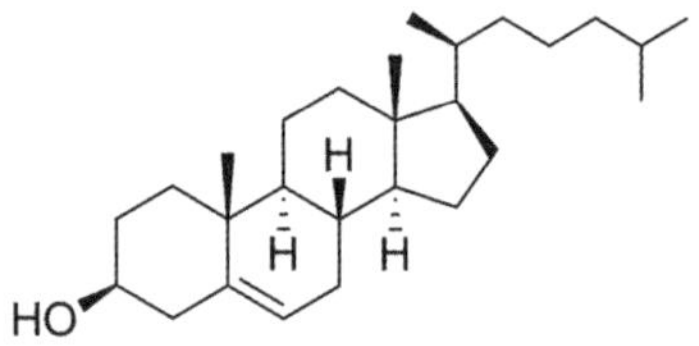

胆甾醇

药 材 名　海龙、水雁。

药用部位　干燥全体或除去皮膜及内脏的干燥全体。

生　　境　生活于藻类繁茂的浅海中。

采收加工　多于夏、秋捕捞，除去皮膜，洗净，晒干。

药材性状　体长平扁，躯干部略呈四棱形，全长20～22厘米。表面灰黄色。头部常与体轴成一直线。

性味归经　甘、咸，温。归肝、肾经。

功效主治　温肾壮阳，散结消肿；治阳痿遗精、癥瘕积聚、瘰疬痰核、跌打损伤、痈肿疔疮等。

化学成分　胆甾醇、黄嘌呤、鸟嘌呤、尿嘧啶等。

核心产区　中国南海，日本、菲律宾，印度洋、非洲东岸及澳大利亚各海中。

用法用量　内服：3～9克，煎服或入丸、散。外用：适量，研末敷患处。

本草溯源　《本草纲目拾遗》《中药大辞典》。

附　　注　孕妇及阴虚火旺、有外感者慎用。

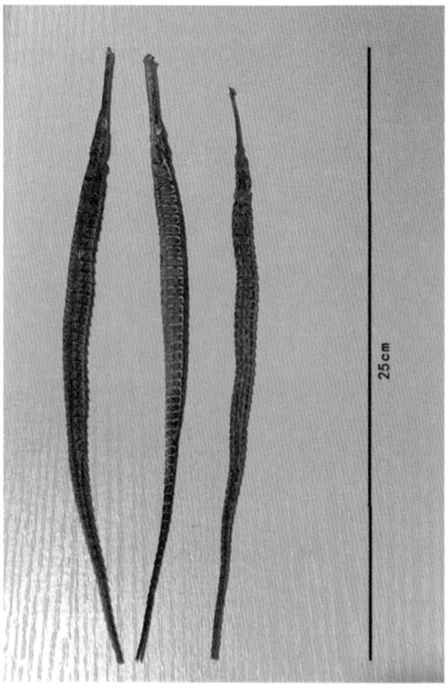

斑点马鲛（鲭科）

Scomberomorus guttatus (Bloch et Schneider)

药 材 名　斑点马鲛。

药用部位　鳃。

功效主治　补气，平喘；治体弱咳喘，神经衰弱。

化学成分　鱼油含ω-3、ω-6，脂肪酸含二十碳五烯酸、二十二碳六烯酸、α-亚麻酸等。

青石斑鱼（鮨科）

Epinephelus awoara (Temminck et Schlegel)

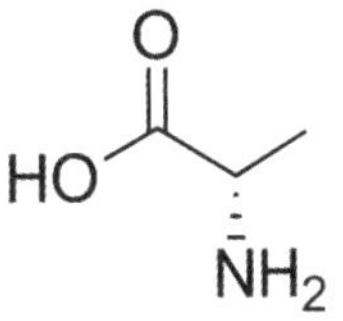

L-丙氨酸

药 材 名　石斑鱼、青斑、腊鲙。

药用部位　肉。

生　　境　养殖或野生，常栖息于岩礁底质的海区。

采收加工　全年可捕捉。将捕获之石斑鱼去肠杂和鳞，洗净入药。

药材性状　体长椭圆形，尾柄侧扁，头较大，吻圆钝，眼中大，上侧位，眼间隔窄，微突起，鼻孔小，每侧2个，紧相邻，口大，稍倾斜。

性味归经　甘，平。归脾、胃、大肠经。

功效主治　养血安神；治血虚头晕，心悸，健忘，失眠，神志不安等。

化学成分　L-丙氨酸、半胱氨酸、赖氨酸、甲硫氨酸、苯丙氨酸、组氨酸、苏氨酸、精氨酸及甘氨酸、免疫球蛋白等。

核心产区　广西沿海、东海的南部和南海等海域。

用法用量　炖食，50～150克。

本草溯源　《中国中药资源志要》《中国动物药志》。

附　　注　痛风患者不宜食用，感冒、烧伤者不适宜食用，痰湿体质者不适宜食用。

长棘石斑鱼（鮨科）

Epinephelus longispinis (Kner)

药 材 名　鲑点石斑鱼、三斑石斑鱼。

药用部位　肉。

功效主治　温中止泻，健脾安胎，生肌疗疮；治脾胃虚寒泄泻，胎动不安，产后缺乳，痈疡溃后久不愈合。

化学成分　维生素A、雌二醇等。

日本花鲈（花鲈科）

Lateolabrax japonicus (Cuvier)

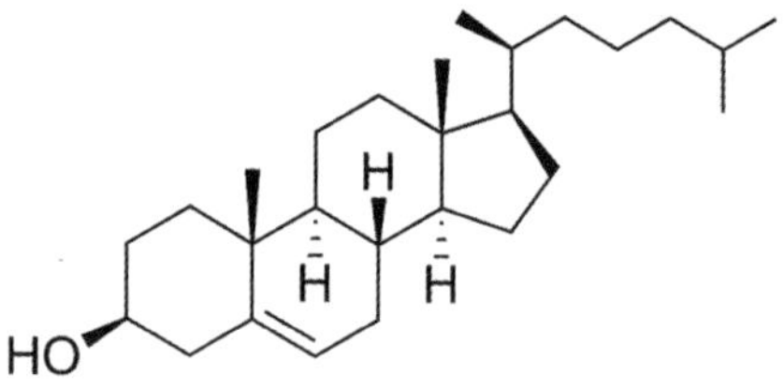

胆甾醇

药 材 名 花鲈、鲈鱼、鲈子。

药用部位 肉。

生　　境 河口咸淡水区，能溯河生活于淡水。

采收加工 四季均可捕捞，捕获后，剖腹除去内脏和鳞片，用清水洗净，取肉鲜用。

药材性状 体延长，侧扁，背腹缘均钝圆。头长大于体高。口大，斜裂。下颌长于上颌。两颌齿细小，呈带状。鳃孔大，鳃盖骨棘扁平，鳃盖膜不与峡部相连。

性味归经 甘，平。归脾、肝、肾经。

功效主治 健脾胃，益肝肾，补气安胎，祛寒止泻，止咳化痰，行水消肿；治脾虚泄泻，消化不良，小儿疳积，百日咳，水肿，风痹，筋骨痿弱，胎动不安，产后缺乳，疮疡久不愈合。

化学成分 胆甾醇、胸腺肽、脂肪酸结合蛋白三丁锡、三苯锡、3-二丁基甲锡丙酸、3-丁基甲锡丙酸、2-(4-二丁基甲锡)-丁醇、2-(4-二丁基甲锡)-丁酮等。

核心产区 广西、福建、浙江、江苏、山东、辽宁、河北等沿海海域，朝鲜、日本沿海海域均有分布。

用法用量 煮食，60～240克，或作鲙食。

本草溯源 《食疗本草》《嘉祐本草》《本草品汇精要》。

附　　注 多食发痃癖及疮肿；忌与牛油、羊油、乳酪同食；忌与荆芥同用。

大黄鱼（石首鱼科）

Larimichthys crocea (Richardson)

药 材 名　大黄鱼、石首鱼、石头鱼。

药用部位　鱼肉、鱼鳔、鱼胆、鱼脑石。

功效主治　鱼肉：补脾肾。鱼鳔：止血散瘀。鱼胆：清热解毒。鱼脑石：化石通淋，消炎解毒。治病后、产后体虚，吐血，血崩，尿路结石，小便不利。

化学成分　十五烷酸、甲胺等。

黄斑光胸鲾（鲾科）

Photopectoralis bindus (Valenciennes)

药 材 名　黄斑鲾、金仔花。

药用部位　肉。

功效主治　健脾，益气，补虚；治小儿消化不良，肝炎。

化学成分　钙、磷、钾、钠等。

华髭鲷（髭鲷科）

Hapalogenys analis Richardson

药 材 名　横带髭鲷、条纹髭鲷、海猴。

药用部位　全体。

功效主治　鲜品清热消炎，干品补气活血；治腮腺炎，气血亏虚，月经不调。

化学成分　丙氨酸、异亮氨酸、半胱氨酸、谷氨酸等。

黄鳍棘鲷（鲷科）

Acanthopagrus latus (Houttuyh)

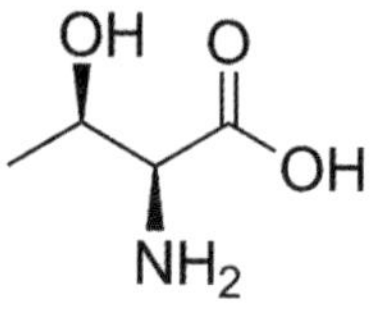

苏氨酸

药 材 名　黄鳍鲷、黄墙、赤翅。

药用部位　全鱼或鳔。

生　　境　常在河口区的蚵棚、红树林或堤防区的消波块附近活动。

采收加工　四季均可捕捞。捕后剖腹除去内脏鲜用或晒干备用。

药材性状　体长椭圆形，侧扁，背面狭窄，腹面钝圆。体高，头部尖。背鳍鳍棘部与鳍条相连。尾叉形。体色青灰带黄，体侧有若干条灰色纵走线，沿鳞片而行。

性味归经　苦、甘、辛，微寒。归心、肝、脾胃经。

功效主治　清热解毒，补气活血，健脾利水；治痄腮，水肿，气血亏虚，消化不良。

化学成分　苏氨酸、缬氨酸、苯丙氨酸等。

核心产区　广西、广东、福建和台湾等地近海处。

用法用量　煎汤，5～25克。

本草溯源　《台湾通志》《全国中草药名鉴》。

黑棘鲷（鲷科）

Acanthopagrus schlegelii (Bleeker)

药 材 名　黑鲷、海鲋、黑加吉。

药用部位　鳔。

功效主治　清热解毒，补气活血；治腮腺炎，气虚体弱，贫血。

化学成分　钠、钙、胆酸、牛磺酸、维生素B_1等。

真赤鲷（鲷科）

Pagrus major (Temminck et Schlegel)

药 材 名　真鲷、赤鲫、加级鱼。

药用部位　鳔、肉。

功效主治　鳔：清热消炎。肉：健脾开胃，滋补强身。治腮腺炎，食欲不振，病后体虚。

化学成分　*N*-亚硝基二甲胺、胆甾醇等。

短尾大眼鲷（大眼鲷科）

Priacanthus macracanthus Cuvier

药 材 名　大眼鱼、大目、大眼鸡。

药用部位　肉、全体。

功效主治　消食利水；治消化不良，水肿，泄泻。

化学成分　胶原蛋白、碱性蛋白酶、丝氨酸等。

小带鱼（带鱼科）

Eupleurogrammus muticus (Gray)

药 材 名　小带鱼、带下鱼、刀带。

药用部位　肉、油、鳞。

功效主治　肉：滋补强壮，和中开胃，生肌泽肤，止血，解毒。油：养肝。鳞：止血。治久病体虚，外伤出血，慢性肝炎。

化学成分　维生素B_1、烟酸、碘、钙、磷、铁等。

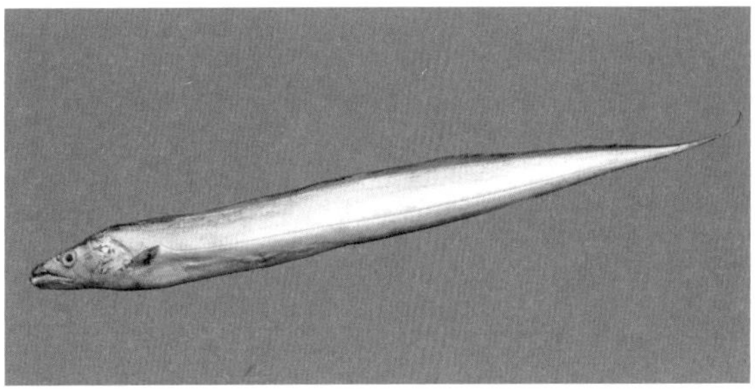

沙带鱼（带鱼科）

Lepturacanthus savala (Cuvier)

药 材 名　沙带鱼。

药用部位　全体。

功效主治　滋补强壮，调肝和胃；治久病体虚，肝炎。

化学成分　蛋白质、脂肪等。

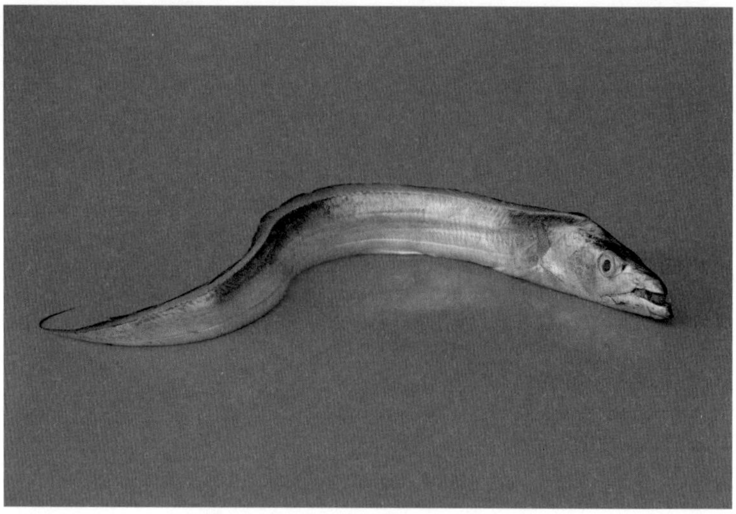

高鳍带鱼（带鱼科）

Trichiurus lepturus Linnaeus

药 材 名　带鱼、刀鱼、牙带。

药用部位　肉、鳞、头。

功效主治　肉：滋补养肝，解毒，止血。鳞：收敛止血。头：祛风杀虫。治慢性肝炎，病后虚弱，产后乳汁不足，疮疖痈肿，外伤出血，呃逆。

化学成分　十四烷酸、镉、铜等。

银鲳（鲳科）

Pampus argenteus (Euphrasen)

药 材 名　银鲳、昌侯鱼、平鱼。

药用部位　全体。

功效主治　健胃消食，益气养血，柔筋利骨；治脾胃虚弱，消化不良，贫血，乳汁缺乏，泄泻，筋骨酸痛，四肢麻木。

化学成分　苏氨酸、缬氨酸、蛋氨酸、异亮氨酸等。

中国鲳（鲳科）

Pampus chinensis (Euphrasen)

药 材 名　中国鲳、鲳鱼、平鱼。

药用部位　全体。

功效主治　补胃益气，养血柔筋，强筋健骨；治消化不良，脾虚泄泻，贫血，筋骨酸痛，四肢麻木。

化学成分　二十碳五烯酸、二十二碳六烯酸、胆固醇等。

牙鲆（牙鲆科）

Paralichthys olivaceus (Temminck et Schlegel)

药 材 名　牙鲆、比目鱼、偏口。

药用部位　肉。

功效主治　健脾益气，消炎解毒；治脾胃虚弱，消化不良，急性胃肠炎，食河豚中毒。

化学成分　钙、磷、维生素B_1、维生素B_2、烟酸等。

马来斑鲆（牙鲆科）

Pseudorhombus malayanus Bleeker

药 材 名　马来斑鲆、地鱼、地甫鱼。

药用部位　肉。

功效主治　催吐，解河豚毒；治食河豚中毒。

化学成分　肌肉含无机盐、蛋白质、氨基酸、脂肪、糖类等，胆汁含胆酸等。

少牙斑鲆（牙鲆科）

Pseudorhombus oligodon (Bleeker)

药 材 名　少牙斑鲆、地鱼、铁斧。

药用部位　肉。

功效主治　健脾益气，消炎解毒，催吐；治脾胃不健，急性胃肠炎，食河豚中毒。

化学成分　无机盐、蛋白质、脂肪、糖等。

大弹涂鱼（背眼虾虎鱼科）

Boleophthalmus pectinirostris (Linnaeus)

药 材 名　大弹涂鱼、花鱼、跳鱼。

药用部位　肉。

功效主治　滋补肝肾，助阳；治肾虚阳痿，腰痛，耳鸣。

化学成分　天冬氨酸、谷氨酸、十四烷酸、棕榈酸等。

弹涂鱼（背眼虾虎鱼科）

Periophthalmus modestus Cantor

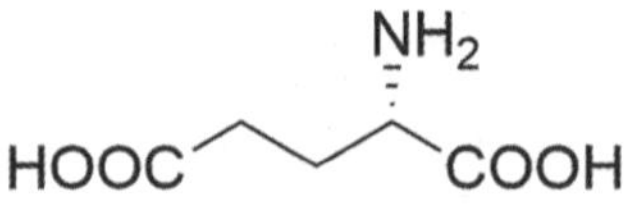

L-谷氨酸

药 材 名　弹涂鱼、泥猴、海兔。

药用部位　肉。

生　　境　野生，生活在河口、港湾、红树林区之咸淡水域及滩涂处，穴居。

采收加工　全年可捕捞，捕后，鱼洗净，鱼肉入药。

药材性状　体延长，侧扁。尾柄较长。头宽大。吻短而圆钝，斜直隆起。体及头均被小圆鳞，无侧线。气腥，味微咸。

性味归经　甘、咸，微温。归肾、膀胱经。

功效主治　补气益精，补肾壮阳，活血止痛，缩尿止汗；治肾虚阳痿，腰痛，耳鸣，眩晕，盗汗，小儿遗尿，扭伤。

化学成分　钴、锌、锆、天冬氨酸、L-谷氨酸、丝氨酸、甘氨酸、组氨酸、精氨酸、十四烷酸等。

核心产区　广西、广东、福建、海南。

用法用量　内服：炖食，60～120克。外用：适量，研末，麻油调涂。

本草溯源　《民间兽医本草》《中华本草》。

孔鰕虎（虾虎鱼科）

Trypauchen vagina (Bloch et Schneider)

药 材 名　孔虾虎鱼、红条鱼、赤鲶。

药用部位　肉。

功效主治　温中益气，补肾壮阳；治虚寒腹痛，胃痛，消化不良，痛积，阳痿，遗精，早泄，小便淋沥。

化学成分　胡萝卜二醇、叶黄素、玉米黄素、β-胡萝卜素、隐黄质等。

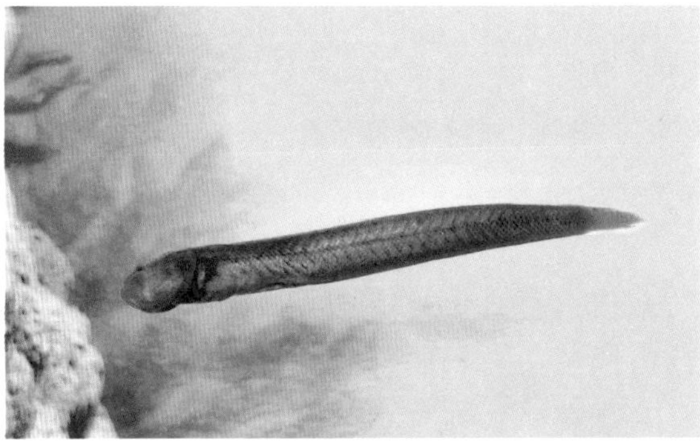

鳞烟管鱼（烟管鱼科）

Fistularia petimba Lacepède

药 材 名　鳞烟管鱼、巨齿烟管鱼、马鞭鱼。

药用部位　全体。

功效主治　清热利尿，抗癌；治肾炎，食管癌。

化学成分　硫胺素酶Ⅰ等。

日本方头鱼（弱棘鱼科）

Branchiostegus japonicus (Houttuyn)

药 材 名　方头鱼、马头鱼、日本加吉。

药用部位　肉、全体。

功效主治　清热解毒，祛瘀排脓；治疔疮肿痛，水肿。

化学成分　Tunaxantbin Ⅰ-Ⅳ等。

穆氏圆鲹（鲹科）

Decapterus muroadsi (Temminck et Schlegel)

药 材 名　蓝圆鲹、红背圆鲹、硬尾。

药用部位　肉。

功效主治　健脾益气，消食化积；治脾虚乏力，食欲不振，久痢，咳血。

化学成分　钾、钙、镁、锌、磷等。

卵形鲳鲹（鲹科）

Trachinotus ovatus (Linnaeus)

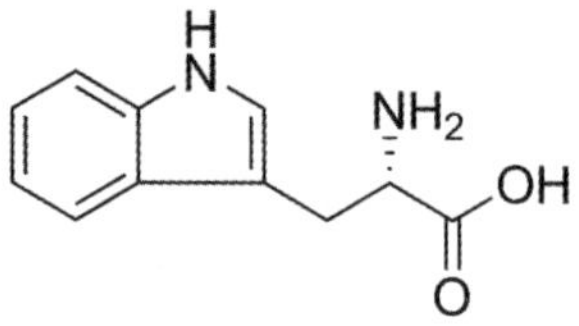

L-色氨酸

药 材 名　金鲳鱼、黄腊鲳、金鲳。

药用部位　全体。

生　　境　幼鱼主要栖息于近沿岸砂泥底质水域或砂泥底质的内湾，成鱼成群栖息于沿岸礁石底质水域。

采收加工　除去鳍、内脏，洗净鲜用。

药材性状　鱼体侧扁，卵圆形。体披小圆鳞，不易剥落，尾鳍深叉。臀鳍与第二背鳍略相等，都显著比腹部长。体背蓝灰，腹部银白，体侧无任何斑点。背鳍暗色，臀鳍、尾鳍暗色至暗橙色。

性味归经　甘，平。归脾、肾经。

功效主治　益气养血，柔筋利骨；治消化不良，脾虚泄泻，贫血，筋骨酸痛等。

化学成分　L-色氨酸、蛋氨酸、棕榈酸、油酸等。

核心产区　福建、台湾、广东、海南、广西海域。

用法用量　煮食或炖服，30～60克。

本草溯源　《本草拾遗》《本经逢原》。

乌塘鳢（塘鳢科）

Bostrychus sinensis Lacepède

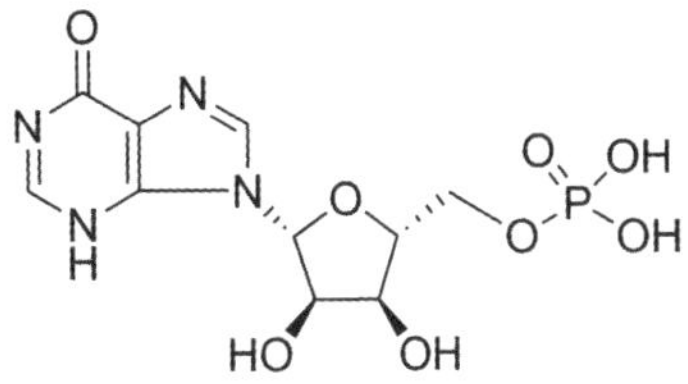

肌苷酸

药 材 名　乌塘鳢、中华乌塘鳢、乌鱼。

药用部位　肉。

生　　境　常栖息于沿海滩涂及河口淡水水域，喜穴居。

采收加工　四季均可捕捞，捕后除去内脏及鳞片，取肉鲜用。

药材性状　身体前部呈圆筒形，后部逐渐侧扁。背鳍褐色，中央有1条浅色纵带；背鳍有6～7条暗褐色纵带。尾鳍有多条暗黄色横纹，基部上方有一大型黑色眼斑。头宽大于头高，脸颊微凸。眼小，上位，口大，前上位。上、下颌齿细尖，多行，内列齿较外列齿粗；犁骨齿为小型锥状齿，排列呈半卵圆形。头部与身体均为小圆鳞。无侧线，尾柄较长。

性味归经　平，甘。归脾、胃经。

功效主治　健脾开胃，利水消肿；治脾虚水肿，腰膝酸痛。

化学成分　肌苷酸、甘油三酯、磷脂酰乙醇胺、磷脂酰胆碱等。

核心产区　广西沿海、南海等海域。

用法用量　内服：100～200克，煮食。外用：煎汤洗局部。

本草溯源　《神农本草经》《名医别录》《本草纲目》《神农本草经疏》。

日本鬼鲉（毒鲉科）

Inimicus japonicus (Cuvier)

药 材 名　日本鬼鲉、海蝎子、老虎鱼。
药用部位　肉。
功效主治　滋补肝肾，补虚截疟，清凉解毒；治肾虚腰痛，慢性肝炎，小儿疮疖。
化学成分　羟脯氨酸、棕榈酸、十八烷酸、十九烷酸、十四烷酸等。

半滑舌鳎（舌鳎科）

Cynoglossus semilaevis Günther

药 材 名　半滑舌鳎、龙脷、牛舌头。
药用部位　肉。
功效主治　补虚，健脾，益气；治久病体虚，脾虚泄泻，小儿疳积。
化学成分　丙氨酸、谷氨酸、赖氨酸等。

弓斑多纪鲀（鲀科）

Takifugu ocellatus (Linnaeus)

药 材 名　河豚、眼斑河鲀。

药用部位　肉。

功效主治　肉有毒，河豚子即卵子有大毒，卵巢有大毒，河豚鱼肝油有大毒。滋补强壮，消肿解毒，散结镇痛；治腰腿酸软，瘰疬，疮疖，疥癣，无名肿毒，皮肤慢性溃疡，刺毒鱼类刺伤，瘰疬。

化学成分　河豚毒素等。

红鳍多纪鲀（鲀科）

Takifugu rubripes (Temminck et Schlegel)

药 材 名　河豚、虎河鲀。

药用部位　肉。

功效主治　肉有毒，河豚子即卵子有大毒，卵巢有大毒，河豚鱼肝油有大毒。滋补强壮；治腰腿酸软，肢体乏力。

化学成分　河豚毒素等。

虫纹多纪鲀（鲀科）

Takifugu vermicularis (Temminck et Schlegel)

药 材 名　河豚、街鱼、鸡枪。

药用部位　肉、内脏、血。

功效主治　肉有毒，河豚子即卵子有大毒，卵巢有大毒，河豚鱼肝油有大毒。滋补强壮，清热消肿；治腰膝无力，类风湿关节炎，疮痈肿毒，淋巴结结核。

化学成分　河豚毒素、河豚卵巢毒素、河豚肝脏毒素等。

黄鳍多纪鲀（鲀科）

Takifugu xanthopterus (Temminck et Schlegel)

药 材 名　河豚。

药用部位　肉。

功效主治　肉有毒，河豚子即卵子有大毒，卵巢有大毒，河豚鱼肝油有大毒。滋补强壮，补肾壮阳，益肝健脾，清热解毒，祛湿消肿，止痛止痉；治阳痿，遗尿，腰腿酸软，肢体乏力，风湿痹痛，痔疮，皮肤瘙痒。

化学成分　河豚毒素等。

单角革鲀（单角鲀科）

Aluterus monoceros (Linnaeus)

药 材 名　单角革鲀、皮鱼、牛鱼。

药用部位　肉。

功效主治　健胃消食，清热解毒，止血；治胃炎，胃溃疡，乳腺炎，消化道出血，大便脓血。

化学成分　二十碳五烯酸、二十二碳六烯酸等。

马面鲀（单角鲀科）

Thamnaconus modestus (Günther)

药 材 名　马面鲀、面包鱼、橡皮鱼。

药用部位　全体。

功效主治　解毒，止血，止痛，健胃；治消化道出血，腮腺炎，胃痛。

化学成分　磷脂、脂肪酸等。

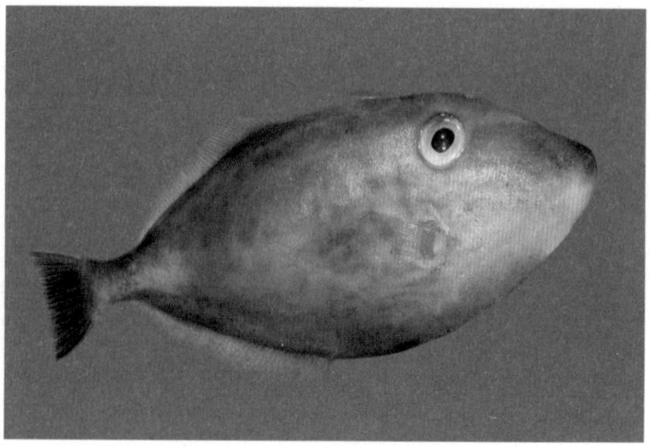

大鲵（隐鳃鲵科）

Andrias davidianus (Blanchard)

药 材 名　大鲵、娃娃鱼、人鱼、孩儿鱼。

药用部位　肉。

功效主治　补中益气，截疟；治脾胃气虚。

化学成分　胶原蛋白等。

中华大蟾蜍（蟾蜍科）

Bufo gargarizans Cantor

药 材 名　癞虾蟆、癞蛤蟆、干蟾、蟾酥、蟾蜍。

药用部位　全体或分泌物。

功效主治　全体：解毒散结，消积利水，杀虫消疳；治痢疽，疔疮，发背，瘰疬，恶疮，癥瘕癖积，膨胀，水肿，小儿疳积，破伤风，慢性咳喘。分泌物（蟾酥）：解毒，止痛，开窍醒神；治痈疽疔疮，咽喉肿痛，中暑神昏，痧胀腹痛吐泻。

化学成分　华蟾酥毒基、脂蟾毒配基、胆甾醇、壬酸、癸酸等。

黑眶蟾蜍（蟾蜍科）

Duttaphrynus melanostictus (Schneider)

药 材 名　癞蛤蟆、蛤巴、癞疙疱、蟾蜍、蟾酥。

药用部位　全体或分泌物。

功效主治　全体：解毒散结，消积利水，杀虫消疳，止痛，强心；治痈疽，疔疮，发背，瘰疬，恶疮，水肿，小儿疳积，破伤风，慢性咳喘。分泌物（蟾酥）：解毒，止痛，开窍醒神；治痈疽疔疮，咽喉肿痛，中暑神昏，痧胀腹痛吐泻。

化学成分　华蟾酥毒基、脂蟾毒配基、胆甾醇、壬酸、癸酸等。

暹罗鳄（鳄科）

Crocodylus siamensis Schnerder

MSCTDLCYPSSGIACPRPFADSCNEACIRQCPDSRAVIQPPPVVVTLPGPILSSFPQDSI
VGSSGVPAVGHGAAGGTALSGGPSGPGGHLGYGGLYGSLGGYGGLGGYGGLGGYGGLGGY
GGLGGYGGLGGYGGLGGYGGWGGSCYGLGSGFGYGRCYVPTYCGPYYSRRSYYGICRPC;
β-角蛋白Cr-gptrp-1亚型的氨基酸序列

MSCTDLCYPSSGIACPRPFADSCNEACIRQCPDSRVVIQPPPVVVTIPGPILSNCPQDSVVGSAGVPAVGHGAAG
GTALSGGPSGPGGHLGYGGLYGGLGGYGGLGGYGGLGGYGGFGGYGGLGGYGGLGGYGGSLGSGGLCGY
GGSLGSGGLCGYGGSLGYGGLCGYGGLSSGSGSCYSSGYCSPYPYRRYGRYRYGSCGPC）
β-角蛋白Cr-gptrp-2亚型的氨基酸序列

药 材 名 鼍鳄鱼、泰国鳄。

药用部位 鳄鱼鳞片或鳞甲、鳄鱼肉。

生　　境 栖息于热带与亚热带的沼泽地，水流缓慢的河流和湖泊等淡水或咸淡水水域。

生活习性 栖息于热带及亚热带地区的沼泽地、河流保护地段中水流缓慢的区域，主要以鱼类、两栖动物、爬行动物等为食，可以适应高盐度水质。

养殖技术 养殖场应选在环境安静、水源足且水质良好的地方。投喂饲料以动物性饵料为主，水池深度约0.7米，并注意定期换水，保持水质良好。

采收加工 取鳞片或内脏、蛋，鲜用或晒干、烘干。

药材性状 暹罗鳄上体呈橄榄绿或浅棕绿色，尾部和背部有暗横带斑，枕鳞4块，排成一横排，左右对称，项鳞6块，排列成群，背鳞16～18块，每排6鳞，腹鳞30～34横排，尾部有双鬣鳞19～20对，单列鬣鳞17～19对，尾下鳞环列。

药理药效 暹罗鳄鱼鳞胶原蛋白可以促进小鼠胸腺和脾脏的生长、保肝降糖、增强机体免疫力及抗疲劳效应等作用；其肠道、外周血和肝脏组织抗菌效果明显。

主要价值 暹罗鳄鳞甲及鳄鱼肉营养物质丰富，具有较高的营养、食用及药用价值。暹罗鳄皮质好，具有较高的经济价值。

化学成分 *β*-角蛋白（包括两个亚型：Cr-gptrp-1、Cr-gptrp-2）、骨胶原、亚油酸等。

核心产区 柬埔寨、印度尼西亚、泰国、老挝、越南等，广东（广州、惠州、河源等）、广西、海南、云南有养殖。

用法用量 内服：煎汤或入丸、散。外用：取适量研末。

附　　注 东南亚作为中医药文化影响比较深远的国家，暹罗鳄常作为扬子鳄*Allgator sinensis*（古称鼍、土龙或猪婆龙）的代用品使用，它是目前我国南方养殖的主要物种，其野生种为《世界自然保护联盟》极危（CR）级别保护动物。

绿海龟（海龟科）

Chelonia mydas (Linnaeus)

药 材 名　绿海龟、海龟。

药用部位　全体。

功效主治　龟板及掌：清火明目；治目赤目暗。血：止咳；治哮喘。肉：滋阴补肾；治肺结核。胆：清热化痰；治气管炎。肝：柔肝明目；治视物模糊。

化学成分　*β*-谷甾醇、豆甾醇、铯、银、锌等。

附　　注　被列入《国家一级保护动物》。

玳瑁（海龟科）

Eretmochelys imbricata (Linnaeus)

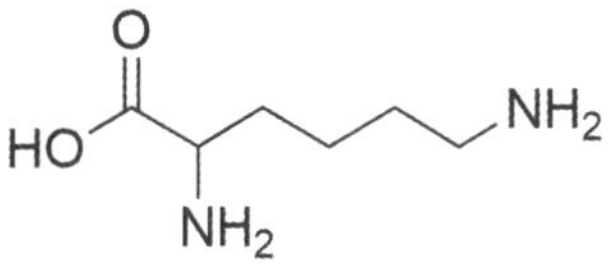

赖氨酸

药 材 名　玳瑁、瑇瑁、蝳蝐。

药用部位　背甲。

生　　境　主要生活于浅水礁湖和珊瑚礁区，珊瑚礁中的许多洞穴和深谷给玳瑁提供休息的地方，珊瑚礁中还生活着玳瑁最主要的食物——海绵。

药材性状　背甲棕红色，缀有浅黄色云斑，具金属光泽。

性味归经　甘、咸，寒。归心、肝经。

功效主治　平肝定惊，清热解毒；治热病高热，神昏谵语抽搐，小儿惊痫等。

化学成分　赖氨酸、组氨酸、月桂酸、棕榈酸等。

核心产区　分布在广大的海域中，主要发现于大西洋和太平洋的热带地区。

用法用量　煎汤或磨汁，3～6克；或入丸、散。

本草溯源　《开宝本草》《本草品汇精要》《本草纲目》《本草汇言》。

附　　注　玳瑁为世界自然保护联盟（IUCN）极危（CR）物种，被列入《国家重点保护野生动物名录》一级。

安南龟（地龟科）

Mauremys annamensis Siebenrock

胶原蛋白（多聚体形式，模式图）

胶原蛋白（单体，模式图）

药 材 名 乌龟。

药用部位 龟甲、龟甲胶、龟肉。

生　　境 安南龟属水栖龟类，栖息在沼泽地和缓流的河川、小溪潭中，生长适温22～32℃。

生活习性 安南龟喜群居，性温顺，有爬背习性。每年的11月初至3月底是它的冬眠期。安南龟的食性为杂食性偏动物性。

养殖技术 养殖场应尽量选在阳光充足、水源便利、不受干扰和生态环境保护良好的地方。投喂饲料以动物性饵料为主，并注意定期换水，保持水质良好。

采收加工 龟甲：捕捉后杀死，或用沸水烫死，剥取背甲和腹甲，除去残肉，晒干。龟甲胶：将龟甲漂泡洗净，分次水煎，滤取胶液，浓缩至稠膏状，晾干备用。龟肉：杀死后，取肉鲜用或烘干。

药材性状 安南龟背甲黑褐色，有1条突起明显的黑色脊棱；腹甲浅黄色，前端有反“八”字形黑色斑线。颈细长，颈部有橘红色或深黄纵向条纹。

药理药效 安南龟富含氨基酸、维生素及多种微量元素，可增强机体免疫功能，抑制肿瘤细胞，对癌症患者术后免疫力提高具有很大帮助。

主要价值 安南龟是经济价值很高的龟鳖品种，是中国南方养殖的热门养殖品种之一，具有较高的观赏、食用及药用价值。

化学成分 龟甲：胶原蛋白、胆甾醇等，龟甲胶含多种氨基酸，锶、锌、钙等无机元素。龟肉：主要含有胶原蛋白、脂肪、烟酸、维生素B_1、B_2、胶质等。

核心产区 原产越南，广东（中山、东莞、广州、江门、茂名、佛山、惠州、湛江、肇庆和珠海）、广西（凭祥、南宁、钦州、北海、梧州、贵港和贺州）与海南（海口、儋州）有养殖。

附　　注 越南作为中医药文化影响比较深远的国家之一，安南龟常作为我国传统药材乌龟*Chinemys reevesii*的代用品。安南龟是越南特有种，又称越南草龟、安南叶龟，其野生种列入濒危动植物国际贸易公约附录Ⅰ及中国国家重点保护水生野生动物名录二级，广东中山是国内较早开展引种驯化与仿生态养殖的地区之一（中山安南龟）。

大壁虎（壁虎科）

Gekko gecko (Linnaeus)

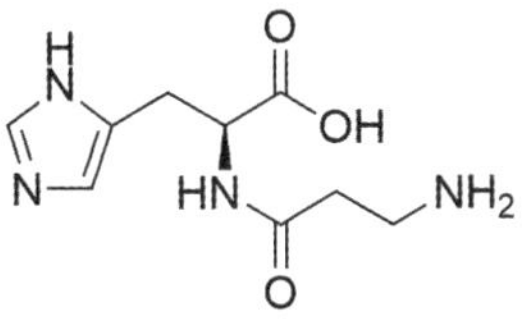

肌肽

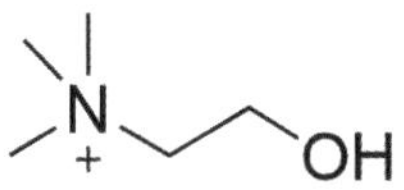

胆碱

药 材 名　蛤蚧、蛤解、蛤蟹。

药用部位　除去内脏的全体。

生　　境　多栖于山岩及树洞中，或居于墙壁上。

采收加工　一般在5—9月捕捉。捕得后，用锤击毙，剖腹取出内脏，抹干，以竹片将其四肢、头、腹撑开，尾固定于竹片上，微火焙干。

药材性状　干燥的全体，固定于竹片上而呈扁片状。头大，扁长，眼大而凹陷成窟窿，眼间距下凹呈沟状。角质细齿密生于颚的边缘，无大牙。背呈灰黑色或银灰色，并有灰棕色或灰绿色的斑点，脊椎骨及两侧肋骨均呈嵴状突起，全身密布圆形、多角形而微有光泽的细鳞。四肢指、趾各5个，除第1指、趾外，均有爪。尾细长而结实，上粗下细，中部可见骨节。质坚韧，气腥，味微咸。

性味归经　咸，平；有小毒。归肺、肾经。

功效主治　补肺益肾，纳气定喘，助阳益精；治肺肾不足，虚喘气促等。

化学成分　肌肽、胆碱、肉毒碱、鸟嘌呤、甘氨酸、脯氨酸等。

核心产区　北回归线附近的亚热带石灰岩地区，如广西、广东、海南、云南和香港等省区。

用法用量　煎汤，3～6克；或入丸、散。

本草溯源　《雷公炮炙论》《海药本草》《开宝本草》《本草纲目》《本草汇言》《神农本草经疏》《本经逢原》。

附　　注　该药被收载于历版《中国药典》，是广西壮医壮药的重点动物药品种，原动物大壁虎被列入国家保护动物二级。近年来，随着以蛤蚧为主要原料的中成药（如蛤蚧定喘胶囊、蛤蚧补肾丸、蛤蚧定喘丸、复方蛤蚧胶囊）以及蛤蚧宠物市场的开发，蛤蚧需求量日益增大，混伪品甚多，如：中国壁虎*G. chinensis*、无蹼壁虎*G. swinhonis*、变色树蜥*Calotes versicolor*、蜡皮蜥*Leiolepis reevesii*、中国石龙子*Eumeces chinensis*等，为蛤蚧临床应用造成较大的安全隐患。

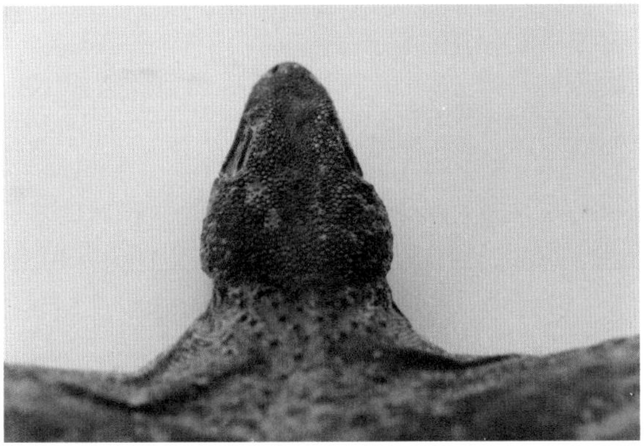

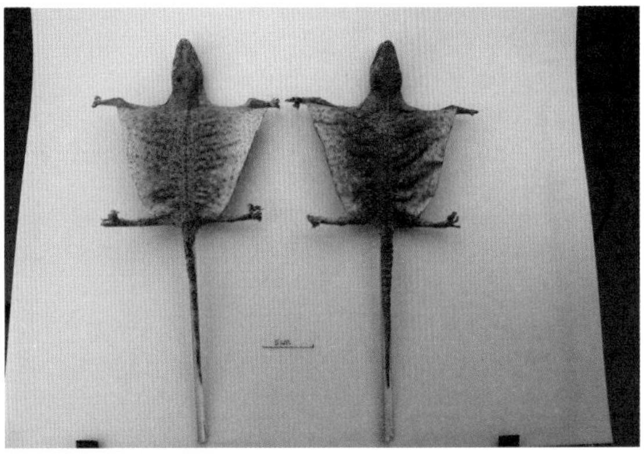

多疣壁虎（壁虎科）

Gekko japonicus (Schlegel)

药 材 名 壁虎、守宫、壁宫。

药用部位 全体。

功效主治 全体有小毒。祛风定惊，解毒散结；治历节风痛，四肢不遂，惊痫，破伤风，痈疮，瘰疬，疠风，风癣，噎膈。

蹼趾壁虎（壁虎科）

Gekko subpalmatus (Günther)

药 材 名 壁虎、守宫、壁宫。

药用部位 全体。

功效主治 全体有小毒。祛风定惊，解毒散结；治历节风痛，四肢不遂，惊痫，破伤风，痈疮，瘰疬，疠风，风癣，噎膈。

无蹼壁虎（壁虎科）

Gekko swinhonis Günther

药 材 名 壁虎、守宫、壁宫。

药用部位 全体。

功效主治 全体有小毒。祛风定惊，解毒散结；治历节风痛，四肢不遂，惊痫，破伤风，痈疮，瘰疬，疠风，风癣，噎膈。

化学成分 胆甾醇、棕榈酸单甘油酯、硬脂酸等。

银环蛇（眼镜蛇科）

Bungarus multicinctus Blyth

药 材 名　金钱白花蛇、银环蛇、断肌甲。

药用部位　幼蛇去内脏全体。

功效主治　去内脏全体有毒。散气软坚，消炎退肿，净血祛毒，祛湿健肌，恢复肤色；治风湿顽痹等。

化学成分　蛋白质、脂肪、鸟嘌呤核糖苷、神经性毒素、溶血成分及血球凝集成分等。

青环海蛇（眼镜蛇科）

Hydrophis cyanocinctus Daudin

药 材 名　青环海蛇、海蛇、斑海蛇。

药用部位　全体。

功效主治　祛风湿，通络止痛，解毒。治风湿痹痛，肌肤麻木，疥癣，皮肤湿痒，疮疖。

化学成分　1-甲基海因、乳酸脱氢酶等。

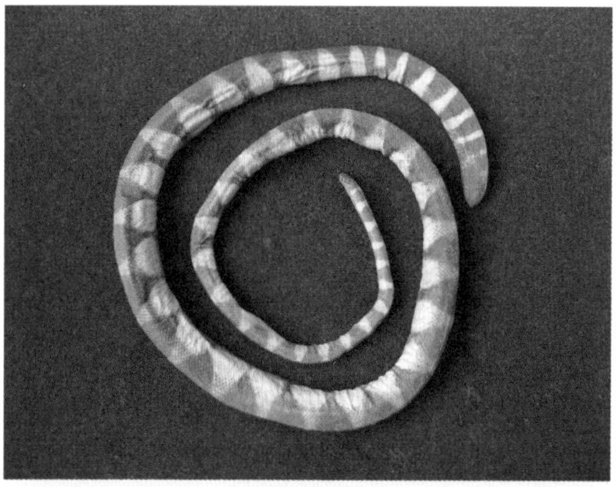

环纹海蛇（眼镜蛇科）

Hydrophis fasciatus (Schneider)

药 材 名　环纹海蛇、海蛇。

药用部位　肉。

功效主治　滋补强壮，活血通络，祛风除湿；治小儿营养不良，肌肤麻木，风湿性关节炎，腰腿酸痛。

化学成分　磷脂酶、L-氨基酸氧化酶、神经毒素等。

淡灰海蛇（眼镜蛇科）

Hydrophis ornatus (Gray)

药 材 名 淡灰海蛇、黑点海蛇。

药用部位 肉、皮、脂肪（油）、胆汁、血。

功效主治 肉：祛风除湿，攻毒；治风湿痹痛，四肢麻木，疥癣。皮：清热解毒，消炎杀虫。治肿毒、带状疱疹、疥疮、顽癣。脂肪（油）：消肿止痛，润肤除湿；治冻伤、烫伤、内外痔疮肿痛、慢性湿疹。胆汁：清热解毒，祛风除湿，行气化瘀，清肝明目，平肝熄风；治皮肤热毒、痔疮、胃热疼痛、风湿性关节炎、咳嗽、气管炎。血：补气血，壮筋骨。

化学成分 神经毒素、多肽毒素等。

福建竹叶青蛇（蝰科）

Trimeresurus stejnegeri Schmidt

药 材 名 焦尾巴、青竹蛇。

药用部位 全体。

功效主治 去内脏全体有毒。散气软坚，消炎退肿；治风湿顽痹等。

化学成分 蛋白质、脂肪、神经性毒素等。

鹌鹑（雉科）

Coturnix japonica Temminck et Schlegel

药 材 名　鹌鹑。

药用部位　肉或除去羽毛及内脏的全体。

功效主治　益中气，止泄痢，壮筋骨；治脾虚泻痢，小儿疳积，风湿痹症，咳嗽。

原鸽（鸠鸽科）

Columba livia J. F. Gmelin

药 材 名　鸽、野鸽。

药用部位　肉。

功效主治　滋肾益气，祛风解毒，调经止痛；治虚羸，血虚经闭，消渴，久疟，麻疹，肠风下血，恶疮，疥癣等。

化学成分　粗蛋白质、粗脂肪。

白腹金丝燕（雨燕科）

Collocalia esculenta (Linnaeus)

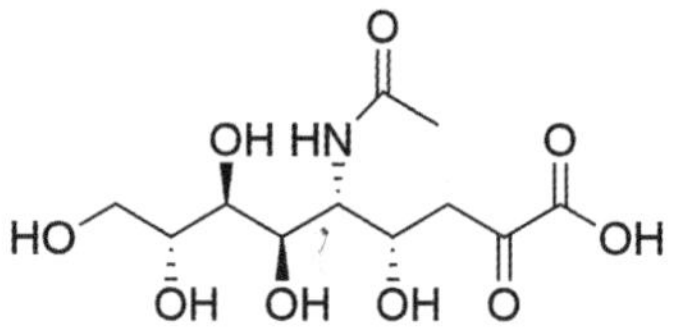

唾液酸

药 材 名 燕窝、燕菜、燕根。

药用部位 唾液与绒羽等混合凝结所筑成的巢窝。

生　　境 热带沿海地区，在岛屿险峻的岩洞深暗处或人工燕屋内筑巢聚居。

采收加工 2月、4月、8月间采收金丝燕的巢窝。

药材性状 完整者呈不整齐的半月形或船形，常凹陷成兜状，长6～10厘米，宽3～5厘米；表面黄白色或灰白色，附着于岩石一面较平，另一面微隆起，窝的内部粗糙，似丝瓜络样，放大镜下可见细小羽毛。质硬而脆，断面细腻，呈现角质样光泽。浸水后柔软膨胀，光亮透明，轻压有弹性。气微腥，味微咸，嚼之有黏滑感。

性味归经 甘，平。归肺、胃、肾经。

功效主治 养阴润燥，益气补中，化痰止咳；治久病虚损，肺痨咳嗽等。

化学成分 唾液酸、酪氨酸、苯丙氨酸、精氨酸等。

核心产区 印度尼西亚、越南、泰国、马来西亚、菲律宾、柬埔寨。中国海南岛东南沿岸有分布。

用法用量 内服：煎汤，5～10克；或入膏剂。

本草溯源 《本经逢原》。

附　　注 被列入《国家二级保护动物名录》。

北海狗（海狮科）

Callorhinus ursinus Linnaeus

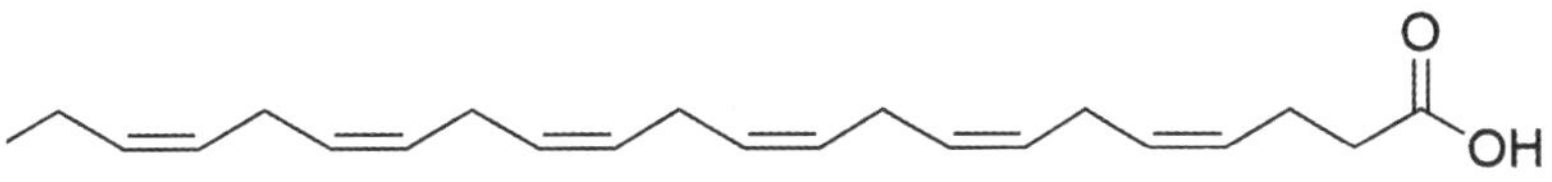

二十二碳六烯酸

药 材 名　海狗肾、膃肭脐。

药用部位　阴茎和睾丸。

生　　境　生活于寒带或温带海洋中，常随适当的水温而洄游。

采收加工　春季捕捉雄兽，割取其阴茎和睾丸，置阴凉处风干。

药材性状　阴茎呈圆柱形，先端较细，长28～32厘米，干缩，有不规则的纵沟及凹槽，有一条纵向的筋。外表黄棕色或黄色，杂有褐色斑块。后端有一长圆形、干瘪的囊状物，或有黄褐色毛。睾丸2枚，扁长圆形，棕褐色，半透明，各有1条细长的输精管与阴茎末端相连。输精管黄色，半透明，通常绕在阴茎上。副睾皱缩，附在睾丸的一侧，乳黄色。

性味归经　咸、热。归肝、肾经。

功效主治　温肾壮阳，填精补髓；治阳虚祛寒，阳痿遗精等。

化学成分　二十二碳六烯酸、二十碳五烯酸、雄性激素雄甾酮类等。

核心产区　印度尼西亚、马来西亚、泰国、越南、柬埔寨、澳大利亚以及我国的海南岛东南沿岸。

用法用量　内服：煎汤，3～9克；或研末；或浸酒。

本草溯源　《药性论》《海药本草》《本草图经》《本草衍义》《中华本草》。

附　　注　被列入《国家二级保护动物名录》、世界自然保护联盟（IUCN）2012年《濒危物种红色名录》ver 3.1。

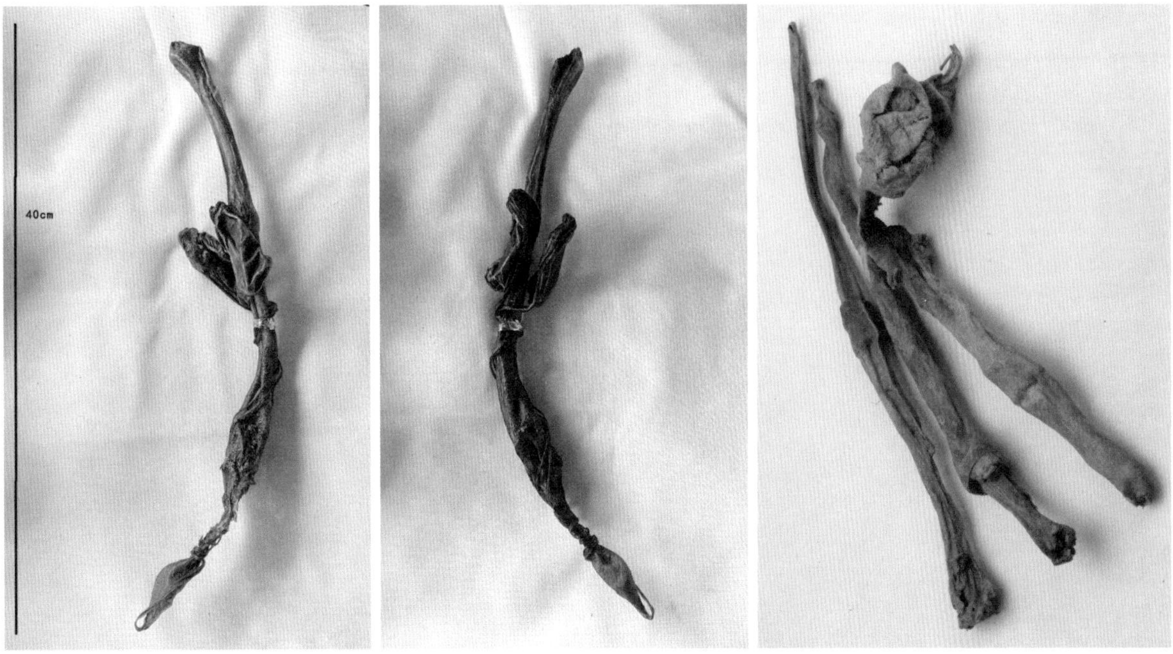

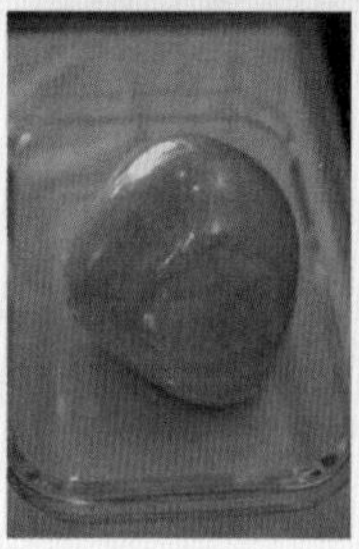

马（马科）

Equus caballus Linnaeus

药 材 名　马宝、马肉。

药用部位　马宝（马胃肠中的结石）、马肉。

功效主治　马宝有小毒。强筋壮骨，除热，镇惊化痰；治寒热痿痹，筋骨无力，疮毒，痰热神昏，吐血，痰热咳嗽。

化学成分　钙、铁、镁等无机元素，肉豆蔻酸、花生四烯酸、亚油酸等脂肪酸。

野猪（猪科）

Sus scrofa Linnaeus

药 材 名　野猪肉、野猪胆。

药用部位　肉、胆或胆汁。

功效主治　补养肌肤，益五脏，补虚益损，解毒，恶热毒气；治癫痫，虚弱羸瘦，便血，痔疮出血，肠风便血。

化学成分　豆蔻酸、棕榈酸、天冬氨酸等。

黄牛（牛科）

Bos taurus Linnaeus

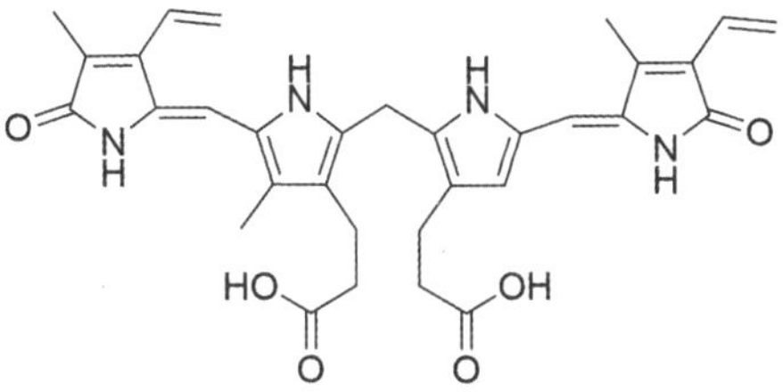

胆红素

药 材 名　牛黄、犀黄、丑宝。

药用部位　胆囊中的胆结石。

生　　境　牛适应性很强，能够较好地适应所在地气候，其适宜温度在15～25℃。

采收加工　全年均可收集，杀牛时取出肝脏，注意检查胆囊。肝管及胆管等有无结石，如发现立即取出，去净附着的薄膜，用灯芯草包上，外用毛边纸包好，置于阴凉处阴干，切忌风吹、日晒。

药材性状　多呈卵形、类球形、三角形或四方形，大小不一，直径为0.6～4.5厘米，少数为管状或碎片。表面呈黄红色至棕黄色，有些表面挂有一层黑色光亮的薄膜，习称"乌金衣"，有的粗糙，具疣状突起，有的具龟裂纹。

性味归经　甘，凉。归心、肝经。

功效主治　清心，豁痰，开窍，凉肝，息风，解毒；治热病神昏，中风痰迷等。

化学成分　胆红素、牛磺酸、胆酸、去氧胆酸、牛磺胆酸等。

核心产区　我国东北部、西北部及河南、河北、江苏等地。

用法用量　内服：0.15～0.35克，多入丸、散。外用：适量，研末敷患处。

本草溯源　《神农本草经》《名医别录》《药性论》《开宝本草》《本草衍义》《本草纲目》。

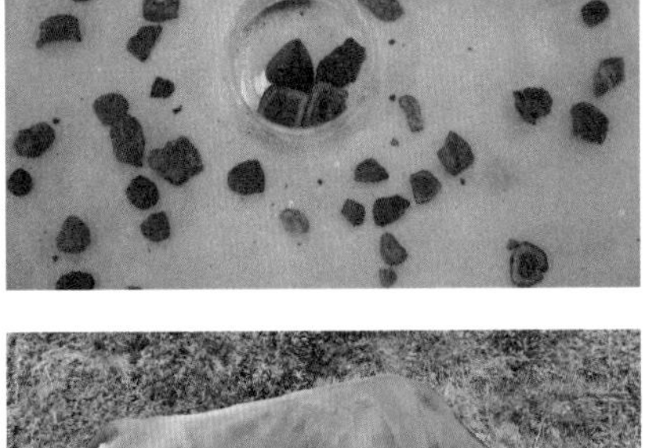

山羊（牛科）

Capra hircus Linnaeus

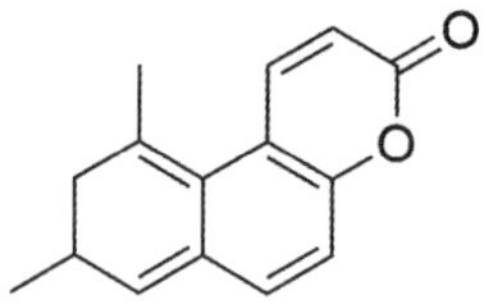

猴枣素A

药 材 名　猴枣、羊肠枣、印度猴枣。

药用部位　盲肠内因阿拉伯金合欢的种子引发形成的结石。

生　　境　天然或人工培植。

采收加工　每年的10—11月采收，将山羊宰杀后，用清水清洗盲肠中黄绿色糜粥样流体，直到看到一粒粒黑褐色发亮的结石。

药材性状　椭圆形或长圆形，表面青黑色或深棕褐色，平滑而有光泽，近边缘处有同心环状的环带，少数边缘有疣状突起。体轻，外壳质硬而脆，击之即碎，有明显的层纹，内表面稍粗糙，无光泽。中心有较大的空隙，内藏长卵形果核。果核形似瓜子（实为金合欢之种子），表面深棕色，平滑，微有光泽，近边缘处也有同心环状的环带，体轻，质硬酥脆。外皮稍厚，水浸剖开种皮，即可见具有两个子叶。气微香，味微苦涩，嚼之有砂性。

性味归经　苦、微咸，寒。归心、肺、肝经。

功效主治　清热镇惊，豁痰定喘，解毒消肿；治痰热喘咳，咽痛喉痹等。

化学成分　猴枣素A、没食子酸、鞣花酸、5,8-二甲氧基-6α,8α-苯并香豆素等。

核心产区　印度、印度尼西亚。

用法用量　内服：研末，0.3～1克，不入煎剂。外用：适量，醋磨涂。

本草溯源　《药物出产辨》。

Part 3 Mineral Medicines

第三章 矿物药

硫黄

Sulphur

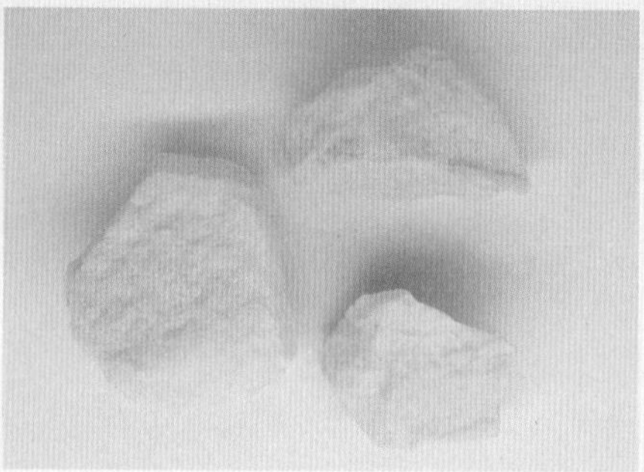

药 材 名　硫黄粉、硫黄。

药用部位　自然元素类矿物硫族自然硫。

功效主治　有毒。外用解毒杀虫止痒，内服补火助阳通便；治疥癣，秃疮，阴疽，恶疮，皮肤瘙痒，阳痿足冷，虚喘冷哮，虚寒便秘。

化学成分　硫。

朱砂

Cinnabaris

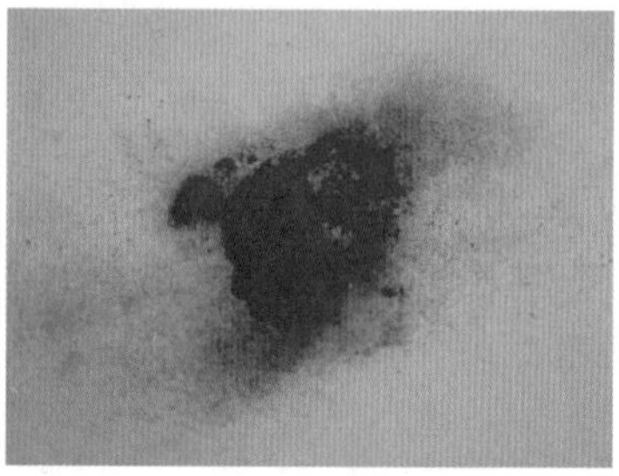

药 材 名　朱砂、丹砂、辰砂。

药用部位　硫化物类矿物辰砂族辰砂。

采收加工　采挖后，选取纯净者，用磁铁吸净含铁的杂质，再用水淘去杂石和泥沙。

生　　境　天然的辰砂矿石，常呈矿脉，产于石灰岩、板岩、砂岩中。

药材性状　粒状或块状集合体，呈颗粒状或块片状；鲜红色或暗红色，条痕红色至褐红色，具光泽；体重，质脆，片状者易破碎，粉末状者有闪烁的光泽；气微，味淡。

性味归经　甘，微寒。归心经。

功效主治　清心镇惊，安神，明目，解毒；治失眠多梦，癫痫发狂，小儿惊风，视物昏花，口疮，喉痹，疮疡肿毒。

化学成分　硫化汞。

核心产区　湖南、贵州、四川等。

用法用量　内服：0.1～0.5克，多入丸、散服，不宜入煎剂。外用：适量。

本草溯源　《神农本草经》《本草纲目》。

附　　注　有毒（硫化物）；不宜大量服用或少量久服；孕妇及肝肾功能不全者禁用。

雄黄

Realgar

药 材 名　雄黄、鸡冠石、黄石。

药用部位　硫化物类矿物雄黄族雄黄。

化学成分　二硫化二砷。

功效主治　有毒（硫化物）。解毒杀虫，燥湿祛痰，截疟；治痈肿疔疮，蛇虫咬伤，虫积腹痛，惊痫，疟疾。

自然铜

Pyritum

药 材 名　自然铜。

药用部位　硫化物类矿物黄铁矿族黄铁矿。

功效主治　散瘀止痛，续筋接骨；治跌打损伤，筋骨折伤，瘀肿疼痛。

化学成分　二硫化铁。

砒霜

Arsenicum Album

药 材 名　砒霜。

药用部位　砒石经升华而成的三氧化二砷精制品。

功效主治　有大毒。蚀疮去腐，杀虫，劫痰，截疟；治痔疮，瘰疬，痈疽恶疮，走马牙疳，癣疮，寒痰哮喘，疟疾，休息痢。

化学成分　三氧化二砷。

赭石

Haematitum

药 材 名　血师、赭石。

药用部位　氧化物类矿物刚玉族赤铁矿。

功效主治　平肝潜阳，重镇降逆，凉血止血；治眩晕耳鸣，呕吐，嗳气，呃逆，喘息，吐血，衄血，崩漏。

化学成分　氧化铁。

禹余粮

Limonitum

药 材 名　禹余粮、禹粮石、白余粮。

生　　境　天然矿物，主要由含铁矿物经氧化分解后，再经水解汇集沉积而成。

采收加工　采挖后，除去杂石，洗净。

药材性状　块状集合体，呈不规则的斜方块状，表面红棕色、灰棕色或浅棕色，多凹凸不平或附有黄色粉末；断面多显深棕色与淡棕色或浅黄色相间的层纹，各层硬度不同，质松部分指甲可划动；体重，质硬；气微，味淡，嚼之无砂粒感。

性味归经　甘、涩，微寒。归胃、大肠经。

功效主治　涩肠止泻，收敛止血；治久泻久痢，大便出血，崩漏带下。

化学成分　碱式氧化铁。

核心产区　浙江、广东等地。

用法用量　9～15克，先煎；或入丸、散。

本草溯源　《神农本草经》《经史证类备急本草》《本草纲目》。

附　　注　孕妇慎用。

磁石

Magnetitum

药 材 名　磁石、吸铁石、戏铁石。

药用部位　氧化物类矿物尖晶石族磁铁矿。

功效主治　镇惊安神，平肝潜阳，聪耳明目，纳气平喘；治惊悸失眠，头晕目眩，视物昏花，耳鸣耳聋，肾虚气喘。

化学成分　四氧化三铁。

白石英

Quartz Album

药 材 名　白石英。

药用部位　石英。

功效主治　温肺肾，安心神，利小便；治虚寒咳喘，阳痿，消渴，心神不安，惊悸善忘，小便不利，水肿。

化学成分　二氧化硅。

紫石英

Fluoritum

药 材 名　萤石、氟石。

药用部位　氟化物类矿物萤石族萤石。

功效主治　温肾暖宫，镇心安神，温肺平喘；治肾阳亏虚，宫冷不孕，惊悸不安，失眠多梦，虚寒咳喘。

化学成分　二氟化钙。

大青盐

Halitum

药 材 名　青盐、戎盐、大青盐。

药用部位　卤化物类石盐族湖盐结晶体。

功效主治　清热，凉血，明目；治吐血，尿血，牙龈肿痛出血，目赤肿痛，风眼烂弦。

化学成分　氯化钠。

卤碱

Salt Alkali

药 材 名　石碱、寒石。

药用部位　盐卤凝结而成的氯化镁等物质的结晶。

功效主治　清热泻火，化痰，软坚，明目；治大热烦渴，风热目赤涩痛，克山病，大骨节病，甲状腺肿，高血压，风湿性心脏病，风湿性关节炎。

化学成分　氯化镁、二氧化硅、氟、锶、锂、锌、钛、铬、硒、镍、钍、锗等。

硼砂

Borax

药 材 名　硼砂。

药用部位　硼酸盐类硼砂族矿物硼砂。

功效主治　清热消痰，解毒防腐；治阴部溃疡，火眼，急性角膜炎，急性支气管炎。

化学成分　四硼酸钠。

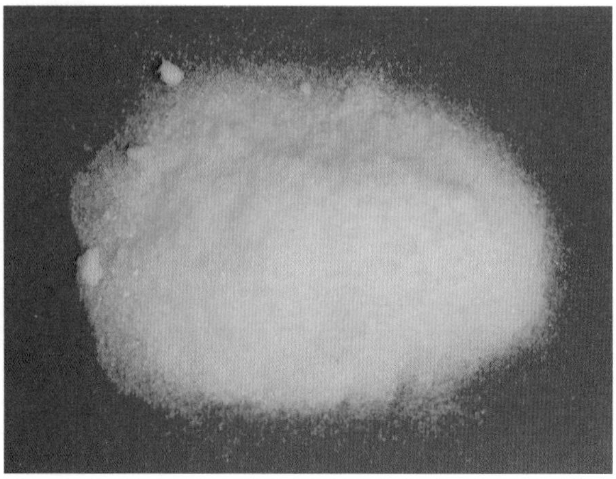

炉甘石

Calaminum

药 材 名　炉甘石、甘石、羊甘石。

药用部位　碳酸盐类矿物方解石族菱锌矿。

生　　境　天然矿石，产于矿床的氧化带中，为次生矿物。

采收加工　采挖后，洗净，晒干，除去杂石。

药材性状　块状集合体，呈不规则的块状；灰白色或淡红色，表面粉性，无光泽，凹凸不平，多孔，似蜂窝状；体轻，易碎。气微，味微涩。

性味归经　甘，平。归肝、脾经。

功效主治　解毒明目退翳，收湿止痒敛疮；治目赤肿痛，睑弦赤烂，翳膜遮睛，溃疡不敛，脓水淋漓，湿疮瘙痒。

化学成分　碳酸锌、镉、铅、钙、镁、铁、锰等。

核心产区　广西、四川、云南、湖南等地。

用法用量　外用：适量。

本草溯源　《经史证类备急本草》《本草新编》。

钟乳石

Stalactitum

药 材 名　石钟乳、滴乳石、钟乳石。

生　　境　自然形成，悬于石灰岩洞中的洞顶上。

采收加工　采挖后除去杂石。

药材性状　钟乳状集合体，略呈圆锥形或圆柱形。表面白色、灰白色或棕黄色，粗糙，凹凸不平；体重，质硬，断面较平整，白色至浅灰白色，对光观察具闪星状的亮光，近中心常有一圆孔，圆孔周围有多数浅橙黄色同心环层；气微，味微咸。

性味归经　甘，温。归肺、肾、胃经。

功效主治　温肺，助阳，平喘，制酸，通乳；治寒痰咳喘，阳虚冷喘，腰膝冷痛，胃痛泛酸，乳汁不通。

化学成分　碳酸钙、镁、铝、铁、锶、铅、锌、锰、硼、钛等。

核心产区　广西、广东、湖北、四川、贵州、云南、陕西、山西等地。

用法用量　3～9克，先煎。

本草溯源　《本草纲目》。

白矾

Alumen

药 材 名　明矾、矾石。

药用部位　硫酸盐类明矾石族矿物，明矾石经加工提炼制成的结晶。

功效主治　有小毒。收湿敛疮，止血化腐；治湿疹湿疮，脱肛，痔疮，聤耳流脓，阴痒带下，鼻衄齿衄，鼻息肉。

化学成分　硫酸铝钾。

胆矾

Chalcanthitum

药 材 名　胆矾、石矾。

药用部位　胆矾矿石。

功效主治　有毒。催吐，祛腐，解毒；治风痰壅闭，喉痹，癫痫，牙疳，口疮，烂弦风眼，痔疮，肿毒。

化学成分　硫酸铜。

石膏

Gypsum Fibrosum

药 材 名　石膏。

药用部位　硫酸盐类矿物石膏族石膏。

生　　境　天然矿物，常产于海湾盐湖和内陆湖泊形成的沉积岩中。

采收加工　采挖后除去杂石和泥沙。

药材性状　纤维状的集合体，呈长块状、板块状或不规则块状；白色、灰白色或淡黄色，有的半透明；体重，质软，纵断面具绢丝样光泽；气微，味淡。

性味归经　甘、辛，大寒。归肺、胃经。

功效主治　清热泻火，除烦止渴；治外感热病，高热烦渴，肺热喘咳，胃火亢盛，头痛，牙痛。

化学成分　含水硫酸钙。

核心产区　湖北、安徽、河南、山东、四川、湖南、广西、广东、云南、新疆等地。

用法用量　15～60克，先煎。

本草溯源　《经史证类备急本草》《本草纲目》《本草新编》。

绿矾

Melanteritum

药材名　皂矾、绿矾。

生　　境　天然矿物。

采收加工　硫酸盐类矿物水绿矾族水绿矾的矿石，主要有七水硫酸亚铁（$FeSO_4 \cdot 7H_2O$）。采挖后，除去杂石。

药材性状　不规则碎块。浅绿色或黄绿色，半透明，具光泽，表面不平坦；质硬脆，断面具玻璃样光泽；有铁锈气，味先涩后微甜。

性味归经　酸，凉。归肝、脾经。

功效主治　解毒燥湿，杀虫补血；主治黄肿胀满，疳积久痢，肠风便血，血虚萎黄，湿疮疥癣，喉痹口疮。

化学成分　硫酸亚铁。

核心产区　山东、湖南、陕西、甘肃、新疆、安徽、浙江、河南、四川等地。

用法用量　内服：0.8～1.6克。外用：适量。

本草溯源　《本草纲目》《本草求真》。

附　　注　有毒（硫酸亚铁），孕妇慎用。

芒硝

Natrii Sulfas

药 材 名　芒硝、盆硝。

药用部位　硫酸盐类矿物芒硝族芒硝。

功效主治　有毒。泻下通便，润燥软坚，清火消肿；治实热积滞，腹满胀痛，大便燥结，肠痈肿痛；外治乳痈，痔疮肿痛。

化学成分　含水硫酸钠。

玄明粉

Natrii Sulfas Exsiccatus

药 材 名　白龙粉、风化硝、玄明粉。

药用部位　经加工后的全品入药。

功效主治　泻下通便，润燥软坚，清火消肿；治实热积滞，大便燥结，腹满胀痛；外用治咽喉肿痛，口舌生疮，牙龈肿痛，目赤，痈肿，丹毒。

化学成分　无水硫酸钠。

赤石脂

Halloysitum Rubrum

药 材 名　赤石脂、红土、赤石土。

药用部位　硅酸盐类矿物多水高岭石族多水高岭石。

生　　境　天然矿石，主产于岩石的风化壳和黏土层中。

采收加工　挖出后，拣出红色滑腻如脂的块状体，拣去杂石、泥土。

药材性状　块状集合体，呈不规则的块状；粉红色、红色至紫红色，或有红白相间的花纹；质软，易碎，断面有的具蜡样光泽；吸水性强，具黏土气，味淡，嚼之无沙粒感。

性味归经　甘、酸、涩，温。归大肠、胃经。

功效主治　涩肠，止血，生肌敛疮；治久泻久痢，大便出血，崩漏带下，外用治疮疡久溃不敛，湿疮脓水浸淫。

化学成分　硅酸铝。

核心产区　福建、河南、江苏、陕西、湖北、山东、安徽、山西等地。

用法用量　内服：9～12克，先煎。外用：适量，研末敷患处。

本草溯源　《神农本草经》《经史证类备急本草》《本草纲目》。

附　　注　不宜与肉桂同用。

青礞石

Lapis Chloriti

药 材 名　青礞石。

药用部位　变质岩类黑云母片岩或绿泥石化云母碳酸盐片岩。

功效主治　坠痰下气，平肝镇惊；治顽痰胶结，咳逆喘急，癫痫发狂，烦躁胸闷，惊风抽搐。

化学成分　硅酸盐、镁、铝、铁等。

金礞石

Micae Lapis Aureus

药 材 名　金礞石。

药用部位　变质岩类蛭石片岩或水黑云母片岩。

功效主治　坠痰下气，平肝镇惊；治顽痰胶结，咳逆喘急，癫痫发狂，烦躁胸闷，惊风抽搐。

化学成分　蛭石片和水黑云母，主要含钾、镁、铝的硅酸盐。

麦饭石

Maifanitum

药 材 名　长寿石、豆渣石。

药用部位　中酸性火成岩类岩石石英二长斑岩。

功效主治　解毒散结，去腐生肌，除寒祛湿，益肝健胃，活血化瘀，利尿化石，延年益寿；治痤疮，湿疹，牙痛，糖尿病，神经衰弱，高血压，尿路结石。

化学成分　二氧化硅、氧化铝、氧化铁、氧化亚铁等。

云母

Muscovitum

药 材 名　白云母、云母石、银精石。

药用部位　白云母矿石。

功效主治　镇静，止血；治心悸失眠，咯血，吐血。

化学成分　$KAl_2(AlSi_3O_{10})(OH)_2$。

浮石

Pumex

药 材 名　白浮石、海浮石。

药用部位　火山喷出的岩浆凝固形成的多孔状石块。

功效主治　清肺火，化老痰，利水通淋，软坚散结；治痰热壅肺，咳喘痰稠难咯，小便淋沥涩痛，瘿瘤，瘰疬。

化学成分　二氧化硅、钾、钠、钙、镁、铝、铁等。

滑石

Talcum

药 材 名　滑石、画石。

药用部位　硅酸盐类矿物滑石族滑石。

生　　境　天然矿石，多产于变质岩、石灰岩、白云岩、菱镁矿及页岩中。

采收加工　采挖后，除去泥沙和杂石或将滑石块刮净，用粉碎机粉碎，过细筛后即成滑石粉。

药材性状　多为块状集合体。呈不规则的块状；白色、黄白色或淡蓝灰色，有蜡样光泽；质软，细腻，手摸有滑润感，无吸湿性，置水中不崩散；气微，味淡。

性味归经　甘、淡，寒。归膀胱、肺、胃经。

功效主治　利尿通淋，清热解暑，外用祛湿敛疮；治热淋，石淋，尿热涩痛，暑湿烦渴，湿热水泻；外用治湿疹，湿疮，痱子。

化学成分　硅酸镁。

核心产区　山东、辽宁、江西；浙江、陕西、山西、福建、广西等地亦产。

用法用量　内服：10～20克，先煎。外用：适量。

本草溯源　《经史证类备急本草》《本草纲目》《本草新编》。

伏龙肝

Terra Flavausta

药 材 名　灶心土、伏龙肝。

药用部位　用柴草熏烧而结成的灶心。

功效主治　温中止血，止呕，止泻；治虚寒失血，呕吐，泄泻。

化学成分　硅酸、氧化铁、氧化铝、氧化钙、氯化钠、氧化钾等。

阳起石

Tremolitum

药 材 名　羊起石、白石、阳起石。

药用部位　阳起石或阳起石石棉。

功效主治　温肾壮阳；治肾阳虚衰，阳痿，遗精，早泄，子宫虚寒，不孕，腰膝冷痹。

化学成分　氧化镁、氧化钙、氧化铁、氧化硅等。

金精石

Vermiculitum

药 材 名　水金云母、蛭石、金晶石、金精石。

药用部位　除去杂质后的金精石。

功效主治　镇惊安神，明目退翳；治心悸怔忡，失眠多梦，吐血，嗽血，目翳。

化学成分　氧化硅、氧化镁、氧化铝、氧化铁、氧化亚铁等。

Bibliography

主要参考文献

[1] 叶华谷，邹滨，曾飞燕，等. 中国药用植物[M]. 北京：化学工业出版社，2014—2020.

[2] 叶华谷，曾飞燕，叶育石，等. 华南药用植物[M]. 武汉：华中科技大学出版社，2013.

[3] 叶华谷，张丽霞，马小军，等. 中国药用植物[M]. 北京：化学工业出版社，2016.

[4] 叶华谷. 常用中草药图谱2700种[M]. 北京：化学工业出版社，2017.

[5] 叶华谷，邢福武，廖文波，等. 广东植物图鉴[M]. 武汉：华中科技大学出版社，2018.

[6] 叶华谷，李书渊，曾飞燕，等. 中国中草药三维图典[M]. 广州：广东科技出版社，2015—2021.

[7] 叶华谷，李楚源，叶文才，等. 中国中草药志[M]. 北京：化学工业出版社，2022.

[8] 张丽霞，李海涛，谭运洪. 西双版纳有毒植物图鉴[M]. 北京：中国林业出版社，2015.

[9] 马小军，张丽霞，林艳芳. 中国傣药志[M]. 北京：人民卫生出版社，2018.

[10] 刘春生，张丽霞，白贞芳. 600种中草药野外识别高清图谱[M]. 北京：化学工业出版社，2017.

[11] 李海涛，张丽霞. 滇西边境山区中药材生产加工适宜技术[M]. 北京：中国医药科技出版社，2021.

[12] 邓家刚，韦松基. . 广西道地药材[M]. 北京：中国中医药出版社，2007.

[13] 邓家刚. 桂本草[M]. 北京：北京科学技术出版社，2013.
[14] 邓家刚，侯小涛，郝二伟. 海洋中药学[M]. 南宁：广西科学技术出版社，2018.
[15] 邓家刚. 广西海洋药物[M]. 南宁：广西科学技术出版社，2008.
[16] 侯小涛，郝二伟，邓家刚. 广西海洋药用生物名录[M]. 南宁：广西科学技术出版社，2016.
[17] 侯小涛，邓家刚，郝二伟. 海洋中药学[M]. 南宁：广西科学技术出版社，2017.
[18] 陈虎彪，杨全. 中草药野外识别图谱[M]. 福州：福建科学技术出版社，2013.
[19] 陳虎彪，楊永平. 香港行山植物探赏径[M]. 增订版. 香港：萬里机构，2019.
[20] 陈虎彪，赵中振. 中药原植物鉴定图典[M]. 福州：福建科学技术出版社，2020.
[21] 邬家林，陈虎彪. 药用植物学精解图典[M]. 福州：福建科学技术出版社，2020.
[22] 曾庆钱，蔡岳文. 药用植物野外识别图鉴[M]. 北京：化学工业出版社，2009.
[23] 曾庆钱，蔡岳文. 药用植物识别图鉴[M]. 北京：化学工业出版社，2013.
[24] 曾庆钱. 中国南药历史与文化概览[M]. 广州：广东科技出版社，2020.
[25] 张宪春. 中国石松类和蕨类植物[M]. 北京：北京大学出版社，2012.
[26] 楊根錨，陳志成. 岭南民间草药应用[M]. 香港：萬里机构，2021.
[27] 曹晖. 粤八味：广东省首批保护道地药材[M]. 广州：暨南大学出版社，2021.
[28] 肖培根，连文琰. 中药植物原色图鉴[M]. 北京：中国农业出版社，1999.
[29] 肖培根，杨世林. 实用中草药原色图谱[M]. 北京：中国农业出版社，2002.
[30] 缪剑华，彭勇，肖培根. 南药与大南药[M]. 北京：中国医药科技出版社，2014.
[31] 黄璐琦，马小军. 中国药用植物特有种[M]. 北京：人民卫生出版社，2019.
[32] 赵中振，肖培根. 当代药用植物典[M]. 2版. 北京：世界图书出版公司，2018.
[33] 徐国钧，何宏贤，徐骆珊，等. 中国药材学[M]. 北京：中国医药科技出版社，1996.
[34] 黄璐琦，郭兰萍. 中药资源生态学[M]. 上海：上海科学技术出版社，2009.
[35] 黄璐琦，肖培根，王永炎. 中国珍稀濒危药用植物资源调查[M]. 上海：上海科学技术出版社，2012.
[36] 黄璐琦，肖培根. 分子生药学[M]. 北京：中国中医药出版社，2008.
[37] 黄璐琦，刘昌孝. 分子生药学[M]. 3版. 北京：科学出版社，2015.

[38] 黄璐琦. 新编中国药材学[M]. 北京：中国医药科学技术出版社，2020.
[39] 黄璐琦. 道地药材品质保障技术研究[M]. 上海：上海科学技术出版社，2018.
[40] 李军德，黄璐琦，李春义. 中国药用动物原色图典[M]. 福州：福建科学技术出版社，2015.
[41] 李军德，黄璐琦，曲晓波. 中国药用动物志[M]. 2版. 福州：福建科学出版社，2013.
[42] 裴盛基，张宇. 南药文化[M]. 上海：上海科学技术出版社，2020.
[43] 赵荣华，戴翥. 南药古籍文献辑要[M]. 上海：上海科学技术出版社，2020.
[44] 张荣平，赵荣华. 中国南药志[M]. 上海：上海科学技术出版社，2020.
[45] 李金龙. 国家地理百科：广东、广西、海南[M]. 呼和浩特：远方出版社，2005.
[46] 中国农业百科全书总编辑委员会昆虫卷编辑委员会. 中国农业百科全书：昆虫卷[M]. 北京：农业出版社，1990.
[47] 中国药材公司. 中国中药资源[M]. 北京：科学出版社，1995.
[48] 管华诗，王曙光. 中华海洋本草[M]. 上海：上海科学技术出版社，2009.
[49] 管华诗，王曙光. 中华海洋本草图鉴[M]. 上海：上海科学技术出版社，2016.
[50] 李甯汉，刘启文. 香港中草药大全[M]. 香港：商务印书馆（香港）有限公司，2014.
[51] 罗献瑞. 实用中草药彩色图集（第三册）[M]. 广州：广东科技出版社，2006.
[52] 中国科学院中国动物志编辑委员会. 中国动物志[M]. 北京：科学出版社，1978—2023.
[53] 吴德鄰. 香港植物名录[M]. 香港：香港渔农自然护理署，2002.
[54] 全国中草药汇编编写组. 全国中草药汇编彩色图谱[M]. 2版. 北京：人民卫生出版社，1996.
[55] 郑万钧. 中国树木志（第三卷）[M]. 北京：中国林业出版社，1997.
[56] 广东中药志编辑委员会. 广东中药志（第一卷）[M]. 广州：广东科技出版社，1994.
[57] 广东省药品监督管理局. 广东省中药材标准[S]. 广州：广东科技出版社，2011—2020.
[58] 广西壮族自治区中医药研究所. 广西药用植物名录[M]. 南宁：广西人民出版社，1986.
[59] 邓明鲁. 中国动物药资源[M]. 北京：中国中医药出版社，2007.
[60] 陈振昆，黄传贵，丁光. 药用动物与动物药[M]. 昆明：云南科技出版社，1999.
[61] 胡世林. 中国道地药材[M]. 哈尔滨：黑龙江科学技术出版社，1989.
[62] 贾敏如，李星炜. 中国民族药志要[M]. 北京：中国医药科技出版社，2005.

[63] 李萍. 生药学[M]. 4版. 北京：中国医药科技出版社，2020.

[64] 晁志，童巧珍. 药用植物学[M]. 北京：科学出版社，2022.

[65] 徐祥浩. 广东植物生态及地理[M]. 广州：广东科技出版社，1981.

[66] 杨大荣. 中国重要药用昆虫[M]. 郑州：河南科学技术出版社，2015.

[67] 漁農自然護理署香港植物标本室，中國科學院華南植物園. 香港植物志[M]. 香港：渔農自然護理署，2007—2011.

[68] 林启寿. 中草药成分化学[M]. 北京：科学出版社，1977.

[69] 周家驹，谢桂荣，严新建. 中药原植物化学成分集[M]. 北京：科学出版社，2009.

[70] 国家医药管理局中草药情报中心站. 植物药有效成分手册[M]. 北京：人民卫生出版社，1986.

[71] 徐任生. 天然产物化学[M]. 2版. 北京：科学出版社，2007.

[72] 林文瀚. 实用天然产物手册：海洋天然产物 [M]. 北京：化学工业出版社，2006.

[73] 庾石山. 实用天然产物手册：皂苷[M]. 北京：化学工业出版社，2005.

[74] 杨峻山. 实用天然产物手册：萜类化合物[M]. 北京：化学工业出版社，2005.

[75] 杨秀伟. 实用天然产物手册：生物碱[M]. 北京：化学工业出版社，2005.

[76] 吴良士，白鸽，袁忠信. 实用天然产物手册：矿物与岩石[M]. 北京：化学工业出版社，2010.

[77] The United States Pharmacopeia Convention. The United States Pharmacopeia and the National Formulary [S]. 43rd ed. Rockville：USP Convention，2021.

[78] European Directorate for the Quality of Medicines & Healthcare. The European Pharmacopoeia [S]. 11th ed. Strasbourg：EDQM Council of Europe，2023.

[79] YE H G，LI C Y，YE W C, et al. Common Chinese Materia Medica：Volume1-10 [M]. Singapore：Chemical Industry Press Co.，Ltd. and Springer，2021—2022.

[80]EGBUNA C，CHINENYE IFEMEJE J，KUMAR S，et al. Phytochemistry：Volume 2 [M]. New York：Apple Academic Press，2019.

[81] EGBUNA C，CHINENYE IFEMEJE J，KUMAR S，et al. Phytochemistry：Volume 3[M]. New York：Apple Academic Press，2019.

[82] WAGNER H，HOMRHAMMER L. Pharmacognosy and Phytochemistry [M]. Berlin：Springer-Verlag，1971.

[83] ARNASON J T，MATA R，ROMEO J T. Phytochemistry of Medicinal Plants[M]. New York：Springer，1995.

[84] GANG D R. 50 Years of Phytochemistry Research：Volume 43 [M]. Berlin：Springer-Verlag. 2013.

[85] RUNECKLES V C. Recent Advances in Phytochemistry：Volume 9[M]. New York：Springer，1975.

[86] SINGH A. HERBALISM，Phytochemistry and Ethnopharmacology [M]. Florida：CRC Press，2011.

[87] GOYAL M R，CHAUHAN D N. Assessment of Medicinal Plants for Human Health：Phytochemistry，Disease Management，and Novel Applications [M]. New York：Apple Academic Press，2020.

[88] REINHOLD L，HARBORNE J B，SWAIN T. Progress in Phytochemistry：Volume 7[M]. Oxford：Pergamon Press，2013.

[89] 独立行政法人医薬品医療機器総合機構. 第十八改正日本薬局方[EB/OL]. [2022-12-01]. http://www.pmda.go.jp/rs-std-jp/standards-development/jp/0192. html.

Chinese Name Index

中文名索引*

A

阿比坦……508
阿芙蓉……402
阿拉伯婆婆纳……1361
阿拉伯婆婆纳……1361
阿拉伯乳香树……998
阿拉伯绶贝……1733
阿里山兔耳风……1228
阿青果……1514
阿文绶贝……1733
阿文绶贝……1733
啊车车朴（哈尼药）……886
矮茶风……1093
矮慈姑……1454
矮地茶……1093
矮脚甘松……1366
矮茎朱砂根……1087
矮冷水花……894
矮龙血树……1583
矮杞树……361
矮山芝麻……605
矮石斛……1618
矮石斛……1618
矮探春……1118
矮桃……1301
矮陀陀……1004
艾……1232
艾蒿……1232、1234
艾胶算盘子……652
艾胶算盘子……652
艾堇……667
艾堇……667
艾麻……886
艾纳香……1240
艾片……1240
艾叶……1232、1233
爱地草……1184
爱地草……1184
爱国草……1320
安南龟……1802
安南子……609
安息香……1105
桉……562
鹌鹑……1807
鹌鹑……1807
暗褐飘拂草……1669
暗罗……301
暗罗……301
昂天莲……602
昂天莲……602
凹唇姜……1487
凹脉柃……550
凹脉紫金牛……1087
凹脉紫金牛……1087
凹朴皮……278
凹头苋……472
凹叶厚朴……284
凹叶景天……433
螯下齿细螯寄居蟹……1745
澳洲胡桃……503
澳洲坚果……503
澳洲鸭脚木……1053

B

八宝……430
八宝树……489
八宝镇心丹……1522
八股绳……193
八角……291
八角刺……356
八角枫……1039
八角枫……1040
八角枫根……1039
八角枫花……1039
八角枫叶……1039
八角茴香……291
八角金盘……355
八角莲……355
八角莲……355
八角麻……880
八角乌……1263
八角香兰……287
八棱麻……1279、1402
八楞麻……1279
八面风……1304
八仙过海……1549
八仙花……677、1222
八仙柔毛绣球……675
八月瓜……362
八月瓜……361
八月泡……704
八月炸……361
八爪金龙……1304
八爪龙……1090
巴摆顿（傣药）……1395
巴东过路黄……1305
巴东忍冬……1215
巴豆……643
巴豆……643
巴豆壳……643
巴豆树根……643
巴豆藤……760

*加粗的条目为中文名称，未加粗的条目为药材名

巴豆藤……760
巴豆叶……643
巴豆油……643
巴尔麦棕榈……1591
巴戟天……1198
巴戟天……1198
巴茅果……1698
巴西含羞草……728
巴西红果……563
巴西人参……476
巴西人参……476
巴西鸢尾……1569
巴西鸢尾……1569
芭蕉……1468
芭蕉……1468
芭蕉花……1468
拔毒散……625
拔毒散……623、625
菝葜……1538
菝葜……1538
菝葜叶铁线莲……340
耙草……1413
霸王鞭……649
霸王鞭……648
霸王花……543
白苞蒿……1233
白苞蒿……1233
白苞芹……1064
白苞猩猩草……646
白爆牙郎……571
白背枫……1110
白背黄花棯……624
白背牛尾菜……1540
白背清风藤……1019
白背三七……1267
白背鼠麴草……1266
白背丝绸……1335
白背算盘子……653
白背算盘子……653
白背兔儿风……1229
白背叶……657
白背叶……657
白背叶根……657
白萆薢……1539
白扁豆……791
白菜……415
白菜……415
白残花……702
白草莓……688
白茶……316、951
白菖……1541
白常山……675
白车轴草……824
白车轴草……824
白椿……1003
白蝶花……1652
白顶草……1256
白豆……784、788
白豆蔻……1481
白豆蔻……1481
白杜鹃……1078
白杜鹃……1078
白杜鹃花……1078
白对节子叶……1038
白垩铁线蕨……223
白垩铁线蕨……223
白矾……1820
白饭树……670
白饭树……670
白粉果……501
白粉藤……957
白粉藤……957
白粉藤根……958
白浮石……1826
白附子……1559
白腹金丝燕……1808
白根……1605
白钩藤……1214
白钩藤……1214
白篝檀梨……505
白骨木……1211
白骨走马……1006
白鼓钉……442
白桂木……858
白桂木根……858
白果……266
白蚶子……1736
白鹤灵芝……1387
白鹤灵芝草……1387
白鹤藤……1335
白鹤藤……1335
白花菜……409
白花菜……409、1074
白花草……1227
白花茶……1117、1397
白花柴……478
白花臭牡丹……1398
白花丹……1307
白花丹……1307
白花地胆草……1258
白花灯笼……1399
白花灯笼……1399
白花鹅掌柴……1055
白花宫粉羊蹄甲……733
白花鬼针草……1239
白花合欢……722
白花合欢……722
白花九里明……1243
白花苦灯笼……1212
白花龙……1104
白花笼……1104
白花曼陀罗……1323
白花牛角瓜……1151
白花牛皮消……1154
白花泡桐……1354
白花婆……1397
白花舌头草……332
白花蛇舌草……1187
白花蛇舌草……1187
白花树……733
白花树萝卜……1071
白花树萝卜……1071
白花酸藤果……1098
白花酸藤果……1098
白花苋……474
白花悬钩子……710
白花悬钩子……710
白花羊牯枣……793
白花羊蹄甲……731
白花羊蹄甲……731、733
白花茵陈……1439
白花油麻藤……802
白花油麻藤……802
白花鱼藤……770
白花鱼藤……770
白花猪母菜……1346
白花酢浆草……482
白芨……1605
白鸡槿……915
白及……1605
白及……1605
白脊管藤壶……1740
白脊藤壶……1740
白荚蛏……1737
白接骨……1378
白接骨……1378
白金古榄……381
白金果榄……381
白酒草……1250
白酒草……1250
白菊花……1255
白苦葛……814
白蜡树……1116
白蜡树……1116
白蜡树子……1122
白辣蓼……455
白兰……285
白兰花……285
白兰花叶……285
白榄……999

白榔皮……611
白簕……1047
白栎……851
白栎……851
白蔹……952
白蔹……952
白蔹子……952
白龙粉……1823
白龙条……1040、1104
白龙须……1040、1169、1227
白绿叶……949
白马骨……1210
白马骨……1210
白马连鞍……1169
白毛假糙苏……1439
白毛假糙苏……1439
白毛蛇……231、247
白毛夏枯草……1411
白茅……1696
白茅根……1696
白梅……681
白木……983、1104
白木耳……180
白木通……361
白木乌桕……666
白木香……496
白楠木……321
白牛膝……474
白皮乌口树……1211
白皮乌口树……1211
白千层……563
白千层……563
白前……1153
白前……1153、1154
白枪杆……1116
白萩……794
白楸……658
白楸……658
白球花……729
白绒草……1431
白绒草……1431
白肉鯆……1773
白乳木……666
白瑞香……498
白沙参……1310
白芍……343
白舌紫菀……1235
白舌紫菀……1235
白蛇莓……688
白石……1828
白石英……1817
白石英……1817
白薯……1340
白薯莨……1576
白薯莨……1576
白树……671
白树……671
白水花……1300
白丝草……1512
白苏梗……1442
白苏叶……1442
白苏子……1442
白苏子油……1442
白穗虾蟆花……1377
白檀……1109
白棠子树……1393
白棠子树……1393
白藤……1589
白藤……1589
白天竹……360
白桐树……635
白头婆……1262
白头树……1001
白头树……1001
白头翁……1265
白土苓……1539
白薇……1151
白薇……1151
白薇……1264
白纹藤壶……1740
白莶……1442
白苋……473
白线草……1346
白线薯……370
白香薷……1420
白香薷……1420
白星花金龟……1763
白颜树……855
白颜树……855
白药根……799
白药谷精草……1465
白药谷精草……1465
白药子……371
白叶瓜馥木……299
白叶火草……1287
白叶莓……708
白叶莓……708
白叶藤……1170
白叶藤……1170
白叶子……658、1111
白英……1331
白英……1331
白颖苔草……1668
白余粮……1816
白玉鯆……1773
白云母……1826
白樟……308
白纸扇……1201
白珠树……1073
白猪母菜……1352
白子菜……1267
白走马胎……1228
百部……1570
百部还魂……393
百齿卫矛……911
百合……1518
百合……1518
百解马兜铃……381
百解薯……376
百解藤……366
百劳舌……823
百两金……1090
百两金……1090
百瘤扣（苗药）……721
百脉根……794
百能葳……1239
百日红……475、487、1193、1400
百日菊……1294
百日菊……1294
百日青……273
百日青……273
百蕊草……935
百蕊草……935
百蕊草根……935
百香果……517
百眼藤……1199
百支莲……1563
百足藤……1554
百足藤……1554
柏地丁……198
柏拉木……568
柏拉木……568
柏香莲……221
柏木……270
柏子仁……271
败火草……1118
败酱……1225
败酱草……1225
稗……1690
稗……1690
稗草……1690
稗子……1690
斑点马鲛……1784
斑点马鲛……1784
斑果藤……411
斑果藤……411
斑海蛇……1805
斑痕芦荟……1505

斑节对虾……1744
斑节对虾……1744
斑鸠菊……1291
斑鸠木……1292
斑鸠石……1220
斑鸠占……1405
斑茅……1705
斑茅……1705
斑茅花……1705
斑砂海星……1770
斑砂海星……1770
斑透翅蝉……1757
斑叶鹤顶兰……1653
斑叶兰……1641
斑叶兰……1641、1652
斑叶朱砂根……1095
斑枝花……612
板蕉……1468
板兰香……1594
板蓝根……417
板子茶……1123
版纳甜龙竹……1679
版纳甜龙竹……1679
半边风……515、831、890
半边蕨……219
半边莲……1314
半边莲……1314、1315
半边旗……219
半边旗……219
半边钱……758
半边伞……1648
半边苏……1417
半边月……1225
半春莲……1658
半枫荷……607
半枫荷根……607、608
半枫荷叶……607、608
半滑舌鳎……1796
半滑舌鳎……1796
半蔓白薇……1154
半蒴苣苔……1368
半天昏……1072
半纹鲍……1722
半夏……1553
半夏……1553
半月形铁线蕨……224
半支莲……446
半枝莲……1448
半枝莲……1448
半柱毛兰……1637
半柱毛兰……1637
蚌花……1463
棒棒木……853
棒柄花……638
棒果榕……872
棒果榕……872
棒节石斛……1625
棒叶伽蓝菜……430
棒叶落地生根……430
棒叶鸢尾兰……1649
棒叶鸢尾兰……1649
棒锥螺……1727
棒锥螺……1727
包菜……415
包疮叶……1100
包袱草……1008
包公藤……1339
包罗剪定……583
苞饭花……486
苞舌兰……1657
苞叶木……939
苞子草……1711
苞子草……1711
枹丝栗……845
枹丝锥……845
煲稗子藤……875
薄翅螳螂……1753
薄荷……1433
薄荷……1433
薄荷脑……1433
薄荷油……1433
薄片变豆菜……1068
薄片变豆菜……1068
薄叶冬青……1106
薄叶红厚壳……590
薄叶卷柏……196
薄叶卷柏……196
薄叶山矾……1106
薄叶鼠李……941
薄叶碎米蕨……221
薄叶碎米蕨……221
薄叶新耳草……1202
薄叶新耳草……1202
薄竹……1707
薄柱草……1203
薄柱草……1203
宝铎草……1515
宝盖草……1429
宝盖草……1429
宝兴马兜铃……379
保冬电（傣药）……634
保龙（傣药）……642
保亭秋海棠……536
报春黄石斛……1633
报春兰……1616
报春石斛……1633
报春石斛……1633
抱摆莱（傣药）……638
抱摆溜（傣药）……1511
抱茎菝葜……1540
抱茎菝葜……1540
抱石莲……252
抱石莲……251、252
抱树莲……251
抱树莲……251
鲍胧……1753
鲍鱼……1721
杯盖阴石蕨……247
杯菊……1254
杯鞘石斛……1625
杯苋……475
杯苋……475
杯苋根……475
杯形秃马勃……185
杯叶西番莲……515
杯子草……572
北风草……1431
北海狗……1809
北鹤虱……1244
北江荛花……499
北江十大功劳……357
北京铁角蕨……234
北美独行菜……419
北沙参……1062
北越紫堇……402
北越紫堇……402
贝母兰……1613
贝母兰……1613
贝叶棕……1591
贝叶棕……1591
背花疮……893
背蛇生……380
崩大碗……1059
逼桂（傣药）……1468
逼血雷……381
荸荠……1668
荸荠……1668
鼻涕果……558
鼻血簕……1403
比朵郎（傣药）……1379
比邻（傣药）……936
比猛……555
比目鱼……1791
笔杆草……200
笔管草……201
笔管草……201
笔管榕……873
笔罗子……1019
笔罗子……1019
笔头花……703

毕勃······391
闭鞘姜······1488
闭鞘姜······1488
荜拔梨······391
荜茇······391
荜茇······391
荜澄茄······317
荜薢······1573
蓖麻······665
蓖麻子······665
碧绿米仔兰······1001
碧绿米仔兰······1001
薜荔······870
薜荔······870
薜荔根······870
薜荔汁······870
篦齿苏铁······265
篦齿苏铁······265
篦子三尖杉······274
篦子三尖杉······274
壁宫······1804
壁虎······1804
避蛇生······380
臂形草······1685
边荚鱼藤······771
边荚鱼藤······771
边缘鳞盖蕨······213
边缘鳞盖蕨······213
萹蓄······450
萹蓄······450
蝙蝠草······758
蝙蝠草······758
鞭打绣球······1348
鞭打绣球······1325、1348
鞭檐犁头尖······1558
鞭叶铁线蕨······223
鞭叶铁线蕨······223
扁担杆······599
扁担木······599
扁担藤······964
扁担藤······962、964
扁担叶······1562
扁豆······791
扁豆······791
扁少火（傣药）······1194
扁少火囡（傣药）······1214
扁穗牛鞭草······1695
扁穗牛鞭草······1695
扁穗莎草······1664
扁桃斑鸠菊······1289
扁樱桃······563
扁圆算盘子······652
扁枝槲寄生······931
扁枝石松······194
扁枝越橘······1080
扁枝越橘······1080
扁竹鸠尾······1569
变豆菜······1068
变豆菜······1068
变色白前······1154
变色马兜铃······381
变色马兜铃······381
变味果······1086
变叶木······638
变叶木······638
变叶榕······874
变叶榕······874
变叶树参······1046
变异鳞毛蕨······243
变异鳞毛蕨······243
遍地金······589
标杆花······1567
彪蚌法（傣药）······1315
藨草······1673
藨草······1673
表藤······363
宾门······1586
宾修（傣药）······1398
滨盐肤木······1029
槟榔······1586
槟榔······1586
槟榔壳······1586
槟榔皮······1586
槟榔青······1029
冰大海······1063
冰粉······1325
冰片······305、306、559
冰糖草······1357
冰条······1280
柄果槲寄生······932
柄果槲寄生······932
柄果花椒······995
柄花茜草······1208
波波硬（傣药）······370
波丢勐（傣药）······1469、1483
波哈勒（傣药）······347
波利亚草······1173
波拢（傣药）······1647
波罗蜜······858
波萝花······280
波丝草······887
波斯菊······1251、1252
波斯婆婆纳······1361
波叶青牛胆······375
波缘大参······1049
波缘冷水花······891
玻璃草······892、895
菠菜······469
菠菜······469
菠菜子······469
菠萝······1466
菠萝蜜······858
伯嘿亮（傣药）······1201
伯乐树······1006
驳骨草······1207
驳骨丹······1383
驳骨九节······1207
驳骨九节······1207
驳骨木······690
舶梨榕······870
舶上茴香······291
博落回······401
博落回······401
簸箕蚂蝌······1729
擘蓝······413
补骨脂······810
补骨脂······810
补血草······1306
补血草······1306
不倒金刚······1468
布荆······1408
布渣叶······600

C

采木······747
采木······747
彩叶洋紫苏······1416
菜豆······807
菜豆······807
菜豆树······1375
菜豆树······1375
菜蕨······227
菜蕨······227
菜棕······1594
菜棕······1594
参薯······1571
参状远盲蚓······1720
蚕豆······826
蚕豆······826
蚕豆花······826
蚕豆茎······826
蚕蛾······1758
蚕茧草······454
蚕茧草······454
苍白秤钩风······367
苍白秤钩风······367
苍耳······1294
苍耳子······1294

藏棒锤瓜 ………………… 527
藏菖蒲 ………………………1541
藏红花 ………………………1566
藏杉 …………………………274
藏药木 ……………………1192
藏药木 ………………………1192
糙点瓜蒌 ……………………531
糙点栝楼 ………………… 531
糙毛火筒树 ……………… 960
糙毛火筒树 …………………960
糙苏 ………………………1442
糙苏 …………………………1442
糙叶斑鸠菊 ………………1290
糙叶斑鸠菊 …………………1290
糙叶树 …………………… 853
糙叶树皮 ……………………853
糙叶水苎麻 ……………… 879
糙叶水苎麻 …………………879
草菝葜 ………………………1541
草豆蔻 ……………………1472
草豆蔻 ………………………1472
草果 ………………………1484
草果 …………………………1484
草果仁 ………………………1484
草胡椒 …………………… 386
草胡椒 ………………………386
草姜 …………………………1603
草决明 ………………………743
草里金钗 ……………………493
草龙 ……………………… 492
草龙 …………………………492
草芦 …………………………1703
草莓 ……………………… 688
草莓 …………………………688
草棉 ……………………… 616
草木樨 …………………… 796
草木樨 ………………………796
草珊瑚 …………………… 398
草藤 …………………………826
草乌 …………………………330
草虾（台湾）………………1744
草鞋木 …………………… 656
草绣球 …………………… 677
草血竭 …………………… 457
草血竭 ………………………457
草玉梅 …………………… 332
草紫阳花 ……………………677
侧柏 ……………………… 271
侧柏叶 ………………………271
箣柊 ……………………… 512
箣柊 …………………………512
叉唇角盘兰 ………………1643
叉唇角盘兰 …………………1643
叉蕊薯蓣 …………………1572
叉蕊薯蓣 ……………………1572
插田泡 …………………… 706
茶…………………………… 548
茶 ……………………………548
茶罐花 ………………………572
茶荚蒾 ……………………1224
茶胶树 ………………………302
茶梨 ……………………… 544
茶条木 ……………………1008
茶条木 ………………………1008
茶枝柑 …………………… 976
檫木 ……………………… 326
檫木 …………………………326
钗子股 ……………………1647
钗子股 ………………………1647
柴桂 ……………………… 310
柴胡叶链荚豆 …………… 751
柴胡叶链荚豆 ………………751
柴沙利 ………………………1175
豺皮樟 …………………… 320
豺皮樟 ………………………320
蝉花 ……………………… 180
蝉蜕 ……………… 1756、1757
蝉翼藤 …………………… 429
蝉翼藤 ………………………429
潺槁木姜子 ……………… 318
潺槁木姜子 …………………318
蟾蜍 …………………………1799
蟾蜍薯 ………………………374
蟾酥 …………………………1799
昌感秋海棠 ……………… 537
昌侯鱼 ………………………1790
菖蒲 ………………………1541
菖蒲叶 ………………………1542
鲳鱼 …………………………1791
长瓣兜兰 …………………1651
长瓣马铃苣苔 ……………1369
长瓣马铃苣苔 ………………1369
长柄赤车 ………………… 890
长柄赤车 ……………………890
长柄山姜 …………………1473
长柄山姜 ……………………1473
长柄石杉 ………………… 192
长柄羊耳兰 …………………1646
长柄野扁豆 ……………… 778
长柄异木患 ………………1007
长柄异木患 …………………1007
长波叶山蚂蟥 …………… 775
长波叶山蚂蟥 ………………775
长春花 ……………………1130
长春花 ………………………1130
长刺楤木 …………………1045
长萼栝楼 ………………… 531
长萼堇菜 ………………… 422
长萼鹿角藤 ………………1131
长萼狭叶山梗菜 ……………1314
长萼猪屎豆 ……………… 762
长萼猪屎豆 …………………762
长杆兰 ………………………1603
长隔距兰 ……………………1612
长梗花蜈蚣 …………………1361
长梗黄花棯 ……………… 623
长梗黄精 …………………1526
长梗黄精 ……………………1526
长梗守宫木 ……………… 667
长梗守宫木 …………………667
长勾刺蒴麻 ……………… 601
长管大青 …………………1400
长管假茉莉 …………………1400
长果柄山蚂蟥 ………………785
长果锣锅底 …………………524
长果山橙 ……………………1134
长花斑叶兰 …………………1640
长花龙血树 ………………1580
长喙厚朴 ………………… 284
长喙厚朴 ……………………284
长棘石斑鱼 ………………1785
长尖叶蔷薇 ……………… 701
长脚羊耳兰 …………………1646
长节耳草 …………………1191
长节耳草 ……………………1191
长节珠 ……………………1135
长茎羊耳蒜 ………………1646
长距虾脊兰 ………………1610
长距虾脊兰 …………………1610
长距玉凤花 ………………1642
长距玉凤花 …………………1642
长肋日月贝 ………………1733
长肋日月贝 …………………1733
长毛山矾 …………………1107
长毛山矾 ……………………1107
长毛细辛 ………………… 384
长毛细辛 ……………………384
长毛籽远志 ……………… 428
长牡蛎 ……………………1731
长蕊珍珠菜 ………………1304
长蛸 ………………………1740
长蛸 …………………………1740
长蛇鲻 ………………………1774
长寿石 ………………………1826
长蒴黄麻 ………………… 598
长蒴母草 …………………1350
长蒴母草 ……………………1350
长松萝 …………………… 187
长苏石斛 …………………1618
长穗腹水草 …………………1362

长穗醉鱼草……1111
长螳螂……1755
长体蛇鳛……1774
长托菝葜……1538
长托菝葜……1538
长尾大蚕蛾……1758
长尾毛蕊茶……545
长吻沙蚕……1719
长吻沙蚕……1719
长序荆……1408
长序荆……1408
长序清风藤……1021
长序山芝麻……604
长序岩石树……798
长药沿阶草……1523
长叶白桐树……638
长叶白桐树……638
长叶柄野扇花……840
长叶柄野扇花……840
长叶赤爮……529
长叶赤爮……529
长叶冻绿……941
长叶隔距兰……1612
长叶隔距兰……1612
长叶胡颓子……946
长叶蝴蝶草……1359
长叶蝴蝶草……1359
长叶阔苞菊……1276
长叶鹿蹄草……1079
长叶鹿蹄草……1079
长叶轮钟草……1312
长叶马兜铃……376
长叶茅膏菜……438
长叶木兰……280
长叶牛膝……470
长叶女贞……1121
长叶女贞……1121
长叶排钱树……808
长叶排钱树……808
长叶山绿豆……777
长叶实蕨……245
长叶实蕨……245
长叶水麻……881
长叶酸藤果……1099
长叶铁角蕨……235
长叶铁角蕨……235
长叶咸鱼头……638
长叶香茶菜……1428
长叶银背藤……1336
长叶银背藤……1336
长叶玉兰……280
长叶柞木……513
长叶竹根七……1514
长叶苎麻……879
长叶苎麻……879
长叶子老重……511
长叶紫珠……1395
长叶紫珠……1395
长圆叶艾纳香……1243
长圆叶艾纳香……1243
长圆叶山蚂蟥……773
长爪章……1740
长竹蛏……1738
长竹蛏……1738
长柱山丹……1180
长柱山丹……1180
长柱十大功劳……357
长柱十大功劳……357
长籽柳叶菜……492
长鬃蓼……455
长足石豆兰……1608
长足石豆兰……1608
常春……1118
常春藤……1048
常春藤……1048
常春藤子……1048
常春卫矛……914
常春卫矛……914
常春油麻藤……805
常绿荚蒾……1224
常绿荚蒾……1224
常绿山龙眼……502
常绿油麻藤……805
常山……675
常山……675、1442
巢蕨……236
朝简……1373
朝天罐……573
朝蟹……1747
车蛤……1736
车前……1308
车前……1308、1309
车前草……1308、1309
车前子……1308
车桑子……1010
车桑子……1010
车筒竹……1676
扯根菜……437
辰砂……1814
沉水香……495
沉香……495、497
陈皮……975
棕桐……603
柽柳……514
柽柳……514
柽柳花……514
称星蛇……908
蛏子……1737
赪桐……1400
赪桐根……1400
撑篙竹……1676
撑篙竹……1676
程咬金……1692
澄茄子……317
橙黄玉凤花……1643
橙黄玉凤花……1643
秤钩风……367
秤钩风……367
秤砣梨……557
秤星木……898
秤星树……899
黐花……1200
黐头婆……601
齿瓣石豆兰……1607
齿瓣石豆兰……1607
齿瓣石斛……1623
齿果草……428
齿果酸模……463
齿牙毛蕨……229
齿牙毛蕨……229
齿叶大青……1402
齿叶吊石苣苔……1369
齿叶吊石苣苔……1369
齿叶吊钟花……1072
齿叶黄皮……977
齿叶黄皮……977
齿叶母草……1351
齿叶泥花草……1351
齿叶水蜡烛……1417
齿叶水蜡烛……1417
齿翼臭牡丹……1273
齿缘吊钟花……1072
赤苍藤……923
赤车……889
赤车……889
赤车使者……889
赤翅……1788
赤唇石豆兰……1606
赤唇石豆兰……1606
赤豆……827
赤果鱼木……411
赤魟……1773
赤魟……1773
赤火绳……603
赤鲫……1789
赤脚草……1303
赤胫散……459
赤敛……449
赤楠……565
赤楠蒲桃……565

赤鲶……1793
赤石土……1824
赤石脂……1824
赤石脂……1824
赤小豆……828
赤小豆……827、828
赤小豆花……827、828
赤小豆芽……827、828
赤小豆叶……827、828
赤杨叶……1102
赤杨叶……1102
赤芝……181
赤昨工……1005
翅柄菝葜……1541
翅萼石斛……1619
翅梗石斛……1634
翅果菊……1277
翅果菊……1277
翅果藤……1170
翅荚决明……738
翅荚香槐……759
翅荚香槐……759
翅茎白粉藤……956
翅茎灯芯草……1659
翅茎灯芯草……1659
翅柃……549
翅托叶野百合……761
翅托叶猪屎豆……761
翅托叶猪屎豆……761
翅叶木……1374
翅叶木……1374
翅子木……606
翅子树……606
翅子藤……920
翅子藤……920
冲天子……800
茺蔚……1430
虫豆……754
虫豆……754
虫纹多纪鲀……1797
虫蚁菜……881
崇澍蕨……238
崇澍蕨……238
抽筋草……439
椆树桑寄生……926
椆树桑寄生……926
丑宝……1811
臭艾……987
臭八宝……1397
臭草……987、1241
臭椿……995
臭椿……995
臭鸡矢藤……1204
臭荠……417
臭荠……417
臭荚蒾……1221
臭荚蒾……1221
臭节草……969
臭节草……969
臭辣子……980
臭灵丹……1273
臭蒌……393
臭马桂……311
臭毛毡草……1241
臭茉莉……1398
臭茉莉……1398
臭牡丹……1397
臭牡丹……1397
臭矢菜……410
臭屎茉莉……1398
臭药……1226
臭樟……308
臭樟木……511
臭樟树……904
出奶木……1085
出山虎……1184
除虫菊……1278
除虫菊……1278
雏茅草……1709
楮……859
楮实子……860
楮头红……576
楮头红……576
啜脓膏……896
川滇无患子……1013
川钓樟……315
川冬青……906
川杜……838
川鄂山茱萸……1035
川鄂山茱萸……1035
川桂……311
川黄柏……986
川黄檗……986
川木通……333、334
川朴……283
川桑寄生……930
川溲疏……674
川续断……1226
川续断……1226
穿地筋……379
穿根藤……1208
穿破石……860
穿钱草……1295
穿鞘菝葜……1541
穿鞘菝葜……1541
穿鞘花……1455
穿鞘花……1455
穿山狗……1256
穿心草……1295
穿心草……1295
穿心莲……1377
穿心莲……1295、1377
穿鱼藤……1038
串珠石斛……1624
窗贝……1731
吹风散……294
吹风藤……922
吹火筒……717
吹云草……428
垂柏……270
垂果荚蒾……1224
垂花香薷……1419
垂花悬铃花……622
垂花悬铃花……622
垂柳……841
垂柳……841
垂盆草……434
垂盆草……434
垂穗荛花……500
垂穗石松……195
垂穗苔草……1663
垂序马蓝……1390
垂序商陆……467
垂叶榕……863
垂叶榕……863
垂枝泡花树……1018
垂枝泡花树……1018
垂珠花……1103
垂珠花……1103
垂子买麻藤……276
垂子买麻藤……276
锤果马……536
锤果马瓟儿……536
春蚕……1758
春花木……699
春兰……1615
春兰……1615
春砂仁……1485
春云实……738
春云实……738
椿根……1196
椿芽树……1005
椿叶花椒……989
椿叶花椒……989
纯唇石斛……1618
茈碧花……352
慈姑……1454
慈姑……1454
慈竹……1680
慈竹根……1680

慈竹花 ······1680
慈竹沥 ······1680
慈竹茹 ······1680
慈竹笋 ······1680
慈竹叶 ······1680
磁石 ······1817
磁石 ······1817
刺柏 ······271
刺柏 ······271
刺苞老鼠簕 ······1377
刺齿半边旗 ······217
刺齿凤尾蕨 ······217
刺齿贯众 ······240
刺齿贯众 ······240
刺齿泥花草 ······1351
刺茨菇 ······1552
刺儿菜 ······1248
刺瓜 ······1152
刺瓜 ······1152
刺锅子 ······1770
刺果苏木 ······734
刺果苏木 ······734
刺果苏木叶 ······734
刺果藤 ······602
刺果藤 ······602
刺果藤仲 ······910
刺果卫矛 ······910
刺海马 ······1777
刺蚶 ······1731
刺花椒 ······989
刺花莲子草 ······471
刺花莲子草 ······471
刺黄柏 ······352、353、356
刺蒺藜 ······479
刺蓟菜 ······1247
刺荚苜蓿 ······795
刺金刚 ······649
刺壳花椒 ······991
刺壳花椒 ······991
刺郎果 ······1129
刺梨 ······702
刺梨根 ······702
刺梨叶 ······702
刺蓼 ······459
刺芒野古草 ······1684
刺毛杜鹃 ······1073
刺毛杜鹃 ······1073
刺毛黧豆 ······803
刺毛黧豆 ······803
刺木通 ······779
刺苜蓿 ······795
刺泡 ······708
刺葡萄 ······966
刺葡萄 ······966
刺茄 ······1329
刺芹儿 ······1226
刺楸 ······1048
刺楸茎 ······1048
刺楸树根 ······1048
刺楸树皮 ······1048
刺楸树叶 ······1048
刺蕊草 ······1444
刺沙螺 ······1770
刺蒴麻 ······601
刺酸模 ······464
刺糖果 ······700
刺天茄 ······1330
刺天茄 ······1330
刺通草 ······1057
刺桐 ······780
刺桐 ······780
刺苋 ······473
刺芫荽 ······1061
刺叶楤木 ······1045
刺叶桂樱 ······690
刺叶桂樱 ······690
刺罂粟 ······400
刺鱼骨木 ······1173
刺芋 ······1552
刺仔木 ······918
刺针草 ······1238
刺竹笋 ······1676
刺子莞 ······1672
刺子莞 ······1672
匆地笑 ······1563
葱······1503
葱 ······1503
葱白 ······1503
葱草 ······1464
葱草 ······1464
葱葵 ······1533
葱莲 ······1565
葱苒 ······1533
楤木 ······1042
楤木花 ······1042
楤木叶 ······1042
丛林素馨 ······1117
丛毛羊胡子草 ······1668
丛生盔形珊瑚 ······1716
丛枝蓼 ······458
丛枝蓼 ······458
粗柄杜若 ······1461
粗糙凤尾蕨 ······216
粗糙荠苎 ······1437
粗榧 ······274
粗榧根 ······274
粗榧枝叶 ······274
粗榧子 ······274
粗厚壳树 ······1319
粗花茎鸢尾兰 ······1650
粗黄草 ······1620
粗喙秋海棠 ······539
粗糠柴 ······658
粗糠柴 ······658
粗糠柴根 ······658
粗糠柴叶 ······658
粗糠树 ······1319
粗糠树 ······1319
粗毛耳草 ······1189
粗毛耳草 ······1189
粗毛翼萼 ······1359
粗丝木 ······921
粗叶地桃花 ······625
粗叶耳草 ······1191
粗叶耳草 ······1191
粗叶卷柏 ······200
粗叶卷柏 ······200
粗叶木 ······1194
粗叶木 ······1194
粗叶榕 ······868
粗叶树 ······1194
粗叶悬钩子 ······704
粗叶悬钩子 ······704
粗叶棕竹 ······1593
粗棕竹 ······1593
酢浆草 ······481
酢浆草 ······481
醋栗 ······1328
醋林子 ······693
簇花龙胆 ······1296
簇花清风藤 ······1020
簇生卷耳 ······440
簇生泉卷耳 ······440
簇叶新木姜子 ······324
簇叶新木姜子 ······324
簇叶沿阶草 ······1523
簇叶沿阶草 ······1523
催产草 ······194
催乳藤 ······1158
催乳藤 ······1158
催吐萝芙木 ······1142
催吐萝芙木 ······1142
脆骨风 ······924
脆舌砂仁 ······1480
脆舌砂仁 ······1480
翠翎草 ······200
翠云草 ······200
翠云草 ······200

D

打不死……1159
打虫果……1099
打结花……498
打冷冷……1013
打米花……1344
打破碗花……589
打破碗花花……331
打破碗花花……331
打碗花……1337
打碗花……1337
大艾……1233
大白杜鹃……1074
大白花……1074
大白药……1162
大白叶仔……606
大白叶子火草……1287
大百部……1570
大百合……1512
大百合……1512
大百解薯……378
大斑叶兰……1640、1641
大半边莲……1315
大半夏……1545
大苞寄生……930
大苞寄生……930
大苞景天……434
大苞兰……1658
大苞兰……1658
大苞鞘石斛……1635
大苞水竹叶……1458
大苞鸭跖草……1457
大苞鸭跖草……1457
大壁虎……1803
大驳骨…690、1132、1384
大部参……1037
大参……1049
大参……1049
大草乌……330
大茶药……1113
大巢菜……827
大车前……1309
大葱……1503
大弹涂鱼……1792
大弹涂鱼……1792
大刀螳……1754
大丁草……1264
大丁草……1264
大丁仔……1774
大洞果……609
大豆……784
大豆……784
大独脚金……1359
大独脚金……1359
大杜若……1461
大杜若……1461
大杜仲……1131
大对节生……1162
大俄火把……1227
大发汗……796
大发散……1291
大风藤……389
大风药叶……941
大风子……511
大风子油……510、511
大枫子……510
大浮萍……1554
大腹皮……1586
大盖球子草……1524
大盖球子草……1524
大岗茶……1319
大高良姜……1471、1472
大高粱……1710
大根槽舌兰……1644
大根槽舌兰……1644
大钩丁……1213
大狗尾草……1708
大狗尾草……1708
大管……983
大桂……307
大果……1008
大果安息香……1103
大果巴戟……1197
大果巴戟……1197
大果刺篱木……508
大果冬青……904
大果冬青……904
大果飞蛾藤……1344
大果飞蛾藤……1344
大果马蹄荷……833
大果马蹄荷……833
大果榕……862
大果铁刀木……739
大果铁刀树……739
大果卫矛……915
大果卫矛……915
大果西番莲……517
大果油麻藤……803
大果止泻木……1149
大蛤蚧……1736
大蛤蚧……1736
大咳比洗（白药）……1526
大还魂草……481、614
大海马……1778
大黑头草……1419
大红茶……1319
大红黄袍……712
大红袍……622、755、1397
大花斑叶兰……1640
大花斑叶兰……1640
大花飞蛾藤……1344
大花飞蛾藤……1344
大花胡麻草……1347
大花金钱豹……1311
大花金钱豹……1311
大花金银花……1218
大花马齿苋……446
大花曼陀罗……1322
大花美人蕉……1499
大花美人蕉……1499
大花枇杷……687
大花枇杷……687
大花忍冬……1218
大花忍冬……1218
大花山牵牛……1391
大花素馨花……1117
大花田菁……816
大花万代兰……1659
大花万代兰……1659
大花细辛……383
大花细辛……383
大花紫薇……486
大滑藤……602
大画眉草……1692
大画眉草……1692
大黄……462
大黄草……749
大黄姜……1496
大黄藤……368
大黄药……1419
大黄鱼……1787
大黄鱼……1787
大黄栀子……1183
大黄栀子……1183
大茴香……291
大火青……1230
大戟解毒树……656
大蓟……1247
大荚藤……829
大剑叶木……1583
大箭叶蓼……453
大箭叶蓼……453
大将军……1314、1316
大胶藤……602
大蕉……1468
大蕉……1468
大蕉皮……1468

大接骨草 ……… 1190、1384
大金不换 ……… 425
大金花草 ……… 214
大金鸡菊 ……… 1251
大金腰带 ……… 497
大口乳玉螺 ……… 1724
大苦凉菜 ……… 1333
大块瓦 ……… 382
大兰花参 ……… 1516
大蓝靛 ……… 1149
大理菊 ……… 1254
大理茜草 ……… 1209
大理苔草 ……… 1664
大理苔草 ……… 1664
大力牛 ……… 674
大力王 ……… 298
大力子 ……… 1230
大丽花 ……… 1254
大荔核 ……… 1011
大粒咖啡 ……… 1178
大粒咖啡 ……… 1178
大连果 ……… 634
大连湾牡蛎 ……… 1731
大莲座蕨 ……… 203
大良姜 ……… 1471
大罗伞 ……… 1097
大罗伞树 ……… 1093
大罗伞树 ……… 1093
大落新妇 ……… 435
大绿藤 ……… 961
大麻 ……… 897
大麻疙瘩 ……… 387
大麻槿 ……… 617
大麻药 ……… 406
大马蓼 ……… 455
大马桑叶 ……… 511
大麦 ……… 1695
大麦秸 ……… 1695
大麦门冬 ……… 1520
大麦苗 ……… 1695
大毛桐子根 ……… 657
大蒙花 ……… 1111
大蜜蜂 ……… 1765
大母猪藤 ……… 955
大木瓜 ……… 862
大木菊 ……… 1290
大目 ……… 1789
大奶藤 ……… 1157
大鲵 ……… 1799
大鲵 ……… 1799
大黏药 ……… 896
大黏叶 ……… 896
大牛角藤 ……… 1169
大泡火绳 ……… 597
大泡通 ……… 1053
大皮药 ……… 1116
大匹药 ……… 1544
大薸 ……… 1554
大破布刺 ……… 704
大蒲葵 ……… 1593
大茜草 ……… 1208
大青 ……… 1399
大青 ……… 1399
大青薯 ……… 1571
大青薯 ……… 1571
大青藤 ……… 327
大青盐 ……… 1818
大青盐 ……… 1818
大清明花 ……… 1129
大韧竹 ……… 1681
大沙叶 ……… 1205
大砂仁 ……… 1483
大山豆 ……… 759
大山胡椒 ……… 320
大山芝麻 ……… 605
大蛇药 ……… 1048
大伸筋 ……… 1540
大伸筋草 ……… 192
大树甘草 ……… 1210
大树三台 ……… 638
大四块瓦 ……… 1305
大搜山虎 ……… 1321
大酸味草 ……… 482
大蒜 ……… 1504
大桫椤 ……… 212
大泰竹 ……… 1682
大田基黄 ……… 589、1303
大铁扫把 ……… 788
大通草 ……… 1056
大铜钱菜 ……… 1062
大头茶 ……… 552
大头茶果 ……… 552
大头陈 ……… 1345
大头蛭 ……… 1734
大头典竹 ……… 1679
大头狗母鱼 ……… 1775
大头狗母鱼 ……… 1775
大头橐吾 ……… 1274
大头橐吾 ……… 1274
大头翁 ……… 331
大托叶蕟薁 ……… 1541
大托叶耳草 ……… 1190
大托叶云实 ……… 734
大瓦韦 ……… 253
大尾摇 ……… 1319
大尾摇 ……… 1319
大卫槭 ……… 1017
大乌泡 ……… 712
大乌泡 ……… 712
大乌泡根 ……… 706
大吴风草 ……… 1263
大仙桃草 ……… 485
大香附子 ……… 1672
大蝎子草 ……… 885
大序醉鱼草 ……… 1111
大血藤 ……… 363
大血藤 ……… 363、965
大荨麻 ……… 885
大芽南蛇藤 ……… 907
大岩藤 ……… 1556
大眼鸡 ……… 1789
大眼鱼 ……… 1789
大野芋 ……… 1548
大叶艾纳香 ……… 1242
大叶桉 ……… 562
大叶巴克豆 ……… 729
大叶白骨马 ……… 1215
大叶白花鬼灯笼 ……… 1398
大叶白头翁 ……… 1230
大叶白颜树 ……… 855
大叶白纸扇 ……… 1199、1200
大叶斑鸠菊 ……… 1292
大叶斑鸠菊 ……… 1292
大叶菜 ……… 196
大叶臭花椒 ……… 992
大叶刺篱木 ……… 508
大叶刺篱木叶 ……… 508
大叶地不容 ……… 372
大叶地不容 ……… 372
大叶冬青 ……… 903
大叶风沙藤 ……… 293
大叶凤仙花 ……… 483
大叶凤仙花 ……… 483
大叶钩藤 ……… 1212
大叶钩藤 ……… 1212
大叶骨牌草 ……… 255
大叶骨碎补 ……… 247
大叶骨碎补 ……… 247
大叶桂 ……… 309
大叶桂樱 ……… 690
大叶过路黄 ……… 1303
大叶海藻 ……… 178
大叶合欢 ……… 726
大叶合欢皮 ……… 724、726
大叶胡枝子 ……… 792
大叶胡枝子 ……… 792
大叶火烧兰 ……… 1636
大叶火筒 ……… 960
大叶火筒树 ……… 960
大叶火焰草 ……… 433

大叶及己 …………………… 396
大叶金腰 …………………… 436
大叶蒟 ………………………… 390
大叶蒟 ………………………… 390
大叶榉树 …………………… 857
大叶苣荬菜 ……………… 1283
大叶苦丁茶 ………………… 903
大叶老鼠竹 ………………… 678
大叶冷水花 ……………… 892
大叶冷水花 ………………… 892
大叶寮刁竹 ……………… 1603
大叶龙角 …………………… 509
大叶罗汉松 ………………… 273
大叶麦冬 …………………… 1523
大叶毛刺茄 ……………… 1331
大叶木兰 …………………… 281
大叶木兰 ………… 281、284
大叶南苏 ………………… 1556
大叶南苏 ………………… 1556
大叶排草 ………………… 1303
大叶蒲葵 ………………… 1593
大叶千斤拔 ……………… 782
大叶千斤拔 ……………… 782
大叶千里光 ……………… 1249
大叶茜草 ………………… 1209
大叶球花豆 ……………… 729
大叶榕 ……………………… 862
大叶榕藤 ………………… 1364
大叶沙罗 ………………… 1002
大叶山蚂蟥 ……………… 772
大叶山蚂蟥 ……………… 772
大叶山柰 ………………… 1495
大叶蛇泡竻 ……………… 704
大叶蛇葡萄 ……………… 953
大叶石龙尾 ……………… 1349
大叶石上莲 ……………… 1369
大叶石上莲 ……………… 1369
大叶水桐子 ……………… 1180
大叶水竹叶 ……………… 1460
大叶酸藤子 ……………… 1099
大叶酸藤子 ……………… 1099
大叶唐松草 ……………… 346
大叶唐松草 ……………… 346
大叶糖胶树 ……………… 1126
大叶糖胶树 ……………… 1126
大叶藤 …………………… 375
大叶藤黄 ………………… 593
大叶铁线莲 ……………… 337
大叶铁线莲 ……………… 337
大叶土常山 ……………… 678
大叶万年青 ……………… 1543
大叶乌梢 ………………… 792
大叶细辛 ………………… 383
大叶仙茅 ………………… 1595
大叶仙茅 ………………… 1595
大叶藓 …………………… 190
大叶香荠菜 ……………… 419
大叶新木姜子 …………… 325
大叶熊巴掌 ……………… 575
大叶沿阶草 ……………… 1522
大叶沿阶草 ……………… 1522
大叶羊蹄甲 ……………… 732
大叶樱叶 ………………… 690
大叶鱼骨木 ……………… 1173
大叶玉叶金花 …………… 1200
大叶玉叶金花 …………… 1200
大叶云实 ………………… 735
大叶云实 ………………… 735
大叶樟 …………… 309、310
大叶猪肚木 ……………… 1173
大叶竹柏 ………………… 273
大叶紫金牛 ……………… 1092
大叶紫薇 ………………… 486
大叶紫珠 ………………… 1396
大叶紫珠 ………………… 1396
大叶醉鱼草 ……………… 1111
大一支箭 ………………… 1227
大一枝箭 ………………… 1563
大鱼藤树 ………………… 771
大玉竹 …………………… 1514
大云斑腮金龟 …………… 1762
大枣 ……………………… 945
大皂角 …………………… 746
大泽兰 …………………… 1261
大蟑螂 …………………… 1751
大种半边莲 ……………… 1315
大猪屎豆 ………………… 761
大猪屎豆 ………… 761、764
大竹蛏 …………………… 1737
大竹蛏 …………………… 1737
大竹象 …………………… 1764
大籽安息香 ……………… 1103
大籽筋骨草 ……………… 1412
呆哼帕（傣药）………… 1493
傣百部（傣药）………… 1509
傣百解（傣药）………… 1164
傣草蔻 ………… 1473、1477
玳瑁 ……………………… 1801
玳瑁 ……………………… 1801
带下草 …………………… 416
带下鱼 …………………… 1789
带鱼 ……………………… 1790
带子 ……………………… 1733
袋状石斛 ………………… 1621
瑇瑁 ……………………… 1801
戴星草 …………………… 1284
戴星草 …………………… 1284
丹摆修（傣药）………… 1298
丹参 ……………………… 1446
丹参 ……………………… 1446
丹毫温（傣药）………… 1404
丹砂 ……………………… 1814
担水桶 …………………… 385
单刀根 …………………… 747
单根木 …………………… 1132
单花红丝线 ……………… 1324
单花红丝线 ……………… 1324
单花山竹子 ……………… 593
单花山竹子 ……………… 593
单角革鲀 ………………… 1798
单角革鲀 ………………… 1798
单螺 ……………………… 1727
单毛刺蒴麻 ……………… 601
单面针 …………………… 991
单色蝴蝶草 ……………… 1360
单色翼萼 ………………… 1360
单穗水蜈蚣 ……………… 1671
单穗水蜈蚣 ……………… 1671
单穗鱼尾葵 ……………… 1590
单穗鱼尾葵 ……………… 1590
单条草 …………………… 1300
单叶厚唇兰 ……………… 1636
单叶拿身草 ……………… 777
单叶拿身草 ……………… 777
单叶佩兰 ………………… 1262
单叶双盖蕨 ……………… 228
单叶双盖蕨 ……………… 228
单叶铁线莲 ……………… 337
单叶铁线莲 ……………… 337
单叶吴萸 ………………… 981
单叶吴茱萸 ……………… 981
单叶新月蕨 ……………… 232
单羽火筒树 ……………… 958
胆草 ……………………… 1298
胆矾 ……………………… 1821
胆矾 ……………………… 1821
胆木 ……………………… 1202
淡红忍冬 ………………… 1215
淡红忍冬 ………………… 1215
淡黄荚蒾 ………………… 1222
淡灰海蛇 ………………… 1806
淡灰海蛇 ………………… 1806
淡竹叶 …………………… 1697
淡竹叶 …………………… 1697
弹刀子菜 ………………… 1353
弹刀子菜 ………………… 1353
弹涂鱼 …………………… 1792
弹涂鱼 …………………… 1792
蛋不老 …………………… 670
蛋果 ……………………… 1084

蛋黄果……1084
蛋黄果……1084
蛋黄花……1136
当归藤……1097
当归藤……1097
当娜（傣药）……1210
挡凹（傣药）……1057
档凹（傣药）……1045
档盖（傣药）……1057
刀坝豆……757
刀带……1789
刀豆……757
刀豆……757
刀豆子……757
刀叶石斛……1634
刀鱼……1790
到手香……1413
倒插花……384
倒垂莲……1519
倒地铃……1008
倒地铃……1008
倒地蜈蚣……201
倒吊笔……1150
倒吊笔……1150
倒吊笔叶……1150
倒吊风藤……1212
倒吊黄……426
倒杆章（傣药）……1653
倒挂草……234
倒挂刺……1213
倒挂铁角蕨……234
倒葫芦……1554
倒扣草……469
倒扣藤……1406
倒卵叶紫麻……888
倒披针叶南蛇藤……908
倒生根……706
倒提壶……1318
倒心盾翅藤……627
倒心盾翅藤……627
稻……1699
稻……1699
稻槎菜……1273
稻槎菜……1273
稻秆……1700
稻穰……1700
稻芽……1699
地柏……196
地柏枝……198
地宝兰……1640
地鳖……1752
地鳖虫……1752
地不容……372
地蚕……1450
地蚕……1450
地胆草……1258
地胆头……1258
地道杜……888
地吊……1529
地丁……428
地耳草……587
地耳草……587
地耳蕨……244
地耳蕨……244
地蜂子……696
地肤……469
地肤苗……469
地肤子……469
地芙蓉……372
地浮萍……189
地甫鱼……1791
地膏药……1265
地埂鼠尾草……1447
地梗鼠尾草……1447
地骨皮……1325
地瓜儿苗……1433
地果……873
地胡椒……1304
地花细辛……382
地黄瓜……427
地金莲……1468
地筋……1695
地锦……961
地锦草……646
地锦草……475、646
地锦苗……406
地锦苋……475
地蓝根……790
地萝卜……789
地绵绵……1421
地棉……687
地菍……571
地菍……571
地钮子……1316
地钱……189
地钱……189
地茄子……571、1316
地清散……896
地刷子……194
地松花……1345
地笋……1433
地棠……689
地桃花……625
地桃花……625
地蜈蚣……194
地五泡藤……709
地血香……293
地血香果……293
地羊鹊……794
地杨桃……669
地杨桃……669
地涌金莲……1468
地涌金莲……1468
地油仔……894
地鱼……1791
地榆……715
地榆……715
地榆叶……715
地园花……689
地毡草……439
灯草……1660
灯笼草……195、1326
灯笼果……1328
灯笼果……1326、1328
灯笼泡……1327
灯泡花……1322
灯台菜……434
灯台莲……1547
灯台莲……1547
灯台树……1035
灯台树……1035、1127
灯台树果……1035
灯芯草……1660
灯芯草……1660
灯油藤……909
灯油藤子……909
灯盏花……1260
灯盏细辛……1260
滴乳石……1820
滴水参……1559
滴水珠……1552
滴水珠……1552
滴血根……1293
第可芦荟……1505
棣棠……689
棣棠花……689
滇白前……443
滇白珠……1073
滇草蔻……1470
滇川翠雀花……342
滇刺枣……945
滇刺枣……945
滇丁香……1195
滇防己……377
滇杠柳……1170
滇桂崖豆藤……796
滇黄精……1526

滇金石斛 ……………… **1638**
滇金石斛 ……………… 1638
滇堇菜 ……………… 424
滇苦菜 ……………… 1284
滇龙胆草 ……………… **1297**
滇缅斑鸠菊 ……………… **1291**
滇缅斑鸠菊 ……………… 1291
滇缅古柯 ……………… 629
滇牡丹 ……………… **343**
滇木瓜 ……………… 1008
滇南冠唇花 ……………… **1435**
滇南红厚壳 ……………… **590**
滇南红厚壳 ……………… 590
滇南九节 ……………… **1207**
滇南九节 ……………… 1207
滇南美登木 ……………… **918**
滇南木姜子 ……………… **318**
滇南山梅花 ……………… **678**
滇南山梅花 ……………… 678
滇南天门冬 ……………… **1509**
滇千斤拔 ……………… 783
滇黔黄檀 ……………… **769**
滇茜草 ……………… 1209
滇石梓 ……………… 1403
滇五味子 ……………… **295**
滇五味子 ……………… 295
滇新樟 ……………… **323**
滇新樟 ……………… 323
滇绣球花 ……………… 675、676
滇淫羊藿 ……………… 435
滇粤山胡椒 ……………… **314**
滇重楼 ……………… **1535**
癫茄 ……………… 1329
点地梅 ……………… **1300**
点地梅 ……………… 1300
电树 ……………… 882
垫状卷柏 ……………… **199**
吊灯扶桑 ……………… **620**
吊灯花 ……………… **1151**
吊灯花 ……………… 620、1151
吊风根 ……………… 1213
吊兰 ……………… **1513**
吊兰 ……………… 1513
吊球草 ……………… **1423**
吊球草 ……………… 1423
吊裙草 ……………… **764**
吊裙草 ……………… 764
吊石苣苔 ……………… **1368**
吊石苣苔 ……………… 1368
吊丝球竹 ……………… **1678**
吊丝球竹 ……………… 1678
吊竹梅 ……………… **1464**
钓杆柴 ……………… 692
钓樟根皮 ……………… 313
钓樟枝叶 ……………… 313
调羹花 ……………… 284
调羹树 ……………… **503**
调羹树 ……………… 503
调经草 ……………… 914、1301
跌打将军 ……………… 590
跌破簕 ……………… 513
叠鞘石斛 ……………… **1622**
蝶豆 ……………… **759**
丁公藤 ……………… **1339**
丁公藤 ……………… 1339
丁癸草 ……………… **830**
丁癸草 ……………… 830
丁癸草根 ……………… 830
丁榔皮 ……………… 1038
丁木 ……………… 1180
丁茄 ……………… 1329、1334
丁香 ……………… **564**
丁香 ……………… 564
丁香花 ……………… 1195
丁香蓼 ……………… **493**
丁香蓼 ……………… 493
丁香蓼根 ……………… 493
丁香罗勒 ……………… **1439**
丁香罗勒 ……………… 1439
丁香蒲桃 ……………… 564
丁香茄 ……………… **1341**
丁香茄 ……………… 1341
丁鱼 ……………… 1774、1775
丁子蓼 ……………… 493
丁子香 ……………… 564
钉头果 ……………… **1157**
顶头肉 ……………… 329
顶芽狗脊 ……………… **239**
鼎湖钓樟 ……………… **313**
鼎湖耳草 ……………… **1188**
鼎湖耳草 ……………… 1188
定草根 ……………… 236
定经草 ……………… 1352
定心草 ……………… 378
定心藤 ……………… **922**
丢了棒 ……………… 635
东北苎麻 ……………… 878
东方对虾 ……………… 1743
东方狗脊 ……………… 238
东方狗脊蕨 ……………… **238**
东方古柯 ……………… **629**
东方古柯 ……………… 629
东方荚果蕨 ……………… **236**
东方荚果蕨 ……………… 236
东方蜜蜂 ……………… **1765**
东方潜龙虱 ……………… 1741
东方香蒲 ……………… 1561
东方泽泻 ……………… **1453**
东方紫金牛 ……………… **1096**
东方紫金牛 ……………… 1096
东风菜 ……………… **1257**
东风菜 ……………… 1257
东风草 ……………… **1242**
东风草 ……………… 1242
东风螺 ……………… 1722
东革阿里 ……………… 997
东京紫玉盘 ……………… **302**
东南金粟兰 ……………… 397
东南景天 ……………… **432**
东南景天 ……………… 432
东南长蒴苣苔 ……………… **1366**
东南长蒴苣苔 ……………… 1366
东兴金花茶 ……………… **545**
东亚钳蝎 ……………… **1749**
东亚唐松草 ……………… **348**
东亚唐松草 ……………… 348
东亚小金发藓 ……………… **189**
冬瓜 ……………… **518**
冬瓜 ……………… 518
冬瓜皮 ……………… 518
冬瓜仁 ……………… 518
冬瓜子 ……………… 518
冬海棠 ……………… 682
冬红果 ……………… 1224
冬葵 ……………… **621**
冬葵根 ……………… 621
冬葵果 ……………… 621
冬葵子 ……………… 621
冬里麻 ……………… 881
冬里麻根 ……………… 881
冬青 ……………… **900**
冬青草 ……………… 1067
冬青皮 ……………… 900
冬青卫矛 ……………… **914**
冬青叶 ……………… 1072
冬青子 ……………… 900、1122
冬珊瑚 ……………… 1333
冬樱桃 ……………… 682
董棕 ……………… **1590**
董棕 ……………… 1590
冻绿 ……………… **942**
冻绿 ……………… 942
冻绿叶 ……………… 942
都拉 ……………… 1569
兜唇石斛 ……………… **1617**
兜兰 ……………… 1652
斗省草 ……………… 1651
豆瓣菜 ……………… **419**
豆瓣草 ……………… 494

豆瓣绿 …… **386**
豆瓣绿 …… 386、1159
豆瓣七 …… 883
豆豉姜 …… 317
豆腐柴 …… **1405**
豆腐柴 …… 1405
豆角柴 …… 755
豆角黄瓜 …… 530
豆蔻 …… 1479
豆梨 …… **697**
豆梨 …… 698
豆薯 …… **807**
豆叶九里香 …… **983**
豆叶九里香 …… 983
豆渣石 …… 1826
毒八角 …… 289
毒根斑鸠菊 …… **1290**
毒瓜 …… **521**
毒瓜 …… 521
毒毛麻雀豆 …… 802
毒蛇药 …… 380
毒鱼草 …… 1111
独活 …… 1058
独角莲 …… **1559**
独角蜣螂 …… 1763
独角仙 …… 1763
独脚蟾蜍 …… 951
独脚金 …… **1358**
独脚金 …… 1358
独脚求 …… 1659
独脚乌桕 …… 371
独蕨箕 …… 202
独茅根 …… 1596
独牛角 …… 1071
独色草 …… 893
独蒜兰 …… **1656**
独行菜 …… **417**
独行千里 …… **407**
独行千里 …… 407
独叶一支枪 …… 203
蝳蝐 …… 1801
杜根藤 …… **1380**
杜根藤 …… 1380
杜衡 …… **382**
杜衡 …… 382
杜虹花 …… **1393**
杜茎山 …… **1100**
杜茎山 …… 1100
杜鹃 …… **1079**
杜鹃 …… 1079
杜鹃兰 …… **1613**
杜鹃兰 …… 1613
杜楝 …… **1006**
杜楝 …… 1006
杜若 …… **1462**
杜若 …… 1462
杜氏素馨 …… 1117
杜仲 …… **838**
杜仲 …… 838
杜仲胶藤 …… **1147**
杜仲藤 …… 915、1147
杜仲藤叶 …… 1147
肚倍 …… 1028
端嘿（傣药） …… 958
端亨（傣药） …… 960
端章（傣药） …… 1501
短瓣花 …… **439**
短瓣石竹 …… 439
短瓣藤 …… 439
短棒石斛 …… **1618**
短柄禾叶蕨 …… **262**
短柄南蛇藤根 …… 909、910
短柄南蛇藤果 …… 909、910
短柄南蛇藤茎叶 …… 909、910
短柄苹婆 …… **610**
短柄苹婆 …… 610
短柄忍冬 …… **1218**
短柄忍冬 …… 1218
短柄紫珠 …… **1392**
短刺虎刺 …… **1179**
短刺虎刺 …… 1179
短萼海桐 …… **504**
短萼黄连 …… **341**
短萼黄连 …… 341
短萼仪花 …… **747**
短萼仪花 …… 747
短辐水芹 …… **1065**
短梗大参 …… **1049**
短梗幌伞枫 …… **1048**
短梗南蛇藤 …… **909**
短梗天门冬 …… **1508**
短梗天门冬 …… 1508
短冠东风菜 …… **1256**
短冠东风菜 …… 1256
短毛金线草 …… **447**
短球荚蒾 …… 1219
短蛸 …… **1739**
短蛸 …… 1739
短舌紫菀 …… **1236**
短舌紫菀 …… 1236
短穗铁苋菜 …… 630
短穗鱼尾葵 …… **1590**
短莛山麦冬 …… **1520**
短葶飞蓬 …… **1260**
短尾大眼鲷 …… **1789**
短小蛇根草 …… **1204**
短小蛇根草 …… 1204
短序荚蒾 …… **1219**
短序荚蒾 …… 1219
短序琼楠 …… **302**
短序琼楠 …… 302
短叶赤车 …… **888**
短叶茳芏 …… **1666**
短叶决明 …… **740**
短叶决明 …… 740
短叶罗汉松 …… **272**
短叶水蜈蚣 …… **1670**
断肠草 …… 919、1113
断肌甲 …… 1805
断线蕨 …… **249**
断线蕨 …… 249
断血流 …… 1415
堆莴苣 …… 1276
对萼猕猴桃 …… **558**
对肾参 …… 1642
对生耳蕨 …… **243**
对生耳蕨 …… 243
对叶豆 …… 738
对叶林根 …… 1151
对叶榕 …… **869**
对叶榕 …… 869
对座草 …… 1301
趸尾虫 …… 1749
钝齿铁线莲 …… **333**
钝叶桂 …… **304**
钝叶黑面神 …… **636**
钝叶黄檀 …… **767**
钝叶榕 …… **864**
钝叶榕 …… 864
钝叶酸模 …… **465**
钝叶鱼木 …… **411**
钝叶鱼木 …… 411
盾翅藤 …… **626**
盾翅藤 …… 626、627
盾蕨 …… **256**
盾蕨 …… 256
盾叶冷水花 …… **893**
盾叶木 …… 656
盾叶唐松草 …… **347**
盾叶唐松草 …… 347
盾叶铁线莲 …… **340**
盾叶铁线莲 …… 340
多变鲍 …… **1722**
多变鲍 …… 1722
多齿蛇鲻 …… **1775**
多齿蛇鲻 …… 1775
多骨 …… 1481
多花脆兰 …… **1600**
多花脆兰 …… 1600

多花地宝兰……1640
多花勾儿茶……936
多花蒿……1234
多花胡枝子……793
多花胡枝子……756、793
多花黄精……1525
多花黄精……1525
多花可爱花……1386
多花兰……1615
多花兰……1615
多花猕猴桃……556
多花茜草……1209
多花茜草……1209
多花山壳骨……1386
多花山猪菜……1342
多花娃儿藤……1168
多花野牡丹……570
多花野牡丹……570
多花醉鱼草……1112
多棘巨蜈蚣……1750
多棘蜈蚣……1750
多棘蜈蚣……1750
多荚草……442
多荚草……442
多茎鼠麴草……1266
多茎鼠麴草……1266
多烈瓦（傣药）……442
多脉瓜馥木……298
多脉瓜馥木……298
多毛板凳果……839
多毛板凳果……839
多毛富贵草……839
多毛马齿苋……446
多毛叶薯蓣……1574
多蕊木……1057
多穗金粟兰……397
多穗金粟兰……397
多穗石柯根……850
多穗石柯果……850
多穗石柯茎……850
多须公……1261
多序楼梯草……884
多序楼梯草……884
多叶唐松草……347
多依……686
多疣壁虎……1804
多枝婆婆纳……1361
多枝婆婆纳……1361

E

莪术……1491
莪术……1489、1491
峨眉鼠刺……674
峨眉紫金牛……1088
娥嫲冒（傣药）……1487
鹅不食草……1246
鹅肠菜……441
鹅肠草……441
鹅儿肠……444
鹅公英……1272
鹅观草……1705
鹅观草……1705
鹅冠草……1457
鹅管石……1716
鹅脚板……1067
鹅毛玉凤花……1642
鹅毛玉凤花……1642、1652
鹅肾木……583
鹅仔草……232
鹅掌柴……1054
鹅掌柴……1054
鹅掌金星……257
鹅掌簕……1047
鹅掌楸……278
鹅掌楸根……278
鹅掌藤……1053
蛾眉豆……791
扼罗蒿（傣药）……1658
恶实……1230
饿蚂蟥……773
饿蚂蟥……773
鄂报春……1306
鄂报春……1306
鄂西红豆树……806
鳄梨……325
鳄梨……325
鳄嘴花……1380
恩倒囡（傣药）……1488
恩腾（傣药）……1533
儿茶……719
儿茶……719
耳柄过路黄……1305
耳柄假獐牙菜……1305
耳草……1184
耳草……1184
耳基水苋……485
耳蕨……244
耳水苋……485
耳挖草……1364
耳形瘤足蕨……206
耳形瘤足蕨……206
耳叶马兜铃……380
耳叶马兜铃……380
二列叶柃……549
二色波罗蜜……859
二色波罗蜜……859
二色竹芋……1501
二型鳞苔草……1663
二叶玉凤花……1642
二叶玉凤花……1642

F

发冷藤……375
发埋枫（傣药）……927
发痧藤……1290
番红花……1566
番红花……1566
番荔枝……297
番荔枝……297
番荔枝根……297
番荔枝叶……297
番龙眼……1013
番木鳖……1114、1115
番木瓜……541
番木瓜……541
番茄……1325
番茄……1325
番石榴……563
番石榴……563
番薯……1340
番薯……1340
翻白草……695
翻白草……695
翻白叶……696
翻白叶麻……886
翻白叶树……607
翻天红……1663
矾石……1820
繁缕……444
繁缕……444
反瓣虾脊兰……1610
反瓣虾脊兰……1610
反背红……1445
饭包草……1456
饭果藤……875
饭蛸……1739
饭汤木……1215
饭甑稠……848
饭甑青冈……848
梵天花……626
梵天花……626
梵天花根……626
方斑东风螺……1722
方斑东风螺……1722
方参……1768
方茎耳草……1191
方茎耳草……1191
方榄……999

方榄……999
方头鱼……1793
方叶五月茶……633
方叶五月茶……633
方竹……1678
方竹……1678
芳香白珠……1072
芳香石豆兰……1606
防风……1431
防风草……1413
防己……374、1157
飞蛾藤……1344
飞蛾藤……1344
飞机草……1263
飞机草……1263
飞来鹤……1152
飞廉……1244
飞龙掌血……988
飞龙掌血……988
飞天驳……915
飞天蠄蟧……212
飞土瓜……873
飞仙藤……1170
飞扬草……646
飞扬草……646
飞扬藤……299、1170
非洲马铃果……1148
非洲马铃果……1148
菲岛铁线蕨……224
菲律宾合欢……725
菲牛蛭……1721
蜚蠊……1751
肥荚红豆……806
肥荚红豆……806
肥劳……560
肥牛草……1366
肥皂荚……747
肥皂荚……747
肥猪草……1606
榧子……275
榧子草……1693
翡翠股贻贝……1729
翡翠贻贝……1729
肺筋草……200、1068
肺心草……202
肺形草……1299
肺衣……187
费菜……432
费菜……432
痱子草……1437
分叉露兜……1595
分叉露兜……1595
分界树……560
分心木……1033
分枝感应草……481
分株紫萁……204
分株紫萁……204
芬芳安息香……1104
粉背蕨……220
粉背南蛇藤……908
粉背薯蓣……1573
粉背薯蓣……1572
粉单竹……1675
粉单竹……1675
粉防己……374
粉葛……813
粉葛……813
粉花石斛……1628
粉花月见草……493
粉花月见草……493
粉绿藤……369
粉棠果……701
粉条儿菜……1502
粉条儿菜……1502
粉团花……677
粉团蔷薇……702
粉叶轮环藤……366
粉叶小檗……353
粉叶羊蹄甲……732
粪箕笃……374
粪箕笃……374
丰花草……1173
丰花草……1173
丰岁兰……1616
风车草……1665
风车藤……628
风吹楠……328
风吹楠……328
风寒草……1302
风化硝……1823
风姜……1498
风龙……370
风龙……370
风轮菜……1415
风轮菜……1415
风毛菊……1279
风毛菊……1279
风沙藤……292
风湿木……1137
风湿药……1544
风藤……389
风箱树……1175
风箱树……1175
风叶藤……956
风雨花……1565
风筝果……628
风子……510
枫饭树……1223
枫果……834
枫荷梨……1046
枫香果……834
枫香槲寄生……932
枫香寄生……931、932
枫香树……834
枫杨……1034
蜂草……1254
蜂巢草……1431
蜂斗草……576
蜂斗草……576
蜂毒……1765
蜂胶……1766
蜂蜡……1765、1766
蜂蜜……1765、1766、1767
蜂乳……1765
蜂糖罐……1346
蜂糖花……1346
蜂窝草……1431、1432
蜂药……199
蜂蛹……1766
凤凰木……744
凤凰木……744
凤凰尾巴草……244
凤梨……1466
凤梨……1466
凤梨草莓……688
凤尾参……1355
凤尾草……218、234
凤尾金星……253
凤尾兰……1585
凤尾丝兰……1585
凤尾竹……1676
凤尾竹……1676
凤仙根……483
凤仙花……483
凤仙花……483、484
凤仙透骨草……483
凤丫草……225
凤丫蕨……225
凤眼果……610
凤眼果壳……610
凤眼蓝……1536
伏地卷柏……198
伏地延胡索……403
伏龙肝……1827
伏龙肝……1827
伏毛蓼……458
伏石蕨……251
扶芳木……911
扶芳藤……913

扶芳藤……913
扶桑……618
扶桑根……618
扶桑花……618
扶桑金星蕨……231
芙蓉根……618
芙蓉花……618
芙蓉菊……1254
芙蓉菊……1254
芙蓉叶……618
芣菜……1452
佛顶珠……1300
佛肚树……655
佛肚树……655
佛肚竹……1678
佛甲草……434
佛甲草……434
佛葵……1324
佛手……974
佛手柑……974
佛手瓜……527
佛手瓜……527
佛竹……1678
茯苓……183
茯苓……183
氟石……1817
浮海石……1716
浮萍……1560
浮萍……1560
浮石……1826
浮石……1716
浮小麦……1712
浮叶眼子菜……1455
辐叶鹅掌柴……1053
辐叶鹅掌柴……1053
福建柏……270
福建柏……270
福建茶……1317
福建粗叶木……1195
福建观音座莲……204
福建观音座莲……204
福建蔓龙胆……1296
福建蔓龙胆……1296
福建竹叶青蛇……1806
福禄桐……1052
福氏红豆……806
福氏紫菀……1236
福州薯蓣……1575
福州薯蓣……1575
附地菜……1320
附地菜……1320
复羽叶栾树……1010
副山苍……316
傅氏凤尾蕨……218
腹水草……1363
腹水草……1363
覆盆子……705
覆盆子根……705
覆盆子叶……705
馥芳艾纳香……1239

G

伽蓝菜……431
伽蓝菜……431
嘎哩啰（傣药）……1029
盖头花……332
甘菊花……1255
甘蓝……415
甘木通……338
甘木通……338
甘石……1819
甘薯……1575
甘薯……1575
甘蔗……1706
甘蔗……1706
甘蔗皮……1706
甘蔗滓……1706
肝风草……1565
肝炎草……1186
柑橘……975
疳积草……1358、1387
赶山鞭……586
赶山鞭……586
感应草……481
橄榄……999
橄榄……999
干贝……1733
干蟾……1799
干花豆……783
干姜……1498
干香树……933
刚节枫斗……1625
刚毛黄蜀葵……614
刚毛木蓝……788
刚竹……1681
岗边菊……1236
岗松……550
岗松叶……550
岗梅……899
岗松……560
岗松……560
港油麻藤……802
港油麻藤……802
杠板归……457
高斑叶兰……1641
高斑叶兰……1641
高地胆草……1258
高秆珍珠茅……1675
高脚硬梗……792
高良姜……1475
高良姜……1475
高粱……1710
高粱……1710
高粱泡……709
高粱泡根……709
高粱泡叶……709
高盆樱桃……682
高鳍带鱼……1790
高山榕……862
高山榕……862
高山望……594
高士佛豆兰……1606
高网膜籽……1192
羔蟹……1747
藁本……1064
藁本……1064
戈燕（傣药）……1500
哥非力郎……593
哥搞囡（傣药）……573
哥兰叶……907
哥麻过息打（傣药）……848
哥帕差（傣药）……407
鸽……1807
鸽石斛……1621
割孤露泽……1356
割舌罗……1040
革叶耳蕨……244
革叶猕猴桃……557
格木……745
格木……745
葛……812
葛根……812
葛根跌打……798
葛藟……966
葛藟葡萄……966
葛麻姆……814
葛薯……807
葛藤……814
葛蕈……935
隔山香……1066
隔山香……1066
根根药……1116
耿马钩藤……1214
梗花雀梅藤……943
更习列（傣药）……741
弓斑多纪鲀……1797
弓刺……997
弓果藤……1167

弓果藤……1167
弓形革囊星虫……1716
弓腰老……457
公丁香……564
公鸡尾……1111
公奎龙……1775
公母草……1352
公子天麻……1638
功劳根……900
宫粉羊蹄甲……733
勾儿茶……938
勾临链……1133
钩梗石豆兰……1607
钩梗石豆兰……1607
钩距虾脊兰……1609
钩距虾脊兰……1609
钩栗……847
钩藤……1213
钩藤……1213
钩吻……1113
钩吻……1113
钩状石斛……1617
钩锥……847
钩锥……847
狗肝菜……1380
狗肝菜……1380
狗骨柴……1179
狗骨柴……1179
狗骨头……385
狗骨仔……1179
狗棍……1775
狗核树……599
狗脊……238
狗脊……211
狗脊贯众……238、239
狗脚骨……1073
狗脚迹……955
狗肋巴……1220
狗笠耳……393
狗茅草……1351
狗屁藤……1204
狗葡萄……1328
狗茄子……1330
狗屎草……1684
狗屎兰花……1318
狗头七……1268
狗尾巴……793、1708
狗尾草……1709
狗尾草……1709
狗牙根……1689
狗牙根……1689
狗牙花……1132
狗牙花……1132
狗仔花……1151
狗爪豆……804
枸骨……900
枸骨树皮……900
枸骨叶……900
枸骨子……900
枸杞……1325
枸杞叶……1325
枸杞子……1325
枸橼……973
构棘……860
构皮麻……859
构树……860
孤挺花……1563
菰……1712
菰腺忍冬……1217
古风子……299
古钩藤……1169
古钩藤……1169
古柯……629
古柯……629
古山龙……363
古山龙……363
谷精草……1465
谷精草……1465
谷蓼……491
谷蓼……491
谷沙藤……875
谷芽……1699
骨螺……1724
骨螺……1724
骨牌蕨……254
骨牌蕨……254
骨碎补……261
骨鱼……1776
牯岭凤仙花……484
牯岭凤仙花……484
牯岭藜芦……1533
鼓槌石斛……1620
鼓槌石斛……1620
鼓槌树……412
故摆摇（傣药）……260
故季马（傣药）……203
故肯埋（傣药）……262
故拉龙（傣药）……265
故望帕（傣药）……255
瓜馥木……299
瓜蒌……532
瓜螺……1726
瓜螺……1726
瓜木……1040
瓜木……1040
瓜香草……680
瓜叶栝楼……530
瓜子金……427
瓜子金……427
瓜子藤……1128
刮筋板……650
栝楼……532
栝楼……531
栝楼皮……534
栝楼子……534
寡蕊扁担杆……599
挂金灯……1327
拐子菜……491
观音草……1385
观音草……1459
观音莲……1543
观音竹……1593
观音座莲……203
冠唇花……1435
冠唇花……1435
冠盖藤……679
冠毛榕……866
管花马兜铃……381
管花马兜铃……381
管角螺……1726
管角螺……1726
管兰香……376
管芽……1243
管仲……696
贯肠血藤……797
贯叶连翘……588
贯叶连翘……588
贯众……241
贯众……241
罐罐草……570
罐罐花……572
罐子草……573
罐嘴菜……424
光板猫叶草……433
光萼唇柱苣苔……1365
光萼唇柱苣苔……1365
光萼小蜡……1123
光萼小蜡……1123
光风轮菜……1415
光果樱……628
光滑黄皮……978
光滑黄皮……978
光肩星天牛……1759
光里白……207
光里白……207
光亮瘤蕨……257
光亮瘤蕨……257
光亮山矾……1108
光裸星虫……1717
光冒呆（傣药）……299

光千金藤……374
光石韦……259
光石韦……259
光宿苞豆……817
光头稗……1690
光头稗子……1690
光苋菜……473
光叶巴豆……642
光叶菝葜……1539
光叶白兰……288
光叶闭鞘姜……1488
光叶闭鞘姜……1488
光叶丁公藤……1339
光叶粉花绣线菊……718
光叶海桐……504
光叶海桐根……504
光叶海桐叶……504
光叶合欢……724
光叶蝴蝶草……1359
光叶火筒树……959
光叶火筒树……959
光叶绞股蓝……522
光叶金合欢……720
光叶金合欢……720
光叶金虎尾……628
光叶千金藤……374
光叶山矾……1108
光叶山矾……1108
光叶山黄麻……856
光叶山黄麻……856
光叶山姜……1472
光叶山姜……1472
光叶山芝麻……604
光叶蛇葡萄……952
光叶十大功劳……359
光叶石楠……693
光叶石楠……693
光叶薯蓣……1575
光叶薯蓣……1575
光叶崖豆藤……798
光叶云南草蔻……1470
光叶云南草蔻……1470
光叶子花……500
光缘大薹……1049
光足无刺蜂……1767
桄榔……1587
广布野豌豆……826
广布野豌豆……826
广陈皮……976
广地龙……1720
广东斑叶兰……1640
广东赪桐……1401
广东臭杜丹……1401
广东大青……1401
广东大青……1401
广东大沙叶……1205
广东地构叶……670
广东冬青……902
广东冬青……902
广东杜鹃……1074
广东杜鹃……1074
广东金钱草……776
广东金叶子……1071
广东金叶子……1071
广东酒饼簕……969
广东酒饼簕……969
广东狼毒……1543
广东马先蒿……1355
广东蛇葡萄……950
广东升麻……1280
广东石豆兰……1607
广东石豆兰……1607
广东石斛……1627
广东石斛……1627
广东丝瓜……525
广东土牛膝……1261
广东万年青
广东万年青……1543
广东西番莲……517
广东玉叶金花……1200
广东玉叶金花……1200
广东紫珠……1395
广东紫珠……1395
广豆根……819
广防风……1413
广防风……1413
广防己……377
广防己……377
广佛手……974
广斧螳……1753
广花耳草……1188
广藿香……1443
广藿香……1443
广寄生……928
广金钱草……776
广昆布……177
广山药……1577
广藤……370
广西八角枫……1040
广西莪术……1489
广西莪术……1489
广西鹅掌柴……1055
广西狗牙花……1132
广西过路黄……1300
广西过路黄……1300
广西花点草根……887
广西黄皮……984
广西绞股蓝……522
广西绞股蓝……522
广西九里香……984
广西马兜铃……378
广西美登木……918
广西美登木……918
广西密花树……1102
广西密花树……1102
广西绣球……676
广西蜘蛛抱蛋……1511
广西蜘蛛抱蛋……1511
广西紫麻……887
广西紫麻……887
广香藤……299
广玉兰……281
广州耳草……1185
广州耳草……1185
广州山柑……407
广州山柑……407
广州蛇根草……1203
广州蛇根草……1203
广州相思子……749
鲑点石斑鱼……1785
鬼点灯……1317
鬼箭羽……911
鬼悬钩子……715
鬼羽箭……1347
鬼针草……1238
鬼针草……1238
贵定山柳……1070
贵吻（傣药）……1466
贵州半蒴苣苔……1367
贵州半蒴苣苔……1367
贵州忍冬……1218
贵州石楠……693
贵州鼠尾草……1445
贵州鼠尾草……1445
贵州玉叶金花……1200
桂丁香……1195
桂莪术……1489
桂花……1124
桂花跌打……498
桂木……859
桂木……859
桂皮……310、311
桂皮香……311
桂腾（傣药）……1467
桂叶素馨……1118
桂叶素馨……1118
桂圆……1009
桂竹……1680
桂竹……1680
锅别（傣药）……267

锅铲叶 …………… 516、518
锅丹（傣药）……………1587
锅档浪（傣药）…………1053
锅端宽（傣药）……………281
锅盖叫（傣药）…………1177
锅赶马（傣药）…………1032
锅个（傣药）……………1593
锅海林吗（傣药）…………864
锅夯蒿（傣药）……………590
锅榄（傣药）……………1591
锅勒景（傣药）……………870
锅勒朗（傣药）……………863
锅裸刹版那（傣药）………298
锅麻杯（傣药）……………849
锅麻飞（傣药）……………634
锅麻金（傣药）……………508
锅麻婆（傣药）…………1029
锅麻尚（傣药）…………1013
锅麻哇（傣药）……………862
锅埋光（傣药）……………729
锅埋外（傣药）……………843
锅蒙巴（傣药）…………1025
锅讷（傣药）……………1096
锅山恩（傣药）……………722
锅山囡（傣药）…………1107
锅芽比端（傣药）…………326
国产沉香 ……………………496
果阿豆 ………………………809
果榜（傣药）……………1590
果山还阳参 ……………1253
果山还阳参 ……………1253
果上叶 ……………………………
………… 1606、1636、1644
过岗龙 ………………………727
过沟菜蕨 ……………………227
过江龙 …………… 492、194
过江龙子 ……………………731
过江藤 ……………………1404
过江藤 ……………………1404
过路黄 ……………………1301
过路黄 …………606、1301
过墙风 ……………………1146
过山枫 ……………………906
过山枫 ………………………906
过山龙 ……………………………
……195、223、363、1556
过山龙藤 ……………………292
过山落 ……………………1638
过山青 ………………………478
过山蜈蚣 …………………1511
过坛龙 ………………………223
过塘蛇 …………492、1348
过天藤 ………………………303

H

哈勒龙（傣药）…………1419
哈满勒（傣药）……………624
哈忍 ……………………………634
哈忍皮（傣药）……………595
哈氏刁海龙 ……………1782
哈氏刁海龙 ……………1782
哈氏蜈蚣 ………………1750
哈新哈布（傣药）………1171
哈以不列（傣药）…………774
蛤巴 ………………………1799
蛤解 ………………………1803
蛤蚧 ………………………1803
蛤蜊 …… 1734、1735、1736
蛤蟆花 ……………………1377
蛤蟹 ………………………1803
咳七风 ……………………1179
咳嗽草 …………783、1419
还亮草 ……………………342
还亮草 ………………………342
还少丹 ………………………500
孩儿草 ……………………1387
孩儿草 ……………………1387
孩儿茶 ………………………719
孩儿鱼 ……………………1799
孩嫩（傣药）………………842
海岸水虱 …………………1741
海巴戟 ……………………1196
海白菜 ………………………177
海蚌 ………………………1736
海棒槌 ……………………1769
海棒槌 ……………………1769
海边马兜铃 ………………380
海滨木巴戟 ……………1196
海参 ………………………1768
海带 …………………………177
海胆 ………………………1770
海岛苎麻 ……………………877
海岛苎麻叶 …………………877
海地瓜 ……………………1769
海地瓜 ……………………1769
海丁 ………………………1716
海腚根 ……………………1715
海肚脐 ……………………1770
海风藤 ……………………………
……293、388、389、1020
海枫屯 ……………………1162
海枫屯 ……………………1162
海浮石 ……………………1826
海鲋 ………………………1789
海狗肾 ……………………1809
海瓜 ………………………1769
海龟 ………………………1801
海蒿子 ………………………178
海红豆 ………………………721
海猴 ………………………1787
海枷子 ………………………584
海椒 ………………………1321
海金沙 ………………………209
海金沙藤 ………… 208、209
海金子 ………………………505
海菊蛤 ……………………1731
海菊花 ……………………1715
海葵 ………………………1715
海老根 ……………………………
··1609、1617、1630、1636
海老鼠 ……………………1769
海蛎子 ……………………1730
海龙 …· 1782、1783、1784
海螺 …………… 1725、1726
海鳗 ………………………1776
海鳗 ………………………1776
海杧果 ……………………1131
海杧果 ……………………1131
海木 ………………………1004
海南巴豆 ……………………642
海南巴豆 ……………………642
海南草珊瑚 …………………399
海南草珊瑚 …………………399
海南赪桐 …………………1399
海南赪桐 …………………1399
海南大风子 …………………511
海南地不容 …………………373
海南地不容 …………………373
海南冬青 ……………………902
海南冬青 ……………………902
海南狗牙花 ………………1132
海南狗牙花 ………………1132
海南海金沙 …………………208
海南海金沙 …………………208
海南黄檀 ……………………765
海南假砂仁 ………………1478
海南假砂仁 ………………1478
海南蒟 ………………………388
海南蒟 ………………………388
海南萝芙木 ………………1141
海南萝芙木 ………………1141
海南蒲桃 ……………………565
海南茄 ……………………1332
海南茄 ……………………1332
海南清风藤 ………………1021
海南三七 …………………1495

海南三七……1495
海南砂仁……1482
海南檀……765
海南香花藤……1125
海南香花藤……1125
海南新樟……323
海南新樟……323
海南崖豆藤……799
海南崖豆藤……799
海南叶下珠……663
海南叶下珠……663
海南重楼……1533
海泥虫……1716
海螃蟹……1746
海茄子……1769
海鳅……1783
海蛆……1741、1780
海桑……489
海桑……489
海蛇……1805
海薯藤……1341
海棠果……589
海通……1402
海通……1402
海桐……507
海桐……589
海桐树……505
海桐叶白英……1332
海桐枝叶……507
海兔……1792
海团扇……1715
海蝎子……1796
海星……1769、1770
海燕……1770
海芋……1543
海芋……1543
海月……1731
海月……1731
海藻……178
海蟑螂……1741
海蟑螂……1741
海蜇……1715
海蜇……1715
海州香薷……1420
海洲香薷……1420
含笑……286
含笑……286
含羞草……729
含羞草……729
含羞草根……729
含羞草决明……741
含羞草叶黄檀……767
含羞云实……736
含羞云实……736
韩信草……1449
韩信草……1449
寒草根……1696
寒莓……704
寒莓根……704
寒石……1818
寒宵……286
蔊菜……420
汉防己……363
汉虎掌……332
汗斑草……1390
旱冬瓜……843
旱金莲……482
旱莲草……1257
旱莲花……482
旱莲木……1041
旱莓草……586
旱芹……1058
旱芹……1058
旱伞草……1665
旱山菊……1230
旱田草……1352
旱田草……1352
旱仙桃……1304
夯嘿（傣药）……767
杭子梢……755
筅子梢……755
蒿枝……1234
蚝……1730
豪猪刺……353
豪猪刺……353
好望角芦荟……1505
号角树……860
号角树……860
号子螺……1722
诃黎……581
诃子……581
诃子……581
喝欢娘（傣药）……1502
禾虫……1719
禾串树……637
禾串树……637
禾秆草……1700
禾雀花……802
禾叶山麦冬……1520
禾叶山麦冬……1520
合果木……285
合罕郎（傣药）……798
合欢……723
合欢花……280、723
合欢皮……723
合萌……750
合萌……750
合浦南珠……1732
合浦珍珠……1732
合浦珍珠……1732
合丝肖菝葜……1537
合香……1411
合掌草……588
何发来（傣药）……1516
何首乌……449
何首乌……449
和尚菜……1227
河边茶……944
河边千斤拔……781
河边千斤拔……781
河谷南星……1546
河谷南星……1546
河豚……1797、1798
荷包山桂花……425
荷包山桂花……425
荷花玉兰……281
荷花玉兰……281
荷莲豆……441
荷莲豆……441
荷莲豆菜……441
盒果藤……1343
盒果藤……1343
盒子草……518
盒子草……518
贺巴拎（傣药）……524
贺比罕（傣药）……1070、1071
贺哈龙（傣药）……1477
贺哈囡（傣药）……1470
贺些柏（傣药）……958
贺眼……1009
褐苞薯蓣……1577
褐唇贝母兰……1613
褐果枣……944
褐棘螺……1724
褐棘螺……1724
褐毛杜英……594
褐毛杜英……594
褐毛羊蹄甲……732
褐皮金鸡纳……1177
褐鞘沿阶草……1522
褐叶柄果木……1012
褐叶柄果木……1012
褐叶榕……870
褐叶榕……870
褐叶线蕨……250
褐叶线蕨……250
鹤顶兰……1654
鹤顶兰……1654
鹤虱……1069

黑草……1347
黑草……898、1347
黑茶树……690
黑弹朴……853
黑点海蛇……1806
黑鲷……1789
黑鹅脚板……1068
黑风藤……300
黑风藤……300
黑格……724
黑狗脊……212
黑骨走马……921
黑果菝葜……1540
黑果菝葜……1540
黑果山姜……1474
黑果山姜……1474
黑蛤……1734
黑蒿……1234
黑棘鲷……1789
黑加吉……1789
黑壳楠……314
黑壳楠……314
黑眶蟾蜍……1799
黑榄……999
黑老虎……292
黑老虎……292
黑鳞大耳蕨……243
黑鳞耳蕨……243
黑鳞珍珠茅……1674
黑鳞珍珠茅……1674
黑龙骨……1170
黑鳗藤……1160
黑鳗藤……1160
黑毛石斛……1635
黑毛石斛……1635
黑面防己……380
黑面神……636
黑面神……637
黑面藤……1335
黑面叶……636
黑奶奶果……1129
黑皮跌打……300
黑皮根……301
黑皮芪……301
黑螵蛸……1753
黑枪杆……1008
黑三棱……1560
黑色鳞毛蕨……242
黑蒴……1354
黑蒴……1354
黑藤……366
黑藤钻……1198
黑田乳玉螺……1724
黑头草……1345、1418
黑威灵……1257
黑细辛……396
黑腺珍珠菜……1303
黑腺珍珠菜……1303
黑心树……741
黑叶爵床……1384
黑叶小驳骨……1384
黑藻……1452
黑藻……1452
黑蚱蝉……1756
黑芝……182
黑足鳞毛蕨……242
黑钻……1020
嘿扁（傣药）……962
嘿胆大（傣药）……298
嘿当杜（傣药）……1135
嘿盖贯（傣药）……627
嘿夯亮（傣药）……798
嘿夯龙（傣药）……964
嘿蒿婻（傣药）……514
嘿贺别（傣药）……812
嘿介（傣药）……944
嘿康龙（傣药）……361
嘿柯罗（傣药）……375
嘿亮郎（傣药）……760
嘿亮龙（傣药）……803
嘿列苗（傣药）……944
嘿拢昆（傣药）……1132
嘿麻乱郎（傣药）……411
嘿吗野（傣药）……962
嘿梅囡（傣药）……276
嘿模龙（傣药）……1129
嘿赛仗（傣药）……732
嘿沙保拢龙（傣药）……1129
嘿沙抱婻（傣药）……1162
嘿宋巴（傣药）……1170
嘿涛勒（傣药）……796
嘿涛弯（傣药）……770
嘿芽玉怀（傣药）……339
恒春石豆兰……1606
横带髭鲷……1787
横经席……590
横纹金蛛……1749
衡州乌药……365
烘南晚（傣药）……981
红白二丸……538
红白二丸果……538
红百解……1171
红半边莲……539
红爆牙狼……571
红背桂……650
红背桂……650
红背山麻杆……631
红背酸藤……1148
红背卧花竹芋……1502
红背叶……631、1259
红背圆鲹……1793
红背竹芋……1502
红萆薢……1540
红扁藤……965
红草……891
红翅槭……1017
红穿破石……512
红椽木子……847
红吹风……959
红椿……1005
红椿……1005
红唇玉凤花……1643
红葱……1567
红楤木……1044
红大戟……1193
红大戟……1193
红靛……477
红丁木……1192
红冬蛇菰……935
红兜兰……1651
红豆……721
红豆蔻……1471
红豆蔻……1471
红豆杉……275
红豆树……806
红豆树……806
红毒茴香……289
红杜仲藤……1148
红番苋……1267
红凤菜……1267
红根草……1303
红根一枝花……1314
红梗草……1262
红骨草……1351
红骨草……1351
红瓜……520
红光树……328
红光树……328
红果黄精……1529
红果山胡椒……313
红果树……1002
红果仔……563
红果仔……563
红果子……685
红孩儿……537、540
红蒿枝……1254

红厚壳 …… 589
红蝴蝶 …… 816
红花八角 …… 289
红花茶 …… 286
红花倒水莲 …… 1371
红花隔距兰 …… 1612
红花隔距兰 …… 1612
红花栝楼 …… 534
红花栝楼 …… 534
红花荷 …… 837
红花荷 …… 837
红花寄生 …… 927
红花寄生 …… 927
红花檵木 …… 836
红花密花豆 …… 820
红花木莲 …… 285
红花茜草 …… 1208
红花青藤 …… 328
红花青藤 …… 328
红花石蒜 …… 1563
红花酢浆草 …… 482
红茴香 …… 289
红茴香根 …… 289
红接骨草 …… 1366
红节节草 …… 471
红金耳环 …… 384
红金鸡纳 …… 1177
红壳砂仁 …… 1478
红壳砂仁 …… 1478
红客妈叶 …… 1298
红蔻 …… 1471
红苦葛 …… 814
红蓝 …… 1385
红郎伞 …… 610
红浪 …… 584
红簕钩 …… 711
红莲子草 …… 471
红楝子 …… 1005
红凉伞 …… 1090
红凉伞 …… 1090
红蓼 …… 456
红萝木 …… 1002
红螺 …… 1725
红螺 …… 1725、1726
红马蹄草 …… 1062
红马蹄草 …… 1062
红毛草 …… 1460
红毛丹 …… 1012
红毛丹 …… 1012
红毛果 …… 1012
红毛菍 …… 571
红毛蛇 …… 247
红毛藤 …… 557
红毛悬钩子 …… 715
红毛玉叶金花 …… 1201
红毛毡 …… 1094
红毛紫金牛 …… 1094
红绵藤 …… 707
红木 …… 507
红木耳 …… 477
红木香 …… 293
红木子 …… 508
红楠 …… 322
红楠皮 …… 322
红内消 …… 449
红皮水锦树 …… 1215
红皮水锦树 …… 1215
红鳍多纪鲀 …… 1797
红槭 …… 1017
红千层 …… 560
红茄苳 …… 585
红茄苳 …… 585
红秋葵 …… 617
红秋葵 …… 617
红球姜 …… 1498
红球姜 …… 1498
红雀珊瑚 …… 659
红桑 …… 630
红桑 …… 630
红山药 …… 1575
红升麻 …… 435
红薯 …… 1340
红树皮 …… 583
红栓菌 …… 184
红水麻 …… 896
红水芋 …… 1547
红丝线 …… 1324
红丝线 …… 1324、1382
红藤仔 …… 1170
红田乌草 …… 471
红条鱼 …… 1793
红铁树 …… 1580
红头草 …… 1241
红头麻 …… 886
红头小仙 …… 1243
红土 …… 1824
红五泡 …… 708
红雾水葛 …… 896
红虾蟆叶 …… 1298
红线草 …… 1385
红线麻 …… 886
红腺忍冬 …… 1217
红腺悬钩子 …… 714
红香树 …… 544
红血藤 …… 820
红血藤 …… 820
红芽木 …… 585
红叶木姜子 …… 320
红叶树 …… 502
红叶树子 …… 502
红叶藤 …… 1032
红叶藤 …… 1032
红叶移（木衣） …… 686
红油菜 …… 414
红芋 …… 1555
红云草 …… 1094
红仔仔 …… 637
红泽兰 …… 1390
红锥 …… 847
红紫麻 …… 888
红紫珠 …… 1397
红紫珠 …… 1397
红嘴绿鹦哥 …… 779
洪夯喃（傣药） …… 764
侯钩藤 …… 1214
侯钩藤 …… 1214
侯桃 …… 281、282
喉咙草 …… 1300
猴耳环 …… 725
猴菇 …… 184
猴欢喜 …… 596
猴欢喜 …… 596
猴接骨草 …… 888
猴头杜鹃 …… 1079
猴头菇 …… 184
猴头菌 …… 184
猴枣 …… 1812
猴樟 …… 309
猴子草 …… 1671
篌竹 …… 1681
篌竹 …… 1681
吼盖贯（傣药） …… 626
厚果鸡血藤 …… 799
厚果崖豆藤 …… 799
厚壳树 …… 1319
厚壳树 …… 1319
厚皮 …… 283、284
厚皮麻 …… 1025
厚皮树 …… 1025
厚皮树 …… 1025
厚皮香 …… 553
厚皮香 …… 553、554
厚朴 …… 283
厚朴 …… 283、284
厚朴花 …… 284
厚藤 …… 1341
厚藤 …… 1341
厚叶白花酸藤果 …… 1098
厚叶厚皮香 …… 554
厚叶素馨 …… 1119

厚叶素馨……1119
厚叶算盘子……651
厚叶铁角蕨……233
厚叶朱标……1074
鲎……1748
鲎鱼……1748
狐臭柴……1405
狐臭柴……1405
狐尾葛……812
胡豆……787
胡黄连……1356
胡黄连……1356
胡椒……392
胡椒……392
胡椒草……386、1256
胡韭子……810
胡连……1356
胡卢巴……825
胡萝卜……1061
胡萝卜……1061
胡麻草……1347
胡麻草……1347
胡氏排草……1302
胡荽……1060
胡荽子……1060
胡桃……1033
胡桃根……1033
胡桃花……1033
胡桃壳……1033
胡桃青皮……1033
胡桃仁……1033
胡桃树皮……1033
胡桃叶……1033
胡桃油……1033
胡桃枝……1033
胡桐……589
胡颓子……948
胡颓子……948
胡颓子根……948
胡颓子叶……948
胡枝子……791
胡枝子……791
壶斗石砾……849
壶壳柯……849
壶壳柯……849
葫芦……525
葫芦……525
葫芦巴……825
葫芦茶……823
葫芦茶……822、823
葫芦叶……1227
葫芦竹……1678
湖北海棠……692
湖北海棠……692
湖北海棠根……692
湖瓜草……1671
湖瓜草……1671
湖南连翘……586
槲寄生……931
槲寄生……931
槲蕨……261
蝴蝶草……1360
蝴蝶草根……732
蝴蝶果……638
蝴蝶果……638、1017
蝴蝶花……1568
蝴蝶花……1223、1568
蝴蝶花豆……759
蝴蝶树……1223
蝴蝶藤……1201
蝴蝶戏珠花……1223
蝴蝶戏珠花……1223
虎刺……1179
虎刺……543、1179
虎刺楤木……1042
虎刺楤木……1042
虎耳草……437
虎耳草……437
虎耳兰……1562
虎河鲀……1797
虎克粗叶木……1194
虎克粗叶木……1194
虎克秋海棠……537
虎皮百合……1519
虎皮草……436
虎皮楠……673
虎皮楠……673
虎皮鲨……1772
虎舌红……1094
虎舌红……1094
虎头兰……1614、1616
虎尾草……1097
虎尾金钱……808
虎尾兰……1584
虎尾兰……1584
虎尾轮……825
虎尾轮根……825
虎须娃儿藤……1167
虎牙草……894
虎掌草……332
虎掌荨麻……885
虎杖……461
虎杖……461
护耳草……1159
护耳草……1159
护心草……1670
护心胆……406
花斑蛇鲻……1775
花斑蛇鲻……1775
花斑叶……956
花边灯一盏……1063
花刺参……1768
花刺参……1768
花点魟……1773
花点窄尾魟……1773
花冬青……552
花杜仲藤……1147
花甫……1773
花格斑叶兰……1640
花格斑叶兰……1640
花拐藤……1137
花蛤……1735
花蚶……1728
花蝴蝶……459
花椒……991
花椒……991
花椒簕……994
花椒簕……994
花椒藤……994
花角虫……1759
花梨木……806
花粒子……1739
花鲈……1786
花榈木……806
花榈木……806
花木……1183
花木香……1019
花皮胶藤……1147
花生衣……752
花酸苔……536
花葶苔草……1663
花葶苔草……1663
花叶假杜鹃……1379
花叶假杜鹃……1379
花叶九节木……1206、1207
花叶秋海棠……536
花叶山姜……1477
花叶山姜……1477
花叶万年青……1549
花叶万年青……1549
花叶竹芋……1501
花叶竹芋……1501
花叶子……1652
花鱼……1792
花蜘蛛……1749
花朱顶红……1563
华艾纳香……1242
华东瘤足蕨……206
华东瘤足蕨……206

华东膜蕨 …………………… 209
华东膜蕨 ……………………209
华东瓶蕨 …………………… 210
华东瓶蕨 ……………………210
华东润楠 …………………… 321
华东润楠 ……………………321
华东蹄盖蕨 …………………226
华东小檗 …………………… 352
华东小檗 ……………………352
华东阴地蕨 ………………… 201
华风车子 …………………… 577
华风车子 ……………………577
华凤仙 ……………………… 484
华凤仙 ………………………484
华贵类栉孔扇贝 ………1733
华贵栉孔扇贝 …………1733
华空木 ……………………… 718
华空木 ………………………718
华萝藦 ……………………1165
华萝藦 ……………………1165
华麻花头 …………………1280
华麻花头 …………………1280
华马钱 ……………………1114
华马钱 ……………………1114
华南半蒴苣苔 …………1368
华南半蒴苣苔 …………1368
华南豆蔻 …………………1478
华南杜仲藤 ………………1148
华南谷精草 ………………1465
华南桂 ……………………… 304
华南桦 ……………………… 844
华南桦 ………………………844
华南鳞盖蕨 ………………… 213
华南鳞盖蕨 …………………213
华南龙胆 …………………1296
华南龙胆 …………………1296
华南马尾杉 ………………… 193
华南马尾杉 …………………193
华南毛蕨 …………………… 230
华南毛蕨 ……………………230
华南猕猴桃 …………………556
华南青皮木 ………………… 924
华南忍冬 …………………1216
华南舌蕨 …………………… 246
华南舌蕨 ……………………246
华南实蕨 …………………… 245
华南实蕨 ……………………245
华南铁角蕨 ………………… 233
华南铁角蕨 …………………233
华南吴萸 …………………… 978
华南远志 …………………… 425
华南远志 ……………………425
华南云实 …………………… 734
华南紫萁 …………………… 205
华南紫萁 ……………………205
华清香藤 …………………1121
华山矾 ……………………1106
华山矾 ……………………1106
华山姜 ……………………1474
华山姜 ……………………1474
华鼠尾草 …………………1445
华鼠尾草 …………………1445
华素馨 ……………………1121
华素馨 ……………………1121
华卫矛 ………………………915
华腺萼木 …………………1202
华腺萼木 …………………1202
华泽兰 ……………………1261
华中介蕨 …………………… 228
华中瘤足蕨 ………………… 205
华中瘤足蕨 …………………205
华中山柳 …………………1070
华中乌蔹莓 ………………… 955
华中五味子 ………………… 296
华重楼 ……………………1533
华重楼 ……………………1533
华髭鲷 ……………………1787
华紫珠 ……………………1393
华紫珠 ……………………1393
铧尖草 ………………………422
铧头草 ………………………421
滑板菜 ………………………369
滑草 ………………………1706
滑石 ………………………1827
滑石 ………………………1827
滑水树 ………………………888
滑桃树 ……………………… 671
滑桃树 ………………………671
滑叶藤 ……………………… 335
滑叶子 ………… 1071、1072
化橘红 ………………………972
化水顿（傣药）…………1416
化香树 ……………………1034
化香树果 …………………1034
化香树叶 …………………1034
化血丹 ……………………1347
化血胆 ……………………1354
化州柚 ……………………… 972
画笔南星 …………………1546
画笔南星 …………………1546
画眉草 ……………………1693
画眉草 ……………………1693
画石 ………………………1827
怀咪王昏（傣药）………1214
淮木通 ………………………379
淮山 ………………………1578
淮通 ……… 333、363、379
槐 …………………………… 818
槐花 …………………………818
槐角 …………………………818
槐米 …………………………818
槐叶决明 …………………… 742
槐叶苹 ……………………… 263
槐叶苹 ………………………263
环纹海蛇 …………………1805
环纹海蛇 …………………1805
萱 …………………………… 422
黄鹌菜 ……………………1294
黄鹌菜 ……………………1294
黄柏 …………………………986
黄斑鲾 ……………………1787
黄斑光胸鲾 ………………1787
黄背草 ……………………1711
黄背草 ……………………1711
黄背越橘 …………………1080
黄背越橘 …………………1080
黄藨子 ………………………708
黄檗皮 ………………………986
黄草石斛 …………………1625
黄草乌 ……………………… 330
黄蝉 ………………………1126
黄蝉 ………………………1126
黄常山 ………………………675
黄刺泡 ………………………715
黄癫茄 ……………………1329
黄豆 …………………………784
黄豆树 ……………………… 725
黄豆树 ………………………725
黄独 ………………………1572
黄独 ………………………1572
黄葛树 ……………………… 875
黄葛树 ………………………875
黄根 ………………………1206
黄姑娘 ……………………1327
黄瓜 ………………………… 521
黄瓜 …………………………521
黄瓜菜 ……………………1275
黄瓜菜 ……………………1275
黄瓜草 ………………………794
黄瓜皮 ………………………521
黄瓜子 ………………………521
黄果茄 ……………………1334
黄海葵 ……………………1715
黄海棠 ……………………… 586
黄海棠 ………………………586
黄魟 ………………………1773
黄魟 ………………………1773
黄蝴蝶草 …………………1360
黄花菜 ……………………1516
黄花菜 ……………………1516

黄花参……426
黄花草……410
黄花草……344、794、1358
黄花大苞姜……1487
黄花倒水莲……426
黄花地胆头……1241
黄花地丁……1288
黄花地锦苗……402、404
黄花地桃花……601
黄花独蒜……1657
黄花杜鹃……1077
黄花蒿……1231
黄花鹤顶兰……1653
黄花鹤顶兰……1653
黄花胡椒……387
黄花蝴蝶草……1360
黄花蝴蝶草……1360
黄花菅……422
黄花鸡距草……404
黄花夹竹桃……1145
黄花夹竹桃……1145
黄花假杜鹃……1379
黄花假杜鹃……1379
黄花蓝猪耳……1360
黄花龙芽……1225
黄花母……624
黄花棯……622
黄花棯……622
黄花山柰……1487
黄花石斛……1624
黄花石斛……1622
黄花石蒜……1563
黄花藤……1166
黄花香……589
黄花小二仙草……494
黄花小二仙草……494
黄花烟草……1326
黄花烟草……1326
黄花远志……425
黄槐……742
黄槐决明……742
黄荚莲……1222
黄姜花……1492
黄姜花……1492
黄脚鸡……1179
黄金凤……485
黄金凤……485
黄金葛……1549
黄金间碧竹……1678
黄金线……1299
黄金蛛……1749
黄堇……404
黄堇……404
黄槿……620
黄槿……620
黄荆……1408
黄荆……1408
黄猄草……1390
黄精……1528
黄精……1514、1526、1528
黄葵……615
黄葵……615
黄腊鲳……1794
黄兰……286
黄榄……999
黄栎……848
黄栗……845
黄连木……1027
黄连木……1027
黄连藤……368
黄楝树……1027
黄梁木……1203
黄粱米……1708
黄麻……598
黄麻……598
黄脉爵床……1387
黄毛草……1704
黄毛草莓……688
黄毛冬青……901
黄毛冬青……901
黄毛豆腐柴……1404
黄毛豆腐柴……1404
黄毛耳草……1186
黄毛青冈……848
黄毛青冈……848
黄毛榕……865
黄毛榕……865
黄毛五月茶……632
黄茅……1695
黄茅……1695
黄缅桂……286
黄缅桂果……286
黄木巴戟……1195
黄牛……1811
黄牛茶……585
黄牛木……585
黄牛奶树……1108
黄牛奶树……1108
黄泡……707
黄泡子……708
黄皮……977
黄皮……977
黄皮血藤……294
黄鳍鲷……1788
黄鳍多纪鲀……1798
黄鳍棘鲷……1788
黄杞……1033
黄杞皮……1033
黄杞叶……1033
黄墙……1788
黄秋英……1252
黄秋英……1252
黄球花……1388
黄球花……729、1388
黄雀儿……762
黄绒润楠……321
黄肉……1768
黄瑞木……544
黄山药……1574
黄鳝藤……936
黄石……1815
黄寿丹……500
黄蜀葵……614
黄蜀葵根……614
黄蜀葵花……614
黄蜀葵叶……614
黄水茄……1329
黄水枝……437
黄水枝……437
黄素馨……1119
黄檀……766
黄檀……766
黄藤……1592
黄藤……368、1592
黄天竹……356
黄桐……644
黄桐……644
黄头草……749
黄土香……1664
黄瓦韦……253
黄瓦韦……253
黄细心……500
黄香草木樨……796
黄心卫矛……916
黄牙果……592
黄芽茶……585
黄眼草……1464
黄眼草……1464
黄杨……839
黄杨根……839
黄杨木……839
黄杨叶……839
黄杨叶冬青……900
黄杨叶冬青……900
黄杨叶芒毛苣苔……1364
黄药子……1572
黄莺……1125、1282
黄玉兰……286
黄缘真龙虱……1741
黄泽小沙丁鱼……1774

黄蚱蝉 ……1756
黄樟 …… 309
黄樟 ……309
黄栀子 ……1182
黄珠子草 …… 665
黄珠子草 ……665
黄猪屎豆 ……763
黄竹 ……1679
黄竹 ……1679
幌伞枫 ……1048
灰白毛莓 …… 714
灰背清风藤 ……1019
灰布荆 ……1407
灰刺木 ……1112
灰藋 ……468
灰藋子 ……468
灰灰树 ……1108
灰蓟 ……1247
灰莉 ……1112
灰毛臭茉莉 ……1398
灰毛大青 ……1398
灰毛豆 …… 824
灰毛牡 ……1407
灰毛牡荆 ……1407
灰毛泡 …… 709
灰毛泡 ……709
灰皮鲨 ……1772
灰楸 ……1371
灰楸 ……1371
灰色紫金牛 ……1091
灰色紫金牛 ……1091
灰鲨 ……1772
灰星鲨 ……1772
灰星鲨 ……1772
灰叶 ……824
灰毡毛忍冬 ……1218
辉菜花 ……484
回回苏 ……1442
回心草 ……190
茴茴蒜 …… 344
茴香 ……1061
茴香豆蔻 ……1469
茴香根 ……1061
茴香茎叶 ……1061
茴香砂仁 ……1469
茴香砂仁 ……1469
茴心草 ……190
茴薪草 ……190
喙果黑面神 …… 636
喙果鸡血藤 ……802
喙果崖豆藤 …… 802
喙荚云实 …… 736
喙叶假瘤蕨 …… 257
喙叶假瘤蕨 ……257
喙柱牛奶菜 ……1163
喙柱牛奶菜 ……1163
蕙兰 ……1615
蕙兰 ……1615
活血丹 ……1421
活血丹 ……792、1421
活血莲 ……1263
活血藤 …… 360、361
火草苗 ……1250
火柴树 ……1221
火葱 ……1502
火葱 ……1502
火棘 …… 697
火力楠 ……288
火麻 ……885
火麻草 ……885
火麻仁 ……897
火麻树 …… 882
火炮草果 ……615
火枪乌贼 ……1738
火枪乌贼 ……1738
火伤草 ……385
火烧花 ……1372
火烧花 ……1372
火绳树 …… 603
火绳树 ……299
火索麻 …… 604
火索麻 ……604
火索木 ……604
火炭母 …… 452
火炭母 ……452
火炭树 ……1291
火炭叶 ……1291
火筒树 …… 959
火筒树 ……959
火焰草 …… 434
火焰草 ……434
火焰凤梨 ……1466
火焰花 ……1386
火焰花 ……748、1386
火焰兰 ……1656
火焰兰 ……1656
火殃簕 …… 644
火殃簕 ……644
火油草 ……1242
火斋 ……1221
霍而飞 ……328
藿香 ……1411
藿香 ……1411
藿香蓟 ……1227

J

饥荒草 ……1259
鸡柏紫藤 …… 948
鸡背石斛 ……1627
鸡肠菜 ……444
鸡肠风 ……1198
鸡蛋参 ……1312
鸡蛋参 ……1312
鸡蛋果 …… 516
鸡蛋果 ……516
鸡蛋花 ……1136
鸡蛋花 ……1136
鸡公柴 ……1224
鸡谷草 ……1686
鸡骨草 ……749
鸡骨柴 ……1210
鸡骨香 …… 640
鸡骨香 ……640
鸡挂骨草 ……1444
鸡冠果 ……687
鸡冠花 …… 474
鸡冠花 ……474
鸡冠蓝耳草 ……1457
鸡冠苗 ……474
鸡冠石 ……1815
鸡冠子 ……474
鸡脚参 ……1517
鸡脚草 ……218
鸡脚草乌 ……342
鸡筋参 ……1179
鸡菊花 ……1291
鸡口舌 ……1190
鸡毛松 …… 272
鸡毛松 ……272
鸡纳树 ……1177
鸡纳树 ……1177
鸡婆子 ……312
鸡枪 ……1797
鸡榕 ……862
鸡桑 …… 876
鸡桑根 ……876
鸡桑叶 ……876
鸡舌草 ……1461
鸡舌癀 ……1461
鸡舌香 ……564
鸡矢藤 ……1205
鸡矢藤 …… 1204、1205
鸡屎树 ……1194
鸡屎藤 …… 1204、1205
鸡嗉子根 ……1036
鸡嗉子果 ……1036
鸡嗉子叶 ……1036
鸡头参 ……1528
鸡头果 ……349

鸡头米……349
鸡头肉……349
鸡头薯……778
鸡腿儿……695
鸡尾木……650
鸡尾木……650
鸡香骨……1119
鸡心七……1644
鸡心藤……957
鸡心藤……957
鸡血七……450
鸡血藤……800、821
鸡眼草……790
鸡眼草……790
鸡眼藤……1199
鸡眼藤……1198
鸡腰果……1023
鸡仔木……1211
鸡仔木……1211
鸡仔树……426
鸡爪暗罗……300
鸡爪参……1066
鸡爪浪……583
鸡爪簕……1172
鸡爪簕……1172
鸡爪连……401
鸡爪芋……1544
鸡爪枝皮……298
鸡肫草……436
鸡肫梅花草……436
鸡子樵……906
鸡足刺……705
鸡嘴簕……738
鸡嘴簕……738
积雪草……1059
积雪草……1059
笄石菖……1661
笄石菖……1661
姬蕨……215
姬蕨……215
基及树……1317
基及树……1317
基心叶冷水花……891
及已……397
及已……397
吉贝……613
吉贝……613
吉利子树……599
吉龙草……1419
吉龙草……1419
吉祥草……1529
吉祥草……1357、1529
极简榕……872
急性子……483
棘刺卫矛……912
棘茎楤木……1044
蒺藜……479
蒺藜……479
蒺藜花……479
蕺菜……394
蕺菜……394
几龙累（傣药）……1509
戟叶半夏……1558
戟叶耳蕨……244
戟叶堇菜……421
戟叶蓼……460
戟叶圣蕨……230
戟叶圣蕨……230
戟叶悬钩子……707
荠菜……415
荠菜……415
继花……836
继木……836
寄居虫……1745
寄居虾……1745
寄生草……928
寄生藤……933
寄生藤……933
寄树兰……1657
蓟……1247
蓟……1247
蓟罂粟……400
蓟罂粟……400
稷……1701
鲫鱼草……1693
鲫鱼草……1693
鲫鱼胆……1101
鲫鱼胆……1101、1119
鲫鱼胆草……1184
鲫鱼藤……1166
鲫鱼藤……1166
冀地鳖……1752
檵木……836
加级鱼……1789
加拿大蓬……1250
加拿大一枝黄花……1282
加拿大一枝黄花……1282
夹竹桃……1135
夹竹桃……1135
夹竹桃叶素馨……1117
佳葡衣……1369
家正牛……709
嘉赐树……513
嘉兰……1516
嘉兰……1516
嘉应子……697
荚含草……798
荚蒾……1220
荚蒾……1220
荚囊蕨……237
荚囊蕨……237
甲猜……1487
甲指红……1745
假巴戟天……1199
假鞭叶铁线蕨……224
假槟榔……1585
假槟榔……1585
假糙苏……1440
假糙苏……1440
假茶辣……1003
假朝天罐……572
假朝天罐……573
假刺藤……1099
假弹草……641
假地豆……772
假地豆……772、773、815
假地蓝……762
假地榕……1094
假东风草……1243
假杜鹃……1378
假杜鹃……1378
假番豆草……815
假福王草……1276
假福王草……1276
假钩藤……1214
假桂皮……315
假桂乌口树……1211
假海桐……923
假海桐……923
假海芋……1543
假含笑……285
假虎刺……1129
假黄麻……597
假黄皮……977
假黄皮……977
假黄藤……375
假回菜……1416
假藿香……1423
假俭草……1694
假俭草……1694
假九节木……1175
假蒟……393
假蒟……393
假苦瓜……528、1008
假连翘……1403
假连翘……1403
假楼梯草……886
假绿豆……778
假马鞭……1406
假马鞭……1406

假马齿苋 ··············1346
假麦菜草 ··············1239
假木豆 ··············769
假木豆 ··············769
假木荷 ··············1071
假苜蓿 ··············763
假苜蓿 ··············763
假蓬 ··············1250
假枇杷 ··············580
假苹婆 ··············610
假芹菜 ··············1316
假鹊肾树 ··············876
假鹊肾树 ··············876
假蛇舌草 ··············1173
假升麻 ··············435
假石榴 ··············1175
假柿木姜子 ··············319
假柿木姜子 ··············319
假薯藤 ··············1343
假思桃 ··············693
假酸浆 ··············1325
假酸浆 ··············1325
假蹄盖蕨 ··············227
假通草 ··············1045
假夏枯草 ··············1438
假向日葵 ··············1288
假烟叶 ··············1329
假烟叶树 ··············1329
假杨梅 ··············1175
假野芝麻 ··············1421
假鹰爪 ··············298
假鹰爪根 ··············298
假玉桂 ··············854
假玉桂 ·············· 325、854
假蒌包叶 ··············644
假紫珠 ··············1407
假紫珠 ··············1407
假走马风 ··············1423
槚如树 ··············1023
尖苞艾纳香 ··············1242
尖苞柊叶 ··············1501
尖苞柊叶 ··············1501
尖齿臭茉莉 ··············1401
尖齿臭茉莉 ··············1401
尖翅猫眼天牛 ··············1761
尖端莲水 ··············286
尖萼厚皮香 ··············554
尖萼厚皮香 ··············554
尖萼紫珠 ··············1395
尖萼紫珠 ··············1395
尖海龙 ··············1783
尖喙隔距兰 ··············1612
尖喙隔距兰 ··············1612
尖佩兰 ··············1262
尖山橙 ··············1135
尖山橙 ··············1135
尖水丝梨 ··············837
尖头瓶尔小草 ··············202
尖头银鱼 ··············1774
尖头银鱼 ··············1774
尖尾枫 ··············1395
尖尾枫 ··············1395
尖尾痕芋头 ··············1543
尖尾芋 ··············1543
尖叶川杨桐 ··············544
尖叶花椒 ··············994
尖叶花椒 ··············994
尖叶木 ··············1214
尖叶木 ··············1214
尖叶青风藤 ··············1021
尖叶清风藤 ··············1021
尖叶水丝梨 ··············837
尖叶水丝梨 ··············837
尖叶四照花 ··············1036
尖叶唐松草 ··············346
尖叶唐松草 ··············346
尖叶乌蔹莓 ··············955
尖叶杨桐 ··············544
尖叶樟 ··············315
尖叶长柄山蚂蟥 ··············786
尖叶长柄山蚂蟥 ··············786
尖子木 ··············574
坚荚蒾 ··············1224
坚茎鱼藤 ··············771
坚叶樟 ··············308
坚叶樟 ··············308
间型沿阶草 ··············1522
间型沿阶草 ··············1522
菅 ··············1712
菅茅根 ··············1712
柬埔寨龙血树 ··············1581
剪刀草 ··············1415
剪刀股 ··············1272
剪刀股 ··············1272
剪红纱花 ··············441
剪红纱花 ··············441
剪席草 ··············1352
剪子树 ··············584
见毒消 ··············1363
见风消 ··············312
见霜黄 ··············1241
见水蓝 ··············904
见血飞 ··············734
见血飞 ··············734
见血封喉 ··············858
见血封喉 ··············858
见血莲 ··············1645
见血青 ··············1645
见血青 ··············1645
见肿消 ··············1268
建兰 ··············1614
建兰 ··············1614
剑兰 ··············1616
剑麻 ··············1579
剑麻 ··············1579
剑叶盾蕨 ··············256
剑叶盾蕨 ··············256
剑叶耳草 ··············1185
剑叶耳草 ··············1185
剑叶凤尾蕨 ··············217
剑叶凤尾蕨 ··············217
剑叶金鸡菊 ··············1251
剑叶开口箭 ··············1529
剑叶开口箭 ··············1529
剑叶龙血树 ··············1582
剑叶三宝木 ··············671
剑叶三宝木 ··············671
剑叶山芝麻 ··············605
剑叶石斛 ··············1617
剑叶铁角蕨 ··············233
剑叶铁角蕨 ··············233
剑叶铁树 ··············1580
剑叶鸢尾兰 ··············1650
剑叶朱蕉 ··············1580
渐尖毛蕨 ··············229
渐尖毛蕨 ··············229
箭毒羊角拗 ··············1144
箭杆风 ··············1477
箭根薯 ··············1598
箭根薯 ··············1598
箭叶蓼 ··············453
箭叶蓼 ··············453
箭叶秋葵 ··············615
箭叶雨久花 ··············1536
江南地不容 ··············372
江南地不容 ··············372
江南卷柏 ··············198
江南马先蒿 ··············1355
江南马先蒿 ··············1355
江南桤木 ··············843
江南桤木 ··············843
江南山梗菜 ··············1315
江南星蕨 ··············255
江南紫金牛 ··············1091
江香薷 ··············1436
江珧 ··············1729
江阴红豆树 ··············806
江子 ··············643
茳芏 ··············1666
茳芒 ··············742

茳芒根……742
将军木……858
姜……1498
姜花……1492
姜花……1492
姜黄……1490
姜黄……1490
姜三七……1495
姜状三七……1052
姜状三七……1052
豇豆……829
豇豆……829
豇豆根……829
豇豆壳……829
豇豆叶……829
浆果楝……1003
浆果苔草……1662
浆果乌桕……634
浆果乌桕……634
蒋军叶……1289
降龙草……1368
降香……768
降香檀……768
降香檀……768
降香藤……299
降真香……768
绛梨木叶……941
交让木……673
交让木……673
茭包……1712
茭儿包……1712
茭笋……1712
胶木……302
胶皮麻……1025
蛟龙木……725
焦尾巴……1806
蕉芋……1498
蕉芋……1498
角倍……1028
角果木……584
角果木……584
角花胡颓子……947
角花胡颓子……947
角花乌蔹莓……954
角罗风……948
角蝾螺……1727
角蝾螺……1727
角虾（海南）……1744
绞股蓝……523
绞股蓝……522、523
叫哈荒（傣药）……1171
叫勐远（傣药）……1180
叫沙短（傣药）……1007
较剪草……1565
藠头……1503
接骨草……1219
接骨草……1219、1429
接骨丹……1262
接骨风……891
接骨莲……398
接骨木……1219
接骨木……1219、1383
接骨树……1405
接筋草……444
街鱼……1797
节鞭山姜……1470
节鞭山姜……1470
节荚决明……740
节节菜……488
节节草……200
节节草……200
节节茶……395
节节花……
…472、1184、1191、1415
节茎石仙桃……1654
节茎石仙桃……1654
结筋草……485
结香……498
结香花……498
睫萼长蒴苣苔……1366
睫毛萼凤仙花……484
睫毛虎克粗叶木……1194
截萼红丝线……1324
截萼红丝线……1324
截叶栝楼……534
截叶栝楼……534
截叶陆宾兰……1657
截叶铁扫帚……792
截叶铁扫帚……792
羯婆罗香……559
解毒蕨……221
解放草……1261
解锅干（傣药）……1201
解龙勐腊（傣药）……1128
芥菜……414
芥菜……414
芥蓝头……413
金宝树……560
金边虎尾兰……1584
金边龙舌兰……1579
金边龙舌兰……1579
金边蚂蟥……1721
金边兔耳草……1228
金不换……425、1601
金草……1184
金草……1184
金钗凤尾蕨……218
金钗石斛……1630
金钗石斛……1630
金鲳……1794
金鲳鱼……1794
金疮小草……1412
金疮小草……1412
金灯藤……1338
金灯藤……1338
金耳环……383
金耳环……383
金耳挖……1364
金发草……1704
金发草……1704
金发藓……190
金发藓……190
金凤花……736
金凤花……736
金刚杵……649
金刚口摆……505
金刚散……950
金刚藤……1538
金刚藤头……1540
金刚纂……648
金刚纂……649
金弓石斛……1620
金钩草……1213
金谷香……293
金瓜草……429
金光菊……1278
金光菊……1278
金桂……1124
金果榄……375
金合欢……720
金合欢……720
金花草……197、214
金花茶……547
金花茶……545、547、548
金槐……1440
金欢（傣药）……1594
金鸡独立草……200
金鸡脚……257
金鸡脚假瘤蕨……257
金鸡勒……1176
金鸡纳……1176
金鸡纳树……1176
金鸡尾……218
金甲豆……807
金锦香……572
金锦香……572
金晶石……1828
金精石……1828
金精石……1828
金菊花……1230

金橘 ························ **982**
金橘 ························982
金扣 ························1285
金兰 ························**1611**
金兰 ··············· 1611、1619
金莲花 ························482
金莲木 ························ **558**
金莲木 ························558
金莲子 ························1299
金脉单药 ························1387
金脉爵床 ························1387
金毛冬青 ························901
金毛耳草 ························**1186**
金毛耳草 ························1186
金毛狗 ························ **211**
金毛狗脊 ························211
金毛裸蕨 ························ **225**
金毛裸蕨 ························225
金毛榕 ························ **867**
金毛榕 ························867
金礞石 ························**1825**
金礞石 ························1825
金纳香 ························601
金纽子 ························1670
金钮草 ························1670
金钮扣 ························**1285**
金钮扣 ························1330
金钱白花蛇 ························1805
金钱草 ············ 1301、1421
金钱木根 ························940
金钱蒲 ························**1541**
金钱蒲 ························1541
金色狗尾草 ························**1708**
金色狗尾草 ························1708
金沙藤 ·············· 208、209
金砂蕨 ·············· 208、209
金丝草 ························**1704**
金丝草 ·············1704、220
金丝杜仲 ························1135
金丝海棠 ························587
金丝荷叶 ························364
金丝黄连 ························347
金丝李 ························ **593**
金丝马尾连 ························ **347**
金丝梅 ························ **588**
金丝梅 ························588
金丝桃 ························ **587**
金丝桃 ························587
金丝藤 ························303
金丝藤仲 ························1135
金丝线 ························1345
金丝竹 ············ 1678、1681
金粟兰 ························ **397**
金锁匙 ················ 365、948
金桃仔 ························485
金挖草 ························**1245**
金挖草 ························1245
金乌贼 ························**1739**
金乌贼 ························1739
金线草 ························ **447**
金线吊乌龟 ························ **371**
金线风 ························366
金线兰 ························**1601**
金线蓝 ························1601
金线莲 ························1601
金星凤尾草 ························253
金星蕨 ························ **231**
金雪球 ························1159
金腰带 ······ 497、498、500
金腰带花 ························1119
金腰箭 ························**1286**
金腰箭 ························1286
金腰莲 ························524
金叶木 ························1387
金叶树 ························**1084**
金叶树 ························1084
金叶子 ························**1071**
金银花 ························**1217**
金银花 ············ 1217、1218
金樱子 ························ **700**
金樱子 ························700
金鱼草 ························**1346**
金鱼草 ························1346
金鱼藻 ························ **348**
金鱼藻 ························348
金玉石 ························896
金缘萼 ························1438
金仔花 ························1787
金盏花 ························**1244**
金盏菊 ························1244
金盏银盘 ························**1238**
金盏银盘 ························1238
金盏银台 ························1564
金钟饭甑子 ························848
金钟根 ························801
金钟藤 ························**1342**
金钟藤 ························1342
金珠柳 ························**1101**
金珠柳 ························1101
筋骨草 ························**1411**
筋骨草 ··· 195、1411、1412
筋藤 ························**1128**
筋藤 ························1128
筋头竹 ························1593
堇菜 ························ **424**
锦地罗 ························ **438**
锦灯笼 ························1327
锦鸡儿 ························ **758**
锦鸡儿 ························758
锦葵 ························ **621**
锦葵 ························621
锦屏封 ························1345
锦香草 ························ **574**
锦香草 ························574
锦绣苋 ························ **471**
进口沉香 ························495
近江牡蛎 ························**1730**
近江牡蛎 ························1730
劲直刺桐 ························ **779**
荩草 ························**1684**
荩草 ························1684
京大戟 ························ **648**
京大戟 ························648
京梨猕猴桃 ························ **555**
荆灰牡荆 ························1407
荆芥 ············· 1433、1447
荆芥根 ························1447
荆子等 ························1410
晶帽石斛 ························**1621**
井边草 ························216
井边凤尾 ························218
井栏边草 ························ **218**
景告（傣药） ························1172
景洪石斛 ························**1624**
景洪崖爬藤 ························ **963**
景洪崖爬藤 ························963
景叫（傣药） ························1192
景天 ························430
镜面草 ························ **894**
镜面草 ························894
九步仙 ························1413
九层楼 ························1397
九层塔 ························1415
九翅豆蔻 ························**1482**
九翅豆蔻 ························1482
九管血 ························**1087**
九管血 ························1087
九华兰 ························1615
九节 ························**1206**
九节茶 ························398
九节风 ························395
九节筋 ························1072
九节篱 ························1386
九节龙 ························**1095**
九节龙 ························1095
九节木 ························1206
九孔鲍 ························1721
九里明 ························1275
九里香 ························ **984**
九里香 ············· 984、985

九莲灯 1644
九龙盘 1510
九龙盘 447、1510
九龙藤 731
九龙藤叶 731
九牛薯 954
九死还魂草 199
九头青 1296
九头狮子草 1386
九头狮子草 1386
九香虫 1757
九香虫 1757
九芎 486
九眼独活 1043
九重根 1570
九子不离母 959
九子兰 1615
九子连环草 1611
韭 1504
韭菜 1504
韭莲 1565
韭子 1504
酒饼簕 969
酒饼簕 969
酒饼婆 301
酒饼叶 298
酒瓶果 574
酒瓶花 1195
酒曲花 1111
酒药花 1111
酒药花醉鱼草 1112
酒椰子 1590
救必应 905
救荒野豌豆 827
救军粮 697
拘那花 486
桔梗 1313
桔梗 1313
菊花 1255
菊花 1255
菊芹 1259
菊三七 1268
菊叶三七 1268
菊叶薯蓣 1574
菊叶鱼眼草 1256
菊芋 1269
菊芋 1269
橘红 975
橘叶鸡眼藤 1196
矩唇石斛 1627
矩形叶鼠刺 674
矩叶山蚂蟥 773
矩叶卫矛 916
矩圆线蕨 250
矩圆线蕨 250
蒟酱 387
蒟蒻 1544
榉树皮 857
榉树叶 857
巨齿烟管鱼 1793
苣荬菜 1283
苣荬菜 1283
具槽石斛 1633
具毛常绿荚蒾 1224
距花宝铎草 1515
距花山姜 1470
距花山姜 1470
距花万寿竹 1515
距药姜 1487
距药姜 1487
锯齿草 1351
锯锯藤 1209
锯叶合耳菊 1287
锯叶竹节树 584
锯缘青蟹 1747
聚八仙 1222
聚果榕 870
聚果榕 870
聚花草 1458
聚花草 1458
聚石斛 1627
聚石斛 1627
聚藻 494
卷柏 199
卷柏 195、199
卷丹 1519
卷丹 1519
卷心菜 415
卷叶凤尾 220
绢毛苋 474
绢毛油麻藤 802
决明 743
决明子 743
蕨 215
蕨 215
蕨叶人字果 342
蕨叶人字果 342
爵床 1384
爵床 1384
君迁子 1083
君迁子 1083
君子树 589
莙荙菜 467
莙荙菜 467
莙荙子 467

K

咖啡黄葵 613
喀西茄 1330
卡开芦 1704
开口箭 1530
开口箭 1530
楷树 1027
看麦娘 1683
看麦娘 1683
康摆摇（傣药）879
糠藤 1198
糠苋 473
扛板归 457
扛板归根 457
栲栗 846
栲栗叶 846
柯 850
柯榔木 597
柯蒲木 1134
柯氏分胞苔虫 1716
柯树皮 850
棵很亚（壮药）1526
棵麻 1001
榼藤 727
榼藤 727
榼藤子 727
壳蔻 1481
可爱花 1380
可可 611
可可 611
可口革囊星虫 1716
空心泡 713
空心泡 713
空心蕹藤菜 471
空心苋 471
孔雀抱蛋 265
孔雀草 1287
孔雀草 1287、1501
孔雀豆 721
孔雀菊 1251
孔虾虎鱼 1793
孔鰕虎 1793
扣匹（傣药）302
扣树 902
寇脱 1056
苦白蜡 550
苦菜 1277
苦参 822
苦参 822
苦草 1452
苦草 1452
苦茶 1289
苦茶叶 1121

苦柴子 ……………………1220
苦胆草 ……………………1298
苦地胆 ………… 1412、1258
苦灯笼 ……………………1399
苦颠茄 ……………………1330
苦丁茶 ……585、900、902、903、1399
苦葛 …………………… 814
苦瓜 …………………… 526
苦瓜 ……………………526
苦瓜叶 ……………………526
苦瓜子 ……………………526
苦蒿 ……………………1234
苦患子 ……………………1015
苦金盆 ……………………524
苦苣菜 ……………………1284
苦苣菜 ……………………1284
苦槛蓝 ……………………1391
苦槛蓝 ……………………1391
苦蓝盘 ……………………1391
苦郎树 ……………………1400
苦郎树 ……………………1400
苦郎藤 …………………… 956
苦莲奴 ……………………901
苦楝皮 ……………………1004
苦楝叶 ……………………1004
苦苓舅 ……………………1375
苦芦骨 ……………………1698
苦麻叶 ……………………598
苦荬菜 ……………………1275
苦木 …………………… 997
苦木 ……………………997
苦皮树 ……………………997
苦皮藤 …………………… 907
苦皮子 ……………………907
苦荞麦 ……………………448
苦舌草 ……………………1404
苦石莲 ……………………736
苦实把豆儿等 …………1115
苦树皮 …………… 907、997
苦藤 ……………………1156
苦味草 ………… 1425、1427
苦味散 ……………………1121
苦味叶下珠 ………… 660
苦玄参 ……………………1355
苦玄参 ……………………1355
苦叶 ……………………1289
苦油木 ……………………1002
苦远志 …………………… 428
苦杖 ……………………461
苦蘵 ……………………1327
苦蘵 ……………………1327
苦槠 …………………… 847
苦槠子 ……………………849
苦竹 ……………………1682
苦竹根 ……………………1682
苦竹沥 ……………………1682
苦竹茹 ……………………1682
苦竹笋 ……………………1682
苦竹叶 ……………………1682
库达海马 ……………1779
库拉索芦荟 ……………1506
块根木蓝 ……………………789
宽唇山姜 ……………1477
宽幡 ……………………833
宽果算盘子 ………… 652
宽筋藤 ……………………376
宽卵叶长柄山蚂蟥 …… 786
宽卵叶长柄山蚂蟥……786
宽序崖豆藤 ………… 797
宽序崖豆藤 ……………797
宽药青藤 ………… 327
宽药青藤 ……………………327
宽叶厚唇兰 ……………1636
宽叶鸡脚黄连 …………353
宽叶金锦香 ………… 572
宽叶金粟兰 ……………396
宽叶卷柏 ……………………198
宽叶兰 ……………………1616
宽叶楼梯草 ………… 884
宽叶千斤拔 ………… 781
宽叶千斤拔 ……………………781
宽叶鼠曲草 ……………1265
宽叶鼠麹草 ……………1265
宽叶鼠麹草 ……………1265
宽叶苏铁 ………… 265
宽叶沿阶草 ……………1523
宽叶沿阶草 ……………1523
宽羽线蕨 ………… 250
宽羽线蕨 ……………………250
筐条菝葜 ……………1538
筐条菝葜 ……………………1538
葵花 ……………………1269
魁蚶 ……………………1728
魁蚶 ……………………1728
魁蒿 ……………………1234
魁蒿 ……………………1234
篑草 ……………………1666
昆布 ……………………177
昆明鸡血藤 ……………800
昆明犁头尖 ……………1559
昆明犁头尖 ……………1559
昆明乌头 ……………………330
昆士兰果 ……………………503
昆士兰栗 ……………………503
捆仙绳 ……………………885
阔苞菊 ……………………1277
阔苞菊 ……………………1277
阔荚合欢 ………… 724
阔鳞鳞毛蕨 ………… 241
阔鳞鳞毛蕨 ……………241
阔蕊兰 ……………………1653
阔托叶耳草 ……………1190
阔托叶耳草 ……………1190
阔叶八角枫 ……………1039
阔叶赤车使者 …………884
阔叶萝芙木 ……………1137
阔叶萝芙木 ……………1137
阔叶麦冬 ……………………1520
阔叶猕猴桃 ………… 556
阔叶十大功劳 ………… 356
阔叶水竹叶 ……………1460
阔叶土麦冬 ……………1520
阔叶沼兰 ……………1647
阔叶沼兰 ……………………1647

L

拉汉果 ……………………528
拉拉藤 ……………………1181
拉氏大眼蟹 ……………1747
喇叭唇石斛 ……………1628
喇叭花 ………… 1343、1563
腊肠豆 ……………………740
腊肠树 …………………… 739
腊鲶 ……………………1785
腊莲 ……………………678
腊悠麻（傣药）…………1420
蜡瓣花 …………………… 832
蜡瓣花根 ……………………832
蜡莲绣球 ……………… 678
蜡梅 …………………… 718
蜡梅花 ……………………718
辣椒 ……………………1321
辣椒 ……………………1321
辣椒七 ……………………491
辣椒砂仁 ……………1478
辣椒砂仁 ……………………1478
辣蓼 ……………… 454、458
辣木 …………………… 412
辣木 ……………………412
辣藤 ……………………387
辣味根 ……………………427
辣叶青药 ……………………1386
辣子 ……………………1321
来江藤 ……………………1346
来江藤 ……………………1346
莱菔 ……………………419
莱菔子 ……………………419

梾木……1038
癞疙疱……1799
癞蛤蟆……1799
癞皮根……888
癞虾蟆……1799
癞叶秋海棠……539
籁箫……1230
兰安（傣药）……562
兰草……1261、1614、1615
兰花美人蕉……1500
兰香草……1397
兰香草……1397
蓝桉……562
蓝桉……562
蓝布裙……1318
蓝靛……790、1389
蓝耳草……1458
蓝耳草……1458
蓝姑娘……1487
蓝果蛇葡萄……949
蓝胡麻草……1347
蓝花参……1313
蓝花参……1313
蓝花草……1296
蓝花柴胡……1426
蓝花丹……1306
蓝花黄芩……1449
蓝花黄芩……1449
蓝花矶松……1306
蓝花毛麝香……1345
蓝花野茼蒿……1252
蓝花野茼蒿……1252
蓝雀花……807
蓝色草……1387
蓝树……1149
蓝树……1149
蓝雪丹……1306
蓝雪花……1306
蓝叶藤……1165
蓝叶藤……1165
蓝圆鲹……1793
蓝猪耳……1360
蓝猪耳……1360
澜沧扁担杆……599
榄绿粗叶木……1195
榄绿粗叶木……1195
榄仁树……580
榄仁树皮……580
烂头钵……664
烂衣草……1709
郎君子……1727
郎伞树……1093
狼耙草……1239
狼把草……1239
狼尾草……1702
狼尾草……1702
狼尾草根……1702
狼牙鳝……1776
狼牙委陵菜……696
廊茵……459
廊茵……459
榔皮树……611
榔榆……857
榔榆茎……857
榔榆皮……857
榔榆叶……857
捞海……1715
老鹳草……479
老鹳嘴……479
老哈眼……1395
老虎刺……748
老虎刺……748
老虎耳……1421
老虎耳根……1421
老虎合藤……1217
老虎姜……1528
老虎俐……882
老虎俐根皮……882
老虎脷……1094
老虎须……194、1167、1598
老虎鱼……1796
老蔻……1484
老来红……594
老来青……500
老龙皮……187
老龙七……187
老妈妈拐杖……1487
老母猪挂面……880
老牛筋……479
老枪谷根……472
老枪谷叶……472
老枪谷子……472
老鼠耳……937
老鼠瓜……530
老鼠簕……1376
老鼠簕……1376
老鼠铃……516
老鼠牛角……1125
老鼠矢……1109
老鼠矢……1109
老鼠眼……816
老鸦摆……1158
老鸦菜……520
老鸦甘令果……533
老鸦糊……1394
老鸦糊……1394
老鸦花藤……803
老鸦柿……1083
老鸦柿……1083
老鸦烟筒花……1372
老鸦烟筒花……1372
老鸦嘴……479
竻慈姑……1552
簕菜……1047
簕欓花椒……990
簕欓花椒……990
簕竹……1675
簕竹……1676
了哥脷……1098
了哥舌……1189
了哥王……499
了哥王……499、500
了哥王根……499
了哥王子……499
勒草……898
勒管草……886
勒嘿（傣药）……872
雷公根……1059
雷公橘……408
雷公连……1544
雷公木……992
雷公藤……919
雷公藤……919
雷公藤蹄……799
雷公头……1667
雷公种……1043
雷丸……184
雷丸……184
类头状花序藨草……1673
棱刺锥……846
棱刺锥……846
棱萼母草……1352
棱萼母草……1352
棱枝槲寄生……931
棱枝槲寄生……931
棱枝卫矛……910
冷饭果……1221
冷饭藤……294
冷饭团……1539
冷青子……313
冷水花……893
冷水花……891、893
狸尾草……826
狸尾豆……826
离瓣寄生……925
梨……698
梨果寄生……927
梨果寄生……927
梨果榕……870

梨红螺……1725
梨木灰……698
梨木皮……698
梨树根……698
梨形红螺……1725
梨叶……698
梨叶小舌菊……1275
梨叶悬钩子……711
梨枝……698
犁铧叶……384
犁头草……422
犁头尖……1557
犁头尖……1557
犁头七……1557
黎罗根……941
篱笆竹……1699
篱栏网……1342
篱栏子……1342
藜……468
藜……468
藜茎……468
藜芦……1533
藜实……468
黧豆……804
李……697
李根皮……697
李核仁……697
李树胶……697
李子……697
里白……207
里白……207
里乱勒（傣药）……1574
理防己……379
理肺散……959
理肺散帕利（傣药）……1333
鲤鱼胆……1112
鳢肠……1257
丽春花……402
丽鹑螺……1726
丽萼熊巴掌……575
丽文蛤……1734
丽文蛤……1734
利黄藤……1026
利黄藤……1026
利筋藤……679
荔仁……1011
荔枝……1011
荔枝草……1446
荔枝草……1446
荔枝椿象……1757
荔枝蝽……1757
荔枝核……1011
荔枝藤……1031
疬子草……1302
栗……845
栗……845
栗柄凤尾蕨……219
栗豆藤……1031
栗豆藤……1031
栗寄生……925
栗寄生……925
连杆果……314
连江簕……997
连里尾树……808
连钱草……1421
连蕊茶……545
连蕊藤……369
帘子藤……1137
帘子藤……1137
莲……350
莲房……350
莲粉果……1221
莲米……350
莲蓬草……1263
莲肉……350
莲生桂子草根……1150
莲生桂子花……1150
莲沱兔耳风……1229
莲沱兔耳风……1229
莲雾……566
莲须……350
莲叶……350
莲叶荇菜……1299
莲子……350
莲子草……472
莲子心……350
莲座紫金牛……1094
莲座紫金牛……1094
镰翅羊耳蒜……1644
镰翅羊耳蒜……1644
镰萼虾脊兰……1610
镰萼虾脊兰……1610
镰叶瘤足蕨……205
镰叶瘤足蕨……205
镰叶西番莲……518
镰羽贯众……240
镰羽贯众……240
链荚豆……751
链荚豆……751
链珠藤……1128
链珠藤……1128
楝……1004
楝叶吴萸……978
楝叶吴茱萸……978
良姜……1475
凉粉草……1434
凉粉草……1434
凉喉草……1190
凉伞盖珍珠……1093
凉薯……807
梁王茶……1050
梁子菜……1259
梁子菜……1259
椋子木……1038
粱……1708
两广禾叶蕨……262
两广黄檀……765
两广猕猴桃……557
两广猕猴桃……557
两广锡兰莲……343
两广紫金牛……1091
两面青……1100
两面针……993
两面针……993
两歧飘拂草……1669
两色金鸡菊……1251
两色金鸡菊……1251
两型豆……752
两型豆……752
两粤黄檀……765
两粤黄檀……765
两指剑……1023
亮翅螳螂……1754
亮毛杜鹃……1076
亮叶冬青……906
亮叶猴耳环……726
亮叶桦……844
亮叶桦根……844
亮叶桦皮……844
亮叶桦叶……844
亮叶鸡血藤……798
亮叶雀梅藤……943
亮叶山小橘……982
亮叶山小橘……982
亮叶崖豆藤……798
亮叶杨桐……544
量天尺……543
量天尺花……543
疗草……515
蓼蓝……460
蓼叶远志……427
蓼子草……452
蓼子草……452
裂苞艾纳香……1242
裂苞铁苋菜……630
裂果金花……1210
裂果薯……1597
裂果薯……1597
裂果卫矛……911
裂果卫矛……911

裂叶荆芥 ……………… **1447**
裂叶秋海棠 …………… **540**
裂叶秋海棠 ……………540
裂叶心翼果 ……………921
邻近风轮菜 …………… **1415**
林生杧果 ……………… **1025**
林氏海燕 ……………… **1770**
林氏海燕 ………………1770
林泽兰 ………………… **1262**
临时救 ………………… **1302**
鳞花草 ………………… **1384**
鳞花草 …………………1384
鳞狸鳞 …………………808
鳞片水麻 ……………… **882**
鳞片水麻 ………………882
鳞始蕨 …………………214
鳞烟管鱼 ……………… **1793**
鳞烟管鱼 ………………1793
鳞衣草 …………………1384
灵石蟹 …………………1747
灵香草 ………………… **1302**
灵香草 …………………1302
灵药牛奶菜 …………… **1161**
灵芝 …………………… **181**
灵芝 …………… 181、182
柃木 …………………… **551**
柃木 ……………………551
凌霄 …………………… **1371**
凌霄 ……………………1371
陵水暗罗 ……………… **301**
菱 ………………………490
菱草 ……………………1349
菱蒂 ……………………490
菱茎 ……………………490
菱壳 ……………………490
菱叶 ……………………490
菱叶鹿藿 ……………… **815**
菱叶鹿藿 ………………815
零陵香 …………………1302
零余薯 …………………1572
岭南倒稔子 ……………592
岭南杜鹃 ……………… **1075**
岭南花椒 ……………… **990**
岭南花椒 ………………990
岭南茉莉 ………………1118
岭南山竹子 …………… **592**
岭南铁角蕨 …………… **235**
岭南铁角蕨 ……………235
岭南野菊 ………………1292
刘寄奴 …………………1232
留兰香 ………………… **1433**
留兰香 …………………1433
留球子 …………………578
流螺 ……………………1727
流苏石斛 ……………… **1625**
流苏子 ………………… **1178**
流苏子 …………………1178
流星草 …………………1465
流血桐 …………………657
硫黄 …………………… **1814**
硫黄 ……………………1814
硫黄粉 …………………1814
硫磺菊 …………………1252
瘤鲍螺 …………………1722
瘤果槲寄生 …………… **932**
瘤皮孔酸藤子 ………… **1099**
柳杉 …………………… **268**
柳杉 ……………………268
柳杉叶 …………………268
柳叶白前 ……………… **1154**
柳叶菜 ………………… **491**
柳叶菜 …………………491
柳叶菜根 ………………491
柳叶菜花 ………………491
柳叶见血飞 ……………339
柳叶剑蕨 ……………… **262**
柳叶剑蕨 ………………262
柳叶牛膝 ……………… **470**
柳叶润楠 ……………… **322**
柳叶润楠 ………………322
柳叶鱼 …………………1774
六耳铃 ………………… **1241**
六方藤 …………………956
六谷子 …………………1687
六角草 …………… 194、198
六角莲 ………………… **354**
六角莲 …………………354
六角英 …………………1382
六棱菊 ………………… **1273**
六棱菊 …………………1273
六棱麻 ………… 1424、1568
六月瓜 …………………362
六月青 …………………1390
六月雪 ………………… **1210**
六月雪 …………………1210
龙柏 …………………… **271**
龙柏 ……………………271
龙船草 ………………… **1438**
龙船花 ………………… **1193**
龙船花 …………………1193
龙胆 …………………… **1298**
龙胆 …………… 1297、1298
龙骨马尾杉 …………… **192**
龙口花 …………………1346
龙葵 …………………… **1332**
龙葵 ……………………1332
龙脷 ……………………1796
龙脷叶 ………………… **668**
龙脷叶 …………………668
龙脑香 ………………… **559**
龙脑香 …… 305、306、559
龙脑油 …………………559
龙脑樟 ………………… **306**
龙舌草 ………………… **1452**
龙舌草 …………………1452
龙舌黄 …………………822
龙舌兰 ………………… **1579**
龙舌兰 …………………1579
龙舌叶 …………………668
龙虱 ……………………1741
龙头节肢蕨 …………… **248**
龙头节肢蕨 ……………248
龙头兰 ………………… **1652**
龙吐珠 ………………… **1402**
龙吐珠 …………………1402
龙味叶 …………………668
龙虾 ……………………1745
龙须草 …………………1672
龙须莞 …………………1673
龙须藤 ………………… **731**
龙血 ……………………1588
龙血竭 ………… 1581、1582
龙血树 …………………1580
龙牙百合 ………………1519
龙牙草 ………………… **680**
龙牙草 …………………680
龙牙花 ………………… **779**
龙牙花 …………………779
龙芽败酱 ………………1225
龙眼 …………………… **1009**
龙眼 ……………………1009
龙眼睛 …………………664
龙眼叶 …………………642
龙爪豆 …………………804
龙爪茅 ………………… **1689**
龙爪茅 …………………1689
龙爪粟 …………………1691
龙爪叶 …………………1057
龙州棕竹 ………………1593
龙珠 …………………… **1334**
龙珠 ……………………1334
龙珠果 ………………… **516**
龙珠果 …………………516
窿缘桉 …………………562
窿缘桉 ………………… **562**
垅蛤 ……………………1728
拢良（傣药）……………740
蒌叶 …………………… **387**
楼梯草 ………………… **883**
楼梯草 …………………883

楼梯草根……883
漏斗瓶蕨……210
漏斗瓶蕨……210
卢会……1505
芦根……1703
芦荟……1506
芦荟……1505、1506
芦茎……1703
芦山藤……1249
芦笋……1508、1703
芦苇……1703
芦竹……1685
芦竹……1685
庐山堇菜……423
庐山堇菜……423
庐山石韦……260
庐山鼠李……942
庐山香科科……1450
庐山香科科……1450
庐山小檗……354
炉甘石……1819
炉甘石……1819
栌兰……447
鲈鱼……1786
鲈子……1786
卤地菊……1293
卤地菊……1293
卤碱……1818
陆地棉……617
陆英……1219
鹿葱……1517
鹿藿……816
鹿藿……816
鹿角草……1264
鹿角草……1264
鹿角杜鹃……1074
鹿角杜鹃……1074
鹿角藤……1131
鹿角藤……1131
鹿梨……697、698
鹿梨根皮……697
鹿仙草……936
碌耳草……488
路边姜……1210
路边荆……1210
路边菊……1255
路边青…1259、1380、1440
路路通……834
蕗蕨……210
蕗蕨……210
鹭鸶草……1516
露兜草……1466
露兜簕……1595
露兜树……1595
露水草……1457
露笋……1508
露珠草……490
李花蟛蜞菊……1292
李花蟛蜞菊……1292
栾华……1010
栾树……1010
栾樨……1277
卵穗苔草……1668
卵形鲳鲹……1794
卵叶巴豆……639
卵叶巴豆……639
卵叶栝楼……534
卵叶寄生……927
卵叶梨果寄生……927
卵叶梨果寄生……927
卵叶柔毛绣球……675
卵叶水芹……1065
卵叶水芹……1065
卵叶蜘蛛抱蛋……1511
乱草……1692
乱草……1693
伦阿蕉……1467
轮环藤……367
轮环藤……367
轮叶黄精……1529
轮叶木姜子……320
轮叶木姜子……320
轮叶蒲桃……565
轮叶蒲桃……565
轮叶沙参……1311
罗大海亮（傣药）……572
罗呆哼勒（傣药）……1492
罗当摆（傣药）……501
罗浮买麻藤……276
罗浮泡花树……1018
罗浮槭……1017
罗浮柿……1083
罗浮柿……1083
罗盖荚蒾……1222
罗盖叶……1222
罗锅底……524
罗锅底……524
罗汉果……528
罗汉果……528
罗汉松根皮……272
罗汉松实……272
罗汉松叶……272
罗河石斛……1628
罗河石斛……1628
罗壳木……1019
罗勒……1438
罗勒……1438
罗勒根……1438
罗勒子……1438
罗埋达秒（傣药）……1619
罗蒙常山……675
罗蒙常山……675
罗喃该龙（傣药）……1633
罗婻该龙（傣药）……1617
罗裙带……1561
罗裙带根……1561
罗伞草……481
罗伞树……1095
罗伞树……1095
罗梭罕（傣药）……1651
罗星草……1295
罗星草……1295
萝卜……419
萝卜防己……376、378
萝卜母……1268
萝多木……837
萝芙木……1140
萝芙木……1137、1139、1140、1141、1143
萝藦藤……1165
裸花水竹叶……1460
裸花水竹叶……1460
裸花紫珠……1397
裸花紫珠……1397
裸蒴……393
裸体方格星虫……1717
裸体方格星虫……1717
裸柱菊……1283
裸柱菊……1283
络麻……598
络石……1146
络石藤……1146
落地柏……1264
落地金钱……438、1338
落地梅……1305
落地梅……1305
落地生根……430
落地生根……430
落豆秧……826
落萼叶下珠……661
落萼叶下珠……661
落花生……752
落花生……752
落皆……816
落坎薯……301
落葵……477
落葵……477
落葵花……477
落葵薯……477
落葵子……477

落苏……1704
落新妇……435
落新妇……435
吕宋荚蒾……1222
绿瓣绣球……676
绿冬青……906
绿豆……828
绿豆……828
绿矾……1822
绿矾……1822
绿海龟……1801
绿海龟……1801
绿花白千层……671
绿花崖豆藤……796
绿花崖豆藤……796
绿花羊耳蒜……1645
绿茎还阳参……1253
绿壳菜蛤……1729
绿壳砂……1486
绿壳砂……1486
绿昆布……177
绿兰花……1353
绿萝……1549
绿萝……1549
绿山麻柳……886
绿羊耳蒜……1645
绿叶地锦……961
绿叶冠毛榕……866
绿叶胡颓子……949
绿叶胡颓子……949
绿叶胡枝子……791
绿叶胡枝子……791
绿叶五味子……296
绿叶五味子……296
绿玉树……649
绿玉树……649
葎草……898
葎草……898
葎叶蛇葡萄……952

M

麻丙罕（傣药）……968
麻波罗（傣药）……509
麻菠萝……1316
麻布木叶……600
麻登（傣药）……1114
麻电顿（傣药）……916
麻丁登介（傣药）……696
麻风树……882
麻疯树……654
麻疯树……654
麻疯子……510
麻干腾（傣药）……994
麻滚母（傣药）……502
麻过累（傣药）……846
麻过缅（傣药）……686
麻贺拉（傣药）……535
麻乎勒（傣药）……707
麻呼蒿（傣药）……1483
麻胡勒（傣药）……707、712
麻荒扑……639
麻腊干（傣药）……1285
麻勒哇（傣药）……874
麻梨……699
麻梨……699
麻栎……850
麻栎……850
麻楝……1003
麻楝……1003
麻良王（傣药）……610
麻柳果……1034
麻柳树根……1034
麻乱（傣药）……946、949
麻妹条叶……908
麻蒙嘎梭（傣药）……1134
麻蒙果……1025
麻莫来（傣药）……534
麻囡唔（傣药）……530
麻娘布……1469
麻娘亮（傣药）……1478
麻欠……992
麻沙（傣药）……1014
麻宋拿（傣药）……686
麻糖风……1212
麻糖果……599
麻弯……946
麻乌贼……1739
麻无拎（傣药）……688
麻兴哈（傣药）……1128
麻药……734
麻叶扁担杠……598
麻叶蟛蜞菊……1293
麻叶蟛蜞菊……1293
麻叶树……881
麻叶绣球……716
麻叶绣球果……716
麻叶绣线菊……717
麻叶绣线菊……717
麻章拎（傣药）……1348
麻竹……1679
麻竹……1679
马……1810
马……1778
马鞍藤……1341
马宝……1810
马比木……923
马比木……923
马鞭草……1407
马鞭草……1407
马鞭鱼……1793
马鞭子……1407
马槟榔……408
马槟榔……408
马勃……185
马瓟儿……535
马瓟儿……535
马草……1709
马肠薯蓣……1578
马肠薯蓣……1578
马齿苋……446
马齿苋……446
马齿苋子……446
马蛋果……509
马刀……1738
马兜铃……376
马兜铃……376、380
马耳草……1456、1462
马干铃……533
马干铃栝楼……533
马骨节……959
马褂木皮……278
马棘……788
马棘……788
马甲子……940
马甲子根……940
马甲子叶……940
马来斑鲆……1791
马来斑鲆……1791
马来沉香……495
马来沉香……495
马来苦木（新拟）……997
马来西亚人参……997
马兰……1272
马兰……1272
马兰藤……1154
马兰藤……1154
马蓝……1389
马郎果……870
马郎花……1344
马礼士杜鹃……1076
马利筋……1150
马利筋……1150
马莲鞍……1171
马蓼……455
马料豆……785
马铃柴……1280
马铃薯……1334
马铃薯……1334

马鹿草……1261
马蒙……1025
马蒙加锁（傣药）……1134
马面鲀……1798
马面鲀……1798
马尿花……1452
马屁包……185
马屁勃……185
马钱子……1115
马钱子……1114、1115
马鹊树……946
马肉……1810
马桑绣球……675
马扫帚……793
马氏海参……1768
马氏海参……1768
马松子……606
马胎……1092
马唐……1690
马唐……1690
马蹄……1668
马蹄防风……1067
马蹄荷……833
马蹄荷……833
马蹄荷根……833
马蹄金……1338
马蹄金……1338
马蹄决明……743
马蹄犁头尖……1559
马蹄蒌……393
马蹄香……1226
马头鱼……1777、1778、1779、1780、1781、1793
马尾参……1253
马尾还阳……225
马尾黄连……347
马尾连……347
马尾杉……194
马尾伸筋……1540
马尾松……267
马尾松拟层孔菌……184
马牙半支……433
马银花……1078
马银花……1078
马缨丹……1404
马缨丹……1404
玛卡……418
玛卡……418
玛丽杜鹃……1075
蚂蟥七……1366
蚂蟥七……1366
蚂蚁……1764
蚂蚁鼓堆树……1405
蚂蚁花……573
蚂蚁木……550
埋安良（傣药）……1408
埋昂亮（傣药）……1224
埋比咪（傣药）……923
埋丁（傣药）……489
埋丁盖（傣药）……1149
埋叮囊（傣药）……918
埋丢亮（傣药）……585
埋端倒（傣药）……658
埋短（傣药）……779
埋短凉（傣药）……779
埋非……489
埋嘎给（傣药）……1116
埋甘壮（傣药）……560
埋哥达牧（傣药）……849
埋贵……593
埋桂摆（傣药）……498
埋锅借（傣药）……1372
埋哈别（傣药）……505
埋哈刃（傣药）……854
埋哈松（傣药）……854
埋孩嫩（傣药）……841
埋贺（傣药）……1683
埋货龙（傣药）……1682
埋借些龙（傣药）……1409
埋勒满（傣药）……867
埋路（傣药）……671
埋路龙（傣药）……429
埋马（傣药）……945、946
埋蒙哈囡（傣药）……1030
埋檬龙（傣药）……1149
埋摸肥（傣药）……603
埋莫郎（傣药）……593
埋难三（傣药）……353
埋帕破（傣药）……1392
埋瓢（傣药）……1675
埋嗓（傣药）……1679
埋宋戈（傣药）……1192
埋素喃（傣药）……1405
埋团（傣药）……725
埋弯（傣药）……1679
埋翁糯（傣药）……1097
埋希里藤（傣药）……634
埋秀（傣药）……731、733
埋央孃（傣药）……328
埋榛敏（傣药）……1151
埋中欢（傣药）……308
埋庄荒（傣药）……309
埋宗庚（傣药）……323
埋宗皇（傣药）……310
埋棕英（傣药）……310
买麻藤……276
麦冬……1522
麦冬……1520、1521、1522、1523
麦豆……809
麦饭石……1826
麦麸草……878
麦麸草根……878
麦蓝菜……445
麦门冬……1522
麦撇花藤……922
麦穗石豆兰……1608
麦穗石豆兰……1608
麦芽……1695
脉耳草……1186
脉耳草……1186
脉果漆……1026
脉叶香茶菜……1426
唛螺陀……297
蛮姜……1475
蛮楂……683
鳗鲶……1776
满江红……263
满江红……263
满江红根……263
满坑香……389
满山白……1078
满山红……1076
满山红……985、1073、1079、1335
满树星……898
满树星……898
满堂红……487
满天星……1063、1303、1210
满旺（傣药）……1572
曼氏无针乌贼……1739
曼氏无针乌贼……1739
曼陀罗……1323
曼陀罗……1322、1323
曼陀罗花……1323
蔓草虫豆……754
蔓草虫豆……754
蔓赤车……889
蔓赤车……889
蔓出卷柏……195
蔓地犁……423
蔓胡颓子……947
蔓胡颓子……947
蔓胡颓子根……947
蔓胡颓子叶……947
蔓剪草……1152
蔓剪草……1152
蔓椒……993

蔓茎葫芦茶 822
蔓荆 1410
蔓荆实 1410
蔓荆子 1410
蔓九节 1208
蔓九节 1208
蔓茄 1331
蔓性千斤拔 783
芒 1698
芒 1698
芒草 290
芒果核 1025
芒稷 1690
芒毛苣苔 1364
芒毛苣苔 1364
芒萁 207
芒萁骨 207
芒萁骨根 207
芒硝 1823
芒硝 1823
芒种草 1362
芒种花 587、588
杧果 1025
盲肠草 1238
莽草 290
莽草根 290
莽吉柿 592
猫豆 804
猫儿屎 361
猫儿眼睛 456
猫儿子 361
猫耳朵 1365
猫胡子花 407
猫人参 558
猫屎瓜 361
猫尾草 825
猫尾木 1372
猫尾木 1372
猫须草 1414
猫爪草 345
猫爪草 345
猫爪藤 944
毛八角枫 1040
毛八角枫 1040
毛白前 1153
毛白前 1153
毛白薇 1153
毛瓣金花茶 548
毛瓣无患子 1014
毛瓣无患子 1014
毛豹皮樟 316
毛臂形草 1685
毛柄短肠蕨 226
毛柄短肠蕨 226
毛柄锦香草 574
毛柄锦香草 574
毛柄连蕊茶 545
毛不出林 1095
毛草龙 493
毛草龙 493
毛草龙根 493
毛车藤 1128
毛车藤 1128
毛黐头婆 601
毛赤车 889
毛虫药公 1094
毛唇贝母兰 1613
毛唇芋兰 1648
毛慈菇 1613
毛刺蒴麻 601
毛达仑木 1212
毛大丁草 1264
毛大叶臭花椒 992
毛大叶臭花椒 992
毛丹麻秆 644
毛地胆草 1258
毛冬青 904
毛冬青 904
毛冬青叶 904
毛杜仲藤 1147
毛萼大将军 1315
毛萼莓 705
毛萼莓 705
毛萼清风藤 1021
毛萼清风藤 1021
毛萼山梗菜 1315
毛萼珊瑚兰 1638
毛萼珊瑚兰 1638
毛萼悬钩子 705
毛风草 379
毛蜂斗草 576
毛茛 345
毛茛 345
毛茛实 345
毛钩藤 1212
毛钩藤 1212
毛狗骨柴 1180
毛狗骨柴 1180
毛栝楼 535
毛果巴豆 641
毛果扁担杆 599
毛果杜鹃 1078
毛果短翅鱼藤 770
毛果算盘子 651
毛果田麻 597
毛果娃儿藤 1167
毛果翼核果 944
毛果珍珠茅 1674
毛过山龙 1556
毛过山龙 1556
毛蛤蜊 1728
毛蚶 1728
毛蚶 1728
毛筅子梢 755
毛诃子 579
毛胡枝子 794
毛花点草 887
毛花红钮子 527
毛花马瓟儿 527
毛花猕猴桃 555
毛花猕猴桃 555
毛花瑞香 498
毛黄肉楠 302
毛鸡骨草 750
毛鸡腿子 695
毛鸡眼藤 1197
毛荚决明 739
毛荚决明 739
毛姜 261
毛姜花 1493
毛胶薯蓣 1578
毛胶薯蓣 1578
毛九节 1207
毛九节 1207
毛咀签 939
毛蒟 388
毛蒟 388
毛蕨 230
毛蕨 230
毛梾 1038
毛梾枝叶 1038
毛兰 1637、1647
毛蓼 451
毛蓼 451
毛马齿苋 446
毛脉翅果菊 1277
毛棉杜鹃 1077
毛棉杜鹃花 1077
毛木树皮 553
毛木树叶 553
毛木通 335
毛木通 335
毛蕊 571
毛女儿草 1230
毛排钱树 808
毛葡萄 966
毛葡萄 966
毛千金藤 373
毛千屈菜 488
毛牵牛 1342

毛茄 1331
毛茄 1331
毛榕 870
毛蕊铁线莲 338
毛瑞香 497
毛射草 1442
毛麝香 1345
毛麝香 1345
毛石韦 260
毛薯 1571
毛笋 1681
毛莛玉凤花 1641
毛葶玉凤花 1641
毛桐 657
毛桐 511
毛土连翘 1192
毛乌蔹莓 954
毛五爪龙 1342
毛腺萼木 1201
毛腺萼木 1201
毛相思子 750
毛蟹 1745
毛秀才 1450
毛鸦船 1373
毛杨梅 842
毛杨梅根皮 842
毛药花 1413
毛叶刺篱木 508
毛叶楤木 1043
毛叶钝果寄生 930
毛叶厚壳树 1319
毛叶蝴蝶草 1359
毛叶蓝猪耳 1359
毛叶楼梯草 883
毛叶轮环藤 365
毛叶猫尾木 1372
毛叶青冈 849
毛叶青冈 849
毛叶三条筋 311
毛叶肾蕨 246
毛叶肾蕨 246
毛叶石楠 694
毛叶算盘子 651
毛叶算盘子叶 651
毛叶天胡荽 1063
毛叶芋兰 1649
毛叶芋兰 1649
毛叶紫薇 487
毛翼核果藤 944
毛泽兰 1262
毛毡草 1241
毛毡草 1241
毛柘藤 861
毛柘藤 861
毛针子草 1695
毛枝崖爬藤 963
毛枝崖爬藤 963
毛轴蕨 215
毛轴蕨 215
毛轴莎草 1666
毛轴莎草 1666
毛轴碎米蕨 220
毛轴碎米蕨 220
毛竹 1681
毛竹 1681
毛竹叶花椒 990
毛柱马钱 1114
毛柱铁线莲 338
毛柱铁线莲 338
毛紫薇 487
茅膏菜 438
茅膏菜 438
茅瓜 529
茅瓜 529
茅瓜叶 529
茅栗 845
茅栗根 845
茅栗仁 845
茅栗叶 845
茅莓 711
茅莓 711
茅山茶 549
茅爪子 1596
冒毫山（傣药）632、633
帽儿瓜 527
么滚（傣药）503
没药 1000
没药 1000
玫瑰 703
玫瑰花 703
玫瑰茄 619
玫瑰茄 619
玫瑰石斛 1621
眉风草 225
眉尾木 301
梅 681
梅根 681
梅梗 681
梅桂 1134
梅核仁 681
梅花 681
梅片 305、306
梅片树 305
梅宋哥（傣药）1192
梅叶 681
梅叶冬青 899
梅子树 693
美登木 917
美登木（傣药）917、918
美豆 895
美冠兰 1638
美冠兰 1638
美果九节 1206
美花石斛 1628
美花石斛 1628
美丽红豆杉 275
美丽胡枝子 793
美丽胡枝子 793
美丽猕猴桃 557
美丽崖豆藤 801
美丽獐牙菜 1298
美脉花楸 716
美人蕉 1499
美人蕉 1499、1500
美商陆叶 467
美形金钮扣 1285
美洲大蠊 1751
美洲木棉 613
美洲野百合 763
蒙呼（傣药）592
蒙瘤犀金龟 1763
蒙沙厄（傣药）963
蒙自草胡椒 385
蒙自胡颓子 949
蒙自桦木 843
蒙自藜芦 1533
蒙自木蓝 788
蒙自崖爬藤 963
蒙自崖爬藤 963
檬嘿（傣药）1026
勐海石斛 1629
勐腊大解药 1128
孟加拉苹果 968
孟加拉野古草 1684
孟加拉野古草 1684
迷迭香 1444
迷迭香 1444
猕猴桃 555
米饭花 1081
米饭花 1081
米兰花 1001
米木 1149
米念芭 478
米碎花 549
米碎花 549
米碎木 901
米汤草 793
米汤果 1099
米团花 1432

米友波……593
米仔兰……1001
米仔兰……1001
秘脂花……1026
秘脂藤……1026
密苞山姜……1477
密苞山姜……1477
密齿酸藤子……1099
密齿天门冬……1508
密点白条天牛……1760
密花豆……821
密花杜若……1462
密花杜若……1462
密花葛……812
密花葛……812
密花胡颓子……946
密花火筒树……959
密花美登木……918
密花美登木……918
密花千斤拔……781
密花山矾……1106
密花山矾……1106
密花石豆兰……1608
密花石豆兰……1608
密花石斛……1622
密花石斛……1622
密花树……1102
密花树……1102
密花香薷……1419
密花香薷……1419
密脉鹅掌柴……1053
密毛栝楼……535
密毛栝楼……535
密毛山梗菜……1314
密毛乌口树……1212
密蒙花……1112
密蒙花……1112
密穗砖子苗……1671
密穗砖子苗……1671
密子豆……815
密子豆……815
蜜冬瓜……858
蜜蜂草……1431
蜜蜂花……1433
蜜蜂花……1433
蜜蜂兰……1615
蜜蜂树花……1432
蜜蜂子……1765
蜜香……495
绵毛马兜铃……379
绵毛酸模叶蓼……455
绵穗苏……1417
绵穗苏……1417
绵藤……908
绵茵陈……1232、1235
绵枣儿……1511
绵枣儿……1511
棉豆……807
棉花……616、617
棉花根……616、617
棉花子……616、617
棉叶膏桐……655
棉叶珊瑚花……655
棉叶珊瑚花……655
棉子树……1104
冕花螳……1755
缅甸树萝卜……1070
缅茄……730
缅茄……730
缅栀子……1136
面包鱼……1798
面条树……1127
苗暖刀（傣药）……1422
闽赣葡萄……965
闽赣长蒴苣苔……1367
闽赣长蒴苣苔……1367
闽楠……325
闽楠……325
闽粤千里光……1280
闽粤千里光……1280
闽浙马尾杉……193
明矾……1820
明堂花……1432
明天冬……1508
明瓦……1731
明虾……1743
榠楂……683
膜叶星蕨……255
膜叶星蕨……255
磨盘草……615
磨盘草……615
磨盘草子……615
磨盘根……615
魔鬼藤……1549
魔芋……1544
魔芋……1544
末药……1000
茉莉……1120
茉莉花……1120
茉莉花……1120
陌上菜……1352
陌上菜……1352
陌上番椒……1350
莫夫人含笑花……288
墨旱莲……1257
墨江千斤拔……780
墨江千斤拔……780
墨兰……1616
墨兰……1616
墨西哥薯蓣……1574
墨鱼……1739、1740
墨鱼子……1738
母草……1351
母草……1351
母丁香……564
母生……514
母猪果……502
母猪蔓……955
牡丹……344
牡丹皮……344
牡桂……307
牡蒿……1233
牡蒿根……1233
牡荆……1408
牡荆……1408
牡荆叶……1408
姆嘿（傣药）……1185
木本曼陀罗……1322
木本远志……428
木鳖子……526
木鳖子……526
木鳖子根……526
木菠萝……858
木步马胎……1091
木达地黄……606
木豆……754
木豆……754
木耳菜……1267
木防己……365
木防己……377
木芙蓉……618
木瓜……683
木瓜……684
木瓜刺……697
木瓜根……684
木瓜核……684
木瓜榕……862
木瓜枝……684
木荷……553
木荷……553
木斛……1621
木蝴蝶……1373
木蝴蝶……1373
木花生……1085
木黄连……357、358
木姜叶柯……850
木姜子……319

木姜子……317
木槿……620
木槿花……620
木槿叶……620
木槿子……620
木橘……968
木橘……968
木奎宁树……1141
木蜡树……1030
木蜡树根……1030
木蜡树叶……1030
木兰……279
木兰寄生……929
木兰寄生……929
木蓝……790
木蓝……789、790
木榄……583
木老鼠簕……1376
木勒木……507
木李……683
木莲……284
木莲果……284
木莲花……285
木栾……1010
木麻黄……852
木麻黄……852
木莓……714
木莓……714
木棉……612
木棉花……612
木奶果……634
木奶果……634
木皮……859
木麒麟……543
木石斛……1621
木薯……659
木薯……659
木蒴藋……1219
木桃果……511
木通……360
木通……360、361
木通七叶莲……362
木威子……999
木犀榄……1124
木樨……1124
木樨榄……1124
木香……1237
木绣球茎……1222
木油桐……672
木油桐……672
木贼麻黄……852
木贼叶木麻黄……852
木竹子……592
木锥花……1422
木紫珠……1392
木紫珠……1392
苜蓿……795
苜蓿……795
穆氏圆鲹……1793

N

拿拉藤……343
那帕龙（傣药）……1292
娜嗨（傣药）……1287
娜妞（傣药）……1273
娜帕龙（傣药）……1291
奶参……1312
奶浆柴胡……1253
奶浆果……650、859、867
奶浆木……867
奶浆藤……1165
奶桑……876
奶桑……876
奶汁藤……375、1159
奶子藤……1129
奶子藤……1129
耐惊菜……472
南板蓝根……1389
南赤爬……530
南赤爬……530
南垂茉莉……1401
南垂茉莉……1401
南丹参……1444
南丹参……1444
南方刀螳……1755
南方红豆杉……275
南方红豆杉……275
南方荚蒾……1221
南方荚蒾……1221
南方露珠草……491
南方露珠草……491
南方菟丝子……1337
南韭叶……1289
南风螺……1723
南瓜……521
南瓜……521
南瓜根……521
南瓜藤……521
南果缅（傣药）……686
南海楼梯草……884
南海藤……801
南胡颓子……948
南华杜鹃……1079
南华木……1006
南苦苣菜……1284
南苦苣菜……1284
南老鹳草……479
南老鹳草……479
南岭黄檀……765
南岭小檗……353
南岭柞木……512
南刘寄奴……1232
南苜蓿……795
南苜蓿……795
南沙参·1309、1310、1311
南山花……1206
南山藤……1156
南山藤……1156
南山楂……685
南蛇簕根……736
南蛇簕苗……736
南蛇藤……909
南蛇藤……909
南蛇藤根……909
南蛇藤果……909
南蛇藤叶……909
南酸枣……1024
南酸枣……1024
南天仙子……1381
南天竹……360
南天竹……360
南茼蒿……1246
南茼蒿……1246
南投万寿竹……1515
南投万寿竹……1515
南五味子……293
南五味子……293、296
南星头……1544
南亚杜英……595
南亚泡花树……1018
南洋参……1052
南洋参……1052
南洋杉……267
南洋杉……267
南洋楹……723
南洋楹……723
南洋紫珠……1392
南椰……1587
南芋……1544
南重楼……1536
南重楼……1536
南烛子……1080
南紫薇……486
喃该罕（傣药）……1622
喃曼别（傣药）……267
楠过（傣药）……1029
楠木……314
楠说（傣药）……1403
楠藤……1199

楠藤……1199
囊瓣亮花木……300
囊颖草……1706
囊颖草……1706
闹蛆叶……516
闹羊花……1077
闹鱼藤……798、800
闹鱼崖豆……798
呢辛（傣药）……1088
内风消……296
内折香茶菜……1424
内折香茶菜……1424
尼拉豆……809
尼泊尔蓼……456
尼泊尔楤木……843
尼泊尔十大功劳……359
尼泊尔十大功劳……359
尼泊尔鼠李……941
尼泊尔水东哥……558
尼泊尔酸模……465
泥东风螺……1723
泥东风螺……1723
泥狗棍……1775
泥蚶……1728
泥蚶……1728
泥猴……1792
泥胡菜……1269
泥胡菜……1269
泥花草……1350
泥簕竹……1676
泥簕竹……1676
拟高粱……1710
拟高粱……1710
拟金茅……1694
拟柔毛堇菜……424
拟山枇杷……992
拟蚬壳花椒……992
拟砚壳花椒……992
逆刺……1208
黏毛黄花棯……624
黏毛山芝麻……605
黏山药……1576
黏山药……1574、1576
念珠冷水花……893
念珠石斛……1629
念珠藤……1128
念珠藤叶紫金牛……1087
鸟不企……1044
鸟不企叶……1044
鸟舌兰……1604
茑萝松……1345
茑萝松……1345
茑木……928
尿桶弓……726
啮状玉叶金花……1199
宁树……1002
柠檬……971
柠檬……971
柠檬桉……561
柠檬桉……561
柠檬草……1688
柠檬清风藤……1020
柠檬清风藤……1021
柠檬萱草……1516
牛白藤……1188
牛白藤……1188
牛伴木……1222
牛蒡……1230
牛蒡……1230
牛茶藤……1167
牛虫草……823
牛大力……801
牛轭草……1460
牛轭草……1460
牛耳草……1365
牛耳大黄……463
牛耳大黄叶……463
牛耳朵……1365
牛耳朵……1365
牛耳枫……673
牛耳枫……673
牛黄……1811
牛黄黄……790
牛角虫……1759
牛角瓜……1150
牛角瓜……1150
牛角花……794
牛角藤……1167
牛筋草……1691
牛筋草……1691
牛筋果……997
牛筋果……997
牛筋木……767
牛筋藤……875
牛筋藤……875
牛口刺……1248
牛口刺……1248
牛老药……1178
牛老药藤……1178
牛肋巴……767
牛泷草……490
牛马藤……805、873
牛毛草……1662
牛毛毡……1668
牛毛毡……1668
牛木香……365
牛奶菜……1163
牛奶菜……1163
牛奶莓……714
牛奶子……694、862
牛皮冻……1205
牛皮消……1152
牛皮消……1152
牛茄子……1329
牛茄子……1329
牛舌草……463
牛舌头……1796
牛虱子果……949
牛矢果……1124
牛矢果……1124
牛蹄草……1368
牛头罗……301
牛斜吴萸……981
牛腿虱……1119
牛尾巴茶……1488
牛尾菜……1541
牛尾菜……1541
牛尾草……1428
牛尾草……194
牛尾结……1541
牛尾泡……708
牛尾藤……1098
牛膝……470
牛膝……470
牛膝茎叶……470
牛膝菊……1263
牛膝菊……1263
牛膝琢……1384
牛心果……297
牛心果……297
牛心梨……297
牛心茄子……1131
牛眼睛……408
牛眼马钱……1114
牛眼马钱……1114
牛腰子果……362
牛油果……325
牛鱼……1798
牛至……1439
牛至……1439
扭肚藤……1117
扭肚藤……1117
扭曲草……659
扭子药……1565
纽子瓜……535
纽子瓜……535
纽子果……1097
纽子七……485
钮草……1671

钮扣子……1324
农吉利……764
脓见愁……623
脓泡药……1353
暖地大叶藓……190
疟疾草……369
糯稻……1700
糯稻草……1700
糯稻根……1700
糯米菜……885
糯米树……1224
糯米藤……885
糯米条……1215
糯米条……1215
糯米条子……1220
糯米团……885
糯米香……1391
糯米香……1391
糯玉润（傣药）……589
女儿红……494
女儿红叶……938
女娄菜……443
女娄菜……443
女娄菜根……443
女史花……1564
女萎……333
女萎……333
女贞……1122
女贞子……1122

O

哦因（傣药）……1543
欧菱……490
欧洲凤尾蕨……216

P

爬地蓝……789
爬地龙……537
爬根草……1694
爬墙虎……1146
爬山虎……961
爬树龙……1555
爬树龙……1555
爬藤榕……871
爬藤榕……871
爬岩红……1362
爬岩红……1362
爬岩龙……537
帕蚌扁（傣药）……1259
帕扁喃（傣药）……1549
帕点说（傣药）……1268
帕贡（傣药）……411
帕故怀（傣药）……202
帕滚母（傣药）……1255
帕罕（傣药）……1100
帕夯喃（傣药）……1377
帕累……1096
帕母秀（傣药）……408
帕楠（傣药）……369
帕宋共（傣药）……410
帕弯（傣药）……667
帕弯藤（傣药）……636
帕些（傣药）……520
帕烟凉（傣药）……807
排草……1302、1413
排骨灵……299
排钱草……808
排钱树……808
排钱树……808
徘徊花……703
攀倒甑……1225
攀茎钩藤……1214
攀茎钩藤……1214
攀援胡颓子……949
攀援星蕨……254
盘龙参……1657
盘龙草……384、1257
旁杞木……584
旁杞木……584
胖大海……609
胖大海……609
胖江珧……1729
胖江珧……1729
刨花润楠……321
泡参……1309、1311
泡通珠……401
泡桐果……1354
泡桐花……1354
泡桐树皮……1354
泡香樟……320
炮弹果……1129
炮姜……1498
炮仗花……1374
炮仗花……1374
炮仗竹……1357
炮仗竹……1357
佩兰……1261
佩兰……1261
盆架树……1149
盆架树……1149
盆上芫荽……1063
盆硝……1823
蓬莱葛……1112
蓬莱葛……1112
蓬藟……708
蓬藟……714
硼砂……1818
硼砂……1818
蟛蜞菊……1293
蟛蜞菊……1293
披针骨牌蕨……252
披针骨牌蕨……252
披针观音座莲……203
披针新月蕨……232
披针新月蕨……232
披针形耳草……1185
披针叶八角……290
披针叶胡颓子……947
披针叶楠……326
披针叶楠……326
披针叶卫矛……914
砒霜……1815
砒霜……1815
霹雳萝芙木……1137
皮桂（云南）……315
皮虎龙（傣药）……1401
皮苦来（傣药）……1385
皮哨子……1013
皮鱼……1798
枇杷……688
枇杷……688
枇杷根……688
枇杷核……688
枇杷花……688
枇杷叶……688
枇杷叶紫珠……1394
枇杷叶紫珠……1394
毗黎勒……579
毗黎勒……579
辟汗草……796
偏瓣花……575
偏瓣花……575
偏花黄芩……1449
偏花黄芩……1449
偏口……1791
飘带兜兰……1652
飘拂草……1669
飘浮眼子菜……1455
平车前……1309
平车前……1309
平滑钩藤……1212
平滑钩藤……1212
平鳞黑桫椤……212
平脉椆……849
平脉藤……1128
平头树……489
平卧菊三七……1268

平卧土三七……1268
平叶酸藤子……1099
平鱼……1790、1791
平枝栒子……684
苹……263
苹……263
苹婆……610
屏边三七……1052
瓶尔小草……203
瓶尔小草……203
瓶蕨……210
瓶蕨……210
瓶刷木……560
萍蓬草……352
萍蓬草根……352
萍蓬草子……352
坡参……1643
坡参……1643
坡油甘……817
坡油甘……817
泼盘……708
婆罗门皂荚……739
婆罗门皂荚叶……739
婆婆丁……1288
婆婆纳……1362
婆婆纳……1362
婆婆针……1238
婆婆针钱包……1163
婆婆针线包……1170
婆绒花……1659
迫地枫……679
破布木……1317
破布木……1317
破布叶……600
破布叶……600
破骨风……1118
破故纸……810
破坏草……1261
破木……596
破铜钱……1063
破膝风……1118
破血丹……1412
鯆鱼……1773
匍匐滨藜……467
匍匐滨藜……467
匍匐大戟……648
匍匐堇……421
匍匐球子草……1524
匍匐球子草……1524
匍茎通泉草……1353
匍茎通泉草……1353
菩提树……871
葡萄……967
葡萄……967
葡萄九节……1208
蒲草根……1673
蒲公英……1288
蒲公英……1288
蒲黄……1561
蒲葵……1592
蒲葵……1592
蒲桃……566
蒲桃……566
朴树……854
朴树果……854
朴树皮……854
朴树叶……854
普通卷甲虫……1742
蹼趾壁虎……1804
铺地蝙蝠草……758
铺地草
铺地耳草……1186
铺地虎……194
铺地莲……570
铺地木蓝……789
铺地黍……1701
铺地黍……1701
铺地黍根……1701

Q

七层楼……1168
七层楼……1168
七角白蔹……952
七角风……1049
七小叶崖爬藤……962
七星剑……1435
七星莲……421
七叶胆……522
七叶莲……1053
七叶一枝花……1534
七爪风……713
七爪龙……1340
七爪龙……1340
七指蕨……201
七子关……1671
七姊妹……699
桤叶黄花棯……623
漆大姑……651
漆姑草……443
漆姑草……443
漆树……1031
漆树……1030
漆树根……1031
漆树木心……1031
漆子……1031
齐蛤……1738
齐头蒿……1233
奇蒿……1232
奇蒿……1232
奇迹果……1086
奇数鳞毛蕨……242
奇数鳞毛蕨……242
祈阳细辛……383
畦畔莎草……1665
畦畔莎草……1665
棋盘脚……567
蛴螬……1762、1763
麒麟草……1282
麒麟竭……1588
麒麟吐珠……1402
麒麟尾……1550
麒麟血……1588
麒麟叶……1550
岂……224
起阳草……1504
气管木……583
气球花……1157
气球唐棉……1157
掐不齐……790
千层楼……588
千层塔……192
千层纸……1373
千打捶……1023
千打锤……313
千根草……649
千斤拔……783
千斤拔……783
千斤力……782
千金草……1691
千金红……475、782
千金藤……373
千金藤……194、373、374、913
千金子……1697
千金子……586、647
千里光……1280
千里光……1280
千里香……985
千里香……984
千年艾……1254
千年见……1551
千年健……1551
千年健……1550、1551
千年树……313
千年桐……672
千千踏……1691

千屈菜 ······ 488
千日红 ······ 475
千日红 ······ 475
千头艾纳香 ······ 1242
千头艾纳香 ······ 1242
千张树 ······ 1041
千张纸 ······ 1373
千子草 ······ 1673
牵牛 ······ 1343
牵牛花 ······ 1343
牵牛子 ······ 1343
铅灰真鲨 ······ 1772
前胡 ······ 1067
前胡 ······ 1067
钱串子 ······ 1782
浅裂锈毛莓 ······ 712
浅裂锈毛莓 ······ 712
芡 ······ 349
芡实 ······ 349
茜草 ······ 1208
茜草 ······ 1208、1209
茜木 ······ 1205
枪刀药 ······ 1382
枪刀药 ······ 1382
枪蟹 ······ 1746
蜣螂 ······ 1762
蜣螂虫 ······ 1762
蔷薇根 ······ 701
蔷薇果 ······ 701
蔷薇花 ······ 701
蔷薇叶 ······ 701
蔷薇枝 ······ 701
乔木茵芋 ······ 988
乔木茵芋 ······ 988
荞麦 ······ 448
荞麦 ······ 448
荞麦秸 ······ 448
荞麦七 ······ 448
荞麦叶 ······ 448
荞麦叶贝母 ······ 1512
荞麦叶大百合 ······ 1512
荞麦叶大百合 ······ 1512
鞘花 ······ 926
茄 ······ 1332
茄藤 ······ 585
茄行树 ······ 584
茄叶斑鸠菊 ······ 1292
茄叶斑鸠菊 ······ 1292
茄子 ······ 1332
窃衣 ······ 1070
窃衣 ······ 1070
秦归 ······ 1462
秦皮 ······ 1116
琴叶球兰 ······ 1159
琴叶榕 ······ 869
琴叶榕 ······ 869
琴叶紫菀 ······ 1236
青白麻叶 ······ 896
青斑 ······ 1785
青菜 ······ 414
青菜 ······ 414
青刺香 ······ 904
青黛 ······ 460、1389
青得方 ······ 915
青跌打 ······ 1267
青风藤 ······ 370、1020
青冈 ······ 848
青杠碗 ······ 851
青果榕 ······ 874
青果榕 ······ 874
青蛤 ······ 1734
青蛤 ······ 1734
青蒿 ······ 1232
青蒿 ······ 1231、1232
青胡桃果 ······ 1033
青环海蛇 ······ 1805
青环海蛇 ······ 1805
青灰叶下珠 ······ 663
青灰叶下珠 ······ 663
青荚叶 ······ 1037
青江藤 ······ 907
青江藤 ······ 907
青椒 ······ 991
青蔺 ······ 387
青口贝 ······ 1729
青昆布 ······ 177
青龙珠 ······ 1172
青礞石 ······ 1825
青棉花 ······ 679
青棉花藤 ······ 679
青木香 ······ 376
青牛胆 ······ 375
青牛胆 ······ 375
青皮 ······ 975
青皮木 ······ 924
青皮竹 ······ 1677
青皮子樵 ······ 906
青钱柳 ······ 1032
青钱柳叶 ······ 1032
青山倒水莲（苗药）······ 286
青蛇仔 ······ 1380
青石斑鱼 ······ 1785
青丝龙 ······ 193
青松 ······ 267
青檀 ······ 855
青檀 ······ 855
青藤 ······ 202、203、1117
青藤仔 ······ 1119
青藤子 ······ 1119
青天葵 ······ 1648
青桐翠木 ······ 1317
青虾蟆 ······ 1017
青香茅 ······ 1689
青香茅 ······ 1689
青葙 ······ 474
青葙 ······ 474
青葙花 ······ 474
青葙子 ······ 472、474
青蟹 ······ 1747
青盐 ······ 1818
青羊藤 ······ 1243
青杨梅 ······ 842
青杨梅 ······ 842
青叶丹 ······ 1298
青樱桃 ······ 682
青凿树 ······ 1179
青榨槭 ······ 1017
青榨槭 ······ 1017
青竹标 ······ 1556
青竹壳菜 ······ 1458
青竹蛇 ······ 1806
青子 ······ 1737
青紫葛 ······ 956
清风藤 ······ 1020
清凉树 ······ 577
清明花 ······ 1129
清明花 ······ 1119
清香桂 ······ 840
清香木 ······ 1027
清香木 ······ 1027
清香木姜子 ······ 319
清香木姜子 ······ 319
清香藤 ······ 1118
清香藤 ······ 1118
苘麻 ······ 616
苘麻 ······ 616
苘麻根 ······ 616
苘麻叶扁担杆 ······ 598
苘麻叶扁担杆 ······ 598
苘麻子 ······ 616
箐姑草 ······ 444
箐黄果 ······ 1112
琼花 ······ 1222
琼榄 ······ 922
琼榄 ······ 922
琼楠 ······ 303

琼楠 ……303
琼枝 ……612
秋丹参 ……1446
秋枫 ……635
秋枫 ……635
秋海棠 ……538
秋海棠 ……538
秋海棠根 ……538
秋海棠果 ……538
秋海棠花 ……538
秋海棠茎叶 ……538
秋葵 ……613
秋牡丹 ……332
秋牡丹根 ……332
秋茄树 ……584
秋茄树 ……584
秋鼠曲草 ……1265
秋鼠麴草 ……1265
秋英 ……1251
秋英 ……1251
秋樱 ……1251
萩 ……1230
球葱 ……1503
球果冬青 ……904
球果藤 ……363
球核荚蒾 ……1223
球核荚蒾 ……1223
球花豆 ……729
球花豆 ……729
球花荚蒾 ……1219
球花脚骨脆 ……513
球花马蓝 ……1390
球花毛麝香 ……1345
球花牛奶菜 ……1162
球花牛奶菜 ……1162
球花石斛 ……1634
球兰 ……1159
球兰 ……1159
球穗草 ……1694
球穗草 ……1694
球穗千斤拔 ……783
球穗千斤拔 ……783
球序鹅掌柴 ……1055
球序鹅掌柴 ……1055
球柱草 ……1662
球柱草 ……1662
球子草 ……1246
曲苞芋 ……1550
曲苞芋 ……1550、1555
曲柄铁线莲 ……339
曲柄铁线莲 ……339
曲江远志 ……427
曲莲 ……524
曲者我（傈僳药）……721
曲轴海金沙 ……208
驱虫大风子 ……510
驱风通 ……992
屈头鸡 ……409
屈头鸡 ……409、1598
蛆藤 ……1162
瞿麦 ……440
瞿麦 ……440
全虫 ……1749
全虫草 ……1319
全唇花 ……1422
全唇花 ……1422
全唇鸢尾兰 ……1650
全刺沙蚕 ……1718
全刺沙蚕 ……1718
全毛悬钩 ……704
全石蟹 ……1747
全蝎 ……1749
全叶钻地风 ……679
全缘凤尾蕨 ……218
全缘凤尾蕨 ……218
全缘栝楼 ……533
全缘火棘 ……697
全缘火麻树 ……882
全缘金粟兰 ……396
全缘叶紫珠 ……1394
全缘叶紫珠 ……1394
泉七 ……1557
泉七 ……1557
拳参 ……451
拳参 ……451
缺萼枫香 ……833
缺萼枫香树 ……833
雀梅藤 ……943
雀梅藤 ……943
雀梅藤叶 ……943
雀榕根 ……873
雀榕叶 ……872
雀舌草 ……444
雀舌黄杨 ……839
鹊鸪藤 ……875
鹊肾树 ……877
鹊肾树 ……877

R

染色水锦树 ……1215
蘘荷 ……1496
蘘荷 ……1496
荛花 ……499
热痱草 ……1437
热情果 ……517
人参娃儿藤 ……1168
人参娃儿藤 ……1168
人面果 ……1025
人面子 ……1025
人面子 …593、1024、1025
人心果 ……1085
人心果 ……1085
人鱼 ……1799
人字树 ……503
仁频 ……1586
忍冬藤 ……1217
日本白檀 ……1109
日本刺沙蚕 ……1718
日本刺沙蚕 ……1718
日本粗叶木 ……1195
日本粗叶木 ……1195
日本杜英 ……595
日本方头鱼 ……1793
日本鬼鲉 ……1796
日本鬼鲉 ……1796
日本花鲈 ……1786
日本加吉 ……1793
日本冷水花 ……892
日本柳杉 ……268
日本柳杉 ……268
日本马蓝 ……1390
日本女贞 ……1121
日本薯蓣 ……1576
日本薯蓣 ……1576
日本水龙骨 ……258
日本蹄盖蕨 ……226
日本五月茶 ……633
日本下鱵鱼 ……1776
日本小檗 ……354
日行千里 ……1377
日照飘拂草 ……1669
日中花 ……446
戎盐 ……1818
茸果鹧鸪花 ……1006
绒毛戴星草 ……1285
绒毛戴星草 ……1285
绒毛番龙眼 ……1013
绒毛诃子 ……582
绒毛胡枝子 ……794
绒毛荜婆 ……611
绒毛千斤拔 ……781
绒毛润楠 ……322
绒毛润楠 ……322
绒毛石斛 ……1633
绒毛叶笎子梢 ……756

绒毛阴地蕨 ……………… **202**
绒毛子梢 ………………756
绒毛紫薇 ……………… **487**
榕树 ……………… **869**
榕树 ………………869
榕叶冬青 ……………… **901**
柔瓣美人蕉 ………………**1499**
柔瓣美人蕉 ………………1499
柔毛艾纳香 ………………**1243**
柔毛艾纳香 ………………1243
柔毛虾脊兰 ………………1609
柔毛鸦胆子 ……………… **997**
柔毛鸦胆子 ………………997
柔软石韦 ……………… **260**
柔弱斑种草 ………………**1317**
柔弱斑种草 ………………1317
肉豆蔻 ……………… **329**
肉豆蔻 ………………329
肉桂 ……………… **307**
肉桂 ………………307
肉果 ………………329
肉郎伞 ………………1048
肉连环 ………………1611
肉色土栾儿 ………………752
肉色土圞儿 ……………… **752**
肉珊瑚 ………………**1166**
肉珊瑚 ………………1166
肉碎补 ………………261
肉托竹柏 ……………… **273**
肉叶鞘蕊花 ………………**1416**
肉叶鞘蕊花 ………………1416
如意草 ……………… **422**
如意草 ………………422
如意花 ………………1453
乳豆 ……………… **784**
乳豆 ………………784
乳浆大戟 ……………… **645**
乳浆大戟 ………………645
乳茄 ………………**1331**
乳茄 ………………1331
乳头香 ………………998
乳香 ………………998
乳汁藤 ……………… 1135、1168
入地金牛 ………………993
入地龙 ………………1157
入地射香 ………………294
入地蜈蚣 ……………… 201、1511
入脸麻 ………………889
软黄花金魁 ………………1367
软皮树 ………………498
软枝黄蝉 ………………**1125**
蕊木 ………………**1134**
蕊木 ………………1134
锐齿楼梯草 ……………… **883**
锐尖山香圆 ………………**1023**
锐棱耳草 ………………1184
瑞莲 ………………352
瑞莲草 ………………1236
箬蒂 ………………1680
箬叶 ……………… 1509、1680
箬竹 ………………**1680**

S

洒金榕 ………………638
赛番红花 ………………1565
赛谷精草 ………………1465
赛金刚 ………………527
赛葵 ……………… **622**
赛葵 ………………622
赛牡丹 ………………402
三白草 ……………… **395**
三白草 ………………395
三百棒 ………………1507
三百银 ………………1163
三斑海马 ………………**1781**
三斑石斑鱼 ………………1785
三瓣猪殃殃 ………………1181
三叉蕨 ……………… **245**
三叉苦 ………………979
三点金 ……………… **777**
三点金草 ………………777
三对节 ………………**1402**
三方草 ………………1666
三分丹 ………………**1167**
三分丹 ………………1167
三分三 ………………**1321**
三股筋香 ……………… **316**
三股筋香 ………………316
三花冬青 ……………… **906**
三花枪刀药 ………………**1382**
三花枪刀药 ………………1382
三基脉紫菀 ………………**1236**
三加皮 ………………1047
三尖杉 ……………… **273**
三尖杉 ………………273
三尖杉根 ………………273
三尖叶猪屎豆 ……………… **763**
三角瓣花 ………………1206
三角草 ………………1513
三角茳芏 ………………1666
三角榄 ………………999
三角梅 ………………501
三角藤 ………………1198
三角形冷水花 ……………… **895**
三角叶 ………………490
三角叶风毛菊 ………………**1279**
三角叶风毛菊 ………………1279
三角叶堇菜 ……………… **423**
三角叶冷水花 ………………895
三角叶薯蓣 ………………**1574**
三角叶薯蓣 ………………1574
三姐妹 ………………1428
三开瓢 ……………… **514**
三开瓢 ………………514
三颗针 ………………354
三刻真龙虱 ………………**1741**
三块瓦 ………………1304
三棱 ………………1560
三棱草 ……………… 1672、1667
三楞草 ………………1666
三楞筋骨草 ………………1675
三列刺骨螺 ………………1724
三裂蛇葡萄 ……………… **950**
三裂叶野葛 ……………… **814**
三裂叶野葛 ………………814
三脉球兰 ………………1160
三脉山白菊 ………………1236
三脉紫菀 ………………**1235**
三芒野古草 ………………1684
三匹箭 ………………**1546**
三匹箭 ………………1546
三匹叶 ………………756
三瓢果 ………………514
三品一支花 ………………**1599**
三品一支花 ………………1599
三七 ………………**1051**
三七 ………………1051
三七姜 ………………1495
三色堇 ……………… **424**
三色堇 ………………424
三条筋（四川）………………315
三条筋 ……………… 310、311
三筒管 ………………376
三头水蜈蚣 ………………**1670**
三消草 ………………824
三星果 ……………… **628**
三星果藤 ………………628
三丫苦 ………………979
三桠苦 ……………… **979**
三桠苦 ………………979
三叶半夏 ………………1553
三叶吊杆泡 ………………706
三叶蝶豆 ……………… **759**
三叶豆蔻 ………………**1478**
三叶豆蔻 ………………1478

三叶对……1402
三叶枫……1050
三叶鬼针草……1239
三叶海棠……692
三叶海棠……692
三叶蝴蝶花豆……759
三叶鸡血藤……802
三叶绞股蓝……522
三叶老……1553
三叶木桔……968
三叶木蓝……790
三叶木蓝……790
三叶木通……360
三叶排草……1304
三叶葡萄……964
三叶青……962
三叶酸草……481
三叶藤……366
三叶铜钱草……482
三叶委陵菜……696
三叶乌蔹莓……955
三叶五加……1047
三叶五香血藤……335
三叶香草……1304
三叶崖爬藤……962
三疣梭子蟹……1746
三羽叉蕨……245
三羽新月蕨……232
三元麻……886
三月泡……706、708
三张叶……696
三爪金龙……335
三爪龙……955
三褶虾脊兰……1611
三褶虾脊兰……1611
三枝九叶草……355
三子果……1514
伞草……1665
伞房狗牙花……1132
伞房狗牙花……1132
伞房花耳草……1186
伞花冬青……901
伞形紫金牛……1088
伞形紫金牛……1088
伞序清风藤……1021
散斑竹根七……1514
散斑竹根七……1514
散沫花……487
散尾葵……1591
散尾葵……1591
散血草……1411
散血丹……385
散血莲……225
桑……875
桑白皮……875
桑寄生……925、928、930
桑勒草……576
桑螵蛸·1753、1754、1755
桑椹……875
桑天牛……1759
桑叶……875
桑枝……875
缫丝花……702
扫把麻……623
扫把竹……1681
扫酒树……1104
扫皮……791
色白告……611
涩梨……691
森林芒果……1025
森氏水珍珠菜……1417
沙板嘎（傣药）……1123
沙保拢（傣药）……1129
沙参……1310
沙参……1309、1310、1311
沙蚕……1718、1719
沙虫……1717
沙带鱼……1790
沙带鱼……1790
沙干（傣药）……387
沙梗（傣药）……639
沙狗棍……1775
沙海蜇……1715
沙姜……1494、1495
沙腊（傣药）……1195
沙腊比罕（傣药）……318
沙梨……698
沙蜊……1736
沙潦木……633
沙塘木……1223
沙糖木……967
沙叶铁线莲……339
沙叶铁线莲……339
沙针……933
砂仁……1482、1486
砂糖椰子……1587
莎草……1667
莎草蕨……208
莎草蕨……208
莎田草……1664
鲨鱼软骨……1772
晒不死……193
山八角……289
山芭蕉……1467
山白菊……1235
山百合……1518
山百足……913
山柏枝……196
山稗子……1662
山稗子根……1662
山半夏……1559
山薄荷……1397、1423
山荸荠……958、1603
山扁豆……741
山菜豆……1375
山苍……316
山苍子……317、319
山草……1694
山茶……546
山茶……546
山茶果……692
山茶子……319
山菖蒲……1542
山橙……1135
山橙……1135
山橙叶……1135
山慈菇……1613、1656
山慈菇叶……1656
山刺桐……779
山刺子……508
山大刀……1206
山大黄……1598
山大颜……1206
山地菊……1250
山地五月茶……633
山地五月茶……633
山豆根……819
山豆花……794
山杜英……596
山杜英……596
山杜仲……911、915
山耳青……399
山矾……1110
山矾……1107
山矾叶……1109、1110
山甘草……1201
山柑算盘子……653
山葛……814
山梗菜……1315
山观音……301
山桂……507
山桂花……507
山桂花……285、504
山蛤芦……1257
山海棠……536
山含笑……288

山禾串……549
山合欢皮……723
山黑豆……816
山红罗……514
山厚朴……284
山胡椒……314
山胡椒……314、319、320
山胡椒根……314
山胡椒叶……314
山槐……723
山环光（傣药）……729
山黄豆藤……815
山黄菊……1230
山黄菊……1230
山黄麻……857
山黄麻……601、856、857
山黄皮……983
山黄杨子……839
山火莓……704
山藿香……1451
山鸡椒……317
山鸡米……1697
山鸡血藤……797
山菅兰……1513
山菅兰……1513
山姜……1472
山姜……1472、1498
山姜子……317、319
山橿……316
山橿根……316
山脚麻……856
山金银花……1216
山韭菜……1516
山桔叶……983
山蒟……388
山蒟……388
山壳骨……1385
山葵树……412
山蜡梅……718
山蜡梅……718
山兰……1615
山兰根……221
山蓝……1385
山榄……1085
山榄……1085
山榄叶柿……1084
山榄叶柿……1084
山郎木叶……855
山冷水花……892
山李子……508
山莲藕……801
山楝……1002
山蓼……454
山林果……686
山龙眼……658
山络麻……599
山绿茶……902
山麻……598、623/878
山麻杆……631
山麻杆……631
山麦冬……1521
山麦冬……1521
山猫儿……1513
山莓……706
山莓……706、899
山棉花（傣药）……332
山牡荆……1409
山牡荆……1409
山木通……336
山木通……336
山木香……699
山奈……1494
山柰……1494
山柰……1495
山柠檬……984
山佩兰……1262
山蟛蜞菊……1294
山皮条……498
山枇杷……687、845、991
山葡萄……952
山牵牛……1391
山茄花……1323
山茄子……1321
山丘豆……664
山砂姜……1653
山様叶泡花树……1019
山様叶泡花树……1019
山狮子……1132
山石榴……1175
山石榴……1076、1175
山柿……1103
山鼠李……942
山鼠李……942
山薯……1577
山苏木……933
山桃树……1006
山甜菜……1331
山桐子……511
山莴苣……1277
山乌龟……372、373、374
山乌桕……665
山乌桕……665
山仙楂……691
山香……1423
山香……1423
山香桂……315
山香果……314
山香圆……1022
山香圆……1022、1023
山小橘……983
山小橘……982
山熊胆……907、1202
山血丹……1095
山血丹……1095
山羊……1812
山羊角树……508
山杨柳……1010
山药……1578
山野烟……1321
山野芋……1548
山叶树……315
山一笼鸡……1388
山一笼鸡……1388
山银花……1216、1218
山油柑……967
山油柑……967
山油麻……856
山玉桂……309
山玉兰……280
山芋麻……886
山泽兰……483
山楂……691
山楂子……692
山芝麻……603
山芝麻……603
山枝仁……1072
山栀子……1182
山蜘蛛……1609
山指甲……1123
山竹……592
山竹叶草……1459
山竹子……592、593
山紫菀……1274
山酢浆草……482
杉寄生……926
杉寄生叶……926
杉木……268
杉木……268
杉木根……268
杉皮……268
杉塔……268
杉叶……268
杉子……268
珊瑚……1166
珊瑚菜……1062
珊瑚鹅管石……1716

珊瑚姜 1496
珊瑚姜 1496
珊瑚树 1223
珊瑚樱 1333
珊瑚樱 1333
䅟 1691
䅟穗莎草 1664
䅟穗莎草 1664
䅟子 1691
扇贝 1733
扇唇羊耳蒜 1645
扇唇羊耳蒜 1645
扇形鸢尾 1569
扇椰子 1587
扇叶铁线蕨 223
扇叶铁线蕨 223
伤寒头 1428
商陆 466
商陆 466
上山虎 901
上山龙 949
上树憋 1155
上树龙 1550
上树蜈蚣 1364
烧不死 1363
烧伤藤 939
芍药 343
韶子 1012
韶子 1012
少花柏拉木 568
少花海桐 506
少花海桐 506
少花龙葵 1328
少花龙葵 1328
少花马蓝 1390
少年红 1087
少年红 1087、1185
少牙斑鲆 1791
少牙斑鲆 1791
蛇包谷 1547
蛇藨 687
蛇床子 1060
蛇床子 1060
蛇地钱 189
蛇根草 1204
蛇根草 1204
蛇根木 1138
蛇根木 1138
蛇根头 1547
蛇瓜 530
蛇瓜 530
蛇含 696
蛇含委陵菜 696
蛇花藤 1167
蛇见怕 475
蛇箭草 1363
蛇莲 524
蛇莲 524
蛇莓 687
蛇莓 687
蛇盘草 687
蛇泡簕 705
蛇婆子 611
蛇婆子 611
蛇苔 189
蛇退步 232
蛇王藤 515
蛇王藤 515
蛇尾草 1442
蛇衔 696
蛇咬子 202、203
蛇总管 367
射干 1565
射干 1565
麝香百合 1519
麝香百合 1519
麝香草 1345
参环毛蚓 1720
伸筋草 195
深裂锈毛莓 713
深裂竹根七 1514
深绿山龙眼 502
深山含笑 288
深山含笑 288
深山黄 404
深紫木蓝 786
深紫木蓝 786
神黄豆 740
神黄豆 740
神箭 911
神秘果 1086
神农洁蜣螂 1762
神仙豆腐柴 1405
神仙青鳞鱼 1774
神仙一把抓 199
沈氏十大功劳 359
肾茶 1414
肾茶 1414
肾萼金腰 436
肾萼金腰 436
肾蕨 246
肾蕨 246
肾炎草 1229
肾叶山绿豆 774
肾叶山蚂蟥 774
肾叶山蚂蟥 774
肾叶天胡荽 1063
肾子藤 369
生诃子 579
生姜 1498
生姜皮 1498
生漆 1031
生藤 1171
生血丹 695
胜红蓟 1227
虱麻头 601
虱婆草 1349
狮子尾 1556
湿生冷水花 890
十八风藤 301
十大功劳 358
十大功劳根 359
十里香 1110
十两叶 939
十字苔草 1662
十字苔草 1662
十字崖爬藤 962
石柏 198
石斑木 699
石斑鱼 1785
石崩 494
石笔木 554
石笔木 554
石参 1768
石蚕 1450
石茶 1366
石蝉草 385
石蝉草 385
石蟾蜍 374、380、533
石菖蒲 1542
石菖蒲 1541、1542
石莼 177
石打穿 199、1445
石刁柏 1508
石刁柏 1508
石吊兰 1368
石耳 187
石耳 187
石帆 1715
石矾 1821
石风丹 1641
石风节 395
石柑子 1554
石柑子 1554
石膏 1821
石膏 1821
石骨丹 896
石海椒 478
石胡荽 1246
石胡荽 1246

石斛 …………1617、1618、1619、1621、1623、1624、1625、1626、1627、1628、1629、1630、1632、1633、1634、1635
石虎耳 ……………………1365
石花 ………… 1368、1716
石花菜 ……………………891
石灰菜 ……………………1412
石灰花楸 ……………… 716
石灰树 ……………………716
石荠苎 ……………………1437
石荠苎 ……………………1437
石碱 ……………………1818
石见穿 ……………………1445
石芥菜 ……………………1366
石筋草 …………………… 894
石筋草 ……………………894
石卷柏 ……………………197
石决明 ……………………1721
石蕨 ……………………… 260
石蕨 ……………………260
石蜡红 ……………………480
石兰草 ……………………1686
石栗 ……………………… 631
石栗 ……………………631
石莲姜槲蕨 …………… 262
石莲姜槲蕨 ……………262
石凉伞 ……………………1087
石苓舅 ……………………967
石榴 ……………………… 490
石榴根 ……………………490
石榴花 ……………………490
石榴皮 ……………………490
石龙刍 ……………………1661
石龙刍根 ……………………1661
石龙芮 …………………… 345
石龙芮 ……………………345
石龙芮子 ……………………345
石龙尾 ……………………1349
石龙衣 ……………………187
石萝藦 ……………………1165
石萝藦 ……………………1165
石妹刺 ……………………353
石面枇杷 ……………………1370
石南 ……………………694
石南实 ……………………694
石楠 ……………………… 694
石楠藤 ……………………388
石楠叶 ……………………694
石螃蟹 ……………………1366
石稔草 ……………………894
石榕 ……………………1364
石榕树 …………………… 862
石榕树 ……………………862
石山巴豆 ……………… 640
石山巴豆 ……………………640
石上柏 ………… 196、200
石上瓜子菜 ……………………432
石上莲 ……………………1370
石上莲 … 539、1366、1370
石上桃 ……………………1637
石生黄堇 ……………… 405
石生楼梯草 …………… 884
石生楼梯草 ……………………884
石生铁角蕨 …………… 235
石生铁角蕨 ……………………235
石首鱼 ……………………1787
石刷把 ……………………192
石松 ……………………… 195
石蒜 ……………………1563
石蒜 ……………………1563
石头菜 ……………………1267
石头花 ……………………894
石头鱼 ……………………1787
石韦 ……………………… 259
石韦 ……………… 259、260
石仙桃 ……………………1655
石仙桃 ……………………1655
石香茅 ……………………1436
石香薷 ……………………1436
石蟹 ……………………1747
石血 ……………………1147
石血 ……………………1147
石崖茶 ……………………544
石岩枫 …………………… 658
石岩金 ……………………260
石油菜 ……………………891
石枣子 ………… 1606、1655
石钟乳 ……………………1820
石竹 ……………………… 440
石竹根 ……………………1531
石梓 ……………………1403
石梓 ……………………1403
实葫芦 ……………………533
实葫芦根 ……………………533
食胧 ……………………1753
食用土当归 ……………1043
莳萝 ……………………1058
莳萝子 ……………………1058
使君子 …………………… 578
使君子 ……………………578
似荆 ……………………1407
似铁屎米 ……………………1173
柿 ……………………1082
柿 ……………………1082
柿子 ……………………1082
匙萼柏拉木 ……………………568
匙萼金丝桃 …………… 589
匙羹藤 ……………………1158
匙羹藤 ……………………1158
匙叶草 ……………………1298
匙叶草 ………… 1298、1306
匙叶伽蓝菜 …………… 431
匙叶伽蓝菜 ……………………431
匙叶黄杨 ……………… 839
匙叶茅膏菜 …………… 439
守宫 ……………………1804
守宫木 …………………… 667
首冠藤 …………………… 731
首冠藤 ……………………731
绶草 ……………………1657
绶草 ……………………1657
瘦风轮菜 ……………………1415
书带蕨 …………………… 225
梳帽卷瓣兰 ……………1606
舒筋草 ……………………194
舒筋散 ……………………1516
舒筋藤 ……………………376
疏果玉蕊 ……………………567
疏花吊兰 ……………………1513
疏花山绿豆 ……………………785
疏花蛇菰 ……………… 936
疏花卫矛 ……………… 915
疏花长柄山蚂蟥 ……… 785
疏花长柄山蚂蟥 ……………785
疏毛白绒草 ……………1432
疏毛白绒草 ……………………1432
疏柔毛罗勒 ……………1438
疏松卷柏 ……………… 197
疏松卷柏 ……………………197
疏叶卷柏 ……………… 199
疏叶崖豆 ……………… 800
疏叶崖豆藤 ……………………800
黍根 ……………………1701
黍茎 ……………………1701
黍米 ……………………1701
蜀葵 ……………………… 616
蜀葵根 ……………………616
蜀葵苗 ……………………616
蜀葵子 ……………………616
蜀漆 ……………………675
蜀黍 ……………………1710
鼠刺 ……………………… 674
鼠刺乌饭树 ……………………1080
鼠妇草 ……………………1691
鼠妇虫 ……………………1742
鼠妇画眉草 ……………………1691
鼠赖虫 ……………………1742
鼠李冬青 ……………………898

鼠曲草……1265
鼠麴草……1265
鼠尾草……1446
鼠尾草……1446
鼠尾粟……1711
鼠尾粟……1711
鼠粘……1742
薯豆……595
薯莨……1572
薯莨……1572
薯蓣……1578
薯蓣……1578
束花石斛……1619
束序苎麻……880
树扁竹……1650
树参……1046
树番茄……1322
树番茄……1322
树火麻……882
树茭瓜……1614
树节……1211
树韭菜……225
树救主……290
树萝卜……1070
树头芭蕉……1467
树头菜……411
树头菜……411
树猬……596
树五加……1050
树腰子……978
栓皮栎……851
栓皮栎……851
栓叶安息香……1104
栓叶安息香……1104
双斑蟋……1756
双叉犀金龟……1763
双齿多刺蚁……1764
双飞蝴蝶……1168
双盖蕨……227
双盖蕨……227
双钩……1214
双钩藤……1213、1214
双股箭……1227
双虎排牙……908
双花斑叶兰……1640
双花兜兰……1651
双花蟛蜞菊……1292
双花鞘花……926
双花鞘花……926
双棘拟海龙……1784
双瓢树根……278
双扇蕨……248
双肾参……1642
双肾藤……732
双穗雀稗……1702
双穗雀稗……1702
双眼灵……514
双眼龙……643
双籽棕……1587
双籽棕……1587
霜红藤……907
霜坡虎……873
水八角……1349
水半夏……1558
水薄荷……1349
水鳖……1452
水鳖……1452
水滨柳……488
水槟榔……408
水菖蒲……1541
水朝阳花……492
水车前……1452
水充草……1454
水底蜈蚣……1556
水丁香……493
水东哥……558
水东哥……558
水冬瓜……1196
水豆瓣……488
水番桃……577
水飞蓟……1282
水飞蓟……1282
水凤仙……484
水芙蓉……1348
水浮莲……1554
水浮萍……1554
水鬼蕉……1563
水鬼蕉……1563
水旱莲……1257
水禾麻……878
水红花子……456
水红木……1220
水红木……1220
水红树花……693
水胡椒……1227
水葫芦……1536
水虎尾……1418
水虎尾……1418
水黄杨木……425
水茴香……1349
水火麻……877
水藿香……1450
水金凤……484
水金凤……484
水金云母……1828
水锦树……1215
水锦树……1215
水晶兰……1081
水晶兰……1081
水蕨……224
水蕨……224
水蕨菜……231
水苦荬……1362
水苦荬……1362
水狼萁……220
水老虎……1418
水老鼠簕……1376
水雷公根……1063
水梨藤……555
水莲沙……684
水蓼……454
水柳……654
水龙……492
水龙……492、1417
水龙骨……258
水芦荻根……1704
水罗伞……783
水麻……881
水麻……602
水麻树……888
水麻芳……460
水麻叶……887、893
水马……1777、1779、1780、1781
水马齿苋……488
水马桑……1225
水毛花……1673
水毛花根……1673
水牛乳树……862
水硼砂……1300
水茄……1333
水茄……1333
水茄苳……567
水芹……1065
水芹……1065
水芹菜……1065
水泉……488
水莎草……1670
水莎草……1670
水杉……269
水杉……269
水蛇麻……861
水蛇麻……861
水虱草……1669
水虱草……1669
水石榴……1172
水石油菜……894
水丝麻……886
水松……269
水松草……224

水松皮……269
水松球果……269
水松叶……269
水松枝叶……269
水蓑衣……1381
水蓑衣……1381
水蓑衣子……1381
水塔花……1466
水塔花……1466
水塔花叶……1466
水田碎米荠……416
水田碎米荠……416
水同木……865
水同木……865
水兔……1738
水团花……1172
水团花……1172
水王孙……1452
水翁……561
水翁……561
水蕹菜……471
水蜈蚣……1670
水细麻……879
水虾子草……1350
水仙……1564
水仙花……1564
水仙桃草……1362
水苋菜……485
水苋菜……485、488、886
水线草……1186
水雁……1782、1783、1784
水杨柳……654
水杨梅……633、1172
水映草……492
水油甘……664
水油甘……664
水榆果……715
水榆花楸……715
水玉簪……1599
水玉簪……1599
水蕴……494
水藻……494
水泽……1453
水泽兰……437
水蔗草……1683
水蔗草……1683
水珍珠菜……1442
水珍珠菜……1442
水指甲……485
水指甲花……484
水珠草……491
水珠麻……881
水竹……1681
水竹……1681
水竹草……1464
水竹叶……1461
水竹叶……1461
水烛……1561
水苎麻……878
水苎麻……878
水葅草……1455
睡莲……352
睡莲……352
顺气豆……759
蒴莲……514
丝带蕨……251
丝带蕨……251
丝梗石斛……1618
丝瓜……526
丝瓜……526
丝瓜络……525
丝瓜叶……526
丝瓜子……526
丝裂玉凤花……1641
丝毛飞廉……1244
丝鳍海鲶……1776
丝穗金粟兰……395
丝线吊芙蓉……1077
思茅豆腐柴……1405
思茅清明花……1129
思茅清明花……1129
思茅山橙……1134
思茅蛇菰……936
思茅松……267
思茅藤……1132
思茅藤……1132
思茅崖豆……798
思茅獐牙菜……1298
思茅猪屎豆……762
思仲……838
斯里兰卡肉桂……311
斯里兰卡天料木……514
撕裂贝母兰……1613
四川冬青……906
四川冬青……906
四川轮环藤……367
四川轮环藤……367
四川山矾……1108
四川溲疏……674
四大天王……397
四方草·1351、1352、1428
四方蒿……1418
四方蒿……1418
四方麻……1363
四方麻……1363
四方木……748
四方青……1363
四方拳草……1351
四方台……515
四季菜……1233
四季豆……807
四季青……893、900
四角蛤蜊……1736
四角蛤蜊……1736
四角蒲桃……567
四角蒲桃……567
四孔草……1457
四块瓦……395、396、1305
四棱白粉藤……958
四棱白粉藤……958
四棱草……1448
四棱草……1363
四棱豆……809
四棱蒿……1418
四棱筋骨草……1448
四轮草……890
四蕊朴……854
四蕊朴……854
四叶参……1312
四叶草……396
四叶金……396
四叶拉拉藤……1181
四叶萝芙木……1139
四叶萝芙木……1139
四叶葎……1181
四叶七……1181
四照花……1037
四照花……1037
四照花果……1037
四照花皮……1037
四子柳……842
四子马蓝……1390
四子马蓝……1390
松蒿……1355
松蒿……1355
松花粉……267
松节……267
松香……267
松叶耳草……1189
松叶耳草……1189
松叶防风……1069
松叶蕨……192
松叶芹……1069
松叶西风芹……1069
松针……267
松脂……267
松子仁……267
菘蓝……417
宋拜（傣药）……720
宋共亮（傣药）……536

搜山虎……1565
搜山黄……1567
苏瓣石斛……1626
苏合香……835
苏合香……835
苏合香油……835
苏合油……835
苏门答腊萝芙木……1139
苏木……737
苏木……737
苏铁……265
苏铁根……265
苏铁果……265
苏铁花……265
苏铁蕨……237
苏铁蕨……237
苏铁叶……265
苏头……1442
素馨花……1117
素馨花……1117
宿苞豆……817
宿萼木……670
宿萼木叶……670
宿柱三角咪……839
粟糠……1708
粟米……1708
粟米草……445
粟米草……445
酸橙……970
酸豆……748
酸豆……748
酸格……720
酸果藤……1097、1128
酸猴儿……569
酸箕……481
酸浆……1326
酸浆……1326
酸模……463
酸模……463
酸模叶……463
酸模叶蓼……455
酸荞麦……448
酸石榴……490
酸苔菜……1096
酸苔菜……1096
酸汤杆……1220
酸藤果……1097
酸藤子……1097
酸藤子……1097
酸味子……633
酸味子……633
酸叶胶藤……1148
酸叶胶藤……1148
酸叶树……632、633
蒜……1504
蒜香藤……1372
蒜香藤……1372
算盘七……1644
算盘子……652
算盘子……652
算盘子根……652
算盘子叶……652
随军茶……791
随手香……1541
碎骨红……1071
碎骨仔树……924
碎骨子……1697
碎米果……1101
碎米荠……416
碎米蕨……221
碎米蕨……221
碎米兰……1001
碎米莎草……1666
碎米莎草……1666
碎米知风草……1693
檖……697
穗花杉……274
穗花杉根……274
穗花杉叶……274
穗花杉种子……274
穗花蛇菰……936
穗花香科科……1450
穗序鹅掌柴……1053
穗序木蓝……789
穗状狐尾藻……494
笋兰……1658
笋蛆……1764
笋锥螺……1727
笋锥螺……1727
娑罗子……1007
桫拉木……920
桫椤……212
桫椤鳞毛蕨……241
桫椤鳞毛蕨……241
梭果玉蕊……567
梭罗草……196
梭子蟹……1746
蓑草……1694
缩砂密……1486
缩砂仁……1486

T

塔花……1415
胎生狗脊……239
胎生铁角蕨……234
胎生铁角蕨……234
台北艾纳香……1240
台北艾纳香……1240
台琼海桐……506
台湾白条天牛……1760
台湾风藤……1212
台湾海棠……691
台湾海桐花……506
台湾金粟兰……397
台湾林檎……691
台湾毛楤木……1044
台湾泡桐……1354
台湾泡桐……1354
台湾泡桐叶……1354
台湾枇杷……687
台湾枇杷……687
台湾枪乌贼……1738
台湾榕……866
台湾榕……866
台湾十大功劳……359
台湾相思……720
台湾相思……720
台湾鱼木……410
台湾竹……1665
台乌……318
苔水花……892
太平爵床……1385
太平莓……710
太平莓……710
太平山壳骨……1385
太平洋牡蛎……1731
太阳草……792
太阳花……446
泰国大风子……510
泰国鳄……1800
泰国红厚壳……590
泰国黄叶树……429
泰国黄叶树……429
泰国沙姜……1487
泰竹……1683
泰竹……1683
昙花……542
昙花……542
痰火草……1458
檀梨……933
檀梨……933
檀香……934
檀香……934
檀香泥……934
檀香油……934
汤湿草……1353
唐菖蒲……1567
棠梨树……698
塘葛菜……420
糖胶树……1127

糖胶树 ······ 1127
糖树 ······ 1587
糖棕 ······ 1587
糖棕 ······ 1587
螳螂跌打 ······ 1555
螳螂跌打 ······ 1555
桃 ······ 680
桃根 ······ 680
桃红颈天牛 ······ 1759
桃花 ······ 680
桃胶 ······ 680
桃金娘 ······ 563
桃金娘 ······ 563
桃榄 ······ 1086
桃榄 ······ 1086
桃仁 ······ 680
桃叶 ······ 680
桃叶珊瑚 ······ 1034
桃子 ······ 680
藤茶 ······ 951、953
藤杜仲 ······ 910
藤耳草 ······ 1190
藤甘草 ······ 785
藤构 ······ 499
藤壶 ······ 1740
藤花椒 ······ 994
藤槐 ······ 753
藤槐 ······ 753
藤黄 ······ 591
藤黄 ······ 591
藤黄檀 ······ 766
藤金合欢 ······ 721
藤金合欢 ······ 721
藤桔 ······ 1554
藤菊 ······ 1249
藤苦参 ······ 1171
藤麻 ······ 896
藤麻 ······ 896
藤漆 ······ 1026
藤三七 ······ 477
藤商陆 ······ 1340
藤石松 ······ 194
藤檀 ······ 766
藤甜菜 ······ 520
藤仲 ······ 1131
提云草 ······ 937
剃头刀树 ······ 833
天冬 ······ 1507、1508
天狗胆 ······ 1256
天胡荽 ······ 1063
天胡荽 ······ 1063
天花粉 ······ 534
天花粉栝楼 ······ 532
天脚板 ······ 1034
天脚板根 ······ 1034
天脚板果 ······ 1034
天葵 ······ 346
天葵草 ······ 346
天葵子 ······ 346
天蓝苜蓿 ······ 794
天蓝苜蓿 ······ 794
天良草 ······ 1181
天料木 ······ 513
天料木 ······ 513
天麻 ······ 1639
天麻 ······ 1639
天蔓青 ······ 1244
天门冬 ······ 1507
天门冬 ······ 1507
天名精 ······ 1244
天名精 ······ 1244
天目杜鹃 ······ 1074
天南星 ······ 1545
天南星 ······ 1545
天牛 ······ 1759、1760、1761
天藕儿 ······ 695
天蓬草 ······ 187、444
天茄 ······ 1341
天茄儿 ······ 1336
天茄子 ······ 1341
天青地白草 ······ 1266
天青地白扭 ······ 709
天然冰片 ······ 559
天师栗 ······ 1007
天台乌 ······ 312
天仙果 ······ 865
天仙果 ······ 865
天仙藤 ······ 368
天仙藤 ······ 376
天香藤 ······ 722
天香藤 ······ 722
天星木 ······ 1210
天星藤 ······ 1157
天星藤 ······ 1157
天泽香 ······ 998
天竺黄 ······ 1677、1707
天竺葵 ······ 480
添钱果 ······ 1330
田边菊 ······ 1259、1440
田葱 ······ 1599
田葱 ······ 1599
田方骨 ······ 300
田方骨 ······ 300
田高粱 ······ 1669
田鸡草 ······ 374
田基豆 ······ 817
田基黄 ······ 1266
田基黄 ······ 587、1266
田基麻 ······ 1316
田基麻 ······ 1316
田菁 ······ 816
田菁 ······ 816
田麻 ······ 597
田麻 ······ 597
田石梅 ······ 492
甜菜 ······ 667
甜草 ······ 1185
甜草根 ······ 1696
甜茶 ······ 713
甜茶藤 ······ 951
甜根子草 ······ 1706
甜根子草 ······ 1706
甜瓜 ······ 520
甜瓜蒂 ······ 520
甜瓜根 ······ 520
甜瓜花 ······ 520
甜瓜茎 ······ 520
甜瓜皮 ······ 520
甜瓜叶 ······ 520
甜瓜子 ······ 520
甜果藤 ······ 922
甜螺 ······ 1723
甜麻 ······ 597
甜石榴 ······ 490
甜叶菊 ······ 1286
甜叶菊 ······ 1286
甜叶悬钩子 ······ 713
甜槠 ······ 846
甜槠 ······ 846
甜槠子 ······ 846
甜竹 ······ 1679
条穗苔草 ······ 1663
条穗苔草 ······ 1663
条纹髭鲷 ······ 1787
条叶百合 ······ 1519
条叶百合 ······ 1519
条叶蓟 ······ 1248
条叶猕猴桃 ······ 556
条竹 ······ 1682
跳八丈 ······ 636
跳皮树 ······ 1116
跳鱼 ······ 1792
贴生石韦 ······ 258
贴生石韦 ······ 258
铁包金 ······ 937
铁包金 ······ 937、938
铁鞭草 ······ 793
铁草鞋 ······ 1160
铁草鞋 ······ 1159、1160
铁秤铊 ······ 885

铁秤砣……696
铁刀木……741
铁灯兔耳风……1228
铁冬青……905
铁冬青……905
铁斧……1791
铁杆地柏枝……234
铁杆水草……891
铁高杯……574
铁箍散……296
铁股路……1116
铁骨散……295
铁海棠……647
铁海棠……647
铁海棠花……647
铁箭岩陀……789
铁脚威灵……1257
铁脚一把伞……190
铁菊……1251
铁筷子……718
铁梨树……698
铁力木……593
铁力木……593
铁菱角……488、1538
铁罗伞……747
铁马鞭……793
铁马鞭……793
铁马豆……788
铁芒萁……206
铁芒萁……206
铁米……539
铁牛皮……497
铁皮兰……1631
铁皮石斛……1631
铁皮石斛……1631
铁扫帚……792
铁色……1085
铁树……1580
铁丝蕨……222
铁藤……366
铁苋菜……630
铁苋菜……630
铁线蕨……222
铁线莲……336
铁线莲……336
铁线树……313
铁血藤……366
铁仔……1101
铁轴草……1451
铁轴草……1451
莛花水竹叶……1460
庭藤……787
庭藤……787
葶苈子……417
通草……1056
通肠香……1230
通城虎……378
通城虎……378
通关藤……1161
通光散……1164
通光散……1164
通经草……220
通奶草……647
通奶草……647
通气香……300
通泉草……1353
通天连……1168
通天连……1168
通脱木……1056
通心菜……1340
同色兜兰……1651
同色兜兰……1651
茼蒿……1246
茼蒿……1246
桐叶千金藤……373
桐叶藤……679
铜锤草……482
铜锤玉带草……1316
铜锤玉带草……1316
铜锣伞……787
铜皮石斛……1624
铜钱草……776、1059
铜钱麻黄……817
铜钱树……940
铜线草……1702
筒瓣兰……1602
筒瓣兰……1602
筒轴草……1705
筒轴草……1705
筒轴茅……1705
头花耳草……1185
头花蓼……451
头花蓼……451
头花银背藤……1335
头序楤木……1043
头序楤木……1043
头状花耳草……1185
头状四照花……1036
透骨草……670、1407
透骨香……1073
透骨消……1072
透茎冷水花
透茎冷水花……895
透明草……892
秃叶黄檗……987
秃叶黄檗……987
涂藤头……1188
土白芨……1657
土半夏……1558
土参……1050
土柴胡……1233
土常山……675、678
土沉香……496
土大黄……465
土大香……290
土党参……1311
土丁桂……1339
土丁桂……1339
土豆……1334
土杜仲……1131
土防风……1413
土防己……367
土蜂……1765
土茯苓……1539
土茯苓……1539
土甘草……770、891、893、1357
土藁本……1064
土桂皮……304、309
土厚朴……280
土淮山……1577
土黄柏……356
土黄连……356、357
土黄芪……301
土黄芩……1449
土藿香……1411
土金耳环……384
土荆荠……1437
土荆芥……468
土荆芥……468、1433
土精……1050
土连翘……1192
土连翘……587、1192
土漏芦……1516
土马鬃……190
土密树……637
土密树……637
土牡丹花……1075
土木香……365、376
土木贼……200
土牛膝……469
土牛膝……469
土人参……447
土人参……447
土肉桂……304
土三七……459、477、1052、1268
土砂仁……1472
土芍药……1254
土坛树……1040

土藤……370
土田七……1495
土田七……1495
土细辛……344、382、383、1262
土香薷……1418
土茵陈……1358
土银花……1216、1217
土玉桂……325
土元……1752
吐根……1174
吐根……1174
吐鲁胶……805
吐鲁香……805
吐血草……465
吐烟草……889
吐烟花……889
吐烟花……889
兔儿伞……1286
兔儿伞……1286
兔耳草……1337
兔耳风……1229
兔耳兰……1616
兔耳兰……1616
兔耳一支箭……1264
兔仔肠……1198
菟丝子……1337
团花……1203
团花……1203
团扇叶秋海棠……539
团叶鳞始蕨……214
团叶子……656
团羽铁线蕨……222
托盘……708
拖法（傣药）……756
脱皮马勃……185
鼍鳄鱼……1800
椭圆线柱苣苔……1370
椭圆悬钩子……707
椭圆悬钩子……707
椭圆叶齿果草……429

W

挖耳草……1364
挖耳草……1364、1448
蛙螺……1723
蛙皮藤……875
娃儿草……1313
娃儿藤……1169
娃儿藤……1169
娃娃皮……499
娃娃拳……599
娃娃鱼……1799
瓦草参……443
瓦松……431
瓦松……430、431
瓦韦……254
瓦韦……254
腽肭脐……1809
歪脖子果……593
歪歪果……593
歪先孙（傣药）……1170
歪叶秋海棠……536
外弦须（傣药）……497
弯鹅观草……1705
弯钩刺竹……1675
弯管花……1175
弯管花……1175
弯曲碎米荠……416
弯蕊开口箭……1531
弯蕊开口箭……1531
弯穗鹅观草……1705
弯腰果……946
豌豆……809
豌豆……809
晚贺申（傣药）……1514
晚香玉……1584
晚香玉……1584
碗蕨……212
碗蕨……212
万年青……1530
万年青……864、1394、1530、1562
万寿菊……1287
万寿菊……1287
万寿竹……1515
万寿竹……1515
万丈深……1253
万丈深……1253
王不留行……445
网络崖豆藤……800
网络崖豆藤……800
网脉唇石斛……1626
网脉山龙眼……502
网脉山龙眼……502
网脉酸藤子……1098
网脉酸藤子……1098
网脉蛛毛苣苔……1370
网膜籽……1192
网球花……1562
网球石蒜……1562
网叶山胡椒……315
网叶山胡椒……315
网状软柳珊瑚……1715
网状软柳珊瑚……1715
忘忧草……1516
望春花……279
望春玉兰……279
望江南……741
望江南……741
望江南子……741
望天树……560
威灵仙……335
威灵仙……335
蒖芝……860
微毛布惊……1409
微毛布惊……1409
微毛诃子……582
微毛柃……550
微毛柃……550
微毛山矾……1110
微毛山矾……1110
微柱麻……881
薇籽……634
尾巴草……227
尾花细辛……382
尾花细辛……382
尾脊草……1301
尾穗苋……472
尾叶木蓝……787
尾叶木蓝……787
尾叶那藤……362
尾叶那藤……362
尾叶山茶……545
尾叶山柑……409
尾叶血桐……656
尾叶远志……425
尾叶紫金牛……1088
尾叶紫金牛……1088
委陵菜……695
委陵菜……695
萎蕤……1527
卫矛……911
卫矛……911
味卖龙……1160
猬菌……184
温莪术……1491
温郁金……1491
温郁金……1491
文档海（傣药）……1515
文蛤……1735
文蛤……1735
文殊兰……1561
文殊兰果……1561
文竹……1509
文竹……1509
纹瓣兰……1614
蚊蚊草……1693
翁仔树……502

蕹菜……1340
蕹菜……1340
莴苣……1272
莴苣……1272
莴笋花……1487
莴笋花……1487
乌材……1082
乌材子……1082
乌点规……1328
乌爹泥……719
乌豆……785
乌饭树……1080
乌饭树……1080
乌肺叶……1099
乌骨藤……299、1164
乌龟……1802
乌脚芒……222
乌脚枪……223
乌桕……666
乌桕……666
乌桕大蚕蛾……1758
乌蕨……214
乌蕨……214
乌口树……1211
乌榄……999
乌榄……999
乌蔹莓……954
乌蔹莓……954、955
乌龙摆尾……714
乌龙摆尾叶……714
乌毛蕨……237
乌毛蕨贯众……237
乌梅……681
乌墨……565
乌泡倒触伞……706
乌泡子……710
乌皮鳝……1776
乌扇……1565
乌檀……1202
乌檀……1202
乌塘鳢……1795
乌塘鳢……1795
乌药……312
乌药……312
乌药苗……315
乌药叶……312
乌药子……312
乌鱼……1795
乌元参……1358
乌苑藤……1199
无瓣蔊菜……420
无瓣蔊菜……420
无瓣枣……944
无苞楼梯草……884
无柄赤芝……184
无柄沙参……1311
无柄沙参……1311
无柄卫矛……912
无柄紫堇……403
无刺菝葜……1540
无刺含羞草……728
无莿根……950
无根藤……303
无根藤……303
无花果……863
无花果……863
无花果根……863
无花果叶……863
无患子……1015
无患子……1015
无毛崖爬藤……964
无蹼壁虎……1804
无腺白叶莓……709
无腺白叶莓……709
无心菜……439
无爷藤……303
无叶藤……1166
无忧花……748
无柱兰……1600
无柱兰……1600
吴萸……980
吴茱萸……980
吴茱萸……980
唔帕（傣药）……1544
梧桐……603
梧桐……603
蜈蚣……1750
蜈蚣草……201、219
蜈蚣凤尾蕨……219
蜈蚣蕨……219
蜈蚣松萝……187
蜈蚣藤……1554
五瓣寄生……925
五瓣子楝树……561
五瓣子楝树……561
五倍子……1028、1029
五彩苏……1416
五彩苏……1416
五彩芋……1547
五彩芋……1547
五层龙……920
五齿剑……219
五除叶……981
五代同堂……1039
五代同堂根……1039
五虎通城……378
五加……1046
五角星……1769
五节芒……1698
五节芒……1698
五楞金刚……648
五裂槭……1017
五裂槭……1017
五岭龙胆……1296
五岭龙胆……1296
五岭细辛……384
五蕊寄生……924
五蕊寄生……924
五色梅……1404
五托莲……1095
五乌拉叶……1010
五香草……1439
五眼果……1024
五眼子……1199
五叶地锦……961
五叶地锦……961
五叶泡……705
五叶山小桔……983
五叶薯……1340
五叶薯蓣……1576
五叶薯蓣……1576
五叶藤……1340
五叶铁线莲……339
五月艾……1233
五月茶……632
五月茶……632
五月瓜藤……361
五月泡……706
五爪金龙……1340
五爪金龙……1340
五爪龙……868
五指枫……959
五指柑……1408
五指毛桃……868、872
五指毛桃果……872
五指茄……1331
五指山参……615
五指山参叶……615
午时花……606
午时花……446、606
舞草……760
舞草……760
舞花姜……1491
舞花姜……1491
雾水葛……896
雾水葛……896

X

西番莲……515

西番莲……515
西方蜜蜂……1766
西格拿（佤药）……1526
西瓜……519
西瓜……519
西瓜根叶……519
西瓜皮……519
西瓜霜……519
西瓜子壳……519
西瓜子仁……519
西红花……1566
西红柿……1325
西麻先（傣药）……582
西南笐子梢……755
西南金丝梅……587
西南金丝桃……587
西南蕨麻……696
西南木荷……553
西南山梗菜……1316
西南水芹……1066
西南宿苞豆……817
西南卫矛……914
西南文殊兰……1562
西南文殊兰……1562
西南五月茶……632
西南五月茶……632
西南绣球……675
西南绣球……676
西青果……581
西施舌……1736
西施舌……1736
西双版纳粗榧……274
西洋菜干……419
西洋红……1447
西洋梨……698
西洋梨……698
西印度樱桃……628
西域旌节花……831
西域青荚叶……1037
吸铁石……1817
菥蓂……420
菥蓂……420
稀羽鳞毛蕨……242
稀羽鳞毛蕨……242
犀粪蜣……1762
犀黄……1811
锡兰防风……1432
锡兰橄榄……595
锡兰榄……595
锡兰榄……595
锡兰莲……343
锡兰肉桂……311
锡兰绣球……1431
锡生藤……364
锡生藤……364
锡叶藤……504
锡叶藤……504
溪边蜂斗草……576
溪黄草……1427
溪黄草·1425、1426、1427
溪畔落新妇……435
豨莶……1281
豨莶……1281
蟋蟀……1756
习见赤蛙螺……1723
习见蓼……458
习见蛙螺……1723
喜光花……631
喜光花……631
喜旱莲子草……471
喜花草……1380
喜马合欢……724
喜树……1041
喜树……1041
戏铁石……1817
细柄阿丁枫……832
细柄薯蓣……1578
细柄薯蓣……1578
细柄蕈树……832
细柄蕈树……832
细草乌……342
细齿山芝麻……604
细齿山芝麻……604
细齿叶柃……551
细齿叶柃……551
细雕刻肋海胆……1770
细雕刻肋海胆……1770
细防风……1253
细榧……276
细风轮菜……1415
细凤尾草……220
细甘淫……653
细梗惠特木……829
细梗香草……1301
细梗香草……1301
细果冬青……904
细红背草……1258
细红藤……369
细花百部……1569
细花百部……1569
细花木莲……285
细花乳豆……784
细花首冠藤……732
细花线纹香茶菜……1426
细黄草……1628
细角疣犀金龟……1762
细茎石斛……1629
细茎石斛……1627
细罗伞……1086
细罗伞……1086、1091
细脉斑鸠菊……1290
细木通……340
细穗石松……194
细穗兔儿风……1229
细苋……473
细辛……383
细野麻……878
细叶桉……562
细叶桉……562
细叶枫……832
细叶黄杨……839
细叶卷柏……198
细叶卷柏……198
细叶七星剑……1435
细叶青冈……849
细叶沙参……1313
细叶石斛……1626
细叶石斛……1626
细叶石仙桃……1655
细叶石仙桃……1655
细叶鼠曲草……1266
细叶鼠麴草……1266
细叶水团花……1172
细叶四叶葎……1181
细叶小苦荬……1271
细叶野牡丹……570
细叶野牡丹……570
细圆藤……370
细轴荛花……500
细竹草……1464
细竹蒿草……1461
细竹蒿草……1461
细柱五加……1046
细锥香茶菜……1424
细锥香茶菜……1424
虾脊兰……1609
虾脊兰……1609、1617、1630、1636
虾辣眼……549
虾蠊菜……472
虾须草……1281
虾须草……1281
虾须豆……783
虾衣草……1379
虾衣花……1379
虾子草……1190
虾子花……489
虾子花叶……489
鰕姑……1777、1778、1779、1780、1781

狭瓣绣球……676
狭苞姜花……1492
狭苞櫜吾……1274
狭翅大刀螳……1754
狭翅铁角蕨……236
狭翅铁角蕨……236
狭穗阔蕊兰……1653
狭穗鹭兰……1653
狭纹虎鲨……1772
狭纹虎鲨……1772
狭眼凤尾蕨……216
狭眼凤尾蕨……216
狭叶巴戟……1195
狭叶海桐……505
狭叶鸡眼藤……1195
狭叶楼梯草……883
狭叶密花树……1102
狭叶母草……1350
狭叶母草……1350
狭叶山梗菜……1314
狭叶山胡椒……312
狭叶山黄麻……855
狭叶土沉香……650
狭叶绣线菊……717
狭叶栀子……1183
狭叶栀子……1183
狭叶醉鱼草……1110
下齿细螯寄居蟹……1745
下田菊……1227
下田菊……1227
夏枯草……1444
夏枯草……1444
夏拉毕罕（傣药）……561
夏兰……1615
夏天无……403
夏天无……403
夏威夷果……503
仙草……1434
仙甘藤……1201
仙鹤草……680
仙茅……1596
仙茅……1596
仙人球……542
仙人球……542
仙人掌……542
仙人掌……542
仙桃……1084
仙桃草……485
先飞（傣药）……1686
先勒（傣药）……357、359
先轮竿（傣药）……1649
纤齿罗伞……1045
纤齿罗伞……1045
纤冠藤……1157
纤冠藤……1157
纤花耳草……1190
纤花耳草……1190
纤穗柳……841、842
纤细苦荬菜……1271
纤序柳……841
纤序柳……841
纤枝山柑……408
纤枝兔耳风……1228
纤枝兔耳风……1228
暹罗鳄……1800
暹罗香菜……1419
暹罗竹……1683
咸草……1666
咸水草……1666
咸虾花……1291
咸虾花……1227、1291
显齿蛇葡萄……951
显脉密花豆……820
显脉密花豆……820
显脉山绿豆……775
显脉山绿豆……775
显脉香茶菜……1426
显脉香茶菜……1426
显脉羊耳菊……1257
显柱南蛇藤……910
显子草……1703
显子草……1703
蚬壳花椒……991
蚬肉秋海棠……537
苋……473
苋……473
苋菜子……472
苋实……473
苋子……473
线柏……269
线柏……269
线苞木蓝……786
线萼山梗菜……1315
线鸡腿……573
线蕨……249
线蕨……249
线纹海马……1780
线纹鳗鲶……1776
线纹香茶菜……1425
线叶蓟……1248
线叶蓟……1248
线叶金鸡菊……1251
线叶水芹……1066
线叶猪屎豆……763
线叶猪屎豆……763
线柱苣苔……1370
腺梗菜……1227
腺梗豨莶……1281
腺毛千斤拔……781
腺毛千斤拔……781
腺茉莉……1398
腺茉莉……1398
腺叶稠李……689
腺叶桂樱……689
腺叶桂樱……689
腺叶野樱……689
腺缘山矾……1107
腺缘山矾……1107
相似石韦……259
相似石韦……259
相思树……721、769
相思仔……769
相思子……750
相思子……750
香艾……1239
香柄树……1223
香菜雀……1346
香草兰……1659
香茶菜……1424
香茶菜……1424
香茶菜根……1424
香椿……1005
香椿……1005
香葱……1502
香豆……807
香豆蔻……1483
香豆蔻……1483
香榧……276
香榧草……1692
香粉叶……315
香附……1667
香附子……1667
香港大沙叶……1205
香港隔距兰……1612
香港黄檀……766
香港黄檀……766
香港樫木……1003
香港樫木……1003
香港蒟……388
香港马兜铃……381
香港双蝴蝶……1299
香港双蝴蝶……1299
香港四照花……1036
香港四照花……1036
香港四照花果……1036
香港算盘子……653
香港算盘子……653
香港细辛……383
香港远志……427
香港远志……427
香樁树……321

香根 1686
香根草 1686
香构 499
香瓜 520
香桂 310
香桂皮 310
香果树 1180
香果树 1180
香合欢 724
香花秋海棠 539
香花崖豆藤 797
香花崖豆藤 797
香花羊耳蒜 1645
香花羊耳蒜 1645
香荚兰 1659
香姜 1495
香胶木 302
香蕉 1467
香蕉 1467
香蕉花 286
香蓼 460
香蓼 460
香鳞始蕨 214
香露兜 1594
香露兜 1594
香茅 1688
香茅草 1686
香面叶 311
香皮树 1018
香蒲 1561
香茜藤 724
香青 1230
香秋海棠 539
香薷 1418
香薷 1435、1436
香薷状霜柱 1429
香薷状香简草 1429
香薷状香简草 1429
香石龙尾 1348
香石藤 295
香树皮 1018
香水百合 1518
香水树 298
香丝草 1250
香须树 724
香雪兰 1567
香雪兰 1567
香叶 315
香叶树 313
香叶树 313、315
香叶天竺葵 480
香叶天竺葵 480
香叶子 1072
香叶子树 312
香油果 311
香橼 973
香橼 973
香泽兰 1263
香樟 310
香子含笑 287
香子含笑 287
镶边海星 1769
镶边海星 1769
响铃草 762
响铃豆 761
响铃豆 761
响螺 1726
响叶杨 840
响叶杨 840
向日葵 1269
向日葵 1269
向阳花 1263、1269
项链冷水花 893
象鼻草 1319
象鼻藤 767
象鼻藤 767
象胆 1505、1506
象耳豆 728
象耳豆 728
象头花 1545
象头花 1545
象头蕉 1467
象腿芭蕉 1466
象腿蕉 1466
橡胶榕 864
橡皮鱼 1798
小暗消 1171
小八瓜 362
小白蜡 1121、1123
小白药 599、1162
小背笼 572
小萹蓄 458
小驳骨 1383
小驳骨 1383
小苍兰 1567
小草蔻 1470
小菖兰 1567
小巢菜 827
小巢菜 827
小车前 1309
小齿锥花 1422
小齿锥花 1422
小赤麻 880
小赤麻 880
小赤麻根 880
小刺毛树 1401
小刺山柑 408
小刺蒴麻 601
小带鱼 1789
小带鱼 1789
小地柏 198
小冬青 906
小冬桃 594
小毒芋 1557
小杜鹃 1076
小萼菜豆树 1375
小萼菜豆树 1375
小萼瓜馥木 299
小萼瓜馥木 299
小二仙草 494
小二仙草 494
小发散 1020
小飞蓬 1250
小飞扬草 649
小风艾 1276
小凤尾草 1674
小甘淫 653
小柑 983
小功劳 1206、1207
小钩耳草 1191
小狗骨柴 1180
小构树叶 859
小构树汁 859
小姑娘茶 1100
小广藤 370
小龟背石斛 1627
小果菝葜 1538
小果菝葜 1538
小果调羹树 503
小果冬青 904
小果冬青 904
小果金花茶 548
小果排草 1304
小果泡花树 1018
小果葡萄 965
小果蔷薇 699
小果蔷薇 699
小果榕 866
小果山龙眼 502
小果微花藤 922
小果香草 1304
小果香草 1304
小果叶下珠 664
小果叶下珠 664
小果枣 945
小果枣 945
小果皂荚 745
小果皂荚 745
小过江龙 195
小过路黄 1302

小过山龙……195
小海龙……1783
小寒药……371
小号风沙藤……293
小号一包针……1264
小黑面叶……637
小红参……1209
小红蒿……1254
小红米果……1397
小红人……452
小红蒜……1567
小红药……1347
小花八角……290
小花八角枫……1039
小花八角枫……1039
小花斑叶兰……1641
小花斑籽……634
小花扁担杆……599
小花钗子股……1646
小花钗子股……1646
小花吊兰……1513
小花吊兰……1513
小花黄堇……404
小花荠苎……1435
小花姜花……1493
小花姜花……1493
小花金钱豹……1311
小花琉璃草……1318
小花琉璃草……1318
小花龙牙草……680
小花龙牙草……680
小花青藤……327
小花青藤……327
小花清风藤……1021
小花清风藤……1021
小花蜻蜓兰……1658
小花山小橘……982
小花山猪菜……1342
小花生藤……794
小花酸藤子……1097
小花烟……1326
小花鸢尾……1568
小花鸢尾……1568
小花远志……425
小花蜘蛛抱蛋……1510
小花蜘蛛抱蛋……1510
小花柊叶……1501
小画眉草……1693
小画眉草……1693
小槐花……772
小槐花……772
小黄构……499
小黄果……1112
小黄花石斛……1627
小黄素馨……1118
小茴香……1061
小火草……1264
小火绳……599
小鸡条……312
小蓟……1247、1248
小荚蛏……1737
小荚蛏……1737
小接骨……1350
小接骨丹……1227
小金发藓……189
小金梅草……1597
小金梅草……1597
小金牛草……425
小金钱草……1338
小九节铃……964
小九龙盘……887
小苦药……522
小蜡……1123
小蜡……1123
小梾木……1038
小藜……468
小藜芦……1533
小礼花……481
小李仁……682
小粒咖啡……1177
小粒咖啡……1177
小连翘……586
小连翘……586、588
小蓼花……456
小蓼花……456
小龙牙……696
小鹿角兰……1604
小露兜……1595
小露兜……1595
小罗伞……1090
小绿刺……409
小麻……598
小麻药……1285
小麻叶……387、887
小马耳朵……1317
小麦……1712
小馒头草……1256
小芒……1684
小毛姜花……1493
小毛毛花……407
小美石斛……1618
小猛虎……705
小米柴……1073
小面瓜……636
小木通……334
小木通……334、338、340
小年药……477
小盘木……659
小盘木……659
小蓬草……1250
小蓬草……1250
小漆树……1030
小窃衣……1069
小窃衣……1069
小雀花……756
小山艾……1250
小舌唇兰……1656
小舌菊……1275
小舌菊……1275
小舌鹭兰……1643
小舌玉凤兰……1643
小蛇根草……1204
小蛇莲……524
小伸筋……195
小升麻……331
小升麻……331
小石芥……891
小石韦……259
小石仙桃……1655
小酸浆……1327
小酸浆……1327
小蓑衣藤……337
小蓑衣藤……337
小田基黄……587
小通草……830、831
小铜锤……1285
小万年青……906
小尾光叶……572
小乌泡根……710
小无心菜……439
小五爪龙……964
小午草……987
小悬铃花……622
小旋花……1337
小血藤……295、296
小血藤叶……296
小盐灶菜……1355
小杨柳……633
小野艾……1233
小野鸡尾……221
小野蚂蚱豆……816
小野芝麻……1421
小叶爱楠……1071
小叶巴戟天……1199
小叶灯台……1149
小叶冬青……1123
小叶凤凰……227
小叶干花豆……784
小叶干花豆……784
小叶海金沙……209

小叶黑面神 637
小叶红叶藤 1031
小叶鸡屎树 1193
小叶寄树兰 1657
小叶假糙苏 1440
小叶冷水花 892
小叶买麻藤 276
小叶买麻藤 276
小叶猕猴桃 556
小叶猕猴桃 556
小叶南蛇簕 721
小叶女贞 1123
小叶女贞 1123
小叶葡萄 967
小叶葡萄 967
小叶青 1641
小叶青冈 849
小叶榕 864
小叶三点金 773
小叶三点金 773
小叶山鸡尾巴草 228
小叶石楠 694
小叶双眼龙 641
小叶团花 1172
小叶五月茶 633
小叶眼树莲 1155
小叶云实 735
小叶云实 735
小叶猪殃殃 1181
小叶猪殃殃 1181
小一点红 1258
小一点红 1258
小鱼仙草 1437
小鱼眼草 1255
小芸木 983
小芸木 983
小粘药 335、625
小种楠藤 1098
小柱悬钩子 706
小柱悬钩子 706
小紫花菜 1068
小紫金牛 1088
小紫金牛 1088
小粽包 1533
篠悬叶瓜木 1040
肖菝葜 1537
肖菝葜 1537
肖牛耳菜 1165
肖牛耳藤 1165
肖紫草 1348
哮喘草 1169
楔叶豆梨 698
斜方复叶耳蕨 239
斜方复叶耳蕨 239
斜基粗叶木 1193
斜基粗叶木 1193
斜叶黄檀 769
斜叶黄檀 769
斜叶榕 873
斜叶榕 873
斜叶榕叶 873
鞋底叶树 656
薤白 1503
蘚宝叶 600
蟹爪兰 543
蟹爪兰 543
心胆草 492
心萼薯 1335
心萼薯 1335
心叶半夏 1552
心叶风毛菊 1278
心叶风毛菊 1278
心叶黄花稔 623
心叶黄花仔 623
心叶荆芥 1437
心叶荆芥 1437
心叶瓶尔小草 203
心叶兔儿风 1227
心叶紫金牛 1094
心叶紫金牛 1094
心翼果 921
辛矧 281、282
辛夷 279、281、282
新店悬钩子 711
新会陈皮 976
新裂耳蕨 244
新米花 717
新木姜子 323
新木姜子 323
新月蕨 232
新竹石斛 1624
信阳古茶树 549
星草 1269
星刺卫矛 910
星果藤 628
星蕨 256
星蕨 256
星毛冠盖藤 679
星毛金锦香 573
星毛蕨 229
星毛蕨 229
星色草 442
星天牛 1759
星星草 1693
猩猩草 645
腥藤 923
兴山荚蒾 1223
兴山绣球 1223
杏 681
杏花 681
杏仁 681
杏香兔耳风 1228
杏香兔耳风 1228
杏叶防风 1067
杏叶茴芹 1067
杏叶沙参 1309
杏子 681
荇菜 1299
荇菜 1299
雄黄 1815
雄黄 1815
雄黄豆 740
雄黄兰 1565
雄黄兰 1565
熊胆草 1249
熊胆草 1249、1425、1427
秀丽楤木 1044
秀丽楤木 1044
秀丽火把花 1417
秀丽炮仗花 1417
绣花针 1179
绣球 677
绣球草 1431、1672
绣球防风 1431
绣球花 677
绣球绣线菊 716
绣线菊根 718
绣线菊子 718
锈斑白条天牛 1760
锈草 1324
锈毛白枪杆 1116
锈毛梣 1116
锈毛钝果寄生 929
锈毛钝果寄生 929
锈毛莓 712
锈毛莓 712
锈毛莓叶 712
锈毛忍冬 1217
锈毛蛇葡萄 952
锈毛铁线莲 338
锈毛铁线莲 338
锈毛野枣 946
锈毛叶野枣 945
锈叶新木姜子 324
锈叶新木姜子 324
须须草 1692
须药藤 1171
徐氏鸡血藤 802
徐长卿 1153
徐长卿 1153

许树 1400
序叶苎麻 877
续断菊 1283
续断菊 1283
续骨草 1219
续随子 647
萱草 1516
萱草 1516
玄参 1358
玄参 1358
玄明粉 1823
玄明粉 1823
悬铃叶苎麻 880
旋苞隐棒花 1549
旋覆花 1271
旋覆花 1271
旋花茄 1333
旋鸡尾 233
旋蒴苣苔 1365
雪胆 524
雪耳 180
雪花构 498
雪花皮 498
雪里梅 1204
雪球花 1159
雪下红 1096
雪下红 1096
雪药 887
血柏 275
血参 1294
血党 1087、1095
血蛤 1728
血和散 1204
血见草 459
血见愁 1451
血竭 1581、1582、1588
血盘草 1445
血散薯 371
血散薯 371
血师 1815
血水草 401
血水草 401
血丝大黄 465
血藤 294、802
血桐 657
血桐 657
血苋 477
血叶兰 1646
血叶兰 1646
寻风藤 1020
寻骨风 379
栒刺木 684
桪木 1116
蕈树 831

Y

丫雪海 471
鸦椿卫矛 912
鸦椿卫矛 912
鸦胆子 996
鸦胆子 996
鸦公藤 938
鸦麻 478
鸦片 402
鸭边窝 1428
鸭儿芹 1060
鸭儿芹 1060
鸭儿芹根 1060
鸭儿芹果 1060
鸭公青 806
鸭公树 324
鸭公树 324
鸭公头叶 938
鸭脚艾 1233
鸭脚板 344、1054
鸭脚茶 569
鸭脚茶 569
鸭脚罗伞 1045
鸭脚罗伞 1045
鸭脚木 1054
鸭脚木皮 1054
鸭咀花 752
鸭脷草 1350
鸭舌草 1537
鸭舌草 1272、1454、1537
鸭舌头 1454
鸭仔菜 1537
鸭爪稗 1691
鸭跖草 1456
鸭跖草 1456
鸭嘴花 1382
鸭嘴花 752、1382
鸭嘴癀 1350
牙齿硬 1206
牙带 1790
牙娥拔翠 574
牙鲆 1791
牙鲆 1791
牙痛草 1101
芽摆伯（傣药）443
芽摆恩（傣药）1207
芽摆来（傣药）956
芽办脱（傣药）201
芽比咪（傣药）1249
芽宾岗（傣药）1448
芽播朵（傣药）955
芽底丁（傣药）428
芽滇栽（傣药）1267
芽冬买蒿（傣药）1431
芽端项（傣药）1190
芽杆泵（傣药）1444
芽哈摆（傣药）522
芽哈楞（傣药）1253
芽哈留（傣药）1253
芽哈满囡（傣药）625
芽罕怀（傣药）762
芽夯糯（傣药）1650
芽喝贺囡（傣药）340
芽贺柏亮（傣药）1193
芽贺孩（傣药）1312
芽乎摆（傣药）1229
芽乎梅（傣药）1457
芽呼光（傣药）880
芽呼话（傣药）224
芽呼混（傣药）1229
芽呼拎（傣药）604
芽呼领（傣药）604
芽几角（傣药）1342
芽季马（傣药）1226
芽尖拎（傣药）1304
芽旧压（傣药）736
芽来喊方（傣药）406
芽了帕（傣药）385
芽亮（傣药）1326
芽林币（傣药）751
芽罗达秒（傣药）1614
芽罗勒（傣药）587
芽罗说（傣药）1254
芽落晚蒿（傣药）1257
芽迈恩（傣药）396
芽迈仗（傣药）314
芽满龙（傣药）711
芽闷莱（傣药）380
芽咩栽（傣药）190
芽母西龙（傣药）1522
芽姆希（傣药）1522
芽娜龙（傣药）1242
芽喃嫩（傣药）425
芽婻坝（傣药）518
芽婻该顿（傣药）1654
芽排德（傣药）1318
芽蓬满（傣药）1386
芽批弯（傣药）1435
芽千哈碟（傣药）1529
芽赛盖（傣药）1118
芽三摆（傣药）756
芽三英（傣药）316
芽三英囡（傣药）311、313
芽生约（傣药）605

芽帅柈（傣药）…………387
芽宋别囡（傣药）………452
芽晚卖（傣药）…………636
芽碗迭罗说（傣药）……343
芽我拎（傣药）…………457
芽卧命（傣药）…………1221
芽瞎蒿（傣药）…………781
芽先哈（傣药）…………347
芽些拢（傣药）…………1067
芽辛朵囡（傣药）………1247
芽辛孩（傣药）…………471
芽辛马（傣药）…………761
芽音龙（傣药）…………1412
芽引庄（傣药）…………1400
芽扎方（傣药）…………933
芽扎乱（傣药）…… 639、641
崖豆藤…………………799
崖花海桐叶……………505
崖花海桐子……………505
崖姜蕨………………262
崖姜蕨…………………262
崖爬藤………………964
雅红隆…………………364
雅解沙多（傣药）………1211
雅榕…………………864
亚棱侧…………………918
亚麻…………………478
亚麻……………………478
胭木…………………1149
胭木……………………1149
胭脂木…………………507
烟草…………………1326
烟草……………………1326
烟袋草…………………1245
烟管头草……………1245
烟管头草………………1245
烟梦花…………………1536
延胡索………………406
延胡索…………………406
延龄耳草……………1189
延龄耳草………………1189
延叶排草………………1302
延叶珍珠菜…………1302
延叶珍珠菜……………1302
延羽卵果蕨…………231
延羽针毛蕨……………231
芫荽…………………1060
岩白菜…………………1365
岩柏……………………198
岩柴……………………314
岩菖蒲………………1531
岩葱……………………1647
岩风子…………………224
岩凤尾蕨……………217
岩凤尾蕨………… 216、217
岩浮萍…………………222
岩胡椒…………………485
岩黄连…………………405
岩浆草…………………1159
岩角……………………1658
岩角藤…………………1556
岩楞子…………………684
岩瓢子…………………1531
岩山枝…………………1134
岩虱子…………………223
岩柿…………………1081
岩笋……………………1658
岩巫散…………………253
岩下青…………………889
岩穴千里光…………1249
岩芋…………………1555
岩泽兰…………………1368
岩子果…………………1072
沿阶草………………1521
沿阶草…………………1522
盐巴菜…………………511
盐肤木………………1028
盐花椒…………………989
盐匏藤果………………947
盐酸树…………………1029
兖州卷柏……………197
兖州卷柏………………197
眼斑河鲀………………1797
眼树莲………………1155
眼树莲…………………1155
眼子菜………………1455
眼子菜…………………1455
砚山红…………………574
艳山姜………………1477
艳山姜…………………1477
燕菜……………………1808
燕根……………………1808
燕麦草…………………1685
燕尾扁竹兰……………1650
燕尾草…………………515
燕窝……………………1808
燕子尾…………………516
秧青…………………765
秧芯……………………1660
羊巴巴…………………1432
羊巴巴叶………………1111
羊肠枣…………………1812
羊脆木………………505
羊脆木…………………505
羊耳朵树………………678
羊耳菊………………1270
羊耳菊…………………1270
羊耳兰…………………1645
羊耳蒜………………1644
羊甘石…………………1819
羊胡子草………………1668
羊角……………………743
羊角拗………………1144
羊角拗…………………1144
羊角拗子………………1144
羊角菜…………………1074
羊角榧…………………276
羊角扭花………………1144
羊角树…………………1144
羊角桃…………………1350
羊角藤………………1199
羊角藤………… 1133、1199
羊角香…………………323
羊麻……………………1690
羊毛绒球蟹…………1745
羊毛绒球蟹……………1745
羊膜草…………………1348
羊奶果………… 946、949
羊奶浆叶………………642
羊起石…………………1828
羊乳…………………1312
羊乳……………………1312
羊舌树………………1107
羊舌树…………………1107
羊屎蒿…………………1022
羊屎树…………………596
羊粟……………………1690
羊蹄…………………464
羊蹄……………………464
羊蹄草……………515、1259
羊蹄甲………………733
羊蹄甲…………………733
羊蹄甲树皮……………733
羊蹄甲叶………………733
羊蹄实…………………464
羊蹄叶…………………464
羊须草…………………1187
羊踯躅………………1077
羊踯躅…………………1077
阳春砂………………1485
阳春砂仁………………1485
阳藿……………………1496
阳起石………………1828
阳起石…………………1828
阳痧草…………………193
阳桃…………………480
阳桃……………………480
阳桃根…………………480
阳桃花…………………480
阳桃叶…………………480

阳芋……1334
杨梅……843
杨梅……843
杨梅树……842
杨梅树皮……843
杨梅叶……843
杨梅叶青冈……849
杨梅叶蚊母树……832
杨梅叶蚊母树根……832
杨桐……544
洋草果……562
洋葱……1503
洋葱……1503
洋吊钟……430
洋橄榄……1124
洋金花……1323
洋金花……1323
洋麻……617
洋蒲桃……566
洋蒲桃……566
洋羌……1269
洋苏木……747
洋素馨……1322
洋玉兰……281
洋紫苏……1416
仰天盅……602
仰天钟……572
痒痒树……487
样酸藤子……1098
腰骨藤……1133
腰骨藤……1133
腰果……1023
摇钱树……1010
药跑……1638
药用大黄……462
药用狗牙花……1133
药用狗牙花……1133
药用萝芙木……1141
药玉米……1687
药珠……1732
椰菜……415
椰子……1591
椰子……1591
野艾……1234
野艾蒿……1234
野艾蒿……1234
野八角……290
野八角……289、290
野拔子……1420
野坝子……1420
野白蝉……1183
野百合……1517
野百合……764、1517
野扁豆……778
野菠菜……464
野蚕豆……1347
野草果……1480
野草果……1480
野茶里……549
野慈姑……1454
野大豆……785
野大豆……785
野刀豆……756
野灯芯草……1661
野灯芯草……1661
野靛……1315、1444
野冬瓜……530
野杜利……708
野甘草……1357
野甘草·1170、1185、1357
野鸽……1807
野葛……812
野菰……1363
野菰……1363
野广石榴……570
野桂皮……304
野海茄……1332
野海棠……568
野含笑……288
野含笑……288
野旱烟……1321
野胡椒……1100
野花红……692
野花椒……995
野花椒……989、990、995
野花生……793
野黄桂……309
野黄麻……597
野黄皮树……983
野黄子……692
野火绳……597
野藿香……1435
野鸡膀子……695
野姜……1492、1496
野豇豆……829
野豇豆……829、1158
野蕉……1467
野金丝桃……586
野京豆……783
野菊……1255
野菊花……1255
野咖啡……302
野苦瓜……527
野蓝……1367
野老鹳草……479
野梨……698
野李子……508
野荔枝……1036
野荔枝果……1036
野菱莉……1104
野芦子……387
野绿豆……788
野绿麻……885
野绿麻根……885
野麻……886
野马蹄草……1672
野马追……1262
野棉花……332
野棉花……331、332
野茉莉……1104
野茉莉……1104
野牡丹……570
野牡丹……343、570
野牡丹根……573
野木瓜……362
野木瓜……362
野蓬头……1234
野枇杷……687、1019
野荠菜……1517
野漆树……1030
野漆树……1030
野牵牛……1340
野蔷薇……701
野蔷薇……702
野荞麦……448
野荞麦……448
野茄……1329
野芹……1065
野青树……789
野青树……789
野三七……1052
野沙梨……508
野山查（苗药）……716
野山药……1576
野山楂……685
野山楂（瑶药）……716
野山楂……685
野扇花……840
野生紫苏……1442
野柿……1082
野柿……1082
野苏子……1420
野素馨……1117
野粟……1708
野塘蒿……1250
野茼蒿……1252
野茼蒿……1252
野豌豆……827
野西瓜苗……621
野西瓜苗……621

野苋 ……473
野苋菜 ……473
野苋子 ……472
野线麻 ……878
野香芹 ……1418
野香薷 ……1435
野香橼花 ……407
野绣球 ……1220
野鸦椿 ……1022
野鸦椿 ……1022
野烟 ……1321
野烟叶 ……1329
野芫荽 ……1061
野燕麦 ……1685
野叶子烟 ……1316
野迎春 ……1119
野迎春 ……1119
野鱼香 ……1417
野玉兰 ……280
野芋 ……1547
野芋 ……1547
野芋头 ……1543、1545
野芋叶 ……1547
野芝麻 ……603、604
野雉尾金粉蕨 ……221
野猪 ……1810
野猪胆 ……1810
野猪肉 ……1810
叶底红 ……568
叶底红 ……568
叶底珠 ……669
叶落金钱 ……606
叶上珠 ……1037
叶铜黄 ……465
叶下红 ……568、1259
叶下花 ……1229
叶下珠 ……664
叶下珠 ……664
叶仙人掌 ……543
叶象花 ……646
叶竹菜 ……1463
叶子花 ……501
叶子花 ……500
夜关门 ……792
夜合 ……1519
夜合花 ……280
夜花 ……1123
夜花 ……1123
夜花藤 ……369
夜花藤 ……369
夜来木香 ……280
夜来香 ……1166
夜来香 ……1166、1322
夜抹光 ……490
夜香木兰 ……280
夜香牛 ……1290
夜香牛 ……1290
夜香树 ……1322
夜香树 ……1322
一把蔑 ……962
一把伞 ……481
一把伞南星 ……1545
一白草 ……695
一包花 ……427
一包针 ……1551
一串红 ……1447
一串红 ……1447
一担柴 ……597
一滴血 ……370
一点红 ……1259
一点血 ……540
一点血 ……540
一见喜 ……1377
一箭球 ……1671
一颗血 ……807
一口红 ……477
一块瓦 ……383
一年蓬 ……1259
一年蓬 ……1259
一匹绸 ……1335
一品红 ……649
一品红 ……645、649
一条根 ……783、822
一团云 ……189
一碗泡 ……428
一味药 ……788
一文钱 ……371
一叶兰 ……1509
一叶萩 ……669
一支箭 ……202、203、1448
一枝黄花 ……1282
一枝黄花 ……1282
一枝旗 ……254
一炷香 ……1264
伊桐 ……511
衣不列（傣药）……773
衣钮扣 ……1328
依兰 ……298
依兰香 ……298
仪花 ……747
仪花 ……747
宜昌荚蒾 ……1220
宜昌荚蒾 ……1220
宜昌木蓝 ……787
宜昌木蓝 ……787
宜昌悬钩子 ……708
移（木衣）……686
以不列嘿（傣药）……817
异被冷水花 ……892
异果鸡血藤 ……797
异果崖豆藤 ……797
异果崖豆藤 ……797
异芒菊
异木患 ……1008
异木患 ……1008
异色黄芩 ……1448
异色山黄麻 ……856
异色血叶兰 ……1646
异穗卷柏 ……197
异穗卷柏 ……197
异形南五味子 ……293
异型莎草 ……1664
异型莎草 ……1664
异药花 ……569
异叶茴芹 ……1067
异叶茴芹 ……1067
异叶梁王茶 ……1050
异叶鳞始蕨 ……213
异叶鳞始蕨 ……213
异叶萝芙木 ……1139
异叶爬山虎 ……960
异叶爬山虎 ……960
异叶榕 ……867
异叶三宝木 ……671
异叶三宝木 ……671
异叶山蚂蟥 ……773
异叶蛇葡萄 ……951
异叶蒴莲 ……514
异叶天南星 ……1545
异叶泽兰 ……1262
异羽复叶耳蕨 ……240
异羽复叶耳蕨 ……240
益母艾 ……1430
益母草 ……1430
益母草 ……1430
益智 ……1476
益智仁 ……1476
益智子 ……1476
意蜂 ……1766
缢蛏 ……1737
缢蛏 ……1737
薏米 ……1687
薏苡仁 ……1687
翼齿六棱菊 ……1273
翼豆 ……809
翼梗五味子 ……294
翼核果 ……944
翼核果 ……944
翼茎白粉藤 ……957
翼茎白粉藤 ……957

翼叶山牵牛 1391
翼叶山牵牛 1391
藟草 1703
藟草 1703
阴地蕨 202
阴地蕨 201、202
阴石蕨 247
阴香 305
阴行草 1358
阴行草 1358
阴证药 1037
茵陈 1232
茵陈蒿 1232
茵陈蒿 1232、1235
茵芋 988
茵芋 988
荫地蒿 1234
银背藤 1336
银背藤 1336
银不换 365
银鲳 1790
银鲳 1790
银耳 180
银耳 180
银粉背蕨 220
银桂 1124
银果牛奶子 948
银果牛奶子 948
银合欢 728
银合欢 728
银花苋 475
银桦 501
银桦 501
银环蛇 1805
银环蛇 1805
银胶菊 1276
银胶菊 1276
银精石 1826
银兰 1611
银兰 1611
银木 310
银木荷 552
银木荷皮 552
银桧 1025
银色橡胶菊 1276
银条鱼 1774
银线草 396
银杏 266
银杏叶 266
银叶安息香 1103
银叶安息香 1103
银叶巴豆 639
银叶巴豆 639
银叶板根 606
银叶柳 841
银叶柳 841
银叶砂仁 1483
银叶砂仁 1483
银叶树 606
银叶树 606
银鱼 1774
淫羊藿 355
印度草木樨 795
印度草木樨 795
印度猴枣 1812
印度假苦楝 1002
印度胶树 864
印度楝 1002
印度楝树 1002
印度马兜铃 380
印度菩提树皮 871
印度榕 864
印度三尖杉 274
印度蛇菰 936
印度蒜楝 1002
印度血桐 656
印度枳 968
英辛（傣药） 1419
英辛腾（傣药） 1419
莺歌 1409
罂粟 402
罂粟 402
罂粟壳 402
罂子粟 402
樱桃 683
樱桃 683
樱桃根 683
樱桃核 683
樱桃叶 683
樱桃枝 683
鹦哥花 779
鹰爪 297
鹰爪风 1213
鹰爪花根 297
鹰爪花果 297
蘡薁 965
蘡薁 965
迎春花 1119
迎春花 1119
萤蔺 1672
萤蔺 1672
萤石 1817
萦草 1694
楹树 722
楹树 722
映山红 1079
硬饭头 1539
硬骨凌霄 1375
硬骨凌霄 1375
硬毛白鹤藤 1335
硬毛地笋 1433
硬毛火炭母 452
硬毛木蓝 788
硬毛木蓝 788
硬皮榕 863
硬皮榕 863
硬尾 1793
硬叶吊兰 1616
硬叶兜兰 1652
硬叶兜兰 1652
硬叶兰 1616
优美大参 1049
油菜 414
油草 1662、1697
油茶 546
油茶 546、547
油茶离瓣寄生 925
油柴 1016
油点草 1532
油橄榄 1124
油棍 1016
油胡桃 1033
油患子 1015
油梨 325
油螺 1726
油麻藤 805
油面草 895
油明子 1010
油木通 334
油松 1776
油桐 672
油桐 672
油头草 1275
油椰子 1592
油渣果 525
油渣果 525
油渣果根 525
油棕 1592
油棕 1592
疣柄魔芋 1544
疣果豆蔻 1483
疣果冷水花 891
疣果冷水花 891
疣吻沙蚕 1719
鱿鱼仔 1738
友水龙骨 258
友水龙骨 258
友谊草 1320
有柄马尾杉 193
有柄石韦 260

莠狗尾草……1708
莠狗尾草……1708
柚……971
柚……971
柚木……1406
柚木……1406
柚树寄生……932
余甘子……662
余甘子……662
鱼串草……1691
鱼胆……1394
鱼胆草……1249、1355
鱼杆子……699
鱼骨柴……836
鱼黄草……1342
鱼鳞菜……1239
鱼木……410
鱼脑……1772
鱼藤……771
鱼藤……771、799
鱼尾葵……1589
鱼尾葵……1589
鱼显子……1393
鱼腥草……394
鱼眼草……1256
鱼眼草……1255、1256
鱼眼菊……1256
鱼子花……1100
鱼子兰……395
鱼子兰……397
禺毛茛……344
禺毛茛……344
愉悦蓼……454
愉悦蓼……454
虞美人……402
羽唇兰……1651
羽唇兰……1651
羽萼……1416
羽萼木……1416
羽萼悬钩子……711
羽萼悬钩子……711
羽箭草……1347
羽裂星蕨……255
羽裂星蕨……255
羽叶白头树……1001
羽叶金合欢……721
羽叶南星……1545
羽叶山绿豆……785
羽叶山蚂蟥……785
羽叶蛇葡萄……950
羽叶蛇葡萄……950
羽叶长柄山蚂蟥……785
羽状地黄莲……1004
禹粮石……1816
禹余粮……1816
禹余粮……1816
玉参……1527
玉蜂兰……1641
玉凤兰……1641
玉黄……591
玉兰……281
玉帘……1565
玉米须……1712
玉蕊……567
玉珊瑚茄……1333
玉蜀黍……1712
玉蜀黍……1712
玉叶金花……1201
玉叶金花……1201
玉簪……1517
玉簪……1517
玉珠丝瓦（藏药）……402
玉竹……1527
玉竹……1514、1527
芋……1548
芋梗……1548
芋头……1548
芋叶……1548
郁金……1488
郁金……1488、1489
郁金香……1532
郁金香……1532
郁李……682
郁李根……682
郁李仁……682
郁香野茉莉……1104
郁竹……1675
预知子……361
鸢尾……1568
鸢尾……1568
鸢尾兰……1650
鸢尾兰……1650
元宝草……588
元宝草……588
元参……1358
原鸽……1807
圆柏……270
圆柏……270
圆瓣姜花……1492
圆瓣姜花……1492
圆瓣冷水花……890
圆瓣冷水花……890
圆齿石油菜……891
圆葱……1503
圆梗泽兰……1262
圆果罗伞……1091
圆果罗伞……1091
圆果牛角瓜……1151
圆果雀稗……1702
圆果雀稗……1702
圆果算盘子……653
圆舌粘冠草……1275
圆舌粘冠草……1275
圆眼……1009
圆叶节节菜……488
圆叶南蛇藤……908
圆叶南蛇藤……908
圆叶牵牛……1343
圆叶娃儿藤……1169
圆叶娃儿藤……1169
圆叶乌桕……666
圆叶乌桕……666
圆叶舞草……760
圆叶舞草……760
圆叶西番莲……516
圆叶细辛……382
圆叶眼树莲……1155
圆叶野扁豆……778
圆锥花南蛇藤根……909
圆锥绣球……678
远志木蓝……789
远志木蓝……789
月光花……1336
月光花……1336
月桂……312
月桂叶……312
月桂子……312
月黄……591
月季花……699
月季花……699
月季花根……699
月季花叶……699
月月红……1091
月月红……480、1091
越南安息香……1105
越南巴豆……641
越南巴豆……641
越南菜……667
越南大时藤……375
越南槐……819
越南黄牛木……585
越南万年青……1543
越南万年青……1543
越南悬钩子……705
越南叶下珠……661
越南叶下珠……661
粤瓦韦……253
粤瓦韦……253
粤西绣球……676

粤西绣球……676
云穑豆……807
云锦杜鹃……1074
云锦杜鹃……1074
云母……1826
云母石……1826
云木香……1237
云木香……1237
云南斑籽木……634
云南草蔻……1470
云南草蔻……1470
云南沉香……497
云南多依……686
云南风车子……577
云南风车子……577
云南葛藤……814
云南勾儿茶……938
云南骨碎补……247
云南骨碎补……247
云南胡桐……590
云南黄素馨……1119
云南茴香……290
云南假木荷……1071
云南金叶子……1072
云南堇菜……424
云南旌节花……831
云南轮环藤……366
云南轮环藤……366
云南萝芙木……1143
云南拟糙天牛……1761
云南牛奶菜……1160
云南牛奶菜……1160
云南欧李……682
云南桤叶树……1070
云南千斤拔……783
云南肉豆蔻……330
云南肉豆蔻……330
云南蕊木……1134
云南山蚂蟥……777
云南山蚂蟥……777
云南山楂……686
云南山楂……686
云南山竹子……590
云南石仙桃……1655
云南石仙桃……1655
云南石梓……1403
云南松……267
云南松……267
云南苏铁……265
云南土沉香……650
云南卫矛……916
云南卫矛……916
云南五味子……295
云南香花藤……1125
云南香花藤……1125
云南小草蔻……1491
云南绣球……675、676
云南羊角拗……1144
云南羊角拗……1144
云南异木患……1007
云南异木患……1007
云南樟……308
云实……735
云实……734
云实根……735
云树……590
云树……590
芸苔子……413
芸薹……413
芸香……987
芸香草……1688
芸香草……1686

Z

杂花苜蓿……794
杂怀唔（傣药）……474
杂色鲍……1721
杂色鲍……1721
杂色榕……874
杂色榕……874
栽秧泡……707
栽秧泡……707
凿树……693
早谷藨……709
早禾酸……1098
枣……945
枣树根……945
枣树皮……945
蚤缀……439
蚤缀……439
皂矾……1822
皂荚……746
皂角……746
皂角刺……746
灶心土……1827
泽兰……1261、1433
泽漆……645
泽漆……645
泽泻……1453
泽泻虾脊兰……1609
泽泻虾脊兰……1609
泽珍珠菜……1300
贼小豆……828
贼小豆……828
扎帕贡（傣药）……411
扎沙海（傣药）……1688
扎些婻（傣药）……315
柞木……512
柞木……512、513
柞木根……512
柞木枝……512
痄腮树……503
窄基红褐柃……551
窄基红褐柃……551
窄叶半枫荷……608
窄叶红茴香……290
窄叶南蛇藤……908
窄叶南蛇藤……908
窄叶小苦荬……1271
窄叶小苦荬……1271
粘毛杜鹃……1073
粘毛黄花稔……624
粘毛火索麻……605
粘毛蓼……460
粘毛母草……1351
粘粘草……1069
詹糖香……313
盏盏菊……1244
展毛含笑……288
展毛野牡丹……571
展毛野牡丹……571
占点领（傣药）……1461
占电拎（傣药）……1583
章巴藤（傣药）……285
章鱼……1740
獐牙菜……1299
獐牙菜……1299
樟……306
樟木……309
樟木果……308
樟木钻……289
樟脑树……308
樟树……308
樟叶木防己……365
樟叶槭……1016
樟叶槭……1016
蟑螂……1751
掌裂秋海棠……540
掌裂秋海棠……540
掌裂蛇葡萄……951
掌脉蝇子草……443
掌叶白粉藤……958
掌叶覆盆子……705
掌叶蓼……457
掌叶蓼……457
掌叶榕……868
掌叶线蕨……249
掌叶线蕨……249
掌叶鱼黄草……1342

帐篷树……657
爪哇白豆蔻……1479
爪哇唐松草……348
爪哇唐松草……348
爪哇锥花……1422
沼菊……1259
沼菊……1259
折耳根……394
折叶萱草……1517
赭石……1815
赭石……1815
柘……861
柘木……861
柘木白皮……861
蔗根土天牛……1761
鹧鸪花……1004
针工鱼……1776
针筒草……597
针叶樱桃……628
珍珠……1732
珍珠宝草……1402
珍珠菜……1301
珍珠草……1263
珍珠花……1073
珍珠花……1073、1221
珍珠荚蒾……1221
珍珠莲……871
珍珠莲……871
珍珠露水草……1457
珍珠茅……1674
珍珠七……1644
珍珠叶……1648
真赤鲷……1789
真鲷……1789
真金花……1517
真蛸……1740
真蛸……1740
真乌贼……1739
榛叶黄花棯……624
榛叶黄花棯……624
箴鱼……1776
鱵鱼……1776
正鸡纳树……1177
支解香……564
支柱蓼……459
支柱蓼……459
芝麻……1376
芝麻……1376
芝麻茶……605
枝柳叶……1072
枝桃树……906
知风草……1692
知风草……1692
知列藤……1344
栀子……1182
栀子……1182
栀子皮……511
脂树……1406
蜘蛛百合……1563
蜘蛛抱蛋……1509
蜘蛛抱蛋……1509
蜘蛛果……1312
蜘蛛兰……1563
蜘蛛香……1226
直刺变豆菜……1068
直刺变叶菜……1068
直生刀豆……756
直吻骨螺……1725
直吻沃骨螺……1725
直苎麻……895
止惊草……220
止泻木……1133
止泻木……1133
止泻木皮……1133
止血草……1392、1393
纸鹞高树……1317
指甲花叶……487
指甲兰……1600
指甲兰……1600
指叶毛兰……1637
指叶毛兰……1637
指叶拟毛兰……1647
枳……987
枳……987
枳椇……939
枳椇木皮……939
枳椇木汁……939
枳椇子……939
枳壳……970
枳实……970
趾叶栝楼……533
栉棘骨螺……1724
栉江珧……1729
栉江珧……1729
桎木柴……836
蛭石……1828
中蜂……1765
中国白丝草……1512
中国鲳……1791
中国鲳……1791
中国鹑螺……1726
中国对虾……1743
中国对虾……1743
中国鲎……1748
中国鲎……1748
中国旌节花……830
中国兰……1615
中国兰花……1652
中国龙虾……1745
中国龙虾……1745
中国绿螂……1734
中国枪乌贼……1738
中国尾枪乌贼……1738
中国无忧花……748
中国绣球……676
中国绣球……676
中国油点草……1532
中国鱿鱼……1738
中华安息香……1103
中华抱茎蓼……450
中华大蟾蜍……1799
中华大刀螳……1755
中华杜英……594
中华栝楼……534
中华海鲶……1776
中华鲎……1748
中华胡枝子……792
中华胡枝子……792
中华绿螂……1734
中华猕猴桃……555
中华青牛胆……376
中华青牛胆……376
中华秋海棠……538
中华石龙尾……1348
中华石龙尾……1348
中华石楠……693
中华石楠……693
中华石楠果……693
中华双扇蕨……248
中华双扇蕨……248
中华天胡荽……1062
中华卫矛……915
中华乌塘鳢……1795
中华小沙丁鱼……1774
中华绣线菊……717
中华绣线梅……692
中华绣线梅……692
中华真地鳖……1752
中华真地鳖……1752
中华锥花……1421
中粒咖啡……1178
中粒咖啡……1178
中缅八角……289
中缅八角……289
中南鱼藤……770
中南鱼藤……770
中平树……655
中平树……655
中平树皮……655
中日金星蕨……231
柊叶……1501
柊叶……1501
钟萼草……1349

钟萼草……1349
钟萼木……1006、1407
钟乳石……1820
钟乳石……1820
肿柄菊……1288
肿柄菊……1288
肿节风……398
肿节石斛……1632
肿足蕨……228
肿足蕨……228
重瓣臭茉莉……1402
重瓣臭茉莉……1402
重齿当归……1058
重唇石斛……1626
重唇石斛……1626
重楼……1534、1535
重楼排草……1305
重阳木……635
舟山碎米蕨……220
周裂秋海棠……537
周裂秋海棠……537
周毛悬钩子……704
绉面草……1432
绉面草……1432
皱果蛇莓……687
皱果蛇莓……687
皱果苋……473
皱果崖豆藤……799
皱果崖豆藤……799
皱皮木瓜……684
皱缩链荚豆……751
皱桐……672
皱叶狗尾草……1709
皱叶狗尾草……1709
皱叶雀梅藤……943
皱叶雀梅藤……943
皱叶忍冬……1218
皱叶鼠李……942
皱叶鼠李……942
皱叶酸模……463
皱枣……946
朱唇……1445
朱唇……1445
朱顶红……1562
朱顶红……1562
朱果……1082
朱红栓菌……184
朱蕉……1580
朱蕉……1580
朱槿……618
朱砂……1814
朱砂……1814
朱砂根……1089
朱砂根……1089、1097
珠光香青……1230
珠花树……1175
珠兰……397、1001
珠莲……1429
珠芽艾麻……885
珠芽半支……433
珠芽狗脊……239
珠芽景天……433
珠仔树……1109
珠子草……660
猪鼻孔……1463
猪肚勒……1173、1175
猪肚木……1173
猪肚木……1173
猪脚笠……801
猪獠参……1656
猪笼草……385
猪笼草……385
猪笼藤……514
猪毛草……1674
猪毛草……1674
猪毛蒿……1235
猪毛蒿……1235
猪毛针……222
猪屎豆……764
猪屎豆……764
猪血木……1215
猪殃殃……1181
猪腰豆……829
猪腰子……829
猪仔笠……778
猪仔笼……385
猪鬃草……222、223
蛛丝毛蓝耳草……1457
槠子……847、848
竹柏……272
竹柏……272
竹柏根……272
竹草……1464
竹虫……1758
竹蠹螟……1758
竹膏……1677、1707
竹根假万寿竹……1514
竹根七……1514
竹根七……1514
竹蒿草……1704
竹毫拢（傣药）……1650
竹欢（傣药）……376
竹黄……1677、1707
竹节菜……1456
竹节参……1050
竹节参……1050
竹节草……1686
竹节草……1456
竹节海棠……539
竹节黄……1380
竹节兰……1583
竹节蓼……450
竹节蓼……450
竹节七……1052
竹节秋海棠……539
竹节树……583
竹节树……583
竹蛆……1758
竹藤……1135
竹头草……1709
竹象……1764
竹象甲……1764
竹叶菜……1457
竹叶参……1459
竹叶草……1699
竹叶草……1460、1699
竹叶柴胡……1058
竹叶柴胡……1058
竹叶花椒……989
竹叶花椒……989
竹叶黄连……358
竹叶吉祥草……1462
竹叶吉祥草……1462
竹叶蕉……1500
竹叶蕉……1500
竹叶兰……1603
竹叶兰……1459、1603
竹叶青……911、1380
竹叶榕……872
竹叶榕……872
竹叶子……1463
竹叶子……1463
竹芋……1500
竹芋……1500
苎麻……879
苎麻……879
苎叶蒟……387
柱果铁线莲……341
柱果铁线莲……341
砖子苗……1672
砖子苗……1672
状元红……1400
锥……846
锥栗……844
锥栗……844
锥螺……1727
锥序水东哥……558
棁木……1057
子不离母……958
子金根……599
子柯（基诺药）……886
子上叶……1606
子午莲……352

梓树 ……1371
梓树 ……1371
紫斑海菊蛤 ……1731
紫斑海菊蛤 ……1731
紫斑金兰 ……1622
紫瓣石斛 ……1632
紫贝齿 ……1733
紫贝竹芋 ……1502
紫背菜 ……1267
紫背倒提壶 ……1243
紫背栝楼 ……531
紫背金牛 ……425
紫背金盘 ……1412
紫背金盘 ……1412
紫背鹿衔草 ……1459
紫背禄 ……1088
紫背三七 ……1267
紫背天葵 …… 538
紫背天葵 ……538、1268
紫背万年青 ……1463
紫背竹芋 ……1502
紫参 ……1209
紫参 ……1446
紫大戟 ……1193
紫丹 ……1320
紫弹树 …… 853
紫弹树 ……853
紫萼 ……1517
紫萼蝴蝶草 ……1361
紫萼蝴蝶草 ……1361
紫葛 ……951
紫果蔺 ……1668
紫果蔺 ……1668
紫果槭 ……1016
紫果槭 ……1016
紫海胆 ……1770
紫海胆 ……1770
紫花丹 ……1307
紫花丹 ……1307
紫花地丁 …… 423
紫花地丁 ‥423、428、1296
紫花杜鹃 ……1075
紫花含笑 …… 286
紫花鹤顶兰 ……1654
紫花鹤顶兰 ……1654
紫花堇菜 …… 421
紫花堇菜 ……421
紫花络石 ……1145
紫花络石 ……1145
紫花前胡 ……1066
紫花前胡 ……1066
紫花茄 ……1330
紫藿香 ……1081
紫金龙 …… 406
紫金龙 ……406
紫金牛 ……1093
紫金牛 ……1093
紫金皮 ……293
紫金血藤 ……294
紫锦草 ……1463
紫茎芹 ……1064
紫茎泽兰 ……1261
紫荆 …… 744
紫荆花 ……744
紫荆木 ……1085
紫荆木 ……744
紫荆皮 ……744
紫矿 …… 753
紫麻 …… 887
紫麻 ……887
紫铆 ……753
紫茉莉 …… 501
紫茉莉叶 ……501
紫茉莉子 ……501
紫牡丹 ……343
紫木通 ……340
紫苜蓿 ……795
紫楠 …… 326
紫楠根 ……326
紫楠叶 ……326
紫皮石斛 ……1623
紫萍 ……1560
紫萁 …… 204
紫萁贯众 ……204
紫雀花 …… 807
紫三角 …… 500、501
紫色姜 ……1497
紫色姜 ……1497
紫色翼萼 ……1361
紫石英 ……1817
紫苏 ……1441
紫苏草 ……1348
紫苏草 ……1348
紫苏梗 ……1441
紫苏叶 …… 1441、1442
紫苏子 ……1441
紫穗槐 …… 751
紫穗槐 ……751
紫檀 …… 811
紫檀 ……811
紫藤 …… 830
紫藤子 ……830
紫薇 …… 486
紫薇根 ……486
紫薇花 ……486
紫薇皮 ……486
紫鸭跖草 ……1463
紫亚兰 ……500
紫叶草 ……1463
紫油木 ……1406
紫玉兰 …… 282
紫玉盘 …… 301
紫玉簪 ……1517
紫云英 …… 753
紫云英 ……753
紫云英马蓝 ……1390
紫芝 …… 182
紫芝 ……182
紫珠 ……1392
紫珠 …… 1392、1392
紫珠草 …… 1392、1393
紫珠叶 ……1393
紫竹 ……1682
紫竹根 ……1682
紫竹梅 ……1463
自然铜 ……1815
自然铜 ……1815
渍糖花 ……1432
渍糖树 ……1432
棕环参 ……1768
棕环海参 ……1768
棕环海参 ……1768
棕金鸡纳树 ……1177
棕静螳 ……1754
棕榈 ……1594
棕榈 ……1594
棕叶狗尾草 ……1709
棕竹 ……1593
棕竹 ……1593
粽巴叶 ……1511
走马风 …… 1092、1241
走马箭 ……1219
走马胎 ……1092
走马胎 ……890、1092
足茎毛兰 ……1637
足茎毛兰 ……1637
祖公柴 ……959
钻地风 …… 679
钻骨风 ……296
钻山风 ……299
钻叶紫菀 ……1236
醉蝶花 …… 410
醉蝶花 ……410
醉魂藤 ……1158
醉魂藤 ……1158
醉香含笑 …… 288
醉香含笑 ……288
醉鱼草 ……1111
醉鱼草 ……1111
左旋龙脑 ……1240
坐蛸 ……1739

Scientific Name Index

拉丁名索引

A

Abelia chinensis R. Br. ······ 1215
Abelmoschus esculentus (L.) Moench ······ 613
Abelmoschus manihot (L.) Medik var. **pungens** (Roxb.) Hochr. ······ 614
Abelmoschus manihot (L.) Medik. ······ 614
Abelmoschus moschatus Medik. ······ 615
Abelmoschus sagittifolius (Kurz) Merr. ······ 615
Abroma augustum (L.) L. f. ······ 602
Abrus cantoniensis Hance ······ 749
Abrus mollis Hance ······ 750
Abrus precatorius L. ······ 750
Abutilon indicum (L.) Sweet ······ 615
Abutilon theophrasti Medik. ······ 616
Acacia catechu (L. f.) Willd. ······ 719
Acacia confusa Merr. ······ 720
Acacia delavayi Franch. ······ 720
Acacia farnesiana (L.) Willd. ······ 720
Acacia pennata (L.) Willd. ······ 721
Acacia sinuata (Lour.) Merr. ······ 721
Acalypha australis L. ······ 630
Acalypha brachystachya Hornem. ······ 630
Acalypha wilkesiana Müll. Arg. ······ 630
Acampe rigida (Buch.-Ham. ex Sm.) P. F. Hunt ······ 1600
Acanthopagrus latus (Houttuyh) ······ 1788
Acanthopagrus schlegelii (Bleeker) ······ 1789
Acanthus ilicifolius L. ······ 1376
Acanthus leucostachyus Wall. ex Nees ······ 1377
Acaudina molpadioides (Semper) ······ 1769
Acer cordatum Pax ······ 1016
Acer coriaceifolium H. Lév. ······ 1016
Acer davidii Franch. ······ 1017
Acer fabri Hance ······ 1017
Acer oliverianum Pax ······ 1017
Achasma yunnanense T. L. Wu et S. J. Chen ······ 1469
Achyranthes aspera L. ······ 469
Achyranthes bidentata Blume ······ 470
Achyranthes longifolia (Makino) Makino ······ 470
Aconitum vilmorinianum Kom. ······ 330
Acorus calamus L. ······ 1541
Acorus gramineus Soland. ······ 1541
Acorus tatarinowii Schott ······ 1542
Acronychia pedunculata (L.) Miq. ······ 967
Actaea japonica Thunb. ······ 331
Actephila merrilliana Chun ······ 631
Actias dubernardi Oberthür ······ 1758
Actinidia callosa Lindl. var. **henryi** Maxim. ······ 555
Actinidia chinensis Planch. ······ 555
Actinidia eriantha Benth. ······ 555
Actinidia fortunatii Finet et Gagnep. ······ 556
Actinidia lanceolata Dunn ······ 556

Actinidia latifolia (Gardner et Champ.) Merr. 556
Actinidia liangguangensis C. F. Liang 557
Actinidia melliana Hand.-Mazz. 557
Actinidia rubricaulis Dunn var. **coriacea** (Finet et Gagnep.) C. F. Liang 557
Actinidia valvata Dunn 558
Actinodaphne pilosa (Lour.) Merr. 302
Actinostachys digitata (L.) Wall. 208
Actinostemma tenerum Griff. 518
Adenanthera microsperma Teijsm. et Binn. 721
Adenia cardiophylla (Mast.) Engl. 514
Adenia heterophylla (Blume) Koord. 514
Adenocaulon himalaicum Edgew. 1227
Adenophora hunanensis Nannf. 1309
Adenophora stricta Miq subsp. **sessilifolia** D. Y. Hong 1311
Adenophora stricta Miq. 1310
Adenophora tetraphylla (Thunb.) Fisch. 1311
Adenosma glutinosa (L.) Druce 1345
Adenosma indiana (Lour.) Merr. 1345
Adenostemma lavenia (L.) O. Kuntze 1227
Adiantum capillus-junonis Rupr. 222
Adiantum capillus-veneris L. 222
Adiantum caudatum L. 223
Adiantum flabellulatum L. 223
Adiantum gravesii Hance 223
Adiantum malesianum Ghatak 224
Adiantum philippense L. 224
Adina pilulifera (Lam.) Franch. ex Drake 1172
Adina rubella Hance 1172
Adinandra bockiana E. Pritz. ex Diels var. **acutifolia** (Hand.-Mazz.) Kobuski 544
Adinandra millettii (Hook. et Arn.) Benth. et Hook. f. ex Hance 544
Adinandra nitida Merr. ex H. L. Li 544
Aeginetia indica L. 1363
Aegle marmelos (L.) Corrêa 968
Aerides falcata Lindl. et Paxton 1600
Aerva sanguinolenta (L.) Blume 474
Aeschynanthus acuminatus Wall. ex A. DC. 1364
Aeschynanthus buxifolius Hemsl. 1364
Aeschynomene indica L. 750
Aesculus chinensis Bunge var. **wilsonii** (Rehder) Turland et N. H. Xia 1007
Afzelia xylocarpa (Kurz) Craib 730
Aganosma cymosa (Roxb.) G. Don 1125
Aganosma schlechteriana H. Lév. 1125
Agapetes burmanica W. E. Evans 1070
Agapetes mannii Hemsl. 1071
Agastache rugosa (Fisch. et C. A. Mey.) Kuntze 1411
Agave americana L. var. **marginata** Trel. 1579
Agave americana L. 1579
Agave sisalana Perrine ex Engelm. 1579
Agelaea trinervis (Llanos) Merr. 1031
Ageratum conyzoides L. 1227
Aglaia odorata Lour. 1001
Aglaia perviridis Hiern 1001
Aglaonema modestum Schott ex Engl. 1543
Aglaonema simplex (Reinw. ex Blume) Blume 1543
Agrimonia nipponica Koidz var. **occidentalis** Skalický ex J. E. Vidal 680
Agrimonia pilosa Ledeb. 680
Ailanthus altissimus (Mill.) Swingle 995
Ainsliaea bonatii Beauverd 1227
Ainsliaea fragrans Champ. ex Benth. 1228
Ainsliaea gracilis Franch. 1228
Ainsliaea macroclinidioides Hayata 1228
Ainsliaea pertyoides Franch. var. **albotomentosa** Beauverd 1229
Ainsliaea ramosa Hemsl. 1229
Ainsliaea spicata Vaniot 1229
Ajuga ciliata Bunge 1411
Ajuga decumbens Thunb. 1412
Ajuga macrosperma Wall. ex Benth. 1412
Ajuga nipponensis Makino 1412
Akebia quinata (Houtt.) Decne. 360
Akebia trifoliata (Thunb.) Koidz subsp. **australis** (Diels) T. Shimizu 361
Akebia trifoliata (Thunb.) Koidz. 360
Alangium chinense (Lour.) Harms 1039
Alangium faberi Oliv. var. **platyphyllum** Chun et F. C. How 1039
Alangium faberi Oliv. 1039
Alangium kurzii Craib 1040
Alangium kwangsiense Melch. 1040
Alangium platanifolium (Siebold et Zucc.) Harms 1040

Alangium salviifolium (L. f.) Wangerin 1040
Albizia chinensis (Osbeck) Merr. 722
Albizia corniculata (Lour.) Druce 722
Albizia crassiramea Lace 722
Albizia falcataria (L.) Fosberg 723
Albizia julibrissin Durazz. 723
Albizia kalkora (Roxb.) Prain 723
Albizia lebbeck (L.) Benth. 724
Albizia lucidior (Steud.) I. C. Nielsen ex H. Hara 724
Albizia odoratissima (L. f.) Benth. 724
Albizia procera (Roxb.) Benth. 725
Alcea rosea L. 616
Alchornea davidii Franch. 631
Alchornea trewioides (Benth.) Müll. Arg. 631
Aletris spicata (Thunb.) Franch. 1502
Aleurites moluccanus (L.) Willd. 631
Aleuritopteris anceps (Blanf.) Panigrahi 220
Aleuritopteris argentea (S. G. Gmel.) Fée 220
Alisma orientale (Sam.) Juz. 1453
Allamanda cathartica L. 1125
Allamanda schottii Pohl 1126
Allantodia dilatata (Blume) Ching 226
Allium ascalonicum L. 1502
Allium cepa L. 1503
Allium chinense G. Don 1503
Allium fistulosum L. 1503
Allium sativum L. 1504
Allium tuberosum Rottler ex Spreng. 1504
Allophylus hirsutus Radlk. 1007
Allophylus longipes Radlk. 1007
Allophylus viridis Radlk. 1008
Alniphyllum fortunei (Hemsl.) Makino 1102
Alnus nepalensis D. Don 843
Alnus trabeculosa Hand.-Mazz. 843
Alocasia cucullata (Lour.) Schott 1543
Alocasia odora (Roxb.) K. Koch 1543
Aloe barbadensis Mill. 1505
Aloe descoingsii Reynolds 1505
Aloe vera (L.) Burm.f. 1506
Alopecurus aequalis Sobol. 1683
Alpinia blepharocalyx K. Schum. 1470
Alpinia blepharocalyx K.Schum.var. **glabrior** (Hand.-Mazz.) T. L. Wu 1470
Alpinia calcarata Roscoe 1470
Alpinia conchigera Griff. 1470
Alpinia galanga (L.) Willd. 1471
Alpinia intermedia Gagnep. 1472
Alpinia japonica (Thunb.) Miq. 1472
Alpinia katsumadae Hayata 1472
Alpinia kwangsiensis T. L. Wu et S. J. Chen 1473
Alpinia nigra (Gaertn.) B. L. Burtt 1474
Alpinia oblongifolia Hayata 1474
Alpinia officinarum Hance 1475
Alpinia oxyphylla Miq. 1476
Alpinia platychilus K. Schum. 1477
Alpinia pumila Hook. f. 1477
Alpinia stachyodes Hance 1477
Alpinia zerumbet (Pers.) B. L. Burtt et R. M. Sm. 1477
Alsophila spinulosa (Wall. ex Hook.) R. M. Tryon 212
Alstonia macrophylla Wall. ex G. Don 1126
Alstonia scholaris (L.) R. Br. 1127
Alternanthera bettzickiana (Regel) G. Nicholson 471
Alternanthera philoxeroides (Mart.) Griseb. 471
Alternanthera pungens Kunth 471
Alternanthera sessilis (L.) R. Br. ex DC. 472
Altingia chinensis (Champ.) Oliv. ex Hance 831
Altingia gracilipes Hemsl. 832
Alumen 1820
Aluterus monoceros (Linnaeus) 1798
Alysicarpus bupleurifolius (L.) DC. 751
Alysicarpus rugosus (Willd.) DC. 751
Alysicarpus vaginalis (L.) DC. 751
Alyxia levinei Merr. 1128
Alyxia sinensis Champ. ex Benth. 1128
Amalocalyx microlobus Pierre 1128
Amaranthus blitum L. 472
Amaranthus caudatus L. 472
Amaranthus spinosus L. 473
Amaranthus tricolor L. 473
Amaranthus viridis L. 473
Amentotaxus argotaenia (Hance) Pilg. 274
Amischotolype hispida (Less. et A. Rich.) D. Y. Hong 1455
Amitostigma gracile (Blume) Schltr. 1600
Ammannia auriculata Willd 485

Ammannia baccifera L. ······ 485
Amomum aurantiacum Ridl. ······ 1478
Amomum austrosinense D. Fang ······ 1478
Amomum capsiciforme S.Q. Tong ······ 1478
Amomum chinense Chun ex T.L. Wu ······ 1478
Amomum compactum Sol. ex Maton ······ 1479
Amomum fragile S. Q. Tong ······ 1480
Amomum koenigii J. F. Gmel. ······ 1480
Amomum kravanh Pierre ex Gagnep. ······ 1481
Amomum longiligulare T. L. Wu ······ 1482
Amomum maximum Roxb. ······ 1482
Amomum muricarpum Elmer ······ 1483
Amomum sericeum Roxb. ······ 1483
Amomum subulatum Roxb. ······ 1483
Amomum tsaoko Crevost et Lemarié ······ 1484
Amomum villosum Lour. var. **xanthioides** (Wall. ex Baker) T.L. Wu et S.J. Chen ······ 1486
Amomum villosum Lour. ······ 1485
Amorpha fruticosa L. ······ 751
Amorphophallus konjac K. Koch ······ 1544
Amorphophallus paeoniifolius (Dennst.) Nicolson ······ 1544
Ampelopsis bodinieri (H. Lév. et Vaniot) Rehder ······ 949
Ampelopsis cantoniensis (Hook. et Arn.) Planch. ······ 950
Ampelopsis chaffanjonii (H. Lév. et Vaniot) Rehder ······ 950
Ampelopsis delavayana Planch. ex Franch var. **glabra** (Diels et Gilg.) C. L. Li ······ 951
Ampelopsis delavayana Planch. ex Franch. ······ 950
Ampelopsis grossedentata (Hand.-Mazz.) W. T. Wang ······ 951
Ampelopsis heterophylla Blume var. **hancei** Planch. ······ 952
Ampelopsis heterophylla Blume var. **vestita** Rehder ······ 952
Ampelopsis heterophylla Blume ······ 951
Ampelopsis humulifolia Bunge ······ 952
Ampelopsis japonica (Thunb.) Makino ······ 952
Ampelopsis megalophylla Diels et Gilg ······ 953
Ampelopteris prolifera (Retz.) Copel. ······ 229
Amphicarpaea edgeworthii Benth. ······ 752
Amphioctopus fangsiao (d'Orbigny) ······ 1739
Amusium pleuronectes (Linnaeus) ······ 1733
Amydrium sinense (Engl.) H. Li ······ 1544
Amygdalus persica L. ······ 680
Amynthas aspergillum (Perrier) ······ 1720
Anacardium occidentale L. ······ 1023
Anadara broughtonii (Schrenck) ······ 1728
Anadara kagoshimensis (Tokunaga) ······ 1728
Ananas comosus (L.) Merr. ······ 1466
Anaphalis margaritacea (L.) Benth. et Hook. f. ······ 1230
Anaphalis sinica Hance ······ 1230
Andrias davidianus (Blanchard) ······ 1799
Andrographis paniculata (Burm. f.) Nees ······ 1377
Androsace umbellata (Lour.) Merr. ······ 1300
Anemone hupehensis (Lemoine) Lemoine var. **japonica** (Thunb.) Bowles et Stearn ······ 332
Anemone hupehensis (Lemoine) Lemoine ······ 331
Anemone rivularis Buch.-Ham. ex DC. ······ 332
Anemone vitifolia Buch.-Ham. ex DC. ······ 332
Anethum graveolens L. ······ 1058
Angelica biserrata (R. H. Shan et C. Q. Yuan) C. Q. Yuan et R. H. Shan ······ 1058
Angiopteris caudatiformis Hieron. ······ 203
Angiopteris fokiensis Hieron. ······ 204
Aniseia biflora (L.) Choisy ······ 1335
Anisodus acutangulus C. Y. Wu et C. Chen ······ 1321
Anisomeles indica (L.) Kuntze ······ 1413
Anisopappus chinensis Hook. et Arn. ······ 1230
Annella reticulata (Ellis et Solander) ······ 1715
Anneslea fragrans Wall. ······ 544
Annona reticulata L. ······ 297
Annona squamosa L. ······ 297
Anodendron nervosum Kerr ······ 1128
Anoectochilus roxburghii (Wall.) Lindl. ······ 1601
Anoplophora glabripennis (Motschulsky) ······ 1759
Anredera cordifolia (Ten.) Steenis ······ 477
Antenoron filiforme (Thunb.) Roberty et Vautier var. **neofiliforme** (Nakai) A. J. Li ······ 447
Antenoron filiforme (Thunb.) Roberty et Vautier ······ 447
Anthogonium gracile Lindl. ······ 1602
Anthopleura xanthogrammica (Brandt) ······ 1715
Antiaris toxicaria Lesch. ······ 858
Antidesma acidum Retz. ······ 632
Antidesma bunius (L.) Spreng. ······ 632
Antidesma fordii Hemsl. ······ 632
Antidesma ghaesembilla Gaertn. ······ 633
Antidesma japonicum Siebold et Zucc. ······ 633
Antidesma montanum Blume var. **microphyllum** (Hemsl.)

Petra Hoffm. ········· 633
Antidesma montanum Blume ········· 633
Antirrhinum majus L. ········· 1346
Aphanamixis polystachya (Wall.) R. Parker ········· 1002
Aphananthe aspera (Thunb.) Planch. ········· 853
Apios carnea (Wall.) Benth. ex Baker ········· 752
Apis cerana Fabricius ········· 1765
Apis dorsata Fabricius ········· 1765
Apis mellifera Linnaeus ········· 1766
Apium graveolens L. ········· 1058
Apluda mutica L. ········· 1683
Apriona germarii (Hope) ········· 1759
Aquilaria malaccensis Lam. ········· 495
Aquilaria sinensis (Lour.) Spreng. ········· 496
Aquilaria yunnanensis S. C. Huang ········· 497
Aquilonastra limboonkengi (Smith) ········· 1770
Arachis hypogaea L. ········· 752
Arachniodes amabilis (Blume) Tindale ········· 239
Arachniodes simplicior (Makino) Ohwi ········· 240
Aralia armata (Wall.) Seem. ········· 1042
Aralia chinensis L. ········· 1042
Aralia cordata Thunb. ········· 1043
Aralia dasyphylla Miq. ········· 1043
Aralia debilis J. Wen ········· 1044
Aralia decaisneana Hance ········· 1044
Aralia echinocaulis Hand. -Mazz. ········· 1044
Aralia spinifolia Merr. ········· 1045
Araucaria cunninghamii Aiton ex D. Don ········· 267
Arcangelisia gusanlung H. S. Lo ········· 363
Archidendron clypearia (Jack.) I. C. Nielsen ········· 725
Archidendron lucidum (Benth.) I. C. Nielsen ········· 726
Archidendron turgidum (Merr.) I. C. Nielsen ········· 726
Archontophoenix alexandrae (F. Muell.) H. Wendl.et Drude ········· 1585
Arctium lappa L. ········· 1230
Ardisia affinis Hemsl. ········· 1086
Ardisia alyxiaefolia Tsiang ex C. Chen ········· 1087
Ardisia brevicaulis Diels ········· 1087
Ardisia brunnescens E. Walker ········· 1087
Ardisia caudata Hemsl. ········· 1088
Ardisia chinensis Benth. ········· 1088
Ardisia corymbifera Mez ········· 1088
Ardisia crenata Sims var. **bicolor** (E. Walker) C. Y. Wu et C. Chen ········· 1090
Ardisia crenata Sims ········· 1089
Ardisia crispa (Thunb.) A. DC. ········· 1090
Ardisia depressa C. B. Clarke ········· 1091
Ardisia faberi Hemsl. ········· 1091
Ardisia fordii Hemsl. ········· 1091
Ardisia gigantifolia Stapf ········· 1092
Ardisia hanceana Mez ········· 1093
Ardisia japonica (Thunb.) Blume ········· 1093
Ardisia maclurei Merr. ········· 1094
Ardisia mamillata Hance ········· 1094
Ardisia primulifolia Gardner et Champ. ········· 1094
Ardisia punctata Lindl. ········· 1095
Ardisia pusilla A. DC. ········· 1095
Ardisia quinquegona Blume ········· 1095
Ardisia solanacea Roxb. ········· 1096
Ardisia squamulosa C. Presl ········· 1096
Ardisia villosa Roxb. ········· 1096
Ardisia virens Kurz ········· 1097
Areca catechu L. ········· 1586
Arenaria serpyllifolia L. ········· 439
Arenga caudata (Lour.) H. E. Moore ········· 1587
Arenga westerhoutii Griff. ········· 1587
Argemone mexicana L. ········· 400
Argiope bruennichi (Scopoli) ········· 1749
Argyreia acuta Lour. ········· 1335
Argyreia capitiformis (Poir.) Ooststr. ········· 1335
Argyreia henryi (Craib) Craib ········· 1336
Argyreia obtusifolia Lour. ········· 1336
Arisaema erubescens (Wall.) Schott ········· 1545
Arisaema franchetianum Engl. ········· 1545
Arisaema heterophyllum Blume ········· 1545
Arisaema penicillatum N. E. Br. ········· 1546
Arisaema petiolatum Hook. f. ········· 1546
Arisaema prazeri Hook. f. ········· 1546
Arisaema sikokianum Franch. et Sav. var. **serratum** (Makino) Hand.-Mazz. ········· 1547
Aristolochia cathcartii Hook. f. ········· 376
Aristolochia championii Merr. et Chun ········· 376
Aristolochia debilis Siebold et Zucc. ········· 376
Aristolochia fangchi Y. C. Wu ex L. D. Chow et S. M. Hwang

··· 377
Aristolochia fordiana Hemsl.·· 378
Aristolochia kwangsiensis Chun et F. C. How························ 378
Aristolochia mollissima Hance ··· 379
Aristolochia moupinensis Franch. ··· 379
Aristolochia tagala Champ.··· 380
Aristolochia thwaitesii Hook. ·· 380
Aristolochia tuberosa C. F. Liang et S. M. Hwang··············· 380
Aristolochia tubiflora Dunn··· 381
Aristolochia versicolor S.M. Hwang······································· 381
Aristolochia westlandii Hemsl.·· 381
Arius arius (Hamilton)·· 1776
Armadillidium vulgare (Latrielle) ·· 1742
Armeniaca mume Siebold·· 681
Armeniaca vulgaris Lam.··· 681
Aromia bungii (Faldermann)·· 1759
Arsenicum Album ·· 1815
Artabotrys hexapetalus (L. f.) Bhandari ······························· 297
Artemisia annua L.·· 1231
Artemisia anomala S. Moore ·· 1232
Artemisia argyi H. Lév. et Vaniot·· 1232
Artemisia capillaris Thunb.·· 1232
Artemisia carvifolia Buch.-Ham. ex Roxb. ·························· 1232
Artemisia indica Willd. ·· 1233
Artemisia japonica Thunb.·· 1233
Artemisia lactiflora Wall. ex DC.·· 1233
Artemisia lavandulifolia DC.··· 1234
Artemisia myriantha Wall. ex Besser···································· 1234
Artemisia princeps Pamp.··· 1234
Artemisia scoparia Waldst. et Kit. ······································· 1235
Arthraxon hispidus (Thunb.) Makino···································· 1684
Arthromeris lungtauensis Ching·· 248
Artocarpus heterophyllus Lam. ·· 858
Artocarpus hypargyreus Hance ex Benth.······························ 858
Artocarpus parvus Gagnep.··· 859
Artocarpus styracifolius Pierre·· 859
Arundina graminifolia (D. Don) Hochr.································ 1603
Arundinella bengalensis (Spreng.) Druce ···························· 1684
Arundinella setosa Trin. ·· 1684
Arundo donax L. ·· 1685
Asarum caudigerum Hance ··· 382
Asarum forbesii Maxim. ··· 382
Asarum geophilum Hemsl. ··· 382
Asarum hongkongense S. M. Huang et Wong Sui ················ 383
Asarum insigne Diels ·· 383
Asarum magnificum Tsiang ex C. Y. Cheng et C. S. Yang···· 383
Asarum petelotii O. C. Schmidt ·· 384
Asarum pulchellum Hemsl. ··· 384
Asarum wulingense C. F. Liang·· 384
Asclepias curassavica L. ··1150
Ascocentrum ampullaceum (Roxb.) Schltr. ·························· 1604
Asparagus cochinchinensis (Lour.) Merr.······························ 1507
Asparagus lycopodineus (Baker) F.T. Wang et Tang·········· 1508
Asparagus meiocladus H. Lév. ··· 1508
Asparagus officinalis L.·· 1508
Asparagus setaceus (Kunth) Jessop ····································· 1509
Asparagus subscandens F.T. Wang et S. C. Chen ················· 1509
Aspidistra elatior Blume ·· 1509
Aspidistra lurida Ker Gawl.·· 1510
Aspidistra minutiflora Stapf·· 1510
Aspidistra retusa K. Y. Lang et S. Z. Huang·························1511
Aspidistra typica Baill. ··1511
Aspidocarya uvifera Hook. f. et Thomson······························ 363
Aspidopterys glabriuscula A. Juss. ······································ 626
Aspidopterys obcordata Hemsl.··· 627
Asplenium austrochinense Ching·· 233
Asplenium ensiforme Wall. ex Hook. et Grev. ····················· 233
Asplenium griffithianum Hook.··· 233
Asplenium indicum Sledge ·· 234
Asplenium normale D. Don ··· 234
Asplenium pekinense Hance ·· 234
Asplenium prolongatum Hook. ··· 235
Asplenium sampsonii Hance·· 235
Asplenium saxicola Rosenst.··· 235
Asplenium wrightii D. C. Eaton ex Hook. ····························· 236
Aster ageratoides Turcz. ·· 1235
Aster baccharoides (Benth.) Steetz.······································ 1235
Aster panduratus Nees ex Walp. ·· 1236
Aster sampsonii (Hance) Hemsl.··· 1236
Aster subulatus Michx. ·· 1236
Aster trinervius Roxb. ex D. Don ·· 1236
Astilbe chinensis (Maxim.) Franch. et San.···························· 435
Astilbe grandis Stapf ex E. H. Wilson··································· 435
Astilbe rivularis Buch.-Ham. ex D. Don ······························· 435

Astragalus sinicus L. ········ 753
Asystasia neesiana (Wall.) Nees ········ 1378
Atalantia buxifolia (Poir.) Oliv. ········ 969
Atalantia kwangtungensis Merr. ········ 969
Athyriopsis japonica (Thunb.) Ching ········ 227
Athyrium niponicum (Mett.) Hance ········ 226
Athyrum niponicum (Mett.) Hance ········ 228
Atrina inflata (Dillwyn) ········ 1729
Atrina pectinata (Linnaeus) ········ 1729
Atriplex repens Roth ········ 467
Attacus atlas (Linnaeus) ········ 1758
Aucklandia costus Falc. ········ 1237
Aucuba chinensis Benth. ········ 1034
Avena fatua L. ········ 1685
Averrhoa carambola L. ········ 480
Azadirachta indica A. Juss. ········ 1002
Azolla pinnata R. Br. subsp. **asiatica** R. M. K. Saunders et K. Fowler ········ 263

B

Babylonia areolata (Link) ········ 1722
Babylonia lutosa (Lamarck) ········ 1723
Baccaurea ramiflora Lour. ········ 634
Bacopa monnieri (L.) Wettst. ········ 1346
Baeckea frutescens L. ········ 560
Balakata baccata (Roxb.) Esser ········ 634
Balanophora harlandii Hook. f. ········ 935
Balanophora indica (Arn.) Griff. ········ 936
Balanophora laxiflora Hemsl. ········ 936
Baliospermum calycinum Müll. Arg. ········ 634
Bambusa blumeana Schult. et Schult. f. ········ 1675
Bambusa chungii McClure ········ 1675
Bambusa dissimulator McClure ········ 1676
Bambusa multiplex 'Fernleaf' ········ 1676
Bambusa pervariabilis McClure ········ 1676
Bambusa sinospinosa McClure ········ 1676
Bambusa textilis McClure ········ 1677
Bambusa ventricosa McClure ········ 1678
Bambusa vulgaris Schrad. ex J. C. Wendl. fo. **vittata** (Riviere et C. Riviere) T. P. Yi ········ 1678
Barleria cristata L. ········ 1378
Barleria lupulina Lindl. ········ 1379
Barleria prionitis L. ········ 1379
Barnardia japonica (Thunb.) Schult. et Schult. f. ········ 1511
Barringtonia fusicarpa Hu ········ 567
Barringtonia racemosa (L.) Spreng. ········ 567
Basella alba L. ········ 477
Batocera lineolata Chevrolat ········ 1760
Batocera numitor Newman ········ 1760
Batocera punctata Schwarzer ········ 1760
Bauhinia acuminata L. ········ 731
Bauhinia championii (Benth.) Benth. ········ 731
Bauhinia corymbosa Roxb. ex DC. ········ 731
Bauhinia glauca (Wall. ex Benth.) Benth. subsp. **tenuiflora** (Watt ex C. B. Clarke) K. Larsen et S. S. Larsen ········ 732
Bauhinia glauca (Wall. ex Benth.) Benth. ········ 732
Bauhinia ornata Kurz. var. **kerrii** (Gagnep.) K. Larsen et S. S. Larsen ········ 732
Bauhinia purpurea L. ········ 733
Bauhinia variegata L. var. **candida** (Roxb.) Voigt ········ 733
Bauhinia variegata L. ········ 733
Beaumontia grandiflora Wall. ········ 1129
Beaumontia murtonii Craib ········ 1129
Begonia augustinei Hemsl. ········ 536
Begonia cathayana Hemsl. ········ 536
Begonia cavaleriei H. Lév. ········ 537
Begonia circumlobata Hance ········ 537
Begonia cucullata Willd. var. **hookeri** L. B. Sm. et B. G. Schub ········ 537
Begonia fimbristipula Hance ········ 538
Begonia grandis Dryand. subsp. **sinensis** (A. DC.) Irmsch. ·· 538
Begonia grandis Dryand. ········ 538
Begonia handelii Irmsch. ········ 539
Begonia leprosa Hance ········ 539
Begonia longifola Blume ········ 539
Begonia maculata Raddi ········ 539
Begonia palmata D. Don ········ 540
Begonia pedatifida H. Lév. ········ 540
Begonia wilsonii Gagnep. ········ 540
Beilschmiedia brevipaniculata C. K. Allen ········ 302
Beilschmiedia intermedia C. K. Allen ········ 303
Belamcanda chinensis (L.) Redouté ········ 1565
Benincasa hispida (Thunb.) Cogn. ········ 518

Benkara sinensis (Lour.) Ridsdale······1172
Bennettiodendron leprosipes (Clos) Merr. ······507
Berberis chingii C. Y. Cheng······352
Berberis impedita C. K. Schneid. ······353
Berberis julianae C. K. Schneid. ······353
Berberis pruinosa Franch. ······353
Berberis thunbergii DC. ······354
Berberis virgetorum C. K. Schneid. ······354
Berchemia floribunda (Wall.) Brongn.······936
Berchemia lineata (L.) DC.······937
Berchemia sinica C. K. Schneid.······938
Berchemia yunnanensis Franch. ······938
Beta vulgaris L. var. **cicla** L. ······467
Betula austrosinensis Chun ex P. C. Li······844
Betula luminifera H. Winkl.······844
Bidens bipinnata L. ······1238
Bidens biternata (Lour.) Merr. et Sherff······1238
Bidens pilosa L. var. **radiata** (Sch. Bip.) J. A. Schmidt······1239
Bidens pilosa L.······1238
Bidens tripartita L.······1239
Billbergia pyramidalis (Sims) Lindl.······1466
Biophytum fruticosum Blume······481
Biophytum sensitivum (L.) DC.······481
Bischofia javanica Blume······635
Bischofia polycarpa (H. Lév.) Airy Shaw ······635
Bixa orellana L. ······507
Blainvillea acmella (L.) Phillipson ······1239
Blastus cochinchinensis Lour.······568
Blastus pauciflorus (Benth.) Guillaumin······568
Blechnum orientale L.······237
Bletilla striata (Thunb.) Rchb. f ······1605
Blumea aromatica DC.······1239
Blumea balsamifera (L.) DC.······1240
Blumea formosana Kitam. ······1240
Blumea hieraciifolia (Spreng.) DC. ······1241
Blumea lacera (Burm. f.) DC. ······1241
Blumea laciniata DC. ······1241
Blumea lanceolaria (Roxb.) Druce ······1242
Blumea martiniana Vaniot ······1242
Blumea megacephala (Randeria) C. C. Chang et Y. Q. Tseng ······1242
Blumea mollis (D. Don) Merr.······1243
Blumea oblongifolia Kitam. ······1243
Blumea riparia DC.······1243
Boea hygrometrica (Bunge) R. Br.······1365
Boehmeria clidemioides Miq. var. **diffusa** (Wedd.) Hand.-Mazz. ······877
Boehmeria formosana Hayata······877
Boehmeria gracilis C. H. Wright······878
Boehmeria japonica (L. f.) Miq.······878
Boehmeria macrophylla Hornem var. **scabrella** (Roxb.) D. G. Long······879
Boehmeria macrophylla Hornem. ······878
Boehmeria nivea (L.) Gaudich.······879
Boehmeria penduliflora Wedd. ex D. G. Long ······879
Boehmeria siamensis Craib ······880
Boehmeria spicata (Thunb.) Thunb. ······880
Boehmeria tricuspis (Hance) Makino ······880
Boenninghausenia albiflora (Hook.) Rchb. ex Meisn.······969
Boerhavia diffusa L. ······500
Boesenbergia rotunda (L.) Mansf. ······1487
Bolbitis heteroclita (C. Presl) Ching······245
Bolbitis subcordata (Copel.) Ching······245
Boleophthalmus pectinirostris (Linnaeus)······1792
Bombax ceiba L. ······612
Borassus flabellifer L. ······1587
Borax······1818
Borreria stricta (L. f.) G. Mey. ······1173
Bos taurus Linnaeus······1811
Bostrychus sinensis Lacepède······1795
Boswellia sacra Flück······998
Bothriospermum zeylanicum (J. Jacq.) Druce······1317
Bothrocaryum controversum (Hemsl.) Pojark. ······1035
Botrychium japonicum (Prantl) Underw. ······201
Botrychium lanuginosum Wall. ex Hook. et Grev. ······202
Botrychium ternatum (Thunb.) Sw. ······202
Bougainvillea glabra Choisy······500
Bougainvillea spectabilis Willd. ······501
Bousigonia mekongensis Pierre ······1129
Bowringia callicarpa Champ. ex Benth.······753
Brachiaria villosa (Lam.) A. Camus ······1685
Brachystemma calycinum D. Don ······439
Brainea insignis (Hook.) J. Sm.······237
Branchiostegus japonicus (Houttuyn)······1793

Brandisia hancei Hook. f. ······ 1346
Brassaiopsis ciliata Dunn ······ 1045
Brassaiopsis glomerulata (Blume) Regel ······ 1045
Brassica campestris L. ······ 413
Brassica caulorapa (DC.) Pasq. ······ 413
Brassica chinensis L. ······ 414
Brassica juncea (L.) Czern. et Coss. ······ 414
Brassica oleracea L. var. **capitata** L. ······ 415
Brassica pekinensis (Lour.) Rupr. ······ 415
Bredia fordii (Hance) Diels ······ 568
Bredia sinensis (Diels) H. L. Li ······ 569
Bretschneidera sinensis Hemsl. ······ 1006
Breynia fruticosa (L.) Hook. f. ······ 636
Breynia retusa (Dennst.) Alston ······ 636
Breynia rostrata Merr. ······ 636
Breynia vitis-idaea (Burm. f.) C. E. C. Fisch. ······ 637
Bridelia balansae Tutcher ······ 637
Bridelia tomentosa Blume ······ 637
Broussonetia monoica Hance ······ 859
Broussonetia papyrifera (L.) L'Her. ex Vent. ······ 860
Brucea javanica (L.) Merr. ······ 996
Brucea mollis Wall. ex Kurz. ······ 997
Bruguiera gymnorhiza (L.) Savigny ······ 583
Bryophyllum delagoense (Eckl. et Zeyh.) Schinz ······ 430
Bryophyllum pinnatum (Lam.) Oken ······ 430
Buchnera cruciata Buch.-Ham. ex D. Don ······ 1347
Buddleja asiatica Lour. ······ 1110
Buddleja davidii Franch. ······ 1111
Buddleja lindleyana Fortune ······ 1111
Buddleja macrostachya Wall. ex Benth. ······ 1111
Buddleja myriantha Diels ······ 1112
Buddleja officinalis Maxim. ······ 1112
Bufo gargarizans Cantor ······ 1799
Bufonaria rana (Linnaeus) ······ 1723
Bulbophyllum affine Lindl. ······ 1606
Bulbophyllum ambrosia (Hance) Schltr. ······ 1606
Bulbophyllum andersonii (Hook.f.) J. J. Sm. ······ 1606
Bulbophyllum kwangtungense Schltr. ······ 1607
Bulbophyllum levinei Schltr. ······ 1607
Bulbophyllum nigrescens Rolfe ······ 1607
Bulbophyllum odoratissimum (Sm.) Lindl. ······ 1608
Bulbophyllum orientale Seidenf. ······ 1608
Bulbophyllum pectinatum Finet ······ 1608
Bulbostylis barbata (Rottb.) C. B. Clarke ······ 1662
Bungarus multicinctus Blyth ······ 1805
Bupleurum marginatum Wall. ex DC. ······ 1058
Burmannia coelestis D. Don ······ 1599
Burmannia disticha L. ······ 1599
Butea monosperma (Lam.) Taub. ······ 753
Buxus bodinieri H. Lév. ······ 839
Buxus harlandii Hance ······ 839
Buxus sinica (Rehder et E. H. Wilson) M. Cheng ······ 839
Byttneria grandifolia DC. ······ 602

C

Caesalpinia bonduc (L.) Roxb. ······ 734
Caesalpinia crista L. ······ 734
Caesalpinia cucullata Roxb. ······ 734
Caesalpinia decapetala (Roth) Alston ······ 735
Caesalpinia magnifoliolata F. P. Metcalf ······ 735
Caesalpinia millettii Hook. et Arn. ······ 735
Caesalpinia minax Hance ······ 736
Caesalpinia pulcherrima (L.) Sw. ······ 736
Caesalpinia sappan L. ······ 737
Caesalpinia sinensis (Hemsl.) J. E. Vidal ······ 738
Caesalpinia vernalis Champ. ex Benth. ······ 738
Cajanus cajan (L.) Huth ······ 754
Cajanus crassus (Prain ex King) Maesen ······ 754
Cajanus scarabaeoides (L.) Thouars ······ 754
Caladium bicolor (Aiton) Vent. ······ 1547
Calaminum ······ 1819
Calamus draco Willd. ······ 1588
Calamus tetradactylus Hance ······ 1589
Calanthe alismafolia Lindl. ······ 1609
Calanthe discolor Lindl. ······ 1609
Calanthe graciliflora Hayata ······ 1609
Calanthe puberula Lindl. ······ 1610
Calanthe reflexa Maxim. ······ 1610
Calanthe sylvatica (Thouars) Lindl. ······ 1610
Calanthe triplicata (Willemet) Ames ······ 1611
Calendula officinalis L. ······ 1244
Calliaspidia guttata (Brandegee) Bremek. ······ 1379
Callicarpa arborea Roxb. ······ 1392

Callicarpa bodinieri H. Lév. ··· 1392
Callicarpa brevipes (Benth.) Hance ··· 1392
Callicarpa cathayana Hung T. Chang ··· 1393
Callicarpa dichotoma (Lour.) K. Koch ··· 1393
Callicarpa formosana Rolfe ··· 1393
Callicarpa giraldii Hesse ex Rehder ··· 1394
Callicarpa integerrima Champ. ··· 1394
Callicarpa kochiana Makino ··· 1394
Callicarpa kwangtungensis Chun ··· 1395
Callicarpa loboapiculata F. P. Metcalf ··· 1395
Callicarpa longifolia Lam. ··· 1395
Callicarpa longissima (Hemsl.) Merr. ··· 1395
Callicarpa macrophylla Vahl ··· 1396
Callicarpa nudiflora Hook. et Arn. ··· 1397
Callicarpa rubella Lindl. ··· 1397
Callistemon rigidus R. Br. ··· 560
Callorhinus ursinus Linnaeus ··· 1809
Calonyction aculeatum (L.) House ··· 1336
Calophanoides quadrifaria (Nees) Ridl. ··· 1380
Calophyllum inophyllum L. ··· 589
Calophyllum membranaceum Gardner et Champ. ··· 590
Calophyllum polyanthum Wall. ex Choisy ··· 590
Calotropis gigantea (L.) W. T. Aiton ··· 1150
Calotropis procera (Aiton) W. T. Aiton ··· 1151
Calvatia cyathiformis (Bosc) Morgan ··· 185
Calystegia hederacea Wall. ··· 1337
Camellia caudata Wall. ··· 545
Camellia fraterna Hance ··· 545
Camellia indochinensis Merr. var. **tunghinensis** (Hung T. Chang) T. L. Ming et W. J. Zhang ··· 545
Camellia japonica L. ··· 546
Camellia oleifera Abel ··· 546
Camellia petelotii (Merr.) Sealy var. **microcarpa** (S. L. Mo et S. Z. Huang) T. L. Ming et W. J. Zhang ··· 548
Camellia petelotii (Merr.) Sealy ··· 547
Camellia pubipetala Y. Wan et S. Z. Huang ··· 548
Camellia sinensis (L.) Kuntze ··· 548
Campanumoea lancifolia (Roxb.) Merr. ··· 1312
Campsis grandiflora (Thunb.) K. Schum. ··· 1371
Camptotheca acuminata Decne. ··· 1041
Campylotropis delavayi (Franch.) Schindl. ··· 755
Campylotropis hirtella (Franch.) Schindl. ··· 755
Campylotropis macrocarpa (Bunge) Rehder ··· 755
Campylotropis pinetorum (Kurz) Schindl. subsp. **velutina** (Dunn) H. Ohashi ··· 756
Campylotropis polyantha (Franch.) Schindl. ··· 756
Cananga odorata (Lam.) Hook. f. et Thomson ··· 298
Canarium album (Lour.) Raeusch. ex DC. ··· 999
Canarium bengalense Roxb. ··· 999
Canarium pimela K. D. Koenig ··· 999
Canavalia ensiformis (L.) DC. ··· 756
Canavalia gladiata (Jacq.) DC. ··· 757
Canna × generalis L.H. Bailey ··· 1499
Canna × orchioides L. H. Bailey ··· 1500
Canna edulis Ker Gawl. ··· 1498
Canna flaccida Salisb. ··· 1499
Canna indica L. ··· 1499
Cannabis sativa L. ··· 897
Canscora andrographioides Griff. ex C. B. Clarke ··· 1295
Canscora lucidissima (H. Lév. et Vaniot.) Hand.-Mazz. ··· 1295
Canthium horridum Blume ··· 1173
Canthium simile Merr. ··· 1173
Capparis acutifolia Sweet ··· 407
Capparis bodinieri H. Lév. ··· 407
Capparis cantoniensis Lour. ··· 407
Capparis masakai H. Lév. ··· 408
Capparis membranifolia Kurz. ··· 408
Capparis micracantha DC. ··· 408
Capparis urophylla F. Chun ··· 409
Capparis versicolor Griff. ··· 409
Capra hircus Linnaeus ··· 1812
Capsella bursa-pastoris (L.) Medic. ··· 415
Capsicum annuum L. ··· 1321
Caragana sinica (Buc'hoz) Rehder ··· 758
Carallia brachiata (Lour.) Merr. ··· 583
Carallia pectinifdia W. C. Ko ··· 584
Carapichea ipecacuanha (Brot.) L. Andersson ··· 1174
Carcharhinus plumbeus (Nardo) ··· 1772
Cardamine flexuosa With. ··· 416
Cardamine hirsuta L. ··· 416
Cardamine lyrata Bunge ··· 416
Cardiocrinum cathayanum (E. H. Wilson) Stearn ··· 1512
Cardiocrinum giganteum (Wall.) Makino ··· 1512
Cardiopteris quinqueloba (Hassk.) Hassk. ··· 921

Cardiospermum halicacabum L. ···· 1008
Carduus crispus L. ···· 1244
Carex baccans Nees ···· 1662
Carex cruciata Wahlenb. ···· 1662
Carex dimorpholepis Steud. ···· 1663
Carex nemostachys Steud. ···· 1663
Carex scaposa C. B. Clarke ···· 1663
Carex taliensis Franch. ···· 1664
Carica papaya L. ···· 541
Carissa spinarum L. ···· 1129
Carmona microphylla (Lam.) G. Don. ···· 1317
Carpesium abrotanoides L. ···· 1244
Carpesium cernuum L. ···· 1245
Carpesium divaricatum Siebold et Zucc. ···· 1245
Carrierea calycina Franch. ···· 508
Caryopteris incana (Thunb. et Houtt.) Miq. ···· 1397
Caryota maxima Blume ex Mart. ···· 1589
Caryota mitis Lour. ···· 1590
Caryota monostachya Becc. ···· 1590
Caryota obtusa Griff. ···· 1590
Casearia glomerata Roxb. ex DC. ···· 513
Cassia alata L. ···· 738
Cassia fistula L. ···· 739
Cassia grandis L. f. ···· 739
Cassia hirsuta L. ···· 739
Cassia javanica L. subsp. **agnes** (de Wit) K. Larsen ···· 740
Cassia javanica L. subsp. **nodosa** (Buch. -Ham. ex Roxb.) K. Larsen et S. S. Larsen ···· 740
Cassia leschenaultiana DC. ···· 740
Cassia mimosoides L. ···· 741
Cassia occidentalis L. ···· 741
Cassia siamea Lam. ···· 741
Cassia sophera L. ···· 742
Cassia surattensis Burm. f. ···· 742
Cassia tora L. ···· 743
Cassytha filiformis L. ···· 303
Castanea henryi Rehder et E. H. Wilson ···· 844
Castanea mollissima Blume ···· 845
Castanea seguinii Dode ···· 845
Castanopsis calathiformis (Skan) Rehder et E. H. Wilson ···· 845
Castanopsis chinensis (Spreng.) Hance ···· 846
Castanopsis clarkei King ex Hook. f. ···· 846
Castanopsis eyrei (Champ.) Tutcher ···· 846
Castanopsis hystrix Miq. ···· 847
Castanopsis sclerophylla (Lindl.) Schottky ···· 847
Castanopsis tibetana Hance ···· 847
Castanopsis tibetana Hance ···· 847
Casuarina equisetifolia L. ···· 852
Catalpa bungei C. A. Mey. ···· 1371
Catalpa ovata G. Don ···· 1371
Catharanthus roseus (L.) G. Don ···· 1130
Catharsius molossus (Linnaeus) ···· 1762
Catunaregam spinosa (Thunb.) Tirveng. ···· 1175
Caulokaempferia coenobialis (Hance) K. Larsen ···· 1487
Cautleya gracilis (Sm.) Dandy ···· 1487
Cayratia corniculata (Benth.) Gagnep. ···· 954
Cayratia japonica (Thunb.) Gagnep. var. **mollis** (Wall.) Momiy. ···· 954
Cayratia japonica (Thunb.) Gagnep. var. **pseudotrifolia** (W. T. Wang) C. L. Li ···· 955
Cayratia japonica (Thunb.) Gagnep. ···· 954
Cayratia oligocarpa (H. Lév. et Vaniot) Gagnep. ···· 955
Cayratia trifolia (L.) Domin ···· 955
Cecropia peltata L. ···· 860
Ceiba pentandra (L.) Gaertn. ···· 613
Celastrus aculeatus Merr. ···· 906
Celastrus angulatus Maxim. ···· 907
Celastrus gemmatus Loes. ···· 907
Celastrus hindsii Benth. ···· 907
Celastrus hypoleucus (Oliv.) Warb. ex Loes ···· 908
Celastrus kusanoi Hayata ···· 908
Celastrus oblanceifolius C. H. Wang et P. C. Tsoong ···· 908
Celastrus orbiculatus Thunb. ···· 909
Celastrus paniculatus Willd. ···· 909
Celastrus rosthornianus Loes. ···· 909
Celastrus stylosus Wall. ···· 910
Celleporina costazii (Audouin) ···· 1716
Celosia argentea L. ···· 474
Celosia cristata L. ···· 474
Celtis biondii Pamp. ···· 853
Celtis bungeana Blume ···· 853
Celtis sinensis Pers. ···· 854
Celtis tetrandra Roxb. ···· 854
Celtis timorensis Span. ···· 854

Centella asiatica (L.) Urb. ······ 1059
Centipeda minima (L.) A. Braun et Asch. ······ 1246
Centranthera cochinchinensis (Lour.) Merr. ······ 1347
Centranthera grandiflora Benth. ······ 1347
Cephalanthera erecta (Thunb.) Blume ······ 1611
Cephalanthera falcata (Thunb.) Blume ······ 1611
Cephalanthus tetrandrus (Roxb.) Ridsdale et Bakh. f. ······ 1175
Cephalotaxus fortunei Hook. ······ 273
Cephalotaxus mannii Hook. f. ······ 274
Cephalotaxus oliveri Mast. ······ 274
Cephalotaxus sinensis (Rehder et E. H. Wilson) H. L. Li ······ 274
Cerastium fontanum Baumg subsp. **vulgare** (Hartm.) Greuter et Burdet ······ 440
Cerasus cerasoides (Buch.-Ham. ex D. Don) S.Y. Sokolov var. **rubea** (Ingram) T.T. Yu et C.L. Li ······ 682
Cerasus japonica (Thunb.) Loisel. ······ 682
Cerasus pseudocerasus (Lindl.) Loudon ······ 683
Ceratophyllum demersum L. ······ 348
Ceratopteris thalictroides (L.) Brongn. ······ 224
Cerbera manghas L. ······ 1131
Cercis chinensis Bunge ······ 744
Ceriops tagal (Perr.) C. B. Rob. ······ 584
Ceropegia trichantha Hemsl. ······ 1151
Cestrum nocturnum L. ······ 1322
Chaenomeles sinensis (Thouin) Koehne ······ 683
Chaenomeles speciosa (Sweet) Nakai ······ 684
Chalcanthitum ······ 1821
Chamabainia cuspidata Wight ······ 881
Chamaecyparis pisifera 'Filifera' ······ 269
Chassalia curviflora (Wall.)Thwaites ······ 1175
Chaydaia rubrinervis (H. Lév.) C. Y. Wu ex Y. L. Chen et P. K. Chou ······ 939
Cheilanthes chusana Hook. ······ 220
Cheilanthes opposita Kaulf. ······ 221
Cheilanthes tenuifolia (Burm. f.) Sw. ······ 221
Chelonia mydas (Linnaeus) ······ 1801
Chelonopsis deflexa (Benth.) Diels ······ 1413
Chenopodium album L. ······ 468
Chenopodium ficifolium Sm. ······ 468
Chicoreus brunneus (Link) ······ 1724
Chimonanthus nitens Oliv. ······ 718
Chimonanthus praecox (L.) Link ······ 718
Chimonobambusa quadrangularis (Franceschi) Makino ·· 1678
Chionographis chinensis K. Krause ······ 1512
Chirita anachoreta Hance ······ 1365
Chirita eburnea Hance ······ 1365
Chirita fimbrisepala Hand.-Mazz. ······ 1366
Chirita hedyotidea (Chun) W. T. Wang ······ 1366
Chloranthus erectus (Buch. -Ham.) Verdc. ······ 395
Chloranthus fortunei (A. Gray) Solms ······ 395
Chloranthus henryi Hemsl. ······ 396
Chloranthus holostegius (Hand. -Mazz.) S. J. Pei et R. H. Shan ······ 396
Chloranthus japonicus Siebold ······ 396
Chloranthus multistachys S. J. Pei ······ 397
Chloranthus oldhamii Solms ······ 397
Chloranthus serratus (Thunb.) Roem. et Schult. ······ 397
Chloranthus spicatus (Thunb.) Makino ······ 397
Chlorophytum comosum (Thunb.) Jacques ······ 1513
Chlorophytum laxum R. Br. ······ 1513
Choerospondias axillaris B. L. Burtt et A. W. Hill ······ 1024
Chonemorpha eriostylis Pit. ······ 1131
Chonemorpha megacalyx Pierre ······ 1131
Christia obcordata (Poir.) Bakh. f. ex Meeuwen ······ 758
Christia vespertilionis (L. f.) Bakh. f. ex Meeuwen ······ 758
Chrysalidocarpus lutescens H. Wendl. ······ 1591
Chrysanthemum coronarium L. ······ 1246
Chrysanthemum segetum L. ······ 1246
Chrysophyllum lanceolatum A. DC. var. **stellatocarpon** P. Royen ······ 1084
Chrysopogon aciculatus (Retz.) Trin. ······ 1686
Chrysopogon zizanioides (L.) Roberty ······ 1686
Chrysosplenium delavayi Franch. ······ 436
Chrysosplenium macrophyllum Oliv. ······ 436
Chukrasia tabularis A. Juss. ······ 1003
Cibotium barometz (L.) J. Sm. ······ 211
Cinchona calisaya Wedd. ······ 1176
Cinchona officinalis L. ······ 1177
Cinchona pubescens Vahl ······ 1177
Cinnabaris ······ 1814
Cinnamomum austro-sinense H. T. Chang ······ 304
Cinnamomum bejolghota (Buch.-Ham.) Sweet ······ 304
Cinnamomum burmannii (Nees et T. Nees) Blume ······ 305
Cinnamomum camphora (L.) J. Presl ······ 306

Cinnamomum cassia (L.) J. Presl ········· 307
Cinnamomum chartophyllum H. W. Li ········· 308
Cinnamomum glanduliferum (Wall.) Meisn. ········· 308
Cinnamomum iners Reinw. ex Blume ········· 309
Cinnamomum jensenianum Hand.-Mazz. ········· 309
Cinnamomum parthenoxylon (Jack) Meisn. ········· 309
Cinnamomum septentrionale Hand.-Mazz. ········· 310
Cinnamomum subavenium Miq. ········· 310
Cinnamomum tamala (Buch.-Ham.) T. Nees et Nees. ········· 310
Cinnamomum verum J. Presl ········· 311
Cinnamomum wilsonii Gamble ········· 311
Cipadessa baccifera (Roxb. ex Roth) Miq. ········· 1003
Circaea cordata Royle ········· 490
Circaea erubescens Franch. et Sav. ········· 491
Circaea mollis Siebold et Zucc. ········· 491
Cirsium botryodes Petr. ········· 1247
Cirsium japonicum DC. ········· 1247
Cirsium lineare (Thunb.) Sch. Bip. ········· 1248
Cirsium setosum (Willd.) M. Bieb. ········· 1248
Cirsium shansiense Petr. ········· 1248
Cissampelopsis spelaeicola (Vaniot.) C. Jeffrey et Y. L. Chen ········· 1249
Cissampelopsis volubilis (Blume) Miq. ········· 1249
Cissampelos pareira L. var. **hirsuta** (Buch. -Ham. ex DC.) Forman ········· 364
Cissus assamica (M. A. Lawson) Craib ········· 956
Cissus discolor Blume ········· 956
Cissus hexangularis Thorel ex Planch. ········· 956
Cissus kerrii Craib ········· 957
Cissus pteroclada Hayata ········· 957
Cissus repens Lam. ········· 957
Cissus subtetragona Planch. ········· 958
Cissus triloba (Lour.) Merr. ········· 958
Citrullus lanatus (Thunb.) Matsem.et Nakai ········· 519
Citrus × aurantium L. ········· 970
Citrus × limon (L.) Osbeck ········· 971
Citrus grandis (L.) Osbeck var. **tomentosa** Hort. ········· 972
Citrus maxima (Burm.) Merr. ········· 971
Citrus medica L. var. **sarcodactylis** (Hoola van Nooten) Swingle ········· 974
Citrus medica L. ········· 973
Citrus reticulata 'Chachi' ········· 976
Citrus reticulata Blanco ········· 975
Cladrastis platycarpa (Maxim.) Makino ········· 759
Claoxylon indicum (Reinw. ex Blume) Hassk. ········· 635
Claoxylon longifolium (Blume) Endl.ex Hassk. ········· 638
Clausena dunniana H. Lév. ········· 977
Clausena excavata Burm. f. ········· 977
Clausena lansium (Lour.) Skeels ········· 977
Clausena lenis Drake ········· 978
Cleidiocarpon cavaleriei (H. Lév.) Airy Shaw ········· 638
Cleidion brevipetiolatum Pax et K. Hoffm. ········· 638
Cleisostoma fuerstenbergianum Kraenzl. ········· 1612
Cleisostoma rostratum (Lindl. ex Hook.) Garay ········· 1612
Cleisostoma williamsonii (Rchb. f.) Garay ········· 1612
Cleistocalyx operculatus (Roxb.) Merr. et L.M. Perry ········· 561
Clematis apiifolia DC. ········· 333
Clematis apiifolia DC. var. **argentilucida** (H. Lév. et Vaniot) W. T. Wang ········· 333
Clematis armandii Franch. ········· 334
Clematis buchananiana DC. ········· 335
Clematis chinensis Osbeck ········· 335
Clematis fasciculiflora Franch. ········· 335
Clematis finetiana H. Lév. et Vaniot ········· 336
Clematis florida Thunb. ········· 336
Clematis gouriana Roxb. ex DC. ········· 337
Clematis henryi Oliv. ········· 337
Clematis heracleifolia DC. ········· 337
Clematis lasiandra Maxim. ········· 338
Clematis leschenaultiana DC. ········· 338
Clematis loureiroana DC. ········· 338
Clematis meyeniana Walp. var. **granulata** Finet et Gagnep. ········· 339
Clematis meyeniana Walp. ········· 338
Clematis quinquefoliolata Hutch. ········· 339
Clematis repens Finet et Gagnep. ········· 339
Clematis smilacifolia Wall. ········· 340
Clematis smilacifolia Wall. var. **peltata** (W. T. Wang) W. T. Wang ········· 340
Clematis subumbellata Kurz. ········· 340
Clematis uncinata Champ. ex Benth. ········· 341
Cleome gynandra L. ········· 409
Cleome spinosa Jacq. ········· 410
Cleome viscosa L. ········· 410
Clerodendranthus spicatus (Thunb.) C. Y. Wu ex H. W. Li.

······ 1414
Clerodendrum bungei Steud. ······ 1397
Clerodendrum canescens Wall. ex Walp. ······ 1398
Clerodendrum chinense (Osbeck) Mabb. var. **simplex** (Moldenke) S. L. Chen ······ 1398
Clerodendrum colebrookianum Walp. ······ 1398
Clerodendrum cyrtophyllum Turcz. ······ 1399
Clerodendrum fortunatum L. ······ 1399
Clerodendrum hainanense Hand.-Mazz. ······ 1399
Clerodendrum indicum (L.) Kuntze ······ 1400
Clerodendrum inerme (L.) Gaertn. ······ 1400
Clerodendrum japonicum (Thunb.) Sweet ······ 1400
Clerodendrum kwangtungense Hand.-Mazz. ······ 1401
Clerodendrum laevifolium Blume ······ 1401
Clerodendrum lindleyi Decne. ex Planch. ······ 1401
Clerodendrum mandarinorum Diels ······ 1402
Clerodendrum philippinum Schauer ······ 1402
Clerodendrum serratum (L.) Moon ······ 1402
Clerodendrum thomsoniae Balf. f. ······ 1402
Clethra delavayi Franch. ······ 1070
Clibanarius infraspinatus (Hilgendorf) ······ 1745
Clinacanthus nutans (Burm. f.) Lindau ······ 1380
Clinopodium chinense (Benth.) Kuntze ······ 1415
Clinopodium confine (Hance) Kuntze ······ 1415
Clinopodium gracile (Benth.) Kuntze. ······ 1415
Clitoria mariana L. ······ 759
Clitoria ternatea L. ······ 759
Cnidium monnieri (L.) Cusson ······ 1060
Coccinia grandis (L.) Voigt ······ 520
Cocculus laurifolius DC. ······ 365
Cocculus orbiculatus (L.) DC. ······ 365
Cocos nucifera L. ······ 1591
Codariocalyx gyroides (Roxb. ex Link) Hassk. ······ 760
Codariocalyx motorius (Houtt.) H. Ohashi ······ 760
Codiaeum variegatum (L.) Rumph. ex A. Juss. ······ 638
Codonopsis convolvulacea Kurz ······ 1312
Codonopsis javanica Blume ······ 1311
Codonopsis javanica Blume subsp. **japonica** (Makino) D. Y. Hong ······ 1311
Codonopsis lanceolata (Siebold et Zucc.) Trautv. ······ 1312
Coelogyne cristata Lindl. ······ 1613
Coelogyne sanderae Kraenzl. ex O'Brien ······ 1613
Coffea arabica L. ······ 1177
Coffea canephora Pierre ex A. Froehner ······ 1178
Coffea liberica W. Bull ex Hiern ······ 1178
Coix lacryma-jobi L. var. **ma-yuen** (Rom.Caill.) Stapf ex Hook. f. ······ 1687
Colebrookea oppositifolia Sm. ······ 1416
Coleus amboinicus Lour. ······ 1416
Coleus carnosifolius (Hemsl.) Dunn ······ 1416
Coleus scutellarioides (L.) Benth. ······ 1416
Collocalia esculenta (Linnaeus) ······ 1808
Colocasia antiquorum Schott ······ 1547
Colocasia esculenta (L.) Schott ······ 1548
Colocasia gigantea (Blume) Hook. f. ······ 1548
Colona floribunda (Wall. ex Kurz) Craib. ······ 597
Colquhounia elegans Wall. ex Benth. ······ 1417
Columba livia J. F. Gmelin ······ 1807
Colysis digitata (Baker) Ching ······ 249
Colysis elliptica (Thunb. ex Murray) Ching ······ 249
Colysis hemionitidea (C. Presl) C. Presl ······ 249
Colysis henryi (Baker) Ching ······ 250
Colysis pothifolia (Buch.-Ham. ex D. Don) C. Presl ······ 250
Colysis wrightii (Hook. et Baker) Ching ······ 250
Comanthosphace ningpoensis (Hemsl.) Hand.-Mazz. ······ 1417
Combretum alfredii Hance ······ 577
Combretum griffithii Van Heurck et Müll. Arg. var. **yunnanense** (Exell) Turland et C. Chen ······ 577
Combretum indium (L.) DeFilipps ······ 578
Commelina benghalensis L. ······ 1456
Commelina communis L. ······ 1456
Commelina diffusa Burm. f. ······ 1456
Commelina paludosa Blume ······ 1457
Commiphora myrrha (T. Nees) Engl. ······ 1000
Coniogramme japonica (Thnub.) Diels ······ 225
Conocephalum conicum (L.) Dumort. ······ 189
Conyza blinii H. Lév. ······ 1249
Conyza bonariensis (L.) Cronquist ······ 1250
Conyza canadensis (L.) Cronquist ······ 1250
Conyza japonica (Thunb.) Less. ······ 1250
Coptis chinensis Franch. var. **brevisepala** W. T. Wang et P. G. Xiao ······ 341
Coptosapelta diffusa (Champ. ex Benth.) Steenis ······ 1178
Corchoropsis crenata Siebold et Zucc. ······ 597

Corchorus aestuans L. ············ 597
Corchorus capsularis L.············ 598
Corchorus olitorius L.············ 598
Cordia dichotoma G. Forst. ············ 1317
Cordyceps chanhua Z. Z. Li, F. G. Luan, Hywel-Jones, C. R. Li et S. L. Zhang············ 180
Cordyline fruticosa (L.) A. Chev. ············ 1580
Cordyline stricta (Sims) Endl. ············ 1580
Coreopsis lanceolata L.············ 1251
Coreopsis tinctoria Nutt. ············ 1251
Coriandrum sativum L.············ 1060
Coridius chinensis (Dallas)············ 1757
Cornus chinensis Wangerin············ 1035
Corydalis balansae Prain············ 402
Corydalis decumbens (Thunb.) Pers.············ 403
Corydalis pallida (Thunb.) Pers. ············ 404
Corydalis racemosa (Thunb.) Pers.············ 404
Corydalis saxicola Bunting ············ 405
Corydalis sheareri S. Moore ············ 406
Corydalis yanhusuo (Y. H. Chou et C. C. Hsu) W. T. Wang ex Z. Y. Su et C. Y. Wu············ 406
Corylopsis sinensis Hemsl.············ 832
Corypha umbraculifera L. ············ 1591
Cosmos bipinnatus Cav.············ 1251
Cosmos sulphureus Cav. ············ 1252
Costus lacerus Gagnep. ············ 1487
Costus speciosus (J. Koenig ex Retz.) Sm.············ 1488
Costus tonkinensis Gagnep. ············ 1488
Cotoneaster horizontalis Decne.············ 684
Coturnix japonica Temminck et Schlegel············ 1807
Craibiodendron scleranthum (Dop) Judd var. **kwangtungense** (S. Y. Hu) Judd ············ 1071
Craibiodendron stellatum (Pierre) W. W. Sm. ············ 1071
Craibiodendron yunnanense W. W. Sm.············ 1072
Craspedolobium unijugum (Gagnep.) Z. Wei et Pedley ······ 760
Craspidaster hesperus (Müller et Troschel)············ 1769
Crassocephalum crepidioides (Benth.) S. Moore ············ 1252
Crassocephalum rubens (B. Juss. ex Jacq.) S. Moore ········ 1252
Crassostrea ariakensis (Fujita)············ 1730
Crassostrea gigas (Thunberg)············ 1731
Crataegus cuneata Siebold et Zucc.············ 685
Crataegus scabrifolia (Franch.) Rehder ············ 686
Crateva formosensis (Jacobs) B. S. Sun ············ 410
Crateva trifoliata (Roxb.) B. S. Sun ············411
Crateva unilocularis Buch.-Ham. ············411
Cratoxylum cochinchinense (Lour.) Blume ············ 585
Cratoxylum formosum (Jack) Benth. et Hook. f. et Dyer subsp. **pruniflorum** (Kurz) Gogelin ············ 585
Crawfurdia pricei (C. Marquand) Harry Sm. ············ 1296
Cremastra appendiculata (D. Don) Makino ············ 1613
Crepis bodinieri H. Lév. ············ 1253
Crepis lignea (Vaniot) Babc. ············ 1253
Crepis phoenix Dunn ············ 1253
Crinum asiaticum L.var. **sinicum** (Roxb. ex Herb.) Baker 1561
Crinum latifolium L.············ 1562
Crocodylus siamensis Schnerder············ 1800
Crocosmia × **crocosmiiflora** (Lemoine) N. E. Br.············ 1565
Crocus sativus L. ············ 1566
Crossostephium chinense (L.) Makino ············ 1254
Crotalaria alata Buch.-Ham. ex D. Don ············ 761
Crotalaria albida B. Heyne ex Roth ············ 761
Crotalaria assamica Benth.············ 761
Crotalaria calycina Schrank············ 762
Crotalaria cytisoides Roxb. ex DC. ············ 762
Crotalaria ferruginea Graham ex Benth. ············ 762
Crotalaria linifolia L. f.············ 763
Crotalaria medicaginea Lam. ············ 763
Crotalaria micans Link ············ 763
Crotalaria pallida Aiton············ 764
Crotalaria retusa L. ············ 764
Crotalaria sessiliflora L. ············ 764
Croton cascarilloides Raeusch. ············ 639
Croton caudatus Geiseler············ 639
Croton crassifolius Geiseler············ 640
Croton euryphyllus W. W. Sm. ············ 640
Croton kongensis Gagnep. ············ 641
Croton lachnocarpus Benth.············ 641
Croton laevigatus Vahl ············ 642
Croton laui Merr. et F. P. Metcalf············ 642
Croton tiglium L.············ 643
Cryptocoryne crispatula Engl. ············ 1549
Cryptolepis buchananii R. Br. ex Roem. et Schult. ············1169
Cryptolepis sinensis (Lour.) Merr. ············1170
Cryptomeria japonica (Thunb. ex L. f.) D. Don var. **sinensis**

Miq. ········ 268
Cryptomeria japonica (Thunb. ex L. f.) D. Don ········ 268
Cryptotaenia japonica Hassk. ········ 1060
Cryptotympana atrata (Fabricius) ········ 1756
Cryptotympana mandarina Distant ········ 1756
Cucumis melo L. ········ 520
Cucumis sativus L. ········ 521
Cucurbita moschata Duchesne ········ 521
Cudrania cochinchinensis (Lour.) Kudô et Masam. ········ 860
Cudrania pubescens Trécul ········ 861
Cudrania tricuspidata (Carrière) Bureau ex Lavalle ········ 861
Cunninghamia lanceolata (Lamb.) Hook. ········ 268
Cupressus funebris Endl. ········ 270
Curculigo capitulata (Lour.) Kuntze ········ 1595
Curculigo orchioides Gaertn. ········ 1596
Curcuma aromatica Salisb. ········ 1488
Curcuma kwangsiensis S. G. Lee et C. F. Liang ········ 1489
Curcuma longa L. ········ 1490
Curcuma phaeocaulis Valeton ········ 1491
Curcuma wenyujin Y. H. Chen et C. Ling ········ 1491
Cuscuta australis R. Br. ········ 1337
Cuscuta japonica Choisy ········ 1338
Cyanotis arachnoidea C. B. Clarke ········ 1457
Cyanotis cristata (L.) D. Don ········ 1457
Cyanotis vaga (Lour.) Roem. et Schult. ········ 1458
Cyathocline purpurea (Buch.-Ham. ex D. Don) Kuntze ········ 1254
Cyathula prostrata (L.) Blume ········ 475
Cybister bengalensis Aubé ········ 1741
Cybister tripunctatus lateralis (Fabricius) ········ 1741
Cycas balansae Warb. ········ 265
Cycas pectinata Griff. ········ 265
Cycas revoluta Thunb. ········ 265
Cyclea barbata Miers ········ 365
Cyclea hypoglauca (Schauer) Diels ········ 366
Cyclea meeboldii Diels ········ 366
Cyclea polypetala Dunn ········ 366
Cyclea racemosa Oliv. ········ 367
Cyclea sutchuenensis Gagnep. ········ 367
Cyclina sinensis (Gmelin) ········ 1734
Cyclobalanopsis delavayi (Franch.) Schottky ········ 848
Cyclobalanopsis fleuryi (Hickel et A. Camus) Chun ex Q. F. Zheng ········ 848
Cyclobalanopsis glauca (Thunb.) Oerst. ········ 848
Cyclobalanopsis kerrii (Craib) Hu ········ 849
Cyclobalanopsis myrsinaefolia (Blume) Oerst. ········ 849
Cyclocarya paliurus (Batalin) Iljinsk. ········ 1032
Cyclosorus acuminatus (Houtt.) Nakai ········ 229
Cyclosorus dentatus (Forssk.) Ching ········ 229
Cyclosorus interruptus (Willd.) H. Ito ········ 230
Cyclosorus parasiticus (L.) Farw. ········ 230
Cymbidium aloifolium (L.) Sw. ········ 1614
Cymbidium ensifolium (L.) Sw. ········ 1614
Cymbidium faberi Rolfe ········ 1615
Cymbidium floribundum Lindl. ········ 1615
Cymbidium goeringii (Rchb. f.) Rchb. f. ········ 1615
Cymbidium lancifolium Hook. ········ 1616
Cymbidium mannii Rchb. f. ········ 1616
Cymbidium sinense (Jacks. ex Andrews) Willd. ········ 1616
Cymbopogon citratus (DC.) Stapf ········ 1688
Cymbopogon distans (Nees) Will. Watson ········ 1688
Cymbopogon mekongensis A. Camus ········ 1689
Cynanchum atratum Bunge ········ 1151
Cynanchum auriculatum Royle ex Wight ········ 1152
Cynanchum chekiangense M. Cheng ········ 1152
Cynanchum corymbosum Wight ········ 1152
Cynanchum glaucescens (Decne.) Hand.-Mazz. ········ 1153
Cynanchum mooreanum Hemsl. ········ 1153
Cynanchum paniculatum (Bunge) Kitagawa ex Hara ········ 1153
Cynanchum stauntonii (Decne.) Schltr. ex H. Lév. ········ 1154
Cynanchum versicolor Bunge ········ 1154
Cynodon dactylon (L.) Pers. ········ 1689
Cynoglossum amabile Stapf et J. R. Drumm. ········ 1318
Cynoglossum lanceolatum Forssk. ········ 1318
Cynoglossus semilaevis Günther ········ 1796
Cyperus compressus L. ········ 1664
Cyperus difformis L. ········ 1664
Cyperus eleusinoides Kunth ········ 1664
Cyperus haspan L. ········ 1665
Cyperus involucratus Rottb. ········ 1665
Cyperus iria L. ········ 1666
Cyperus malaccensis Lam. ········ 1666
Cyperus malaccensis Lam.var. **brevifolius** Boeckeler ········ 1666
Cyperus pilosus Vahl ········ 1666
Cyperus rotundus L. ········ 1667

Cyphomandra betacea (Cav.) Sendtn. ······ 1322
Cyrtomium balansae (Christ) C. Chr. ······ 240
Cyrtomium caryotideum (Wall. ex Hook. et Grev.) C. Presl 240
Cyrtomium fortunei J. Sm. ······ 241
Cyrtotrachelus longimanus Fabricius ······ 1764

D

Dacrycarpus imbricatus (Blume) de Laub. ······ 272
Dactylicapnos scandens (D. Don) Hutch. ······ 406
Dactyloctenium aegyptium (L.) Willd. ······ 1689
Daemonorops jenkinsiana (Griff.) Mart. ······ 1592
Dahlia pinnata Cav. ······ 1254
Dalbergia assamica Benth. ······ 765
Dalbergia benthamii Prain ······ 765
Dalbergia hainanensis Merr. et Chun ······ 765
Dalbergia hancei Benth. ······ 766
Dalbergia hupeana Hance ······ 766
Dalbergia millettii Benth. ······ 766
Dalbergia mimosoides Franch. ······ 767
Dalbergia obtusifolia (Baker) Prain ······ 767
Dalbergia pinnata (Lour.) Prain ······ 769
Dalbergia yunnanensis Franch. ······ 769
Damnacanthus giganteus (Makino) Nakai ······ 1179
Damnacanthus indicus C. F. Gaertn. ······ 1179
Daphne kiusiana (Thunb.)Rob. et Vant var. **atrocaulis** (Rehder) F. Maek. ······ 497
Daphne papyracea Wall. ex G. Don ······ 498
Daphniphyllum calycinum Benth. ······ 673
Daphniphyllum macropodum Miq. ······ 673
Daphniphyllum oldhamii (Hemsl.) K. Rosenth. ······ 673
Datura arborea L. ······ 1322
Datura metel L. ······ 1323
Datura stramonium L. ······ 1323
Daucus carota L. var. **sativa** Hoffm. ······ 1061
Davallia divaricata Dutch et Tutch. ······ 247
Davallia trichomanoides Blume ······ 247
Debregeasia longifolia (Burm. f.) Wedd. ······ 881
Debregeasia orientalis C. J. Chen ······ 881
Debregeasia squamata King ex Hook. f. ······ 882
Decaisnea insignis (Griff.) Hook. f. et Thomson ······ 361
Decapterus muroadsi (Temminck et Schlegel) ······ 1793
Decaspermum parviflorum (Lam.) A. J. Scott ······ 561
Delavaya toxocarpa Franch. ······ 1008
Delonix regia (Bojerex ex Hook.) Raf. ······ 744
Delphinium anthriscifolium Hance ······ 342
Delphinium delavayi Franch. ······ 342
Dendranthema indicum (L.) Des Moul. ······ 1255
Dendranthema morifolium (Ramat.) Tzvelev ······ 1255
Dendrobenthamia angustata (Chun) W. P. Fang ······ 1036
Dendrobenthamia capitata (Wall.) Hutch. ······ 1036
Dendrobenthamia hongkongensis (Hemsl.) Hutch. ······ 1036
Dendrobenthamia japonica (DC.) W. P. Fang var. **chinensis** (Osborn) W. P. Fang ······ 1037
Dendrobium acinaciforme Roxb. ······ 1617
Dendrobium aduncum Wall. ex Lindl. ······ 1617
Dendrobium aphyllum (Roxb.) C. E. C. Fisch. ······ 1617
Dendrobium bellatulum Rolfe ······ 1618
Dendrobium brymerianum Rchb. f. ······ 1618
Dendrobium capillipes Rchb. f. ······ 1618
Dendrobium cariniferum Rchb. f. ······ 1619
Dendrobium chrysanthum Wall. ex Lindl. ······ 1619
Dendrobium chrysotoxum Lindl. ······ 1620
Dendrobium crepidatum Lindl. et Paxton ······ 1621
Dendrobium crumenatum Sw. ······ 1621
Dendrobium crystallinum Rchb. f. ······ 1621
Dendrobium denneanum Kerr ······ 1622
Dendrobium densiflorum Lindl. ······ 1622
Dendrobium devonianum Paxton ······ 1623
Dendrobium dixanthum Rchb. f. ······ 1624
Dendrobium exile Schltr. ······ 1624
Dendrobium falconeri Hook. f. ······ 1624
Dendrobium fimbriatum Hook. ······ 1625
Dendrobium findleyanum C. S. P. Parish et Rchb. f. ······ 1625
Dendrobium gratiosissimum Rchb. f. ······ 1625
Dendrobium hancockii Rolfe ······ 1626
Dendrobium harveyanum Rchb. f. ······ 1626
Dendrobium hercoglossum Rchb. f. ······ 1626
Dendrobium jenkinsii Wall. ex Lindl. ······ 1627
Dendrobium kwangtungense C. L. Tso ······ 1627
Dendrobium linawianum Rchb. f. ······ 1627
Dendrobium lindleyi Steud. ······ 1627
Dendrobium lituiflorum Lindl. ······ 1628
Dendrobium loddigesii Rolfe ······ 1628

Dendrobium lohohense Tang et F. T. Wang ··· 1628
Dendrobium minutiflorum S. C. Chen et Z. H. Tsi··· 1629
Dendrobium moniliforme (L.) Sw.··· 1629
Dendrobium nobile Lindl.··· 1630
Dendrobium officinale Kimura et Migo··· 1631
Dendrobium parishii Rchb. f. ··· 1632
Dendrobium pendulum Roxb. ··· 1632
Dendrobium polyanthum Wall. ex Lindl. ··· 1633
Dendrobium senile C. S. P. Parish et Rchb. f. ··· 1633
Dendrobium sulcatum Lindl. ··· 1633
Dendrobium terminale E. C. Parish et Rchb. f. ··· 1634
Dendrobium thyrsiflorum Rchb. f. ex Ardré··· 1634
Dendrobium trigonopus Rchb. f. ··· 1634
Dendrobium wardianum R. Warner ··· 1635
Dendrobium williamsonii J. Day et Rchb.f. ··· 1635
Dendrocalamopsis beecheyana (Munro) Keng f. ··· 1678
Dendrocalamus hamiltonii Nees et Arn. ex Munro ··· 1679
Dendrocalamus latiflorus Munro··· 1679
Dendrocalamus membranaceus Munro ··· 1679
Dendrocnide sinuata (Blume) Chew ··· 882
Dendrocnide urentissima (Gagnep.) Chew ··· 882
Dendrolobium triangulare (Retz.) Schindl. ··· 769
Dendropanax dentiger (Harms) Merr. ··· 1046
Dendropanax proteus (Champ. ex Benth.) Benth. ··· 1046
Dendrophthoe pentandra (L.) Miq. ··· 924
Dendrotrophe varians (Blume) Miq.··· 933
Dennstaedtia scabra (Wall.) Moore··· 212
Derris alborubra Hemsl.··· 770
Derris eriocarpa F. C. How··· 770
Derris fordii Oliv. ··· 770
Derris marginata (Roxb.) Benth. ··· 771
Derris robusta (Roxb.) Benth.··· 771
Derris trifoliata Lour. ··· 771
Desmodium caudatum (Thunb.) DC. ··· 772
Desmodium gangeticum (L.) DC.··· 772
Desmodium heterocarpon (L.) DC.··· 772
Desmodium heterophyllum (Willd.) DC.··· 773
Desmodium microphyllum (Thunb.) DC. ··· 773
Desmodium multiflorum DC. 773
Desmodium oblongum Wall. ex Benth. ··· 773
Desmodium odorifera T. C. Chen··· 768
Desmodium renifolium (L.) Schindl.··· 774
Desmodium reticulatum Champ. ex Benth. ··· 775
Desmodium sequax Wall.··· 775
Desmodium styracifolium (Osbeck) Merr.···776
Desmodium triflorum (L.) DC. ··· 777
Desmodium yunnanense Franch.··· 777
Desmodium zonatum Miq. ··· 777
Desmos chinensis Lour. ··· 298
Deutzia setchuenensis Franch. ··· 674
Dianella ensifolia (L.) Redouté··· 1513
Dianthus chinensis L. ··· 440
Dianthus superbus L. ··· 440
Dichocarpum dalzielii (J. R. Drumm. et Hutch.) W. T. Wang et P. G. Xiao··· 342
Dichondra micrantha Urb. ··· 1338
Dichora febrifuga Lour. ··· 675
Dichora yaoshanensis Y. C. Wu··· 675
Dichrocephala benthamii C. B. Clarke ··· 1255
Dichrocephala chrysanthemifolia (Blume) DC. ··· 1256
Dichrocephala integrifolia (L. f.) Kuntze··· 1256
Dicliptera chinensis (L.) Juss. ··· 1380
Dicranopteris linearis (Burm. f.) Underw.··· 206
Dicranopteris pedata (Houtt.) Nakaike ··· 207
Dictyocline sagittifolia Ching··· 230
Didymocarpus hancei Hemsl.··· 1366
Didymocarpus heucherifolius Hand.-Mazz. ··· 1367
Dieffenbachia seguine (Jacq.) Schott ··· 1549
Digitaria sanguinalis (L.) Scop. ··· 1690
Dimocarpus longan Lour.··· 1009
Dioscorea alata L. ··· 1571
Dioscorea benthamii Prain et Burkill··· 1571
Dioscorea bulbifera L.··· 1572
Dioscorea cirrhosa Lour. ··· 1572
Dioscorea collettii Hook. f. ··· 1572
Dioscorea collettii Hook. f. var. **hypoglauca** (Palib.) C. T. Ting et al.··· 1573
Dioscorea composita Hemsl. ··· 1574
Dioscorea decipiens Hook. f.··· 1574
Dioscorea deltoidea Wall. ex Griseb. ··· 1574
Dioscorea esculenta (Lour.) Burkill ··· 1575
Dioscorea futschauensis Uline ex R. Knuth··· 1575
Dioscorea glabra Roxb. ··· 1575
Dioscorea hemsleyi Prain et Burkill··· 1576

Dioscorea hispida Dennst.······1576
Dioscorea japonica Thunb.······1576
Dioscorea pentaphylla L.······1576
Dioscorea persimilis Prain et Burkill······1577
Dioscorea polystachya Turcz.······1578
Dioscorea simulans Prain et Burkill······1578
Dioscorea subcalva Prain et Burkill······1578
Dioscorea tenuipes Franch. et Sav.······1578
Diospyros dumetorum W. W. Sm.······1081
Diospyros eriantha Champ. ex Benth.······1082
Diospyros kaki Thunb. var. **silvestris** Makino······1082
Diospyros kaki Thunb.······1082
Diospyros lotus L.······1083
Diospyros morrisiana Hance······1083
Diospyros rhombifolia Hemsl.······1083
Diospyros siderophylla H. L. Li······1084
Diphasiastrum complanatum (L.) Holub······194
Diplazium donianum (Mett.) Tardieu······227
Diplazium esculentum (Retz.) Sm.······227
Diplazium subsinuatum (Wall. ex Hook. et Grev.) Tagawa··228
Diploclisia affinis (Oliv.) Diels······367
Diploclisia glaucescens (Blume) Diels······367
Diplocyclos palmatus (L.) C. Jeffrey······521
Diplopterygium glaucum (Thunb. ex Houtt.) Nakai······207
Diplopterygium laevissimum (Christ) Nakai······207
Diplospora dubia (Lindl.) Masam.······1179
Diplospora fruticosa Hemsl.······1180
Dipsacus asper Wall.······1226
Dipteris chinensis Christ······248
Dischidanthus urceolatus (Decne.) Tsiang······1154
Dischidia chinensis Champ. ex Benth.······1155
Dischidia nummularia R. Br.······1155
Discocleidion rufescens (Franch.) Pax et K. Hoffm.······644
Disporopsis aspersa (Hua) Engl. ex K. Krause······1514
Disporopsis fuscopicta Hance······1514
Disporopsis longifolia Craib······1514
Disporopsis pernyi (Hua) Diels······1514
Disporum calcaratum D. Don······1515
Disporum cantoniense (Lour.) Merr.······1515
Disporum nantouense S. S. Ying······1515
Distylium myricoides Hemsl.······832
Diuranthera major Hemsl.······1516
Doclea ovis (Fabricius)······1745
Docynia delavayi (Franch.) C. K. Schneid.······686
Docynia indica (Colebr. ex Wall.) Decne.······686
Dodonaea viscosa Jacq.······1010
Doellingeria marchandii (H. Lév.) Y. Ling······1256
Doellingeria scaber (Thunb.) Nees······1257
Donax canniformis (G. Forst.) K. Schum.······1500
Dorysthenes granulosus (Thomson)······1761
Dracaena angustifolia (Medik.) Roxb.······1580
Dracaena cambodiana Pierre ex Gagnep.······1581
Dracaena cochinchinensis (Lour.) S. C. Chen······1582
Dracaena terniflora Roxb.······1583
Dracontomelon duperreanum Pierre······1025
Dregea volubilis (L. f.) Benth. ex Hook. f.······1156
Drosera burmanni Vahl······438
Drosera indica L.······438
Drosera peltata Thunb.······438
Drosera spathulata Labill.······439
Drymaria diandra Blume······441
Drymoglossum piloselloids (L.) C. Presl.······251
Drymotaenium miyoshianum (Makino) Makino······251
Drynaria propinqua (Wall. ex Mett.) J. Sm.······262
Drynaria roosii Nakaike······261
Dryoathyrium okuboanum (Makino) Ching······228
Dryobalanops aromatica C. F. Gaertn.······559
Dryopteris championii (Benth.) C. Chr.······241
Dryopteris cycadina (Franch. et Sav.) C. Chr.······241
Dryopteris fuscipes C. Chr.······242
Dryopteris sieboldii (T. Moore) Kuntze······242
Dryopteris sparsa (Buch. -Ham. ex D. Don) O. Ktze.······242
Dryopteris varia (L.) Kuntze······243
Duabanga grandiflora (Roxb. ex DC.) Walp.······489
Duchesnea chrysantha (Zoll. et Moritzi) Miq.······687
Duchesnea indica (Andrews) Teschem.······687
Duhaldea nervosa (Wall. ex DC.) Anderb.······1257
Dunbaria podocarpa Kurz.······778
Dunbaria punctata (Wight et Arn.) Benth.······778
Duperrea pavettaefolia (Kurz) Pit.······1180
Duranta erecta L.······1403
Duttaphrynus melanostictus (Schneider)······1799
Dysophylla sampsonii Hance······1417
Dysophylla stellata (Lour.) Benth.······1418

Dysosma pleiantha (Hance) Woodson ········ 354
Dysosma versipellis (Hance) M. Cheng ex T. S. Ying ········ 355
Dysoxylum hongkongense (Tutcher) Merr. ········ 1003
Dysphania ambrosioides (L.) Mosyakin et Clemants ········ 468

E

Echinochloa colona (L.) Link ········ 1690
Echinochloa crus-galli (L.) P. Beauv. ········ 1690
Echinopsis tubiflora (Pfeiff.) Zucc ex A. Dietr. ········ 542
Eclipta prostrata (L.) L. ········ 1257
Edgeworthia chrysantha Lindl. ········ 498
Ehretia macrophylla Wall. ········ 1319
Ehretia thyrsiflora (Siebold et Zucc.) Nakai ········ 1319
Eichhornia crassipes (Mart.) Solms ········ 1536
Elaeagnus bockii Diels ········ 946
Elaeagnus conferta Roxb. ········ 946
Elaeagnus glabra Thunb. ········ 947
Elaeagnus gonyanthes Benth. ········ 947
Elaeagnus lanceolata Warb. ········ 947
Elaeagnus loureiroi Champ. ········ 948
Elaeagnus magna (Servett.) Rehder ········ 948
Elaeagnus pungens Thunb. ········ 948
Elaeagnus sarmentosa Rehder ········ 949
Elaeagnus viridis Servett. ········ 949
Elaeis guineensis Jacq. ········ 1592
Elaeocarpus chinensis (Gardner et Champ.) Hook. f. ex Benth. ········ 594
Elaeocarpus duclouxii Gagnep. ········ 594
Elaeocarpus japonicus Siebold et Zucc. ········ 595
Elaeocarpus serratus L. ········ 595
Elaeocarpus sylvestris (Lour.) Poir. ········ 596
Elaphoglossum yoshinagae (Yatabe) Makino ········ 246
Elatostema cyrtandrifolium (Zoll. et Moritzi) Miq. ········ 883
Elatostema involucratum Franch. et Sav. ········ 883
Elatostema lineolatum Wight ········ 883
Elatostema macintyrei Dunn ········ 884
Elatostema platyphyllum Wedd. ········ 884
Elatostema rupestre (Buch. -Ham. ex D. Don) Wedd. ········ 884
Eleocharis acicularis (L.) Roem. et Schult. ········ 1668
Eleocharis atropurpurea (Retz.) J. Presl et C. Presl ········ 1668
Eleocharis dulcis (Burm.f.) Trin. ex Hensch. ········ 1668
Elephantopus scaber L. ········ 1258
Elephantopus tomentosus L. ········ 1258
Eleusine coracana (L.) Gaertn. ········ 1691
Eleusine indica (L.) Gaertn. ········ 1691
Eleutherine plicata Herb. ········ 1567
Eleutherococcus nodiflorus (Dunn) S. Y. Hu ········ 1046
Eleutherococcus trifoliatus (L.) S. Y. Hu ········ 1047
Elsholtzia blanda (Benth.) Benth. ········ 1418
Elsholtzia ciliata (Thunb.) Hyl. ········ 1418
Elsholtzia communis (Collett et Hemsl.) Diels ········ 1419
Elsholtzia densa Benth. ········ 1419
Elsholtzia penduliflora W. W. Sm. ········ 1419
Elsholtzia rugulosa Hemsl. ········ 1420
Elsholtzia splendens Nakai ex F. Maekawa ········ 1420
Elsholtzia winitiana Craib ········ 1420
Embelia laeta (L.) Mez ········ 1097
Embelia parviflora Wall. ex A. DC. ········ 1097
Embelia ribes Burm. f. var. pachyphylla Chun ex C.Y. Wu et C. Chen ········ 1098
Embelia ribes Burm. f. ········ 1098
Embelia rudis Hand. -Mazz. ········ 1098
Embelia scandens (Lour.) Mez ········ 1099
Embelia subcoriacea (C. B. Clarke) Mez ········ 1099
Embelia undulata (Wall.) Mez ········ 1099
Embelia vestita Roxb. ········ 1099
Emilia prenanthoidea DC. ········ 1258
Emilia sonchifolia (L.) DC. ········ 1259
Emmenopterys henryi Oliv. ········ 1180
Endospermum chinense Benth. ········ 644
Engelhardia roxburghiana Lindl. ex Wall. ········ 1033
Enkianthus serrulatus (E. H. Wilson) C. K. Schneid. ········ 1072
Ensete glaucum (Roxb.) Cheesman ········ 1466
Ensete wilsonii (Tutcher) Cheesman ········ 1467
Entada phaseoloides (L.) Merr. ········ 727
Enterolobium cyclocarpum (Jacq.) Griseb. ········ 728
Enydra fluctuans Lour. ········ 1259
Eomecon chionantha Hance ········ 401
Epigeneium amplum (Lindl.) Summerh. ········ 1636
Epigeneium fargesii (Finet) Gagnep. ········ 1636
Epigynum auritum (C. K. Schneid.) Tsiang et P. T. Li ········ 1132
Epilobium hirsutum L. ········ 491
Epilobium pyrricholophum Franch. et Savat. ········ 492

Epimedium sagittatum (Siebold et Zucc.) Maxim. ············· 355
Epinephelus awoara (Temminck et Schlegel) ··················· 1785
Epinephelus longispinis (Kner)··· 1785
Epipactis mairei Schltr. ··· 1636
Epiphyllum oxypetalum (DC.) Haw.··································· 542
Epipremnum aureum (Lenden et André) G. S. Bunting ···· 1549
Epipremnum pinnatum (L.) Engl. ····································· 1550
Equisetum ramosissimum Desf. subsp. **debile** (Roxb. ex Vaucher) Hauke ·· 201
Equisetum ramosissimum Desf.·· 200
Equus caballus Linnaeus··· 1810
Eragrostis atrovirens (Desf.) Trin. ex Steud.····················· 1691
Eragrostis cilianensis (All.) Vignolo ex Janch.················· 1692
Eragrostis ferruginea (Thunb.) P. Beauv. ························ 1692
Eragrostis japonica (Thunb.) Trin. ··································· 1692
Eragrostis minor Host·· 1693
Eragrostis pilosa (L.) P. Beauv.·· 1693
Eragrostis tenella (L.) P. Beauv. ····································· 1693
Eranthemum pulchellum Andrews····································· 1380
Erechtites hieraciifolius (L.) Raf. ex DC.·························· 1259
Eremochloa ophiuroides (Munro) Hack.···························· 1694
Eretmochelys imbricata (Linnaeus) ·································· 1801
Eria corneri Rchb. f.··· 1637
Eria coronaria (Lindl.) Rchb. f. ······································ 1637
Eria pannea Lindl.·· 1637
Erigeron annuus (L.) Pers.·· 1259
Erigeron breviscapus (Vaniot) Hand.-Mazz. ······················ 1260
Eriobotrya cavaleriei (H. Lév.) Rehder ······························ 687
Eriobotrya deflexa (Hemsl.) Nakai ···································· 687
Eriobotrya japonica (Thunb.) Lindl. ·································· 688
Eriocaulon buergerianum Körn. ······································ 1465
Eriocaulon cinereum R. Br. ··· 1465
Eriocaulon sexangulare L.·· 1465
Eriolaena spectabilis (DC.) Planch. ex Mast. ······················ 603
Eriophorum comosum (Wall.) Nees. ································· 1668
Eriosema chinense Vogel ··· 778
Eriosolena composita (L. f.) Tiegh. ···································· 498
Ervatamia divaricata 'Gouyahua'·····································1132
Ervatamia hainanensis Tsiang··1132
Ervatamia kwangsiensis Tsiang ···1132
Ervatamia officinalis Tsiang··1133
Erycibe obtusifolia Benth.··· 1339
Erycibe schmidtii Craib·· 1339
Eryngium foetidum L. ·· 1061
Erythrina arborescens Roxb. ·· 779
Erythrina corallodendron L.··· 779
Erythrina stricta Roxb. ··· 779
Erythrina variegata L.·· 780
Erythropalum scandens Blume··· 923
Erythrophleum fordii Oliv.·· 745
Erythroxylum novogranatense (D. Morris) Hieron.············ 629
Erythroxylum sinense C. Y. Wu ·· 629
Eucalyptus citriodora Hook. f. ·· 561
Eucalyptus exserta F. Muell.·· 562
Eucalyptus globulus Labill. ··· 562
Eucalyptus robusta Sm. ·· 562
Eucalyptus tereticornis Sm.·· 562
Eucommia ulmoides Oliv. ·· 838
Eugenia uniflora L. ··· 563
Eulaliopsis binata (Retz.) C. E. Hubb.································· 1694
Eulophia graminea Lindl. ·· 1638
Euodia austro-sinensis Hand.-Mazz. ·· 978
Euodia glabrifolia (Champ. ex Benth.) N. P. Balakr.············ 978
Euodia lepta (Spreng.) Merr. ··· 979
Euodia rutaecarpa (A. Juss.) Benth.······································· 980
Euodia trichotoma (Lour.) Pierre·· 981
Euodia viticina Wall. ex Kurtz ··· 981
Euonymus acanthocarpus Franch. ·· 910
Euonymus actinocarpus Loes.··· 910
Euonymus alatus (Thunb.) Siebold··911
Euonymus centidens H. Lév. ··911
Euonymus dielsianus Loes.··911
Euonymus echinatus Wall.·· 912
Euonymus euscaphis Hand.-Mazz. ·· 912
Euonymus fortunei (Turcz.) Hand.-Mazz.································ 913
Euonymus hamiltonianus Wall. ··· 914
Euonymus hederaceus Champ. ex Benth. ································· 914
Euonymus japonicus Thunb. ··· 914
Euonymus laxiflorus Champ. ex Benth. ··································· 915
Euonymus myrianthus Hemsl. ·· 915
Euonymus nitidus Benth. ·· 915
Euonymus oblongifolius Loes. et Rehder ································ 916
Euonymus yunnanensis Franch. ·· 916
Eupatorium chinense L.··· 1261

Eupatorium coelestinum L. ······ 1261
Eupatorium fortunei Turcz. ······ 1261
Eupatorium heterophyllum DC. ······ 1262
Eupatorium japonicum Thunb. ······ 1262
Eupatorium lindleyanum DC. ······ 1262
Eupatorium odoratum L. ······ 1263
Eupatorus gracilicornis Arrow ······ 1762
Euphorbia antiquorum L. ······ 644
Euphorbia cyathophora Merr. ······ 645
Euphorbia esula L. ······ 645
Euphorbia helioscopia L. ······ 645
Euphorbia heterophylla L. ······ 646
Euphorbia hirta L. ······ 646
Euphorbia humifusa Willd. ······ 646
Euphorbia hypericifolia L. ······ 647
Euphorbia lathyris L. ······ 647
Euphorbia milii Des Moul. ······ 647
Euphorbia neriifolia L. ······ 648
Euphorbia pekinensis Boiss. ······ 648
Euphorbia prostrata Aiton ······ 648
Euphorbia pulcherrima Willd. ex Klotzch ······ 649
Euphorbia royleana Boiss. ······ 649
Euphorbia thymifolia L. ······ 649
Euphorbia tirucalli L. ······ 649
Eupleurogrammus muticus (Gray) ······ 1789
Eupolyphaga sinensis (Walker) ······ 1752
Eurya alata Kobuski ······ 549
Eurya chinensis R. Br. ······ 549
Eurya distichophylla Hemsl. ······ 549
Eurya groffii Merr. ······ 550
Eurya hebeclados Y. Ling ······ 550
Eurya impressinervis Kobuski ······ 550
Eurya japonica Thunb. ······ 551
Eurya nitida Korth. ······ 551
Eurya rubiginosa Hung T. Chang var. **attenuata** Hung T. Chang ······ 551
Euryale ferox Salisb. ex K. D. Koenig et Sims ······ 349
Eurycoma longifolia Jack ······ 997
Euscaphis japonica (Thunb.) Kanitz ······ 1022
Evolvulus alsinoides (L.) L. ······ 1339
Exbucklandia populnea (R. Br. ex Griff.) R. W. Br. ······ 833
Exbucklandia tonkinensis (Lecomte) H. T. Chang ······ 833
Excoecaria acerifolia Didr. ······ 650
Excoecaria cochinchinensis Lour. ······ 650
Excoecaria venenata S. K. Lee et F. N. Wei ······ 650

F

Fabisporus sanguineus (L.) Zmitr. ······ 184
Fagopyrum dibotrys (D. Don) Hara ······ 448
Fagopyrum esculentum Moench ······ 448
Fagraea ceilanica Thunb. ······ 1112
Fallopia multiflora (Thunb.) Haraldson ······ 449
Falsotrachystola asidiformis (Pic) ······ 1761
Farfugium japonicum (L.) Kitam. ······ 1263
Fatoua villosa (Thunb.) Nakai ······ 861
Fibraurea recisa Pierre ······ 368
Ficus abelii Miq. ······ 862
Ficus altissima Blume ······ 862
Ficus auriculata Lour. ······ 862
Ficus benjamina L. ······ 863
Ficus callosa Willd. ······ 863
Ficus carica L. ······ 863
Ficus concinna (Miq.) Miq. ······ 864
Ficus curtipes Corner ······ 864
Ficus elastica Roxb. ex Hornem. ······ 864
Ficus erecta Thunb. ······ 865
Ficus esquiroliana H. Lév. ······ 865
Ficus fistulosa Reinw. ex Blume ······ 865
Ficus formosana Maxim. ······ 866
Ficus fulva Reinw. ex Blume ······ 867
Ficus gasparriniana Miq. ······ 866
Ficus heteromorpha Hemsl. ······ 867
Ficus hirta Vahl ······ 868
Ficus hispida L. f. ······ 869
Ficus microcarpa L. f. ······ 869
Ficus pandurata Hance ······ 869
Ficus pubigera (Miq.) Wall. ex Brandis ······ 870
Ficus pumila L. ······ 870
Ficus pyriformis Hook. et Arn. ······ 870
Ficus racemosa L. ······ 870
Ficus religiosa L. ······ 871
Ficus sarmentosa Buch. -Ham. ex Sm. var. **henryi** (King ex Oliv.) Corner ······ 871

Ficus sarmentosa Buch. -Ham. ex Sm. var. **impressa** (Champ. ex Benth.) Corner ········· 871
Ficus simplicissima Lour. ········· 872
Ficus stenophylla Hemsl. ········· 872
Ficus subincisa Buch. -Ham. ex Sm. ········· 872
Ficus subpisocarpa Gagnep. ········· 873
Ficus tikoua Bureau ········· 873
Ficus tinctoria G. Forst. subsp. **gibbosa** (Blume) Corner ········· 873
Ficus variegata Blume ········· 874
Ficus variegata Blume var. **chlorocarpa** (Benth.) King ········· 874
Ficus variolosa Lindl. ex Benth. ········· 874
Ficus virens Aiton ········· 875
Fimbristylis dichotoma (L.) Vahl ········· 1669
Fimbristylis fusca (Nees) C. B. Clarke ········· 1669
Fimbristylis littoralis Gaudich. ········· 1669
Firmiana simplex (L.) W. Wight ········· 603
Fissistigma balansae （A. DC.) Merr. ········· 298
Fissistigma glaucescens (Hance) Merr. ········· 299
Fissistigma oldhamii (Hemsl.) Merr. ········· 299
Fissistigma polyanthoides (Aug. DC.) Merr. ········· 299
Fissistigma polyanthum (Hook. f. et Thomson) Merr. ········· 300
Fistularia petimba Lacepède ········· 1793
Fistulobalanus albicostatus (Pilsbry) ········· 1740
Flacourtia mollis Hook. f. et Thomson ········· 508
Flacourtia ramontchi L'Hér ········· 508
Flacourtia rukam Zoll. et Moritzi ········· 508
Flemingia chappar Buch. -Ham. ex Benth. ········· 780
Flemingia fluminalis C. B. Clarke ex Prain ········· 781
Flemingia glutinosa (Prain) Y. T. Wei et S. K. Lee ········· 781
Flemingia grahamiana Wight et Arn. ········· 781
Flemingia latifolia Benth. ········· 781
Flemingia macrophylla (Willd.) Kuntze ex Merr. ········· 782
Flemingia prostrata Roxb. ········· 783
Flemingia strobilifera (L.) W. T. Aiton ········· 783
Flemingia wallichii Wight et Arn. ········· 783
Flickingeria albopurpurea Seidenf. ········· 1638
Floscopa scandens Lour. ········· 1458
Fluoritum ········· 1817
Foeniculum vulgare Mill. ········· 1061
Fokienia hodginsii (Dunn) A. Henry et H. H. Thomas ········· 270
Fomitopsis massoniana B. K. Cui, M. L. Han et Shun Liu ········· 184
Fordia cauliflora Hemsl. ········· 783
Fordia microphylla Dunn ex Z. Wei ········· 784
Fordiophyton faberi Stapf ········· 569
Fortunella margarita (Lour.) Swingle ········· 982
Fragaria × ananassa Duchesne ex Rozier ········· 688
Fragaria nilgerrensis Schltdl. ex J. Gay ········· 688
Fraxinus chinensis Roxb. ········· 1116
Fraxinus ferruginea Lingelsh. ········· 1116
Fraxinus malacophylla Hemsl. ········· 1116
Freesia refracta (Jacq.) Klatt ········· 1567

G

Galactia tenuiflora (Klein ex Willd.) Wight et Arn. ········· 784
Galaxea fascicularis (Linnaeus) ········· 1716
Galeobdolon chinense (Benth.) C.Y. Wu ········· 1421
Galeola lindleyana (Hook. f. et J. W. Thomson) Rchb. f. ········· 1638
Galinsoga parviflora Cav. ········· 1263
Galium bungei Steud. ········· 1181
Galium innocuum Miq. ········· 1181
Galium spurium L. ········· 1181
Ganoderma sichuanense J. D. Zhao et X. Q. Zhang ········· 181
Ganoderma sinense J. D. Zhao, L. W. Hsu et X. Q. Zhang ········· 182
Garcinia cowa Roxb. ········· 590
Garcinia hanburyi Hook. f. ········· 591
Garcinia mangostana L. ········· 592
Garcinia multiflora Champ. ex Benth. ········· 592
Garcinia oblongifolia Champ. ex Benth. ········· 592
Garcinia oligantha Merr. ········· 593
Garcinia paucinervis Chun ex F. C. How ········· 593
Garcinia xanthochymus Hook. f. ········· 593
Gardenia jasminoides J. Ellis ········· 1182
Gardenia sootepensis Hutch. ········· 1183
Gardenia stenophylla Merr. ········· 1183
Gardneria multiflora Makino ········· 1112
Garuga forrestii W. W. Sm. ········· 1001
Garuga pinnata Roxb. ········· 1001
Gastrodia elata Blume ········· 1639
Gaultheria fragrantissima Wall. ········· 1072
Gaultheria leucocarpa Blume var. **yunnanensis** (Franch.) T. Z. Hsu et R. C. Fang ········· 1073
Gekko gecko (Linnaeus) ········· 1803
Gekko japonicus (Schlegel) ········· 1804

Gekko subpalmatus (Günther) ········ 1804
Gekko swinhonis Günther ········ 1804
Gelsemium elegans (Gardner et Champ.) Benth. ········ 1113
Gentiana davidii Franch. ········ 1296
Gentiana loureiroi (G. Don) Griseb. ········ 1296
Gentiana rigescens Franch. ········ 1297
Gentiana scabra Bunge ········ 1298
Geodorum recurvum (Roxb.) Alston ········ 1640
Geophila repens (L.) I. M. Johnst. ········ 1184
Geranium carolinianum L. ········ 479
Geranium nepalense Sweet ········ 479
Gerbera anandria (L.) Sch. Bip. ········ 1264
Gerbera piloselloides (L.) Cass. ········ 1264
Ginkgo biloba L. ········ 266
Girardinia diversifolia (Link) Friis ········ 885
Gironniera subaequalis Planch. ········ 855
Gladiolus gandavensis Van Houtte ········ 1567
Glauconome chinensis J. E. Gray ········ 1734
Glechoma longituba (Nakai) Kuprian. ········ 1421
Gleditsia australis Hemsl. ········ 745
Gleditsia sinensis Lam. ········ 746
Glehnia littoralis F. Schmidt ex Miq. ········ 1062
Globba racemosa Sm. ········ 1491
Glochidion eriocarpum Champ. ex Benth. ········ 651
Glochidion hirsutum (Roxb.) Voigt ········ 651
Glochidion lanceolarium (Roxb.) Voigt ········ 652
Glochidion oblatum Hook.f. ········ 652
Glochidion puber (L.) Hutch. ········ 652
Glochidion sphaerogynum (Müll. Arg.) Kurz ········ 653
Glochidion wrightii Benth. ········ 653
Glochidion zeylanicum (Gaertn.) A. Juss. ········ 653
Gloriosa superba L. ········ 1516
Glossocardia bidens (Retz.) Veldkamp ········ 1264
Glycera chirori Izuka ········ 1719
Glycine max (L.) Merr. ········ 784
Glycine soja Siebold et Zucc. ········ 785
Glycosmis cymosa (Kurz.) V. Naray. ········ 982
Glycosmis parviflora (Sims) Little ········ 982
Glycosmis pentaphylla (Retz.) DC. ········ 983
Glyptostrobus pensilis (Staunton ex D. Don) K. Koch ········ 269
Gmelina arborea Roxb. ········ 1403
Gmelina chinensis Benth. ········ 1403
Gnaphalium adnatum (DC.) Wall. ex Thwaites ········ 1265
Gnaphalium affine D. Don ········ 1265
Gnaphalium hypoleucum DC. ········ 1265
Gnaphalium japonicum Thunb. ········ 1266
Gnaphalium polycaulon Pers. ········ 1266
Gnetum luofuense C. Y. Cheng ········ 276
Gnetum parvifolium (Warb.) C.Y. Cheng ex Chun ········ 276
Gnetum pendulum C. Y. Cheng ········ 276
Gomphandra tetrandra (Wall.) Sleumer ········ 921
Gomphocarpus fruticosus (L.) W. T. Aiton ········ 1157
Gomphostemma chinense Oliv. ········ 1421
Gomphostemma javanicum (Blume) Benth. ········ 1422
Gomphostemma microdon Dunn ········ 1422
Gomphrena celosioides Mart. ········ 475
Gomphrena globosa L. ········ 475
Gonatanthus pumilus (D. Don) Engl. et K. Krause ········ 1550
Gongronema nepalense (Wall.) Decne ········ 1157
Goniothalamus donnaiensis Finet et Gagnep. ········ 300
Gonocarpus chinensis (Lour.) Orchard ········ 494
Gonocarpus micranthus Thunb. ········ 494
Gonocaryum lobbianum (Miers) Kurz ········ 922
Gonostegia hirta (Blume) Miq. ········ 885
Goodyera biflora (Lindl.) Hook. f. ········ 1640
Goodyera kwangtungensis C. L. Tso ········ 1640
Goodyera procera (Ker Gawl.) Hook. ········ 1641
Goodyera schlechtendaliana Rchb. f. ········ 1641
Gossypium herbaceum L. ········ 616
Gossypium hirsutum L. ········ 617
Gouania javanica Miq. ········ 939
Grammitis dorsipila (Christ) C. Chr. et Tardieu ········ 262
Grangea maderaspatana (L.) Poir. ········ 1266
Graphistemma pictum (Champ.) Benth. et Hook. f. ex Maxim. ········ 1157
Grevillea robusta A. Cunn. ex R. Br. ········ 501
Grewia abutilifolia Vent. ex Juss. ········ 598
Grewia biloba G. Don var. **parviflora** (Bunge) Hand. -Mazz. ········ 599
Grewia biloba G. Don ········ 599
Grewia eriocarpa Juss. ········ 599
Grewia oligandra Pierre ········ 599
Gryllus bimaculatus De Geer ········ 1756
Gymnema sylvestre (Retz.) R. Br. ex Schult. ········ 1158

Gymnocladus chinensis Baill. 747
Gymnosphaera henryi (Baker) S. R. Ghosh 212
Gymnosporia acuminata Hook. f. 917
Gymnosporia austroyunnanensis (S. J. Pei et Y. H. Li) M. P. Simmons 918
Gymnosporia confertiflora (J. Y. Luo et X. X. Chen) M. P. Simmons 918
Gymnosporia guangxiensis (C. Y. Cheng et W. L. Sha) M. P. Simmons 918
Gymnotheca chinensis Decne. 393
Gynocardia odorata Roxb. 509
Gynostemma guangxiense X. X. Chen et D. H. Qin 522
Gynostemma laxum (Wall.) Cogn. 522
Gynostemma pentaphyllum (Thunb.) Makino 523
Gynura bicolor (Roxb. ex Willd.) DC. 1267
Gynura cusimbua (D. Don) S. Moore 1267
Gynura divaricata (L.) DC. 1267
Gynura japonica (Thunb.) Juel. 1268
Gynura procumbens (Lour.) Merr. 1268
Gynura pseudochina (L.) DC. 1268
Gypsum Fibrosum 1821

H

Habenaria ciliolaris Kraenzl. 1641
Habenaria davidii Franch. 1642
Habenaria dentata (Sw.) Schltr. 1642
Habenaria diphylla Dalzell 1642
Habenaria linguella Lindl. 1643
Habenaria rhodocheila Hance 1643
Hackelochloa granularis (L.) Kuntze 1694
Haemanthus multiflorus Martyn 1562
Haematitum 1815
Haematoxylum campechianum L. 747
Haliotis diversicolor Reeve 1721
Haliotis varia Linnaeus 1722
Halitum 1818
Halloysitum Rubrum 1824
Hapalogenys analis Richardson 1787
Haplopteris flexuosa (Fée) E. H. Crane 225
Harrisonia perforata (Blanco) Merr. 997
Hebanthe eriantha (Poir.) Pedersen 476
Hedera nepalensis K. Koch var. **sinensis** (Tobler) Rehder 1048
Hediste japonica (Izuka) 1718
Hedychium coronarium J. Koenig 1492
Hedychium flavum Roxb. 1492
Hedychium forrestii Diels 1492
Hedychium sinoaureum Stapf. 1493
Hedychium villosum Wall.var. **tenuiflorum** Wall. ex Baker 1493
Hedyotis acutangula Champ. ex Benth. 1184
Hedyotis auricularia L. 1184
Hedyotis cantoniensis F. C. How ex W. C. Ko 1185
Hedyotis capitellata Wall. ex G. Don 1185
Hedyotis caudatifolia Merr. et F. P. Metcalf 1185
Hedyotis chrysotricha (Palib.) Merr. 1186
Hedyotis corymbosa (L.) Lam. 1186
Hedyotis costata (Roxb.) Kurz 1186
Hedyotis diffusa Willd. 1187
Hedyotis effusa Hance 1188
Hedyotis hedyotidea (DC.) Merr. 1188
Hedyotis matthewii Dunn 1189
Hedyotis paridifolia Dunn 1189
Hedyotis pinifolia Wall. ex G. Don 1189
Hedyotis platystipula Merr. 1190
Hedyotis scandens Roxb. 1190
Hedyotis tenelliflora Blume 1190
Hedyotis tetrangularis (Korth.) Walp. 1191
Hedyotis uncinella Hook. et Arn. 1191
Hedyotis verticillata (L.) Lam. 1191
Helianthus annuus L. 1269
Helianthus tuberosus L. 1269
Helicia cochinchinensis Lour. 502
Helicia nilagirica Bedd. 502
Helicia reticulata W. T. Wang 502
Heliciopsis lobata (Merr.) Sleumer 503
Heliciopsis terminalis (Kurz) Sleumer 503
Helicteres angustifolia L. 603
Helicteres elongata Wall. ex Mast. 604
Helicteres glabriuscula Wall. ex Mast. 604
Helicteres isora L. 604
Helicteres lanceolata DC. 605
Helicteres plebeja Kurz 605
Helicteres viscida Blume 605

Heliocidaris crassispina (A. Agassiz) 1770
Heliotropium indicum L. 1319
Helixanthera parasitica Lour. 925
Helixanthera sampsonii (Hance) Danser 925
Helminthostachys zeylanica (L.) Hook. 201
Helwingia himalaica Hook. f. et Thomson ex C. B. Clarke 1037
Helwingia japonica (Thunb.) F. Dietr. 1037
Hemarthria compressa (L. f.) R. Br. 1695
Hemerocallis citrina Baroni 1516
Hemerocallis fulva (L.) L. 1516
Hemerocallis plicata Stapf 1517
Hemiboea subcapitata C. B. Clarke 1368
Hemiboea cavaleriei H. Lév. 1367
Hemiboea follicularis C. B. Clarke 1368
Hemifusus tuba (Gmelin) 1726
Hemiphragma heterophyllum Wall. 1348
Hemisteptia lyrata (Bunge) Fisch. et C. A. Mey. 1269
Hemitrygon akajei (Müller et Henle) 1773
Hemitrygon bennetti (Müller et Henle) 1773
Hemsleya amabilis Diels 524
Hemsleya macrosperma C. Y. Wu 524
Hemsleya sphaerocarpa Kuang et A. M. Lu 524
Hericium erinaceus (Bull.) Pers. 184
Heritiera littoralis Aiton 606
Herminium lanceum (Thunb. ex Sw.) Vuijk 1643
Heterodontus zebra (Gray) 1772
Heteropanax brevipedicellatus H. L. Li 1048
Heteropanax fragrans (Roxb.) Seem. 1048
Heteropogon contortus (L.) P. Beauv. 1695
Heterosmilax japonica Kunth var. **gaudichaudiana** (Kunth) F. T. Wang et Tang 1537
Heterosmilax japonica Kunth 1537
Heterostemma brownii Hayata 1158
Heterostemma oblongifolium Costantin 1158
Heynea trijuga Roxb. ex Sims 1004
Hibiscus cannabinus L. 617
Hibiscus coccineus Walter 617
Hibiscus mutabilis L. 618
Hibiscus rosa-sinensis L. 618
Hibiscus sabdariffa L. 619
Hibiscus schizopetalus (Dyer) Hook. f. 620
Hibiscus syriacus L. 620
Hibiscus trionum L. 621
Hierodula patellifera Serville 1753
Himantura uarnak (Gmelin) 1773
Hippeastrum rutilum (Ker Gawl.) Herb. 1562
Hippeastrum vittatum (L'Hér.) Herb. 1563
Hippocampus erectus Perry 1780
Hippocampus histrix Kaup 1777
Hippocampus kelloggi Jordan et Snyder 1778
Hippocampus kuda Bleeker 1779
Hippocampus trimaculatus Leach 1781
Hiptage benghalensis (L.) Kurz 628
Hirudinaria manillensis (Lesson) 1721
Hodgsonia heteroclita (Roxb.) Hook. f. et Thomson 525
Holarrhena antidysenterica (L.) Wall. ex A. DC. 1133
Holboellia angustifolia Wall. 361
Holboellia latifolia Wall. 362
Holcoglossum amesianum (Rchb. f.) Christenson 1644
Holocheila longipedunculata S. Chow 1422
Holothuria fuscocinerea Jaeger 1768
Holothuria martensii Semper 1768
Homalium ceylanicum (Gardner) Benth. 514
Homalium cochinchinense (Lour.) Druce 513
Homalocladium platycladum (F. Muell.) L. H. Bailey 450
Homalomena occulta (Lour.) Schott 1551
Homonoia riparia Lour. 654
Hordeum vulgare L. 1695
Horsfieldia amygdalina (Wall.) Warb. 328
Hosta plantaginea (Lam.) Asch. 1517
Hosta ventricosa (Salisb.) Stearn 1517
Houttuynia cordata Thunb. 394
Hovenia acerba Lindl. 939
Hoya carnosa (L. f.) R. Br. 1159
Hoya fungii Merr. 1159
Hoya pandurata Tsiang 1159
Hoya pottsii J. Traill 1160
Humata griffithiana (Hook.) C. Chr. 247
Humata repens (L. f.) Small ex Diels 247
Humulus scandens (Lour.) Merr. 898
Huperzia javanica (Sw.) Fraser-Jenk. 192
Hyalessa maculaticollis (Motschulsky) 1757
Hydnocarpus annamensis (Gagnep.) Lescot et Sleumer 509
Hydnocarpus anthelminthicus Pierre ex Laness. 510

Hydnocarpus hainanensis (Merr.) Sleum. ······ 511
Hydrangea aspera D. Don ······ 675
Hydrangea chinensis Maxim. ······ 676
Hydrangea davidii Franch. ······ 675
Hydrangea davidii Franch. ······ 676
Hydrangea kwangsiensis Hu ······ 676
Hydrangea macrophylla (Thunb.) Ser. ······ 677
Hydrangea moellendorffii Hance ······ 677
Hydrangea paniculata Siebold ······ 678
Hydrangea strigosa Rehder ······ 678
Hydrilla verticillata (L. f.) Royle ······ 1452
Hydrocharis dubia (Blume) Backer ······ 1452
Hydrocotyle hookeri (C. B. Clarke) Craib subsp. **chinensis** (Dunn ex R. H. Shan et S. L. Liou) M. F. Watson et M. L. Sheh ······ 1062
Hydrocotyle nepalensis Hook. ······ 1062
Hydrocotyle sibthorpioides Lam. var. **batrachium** (Hance) Hand. -Mazz. ex R. H. Shan ······ 1063
Hydrocotyle sibthorpioides Lam. ······ 1063
Hydrocotyle wilfordii Maxim. ······ 1063
Hydrolea zeylanica (L.) Vahl ······ 1316
Hydrophis cyanocinctus Daudin ······ 1805
Hydrophis fasciatus (Schneider) ······ 1805
Hydrophis ornatus (Gray) ······ 1806
Hygrophila ringens (L.) R. Br. ex Spreng. ······ 1381
Hylodesmum laxum DC. H. Ohashi et R. R. Mill. ······ 785
Hylodesmum oldhamii (Oliv.) H. Ohashi et R. R. Mill ······ 785
Hylodesmum podocarpum (DC.) H. Ohashi et R. R. Mill. subsp. **fallax** (Schindl.) H. Ohashi et R. R. Mill. ······ 786
Hylodesmum podocarpum (DC.) H. Ohashi et R. R. Mill. var. **oxyphyllum** (DC.) H. Ohashi et R. R. Mill. ······ 786
Hylotelephium erythrostictum (Miq.) H. Ohba ······ 430
Hymenocallis littoralis (Jacq.) Salisb. ······ 1563
Hymenodictyon flaccidum Wall. ······ 1192
Hymenodictyon orixense (Roxb.) Mabb. ······ 1192
Hymenophyllum barbatum (Bosch) Baker. ······ 209
Hymenopus coronatus Olivier ······ 1755
Hypericum ascyron L. ······ 586
Hypericum attenuatum Fisch. ex Choisy ······ 586
Hypericum erectum Thunb. ······ 586
Hypericum henryi H. Lév. ex Vaniot ······ 587
Hypericum japonicum Thunb. ······ 587
Hypericum monogynum L. ······ 587
Hypericum patulum Thunb. ······ 588
Hypericum perforatum L. ······ 588
Hypericum sampsonii Hance ······ 588
Hypericum uralum Buch. -Ham. ex D. Don ······ 589
Hypericum wightianum Wall. ex Wight et Arn. ······ 589
Hypoestes purpurea (L.) R. Br. ······ 1382
Hypoestes triflora (Forssk.) Roem. et Schult. ······ 1382
Hypolepis punctata (Thunb.) Mett. ······ 215
Hyporhamphus sajori (Temminck et Schlegel) ······ 1776
Hypoxis aurea Lour. ······ 1597
Hypserpa nitida Miers ······ 369
Hyptianthera stricta (Roxb. ex Sm.) Wight et Arn. ······ 1192
Hyptis rhomboidea M. Martens et Galeotti ······ 1423
Hyptis suaveolens (L.) Poit. ······ 1423

I

Ichnocarpus frutescens (L.) W. T. Aiton ······ 1133
Idesia polycarpa Maxim. ······ 511
Ilex aculeolata Nakai ······ 898
Ilex asprella (Hook et Arn.) Champ. ex Benth. ······ 899
Ilex buxoides S. Y. Hu ······ 900
Ilex chinensis Sims ······ 900
Ilex cornuta Lindl. ex Paxton ······ 900
Ilex dasyphylla Merr. ······ 901
Ilex ficoidea Hemsl. ······ 901
Ilex godajam (Colebr. ex Wall.) Wall. ex Hook. f. ······ 901
Ilex hainanensis Merr. ······ 902
Ilex kaushue S. Y. Hu ······ 902
Ilex kwangtungensis Merr. ······ 902
Ilex latifolia Thunb. ······ 903
Ilex macrocarpa Oliv. ······ 904
Ilex micrococca Maxim. ······ 904
Ilex pubescens Hook. et Arn. ······ 904
Ilex rotunda Thunb. ······ 905
Ilex szechwanensis Loes. ······ 906
Ilex triflora Blume ······ 906
Ilex viridis Champ. ex Benth. ······ 906
Illicium burmanicum E. H. Wilson ······ 289
Illicium dunnianum Tutcher ······ 289
Illicium henryi Diels ······ 289

Illicium lanceolatum A. C. Sm. ························ 290
Illicium micranthum Dunn ························ 290
Illicium simonsii Maxim. ························ 290
Illicium verum Hook. f. ························ 291
Illigera celebica Miq. ························ 327
Illigera parviflora Dunn ························ 327
Illigera rhodantha Hance ························ 328
Impatiens apalophylla Hook. f. ························ 483
Impatiens balsamina L. ························ 483
Impatiens blepharosepala E. Pritz. ························ 484
Impatiens chinensis L. ························ 484
Impatiens davidii Franch. ························ 484
Impatiens noli-tangere L. ························ 484
Impatiens siculifer Hook. f. ························ 485
Imperata cylindrica (L.) P. Beauv. ························ 1696
Indigofera atropurpurea Buch.-Ham. ex Hornem. ························ 786
Indigofera caudata Dunn ························ 787
Indigofera decora Lindl. var. **ichangensis** (Craib) Y. Y. Fang et C. Z. Zheng ························ 787
Indigofera decora Lindl. ························ 787
Indigofera hirsuta L. ························ 788
Indigofera mengtzeana Craib ························ 788
Indigofera pseudotinctoria Matsum. ························ 788
Indigofera spicata Forssk. ························ 789
Indigofera squalida Prain ························ 789
Indigofera suffruticosa Mill. ························ 789
Indigofera tinctoria L. ························ 790
Indigofera trifoliata L. ························ 790
Indocalamus tessellatus (Munro) Keng f. ························ 1680
Inimicus japonicus (Cuvier) ························ 1796
Inula cappa (Buch.-Ham. ex D. Don) DC. ························ 1270
Inula japonica Thunb. ························ 1271
Iodes vitiginea (Hance) Hemsl. ························ 922
Ipomoea aquatica Forssk. ························ 1340
Ipomoea batatas (L.) Lam. ························ 1340
Ipomoea cairica (L.) Sweet ························ 1340
Ipomoea mauritiana Jacq. ························ 1340
Ipomoea muricata (L.) Jacq. ························ 1341
Ipomoea pes-caprae (L.) R. Br. ························ 1341
Iresine diffusa Humb. et Bonpl. ex Willd. fo. **herbstii** (Hook.) Pedersen ························ 477
Iris japonica Thunb. ························ 1568
Iris speculatrix Hance ························ 1568
Iris tectorum Maxim. ························ 1568
Iris wattii Baker ························ 1569
Isatis indigotica Fortune ························ 417
Isodon amethystoides (Benth.) H. Hara ························ 1424
Isodon coetsa (Buch.-Ham. ex D. Don) Kudô ························ 1424
Isodon inflexus (Thunb.) Kudô ························ 1424
Isodon lophanthoides (Buch.-Ham. ex D. Don) H. Hara ························ 1425
Isodon lophanthoides (Ham. ex D. Don) H. Hara var. **graciliflorus** (Benth.) H. Hara ························ 1426
Isodon nervosus (Hemsl.) Kudô ························ 1426
Isodon serra (Maxim.) Kudô ························ 1427
Isodon ternifolius (D. Don) Kudô ························ 1428
Isodon walkeri (Arn.) H. Hara ························ 1428
Itea chinensis Hook. et Arn. ························ 674
Itea omeiensis C. K. Schneid. ························ 674
Iteadaphne caudata (Nees) H. W. Li ························ 311
Itoa orientalis Hemsl. ························ 511
Ixeridium gracile (DC.) Pak et Kawano ························ 1271
Ixeris chinensis (Thunb.) Kitag subsp. **versicolor** (Fisch. ex Link) Kitam. ························ 1271
Ixeris japonica (Burm. f.) Nakai ························ 1272
Ixora chinensis Lam. ························ 1193

J

Jasminanthes mucronata (Blanco) W. D. Stevens et P. T. Li ························ 1160
Jasminum duclouxii (H. Lév.) Rehder ························ 1117
Jasminum elongatum (P. J. Bergius) Willd. ························ 1117
Jasminum grandiflorum L. ························ 1117
Jasminum humile L. ························ 1118
Jasminum lanceolaria Roxb. ························ 1118
Jasminum laurifolium Roxb. var. **brachylobum** Kurz ························ 1118
Jasminum mesnyi Hance ························ 1119
Jasminum nervosum Lour. ························ 1119
Jasminum nudiflorum Lindl. ························ 1119
Jasminum pentaneurum Hand.-Mazz. ························ 1119
Jasminum sambac (L.) Aiton ························ 1120
Jasminum sinense Hemsl. ························ 1121
Jatropha curcas L. ························ 654
Jatropha gossypiifolia L. ························ 655
Jatropha podagrica Hook. ························ 655

Juglans regia L. ········· 1033
Juncellus serotinus (Rottb.) C. B. Clarke ········· 1670
Juncus alatus Franch. et Sav. ········· 1659
Juncus effusus L. ········· 1660
Juncus prismatocarpus R. Br. ········· 1661
Juncus setchuensis Buchenau ········· 1661
Juniperus chinensis 'Kaizuca' ········· 271
Juniperus chinensis L. ········· 270
Juniperus formosana Hayata ········· 271
Justicia adhatoda L. ········· 1382
Justicia gendarussa Burm. f. ········· 1383
Justicia procumbens L. ········· 1384
Justicia ventricosa Wall. ex Hook. f. ········· 1384

K

Kadsura coccinea (Lem.) A. C. Smith ········· 292
Kadsura heteroclita (Roxb.) Craib ········· 293
Kadsura longipedunculata Finet et Gagnep. ········· 293
Kadsura oblongifolia Merr. ········· 294
Kaempferia galanga L. var. **latifolia** (Donn) Gagnep. ········· 1495
Kaempferia galanga L. ········· 1494
Kaempferia rotunda L. ········· 1495
Kalanchoe ceratophylla Haw. ········· 431
Kalanchoe integra (Medik.) Kuntze ········· 431
Kalimeris indica (L.) Sch. Bip. ········· 1272
Kalopanax septemlobus (Thunb.) Koidz. ········· 1048
Kandelia obovata Sheue, H. Y. Liu et J. W. H. Yong ········· 584
Keiskea elsholtzioides Merr. ········· 1429
Kerria japonica (L.) DC. ········· 689
Knema tenuinervia W. J. de Wilde ········· 328
Knoxia roxburghii (Spreng.) M. A. Rau ········· 1193
Kochia scoparia (L.) Schrad. ········· 469
Koelreuteria bipinnata Franch. ········· 1010
Koelreuteria paniculata Laxm. ········· 1010
Kopsia arborea Blume ········· 1134
Kopsia officinalis Tsiang et P. T. Li ········· 1134
Korthalsella japonica (Thunb.) Engl. ········· 925
Kummerowia striata (Thunb.) Schindl. ········· 790
Kyllinga brevifolia Rottb. ········· 1670
Kyllinga bulbosa P. Beauv. ········· 1670
Kyllinga nemoralis (J. R. Forst. et G. Forst.) Dandy ex Hatch. et Dalziel ········· 1671

L

Lablab purpureus (L.) Sweet ········· 791
Lactuca sativa L. ········· 1272
Lagenaria siceraria (Molina) Standl. ········· 525
Lagerstroemia indica L. ········· 486
Lagerstroemia speciosa (L.) Pers. ········· 486
Lagerstroemia subcostata Koehne ········· 486
Lagerstroemia tomentosa C. Presl ········· 487
Lagerstroemia villosa Wall. ex Kurz ········· 487
Laggera alata (D. Don) Sch. Bip. ex Oliv. ········· 1273
Laggera crispata (Vahl) Hepper et J. R. I. Wood ········· 1273
Laminaria japonica Aresch. ········· 177
Lamium amplexicaule L. ········· 1429
Langermannia fenzlii (Reichardt) Kreisel ········· 185
Lannea coromandelica (Houtt.) Merr. ········· 1025
Lantana camara L. ········· 1404
Lapis Chloriti ········· 1825
Laportea bulbifera (Siebold et Zucc.) Wedd. ········· 885
Laportea cuspidata (Wedd.) Friis ········· 886
Lapsana apogonoides Maxim. ········· 1273
Larimichthys crocea (Richardson) ········· 1787
Lasia spinosa (L.) Thwaites ········· 1552
Lasianthus attenuatus Jack ········· 1193
Lasianthus chinensis (Champ. ex Benth.) Benth. ········· 1194
Lasianthus hookeri C. B. Clarke ex Hook. f. var. **dunnianus** (H. Lév.) H. Zhu ········· 1194
Lasianthus hookeri C. B. Clarke ex Hook. f. ········· 1194
Lasianthus japonicus Miq. var. **lancilimbus** (Merr.) C. Y. Wu et H. Zhu ········· 1195
Lasianthus japonicus Miq. ········· 1195
Lateolabrax japonicus (Cuvier) ········· 1786
Latouchea fokienensis Franch. ········· 1298
Lauro-cerasus phaeosticta (Hance) C. K. Schneid. ········· 689
Lauro-cerasus spinulasa (Sieb-old et Zucc.) C. K. Schneid. 690
Lauro-cerasus zippeliana (Miq.) Browicz ········· 690
Laurus nobilis L. ········· 312
Lawsonia inermis L. ········· 487
Lecanthus peduncularis (Wall. ex Royle) Wedd. ········· 886
Leea asiatica (L.) Ridsdale ········· 958

Leea compactiflora Kurz ········· 959
Leea glabra C. L. Li ········· 959
Leea indica (Burm. f.) Merr. ········· 959
Leea macrophylla Roxb. ex Hornem. ········· 960
Leea setuligera C. B. Clarke ········· 960
Lemmaphyllum microphyllum C. Presl ········· 251
Lemna minor L. ········· 1560
Leonurus japonicus Houtt. ········· 1430
Lepidagathis incurva Buch. -Ham.ex D. Don ········· 1384
Lepidium apetalum Willd. ········· 417
Lepidium didymum L. ········· 417
Lepidium meyenii Walp. ········· 418
Lepidium virginicum L. ········· 419
Lepidogrammitis diversa (Rosenst.) Ching ········· 252
Lepidogrammitis drymoglossoides (Baker) Ching ········· 252
Lepisorus asterolepis (Baker.) Ching ex S. X. Xu ········· 253
Lepisorus macrosphaerus (Baker) Ching ········· 253
Lepisorus obscurevenulosus (Hayata) Ching ········· 253
Lepisorus rostratus (Bedd.) C. F. Zhao, R. Wei et X. C. Zhang ········· 254
Lepisorus thunbergianus (Kaulf.) Ching ········· 254
Leptochloa chinensis (L.) Nees ········· 1697
Lepturacanthus savala (Cuvier) ········· 1790
Lespedeza bicolor Turcz. ········· 791
Lespedeza buergeri Miq. ········· 791
Lespedeza chinensis G. Don ········· 792
Lespedeza cuneata (Dum. Cours.) G. Don ········· 792
Lespedeza davidii Franch. ········· 792
Lespedeza floribunda Bunge ········· 793
Lespedeza formosa (Vogel) Koehne ········· 793
Lespedeza pilosa (Thunb.) Siebold et Zucc. ········· 793
Lespedeza tomentosa (Thunb.) Siebold ex Maxim. ········· 794
Leucaena leucocephala (Lam.) de Wit. ········· 728
Leucas aspera (Willd.) Link ········· 1431
Leucas ciliata Benth. ········· 1431
Leucas mollissima Wall. ex Benth. ········· 1431
Leucas mollissima Wall. var. **chinensis** Benth. ········· 1432
Leucas zeylanica (L.) R. Br. ········· 1432
Leucosceptrum canum Sm. ········· 1432
Ligia exotica Roux ········· 1741
Ligularia intermedia Nakai ········· 1274
Ligularia japonica (Thunb.) Less. ········· 1274
Ligusticum sinense Oliv. ········· 1064
Ligustrum amamianum Koidz. ········· 1121
Ligustrum compactum (Wall. ex G. Don) Hook. f. et Thomson ex Decne ········· 1121
Ligustrum lucidum W. T. Aiton ········· 1122
Ligustrum quihoui Carrière ········· 1123
Ligustrum sinense Lour. var. **myrianthum** (Diels) Hofker ········· 1123
Ligustrum sinense Lour. ········· 1123
Lilium brownii F. E. Brown ex Miellez ········· 1517
Lilium brownii F. E. Brown ex Miellez var. **viridulum** Baker ········· 1518
Lilium callosum Siebold et Zucc. ········· 1519
Lilium longiflorum Thunb. ········· 1519
Lilium tigrinum Ker Gawl. ········· 1519
Limnophila aromatica (Lam.) Merr. ········· 1348
Limnophila chinensis (Osbeck) Merr. ········· 1348
Limnophila rugosa (Roth) Merr. ········· 1349
Limnophila sessiliflora (Vahl) Blume ········· 1349
Limonitum ········· 1816
Limonium sinense (Girard) Kuntze ········· 1306
Lindenbergia philippensis (Cham. et Schltdl.) Benth. ········· 1349
Lindera aggregata (Sims) Kosterm. ········· 312
Lindera angustifolia W. C. Cheng ········· 312
Lindera chunii Merr. ········· 313
Lindera communis Hemsl. ········· 313
Lindera erythrocarpa Makino ········· 313
Lindera glauca (Siebold et Zucc.) Blume ········· 314
Lindera megaphylla Hemsl. ········· 314
Lindera metcalfiana C. K. Allen ········· 314
Lindera metcalfiana C. K. Allen var. **dictyophylla** (C. K. Allen) H. P. Tsui ········· 315
Lindera pulcherrima (Ness) Hook. f. var. **atteuata** C. K. Allen ········· 315
Lindera pulcherrima (Ness) Hook. f. var. **hemsleyana** (Diels) H. P. Tsui ········· 315
Lindera reflexa Hemsl. ········· 316
Lindera thomsonii C. K. Allen ········· 316
Lindernia anagallis (Burm. f.) Pennell ········· 1350
Lindernia angustifolia (Benth.) Wettst. ········· 1350
Lindernia antipoda (L.) Alston ········· 1350
Lindernia ciliata (Colsm.) Pennell ········· 1351
Lindernia crustacea (L.) F. Muell. ········· 1351

Lindernia montana Hiern ········· 1351
Lindernia oblonga (Benth.) Merr. et Chun ········· 1352
Lindernia procumbens (Krock.) Philcox ········· 1352
Lindernia ruellioides (Colsm.) Pennell ········· 1352
Lindsaea heterophylla Dryand. ········· 213
Lindsaea orbiculata (Lam.) Mett. ex Kuhn ········· 214
Linum usitatissimum L. ········· 478
Liparis bootanensis Griff. ········· 1644
Liparis campylostalix Rchb. f. ········· 1644
Liparis nervosa (Thunb.) Lindl. ········· 1645
Liparis odorata (Willd.) Lindl. ········· 1645
Liparis stricklandiana Rchb. f. ········· 1645
Liparis viridiflora (Blume) Lindl. ········· 1646
Lipocarpha microcephala (R. Br.) Kunth ········· 1671
Liquidambar acalycina H. T. Chang ········· 833
Liquidambar formosana Hance ········· 834
Liquidambar orientalis Mill. ········· 835
Liriodendron chinense (Hemsl.) Sarg. ········· 278
Liriope graminifolia (L.) Baker ········· 1520
Liriope muscari (Decne.) L. H. Bailey ········· 1520
Liriope spicata (Thunb.) Lour. ········· 1521
Litchi chinensis Sonn. ········· 1011
Lithocarpus echinophorus (Hickel et A. Camus) A. Camus 849
Lithocarpus glaber (Thunb.) Nakai ········· 850
Lithocarpus litseifolius (Hance) Chun ········· 850
Litsea coreana H. Lév var. **lanuginosa** (Migo) Yen C. Yang et P. H. Huang ········· 316
Litsea cubeba (Lour.) Pers. ········· 317
Litsea glutinosa (Lour.) C. B. Rob. ········· 318
Litsea martabanica (Kurz.) Hook. f. ········· 318
Litsea mollis Hemsl. ········· 319
Litsea monopetala (Roxb.) Pers. ········· 319
Litsea pungens Hemsl. ········· 319
Litsea rotundifolia Hemsl. var. **oblongifolia** (Nees) C. K. Allen ········· 320
Litsea rubescens Lecomte ········· 320
Litsea verticillata Hance ········· 320
Livistona chinensis (Jacq.) R. Br. ex Mart. ········· 1592
Livistona saribus (Lour.) Merr. ex A. Chev. ········· 1593
Lobaria pulmonaria (L.) Hoffm. ········· 187
Lobelia chinensis Lour. ········· 1314
Lobelia clavata E. Wimm. ········· 1314
Lobelia colorata Wall. ········· 1314
Lobelia davidii Franch. ········· 1315
Lobelia melliana E. Wimm. ········· 1315
Lobelia pleotricha Diels ········· 1315
Lobelia seguinii H.Lév. et Vaniot ········· 1316
Loeseneriella merrilliana A. C. Sm. ········· 920
Loliolus beka (Sasaki) ········· 1738
Lonicera acuminata Wall. ········· 1215
Lonicera confusa DC. ········· 1216
Lonicera ferruginea Rehder ········· 1217
Lonicera hypoglauca Miq. ········· 1217
Lonicera japonica Thunb. ········· 1217
Lonicera macrantha (D. Don) Spreng. ········· 1218
Lonicera macranthoides Hand.-Mazz. ········· 1218
Lonicera pampaninii H. Lév. ········· 1218
Lonicera reticulata Champ. ex Benth. ········· 1218
Lophatherum gracile Brongn. ········· 1697
Loranthus delavayi Tiegh. ········· 926
Loropetalum chinense (R. Br.) Oliv. ········· 836
Loropetalum chinensis (R. Br.) Oliv. var. **rubrum** Yieh ········· 836
Lotus corniculatus L. ········· 794
Loxogramme salicifolia (Makino) Makino ········· 262
Luculia pinceana Hook. ········· 1195
Lucuma nervosa A. DC. ········· 1084
Ludisia discolor (Ker Gawl.) Blume ········· 1646
Ludwigia adscendens (L.) H. Hara ········· 492
Ludwigia hyssopifolia (G. Don) Exell ········· 492
Ludwigia octovalvis (Jacq.) P. H. Raven ········· 493
Ludwigia prostrata Roxb. ········· 493
Luffa acutangula (L.) Roxb. ········· 525
Luffa aegyptiaca Mill. ········· 526
Luidia maculata Müller et Troschel ········· 1770
Luisia brachystachys (Lindl.) Blume ········· 1646
Luisia morsei Rolfe ········· 1647
Lychnis senno Siebold et Zucc. ········· 441
Lycianthes biflora (Lour.) Bitter ········· 1324
Lycianthes lysimachioides (Wall.) Bitter ········· 1324
Lycianthes neesiana (Wall. ex Nees) D' Arcy et Zhi Y. Zhang ········· 1324
Lycium chinense Mill. ········· 1325
Lycopersicon esculentum Mill. ········· 1325
Lycopodiastrum casuarinoides (Spring) Holub ex R. D. Dixit

.... 194
Lycopodium japonicum Thunb. ex Murray 195
Lycopus lucidus Turcz. var. **hirtus** Regel 1433
Lycoris aurea (L'Hér) Herb. 1563
Lycoris radiata (L'Hér) Herb. 1563
Lygodium circinnatum (Burm. f.) Sw. 208
Lygodium flexuosum (L.) Sw. 208
Lygodium japonicum (Thunb.) Sw. 209
Lygodium microphyllum (Cav.) R. Br. 209
Lyonia ovalifolia (Wall.) Drude 1073
Lysidice brevicalyx C. F. Wei 747
Lysidice rhodostegia Hance 747
Lysimachia alfredii Hance 1300
Lysimachia candida Lindl. 1300
Lysimachia capillipes Hemsl. 1301
Lysimachia christiniae Hance 1301
Lysimachia clethroides Duby 1301
Lysimachia congestiflora Hemsl. 1302
Lysimachia decurrens G. Forst. 1302
Lysimachia foenum-graecum Hance 1302
Lysimachia fordiana Oliv. 1303
Lysimachia fortunei Maxim. 1303
Lysimachia heterogenea Klatt 1303
Lysimachia insignis Hemsl. 1304
Lysimachia lobelioides Wall. 1304
Lysimachia microcarpa Hand.-Mazz. ex C. Y. Wu 1304
Lysimachia otophora C. Y. Wu 1305
Lysimachia paridiformis Franch. 1305
Lysimachia patungensis Hand.-Mazz. 1305
Lysionotus pauciflorus Maxim. 1368
Lysionotus serratus D. Don 1369
Lythrum salicaria L. 488

M

Macadamia ternifolia F. Muell. 503
Macaranga denticulata (Blume) Müll Arg. 655
Macaranga henryi (Pax et K. Hoffm.) Rehder 656
Macaranga indica Wight 656
Macaranga kurzii (Kuntze) Pax et K. Hoffm. 656
Macaranga tanarius L. var. **tomentosa** (Blume) Müll. Arg. 657
Machilus grijsii Hance 321
Machilus leptophylla Hand.-Mazz. 321
Machilus pauhoi Kaneh. 321
Machilus salicina Hance 322
Machilus thunbergii Siebold et Zucc. 322
Machilus velutina Champ. ex Benth. 322
Mackaya indica (Nees) Ensermu 1385
Macleaya cordata (Willd.) R. Br. 401
Macropanax dispermus (Blume) Kuntze 1049
Macropanax rosthornii (Harms) C. Y. Wu ex G. Hoo 1049
Macropanax undulatus (Wall. ex G. Don) Seem. 1049
Macrophyllus (Thunb.) Sweet var. **maki** Siebold et Zucc. 272
Macrosolen bibracteolatus (Hance) Danser 926
Macrosolen cochinchinensis (Lour.) Tiegh. 926
Mactra antiquata Spengler 1736
Mactra grandis Gmelin 1736
Mactra quadrangularis Reeve 1736
Madhuca pasquieri (Dubard) H. J. Lam 1085
Maesa indica (Roxb.) A. DC. 1100
Maesa japonica (Thunb.) Moritzi ex Zoll. 1100
Maesa montana A. DC. 1101
Maesa perlarius (Lour.) Merr. 1101
Magnetitum 1817
Magnolia biondii Pamp. 279
Magnolia championii Benth. 280
Magnolia coco (Lour.) DC. 280
Magnolia delavayi Franch. 280
Magnolia denudata Desr. 281
Magnolia grandiflora L. 281
Magnolia henryi Dunn 281
Magnolia liliflora Desr. 282
Magnolia officinalis Rehder et E. H Wilson 283
Magnolia officinalis Rehder et E. H. Wilson subsp. **biloba** (Rehder et E. H. Wilson) W. C. Cheng et Y. W. Law 284
Magnolia rostrata W. W. Sm. 284
Mahonia bealei (Fortune) Carrière 356
Mahonia duclouxiana Gagnep. 357
Mahonia fordii C. K. Schneid. 357
Mahonia fortunei (Lindl.) Fedde 358
Mahonia japonica (Thunb.) DC. 359
Mahonia napaulensis DC. 359
Mahonia shenii Chun 359

Maifanitum 1826
Malaisia scandens (Lour.) Planch. 875
Malaxis latifolia Sm. 1647
Mallotus apelta (Lour.) Müll. Arg. 657
Mallotus barbatus (Wall.) Müll. Arg. 657
Mallotus paniculatus (Lam.) Müll. Arg. 658
Mallotus philippensis (Lam.) Müll. Arg. 658
Mallotus repandus (Rottler) Müll. Arg. 658
Malpighia glabra L. 628
Malus doumeri (Bois) A. Chev 691
Malus hupehensis (Pamp.) Rehder 692
Malus toringo (Siebold) de Vriese 692
Malva cathayensis M. G. Gilbert, Y. Tang et Dorr 621
Malva verticillata L. 621
Malvastrum coromandelianum (L.) Garcke 622
Malvaviscus penduliflorus DC. 622
Mammilla kurodai (Iw. Taki) 1724
Mangifera indica L. 1025
Mangifera sylvatica Roxb. 1025
Manglietia fordiana Oliv. 284
Manglietia insignis (Wall.) Blume 285
Manihot esculenta Crantz 659
Manilkara zapota (L.) P. Royen 1085
Mansoa alliacea (Lam.) A. H. Gentry 1372
Mantis religiosa sinica Bazyluk 1753
Maoutia puya (Hook.) Wedd. 886
Mappianthus iodoides Hand.-Mazz. 922
Maranta arundinacea L. 1500
Maranta bicolor Ker Gawl. 1501
Marchantia polymorpha L. 189
Mariscus compactus (Retz.) Bold. 1671
Mariscus umbellatus Vahl 1672
Markhamia stipulata (Wall.) Seem. ex Schum. 1372
Marsdenia balansae Costantin 1160
Marsdenia cavaleriei (H. Lév.) Hand. -Mazz. ex Woodson 1161
Marsdenia globifera Tsiang 1162
Marsdenia griffithii Hook. f. 1162
Marsdenia officinalis Tsiang et P. T. Li 1162
Marsdenia oreophila W. W. Sm. 1163
Marsdenia sinensis Hemsl. 1163
Marsdenia tenacissima (Roxb.) Moon 1164
Marsdenia tinctoria R. Br. 1165
Marsilea quadrifolia L. 263
Mauremys annamensis Siebenrock 1802
Mauritia arabica (Linnaeus) 1733
Mayodendron igneum (Kurz) Kurz 1372
Mazus miquelii Makino 1353
Mazus pumilus (Burm. f.) Steenis 1353
Mazus stachydifolius (Turcz.) Maxim. 1353
Mecodium badium (Hook. et Grev.) Copel. 210
Medicago lupulina L. 794
Medicago polymorpha L. 795
Medicago sativa L. 795
Melaleuca cajuputi Pomell subsp. **cumingiana** (Turcz.) Barlow 563
Melanteritum 1822
Melasma arvense (Benth.) Hand.-Mazz. 1354
Melastoma × intermedium Dunn 570
Melastoma affine D. Don 570
Melastoma candidum D. Don 570
Melastoma dodecandrum Lour. 571
Melastoma normale D. Don 571
Melastoma sanguineum Sims 571
Melia azedarach L. 1004
Melilotus indicus (L.) All. 795
Melilotus officinalis (L.) Lam. 796
Meliosma arnottiana (Weight) Walp. 1018
Meliosma flexuosa Pamp. 1018
Meliosma fordii Hemsl. 1018
Meliosma rigida Siebold et Zucc. 1019
Meliosma thorelii Lecomte 1019
Melissa axillaris (Benth.) Bakh. f. 1433
Melo melo [Lightfoot] 1726
Melochia corchorifolia L. 606
Melodinus cochinchinensis (Lour.) Merr. 1134
Melodinus fusiformis Champ. ex Benth. 1135
Melodinus suaveolens (Hance) Champ. ex Benth. 1135
Mentha canadensis L. 1433
Mentha spicata L. 1433
Meretrix lusoria (Röding) 1734
Meretrix meretrix (Linnaeus) 1735
Merremia boisiana (Gagnep.) Ooststr. 1342
Merremia hederacea (Burm. f.) Hallier f. 1342
Merremia vitifolia (Burm. f.) Hallier f. 1342

Mesobuthus martensii (Karsch) ········· 1749
Mesona chinensis Benth. ········· 1434
Mesua ferrea L. ········· 593
Metapanax davidii (Franch.) J. Wen ex Frodin ········· 1050
Metaplexis hemsleyana Oliv. ········· 1165
Metasequoia glyptostroboides Hu et W. C. Cheng ········· 269
Micae Lapis Aureus ········· 1825
Michelia × alba DC. ········· 285
Michelia baillonii (Pierre) Finet et Gagnep. ········· 285
Michelia champaca L. ········· 286
Michelia crassipes Y. W. Law ········· 286
Michelia figo (Lour.) Spreng. ········· 286
Michelia gioii (A. Chev.) Sima et H. Yu ········· 287
Michelia macclurei Dandy ········· 288
Michelia maudiae Dunn ········· 288
Michelia skinneriana Dunn ········· 288
Microcos paniculata L. ········· 600
Microdesmis caseariifolia Planch. ex Hook. f. ········· 659
Microglossa pyrifolia (Lam.) Kuntze ········· 1275
Microlepia hancei Prantl ········· 213
Microlepia marginata (Houtt.) C. Chr. ········· 213
Micromelum falcatum (Lour.) Tanaka ········· 983
Micromelum integerrimum (Roxb. ex DC.) Wight et Arn. ex M. Roem. ········· 983
Microsorum buergerianum (Miq.) Ching ········· 254
Microsorum fortunei (T. Moore) Ching ········· 255
Microsorum insigne (Blume) Copel. ········· 255
Microsorum membranaceum (D. Don) Ching ········· 255
Microsorum punctatum (L.) Copel. ········· 256
Microtoena insuavis (Hance) Prain ex Briq. ········· 1435
Microtoena patchoulii (C. B. Clarke ex Hook. f.) C. Y. Wu et S. J. Hsuan ········· 1435
Millettia bonatiana Pamp. ········· 796
Millettia championii Benth. ········· 796
Millettia dielsiana Harms var. **heterocarpa** (Chun ex T. C. Chen) Z. Wei ········· 797
Millettia dielsiana Harms ········· 797
Millettia eurybotrya Drake ········· 797
Millettia ichthyochtona Drake ········· 798
Millettia leptobotrya Dunn ········· 798
Millettia nitida Benth. ········· 798
Millettia oosperma Dunn ········· 799
Millettia pachycarpa Benth. ········· 799
Millettia pachyloba Drake ········· 799
Millettia pulchra (Benth.) Kurz var. **laxior** (Dunn) Z. Wei ··· 800
Millettia reticulata Benth. ········· 800
Millettia speciosa Champ. ex Benth. ········· 801
Millettia tsui F. P. Metcalf ········· 802
Millingtonia hortensis L. f. ········· 1372
Mimachlamys crassicostata (G. B. Sowerby II) ········· 1733
Mimosa diplotricha C. Wright var. **inermis** (Adelb.) Veldkamp ········· 728
Mimosa pudica L. ········· 729
Mirabilis jalapa L. ········· 501
Miscanthus floridulus (Labill.) Warb. ex K. Schum. et Lauterb. ········· 1698
Miscanthus sinensis Andersson ········· 1698
Mischocarpus pentapetalus (Roxb.) Radlk. ········· 1012
Momordica charantia L. ········· 526
Momordica cochinchinensis (Lour.) Spreng. ········· 526
Monochoria hastata (L.) Solms ········· 1536
Monochoria vaginalis (Burm. f.) C. Presl ex Kunth ········· 1537
Monotropa uniflora L. ········· 1081
Morella adenophora (Hance) J. Herb. ········· 842
Morella esculenta (Buch. -Ham. ex D. Don) I. M. Turner ········· 842
Morella rubra Lour. ········· 843
Morinda angustifolia Roxb. ········· 1195
Morinda citrifolia L. ········· 1196
Morinda cochinchinensis DC. ········· 1197
Morinda officinalis F. C. How ········· 1198
Morinda parvifolia Bartl. ex DC. ········· 1199
Morinda umbellata L.subsp. **obovata** Y. Z. Ruan ········· 1199
Moringa oleifera Lam. ········· 412
Morus alba L. ········· 875
Morus australis Poir. ········· 876
Morus macroura Miq. ········· 876
Mosla cavaleriei H. Lév. ········· 1435
Mosla chinensis Maxim. ········· 1436
Mosla dianthera (Buch.-Ham. ex Roxb.) Maxim. ········· 1437
Mosla scabra (Thunb.) C. Y. Wu et H. W. Li ········· 1437
Mucuna birdwoodiana Tutcher ········· 802
Mucuna championii Benth. ········· 802
Mucuna macrocarpa Wall. ········· 803
Mucuna pruriens (L.) DC. ········· 803

Mucuna pruriens (L.) DC. var. **utilis** (Wall.ex Wight) Baker ex Burck ······ 804
Mucuna sempervirens Hemsl. ······ 805
Mukia maderaspatana (L.) M. Roem. ······ 527
Munronia pinnata (Wall.) W. Theob. ······ 1004
Muraenesox cinereus (Forsskål) ······ 1776
Murdannia bracteata (C.B. Clarke) Kuntze ex J. K. Morton ······ 1458
Murdannia divergens (C. B. Clarke) G. Brückn. ······ 1459
Murdannia edulis (Stokes) Faden ······ 1460
Murdannia loriformis (Hassk.) Rolla et Kammathy ······ 1460
Murdannia nudiflora (L.) Brenan ······ 1460
Murdannia simplex (Vahl) Brenan ······ 1461
Murdannia triquetra (Wall. ex C.B. Clarke) G. Brückn. ······ 1461
Murex pecten [Lightfoot] ······ 1724
Murraya euchrestifolia Hayata ······ 983
Murraya exotica L. ······ 984
Murraya kwangsiensis (C. C. Huang) C. C. Huang ······ 984
Murraya paniculata (L.) Jack ······ 985
Musa × **paradisiaca** L. ······ 1468
Musa acuminata 'Cavendish' ······ 1467
Musa balbisiana Colla ······ 1467
Musa basjoo Siebold et Zucc. ex Iinuma ······ 1468
Muscovitum ······ 1826
Musella lasiocarpa (Franch.) C. Y. Wu ex H. W. Li ······ 1468
Mussaenda erosa Champ. ex Benth. ······ 1199
Mussaenda esquirolii H. Lév. ······ 1200
Mussaenda kwangtungensis H. L. Li ······ 1200
Mussaenda macrophylla Wall. ······ 1200
Mussaenda pubescens W. T. Aiton ······ 1201
Mussaenda sanderiana Ridl. ······ 1201
Mustelus griseus Pietschmann ······ 1772
Mycaranthes pannea (Lindl.) S. C. Chen et J. J. Wood ······ 1647
Mycetia hirta Hutch. ······ 1201
Mycetia sinensis (Hemsl.) Craib ······ 1202
Myosoton aguaticum (L.) Moench ······ 441
Myriactis nepalensis Less. ······ 1275
Myriophyllum spicatum L. ······ 494
Myriopteron extensum (Wight et Arn.) K. Schum. ······ 1170
Myristica fragrans Houtt. ······ 329
Myristica yunnanensis Y. H. Li ······ 330
Myroxylon balsamum (L.) Harms ······ 805
Myrsine africana L. ······ 1101
Myrsine kwangsiensis (E. Walker) Pipoly et C. Chen ······ 1102
Myrsine seguinii H. Lév. ······ 1102

N

Nandina domestica Thunb. ······ 360
Nanocnide lobata Wedd. ······ 887
Naravelia pilulifera Hance ······ 343
Narcissus tazetta L. subsp. **chinensis** (M. Roem.) Masam. et Yanagih. ······ 1564
Nasturtium officinale W. T. Aiton ······ 419
Natrii Sulfas Exsiccatus ······ 1823
Natrii Sulfas ······ 1823
Nauclea officinalis (Pierrc ex Pit) Merr. et Chun ······ 1202
Neanotis hirsuta (L. f.) W. H. Lewis ······ 1202
Nectoneanthes oxypoda (Marenzeller) ······ 1718
Neillia sinensis Oliv. ······ 692
Nelumbo nucifera Gaertn. ······ 350
Neoalsomitra clavigera (Wall.) Hutch. ······ 527
Neocinnamomum caudatum (Nees) Merr. ······ 323
Neocinnamomum lecomtei H. Liu ······ 323
Neolamarckia cadamba (Roxb.) Bosser ······ 1203
Neolepisorus ensatus (Thunb.) Ching ······ 256
Neolepisorus ovatus (Bedd.) Ching ······ 256
Neolitsea aurata (Hayata) Koidz. ······ 323
Neolitsea cambodiana Lecomte ······ 324
Neolitsea chui Merr. ······ 324
Neolitsea confertifolia (Hemsl.) Merr. ······ 324
Neolitsea levinei Merr. ······ 325
Neomarica gracilis (Herb.) Sprague ······ 1569
Neosinocalamus affinis (Rendle) Keng f. ······ 1680
Neottopteris nidus (L.) J. Sm. ex Hook. ······ 236
Nepenthes mirabilis (Lour.) Druce ······ 385
Nepeta fordii Hemsl. ······ 1437
Nephelium chryseum Blume ······ 1012
Nephelium lappaceum L. ······ 1012
Nephrolepis brownii (Desv.) Hovenkamp et Miyam. ······ 246
Nephrolepis cordifolia (L.) C. Presl ······ 246
Nerium oleander L. ······ 1135
Nertera sinensis Hemsl. ······ 1203
Nervilia fordii (Hance) Schltr. ······ 1648

Nervilia plicata (Andrews) Schltr. ······ 1649
Neyraudia reynaudiana (Kunth) Keng ex Hitchc. ······ 1699
Nicandra physalodes (L.) Gaertn. ······ 1325
Nicotiana rustica L. ······ 1326
Nicotiana tabacum L. ······ 1326
Nosema cochinchinensis (Lour.) Merr. ······ 1438
Nothapodytes pittosporoides (Oliv.) Sleumer ······ 923
Nothosmyrnium japonicum Miq. ······ 1064
Nuphar pumila (Timm) DC. ······ 352
Nyctanthes arbor-tristis L. ······ 1123
Nymphaea tetragona Georgi ······ 352
Nymphoides peltata (S. G. Gmel.) Kuntze ······ 1299

O

Oberonia cavaleriei Finet ······ 1649
Oberonia ensiformis (Sm.) Lindl. ······ 1650
Oberonia integerrima Guill. ······ 1650
Oberonia mucronata (D. Don) Ormer. et Seidenf. ······ 1650
Ochna integerrima (Lour.) Merr. ······ 558
Ocimum basilicum L. var. **pilosum** (Willd.) Benth. ······ 1438
Ocimum basilicum L. ······ 1438
Ocimum gratissimum L. ······ 1439
Octopus variabilis (Sasaki) ······ 1740
Octopus vulgaris Cuvier ······ 1740
Odontosoria chinensis J. Sm. ······ 214
Oenanthe benghalensis (Roxb.) Benth. et Hook. f. ······ 1065
Oenanthe javanica (Blume) DC. subsp. **rosthornii** (Diels) F. T. Pu ······ 1065
Oenanthe javanica (Blume) DC. ······ 1065
Oenanthe linearis Wall. ex DC. ······ 1066
Oenothera rosea L'Hér. ex Aiton ······ 493
Olea europaea L. ······ 1124
Omphalia lapidescens (Horan.) Cohn et J. Schröt. ······ 184
Omphisa fuscidentalis Hampson ······ 1758
Onychium japonicum (Thunb.) Kuntze ······ 221
Operculina turpethum (L.) Silva Manso ······ 1343
Ophioglossum pedunculosum Desv. ······ 202
Ophioglossum reticulatum L. ······ 203
Ophioglossum vulgatum L. ······ 203
Ophiopogon bodinieri H. Lév. ······ 1521
Ophiopogon dracaenoides (Baker) Hook. f. ······ 1522
Ophiopogon intermedius D. Don ······ 1522
Ophiopogon japonicus (L. f.) Ker Gawl. ······ 1522
Ophiopogon latifolius L. Rodrigues ······ 1522
Ophiopogon peliosanthoides F. T. Wang et Tang ······ 1523
Ophiopogon platyphyllus Merr. et Chun ······ 1523
Ophiopogon tsaii F. T. Wang et Tang ······ 1523
Ophiorrhiza cantoniensis Hance ······ 1203
Ophiorrhiza japonica Blume ······ 1204
Ophiorrhiza pumila Champ. ex Benth. ······ 1204
Oplismenus compositus (L.) P. Beauv. ······ 1699
Opuntia dillenii (Ker Gawl.) Haw. ······ 542
Oreocharis auricula (S. Moore) C. B. Clarke ······ 1369
Oreocharis benthamii C. B. Clarke ······ 1369
Oreocharis benthamii C. B. Clarke var. **reticulata** Dunn ······ 1370
Oreocnide frutescens (Thunb.) Miq. ······ 887
Oreocnide kwangsiensis Hand.-Mazz. ······ 887
Oreocnide obovata (C. H. Wright) Merr. ······ 888
Oreocnide rubescens (Blume) Miq. ······ 888
Origanum vulgare L. ······ 1439
Ormosia fordiana Oliv. ······ 806
Ormosia henryi Prain ······ 806
Ormosia hosiei Hemsl. et E. H. Wilson ······ 806
Ornithochilus difformis (Wall. ex Lindl.) Schltr. ······ 1651
Orostachys fimbriata (Turcz.) A. Berger ······ 431
Oroxylum indicum (L.) Kurz ······ 1373
Oryza sativa L. var. **glutinosa** Blanco ······ 1700
Oryza sativa L. ······ 1699
Osbeckia chinensis L. var. **angustifolia** (D. Don) C. Y. Wu et C. Chen ······ 572
Osbeckia chinensis L. ······ 572
Osbeckia crinita Benth. ex C. B. Clarke ······ 572
Osbeckia nepalensis Hook. ······ 573
Osbeckia opipara C. Y. Wu et C. Chen ······ 573
Osbeckia stellata Buch.-Ham. ex Ker Gawl. ······ 573
Osmanthus fragrans (Thunb.) Lour. ······ 1124
Osmanthus matsumuranus Hayata ······ 1124
Osmolindsaea odorata (Roxb.) Lehtonen et Christenh. ······ 214
Osmunda cinnamomea L. ······ 204
Osmunda japonica Thunb. ······ 204
Osmunda vachellii Hook. ······ 205
Ostericum citriodorum (Hance) C. Q. Yuan et R. H. Shan ······ 1066
Osyris lanceolata Hochst. et Steud. ······ 933

Ottelia alismoides (L.) Pers. ········ 1452
Oxalis corniculata L. ········ 481
Oxalis corymbosa DC. ········ 482
Oxalis griffithii Edgew. et Hook. f. ········ 482
Oxyspora paniculata (D. Don) DC. ········ 574

P

Pachygone valida Diels ········ 369
Pachyrhizus erosus (L.) Urb. ········ 807
Pachysandra axillaris Franch. var. **stylosa** (Dunn) M. Cheng ········ 839
Paederia cruddasiana Prain ········ 1204
Paederia foetida L. ········ 1205
Paeonia × suffruticosa Andrews ········ 344
Paeonia delavayi Franch. ········ 343
Paeonia lactiflora Pall. ········ 343
Pagrus major (Temminck et Schlegel) ········ 1789
Palhinhaea cernua (L.) Vasc. et Franco ········ 195
Paliurus hemsleyanus Rehder ········ 940
Paliurus ramosissimus (Lour.) Poir. ········ 940
Pampus argenteus (Euphrasen) ········ 1790
Pampus chinensis (Euphrasen) ········ 1791
Panax japonicus (T. Nees) C. A. Mey. ········ 1050
Panax notoginseng (Burkill) F. H. Chen ex C. H. Chow ········ 1051
Panax stipuleanatus H. T. Tsai et K. M. Feng ········ 1052
Panax zingiberensis C. Y. Wu et K. M. Feng ········ 1052
Pandanus amaryllifolius Roxb. ········ 1594
Pandanus fibrosus Gagnep. ········ 1595
Pandanus furcatus Roxb. ········ 1595
Pandanus tectorius Parkinson ········ 1595
Panicum miliaceum L. ········ 1701
Panicum repens L. ········ 1701
Panulirus stimpsoni Holthuis ········ 1745
Papaver rhoeas L. ········ 402
Papaver somniferum L. ········ 402
Paphiopedilum concolor (Bateman) Pfitzer ········ 1651
Paphiopedilum dianthum Tang et F. T. Wang ········ 1651
Paphiopedilum micranthum Tang et F. T. Wang ········ 1652
Paphiopedilum parishii (Rchb. f.) Stein ········ 1652
Parabaena sagittata Miers ········ 369
Paraboea dictyoneura (Hance) B. L. Burtt. ········ 1370
Paracaudina chilensis (J. Müller) ········ 1769
Paraceterach vestita (Hook.) R. M. Tryon ········ 225
Paraixeris denticulata (Houtt.) Nakai ········ 1275
Paralichthys olivaceus (Temminck et Schlegel) ········ 1791
Parameria laevigata (Juss.) Moldenke ········ 1135
Paraphlomis albida Hand.-Mazz. ········ 1439
Paraphlomis javanica (Blume) Prain ········ 1440
Paraphlomis javanica (Blume) Prain var. **coronata** (Vaniot) C. Y. Wu et H. W. Li ········ 1440
Paraprenanthes sororia (Miq.) C. Shih ········ 1276
Parashorea chinensis Wang Hsie ········ 560
Parathelypteris glanduligera (Kunze) Ching ········ 231
Parathelypteris nipponica (Franch. et Sav.) Ching ········ 231
Paris polyphylla Sm. ········ 1534
Paris poyphylla Sm. var. **chinensis** (Franch.) H. Hara ········ 1533
Paris vietnamensis (Takht.) H. Li ········ 1536
Paris yunnanensis Franch. ········ 1535
Parkia leiophylla Kurz ········ 729
Parkia timoriana (DC.) Merr. ········ 729
Parnassia wightiana Wall. ex Wight. et Arn. ········ 436
Parochetus communis Buch. -Ham. ex D. Don ········ 807
Parthenium hysterophorus L. ········ 1276
Parthenocissus dalzielii Gagnep. ········ 960
Parthenocissus laetevirens Rehder ········ 961
Parthenocissus quinquefolia (L.) Planch. ········ 961
Parthenocissus tricuspidata (Siebold et Zucc.) Planch. ········ 961
Paspalum distichum L. ········ 1702
Paspalum orbiculare G. Forst. ········ 1702
Passiflora caerulea L. ········ 515
Passiflora cochinchinensis Spreng. ········ 515
Passiflora cupiformis Mast. ········ 515
Passiflora edulis Sims ········ 516
Passiflora foetida L. ········ 516
Passiflora henryi Hemsl. ········ 516
Passiflora kwangtungensis Merr. ········ 517
Passiflora quadrangularis L. ········ 517
Passiflora wilsonii Hemsl. ········ 518
Patrinia scabiosifolia Link ········ 1225
Patrinia villosa (Thunb.) Dufr. ········ 1225
Pauldopia ghonta (Buch.-Ham. ex G. Don) Steenis ········ 1374
Paulownia fortunei (Seem.) Hemsl. ········ 1354
Paulownia kawakamii T. Ito ········ 1354

Pavetta hongkongensis Bremek. ······ 1205
Pecteilis susannae (L.) Raf. ······ 1652
Pedicularis henryi Maxim. ······ 1355
Pedilanthus tithymaloides (L.) Poit. ······ 659
Pegia nitida Colobr. ······ 1026
Pegia sarmentosa (Lecomte) Hand.-Mazz. ······ 1026
Pelargonium × hortorum L. H. Bailey ······ 480
Pelargonium graveolens L'Hér. ex Aiton ······ 480
Peliosanthes macrostegia Hance ······ 1524
Peliosanthes sinica F. T. Wang et Tang ······ 1524
Pellionia brevifolia Benth. ······ 888
Pellionia radicans (Siebold et Zucc.) Wedd. ······ 889
Pellionia repens (Lour.) Merr. ······ 889
Pellionia scabra Benth. ······ 889
Pellionia tsoongii (Merr.) Merr. ······ 890
Penaeus chinensis (Osbeck) ······ 1743
Penaeus monodon Fabricius ······ 1744
Pennisetum alopecuroides (L.) Spreng. ······ 1702
Pentacoelium bontioides Siebold et Zucc. ······ 1391
Pentapetes phoenicea L. ······ 606
Pentarhizidium orientale Hayata ······ 236
Pentasacme caudatum Wall. ex Wight ······ 1165
Penthorum chinense Pursh. ······ 437
Peperomia blanda (Jacq.) Kunth ······ 385
Peperomia heyneana Miq. ······ 385
Peperomia pellucida (L.) Kunth ······ 386
Peperomia tetraphylla (Forst. f.) Hook. et Arn. ······ 386
Pereskia aculeata Mill. ······ 543
Pericampylus glaucus (Lam.) Merr. ······ 370
Perilla frutescens (L.) Britton var. crispa (Thunb.) W. Deane ······ 1442
Perilla frutescens (L.) Britton var. purpurascens (Hayata) H. W. Li ······ 1442
Perilla frutescens (L.) Britton ······ 1441
Periophthalmus modestus Cantor ······ 1792
Periplaneta americana (Linnaeus) ······ 1751
Periploca forrestii Schltr. ······ 1170
Peristrophe bivalvis (L.) Merr. ······ 1385
Peristrophe japonica (Thunb.) Bremek. ······ 1386
Peristylus densus (Lindl.) Santapau et Kapadia ······ 1653
Peristylus goodyeroides (D. Don) Lindl. ······ 1653
Perna viridis (Linnaeus) ······ 1729
Persea americana Mill. ······ 325
Peucedanum decursivum (Miq.) Maxim. ······ 1066
Peucedanum praeruptorum Dunn ······ 1067
Phaeanthus saccopetaloides W. T. Wang ······ 300
Phaenosperma globosum Munro ex Benth. ······ 1703
Phaius flavus (Blume) Lindl. ······ 1653
Phaius mishmensis (Lindl. et Paxton) Rchb. f. ······ 1654
Phaius tancarvilleae (L'Hér.) Blume ······ 1654
Phalaris arundinacea L. ······ 1703
Pharbitis nil (L.) Choisy ······ 1343
Pharbitis purpurea (L.) Voigt ······ 1343
Phascolosoma arcuatum (Gray) ······ 1716
Phaseolus lunatus L. ······ 807
Phaseolus vulgaris L. ······ 807
Phedimus aizoon (L.) 't Hart ······ 432
Phegopteris decursive-pinnata (H. C. Hall) Fée ······ 231
Phellodendron chinense C. K. Schneid. ······ 986
Phellodendron chinense C. K.Schneid var. glabriusculum C. K. Schneid. ······ 987
Philadelphus henryi Koehne ······ 678
Philydrum lanuginosum Banks et Sol. ex Gaertn. ······ 1599
Phlegmariurus carinatus (Desv. ex Poir.) Ching ······ 192
Phlegmariurus fordii (Baker) Ching ······ 193
Phlegmariurus mingcheensis Ching ······ 193
Phlegmariurus petiolatus (C. B. Clarke) H. S. Kung et L. B. Zhang ······ 193
Phlegmariurus phlegmaria (L.) Holub ······ 194
Phlogacanthus curviflorus (Wall.) Nees ······ 1386
Phlomoides umbrosa (Turcz.) Kamelin et Makhm. ······ 1442
Phoebe bournei (Hemsl.) Yen C. Yang ······ 325
Phoebe lanceolata (Nees) Nees ······ 326
Phoebe sheareri (Hemsl.) Gamble ······ 326
Pholidota articulata Lindl. ······ 1654
Pholidota cantonensis Rolfe ······ 1655
Pholidota chinensis Lindl. ······ 1655
Pholidota yunnanensis Rolfe ······ 1655
Photinia beauverdiana C. K. Schneid. ······ 693
Photinia bodinieri H. Lév. ······ 693
Photinia glabra (Thunb.) Franch. et Sav. ······ 693
Photinia serratifolia (Desf.) Kalkman ······ 694
Photinia villosa (Thunb.) DC. ······ 694
Photopectoralis bindus (Valenciennes) ······ 1787

Phragmites australis (Cav.) Trin. ex Steud. ········ 1703
Phragmites karka (Retz.) Trin. ex Steud. ········ 1704
Phrynium placentarium (Lour.) Merr. ········ 1501
Phrynium rheedei Suresh et Nicolson ········ 1501
Phtheirospermum japonicum (Thunb.) Kanitz ········ 1355
Phyla nodiflora (L.) Greene ········ 1404
Phyllagathis anisophylla Diels ········ 574
Phyllagathis cavaleriei (H. Lév. et Vaniot) Guillaumin ········ 574
Phyllagathis longiradiosa (C. Chen) C. Chen ········ 575
Phyllanthus amarus Shumach. et Thonn. ········ 660
Phyllanthus cochinchinensis (Lour.)Spreng. ········ 661
Phyllanthus emblica L . ········ 662
Phyllanthus flexuosus (Siebold et Zucc.) Müll. Arg. ········ 661
Phyllanthus glaucus Wall. ex Müll. Arg. ········ 663
Phyllanthus hainanensis Merr. ········ 663
Phyllanthus reticulatus Poir. ········ 664
Phyllanthus rheophyticus M. G. Gilbert et P. T. Li ········ 664
Phyllanthus urinaria L. ········ 664
Phyllanthus virgatus G. Forst. ········ 665
Phyllodium elegans (Lour.) Desv. ········ 808
Phyllodium longipes (Craib) Schindl. ········ 808
Phyllodium pulchellum (L.) Desv. ········ 808
Phyllostachys bambusoides Siebold et Zucc. ········ 1680
Phyllostachys edulis (Carrière) J. Houz. ········ 1681
Phyllostachys heteroclada Oliv. ········ 1681
Phyllostachys nidularia Munro ········ 1681
Phyllostachys nigra (Lodd. ex Lindl.) Munro ········ 1682
Phymatopteris hastata (Thunb.) Pic. Serm. ········ 257
Phymatopteris rhynchophylla (Hook.) Pic. Serm. ········ 257
Phymatosorus cuspidatus (D. Don) Pic. Serm. ········ 257
Physalis alkekengi L. var. **franchetii** (Mast.) Makino ········ 1327
Physalis alkekengi L. ········ 1326
Physalis angulata L. ········ 1327
Physalis minima L. ········ 1327
Physalis peruviana L. ········ 1328
Phytolacca acinosa Roxb. ········ 466
Phytolacca americana L. ········ 467
Picrasma quassioides (D. Don) Benn. ········ 997
Picria felterrae Lour. ········ 1355
Picrorhiza scrophulariiflora Pennell ········ 1356
Pilea angulata (Blume) Blume ········ 890
Pilea aquarum Dunn ········ 890
Pilea basicordata W. T. Wang ex C. J. Chen ········ 891
Pilea cavaleriei H. Lév. subsp. **crenata** C. J. Chen ········ 891
Pilea cavaleriei H. Lév. ········ 891
Pilea gracilis Hand. -Mazz. ········ 891
Pilea japonica (Maxim.) Hand. -Mazz. ········ 892
Pilea martini (H. Lév.) Hand. -Mazz. ········ 892
Pilea microphylla (L.) Liebm. ········ 892
Pilea monilifera Hand. -Mazz. ········ 893
Pilea notata C. H. Wright ········ 893
Pilea peltata Hance ········ 893
Pilea peperomioides Diels ········ 894
Pilea peploides (Gaudich) Hook. et. Arn. ········ 894
Pilea plataniflora C. H. Wright ········ 894
Pilea pumila (L.) A. Gray ········ 895
Pilea swinglei Merr. ········ 895
Pileostegia tomentella Hand. -Mazz. ········ 679
Pileostegia viburnoides Hook. f. et Thomson ········ 679
Pimpinella candolleana Wight et Arn. ········ 1067
Pimpinella diversifolia DC. ········ 1067
Pinctada fucata (A. Gould) ········ 1732
Pinellia cordata N. E. Br. ········ 1552
Pinellia ternata (Thunb.) Ten. ex Breitenb. ········ 1553
Pinus kesiya Royle ex Gordon. var. **langbianensis** (A. Chev.) Gaussen ex Bui ········ 267
Pinus massoniana D. Don ········ 267
Pinus yunnanensis Franch. ········ 267
Piper betle L. ········ 387
Piper boehmeriifolium (Miq.) Wall. ex C. DC. ········ 387
Piper flaviflorum C. DC. ········ 387
Piper hainanense Hemsl. ········ 388
Piper hancei Maxim. ········ 388
Piper hongkongense C. DC. ········ 388
Piper kadsura (Choisy) Ohwi ········ 389
Piper laetispicum C. DC ········ 390
Piper longum L. ········ 391
Piper nigrum L. ········ 392
Piper sarmentosum Roxb. ········ 393
Pistacia chinensis Bunge ········ 1027
Pistacia weinmanniifolia J. Poiss. ex Franch. ········ 1027
Pistia stratiotes L. ········ 1554
Pisum sativum L. ········ 809
Pittosporopsis kerrii Craib ········ 923

Pittosporum brevicalyx (Oliv.) Gagnep. 504
Pittosporum glabratum Lindl. var. **neriifolium** Rehder et E. H. Wilson 505
Pittosporum glabratum Lindl. 504
Pittosporum illicioides Makino 505
Pittosporum kerrii Craib 505
Pittosporum pauciflorum Hook. et Arn. 506
Pittosporum pentandrum Merr. var. **formosanum** (Hayata) Zhi Y. Zhang et Turland 506
Pittosporum tobira (Thunb.) W.T. Aiton 507
Placuna placenta (Linnaeus) 1731
Plagiogyria adnata (Blume) Bedd. 205
Plagiogyria euphlebia Mett. 205
Plagiogyria japonica Nakai 206
Plagiogyria stenoptera (Hance) Diels 206
Plagiopetalum esquirolii (H. Lév.) Rehder 575
Planchonella obovata (R. Br.) Pierre 1085
Plantago asiatica L. 1308
Plantago depressa Willd. 1309
Plantago major L. 1309
Plantago minuta Pall. 1309
Platanthera minor (Miq.) Rchb. f. 1656
Platycarya strobilacea Siebold et Zucc. 1034
Platycladus orientalis (L.) Franco 271
Platycodon grandiflorus (Jacq.) A. DC. 1313
Pleioblastus amarus (Keng) Keng f. 1682
Pleione bulbocodioides (Franch.) Rolfe 1656
Plotosus lineatus (Thunberg) 1776
Pluchea eupatorioides Kurz 1276
Pluchea indica (L.) Less. 1277
Plumbago indica L. 1307
Plumbago zeylanica L. 1307
Plumbago auriculata Lam. 1306
Plumeria rubra 'Acutifolia' 1136
Podocarpus nagi (Thunb.) Zoll. et Mor. ex Zoll. 272
Podocarpus neriifolius D. Don 273
Podocarpus wallichianus C. Presl 273
Pogonatherum crinitum (Thunb.) Kunth 1704
Pogonatherum paniceum (Lam.) Hack. 1704
Pogonatum inflexum (Lindb.) Sande Lac. 189
Pogostemon auricularius (L.) Hassk. 1442
Pogostemon cablin (Blanco) Benth. 1443
Pogostemon glaber Benth. 1444
Polianthes tuberosa L. 1584
Pollia hasskarlii R. S. Rao 1461
Pollia japonica Thunb. 1462
Pollia thyrsiflora (Blume) Steud. 1462
Polyalthia nemoralis A. DC. 301
Polyalthia suberosa (Roxb.) Thwaites 301
Polycarpaea corymbosa (Lam.) Lam. 442
Polycarpon prostratum (Forssk.) Asch. et Schweinf. 442
Polygala arillata Buch.-Ham. ex D. Don 425
Polygala arvensis Willd. 425
Polygala caudata Rehdr et E. H. Wilson 425
Polygala fallax Hemsl. 426
Polygala glomerata Lour. 425
Polygala hongkongensis Hemsl. 427
Polygala japonica Houtt. 427
Polygala koi Merr. 427
Polygala persicariifolia DC. 427
Polygala sibirica L. var. **megalopha** Franch. 428
Polygala wattersii Hance 428
Polygonatum cyrtonema Hua 1525
Polygonatum filipes Merr. ex C. Jeffrey et McEwan 1526
Polygonatum kingianum Collett. et Hemsl. 1526
Polygonatum odoratum (Mill.) Druce 1527
Polygonatum sibiricum Redouté 1528
Polygonatum verticillatum (L.) All. 1529
Polygonum amplexicaule D. Don var. **sinense** Forbes et Hemsl. ex Steward 450
Polygonum aviculare L. 450
Polygonum barbatum L. 451
Polygonum bistorta L. 451
Polygonum capitatum Buch.-Ham. ex D. Don 451
Polygonum chinense L. var. **hispidum** Hook. f. 452
Polygonum chinense L. 452
Polygonum criopolitanum Hance 452
Polygonum darrisii H. Lév. 453
Polygonum hastatosagittatum Makino 453
Polygonum hydropiper L. 454
Polygonum japonicum Meisn. 454
Polygonum jucundum Meisn. 454
Polygonum lapathifolium L. var. **salicifolium** Sibth. 455
Polygonum lapathifolium L. 455

Polygonum longisetum Bruijn ········ 455
Polygonum muricatum Meisn. ········ 456
Polygonum nepalense Meisn. ········ 456
Polygonum orientale L. ········ 456
Polygonum paleaceum Wall. ········ 457
Polygonum palmatum Dunn ········ 457
Polygonum perfoliatum L. ········ 457
Polygonum plebeium R. Br. ········ 458
Polygonum posumbu Buch.-Ham. ex D. Don ········ 458
Polygonum pubescens Blume ········ 458
Polygonum runcinatum Buch.-Ham. ex D. Don var. **sinense** Hemsl. ········ 459
Polygonum senticosum (Meisn.) Franch. et Sav. ········ 459
Polygonum suffultum Maxim. ········ 459
Polygonum thunbergii Siebold et Zucc. ········ 460
Polygonum tinctorium Aiton ········ 460
Polygonum viscosum Buch.-Ham. ex D. Don ········ 460
Polyphaga plancyi Bolívar ········ 1752
Polyphylla laticollis Lewis ········ 1762
Polypodiodes amoena (Wall. ex Mett.) Ching ········ 258
Polypodiodes niponica (Mett.) Ching ········ 258
Polyrhachis dives Smith ········ 1764
Polyscias fruticosa (L.) Harms ········ 1052
Polyspora axillaris (Roxb. ex Ker Gawl.) Sweet ········ 552
Polystichum deltodon (Baker) Diels ········ 243
Polystichum makinoi (Tagawa) Tagawa ········ 243
Polystichum neolobatum Nakai ········ 244
Polystichum tripteron (Kunze) C. Presl ········ 244
Polytrichum commune Hedw. ········ 190
Pometia pinnata J. R. Forst. et G. Forst. ········ 1013
Poncirus trifoliata (L.) Raf. ········ 987
Populus adenopoda Maxim. ········ 840
Porana racemosa Roxb. ········ 1344
Porana sinensis Hemsl. ········ 1344
Porana spectabilis Kurz var. **megalantha** (Merr.) F. C. How ex H. S. Kiu ········ 1344
Portulaca grandiflora Hook. ········ 446
Portulaca oleracea L. ········ 446
Portulaca pilosa L. ········ 446
Portunus trituberculatus (Miers) ········ 1746
Potamogeton distinctus A. Benn. ········ 1455
Potamogeton natans L. ········ 1455
Potentilla chinensis Ser. ········ 695
Potentilla discolor Bunge ········ 695
Potentilla freyniana Bornm. ········ 696
Potentilla fulgens Wall. ex Hook. ········ 696
Potentilla kleiniana Wight et Arn. ········ 696
Pothos chinensis (Raf.) Merr. ········ 1554
Pothos repens (Lour.) Druce ········ 1554
Pothos scandens L. ········ 1555
Pottsia laxiflora (Blume) Kuntze ········ 1137
Pouteria annamensis (Pierre ex Dubard) Baehni ········ 1086
Pouzolzia sanguinea (Blume) Merr. ········ 896
Pouzolzia zeylanica (L.) Benn et R. Br. ········ 896
Pratia nummularia (Lam.) A. Braun et Asch. ········ 1316
Premna fulva Craib ········ 1404
Premna microphylla Turcz. ········ 1405
Premna puberula Pamp. ········ 1405
Premna szemaoensis C. Pei ········ 1405
Priacanthus macracanthus Cuvier ········ 1789
Primula obconica Hance ········ 1306
Prismatomeris tetrandra (Roxb.) K. Schum. ········ 1206
Procris crenata C. B. Rob. ········ 896
Pronephrium penangianum (Hook.) Holttum ········ 232
Pronephrium simplex (Hook.) Holttum ········ 232
Pronephrium triphyllum (Sw.) Holttum ········ 232
Protaetia brevitarsis (Lewis) ········ 1763
Prunella vulgaris L. ········ 1444
Prunus salicina Lindl. ········ 697
Pseuderanthemum polyanthum (C. B. Clarke et Oliv.) Merr. ········ 1386
Pseudodrynaria coronans (Wall. ex Mett.) Ching ········ 262
Pseudoechthistatus acutipennis Chiang ········ 1761
Pseudorhombus malayanus Bleeker ········ 1791
Pseudorhombus oligodon (Bleeker) ········ 1791
Pseudostreblus indicus Bureau ········ 876
Psidium guajava L. ········ 563
Psilotum nudum (L.) P. Beauv. ········ 192
Psophocarpus tetragonolobus (L.) DC. ········ 809
Psoralea corylifolia L. ········ 810
Psychotria asiatica L. ········ 1206
Psychotria calocarpa Kurz ········ 1206
Psychotria henryi H. Lév. ········ 1207
Psychotria pilifera Hutch. ········ 1207
Psychotria prainii H. Lév. ········ 1207
Psychotria serpens L. ········ 1208

Pteridium aquilinum (L.) Kuhn var. **latiusculum** (Desv.) Underw. ex A. Heller ······ 215
Pteridium revolutum (Blume) Nakai. ······ 215
Pteris biaurita L. ······ 216
Pteris cretica L. var. **laeta** (Wall. ex Ettingsh.) C. Chr. et Tardieu ······ 216
Pteris cretica L. ······ 216
Pteris deltodon Baker ······ 217
Pteris dispar Kunze ······ 217
Pteris ensiformis Burm. f. ······ 217
Pteris fauriei Hieron. ······ 218
Pteris insignis Mett. ex Kuhn ······ 218
Pteris multifida Poir. ······ 218
Pteris plumbea Christ ······ 219
Pteris semipinnata L. ······ 219
Pteris vittata L. ······ 219
Pterocarpus indicus Willd. ······ 811
Pterocarya stenoptera C. DC. ······ 1034
Pteroceltis tatarinowii Maxim. ······ 855
Pterocypsela indica (L.) C. Shih ······ 1277
Pterocypsela raddeana (Maxim.) C. Shih ······ 1277
Pterolobium punctatum Hemsl. ······ 748
Pterospermum acerifolium Willd. ······ 606
Pterospermum heterophyllum Hance ······ 607
Pterospermum lanceifolium Roxb. ······ 608
Pueraria alopecuroides Craib ······ 812
Pueraria lobata (Willd.) Ohwi var. **montana** (Lour.) Maesen ······ 814
Pueraria lobata (Willd.) Ohwi var. **thomsonii** (Benth.) Maesen ······ 813
Pueraria lobata (Willd.) Ohwi ······ 812
Pueraria peduncularis (Graham ex Benth.) Benth. ······ 814
Pueraria phaseoloides (Roxb.) Benth. ······ 814
Pumex ······ 1826
Punica granatum L. ······ 490
Pycnospora lutescens (Poir.) Schindl. ······ 815
Pyracantha crenulata (D. Don) M. Roem ······ 697
Pyrethrum cinerariifolium Trevir. ······ 1278
Pyritum ······ 1815
Pyrola elegantula Andres ······ 1079
Pyrostegia venusta (Ker Gawl.) Miers ······ 1374
Pyrrosia adnascens (Sw.) Ching ······ 258
Pyrrosia assimilis (Baker) Ching ······ 259
Pyrrosia calvata (Baker) Ching ······ 259
Pyrrosia lingua (Thunb.) Farw. ······ 259
Pyrrosia petiolosa (Christ) Ching ······ 260
Pyrrosia porosa (C. Presl) Hovenkamp ······ 260
Pyrrosia sheareri (Baker) Ching ······ 260
Pyrularia edulis (Wall.) A. DC. ······ 933
Pyrus calleryana Decne. ······ 697
Pyrus calleryana Decne. var. **koehnei** (C. K. Schneid.) T. T. Yü ······ 698
Pyrus communis L. ······ 698
Pyrus pyrifolia (Burm. f.) Nakai ······ 698
Pyrus serrulata Rehder ······ 699

Q

Quamoclit pennata (Desr.) Bojer ······ 1345
Quartz Album ······ 1817
Quercifilix zeilanica (Houtt.) Copel. ······ 244
Quercus acutissima Carruth. ······ 850
Quercus fabrei Hance ······ 851
Quercus variabilis Blume ······ 851

R

Radermachera microcalyx C. Y. Wu et W. C. Yin ······ 1375
Radermachera sinica (Hance) Hemsl. ······ 1375
Ranunculus cantoniensis DC. ······ 344
Ranunculus chinensis Bunge ······ 344
Ranunculus japonicus Thunb. ······ 345
Ranunculus sceleratus L. ······ 345
Ranunculus ternatus Thunb. ······ 345
Rapana bezoar (Linnaeus) ······ 1725
Rapana rapiformis (Born) ······ 1725
Raphanus sativus L. ······ 419
Rauvolfia latifrons Tsiang ······ 1137
Rauvolfia perakensis King et Gamble ······ 1137
Rauvolfia serpentina (L.) Benth. ex Kurz ······ 1138
Rauvolfia sumatrana Jack ······ 1139
Rauvolfia tetraphylla L. ······ 1139
Rauvolfia verticillata (Lour.) Ball. var. **hainanensis** Tsiang ······ 1141
Rauvolfia verticillata (Lour.) Ball. var. **officinalis** Tsiang ······ 1141
Rauvolfia verticillata (Lour.) Ball. ······ 1140

Rauvolfia vomitoria Afzel. 1142
Rauvolfia yunnanensis Tsiang 1143
Realgar 1815
Reineckea carnea (Andrews) Kunth 1529
Reinwardtia indica Dumort 478
Remusatia vivipara (Roxb.) Schott 1555
Renanthera coccinea Lour. 1656
Reynoutria japonica Houtt. 461
Rhamnus crenata Siebold et Zucc. 941
Rhamnus leptophylla C. K. Schneid. 941
Rhamnus napalensis (Wall.) M. A. Lawson 941
Rhamnus rugulosa Hemsl. 942
Rhamnus utilis Decne. 942
Rhamnus wilsonii C. K. Schneid. 942
Rhaphidophora decursiva (Roxb.) Schott 1555
Rhaphidophora hongkongensis Schott 1556
Rhaphidophora hookeri Schott 1556
Rhaphidophora peepla (Roxb.) Schott 1556
Rhaphiolepis indica (L.) Lindl. 699
Rhapis excelsa (Thunb.) A. Henry 1593
Rhapis robusta Burret 1593
Rheum officinale Baill. 462
Rhinacanthus nasutus (L.) Kurz 1387
Rhizophora mucronata Lam. 585
Rhodobryum giganteum Paris 190
Rhodobryum roseum (Hedw.) Limpr. 190
Rhododendron championiae Hook. 1073
Rhododendron decorum Franch. 1074
Rhododendron fortunei Lindl. 1074
Rhododendron kwangtungense Merr. et Chun 1074
Rhododendron latoucheae Franch. 1074
Rhododendron mariae Hance 1075
Rhododendron mariesii Hemsl. et E. H. Wilson 1076
Rhododendron microphyton Franch. 1076
Rhododendron molle (Blume) G. Don 1077
Rhododendron moulmainense Hook. 1077
Rhododendron mucronatum (Blume) G. Don 1078
Rhododendron ovatum (Lindl.) Planch. ex Maxim. 1078
Rhododendron seniavinii Maxim. 1078
Rhododendron simiarum Hance 1079
Rhododendron simsii Planch. 1079
Rhodoleia championii Hook. f. 837
Rhodomyrtus tomentosa (Aiton) Hassk. 563
Rhopilema esculentum Kishinouye 1715
Rhus chinensis Mill. 1028
Rhus chinensis Mill. var. **roxburghii** (DC.) Rehder 1029
Rhynchosia dielsii Harms 815
Rhynchosia volubilis Lour. 816
Rhynchospora rubra (Lour.) Makino 1672
Rhynchotechum ellipticum (Wall. ex D. Dietr.) A. DC. 1370
Ricinus communis L. 665
Robiquetia succisa (Lindl.) Seidenf.et Garay 1657
Roegneria kamoji (Ohwi) Keng et S. L. Chen 1705
Rohdea ensifolia (F. T. Wang et Tang) N. Tanaka 1529
Rohdea fargesii (Baill.)Y. F. Deng 1530
Rohdea japonica (Thunb.) Roth 1530
Rohdea wattii (C. B. Clarke) Yamashita et M. N. Tamura 1531
Rorippa dubia (Pers.) H. Hara 420
Rorippa indica (L.) Hiern. 420
Rosa chinensis Jacq. 699
Rosa cymosa Tratt. 699
Rosa laevigata Michx. 700
Rosa longicuspis Bertol. 701
Rosa multiflora Thunb. var. **cathayensis** Rehder et E. H. Wilson 702
Rosa multiflora Thunb. 701
Rosa roxburghii Tratt. 702
Rosa rugosa Thunb. 703
Rosmarinus officinalis L. 1444
Rotala indica (Willd.) Koehne 488
Rotala rotundifolia (Buch.-Ham. ex Roxb.) Koehne 488
Rottboellia cochinchinensis (Lour.) Clayton 1705
Rourea microphylla (Hook. et Arn.) Planch. 1031
Rourea minor (Gaertn.) Leenh. 1032
Rubia cordifolia L. 1208
Rubia podantha Diels 1208
Rubia schumanniana Pritz. 1209
Rubia wallichiana Decne. 1209
Rubia yunnanensis Diels 1209
Rubus alceifolius Poir. 704
Rubus amphidasys Focke 704
Rubus buergeri Miq. 704
Rubus chingii Hu 705
Rubus chroosepalus Focke 705
Rubus cochinchinensis Tratt. 705
Rubus columellaris Tutcher 706
Rubus corchorifolius L. f. 706

Rubus coreanus Miq. 706
Rubus ellipticus Sm. var. **obcordatus** (Franch.) Focke 707
Rubus ellipticus Sm. 707
Rubus hastifolius H. Lév. et Vaniot 707
Rubus hirsutus Thunb. 708
Rubus ichangensis Hemsl. et Kuntze 708
Rubus innominatus S. Moore 708
Rubus innominatus S. Moore var. **kuntzeanus** (Hemsl.) L. H. Bailey 709
Rubus irenaeus Focke 709
Rubus lambertianus Ser. 709
Rubus leucanthus Hance 710
Rubus pacificus Hance 710
Rubus parkeri Hance 710
Rubus parvifolius L. 711
Rubus pinnatisepalus Hemsl. 711
Rubus pluribracteatus L. T. Lu et Boufford 712
Rubus prrifolius Sm. 711
Rubus reflexus Ker Gawl. var. **hui** (Diels et Hu) F. P. Metcalf 712
Rubus reflexus Ker Gawl. var. **lanceolobus** F. P. Metcalf 713
Rubus reflexus Ker Gawl. 712
Rubus rosifolius Sm. 713
Rubus suavissimus S. K. Lee 713
Rubus sumatranus Miq. 714
Rubus swinhoei Hance 714
Rubus tephrodes Hance 714
Rubus wallichianus Wight et Arn. 715
Rudbeckia laciniata L. 1278
Rumex acetosa L. 463
Rumex crispus L. 463
Rumex dentatus L. 463
Rumex japonicus Houtt. 464
Rumex maritimus L. 464
Rumex nepalensis Spreng. 465
Rumex obtusifolius L. 465
Rungia pectinata (L.) Nees 1387
Russelia equisetiformis Schltdl. et Cham. 1357
Ruta graveolens L. 987

S

Sabal palmetto (Walter) Lodd. ex Rome. et Schult. f. 1594
Sabia discolor Dunn 1019
Sabia fasciculata Lecomte ex L. Chen 1020
Sabia japonica Maxim. 1020
Sabia limoniacea Wall. ex Hook. f. et Thomson 1020
Sabia limoniacea Wall. ex Hook. f. et Thomson var. **ardisoides** H. Y. Chen 1021
Sabia parviflora Wall. ex Roxb. 1021
Sabia swinhoei Hemsl. 1021
Saccharum arundinaceum Retz. 1705
Saccharum officinarum L. 1706
Saccharum spontaneum L. 1706
Sacciolepis indica (L.) Chase 1706
Sageretia lucida Merr. 943
Sageretia rugosa Hance 943
Sageretia thea (Osbeck) M. C. Johnst. 943
Sagina japonica (Sw.) Ohwi 443
Sagittaria pygmaea Miq. 1454
Sagittaria trifolia L. subsp. **leucopetala** (Miq.) Q. F. Wang 1454
Sagittaria trifolia L. 1454
Salacia chinensis L. 920
Salanx ariakensis Kishinouye 1774
Salix araeostachya C. K. Schneid. 841
Salix babylonica L. 841
Salix chienii W. C. Cheng 841
Salix tetrasperma Roxb. 842
Salomonia cantoniensis Lour. 428
Salomonia ciliata (L.) DC. 429
Salt Alkali 1818
Salvia bowleyana Dunn 1444
Salvia cavaleriei H. Lév. 1445
Salvia chinensis Benth. 1445
Salvia coccinea Buc' hoz ex Etl. 1445
Salvia japonica Thunb. 1446
Salvia miltiorrhiza Bunge 1446
Salvia plebeia R. Br. 1446
Salvia scapiformis Hance 1447
Salvia splendens Sellow ex Wied-Neuw. 1447
Salvinia natans (L.) All. 263
Sambucus javanica Reinw. ex Blume 1219
Sambucus williamsii Hance 1219
Sanchezia nobilis Hook.f. 1387
Sanguisorba officinalis L. 715
Sanicula chinensis Bunge 1068

Sanicula lamelligera Hance 1068
Sanicula orthacantha S. Moore 1068
Sansevieria trifasciata Prain var. **laurentii** (De wild.) N. E. Br. 1584
Sansevieria trifasciata Prain 1584
Santalum album L. 934
Sapindus delavayi (Franch.) Radlk. 1013
Sapindus rarak DC. 1014
Sapindus saponaria L. 1015
Sapium discolor (Champ. ex Benth.) Müll. Arg. 665
Sapium japonicum (Siebold et Zucc.) Pax et K. Hoffm. 666
Sapium rotundifolium Hemsl. 666
Sapium sebiferum (L.) Dum. Cours. 666
Saraca dives Pierre 748
Sarcandra glabra (Thunb.) Nakai 398
Sarcandra glabra (Thunb.) Nakai subsp. **brachystachys** (Blume) Verdc. 399
Sarcococca longipetiolata M. Cheng 840
Sarcococca ruscifolia Stapf 840
Sarcopyramis napalensis Wall. 576
Sarcostemma acidum (Roxb.) Voigt 1166
Sardinella lemuru Bleeker 1774
Sargassum pallidum (Turner) C. Agardh 178
Sargentodoxa cuneata (Oliv.) Rehder et E. H. Wilson 363
Sassafras tzumu (Hemsl.) Hemsl. 326
Saurauia napaulensis DC. 558
Saurauia tristyla DC. 558
Saurida elongata (Temminck et Schlegel) 1774
Saurida tumbil (Bloch) 1775
Saurida undosquamis (Richardson) 1775
Sauropus androgynus (L.) Merr. 667
Sauropus bacciformis (L.) Airy Shaw 667
Sauropus macranthus Hassk. 667
Sauropus spatulifolius Beille 668
Saururus chinensis (Lour.) Baill 395
Saussurea cordifolia Hemsl. 1278
Saussurea deltoidea (DC.) Sch. Bip. 1279
Saussurea japonica (Thunb.) DC. 1279
Saxifraga stolonifera Curtis 437
Saxiglossum angustissimum (Giesenh. ex Diels) Ching 260
Scaphium affine (Mast.) Pierre 609
Schefflera actinophylla (Endl.) Harmst 1053
Schefflera arboricola (Hayata) Merr. 1053
Schefflera delavayi (Franch.) Harms 1053
Schefflera elliptica (Blume) Harms 1053
Schefflera heptaphylla (L.) Frodin 1054
Schefflera leucantha R. Vig. 1055
Schefflera pauciflora R. Vig. 1055
Schima argentea E. Pritz 552
Schima superba Gardner et Champ. 553
Schima wallichii (DC.) Korth. 553
Schisandra henryi C. B. Clarke subsp. **yunnanensis** (A. C. Sm.) R. M. K. Saunders 295
Schisandra henryi C. B. Clarke 294
Schisandra propinqua (Wall.) Baill. subsp. **sinensis** Oliv. 296
Schisandra sphenanthera Rehder et E. H. Wilson 296
Schisandra viridis A. C. Sm. 296
Schizocapsa plantaginea Hance 1597
Schizomussaenda dehiscens (Craib) H. L. Li 1210
Schizonepeta tenuifolia (Benth.) Briq. 1447
Schizophragma integrifolium Oliv. 679
Schizostachyum chinense Rendle 1707
Schlumbergera truncata (Haw.) Moran 543
Schnabelia oligophylla Hand.-Mazz. 1448
Schoenoplectiella juncoides (Roxb.) Lye 1672
Schoenoplectiella mucronata (L.) J. Jung et H.K. Choi 1673
Schoepfia chinensis Gardner et Champ. 924
Schoepfia jasminodora Siebold et Zucc. 924
Scirpus subcapitatus Thwaites et Hook. 1673
Scirpus triqueter L. 1673
Scirpus wallichii Nees 1674
Scleria hookeriana Boeckeler 1674
Scleria levis Retz. 1674
Scleria terrestris (L.) Fassett 1675
Scolopendra multidens Newport 1750
Scolopendra dehaani Brandt 1750
Scolopia chinensis (Lour.) Clos 512
Scomberomorus guttatus (Bloch et Schneider) 1784
Scoparia dulcis L. 1357
Scrophularia ningpoensis Hemsl. 1358
Scurrula atropurpurea (Blume) Danser 927
Scurrula chingii (W. C. Cheng) H. S. Kiu 927
Scurrula parasitica L. 927
Scutellaria barbata D. Don 1448
Scutellaria discolor Wall. ex Benth. 1448
Scutellaria formosana N. E. Br. 1449

Scutellaria indica L. ········ 1449
Scutellaria tayloriana Dunn ········ 1449
Scylla serrata (Forskal) ········ 1747
Sebastiania chamaelea (L.) Müll. Arg. ········ 669
Secamone elliptica R. Br. ········ 1166
Sechium edule (Jacq.) Sw. ········ 527
Securidaca inappendiculata Hassk. ········ 429
Securinega suffruticosa (Pall.) Rehder ········ 669
Securinega virosa (Roxb. ex Willd.) Baill. ········ 670
Sedum alfredii L. ········ 432
Sedum bulbiferum Makino ········ 433
Sedum drymarioides Hance ········ 433
Sedum emarginatum Migo ········ 433
Sedum lineare Thunb. ········ 434
Sedum oligospermum Maire ········ 434
Sedum sarmentosum Bunge ········ 434
Sedum stellariifolium Franch. ········ 434
Selaginella davidii Franch. ········ 195
Selaginella delicatula (Desv.) Alston ········ 196
Selaginella effusa Alston ········ 197
Selaginella heterostachys Baker ········ 197
Selaginella involvens (Sw.) Spring ········ 197
Selaginella labordei Hieron. ex Christ ········ 198
Selaginella moellendorffii Hieron. ········ 198
Selaginella nipponica Franch. et Sav. ········ 198
Selaginella pulvinata (Hook. et Grev.) Maxim. ········ 199
Selaginella remotifolia Spring ········ 199
Selaginella tamariscina (P. Beauv.) Spring ········ 199
Selaginella trachyphylla A. Braun ex Hieron. ········ 200
Selaginella uncinata (Desv.) Spring ········ 200
Selenicereus undatus (Haw.) D. R. Hunt ········ 543
Semiaquilegia adoxoides (DC.) Makino ········ 346
Senecio scandens Buch.-Ham. ex D. Don ········ 1280
Senecio stauntonii DC. ········ 1280
Sepia esculenta Hoyle ········ 1739
Sepiella inermis (Van Hasselt) ········ 1739
Serissa japonica (Thunb.) Thunb. ········ 1210
Serissa serissoides (DC.) Druce ········ 1210
Serratula chinensis S. Moore ········ 1280
Sesamum indicum L. ········ 1376
Sesbania cannabina (Retz.) Poir. ········ 816
Sesbania grandiflora (L.) Poir. ········ 816
Seseli yunnanense Franch. ········ 1069
Setaria faberi R. A. W. Herrm. ········ 1708
Setaria geniculata P. Beauv. ········ 1708
Setaria glauca (L.) L. P. Beauv. ········ 1708
Setaria italica P. Beauv. ········ 1708
Setaria palmifolia (J. Konig) Stapf ········ 1709
Setaria plicata (Lam.) T. Cooke ········ 1709
Setaria viridis (L.) P. Beauv. ········ 1709
Sheareria nana S. Moore ········ 1281
Shuteria involucrata (Wall.) Wight et Arn. ········ 817
Shuteria vestita Wight et Arn. ········ 817
Sida acuta Burm. f. ········ 622
Sida alnifolia L. ········ 623
Sida cordata (Burm. f.) Borss. Waalk. ········ 623
Sida cordifolia L. ········ 623
Sida mysorensis Wight et Arn. ········ 624
Sida rhombifolia L. ········ 624
Sida subcordata Span. ········ 624
Sida szechuensis Matsuda ········ 625
Sigesbeckia orientalis L. ········ 1281
Sigesbeckia pubescens Makino ········ 1281
Silene aprica Turcz. ex Fisch. et C. A. Mey. ········ 443
Silene asclepiadea Franch. ········ 443
Siliqua minima (Gmelin) ········ 1737
Silybum marianum (L.) Gaertn. ········ 1282
Sinoadina racemosa (Siebold et Zucc.) Ridsdale ········ 1211
Sinomenium acutum (Thunb.) Rehder et E. H. Wilson ········ 370
Sinonovacula constricta (Lamarck) ········ 1737
Siphonostegia chinensis Benth. ········ 1358
Sipunculus nudus Linnaeus ········ 1717
Siraitia grosuenorii (Swingle) C. Jeffrey ex A. M. Lu et Zhi Y. Zhang ········ 528
Skimmia arborescens T. Anderson ex Gamble ········ 988
Skimmia reevesiana (Fortune) Fortune ········ 988
Sloanea sinensis (Hance) Hemsl. ········ 596
Smilax china L. ········ 1538
Smilax corbularia Kunth ········ 1538
Smilax davidiana A. DC. ········ 1538
Smilax ferox Wall. ex Kunth ········ 1538
Smilax glabra Roxb. ········ 1539
Smilax glaucochina Warb. ········ 1540
Smilax mairei H. Lév. ········ 1540
Smilax nipponica Miq. ········ 1540
Smilax ocreata A. DC. ········ 1540

Smilax perfoliata Lour. 1541
Smilax riparia A. DC. 1541
Smithia sensitiva Aiton 817
Solanum americanum Mill. 1328
Solanum capsicoides All. 1329
Solanum coagulans Forsk. 1329
Solanum erianthum D. Don 1329
Solanum indicum L. 1330
Solanum khasianum C. B. Clarke 1330
Solanum lasiocarpum Dunal 1331
Solanum lyratum Thunb. 1331
Solanum mammosum L. 1331
Solanum melongena L. 1332
Solanum nigrum L. 1332
Solanum pittosporifolium Hemsl. 1332
Solanum procumbens Lour. 1332
Solanum pseudocapsicum L. 1333
Solanum spirale Roxb. 1333
Solanum torvum Sw. 1333
Solanum tuberosum L. 1334
Solanum virginianum L. 1334
Solegnathus hardwickii (Gray) 1782
Solen grandis Dunker 1737
Solen strictus Gould 1738
Solena heterophylla Lour. 529
Solidago canadensis L. 1282
Solidago decurrens Lour. 1282
Soliva anthemifolia (Juss.) Sweet 1283
Sonchus arvensis L. 1283
Sonchus asper (L.) Hill 1283
Sonchus lingianus C. Shih 1284
Sonchus oleraceus L. 1284
Sonerila cantonensis Stapf 576
Sonerila maculata Roxb. 576
Sonneratia caseolaris (L.) Engl. 489
Sophora flavescens Aiton 822
Sophora japonica L. 818
Sophora tonkinensis Gagnep. 819
Sorbus alnifolia (Siebold et Zucc.) K. Koch 715
Sorbus caloneura (Stapf) Rehder 716
Sorbus folgneri (C. K. Schneid.) Rehder 716
Sorghum bicolor (L.) Moench 1710
Sorghum propinquum (Kunth) Hitchc. 1710
Sparganium stoloniferum (Buch. -Ham. ex Graedn.) Buch. -Ham. ex Juz. 1560
Spathoglottis pubescens Lindl. 1657
Spatholirion longifolium (Gagnep.) Dunn 1462
Spatholobus parviflorus (Roxb.) Kuntze 820
Spatholobus sinensis Chun et T. C. Chen 820
Spatholobus suberectus Dunn 821
Speranskia cantonensis (Hance) Pax et K. Hoffm. 670
Sphaeranthus africanus L. 1284
Sphaeranthus indicus L. 1285
Spilanthes callimorpha A. H. Moore 1285
Spilanthes paniculata Wall. ex DC. 1285
Spinacia oleracea L. 469
Spiraea blumei G. Don 716
Spiraea cantoniensis Lour. 717
Spiraea chinensis Maxim. 717
Spiraea japonica L. f. var. **acuminata** Franch. 717
Spiraea japonica L. f. var. **fortunei** (Planch.) Rehder 718
Spiranthes sinensis (Pers.) Ames 1657
Spirodela polyrhiza (L.) Schleid. 1560
Spondias pinnata (L. f.) Kurz 1029
Spondylus nicobaricus Schreibers 1731
Sporobolus fertilis (Steud.) Clayton 1711
Stachys geobombycis C. Y. Wu 1450
Stachytarpheta jamaicensis (L.) Vahl 1406
Stachyurus chinensis Franch. 830
Stachyurus himalaicus Hook. f. et Thomson 831
Stachyurus yunnanensis Franch. 831
Stahlianthus involucratus (King ex Baker) Craib 1495
Stalactitum 1820
Statilia maculata Thunberg 1754
Stauntonia chinensis DC. 362
Stauntonia obovatifoliola Hayata subsp. **urophylla** (Hand.-Mazz.) H. N. Qin 362
Stellaria alsine Grimm 444
Stellaria media (L.) Vill. 444
Stellaria vestita Kurz 444
Stelmocrypton khasianum (Kurz) Baill. 1171
Stemona parviflora C. H. Wright 1569
Stemona tuberosa Lour. 1570
Stephanandra chinensis Hance 718
Stephania brachyandra Diels 370
Stephania cephalantha Hayata 371

Stephania delavayi Diels ········· 371
Stephania dielsiana Y. C. Wu ········· 371
Stephania dolichopoda Diels ········· 372
Stephania epigaea H. S. Lo ········· 372
Stephania excentrica H. S. Lo ········· 372
Stephania hainanensis H. S. Lo et Y. Tsoong ········· 373
Stephania japonica (Thunb.) Miers var. **discolor** (Blume) Forman ········· *373*
Stephania japonica (Thunb.) Miers var. **timoriensis** (DC.) Forman ········· 374
Stephania japonica (Thunb.) Miers ········· 373
Stephania longa Lour. ········· 374
Stephania tetrandra S. Moore ········· 374
Sterculia brevissima H. H. Hsue ex Y. Tang, M. G. Gilbert et Dorr ········· 610
Sterculia lanceolata Cav. ········· 610
Sterculia monosperma Vent. ········· 610
Sterculia villosa Roxb. ········· 611
Steudnera colocasiifolia K. Koch ········· 1557
Stevia rebaudiana (Bertoni) Bertoni ········· 1286
Stichopus herrmanni Semper ········· 1768
Stixis suaveolens (Roxb.) Pierre ········· 411
Streblus asper Lour. ········· 877
Streptocaulon juventas (Lour.) Merr. ········· 1171
Streptolirion volubile Edgew. ········· 1463
Striga asiatica (L.) Kuntze ········· 1358
Striga masuria (Buch.-Ham. ex Benth.) Benth. ········· 1359
Strobilanthes aprica (Hance) T. Anderson ········· 1388
Strobilanthes chinensis (Nees) J. R. I. Wood et Y. F. Deng ········· 1388
Strobilanthes cusia (Nees) Kuntze ········· 1389
Strobilanthes dimorphotricha Hance ········· 1390
Strobilanthes japonica (Thunb.) Miq. ········· 1390
Strobilanthes oliganthus Miq. ········· 1390
Strobilanthes tetrasperma (Champ. ex Benth.) Druce ········· 1390
Strobilanthes tonkinensis Lindau ········· 1391
Stromanthe thalia (Vell.) J. M. A. Braga ········· 1502
Strophanthus divaricatus (Lour.) Hook. et Arn. ········· 1144
Strophanthus hispidus DC. ········· 1144
Strophanthus wallichii A. DC. ········· 1144
Strophioblachia fimbricalyx Boerl. ········· 670
Struthiopteris eburnea (Christ) Ching ········· 237
Strychnos angustiflora Benth. ········· 1114
Strychnos cathayensis Merr. ········· 1114
Strychnos nitida G. Don ········· 1114
Strychnos nux-vomica L. ········· 1115
Styrax argentifolius H. L. Li ········· 1103
Styrax chinensis Hu et S. Ye Liang ········· 1103
Styrax dasyanthus Perkins ········· 1103
Styrax faberi Perkins ········· 1104
Styrax japonicus Siebold et Zucc. ········· 1104
Styrax odoratissimus Champ. ex Benth. ········· 1104
Styrax suberifolius Hook. et Arn. ········· 1104
Styrax tonkinensis (Pierre) Craib ex Hartwich ········· 1105
Sulphur ········· 1814
Sunipia scariosa Lindl. ········· 1658
Suregada multiflora (A. Juss) Baill. ········· 671
Sus scrofa Linnaeus ········· 1810
Swertia angustifolia Buch.-Ham. ex D. Don var. **pulchella** (D. Don) Burkill ········· 1298
Swertia bimaculata (Siebold et Zucc.) Hook. f. et Thomson ex C. B. Clarke ········· 1299
Swida macrophylla (Wall.) Soják ········· 1038
Swida paucinervis (Hance) Soják ········· 1038
Swida walteri (Wangerin) Soják ········· 1038
Sycopsis dunnii Hemsl. ········· 837
Symplocos anomala Brand ········· 1106
Symplocos chinensis (Lour.) Druce ········· 1106
Symplocos congesta Benth. ········· 1106
Symplocos dolichotricha Merr. ········· 1107
Symplocos glandulifera Brand ········· 1107
Symplocos glauca (Thunb.) Koidz. ········· 1107
Symplocos lancifolia Siebold et Zucc. ········· 1108
Symplocos laurina (Retz.) Wall. ········· 1108
Symplocos lucida (Thunb.) Siebold et Zucc. ········· 1108
Symplocos paniculata (Thunb.) Miq. ········· 1109
Symplocos racemosa Roxb. ········· 1109
Symplocos stellaris Brand ········· 1109
Symplocos sumuntia Buch. -Ham. ex D. Don ········· 1110
Symplocos wikstroemiifolia Hayata ········· 1110
Synedrella nodiflora (L.) Gaertn. ········· 1286
Syneilesis aconitifolia (Bunge) Maxim. ········· 1286
Syngnathoides biaculeatus (Bloch) ········· 1784
Syngnathus acus Linnaeus ········· 1783
Synotis nagensium (C. B. Clarke) C. Jeffrey et Y. L. Chen 1287
Synsepalum dulcificum (Schumach. et Thonn.) Daniell ········· 1086
Syzygium aromaticum (L.) Merr. et L. M. Perry ········· 564

Syzygium buxifolium Hook. et Arn. ········ 565
Syzygium cumini (L.) Skeels········ 565
Syzygium grijsii (Hance) Merr. et L. M. Perry ········ 565
Syzygium jambos (L.) Alston········ 566
Syzygium samarangense (Blume) Merr. et L. M. Perry········ 566
Syzygium tetragonum (Wight) Wall. ex Walp.········ 567

T

Tacca chantrieri André········ 1598
Tachypleus tridentatus (Leach)········ 1748
Tadehagi pseudotriquetrum (DC.) H. Ohashi ········ 822
Tadehagi triquetrum (L.) H. Ohashi ········ 823
Tagetes erecta L. ········ 1287
Tagetes patula L. ········ 1287
Takifugu ocellatus (Linnaeus)········ 1797
Takifugu rubripes (Temminck et Schlegel)········ 1797
Takifugu vermicularis (Temminck et Schlegel)········ 1797
Takifugu xanthopterus (Temminck et Schlegel)········ 1798
Talcum········ 1827
Talinum paniculatum (Jacq.) Gaertn.········ 447
Tamarindus indica L.········ 748
Tamarix chinensis Lour.········ 514
Taraxacum mongolicum Hand.-Mazz. ········ 1288
Tarenna attenuata (Hook. f.) Hutch. ········1211
Tarenna depauperata Hutch. ········1211
Tarenna mollissima (Hook. et Arn.) B. L. Rob.········ 1212
Taxillus chinensis (DC.) Danser········ 928
Taxillus levinei (Merr.) H. S. Kiu ········ 929
Taxillus limprichtii (Grüning) H. S. Kiu········ 929
Taxillus nigrans (Hance) Danser········ 930
Taxillus sutchuenensis (Lecomte) Danser········ 930
Taxus chinensis (Pilg.) Rehder var. **mairei** (Lemée et H. Lév.) W. C. Cheng et L. K. Fu········ 275
Tecoma capensis (Thunb.) Spach ········ 1375
Tectaria subtriphylla (Hook. et Arn.) Copel.········ 245
Tectona grandis L. f. ········ 1406
Tegillarca granosa (Linnaeus)········ 1728
Telosma cordata (Burm. f.) Merr. ········1166
Temnopleurus toreumaticus (Leske) ········ 1770
Tenodera angustipennis Saussure········ 1754
Tenodera sinensis Saussure ········ 1755
Tephrosia purpurea (L.) Pers.········ 824
Terminalia bellirica (Gaertn.) Roxb. ········ 579
Terminalia catappa L.········ 580
Terminalia chebula Ret Z. var. **tomentella** (Kurz) C. B. Clarke ········ 582
Terminalia chebula Retz. ········ 581
Ternstroemia gymnanthera (Wight. et Arn.) Bedd.········ 553
Ternstroemia kwangtungensis Merr.········ 554
Ternstroemia luteoflora L. K. Ling ········ 554
Terra Flavausta ········ 1827
Tessaratoma papillosa (Drury) ········ 1757
Tetracera sarmentosa (L.) Vahl. ········ 504
Tetragonula laeviceps (Smith) ········ 1767
Tetrapanax papyrifer (Hook.) K. Koch········ 1056
Tetrastigma cruciatum Craib et Gagnep. ········ 962
Tetrastigma delavayi Gagnep. ········ 962
Tetrastigma hemsleyanum Diels et Gilg········ 962
Tetrastigma henryi Gagnep. ········ 963
Tetrastigma jinghongense C. L. Li ········ 963
Tetrastigma obovatum (M. A. Lawson) Gagnep. ········ 963
Tetrastigma obtectum (Wall. ex M. A. Lawson) Planch. ex Franch var. **glabrum** (H. Lév.) Gagnep.········ 964
Tetrastigma obtectum (Wall. ex M. A. Lawson) Planch. ex Franch. ········ 964
Tetrastigma planicaule (Hook. f.) Gagnep. ········ 964
Teucrium japonicum Houtt.········ 1450
Teucrium pernyi Franch.········ 1450
Teucrium quadrifarium Buch.-Ham. ex D. Don········ 1451
Teucrium viscidum Blume········ 1451
Thalictrum acutifolium (Hand.-Mazz.) B. Boivin ········ 346
Thalictrum faberi Ulbr.········ 346
Thalictrum foliolosum DC. ········ 347
Thalictrum glandulosissimum (Finet et Gagnep.) W. T. Wang et S. H. Wang ········ 347
Thalictrum ichangense Lecoy. ex Oliv.········ 347
Thalictrum javanicum Blume ········ 348
Thalictrum minus L. var. **hypoleucum** (Siebold et Zucc.) Miq. ········ 348
Thamnaconus modestus (Günther)········ 1798
Themeda caudata (Nees) A. Camus ········1711
Themeda japonica (Willd.) Tanaka········1711
Themeda villosa (Poir.) A. Camus········ 1712
Theobroma cacao L.········611
Thesium chinense Turcz.········ 935

Thevetia peruviana (Pers.) K. Schum.······1145
Thladiantha longifolia Cogn. ex Oliv. ······529
Thladiantha nudiflora Hemsl. ······530
Thlaspi arvense L. ······420
Thunbergia alata Bojer ex Sims ······1391
Thunbergia grandiflora Roxb. ······1391
Thunia alba (Lindl.) Rchb. f. ······1658
Thyrsostachys oliveri Gamble ······1682
Thyrsostachys siamensis Gamble ······1683
Tiarella polyphylla D. Don ······437
Tinomiscium petiolare Hook. f. et Thomson······375
Tinospora crispa (L.) Hook. f. et Thomson ······375
Tinospora sagittata (Oliv.) Gagnep. ······375
Tinospora sinensis (Lour.) Merr.······376
Tirpitzia ovoidea Chun et F. C. How ex W. L. Sha······478
Tithonia diversifolia (Hemsl.) A. Gray······1288
Toddalia asiatica (L.) Lam. ······988
Tofieldia thibetica Franch. ······1531
Tolypanthus maclurei (Merr.) Danser······930
Tonna chinensis (Dillwyn) ······1726
Toona ciliata M. Roem. ······1005
Toona sinensis (A. Juss.) M. Roem.······1005
Torenia asiatica L. ······1359
Torenia benthamiana Hance······1359
Torenia concolor Lindl. ······1360
Torenia flava Buch.-Ham. ex Benth. ······1360
Torenia fournieri Linden ex E. Fourn.······1360
Torenia violacea (Azaola ex Blanco) Pennell······1361
Torilis japonica (Houtt.) DC.······1069
Torilis scabra (Thunb.) DC.······1070
Torreya grandis 'Merrillii' ······276
Tournefortia montana Lour.······1320
Toxicodendron delavayi (Franch.) F. A. Barkley······1030
Toxicodendron succedaneum (L.) Kuntze ······1030
Toxicodendron sylvestre (Siebold et Zucc.)Kuntze ······1030
Toxicodendron vernicifluum (Stokes) F. A. Barkley······1031
Toxocarpus wightianus Hook. et Arn. ······1167
Trachelospermum axillare Hook. f. ······1145
Trachelospermum jasminoides (Lindl.) Lem. var. **heterophyllum** Tsiang······1147
Trachelospermum jasminoides (Lindl.) Lem. ······1146
Trachinocephalus myops (Forster)······1775
Trachinotus ovatus (Linnaeus)······1794
Trachycarpus fortunei (Hook.) H. Wendl. ······1594
Tradescantia pallida (Rose) D. R. Hunt ······1463
Tradescantia spathacea Sw.······1463
Tradescantia zebrina Bosse······1464
Trapa natans L. ······490
Trema angustifolium (Planch.) Blume ······855
Trema cannabinum Lour var. **dielsianum** (Hand. -Mazz.) C. J. Chen······856
Trema cannabinum Lour. ······856
Trema orientale (L.) Blume ······856
Trema tomentosum (Roxb.) H. Hara ······857
Tremella fuciformis Berk.······180
Tremolitum ······1828
Trevesia palmata (Roxb. ex Lindl.) Vis. ······1057
Trevia nudiflora L. ······671
Tribulus terrestris L.······479
Trichilia sinensis Bentv.······1006
Trichiurus lepturus Linnaeus······1790
Trichogomphus mongol Arrow······1763
Trichosanthes anguina L. ······530
Trichosanthes cucumerina L. ······530
Trichosanthes dunniana H. Lév. ······531
Trichosanthes kirilowii Maxim.······532
Trichosanthes laceribractea Hayata······531
Trichosanthes lepiniana (Naudin) Cogn. ······533
Trichosanthes pedata Merr. et Chun······533
Trichosanthes pilosa Lour. ······533
Trichosanthes rosthornii Harms······534
Trichosanthes rubriflos Thorel ex Cayla······534
Trichosanthes truncata C. B. Clarke ······534
Trichosanthes villosa Blume······535
Tricyrtis chinensis Hir. Takah. ······1532
Trifolium repens L. ······824
Trigastrotheca stricta (L.) Thulin ······445
Trigonella foenum-graecum L.······825
Trigonostemon flavidus Gagnep.······671
Trigonostemon xyphophylloides (Croizat) L. K. Dai et T. L. Wu ······671
Trigonotis peduncularis (Trevir) Benth. ex Baker et S. Moore ······1320
Trimeresurus stejnegeri Schmidt ······1806
Tripterospermum nienkui (C. Marquand) C. J. Wu······1299
Tripterygium wilfordii Hook. f.······919

Tristellateia australasiae A. Rich. 628
Triticum aestivum L. 1712
Triumfetta annua L. 601
Triumfetta cana Blume 601
Triumfetta pilosa Roth 601
Triumfetta rhomboidea Jacq. 601
Tropaeolum majus L. 482
Trypauchen vagina (Bloch et Schneider) 1793
Trypoxylus dichotomus (Linnaeus) 1763
Tsoongia axillariflora Merr. 1407
Tubocapsicum anomalum (Franch. et Sav.) Makino 1334
Tulipa gesneriana L. 1532
Tulotis ussuriensis (Regel et Maack) H. Hara 1658
Tupidanthus calyptratus Hook. f. et Thomson 1057
Turbo cornutus [Lightfoot] 1727
Turpinia arguta (Lindl.) Seem. 1023
Turpinia montana (Blume) Kurz 1022
Turraea pubescens Hell. 1006
Turritella bacillum Kiener 1727
Turritella terebra (Linnaeus) 1727
Tutcheria championii Nakai 554
Tylophora arenicola Merr. 1167
Tylophora atrofolliculata F. P. Metcalf 1167
Tylophora floribunda Miq. 1168
Tylophora kerrii Craib 1168
Tylophora koi Merr. 1168
Tylophora ovata (Lindl.) Hook. ex Steud. 1169
Tylophora rotundifolia Buch.-Ham. ex Wight 1169
Tylorrhynchus heterochaetus (Quatrefages) 1719
Typha angustifolia L. 1561
Typha orientalis C. Presl 1561
Typhonium blumei Nicolson et Sivad. 1557
Typhonium flagelliforme (Lodd.) Blume 1558
Typhonium giganteum Engl. 1559
Typhonium kunmingense H. Li 1559
Typhonium trilobatum (L.) Schott 1559

U

Ulmus parvifolia Jacq. 857
Ulva lactuca L. 177
Umbilicaria esculenta (Miyoshi) Minks 187
Uncaria hirsuta Havil. 1212
Uncaria laevigata Wall. ex G. Don 1212
Uncaria macrophylla Wall. 1212
Uncaria rhynchophylla (Miq.) Miq. ex Havil. 1213
Uncaria rhynchophylloides F. C. How 1214
Uncaria scandens (Sm.) Hutch. 1214
Uncaria sessilifructus Roxb. 1214
Uraria crinita (L.) Desv. ex DC. 825
Uraria lagopodioides (L.) DC. 826
Urceola huaitingii (Chun et Tsiang) D. J. Middleton 1147
Urceola micrantha (Wall. ex G. Don) D. J. Middleton 1147
Urceola quintaretii (Pierre) D. J. Middleton 1148
Urceola rosea (Hook. et Arn.) D. J. Middleton 1148
Urena lobata L. var. **glauca** (Blume) Borss. Waalk. 625
Urena lobata L. 625
Urena procumbens L. 626
Urophyllum chinense Merr. et Chun 1214
Uroteuthis chinensis (Gray) 1738
Usnea longissima Ach. 187
Utricularia bifida L. 1364
Uvaria macrophylla Roxb. 301
Uvaria tonkinensis Finet et Gagnep. 302

V

Vaccaria segetalis (Neck.) Garcke ex Asch. 445
Vaccinium bracteatum Thunb. 1080
Vaccinium iteophyllum Hance 1080
Vaccinium japonicum Miq. var. **sinicum** (Nakai) Rehder 1080
Vaccinium sprengelii (G. Don) Sleumer 1081
Valeriana jatamansi Jones 1226
Vallisneria natans (Lour.) H. Hara 1452
Vanda coerulea Griff. ex Lindl. 1659
Vandenboschia auriculata (Blume) Copel. 210
Vandenboschia orientalis (C. Chr.) Ching 210
Vandenboschia striata (D. Don) Ebihara 210
Vanilla planifolia Andrews 1659
Venitus latreillei (Desmarest) 1747
Ventilago calyculata Tul. 944
Ventilago leiocarpa Benth. 944
Veratrum mengtzeanum O. Loes. 1533
Veratrum schindleri O. Loes. 1533
Verbena officinalis L. 1407
Vermiculitum 1828

Vernicia fordii (Hemsl.) Airy Shaw 672
Vernicia montana Lour. 672
Vernonia amygdalina Delile 1289
Vernonia aspera Buch.-Ham. 1290
Vernonia cinerea (L.) Less. 1290
Vernonia cumingiana Benth. 1290
Vernonia esculenta Hemsl. 1291
Vernonia parishii Hook. f. 1291
Vernonia patula (Aiton) Merr. 1291
Vernonia solanifolia Benth. 1292
Vernonia volkameriifolia DC. 1292
Veronica javanica Blume 1361
Veronica persica Poir. 1361
Veronica polita Fr. 1362
Veronica undulata Jack ex Wall. 1362
Veronicastrum axillare (Siebold et Zucc.) T. Yamaz. 1362
Veronicastrum caulopterum (Hance) T. Yamaz. 1363
Veronicastrum stenostachyum (Hemsl.) T. Yamaz.subsp. **plukenetii** (T. Yamaz.) D. Y. Hong 1363
Viburnum brachybotryum Hemsl. 1219
Viburnum cylindricum Buch.-Ham. ex D. Don 1220
Viburnum dilatatum Thunb. 1220
Viburnum erosum Thunb. 1220
Viburnum foetidum Wall. 1221
Viburnum foetidum Wall. var. **ceanothoides** (C. H. Wright) Hand.-Mazz. 1221
Viburnum fordiae Hance 1221
Viburnum lutescens Blume 1222
Viburnum luzonicum Rolfe 1222
Viburnum macrocephalum Fortune fo. **keteleeri** (Carrière) Rehder 1222
Viburnum odoratissimum Ker Gawl. 1223
Viburnum plicatum Thunb. var. **tomentosum** Miq. 1223
Viburnum propinquum Hemsl. 1223
Viburnum sempervirens K. Koch var. **trichophorum** Hand. -Mazz. 1224
Viburnum sempervirens K. Koch 1224
Viburnum setigerum Hance 1224
Vicia cracca L. 826
Vicia faba L. 826
Vicia hirsuta (L.) Gray 827
Vicia sativa L. 827
Vigna angularis (Willd.) Ohwi et H. Ohashi 827
Vigna minima (Roxb.) Ohwi et H. Ohashi 828
Vigna radiata (L.) R. Wilczek 828
Vigna umbellata (Thunb.) Ohwi et Ohashi 828
Vigna unguiculata (L.) Walp. 829
Vigna vexillata (L.) A. Rich. 829
Viola betonicifolia Sm. 421
Viola diffusa Ging. 421
Viola grypoceras A. Gray 421
Viola hamiltoniana D. Don 422
Viola inconspicua Blume 422
Viola moupinensis Franch. 422
Viola philippica Cav. 423
Viola stewardiana W. Becker 423
Viola triangulifolia W. Becker 423
Viola tricolor L. 424
Viola verecunda A. Gray 424
Viola yunnanensis W. Becker et H. Boissieu 424
Viscum articulatum Burm. f. 931
Viscum coloratum (Kom.) Nakai 931
Viscum diospyrosicola Hayata 931
Viscum liquidambaricola Hayata 932
Viscum multinerve (Hayata) Hayata 932
Viscum ovalifolium DC. 932
Vitex canescens Kurz 1407
Vitex negundo L. var. **cannabifolia** (Siebold et Zucc.) Hand.-Mazz. 1408
Vitex negundo L. 1408
Vitex peduncularis Wall. ex Schauer 1408
Vitex quinata (Lour.) F. N. Williams var. **puberula** (H. J. Lam.) Moldenke 1409
Vitex quinata (Lour.) F. N. Williams 1409
Vitex trifolia L. 1410
Vitis balansana Planch. 965
Vitis bryoniifolia Bunge 965
Vitis chungii F. P. Metcalf 965
Vitis davidii (Rom. Caill.) Foëx. 966
Vitis flexuosa Thunb. 966
Vitis heyneana Roem. et Schult. 966
Vitis sinocinerea W. T. Wang 967
Vitis vinifera L. 967
Voacanga africana Stapf 1148
Vokesimurex rectirostris (G. B. Sowerby II) 1725

W

Wahlenbergia marginata (Thunb.) A. DC. ········ 1313
Waltheria indica L. ········ 611
Wedelia biflora (L.) DC. ········ 1292
Wedelia chinensis (Osbeck) Merr. ········ 1293
Wedelia prostrata Hemsl. ········ 1293
Wedelia urticifolia DC. ········ 1293
Wedelia wallichii Less. ········ 1294
Weigela japonica Thunb. var. **sinica** (Rehder) L. H. Bailey 1225
Wendlandia tinctoria (Roxb.) DC. subsp. **intermedia** (F. C. How) W. C. Chen ········ 1215
Wendlandia uvariifolia Hance ········ 1215
Whitfordiodendron filipes (Dunn) Dunn ········ 829
Wikstroemia indica (L.) C. A. Mey. ········ 499
Wikstroemia micrantha Hemsl. ········ 499
Wikstroemia monnula Hance ········ 499
Wikstroemia nutans Champ. ex Benth. ········ 500
Winchia calophylla A. DC. ········ 1149
Wisteria sinensis (Sims) DC. ········ 830
Wolfiporia hoelen (Fr.) Y. C. Dai et V. Papp ········ 183
Woodfordia fruticosa (L.) Kurz ········ 489
Woodwardia harlandii Hook. ········ 238
Woodwardia japonica (L. f.) Sm. ········ 238
Woodwardia orientalis Sw. ········ 238
Woodwardia prolifera Hook. et Arn. ········ 239
Woodwardia unigemmata (Makino) Nakai ········ 239
Wrightia arborea (Dennst.) Mabb. ········ 1149
Wrightia laevis Hook. f. ········ 1149
Wrightia pubescens R. Br. ········ 1150

X

Xanthium strumarium L. ········ 1294
Xanthophyllum flavescens Roxb. ········ 429
Xylosma congesta (Lour.) Merr. ········ 512
Xylosma controversum Clos ········ 512
Xylosma longifolia Clos ········ 513
Xyris indica L. ········ 1464
Xyris pauciflora Willd. ········ 1464

Y

Youngia japonica (L.) DC. ········ 1294
Yucca gloriosa L. ········ 1585

Z

Zanthoxylum acanthopodium DC. ········ 989
Zanthoxylum ailanthoides Siebold et Zucc. ········ 989
Zanthoxylum armatum DC. ········ 989
Zanthoxylum armatum DC. var. **ferrugineum** (Rehder et E. H. Wilson) C. C. Huang ········ 990
Zanthoxylum austrosinense C. C. Huang ········ 990
Zanthoxylum avicennae (Lam.) DC. ········ 990
Zanthoxylum bungeanum Maxim. ········ 991
Zanthoxylum dissitum Hemsl. ········ 991
Zanthoxylum echinocarpum Hemsl. ········ 991
Zanthoxylum laetum Drake ········ 992
Zanthoxylum myriacanthum Wall. ex Hook. f. ········ 992
Zanthoxylum myriacanthum Wall.ex Hook. f. var. **pubescens** (C. C. Huang) C. C. Huang ········ 992
Zanthoxylum nitidum (Roxb.) DC. ········ 993
Zanthoxylum oxyphyllum Edgew. ········ 994
Zanthoxylum scandens Blume ········ 994
Zanthoxylum simulans Hance ········ 995
Zea mays L. ········ 1712
Zehneria bodinieri (H. Lév.) W. J. de Wilde et Duyfjes ········ 535
Zehneria indica (Lour.) Keraudren ········ 535
Zehneria wallichii (C. B. Clarke) C. Jeffrey ········ 536
Zelkova schneideriana Hand.-Mazz. ········ 857
Zephyranthes candida (Lindl.) Herb. ········ 1565
Zephyranthes carinata Herb. ········ 1565
Zingiber corallinum Hance ········ 1496
Zingiber mioga (Thunb.) Roscoe ········ 1496
Zingiber montanum (J. Koenig) Link ex A. Dietr. ········ 1497
Zingiber officinale Roscoe ········ 1498
Zingiber zerumbet (L.) Roscoe ex Sm. ········ 1498
Zinnia elegans Jacq. ········ 1294
Zizania latifolia (Griseb.) Hance ex F. Muell. ········ 1712
Ziziphus fungii Merr. ········ 944
Ziziphus jujuba Mill. ········ 945
Ziziphus mauritiana Lam. ········ 945
Ziziphus oenopolia (L.) Mill. ········ 945
Ziziphus rugosa Lam. ········ 946
Zornia gibbosa Span. ········ 830

Afterword 后记

中华医药源远流长，传说神农尝百草而日遇七十二毒，《神农本草经》之修列，创医药之先河。伏羲制九针，针灸之源也。黄帝岐伯之答问，集成《黄帝内经》十八卷，以《素问》《灵枢》各九卷而立中华医学之根基。故《尚书》曰："伏羲、神农、黄帝之书，谓之三坟，言大道也"。延至东汉末年，战乱瘟疫，民不聊生，医圣张仲景感往昔之沦丧，伤横夭之莫救，乃勤求古训、博采众方，为《伤寒杂病论》十六卷，创外感内伤诊治之规律，经方济世，福泽神州，岐黄后人，奉为圭臬，凡历二千余载，华夏之昌盛，子孙之延绵，皆因中华医药护卫之功也。为医之道，仁心仁术，若无本草，徒有仁心，仁术何施？故有历代医家，兼收并蓄，于《本经》之后，不断累积。历朝本草，影响至巨者，非蕲州李东壁之《本草纲目》莫属，凡历三十稔，书考八百家，成鸿篇五十二卷，载药1 892种，附图1 109幅，方剂11 096首，药圣时珍之志，乃为岐黄之楷模！

南粤大地，山峦叠翠，物产丰富，盛长南药，然则崇山峻岭，山高路远，非大志之士不可及也。幸则志存高远之岭南医家，古而有之，东晋葛洪先师，岭南医学之鼻祖也，所著《肘后备急方》凡八卷七十篇，以应内科外伤之急症。所载"青蒿一握，以水二升渍，绞取汁，尽服之"，用以截疟，竟而启思当代屠呦呦教授，发现青蒿素治疟疾之神药，救苍生数百万计，获诺贝尔生理学医学奖，岐黄子孙无不欢欣鼓舞，光大中华医学善莫大焉！岭南本草，后继有人，民国萧步丹作《岭南采药录》、胡真著《山草药指南》……皆珍贵医籍也。岭南之地，物华天宝，人杰地灵。今有杨得坡、叶华谷、张丽霞、付琳、邓家刚等同道同人，汇同岭南同道，禀承时珍之志，承前启后，彰显岭南本草之精华，乃发奋图强，无论寒暑、风霜雨露，翻山越岭，餐风宿露，务求第一手标本及照片，收集药材近则广东、广西、海南、云南、香港、澳门，远及江西、福建、湖南、贵州、四川及台湾等地，乃称南药。考证中国南药之资源，去伪存真，鉴定种属源头，发现新种属及品系，凡历近二十载，洋洋洒洒，终成此书！集成三卷，二千余页，所示图片，皆为第一手材料，共计收录4 211种南方本草，近五千张植物原图，且考证分类地位、科属名称、功效主治、活性成分与本草溯源等条目，无不列明，实为岭南医药之大观也。

纪曰：望龙光知古剑，觇宝气辨明珠。得坡教授于此本付梓之时，嘱予作后记，展卷细读，爱不释手，拜读之感，如遇良师，喜不自胜。睹兹集成，深感藏于斗室无当，实应示之于天下岐黄学子，以彰岭南医学之精华，若为苍生危疾之用，功莫大焉。

中国科学院院士

陈新滋